MECHANICS OF MATERIALS

기초 재료역학

조종두 지음

도서출판 동화기술

들어가기

내가 고체역학(또는 재료역학)이란 학문의 한 분야를 접한 지도 어언 40년 정도가 되었다. 처음은 대학교 학부과정 2학년 1학기이었다고 기억한다. 그때는 10.26이 일어난 다음 해여서 유난히 혼란스러운 사회분위기에다가 기계공학 등 역학을 전공하려는 공학도들에게는 본격적인 역학개념을 익혀야 하는 학기가 2학년 첫 학기여서 쉽지 않은 그해 봄을 지냈던 것 같다. 저자 이외의 다른 친구들도 별반 큰 차이가 있었던 듯싶지는 않다. 내가 처음 접한 교재는 MIT 기계공학과 교수였던 Crandall, Dahl, Lardner 등 세 사람이 공동으로 집필한 'Introduction to Solid Mechanics' 제목의 원서이었는데 지금 생각해도 이 분야의 초심자에게 권할 만한 좋은 교재는 아니었던 듯싶다. 실응용에 필요한 측면에서 볼 때 지나칠 정도로 많은 양의 지식이 깔끔히 정리되어 있어서 초심자라도 깊은 사고를 할 수 있는 학생에게는 장점이 될 수 있겠지만 학습자를 편안하게 고체역학의 핵심개념으로 인도할 수 있는 책은 아닐 것이다. 단순히 (산수) 문제를 푸는 것이 목적이 아닌 근본적으로 개념을 통하여 문제를 보고자 하였던 나에게 다가온 책은 S.P. Timoshenko가 저술한 'Elements of Strength of Materials'였는데 나에게는 깊은 공학도적 감명을 일으키게 하였다. 이 책에서 감명을 받은 나는 거꾸로 1학년 정도의 수준에서 배운 Timoshenko와 Young의 공저인 'Engineering Mechanics'를 읽게 되었고 꽤 오랫동안 Timoshenko를 마음속 깊이 존경했던 기억이 있다.

그 후 세월이 흘러 학사, 석사를 마친 후 산업현장에서 몇 년간의 경험을 거쳐 미국 University of Michigan(Ann Arbor)에서 고체역학 분야의 연구로 박사학위를 마치고 귀국하여 현재의 직장 인하대학교 기계공학과에서 28년째 재료(고체)역학을 강의하였다.

교재를 바꾸어 가며 재료역학 강의를 진행하면서 주로 1학기에는 교재의 기초적인 내용을 추려 '재료역학 1'을 강의진도에 편성하였고, 2학기에는 같은 교재를 가지고 1학기에서 빼놓은 중급수준의 응용을 '재료역학 2'라는 강의이

름으로 여러 수강생들에게 문제풀이보다는 응용할 수 있는 개념을 심어 주려고 매번 노력해 왔고 학생들에게 비교적 좋은 반응을 받아 왔다. 최근 컴퓨터의 발달로 인한 학습 및 생활환경의 변화는 공학 초심자들의 수계산에 의한 해석능력 저하에 대한 사회적 걱정은 차치하고라도 실무에서도 컴퓨터를 활용하는 현재의 공학도들에게 요즘 시판되는 책들은 나의 관점에서 만족하기 어렵다.

강의란 것이 같은 과목을 반복해도 항상 같지는 않고 그때그때 가르치거나 내용의 전개에 대하여 문득 문득 좋은 생각이 있었는데 게으른 탓에 매번 꼼꼼히 메모하지 못한 것이 아쉬운 면이 있다. 그래도 전반적으로 느낀 바로는 고체역학에 형성되어 있는 내용과 강의 순서와 내용을 누군가 정형화 되어 있는 강의주제 순서를 시대에 맞게 대폭 수정하여 공학도로서 현장에서 응용할 수 있고 개념적으로 강한 교재라기보다는 곁에 늘 가지고 있고 싶은 재미있는 책을 만들 수 있었으면 하는 생각이 있었다.

이 책은 이러한 나의 생각을 실천에 옮기기 위한 첫걸음이다. 이 책은 교재를 위하여 쓰이지 않았으며 이 책의 다음 판을 기약하기 위하여 틀을 만들고자 하는 것이 나의 의도여서 완성도가 높지 않을 것이다. 모쪼록 이 책을 기반으로 계획대로 잘 내용을 정리 보강하여 나갈 수 있다면 기계공학분야에서 적지 않은 동안 학생들과 생활하였고 특별한 사유가 없는 한 앞으로 더 많은 시간을 내가 향유할 이 분야에 적으나마 기여할 수 있는 기회가 될 것으로 믿고 싶다.

조 종 두 씀.

목 차

CHAPTER 1

공부에 필요한 기초지식

기계공학의 주간이 되는 이론은 뉴턴의 법칙이며 하드웨어에 작용하는 하중의 크기를 주로 고려하므로 '기계공학은 힘의 학문이다'라고 말할 수 있다. 하드웨어에 작용하는 하중을 도식하는 '자유물체도'를 작성할 수 있는 능력과 여기에 '뉴턴의 법칙'을 활용하는 방법을 익히는 것이 기계공학 공부의 기초이다. 기계공학에서 주로 실재하는 하드웨어를 설계하고 해석하고 제작하는 작업의 범위를 아울러 수행하기 때문에 단위의 구체적인 이해 및 활용능력은 매우 중요하다. 따라서 우리는 항상 접할 수 있는 모든 하드웨어의 규격에 명시되는 활용범위의 숫자와 단위에 익숙해야 한다.

1.1 자유물체도의 작성

공학 분야 중에서 기계공학, 항공공학, 조선공학, 토목공학 등의 학문분야는 뉴턴의 업적으로부터 진화된 고전역학(classical mechanics)의 결정체다. 고전역학의 한정된 개념범주에서 모든 물체의 운동은 관성의 법칙, 힘과 가속도의 법칙, 작용과 반작용 법칙에 의하여 지배되므로 뉴턴적인 관점에서는 이론적으로 모든 물체의 미래 운동 상태는 정확하게 예측될 수 있다. 위에 언급된 범기계공학분야에서 공학설계는 뉴턴의 세 가지 운동법칙을 바탕으로 관심 있는 구조요소 및 시스템의 해석을 수행하며 해석대상의 물리적 특성에 따라서 고체역학, 유체역학, 동역학 등으로 구분하여 문제를 다루는 것이 일반적이다.

고체역학을 비롯한 고전역학의 기초해석단계에서는 우선 고려하는 대상을 이상화(단순화)시켜야 한다. 이상화된 해석대상과 주어진 물체의 구속조건 및 힘 등 역학적 조건들은 일반적으로 간략한 그림으로 표현되는데 우리는 이 그림을 '자유물체도(free body diagram)'라고 부른다.

우리가 물체를 구속하는 방법에는 못으로 판재를 박는 행위, 볼트와 너트를 이용하여 죄는 행위, 리벳팅, 용접, 바퀴를 장착시키는 행위 등을 생각할 수 있다. 이들 방법들은 크게 세 가지로 구분해 볼 수 있는데 첫째는 못이나 리벳팅, 볼트와 너트 등을 이용하는 경우 구속된 물체는 좌우 혹은 상하방향으로 자유롭게 이동할 수 없지만 여전히 구속된 위치를 중심으로 회전은 자유롭게 허용된다. 이와 같은 구속조건을 '경첩구속(힌지구속)'으로 부른다. 이 책에서는 특별히 언급되지 않는 한 마찰은 고려하지 않는다. 둘째로 물체에 바퀴를 한 개 장착하는 경우를 생각해 보자. 서커스의 외발자전거를 생각할 수 있겠다. 이 경우 바퀴의 축주위로 물체(사람)는 자유롭게 회전할 수 있으며 바닥위로 저항 없이 굴러다닐 수도 있다. 이러한 구속은 '구름지지'라고 불린다. 구름지지(roller support)에서 수평, 수직, 회전 등 2차원의 세 방향 자유도(d.o.f: degree of freedom) 중 바닥에 수직인 방향의 자유도만 구속되면 이 구속의 자유도는 '2'가 된다. 만약 다수의 구름지지가 장착된 자동차의 바퀴나 롤러브레이드의 경우가 다시 회전자유도를 추가로 잃게 되면 자유도는 '1'이 된다. 한편, 앞의 힌지구속의 경우엔 회전만 있으므로 자유도 '1'이다.

정리하면, 평형상태에 있는 강체에 작용하는 미지의 힘과 모멘트를 결정하는데 평형방정식이 필요하면 이것은 적절한 자유물체도를 작성하여 식을 구성해야 한다. 힘을 받는 강체에서 자유물체도를 그리는 과정을 순서대로 열거하면 다음과 같다.

① 문제에 관련된 부분을 인접한 접촉된 물체로부터 고립시킨다.
② 이 고립된 부분에 적용하는 모든 힘과 반력 성분들을 빠짐없이 기입해야 하며, 이때 힘의 모멘트 등을 계산하는데 필요한 치수를 포함시켜야 한다.
③ 이들 작용력, 반력, 치수 중에서 이미 알고 있는 값들은 그 크기와 방향을 있는 그대로 기입해야 한다. 또한 모르는 값들의 크기는 영문자 등을 사용하여 문자로 표기하고 그 방향은 임의로 가정하여 화살표로 표시해 둔다. 모르는 값에 대한 평형방정식을 풀고 나면 가정된 화살표 방향은 그 정확성 여부가 결과의 부호(+ 혹은 −)로 검증된다.

표 1-1과 표 1-2에는 자유물체도의 작성 시 유용하게 사용될 수 있는 다수의 경우가 예시되어 있다. 여기서 화살표는 힘과 작용방향을 나타내며 머리가 두 개인 이중 화살표는 모멘트를 표현한다. 오른손 엄지를 이중 화살표와 일치시키고 손바닥을 감으면 감기는 방향으로 모멘트가 작용한다.

표 1-1 2차원 물체에 대한 힘, 지지력과 자유물체도

부재의 설명	부재의 그림	자유물체도
(a) 휘기 쉬운 인장부재	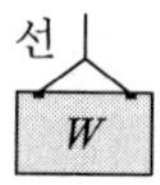	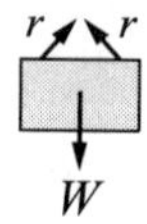
(b) 2력부재	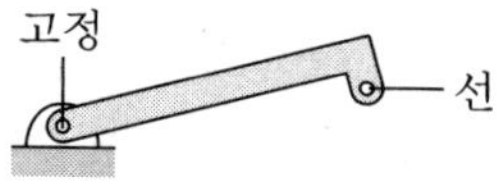	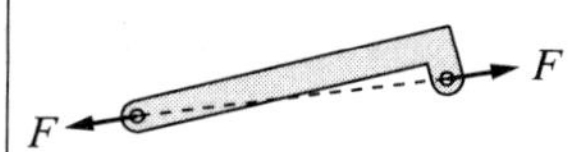
(c) 구름부재 (마찰 없음)		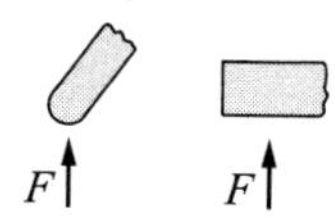
(d) 마찰이 없는 미끄럼부재	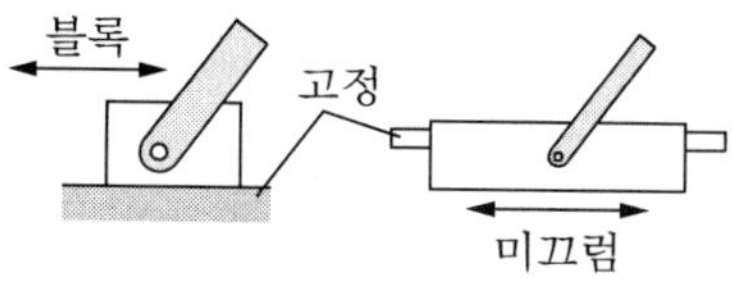	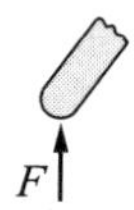
(e) 핀 연결부재와 도형(刀型)부재(마찰 없음)	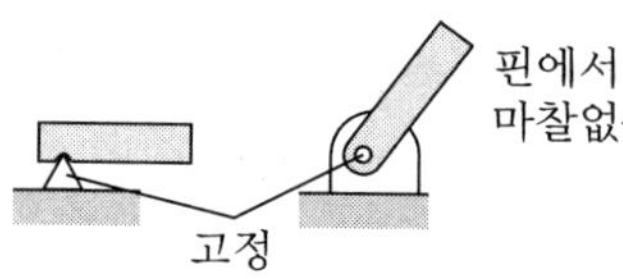	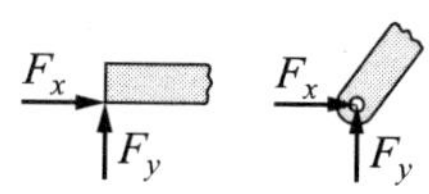
(f) 거친 면 상의 뾰족한 부재와 미끄럼부재	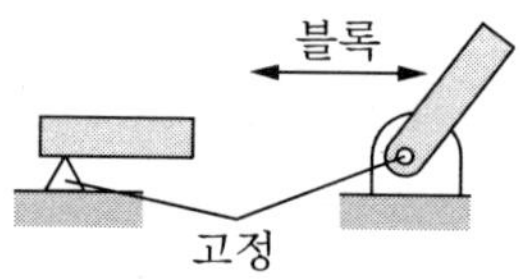	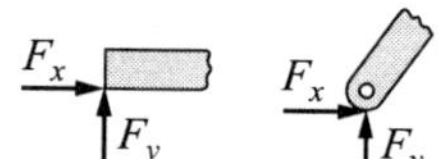
(g) 마찰이 있는 핀 연결부재	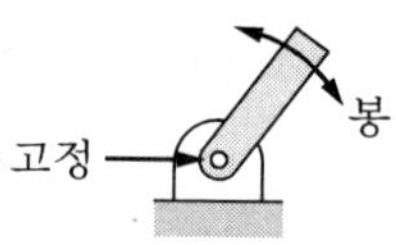	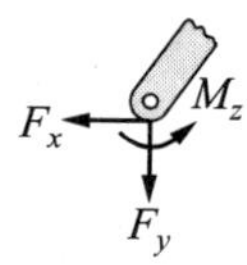
(h) 고정단 부재	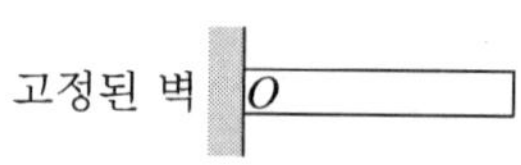	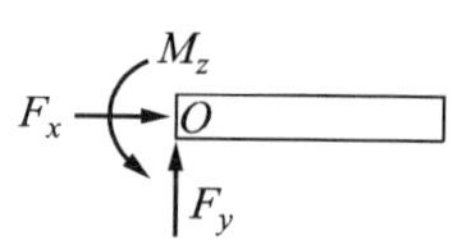

표 1-2 3차원 물체에 대한 힘, 지지력과 자유물체도

부재의 설명	부재의 그림	자유물체도
(a) 볼 - 소켓 연결부 (마찰 없음)		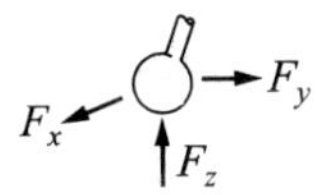
(b) 거친 면 상의 뾰족한 점	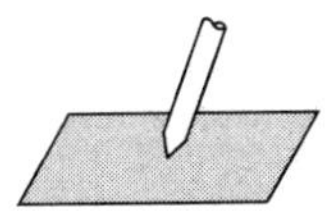	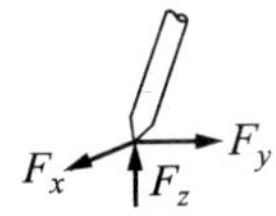
(c) 쓰러스트 베어링 (마찰 없음)	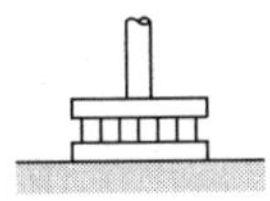	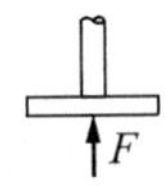
(d) 슬리브 베어링과 힌지 (마찰 없음)		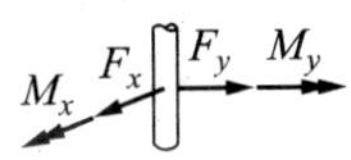
(e) 볼 또는 롤러 베어링 (마찰 없음)		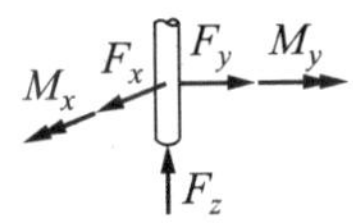
(f) 고정된 부재	고정된 벽 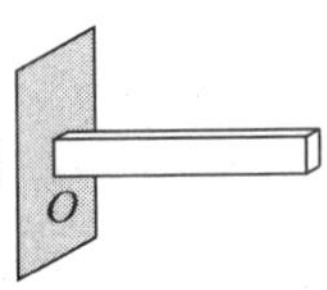	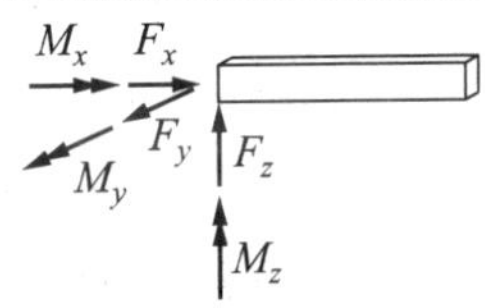

1.2 단위이야기

과학은 물론 특히 공학을 적절하게 수행하기 위한 첫 번째 필수공부 중 빼놓을 수 없는 것이 단위이다. 현장에서는 일의 종류에 따라 많은 경우 사회적 문화와 일의 종류에 따라서 적절한 이유 없이 관습적으로 사용되는 단위가 있다. 그리고 우리가 참여하는 모든 공학적 일에 상호간에 정확한 정보를 교환하고 직감적으로 요소의 시각화를 따라잡기 위하여 서로 다른 단위계간의 변환보다 사용하는 단위의 규모에 대한 물질적 느낌이 필수적이다.

원칙적인 측면에서 가장 과학적인 공통단위는 MKS이다. M은 길이의 단위로 미터(meter)를, K는 질량의 단위로 킬로그램(kg)을, 그리고 시간의 단위로는 초(sec)를 사용하는 것을 의미한다. 반면에 우리가 사용하는 옛날 단위를 보면 길이에는 한자, 두자 등에 사용하는 '자(尺)'가 일반적이고 고기 등의 무게에서 흔히 보듯이 한 근, 두 근 등에서 보이는 '근(斤)'이 많이 쓰이며 시간으로는 한 점, 두 점 등이 쓰이는 것을 접해본 기억이 있을 것이다. 이는 동양적 단위이고 공학은 산업혁명이후 서양의 영향을 받아 사용하였고 미국에서는 아직도 이 단위를 사용하므로 익혀둘 필요가 있다. 서양의 고전적 단위로는 길이는 '푸트(foot, ft로 약함)'가 기본인데 더 작은 길이로 인치(inch, in) 단위는 12 in가 1 ft이고 야드(yard, yd)의 경우 3 ft = 1 yd가 되어 1 ft의 크기는 우리의 1자의 길이와 비슷하다. 한편 무게로는 '파운드(pound, lb로 약함)'가 있어 이를 'ft-lb' 단위계라고 부른다. 현재 미국이 'ft-lb' 단위계를 사용하고 있으며 미국 이외의 다른 국가들에서는 모두 MKS를 표준단위로 사용하고 있다.

무게는 질량을 가진 물체가 주어진 중력과 같은 가속도계에 위치할 때 측정되는 힘을 의미한다. MKS에서 질량은 kg이고 가속도 즉, 단위 시간(s)당 속력(m/s)의 변화량이므로 가속도의 복합단위는 $m/s/s = m/s^2$이다. 따라서 이 단위계에서 1 kg의 질량을 가진 물체에 1 m/s^2의 가속도를 만들 수 있는 힘의 크기는 1 $kg \cdot m/s^2$이 될 것이다. 이 힘의 크기를 간단히 뉴턴(Newton, N으로 약함)이라고 하여 앞의 1 $kg \cdot m/s^2$는 1 N와 같은 크기이다. 미국에서는 1파운드 단위의 무게가 기본적으로 통용되므로 1파운드를 MKS로 나타내면 0.46 kg_f와 동등한 것으로 기억하면 된다. 여기서 0.46 kg_f는 0.46 kg의 질량을 가진 물체가 지구상에 있어서 중력가속도 9.8 m/s^2을 받게 될 때 힘의 크기로 우리말로는 '0.46 kg중'으로 읽으며 저울 등을 이용하여 측정할 수 있다. 빠른 암산을 위하여 지구상의 중력가속도는 약 10 m/s^2로 취급하면 1 kg중의 무게는 대략 10 N의 힘의 크기로 볼 수 있으므로 1파운드의 힘은 약 4 N으로 생각할 수 있다. 이는 우리의 1근의 무게와 대강 유사하다. 패스트푸드 햄버거 집에서 시판하는 어린이용 작은 햄버거의 무게가 약 1 N 정도인 것을 안다면 이 햄버거는 'ft-lb'로 약 1/4파운드(a quarter pound)가 되므로 1파운드는 햄버거 4개 정도의 무게로 감을 잡을 수 있다.

한편 압력은 단위 면적당 작용하는 힘의 크기로 MKS에서 면적의 크기는 m^2으로 표현하므로 N/m^2가 압력의 단위가 될 것이다. 이 압력 단위는 간단히

'파스칼(Pascal, Pa로 약함)' 표현하며 1 N/m^{2}와 1 Pa은 같은 압력의 크기이다. 우리가 흔히 일상생활에서 듣는 기압도 압력 단위의 일종이다. 1기압 즉 1 atm은 지구 표면에서 측정되는 압력의 크기로 이는 단위 면적 위에 놓여 있는 지상에서 성층권 끝 사이에 존재하는 공기 기둥의 무게인 것이다. 이 무게는 대략 100,000 N 즉, 10,000 kg중이므로 10 t의 무게나 된다. 우리를 비롯한 육지의 모든 생물은 이 압력을 견디고 있는 셈이다. 어쨌든 이로서 1기압의 압력은 MKS로 100,000 N/m^{2}가 되니 100,000 Pa의 크기가 된다. 공학에서 다루는 숫자의 크기는 읽고 쓰기에 적합지 않을 정도로 크거나 작아서 각 단위에 크기를 나타내는 접두문사를 사용하여 줄여 쓴다. 10배는 '데시(d)', 1,000배는 '킬로(k)', 1,000,000배는 '메가(M)', 그리고 1,000,000,000배는 '기가(G)'를 붙여 자릿수를 생략할 수 있다. 즉 앞의 1기압은 100 kPa 혹은 0.1 MPa로 표현할 수 있다. 반대로 매우 작은 숫자의 경우를 위하여 1,000분의 1배에는 '밀리(mili, m)', 1,000,000분의 1배에는 '마이크로(micro, μ)', 1,000,000,000분의 1배는 '나노(nano, n)'를, 그리고 1,000,000,000,000분의 1배는 '피코(pico, p)'를 사용한다.

1.3 재료이야기

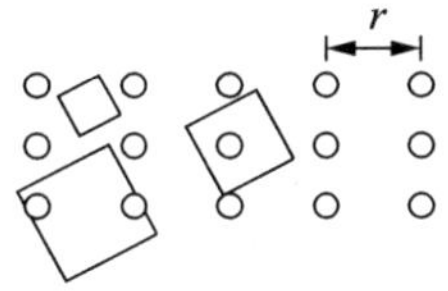

(a) 실제의 재료

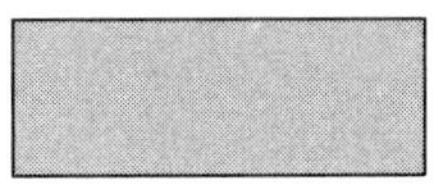

(b) 이상화된 재료: 연속체

그림 1-1 재료의 가정

실제의 재료에서 위의 그림 1-1(a)에서 각각 미소면적을 잡았을 때 부분마다 재료성질이 다르다. 그러나 우리의 일상생활에서 경험하는 크기를 기준으로 하면 원자 등의 미소구조는 일반 재료실험의 스케일에서 의미를 주지 못하므로 일반적으로 공학재료의 성질은 거시적인 재료실험의 특성이 시편의 크기와 관계없이 일정하다고 가정한다. 그림 1-1(a)을 재료의 마이크로(micro) 크기의 특성을 균질화된 매크로(macro) 특성으로 환산하여 그림 1-1(b)로 표현하면 이렇게 이상화된 재료를 '연속체(continuum)'라고 하며, 결과적으로 연속체의 가정 하에서 재료의 성질은 어느 부분이나 재료성질이 같다.

재료역학에서 가장 많이 인용하는 재료의 기계적 성질은 탄성계수(modulus of elasticity) E로서 영의 계수(Young's modulus)라고도 한다. 이 계수는 스프링에서 스프링 상수의 물리적 의미와 유사하게 이해해도 좋다. E의 값이 작을수록 동일한 하중 하에서 재료는 더 잘 늘어난다. 단위는 압력의 단위와 같은 차원을 가지는데 일상 주위의 구조재료의 경우 GPa의 단위를 사용하면 편리하다. 강(steel)의 경우 대략 200 GPa 정도이다.

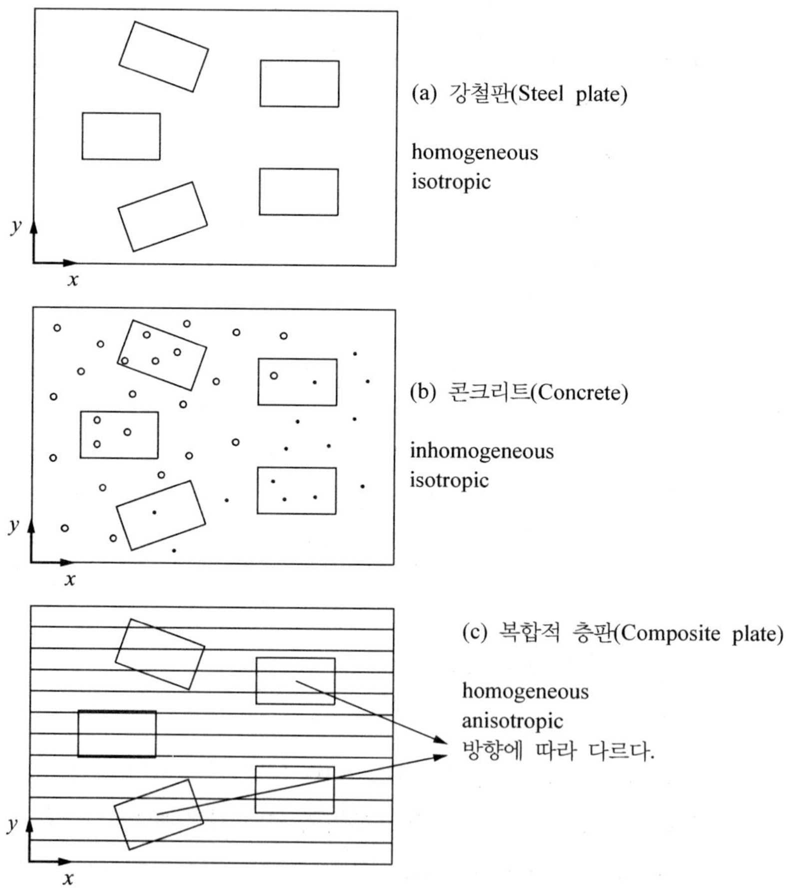

그림 1-2 여러 가지 재료의 재료물성치. 그림에서 □는 시편임.

재료의 기계적 성질이 질점의 샘플링 위치에 따라서 바뀌지 않고 일정하다면 우리는 재료가 균질(homogeneous)하다고 말한다. 그렇지 않은 경우엔 비균질 재료라고 한다. 한편 균질하더라도 같은 질점의 위치에서 샘플링의 방향에 따라 재료의 성질이 다르다면 비등방성(anisotropic) 재료라고 하며 같은 질점에서 재료의 성질이 모든 방향으로 동일한 경우는 등방성(isotropic) 재료라고 한다.

아래의 목재(wood) 경우에는 비균질성이고 비등방성인 특징을 가진 재료로 볼 수 있다.

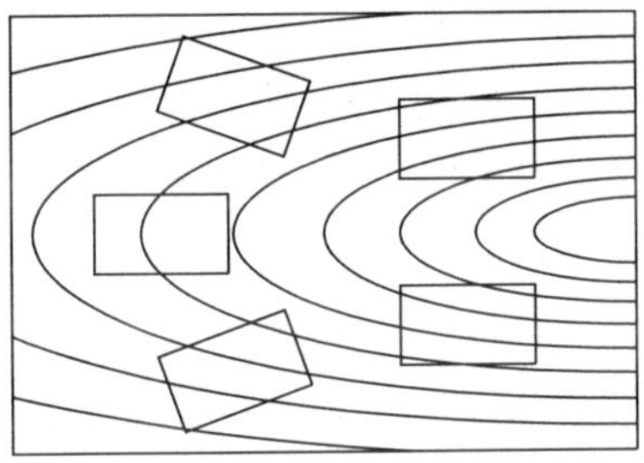

그림 1-3 나무판

요약하면 균질한 재료는 재료상수가 위치에 따라 일정하다. 등방성 재료는 시편의 방향에 관계없이 재료상수가 같다. 이 책에서 다루는 재료는 일반적으로 균질등방성 재료를 취급하지만 이 재료도 고려하는 구조의 관심 규모(scale)에 따라 변할 수 있다. 예를 들어 그림 1-2(a)의 등방성이고 균질한 강철판도 10 μm 수준의 관심영역 관점에서는 비등방성이고 균질한 재료이다. 공학용 재료 중에서 가장 많은 재료상수의 개수는 이론적으로 81개이다. 이 중 균질등방성 재료이면 독립상수는 2개가 된다.

재료의 외력(F)에 대한 길이의 변화(δ)는 후크의 법칙(Hooke's law)으로 다음과 같은 관계를 가진다. 아래의 관계식에서 k는 스프링 상수(spring constant)이고 외력과 변형량을 각각 단위 면적당 힘(응력 $\sigma = F/A$)과 단위 길이당 변화량($\epsilon = \delta/L$)으로 바꾸어 표현하는 경우 이때 비례상수는 앞에서 소개된 탄성계수($E = kL/A$)가 되며 시편의 형상 및 크기와 관계없이 순수한 재료만의 특성이다.

$$F = k\delta \quad \leftrightarrow \quad \sigma = E\epsilon \ (E\text{는 항상 양수})$$

$$\epsilon^-, \ \sigma^- \ (\text{압축하중을 받을 경우})$$

$$\epsilon^+, \ \sigma^+ \ (\text{인장하중을 받을 경우})$$

$\sigma = E \cdot \epsilon$에서 E가 크면 더 딱딱하게 느껴진다. 즉, 재료의 탄성계수가 클수록 더 강하게 느껴지며 가장 일반적인 강철과 알루미늄 재료의 경우 각각 200 GPa과 80 GPa의 수준으로 측정된다. 단위가 다르지만, 탄성계수 E는 스프링 상수의 유추로 개념을 생각할 수 있다. 물리적으로 탄성계수는 재료를 구성하는 최소단위의 원자 간에 작용하는 힘(inter-atomic force)이 원인이 된다. 원자 사이의 거리는 아래 그림 1-4의 우측에 그려져 있는 퍼텐셜 곡선에 의하여 계산될 수 있다. 이 곡선의 기울기 값에 부호를 바꾸면 두 원자 간에 작용하는 힘의 크기가 되는데 그림에서 보듯이 이 곡선에는 기울기가 0이 되는 두 원자 사이의 중립거리가 있다. 이 거리보다 두 원자 간의 거리가 가까우면 원자 사이에는 반발력이 작용하고 거리가 더 멀어지면 반대로 인장력이 작용한다. 탄성계수는 중립위치에서 곡선의 곡률이 물리적 이론값이다. 재료를 열처리하면 약간의 불순물을 기본 원자 배열에 많아야 수 퍼센트 포함하는 것이므로 전체적으로 재료의 탄성계수는 열처리 등에 의한 불순물의 존재에 거의 영향을 받지 않는다고 생각할 수 있다.

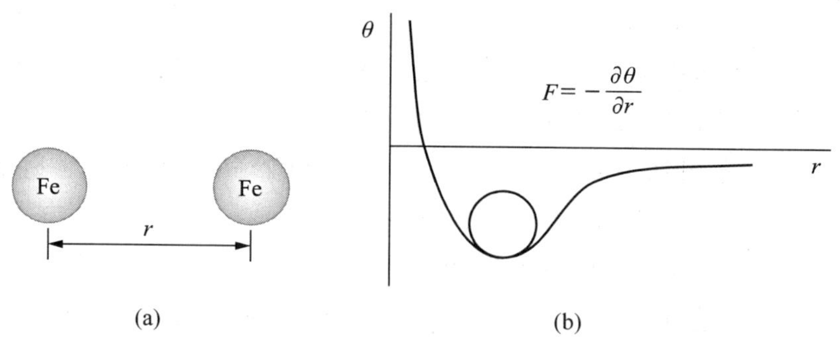

(a) (b)

그림 1-4 두 원자 간의 힘과 퍼텐셜에너지(θ)

보기문제

그림 1–5를 참조하시오. 하중을 받지 않는 중립상태의 쇠막대는 길이가 10 cm이었다. 변형률 경화현상(strain hardening)이 시작되는 위치까지 하중이 가해진 후 모든 하중이 제거되었다면 이 쇠막대의 최종 길이를 계산하시오. 한편 쇠의 경우 소성이 시작되는 소성(塑性)응력(σ_Y)의 크기는 450 MPa이며 탄성계수는 200 GPa이다.

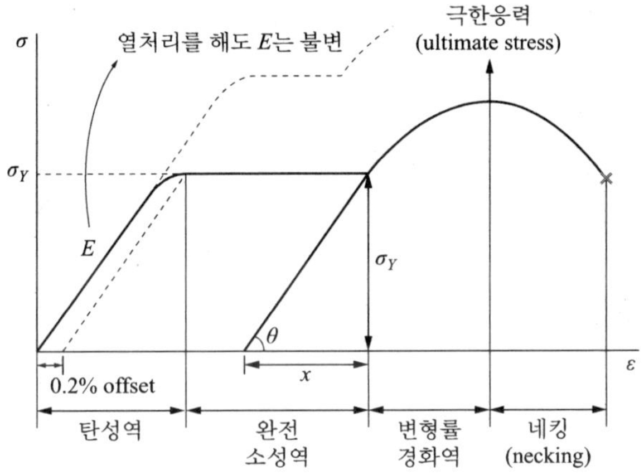

그림 1–5

해설

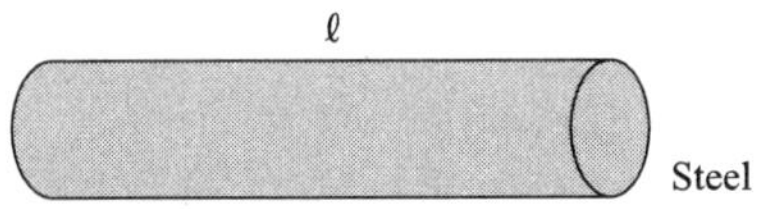

$$\tan\theta = \frac{\sigma_Y}{x} = \frac{450}{x} = \frac{E}{1} = 200\times 10^3\ \text{MPa}$$

$$x = \frac{450}{200\times 10^3} = 2.25\times 10^{-3}\ \text{MPa}$$

$$\epsilon = 0.03 = \epsilon_p + \epsilon_e = \epsilon_p + 2.25\times 10^{-3}$$

$$\epsilon_p = 0.03 - 0.00225 = 0.02775 = \frac{\delta_p}{\ell}$$

$$\delta_p = 2.775\ \text{mm}$$

그러므로 $\ell_f = 10.2775\ \text{cm}$.

Chapter 1 연습문제

01 길이가 1 m인 미터자의 한쪽 끝에 1 kg의 하중을 매달고 25 cm 안쪽에서 받쳐 들었더니 균형을 이루었다. 미터자의 질량을 구하여라.

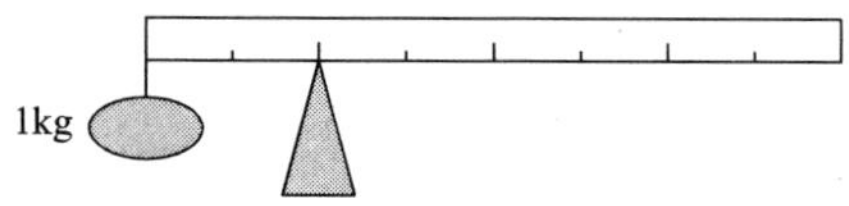

그림 P1-1

정답 1 kg

02 그림 P1-2의 반지름 $R = 125$ mm인 원통은 무게가 75 N이고 두 접촉면에서 정(靜)마찰계수는 0.15이다. 원통이 움직이려는 순간 P값을 구하라. (자유물체도를 그리고 계산하라.)

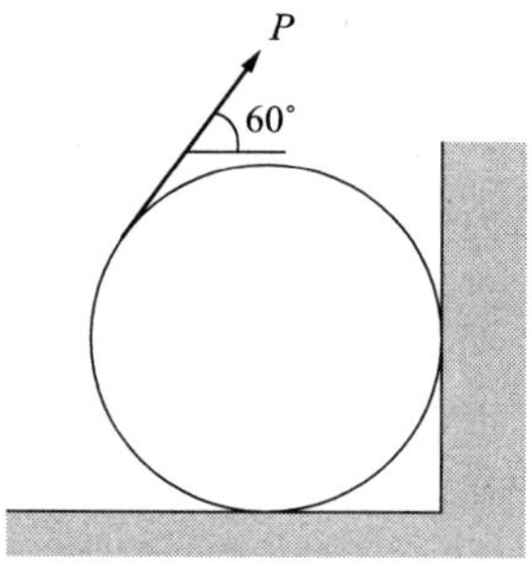

그림 P1-2

해설

$$P\sin 30° = F\sin\theta \quad ①$$

$$P\cos 30° + F\cos\theta = W \quad ②$$

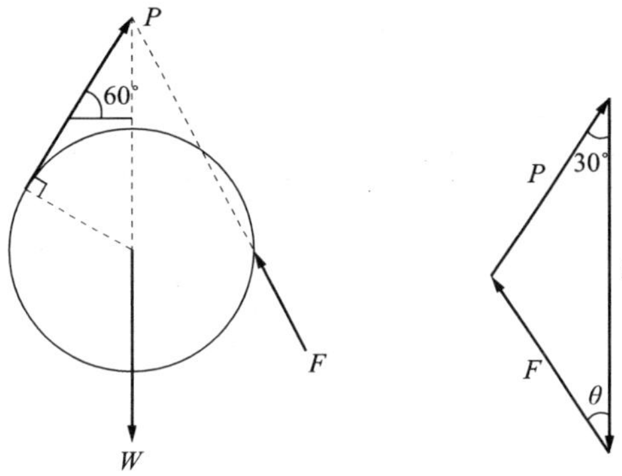

$\mu F\sin\theta = F\cos\theta$ 으로부터 $\tan\theta = \dfrac{1}{\mu} = \dfrac{1}{0.15}$ 이므로 $\theta = 81.47°$

식 ①로부터

$$F = 0.5056P \qquad ③$$

식 ③을 식 ②에 대입하면 $P = \dfrac{75\text{ N}}{\cos 30° + (0.5056)\cos 81.47°} = 79.7\text{ N}$

정답 79.7 N

03 다음의 그림 P1-3에 보인 구조물은 강체 널빤지 1개와 2개의 선형 스프링으로 구성되어 있다. 스프링의 상수는 각각 k_A와 k_B이고 강판의 한쪽 끝은 회전이 자유로운 힌지(hinge)로 벽에 고정되어 있을 때 스프링 A와 B에 작용하는 하중의 크기를 계산하시오.

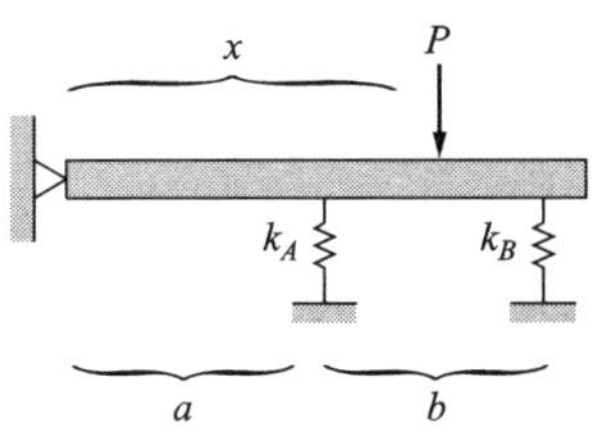

그림 P1-3

정답 $F_A = \dfrac{k_a a x P}{k_a a^2 + k_b (a+b)^2}$, $\quad F_B = \dfrac{k_a (a+b) x P}{k_a a^2 + k_b (a+b)^2}$

04 다음의 그림 P1-4에는 재료의 굵기가 같은 세 개의 케이블로 이루어진 구조물이 점 A에서 수직 하중 P를 받고 있다. 구조물이 탄성상태에 있다면 각 케이블에 작용하는 하중을 계산하시오. (모든 연결점은 마찰이 없는 핀)

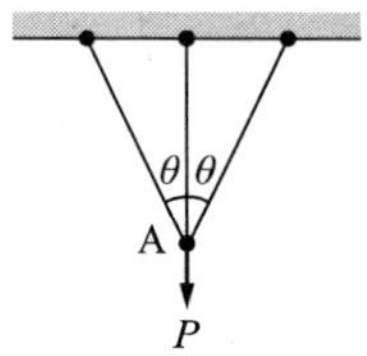

그림 P1-4

정답 중앙케이블 $\dfrac{P}{1+2\cos^2\theta}$, 측면케이블 $\dfrac{P\cos^2\theta}{1+2\cos^2\theta}$

2

CHAPTER

응력과 변형률

응력과 변형률의 정의는 힘과 길이 변화의 과학적인 설명방법이다.

역학의 목적은 힘을 받는 물체에서 물리적 현상을 설명하고 예측하여 공학적 설계에 응용하기 위한 기초를 제공하는 데 있다. 따라서 역학(mechanics)이란 힘의 작용을 받는 물체에서 정지상태, 운동상태, 변형 또는 흐름에 관한 물리적 현상을 다루는 과학으로 정의할 수 있다. 여기서 물체라고 하는 것은 강체(剛體, rigid body), 변형체(變形體, deformable body), 또는 유체(流體, fluid)를 말한다. 역학의 이론은 오늘날 모든 과학 분야에서 해석과 설계의 기초가 되고 있다. 그러나 역학의 이론은 실제의 구조물이나 기계부품에 직접 적용되는 것이 아니라 이들 실제의 물체를 이상화(idealization)시킨 모형(模型, model)에 적용되는 것이다. 이상화된 모형은 실제 구조물의 특성, 환경, 경계조건 등에 대하여 여러 가지 가정을 도입한 것이다. 이들 모형은 수학적으로 표현할 수 있어야 하며 이 수식들을 풀어서 모형의 운동과 변형 등을 예측하게 된다. 역학에는 정역학, 재료역학, 동역학, 유체역학 등이 있다.

실제의 문제가 이상화 과정을 거쳐 일단 모형화 되어 수식으로 표현되면 수식을 정확하게 해결하여도 이 해(解, solution)의 정확성은 모형화 된 수준을 벗어날 수 없다. 즉, 엉성하게 모형화 된 수식의 해로부터 원래 문제의 정확한 현상에 대한 해석을 기대할 수 없다는 말과 같으므로 역학의 해석에서 가장 중요한 것은 신뢰성이 높은 문제의 모형을 설정하는 작업이다.

2.1 평형상태

자연계에서 존재하는 모든 상태는 거시적으로 혹은 미시적으로 모두 균형의 상태이며 외부의 환경 아래 놓여 있는 구조의 균형을 우리는 힘의 균형(均衡) 상태 혹은 평형(平衡)상태(equilibrium)라고 부른다.

구조와 평형상태에는 일반적으로 구조를 구성하는 임의 위치의 질량(mass)이 순간적으로 속력의 변화(speed change) 즉 가속도(acceleration)을 가지는 동적 평형(dynamic equilibrium)과 구조의 모든 임의 질량이 시간에 따라 일정한 속력을 유지하는 정적 평형(static equilibrium)을 포함한다.

재료역학에서 우리는 특별한 언급이 없는 한 평형상태란 정적인 평형상태를 의미한다. 덧붙이자면 동적 평형상태에서 질량 M의 물체가 가속도 $\vec{a}$를 유지할 때 관성력은 $\vec{F} = M\vec{a}$가 되며 외력의 합의 방향과 일치한다. 이 경우 관성력 $M\vec{a}$의 방향을 거꾸로 하여 $-M\vec{a}$를 물체의 중심에 작용하는 외력으로 간주하면 동적 평형의 동역학(dynamics) 문제를 정적 평형의 정역학(statics) 개념으로 해결할 수 있다. 이러한 방법을 달람버트(D'Alembert) 원리(原理)라고 말한다.

정적으로 평형한 상태에 있는 물체의 경우 물체에 작용하는 모든 외력(external force)은 서로 상쇄되어야 하고 물체의 내외를 모두 포함한 공간상의 한 점을 중심으로 외력이 만드는 모멘트(moment)의 합도 항상 영(zero)이 되어야 한다. 즉, 역학에서는 강체에 외력 등의 힘이 작용할 때 물체에서 일어나는 반력, 가속도 등을 계산하는 데, 정역학에서는 질점과 강체의 가정 하에서 힘을 받고 있는 물체의 평형상태를 취급한다. 실제 문제를 해결하는 일반적인 단계는 실제의 물체에 몇 가지 가정을 도입하여 복잡한 문제를 단순화한 모형 즉, 자유물체도(free body diagram)로 재구성하고 이를 수학(평형방정식, equilibrium equation)적 방법을 이용하여 그 물체에 작용하는 반력 등 미지의 힘(크기와 방향)을 예측한다. 강체에 작용하는 모든 힘은 등가(等價)의 힘과 모멘트로 재합성되어 표현될 수 있으며, 이러한 힘 - 모멘트가 강체의 평형 및 운동을 결정한다. 강체에 작용하는 모든 힘의 합과 임의의 점에 대한 모든 모멘트의 합이 모두 영이 될 때 강체는 정적인 평형상태에 있게 된다. 이 평형상태를 수식으로 표현하는 다음의 두 조건을 동시에 만족해야 한다.

■ **정적 평형상태 조건**

외력의 합이 '영'인 상태 $\sum\vec{F} = 0$

임의의 점에 대한 모든 외력의 모멘트 합이 '영'인 상태 $\sum\vec{M}_P = 0$

보기문제

그림 2-1에서 보인 구조물은 강(鋼, steel)으로 만들어졌다. 구조물의 각 부재에 작용하는 힘을 구하고 구조물의 안전성을 검토하라.

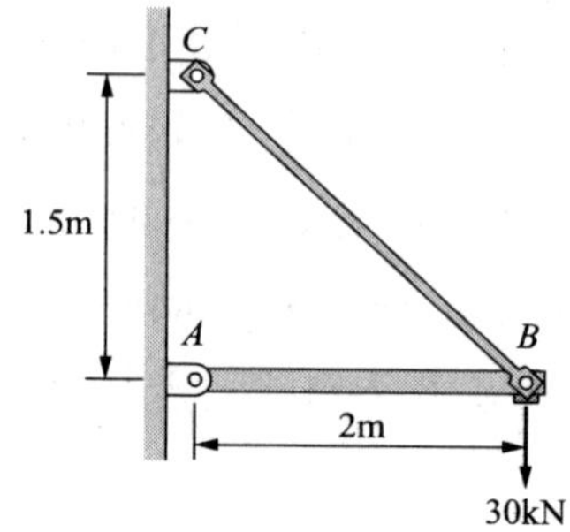

그림 2-1

해설 위의 그림에서 AB, BC는 이력부재[1]이므로 다음의 그림 2-2와 같이 자유물체도를 그릴 수 있다. 이력부재에 작용하는 힘의 경우 반력의 방향은 부재의 축방향이어야 하므로 모르는 것은 단지 힘의 크기이다. 자유물체도에는 이미 고려되어 표현되어 있다.

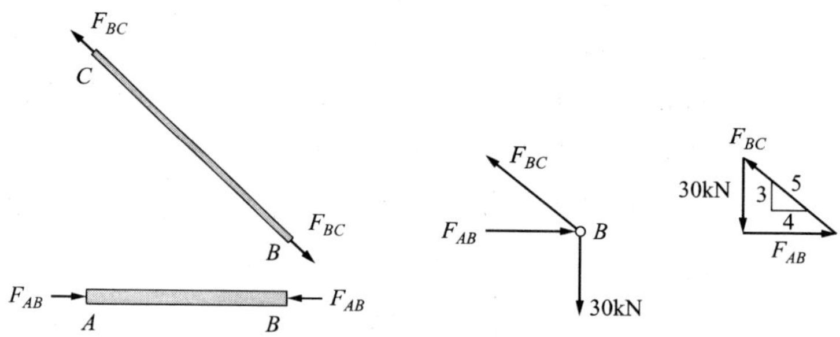

그림 2-2 **자유물체도**

그림 2-2 자유물체도 중 우측의 힘의 다각형(force polygon)에서 F_{AB} : F_{BC} : 30 kN = 4 : 5 : 3이므로 F_{AB} = 40 kN(압축), F_{BC} = 50 kN(인장)으로 계산된다. 두 번째 물음으로 구조물에 쓰인 재료는 안전한가? 이에 대한 답을 간략하고 혼동 없는 숫자로 표현하기 위하여 '힘'의 개념 대신에 재료의 단위 면적당 지탱하는 힘 — 추상(抽象)적 개념을 응력(應力, stress)[2]이라 함 — 을 정의하여

1) 二力部材(two force member) : 평형상태에 있기 위한 외력의 조건은 오직 축방향과 일치하는 일직선상에 존재하며, 크기는 같고 방향은 반대인 두 힘만 작용하는 부재. 예로 마찰 없는 핀으로 양 끝이 조립된 트러스의 중간 구간에 아무 외력이 없는 경우.

2) 응력을 σ로 표시하면 $\sigma = \vec{F}/\vec{A}$로 계산하는데 이 경우 응력의 계산에는 두 개의 벡터가 관여한다. 이 중 면적벡터 $\vec{A}$는 힘($\vec{F}$)이 작용하는 유효면적의 크기와 이 면적의 바깥을 향하여 수직으로 설정되는 방향으로 정의된다. 즉, 응력 σ은 힘($\vec{F}$)과 면적벡터($\vec{A}$)가 동일방향인 경우 양의 값으로 정의되며 이 경우 부재의 길이는 늘어나게 된다. 즉, 인장의 경우를 뜻한다. 음의 부호를 갖는 경우는 이와 반대의 경우이므로 압

사용한다.

부재 BC의 단면적 $A = \pi r^2 = 314\ \mu m^2$. 재료의 기계적 성질(mechanical property)에서 소재의 최대 허용응력은 $\sigma_{all} = 165$ MPa이다. 축하중의 계산결과와 하중이 작용하는 축의 단면적으로부터 응력을 계산하면, $\sigma = 159$ MPa $< \sigma_{all} =$ 165 MPa이므로 부재 BC는 '안전'하다고 주장할 수 있다.

2.2 응력과 변형률

1. 응력

기계적 하중을 받는 물체, 즉 변형체(deformable body)는 구체적인 형체의 변화가 생긴다. 동일한 하중에서도 물체의 재료 물성값에 따라서 형체의 변화량이 달라지는데 이러한 변형이 유지되는 데 필요한 내부의 하중분포(internal force distribution)는 추상적인 개념의 응력을 이용하면 체계적으로 표현될 수 있다. 응력은 2가지 벡터의 성질을 동시에 보유하는 물리량으로 볼 수 있다. 응력은 양적으로는 단위 면적당 작용하는 힘의 크기이며 방향성과 관련된 특성으로는 작용하는 힘의 방향과 힘이 작용하는 면적의 밖으로 향하는 면에 수직인 방향의 두 가지 성분에 의하여 정의되는 'dyad'이다.

하중을 받는 재료의 파손은 재료의 파괴특성에 따라서 크게 두 가지 형태로 분류할 수 있다. 잘 깨어지기 쉬운 취성(脆性)재료(brittle material)의 경우 파괴(破壞)는 파단면에 수직으로 작용하는 단위 면적당 힘의 집중도(intensity)에 의존하는 데 이러한 응력을 특별히 수직응력(normal stress)이라고 부른다. 한편 깨지기보다는 찌그러지기 쉬운 연성(延性)재료(ductile material)의 경우에는 최종 파단면에 접선방향 힘의 집중도에 의하여 파손이 일어나는데 이 경우 응

축되는 경우를 말한다. 위의 평균 응력 대신에 임의의 미소부분에서 응력을 계산하려면

$$\sigma = \lim_{\Delta A \to 0} \frac{\Delta F}{\Delta A} = \frac{dF}{dA}$$

력을 전단(剪斷)응력(shear stress)이라고 한다. 따라서 앞서 얘기된 수직응력과 전단응력은 재료역학에 의한 해석의 결과가 특정 목적의 기계요소가 주어진 설계하중 조건에서 최종 파단 발생 여부를 판단하는데 주로 적용된다는 점을 고려하면 응력을 수직응력과 전단응력으로 나누어 계산 결과를 살펴보는 이유를 알 수 있다. 모든 응력은 응력성분(應力成分, stress component)으로서 수직응력과 전단응력으로 나누어 표현하는데, 응력이 힘과 면적의 두 가지 벡터성분을 포함하고 있으므로 이것은 힘 벡터의 성분 분리와 동일시하면 안 된다.

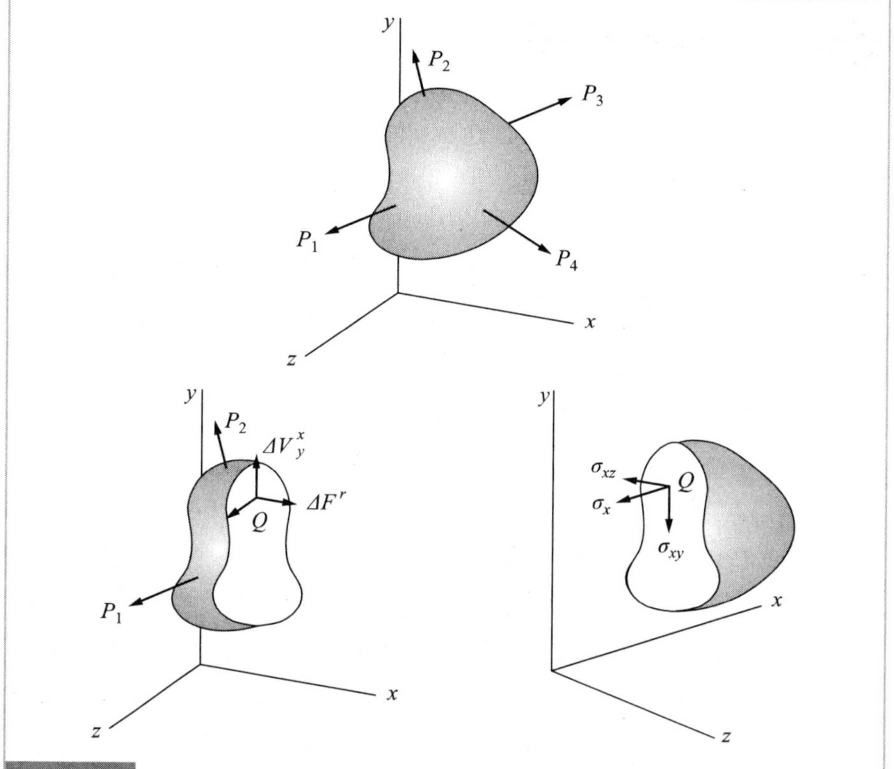

그림 2-3 외부하중을 받는 물체와 응력성분

응력성분(σ_{ij})은 두 개의 벡터성분을 동시에 참조해야 하므로 성분을 표시할 때 2개의 아래첨자를 이용하여 구분한다. 참고로 벡터의 성분을 표현할 때는 아래첨자 1개를 참조한다. 2개의 아래첨자에서 첫 번째는 면의 방향을 의미하며 두 번째는 이 면에 작용하는 힘의 방향을 말한다. 3차원 좌표축(예를 들어

x, y, z축)을 기준으로 벡터의 방향은 x, y, z축 방향 3가지가 있다. 응력의 경우처럼 두 개의 첨자를 이용하여 성분을 표현하는 경우에는 3×3＝9가지의 수가 가능하다. 아래첨자 기호의 정의는 다음과 같다. 두 아래첨자의 기호가 겹치는 경우는 항상 수직응력, 서로 다른 경우에는 전단응력이 되는데 기호로 응력을 표현할 때 전자의 경우에는 σ를 후자의 경우에는 τ로 표현하기도 한다. 그림 2-3 참조하면 ΔA의 방향이 x인 경우이므로 이 경우 첫 번째 아래첨자는 모두 x가 된다.

$$\sigma_{xx} = \lim_{\Delta A \to 0} \frac{\Delta F^x}{\Delta A} \equiv \sigma_x$$

$$\tau_{xy} = \lim_{\Delta A \to 0} \frac{\Delta V_y^x}{\Delta A}; \qquad \tau_{xz} = \lim_{\Delta A \to 0} \frac{\Delta V_z^x}{\Delta A}$$

작용과 반작용 원리에 의한 힘의 크기는 같은 위치에서 동일 기준면에 근거한 응력의 값은 양측에서 모두 같다. 힘의 벡터 경우에는 방향이 서로 반대로서 같은 크기 부호는 반대가 된다. 그러나 응력의 경우에는 힘 벡터의 방향과 면 벡터의 방향이 작용과 반작용 하중의 경우 각각 동시에 부호가 반대되므로 두 경우 모두 응력의 부호는 다르지 않다. 접촉상태에 있는 두 면의 접촉영역을 생각해 보라. 두 접촉영역의 면의 방향은 서로 반대이고 접촉영역에 작용하는 힘의 방향은 서로 눌리는 방향, 즉 압축방향으로 면의 방향과 각각 반대되므로 접촉영역에서 작용하는 응력의 부호는 두 경우 모두 음수가 된다. 반면에 두 주사위의 한 면씩에 아교를 바르고 서로 붙여놓은 다음 두 주사위를 잡아당겨 떼어놓는 경우 서로 붙어있는 면을 생각해 보자. 각각의 주사위의 붙어있는 면에는 잡아당기는 인장력이 작용할 것이고 각 면의 방향도 이 힘과 같은 것이므로 응력의 결과는 양의 수가 된다. 결국 (수직)응력의 값이 음수일 경우에는 접촉영역과 같이 압축을 일으키고 응력의 값이 양수일 경우에는 붙어 있는 면과 같이 인장이 일어날 것이다. 이들 응력을 각각 압축 수직응력과 인장 수직응력이라고 한다.

한편 전단응력은 그림 2-4와 같이 작두, 가위 등이 작용하는 동작을 생각하면 쉽게 감을 잡을 수 있다.

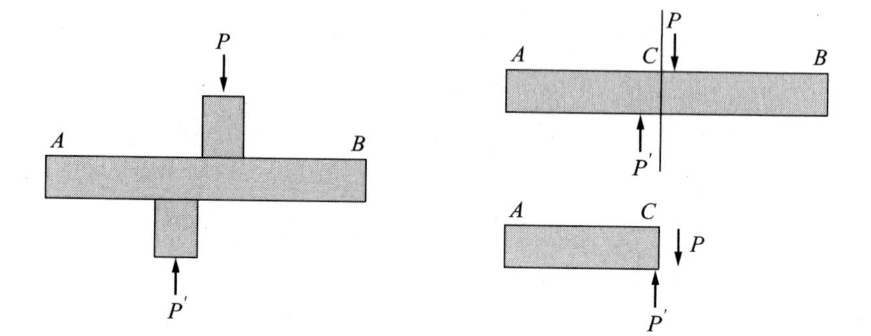

그림 2-4 전단응력의 작용

미소(微小)면적에 작용하는 이론적 전단응력의 값과 함께 현장에서는 종종 평균 전단응력을 계산하여 빠른 추론을 하는 데 이용한다. 평균 전단응력을 정의하는 식은 다음과 같다.

$$\tau_{ave} = \frac{P}{A}$$

주의할 사항으로 수직응력의 계산 시 외력이 편심 되지 않으면 $\sigma_{avg} = \sigma$이나 전단응력의 경우에는 어느 경우나 미소면적의 이론 전단응력과 같지 않다. 즉, $\tau_{avg} \neq \tau$.

단순 구조물의 해석에 적용하기 위하여 현장에서 기구의 연결부위 설계 시 접촉면에서 발생하는 응력, 즉 지압(支壓)응력(bearing stress)을 평균 공칭응력(平均 公稱應力)을 $\sigma_b = P/td$으로 여기서 P는 작용하중과 td는 투과면적(projection area)을 정의하여 설계데이터로 이용하기도 한다. 비교적 단순한 구조물의 재료역학 해석의 단계는 다음과 같이 요약될 수 있다.

① 각 부재에서의 힘을 계산
  (ㄱ) 평형방정식 이용 $\sum F = 0,\ \sum M = 0$
  (ㄴ) 자유물체도 작성
② 취약부분에서 수직응력, 전단응력, 공칭응력 등을 결정하여 허용치와 비교한다.

응력성분의 정의에 따라서 응력의 성분을 기준 좌표측의 관점에서 도시하면 아래의 그림과 같다.

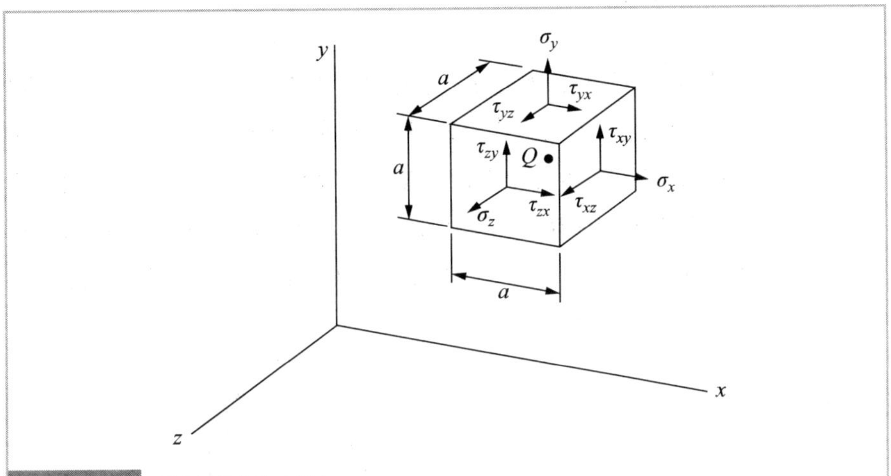

그림 2-5 응력성분의 도식

그림 2-5에 도식된 응력성분 간에 존재하는 관계를 구하기 위하여 위의 그림에 대하여 (정적) 평형상태에서 조건식을 이용하면 다음과 같다.

$$\sum \vec{F} = 0: \ \sum F_x = 0,\ \sum F_y = 0,\ \sum F_z = 0 \text{ 으로 자동만족됨.}$$

$$\sum \vec{M} = 0: \ \sum M_x = 0,\ \sum M_y = 0,\ \sum M_z = 0 \text{은 필요조건.}$$

위의 모멘트 평형조건 3가지가 각각 유사한 요구조건이므로 이중 z축을 중심으로 모멘트 평형조건인 세 번째를 예로 고려해 보자.

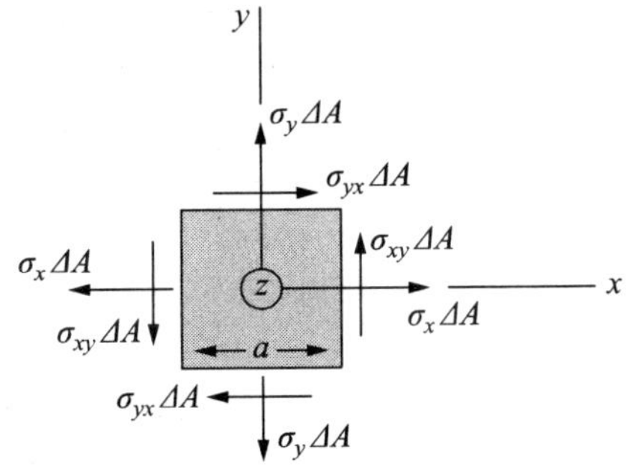

그림에서 모멘트의 평형은

$$\sum M_z = \tau_{xy} a^2 \cdot a - \tau_{yx} a^2 \cdot a = 0 \text{이므로 } \tau_{xy} = \tau_{yx}$$

즉, 모멘트의 정적 평형조건을 만족시키려면, 직각 모서리에 작용하는 전단응력은 크기가 반드시 같아야 하며 면에 작용하는 응력의 센스는 주사위를 서로 반대 방향으로 회전시키는 방법으로 작용해야 한다는 것을 의미한다. 이것이 전단응력으로 평균값 τ_{ave}을 쓰는 것이 이론적으로 항상 맞지 않는다는 것을 말하기도 한다. 즉, 다음 그림과 같이 전단하중을 받는 주사위를 생각해 보라.

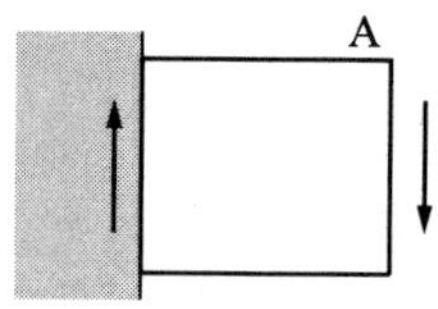

그림 2-6 회전평형을 만족하지 못하는 전단응력.

보기문제

그림 2-7의 구조물을 참고하여 아래의 물음에 답하라.
(핀 A의 $d = 9$ mm, 핀 C의 $d = 6$ mm)

(1) 핀 A의 전단응력
(2) 핀 C의 전단응력
(3) 연결부 ABC의 최대 수직응력
(4) B부분에 접합된 면에서의 평균 전단응력
(5) C점에서의 지압(支壓)응력

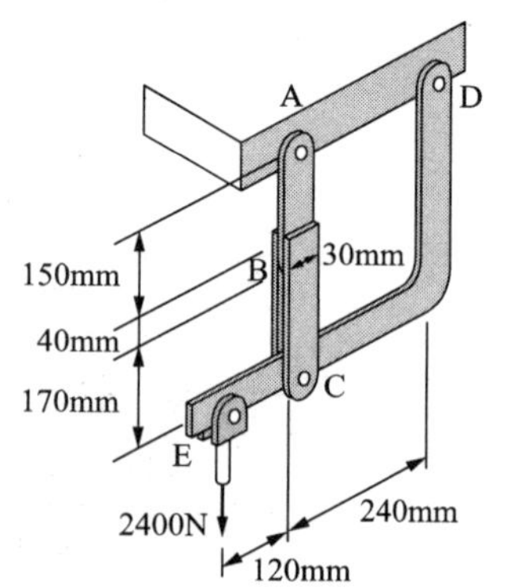

그림 2-7

해설

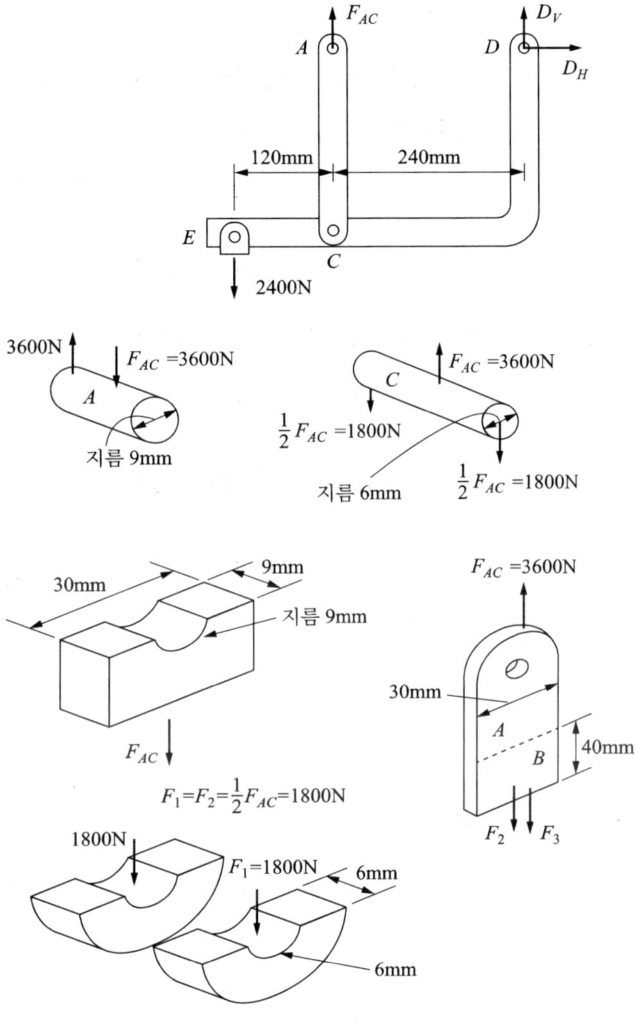

그림 2-8

(1) $\sum F=0;\ F_A+F_D=2400$

$\sum M_D=0;\ (120+240)(2400)-(2400)F_A=0$

위의 두 식으로부터 $F_A=3600$ N과 $F_D=-1200$ N을 얻는다.

$$\tau_A=\frac{F_A}{A}=\frac{3600\text{ N}}{\frac{\pi}{4}(9\times10^{-3}\text{ m})^2}=56.6\text{ MPa}$$

(2) $\tau_C = \dfrac{F_A}{2A} = \dfrac{1800\ \mathrm{N}}{\dfrac{\pi}{4}(6\times 10^{-3}\ \mathrm{m})^2} = 63.7\ \mathrm{MPa}$

(3) AB의 최소(最小) 단면적은 $A_{AB} = (9)(30-9) = 189\ \mathrm{mm}^2$이고

BC의 최소 단면적은 $A_{BC} = (6)(30-6) = 144\ \mathrm{mm}^2$이다.

$2A_{BC} > A_{AB}$이므로 최대(最大) 응력은 다음과 같이 구한다.

$$\sigma_{\max} = \frac{F_A}{A_{AB}} = \frac{3600}{189}\ \mathrm{MPa} = 19.05\ \mathrm{MPa}$$

(4) 한쪽 접합면의 면적은 $(40)(30) = 1200\ \mathrm{mm}^2$.

전단력 $V = \dfrac{F_A}{2} = 1800\ \mathrm{N}$이므로 평균(平均) 전단응력은,

$$\tau_{avg} = \frac{1800}{1200}\ \mathrm{MPa} = 1.5\ \mathrm{MPa}$$

(5) $\sigma_b = \dfrac{\text{힘}}{\text{투영면적}} = \dfrac{P}{td} = \dfrac{F_A}{2td} = \dfrac{1800}{(6)(6)}\ \mathrm{MPa} = 50\ \mathrm{MPa}.$

2. 변형률

변형률은 길이 ℓ의 변화량인 $\delta = \ell - \ell_0$의 비로 정의된다. 변형률의 정의에 따라서

$$\epsilon = \frac{\delta}{\ell} = \frac{\Delta\ell}{\ell} = \frac{\ell - \ell_0}{\ell}$$

앞의 공학적 변형률을 수학적으로 정확하게 다음과 같이 정의할 수 있다. 앞의 변형률(ϵ)은 수직(垂直)변형률인데 축방향의 단면이 일정하지 않은 일차원 축 부재의 경우를 포함하여 일반적으로 다음과 같이 정의된다.

$$\epsilon = \lim_{\Delta x \to 0} \frac{\Delta\ell}{\Delta x} = \frac{d\ell}{dx}$$

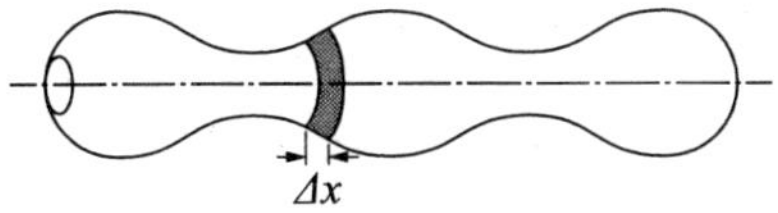

'변형률'의 개념은 외부의 응력에 의한 변형량(δ)를 표현하고자 할 때, 재료가 같은 구조(構造)요소에 응력이 동일하게 작용하는 경우에도 단면적(A)과 길이(L)의 기하학적 크기에 따라 변형량이 달라지게 되는 불편함을 해소하기 위하여 '변형률'이 필요하게 된다. 단위 길이당 변형량으로 '변형률'을 정의한다.

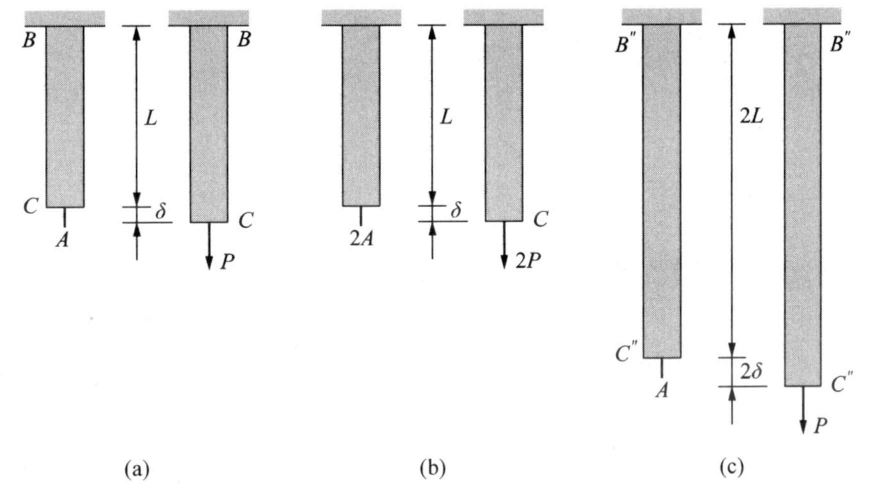

그림 2-9 축하중을 받는 동일 재료 시편의 응력과 변형률 비교

길이	L	L	$2L$
단면적	A	$2A$	A
외력	P	$2P$	P
응력	P/A	P/A	P/A
변형량	δ	δ	2δ
변형률	δ/L	δ/L	δ/L

즉, 평균(平均) 힘 개념의 '응력'과 평균 변형량 개념의 '변형률'을 공학(工學)상수로 하여 외력(外力)에 따른 변형량의 그래프(線圖)를 그리면 변형률과

응력의 관계는 시편의 형상에 관계없이 항상 재료의 특성곡선인 '응력 - 변형률 선도(stress-strain diagram)'을 얻을 수 있다.

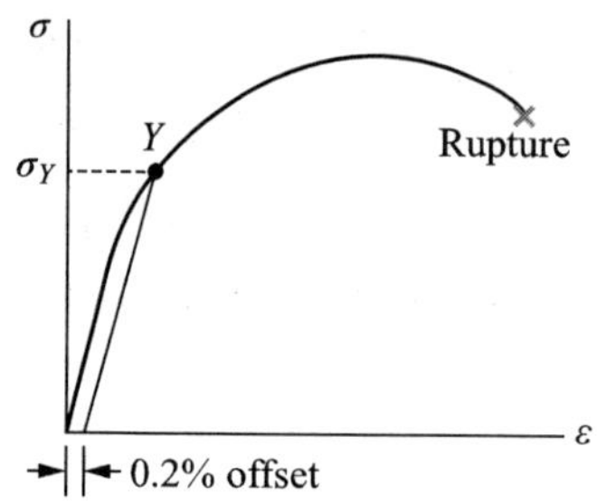

그림 2-10 응력 – 변형률 선도

2.3 구성방정식

구성방정식(constitutive equation)은 '후크(Hooke)의 법칙'이라고도 한다. 기계요소 중의 하나인 선형 스프링의 경우 하중을 받는 스프링은 스프링에 가해진 하중(F)에 비례하여 길이의 변화(δ)가 일어나 $\delta = \frac{1}{k}F$ 또는 $F = k\delta$으로 표현할 수 있다. 여기서 힘과 변형량의 관계가 후크의 법칙이며 비례상수(k)는 스프링 상수이다.

그림 2-11의 탄성상태에서 막대를 양끝에서 잡아당기면 선형 스프링과 유사한 동작을 보이므로 축하중을 받는 막대요소는 등가(等價) 선형 스프링 요소로 바꾸어 해석(解析)에 응용할 수 있다. 선형 스프링의 기계적 거동은 후크의 법칙($F = k \cdot \delta$)에 의하여 표현되므로 이는 탄성막대의 응력 - 변형률 선도로 다음과 같이 바꿀 수 있다.

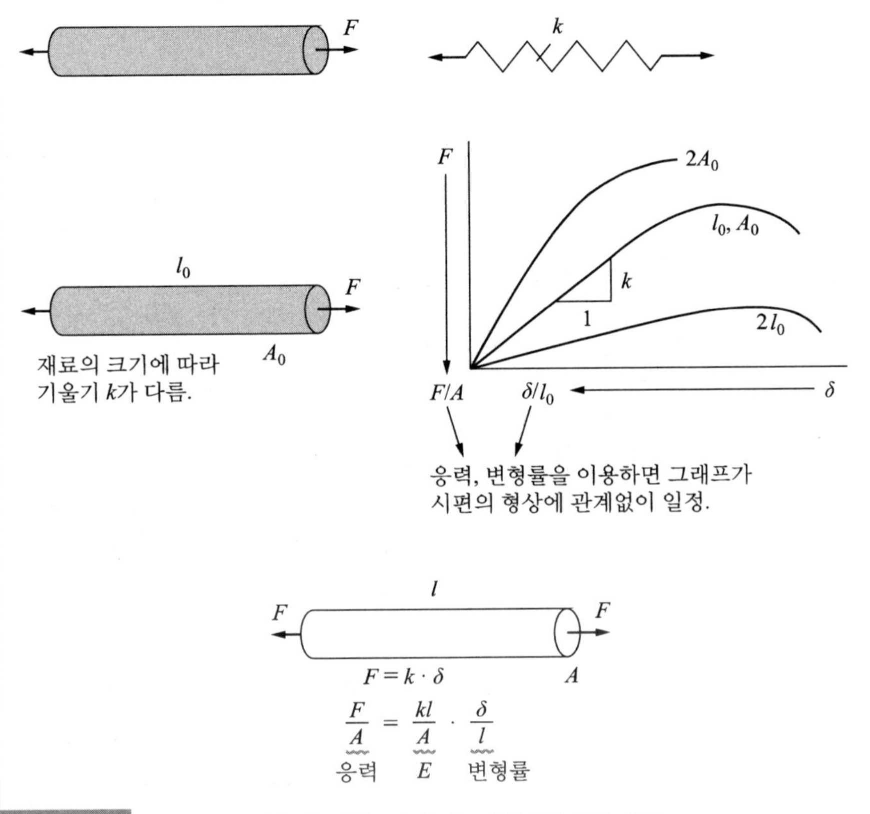

그림 2-11 단순인장 실험에 의한 외력(F) – 변형량(δ)의 개념

후크의 양변을 막대의 단면(A)으로 나누어 다시 표현하면 $\dfrac{F}{A} = \dfrac{kl}{A} \cdot \dfrac{\delta}{l}$가 되므로, 좌변은 응력($\sigma$)이 되고 우변의 마지막 인자(因子, δ/l)은 변형률(ϵ)이다. 여기서 응력과 변형률 사이의 비례상수(kl/A)는 탄성 막대를 구성하고 있는 재료의 고유특성인 탄성계수(E) 혹은 영(Young)의 계수가 된다.

$$\sigma = \frac{F}{A} = E\frac{\delta}{l} = E\epsilon$$

정역학이나 재료역학에서 물체에 하중을 가할 때는 특별한 언급이 없는 한 정적(靜的)으로 하중을 가하는 것이며 다음의 그림 2-12를 참조하라.

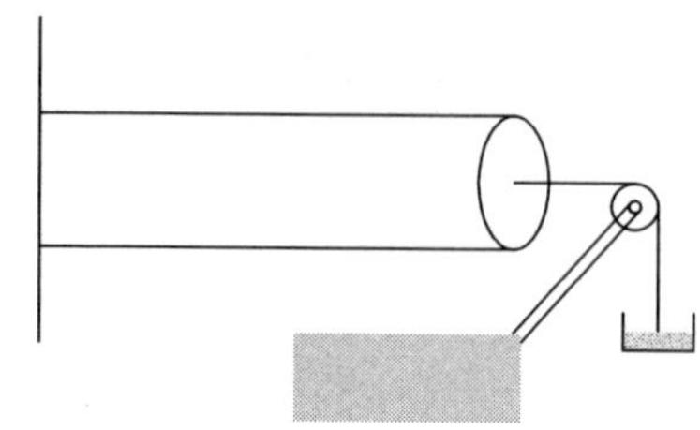

그림 2-12 **정적하중의 개념:** 100 N을 가한다면 오른쪽 바구니에 모래알을 한 개씩 얹듯이 점진적으로 하중을 늘려서 가속도가 일어나지 않게 하면 '정적 평형하중'을 가할 수 있음.

한편, 인장시험과 같이 강과 같이 탄소성 재료로 만들어진 막대 모양의 시편에 정적 축하중(軸荷重)을 가하면 그림 2-13에서 보여진 바와 같이 응력과 변형률은 정비례 관계로 시작된다. 직선의 기울기, 즉 비례상수의 값은 탄성(彈性)계수이다. 그러나 현재 하중의 크기가 C점을 지나면 응력과 변형률은 정비례 관계의 직선에서 벗어나 곡선을 그린다. 곡선이 C점에 도달하기 전에 시편에 가하는 축하중의 크기를 줄이면 직선을 따라서 최종적으로 원점까지 내려간다. 원점에서 C점 사이의 영역을 '탄성영역'이라고 하고 이 구간에서는 하중의 크기를 반복적으로 변화시켜도 시편의 길이는 하중을 제거하면 원래와 동일하다. 그러나 C점을 지나면 하중의 크기를 줄여도 하중이 증가해온 궤적을 따라서 내려가지 않고 곡선 위 현재의 위치에서 탄성영역의 직선에 평행한 새로운 직선을 따라서 하중이 감소한다. 이 경우에는 외부의 하중이 완전히 제거된 뒤에 그림 2-13의 (변형률) 수평직선과 B점에서 만나게 되므로 물리적으로는 시편의 길이가 원래의 길이로 돌아가지 않고 영구적인 길이의 변화가 생긴 것을 관찰할 수 있다. 이러한 영구변형 길이를 '소성(塑性, plastic) 변형량'이라고 한다. 또한 B에서 다시 시편에 하중을 가하면 D점에서 소성이 시작되며 DG선을 따라서 시편의 길이가 변한다.

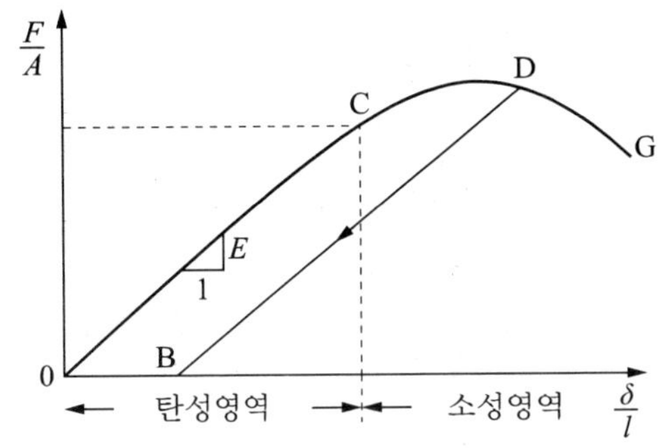

그림 2-13 인장시험에 의한 탄소성 곡선

2.4 셍비낭의 가설

시편의 한쪽 끝에 하중을 가하는 경우 하중이 시작되는 곳부터 단면(斷面) 전체에 하중이 균일(均一)하게 분포할 수는 없다. 그러나 그림 2-14를 참조하면 시편의 끝 단면에 가해진 집중하중 F는 보통 단면의 형상인자인 D의 1.5～2배 만큼 되는 거리가 지나면 균일하게 단면에 분포되는 것으로 가정한다.

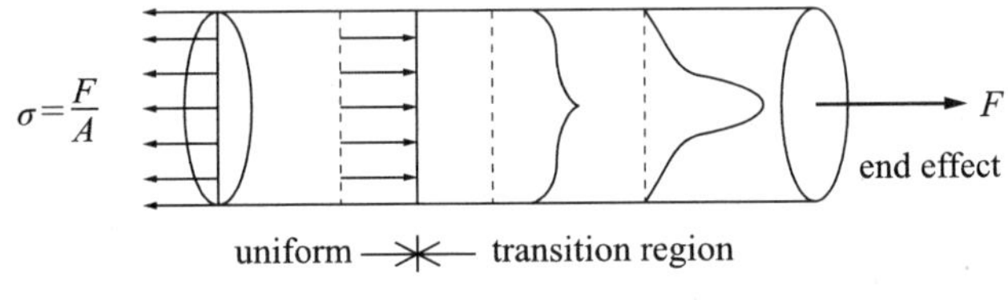

그림 2-14 셍비낭의 끝단 효과

이 사실은 실험적으로 관찰되지만 증명된 적은 없다. 이러한 가설을 처음으로 세운 사람의 이름을 따서 셍비낭의 가설(St. Venant's hypothesis)이라고 불린다. 그러나 이 가설(假設)의 진위(眞僞)여부는 실험역학에서 중요하다.

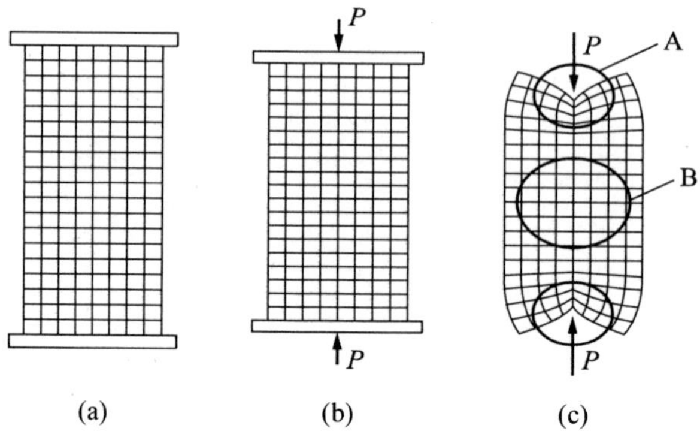

그림 2-15 끝단 효과에 대한 도식적 이해

개념설명 그림을 통하여 축하중 하에서의 변형율의 분포를 관찰함으로써 셍비낭의 원리를 이해할 수 있다. 그림 2-15에서 (a)는 하중이 가해지기 전에 물체의 표면에 모눈모양을 그려놓은 것이다. 그림 (b)에서는 축하중 P를 가하는데 힘을 강체판을 통하여 가함으로써 물체전체의 모든 축에 수직한 단면에 균일한 분포하중이 가해지도록 하였다. 그림 (c)에는 (b)와는 달리 양 끝에 강체판을 통하지 않고 점하중 P를 축방향으로 가한 결과로 A영역의 부근은 균일한 분포하중을 받고 있는 부분이 아니므로 매우 불규칙한 변형모양을 보인다. 그러나 점하중 P에서 충분히 떨어진 B부분에서는 셍비낭의 원리에서 주장하듯이 하중이 단면적 전체에 균일하게 재배치되어 균일한 분포하중이 작용하는 (b)의 변형모양과 동일하게 변형됨을 알 수 있다.

보기문제

길이 L, 지름 d의 원기둥 막대가 천장에 그림과 같이 고정되어 있다. 원기둥의 밑단에 무게 W를 매달 때 원기둥에 분포하는 최대 응력의 크기를 계산하시오. 원기둥의 재료 밀도는 ρ이다.

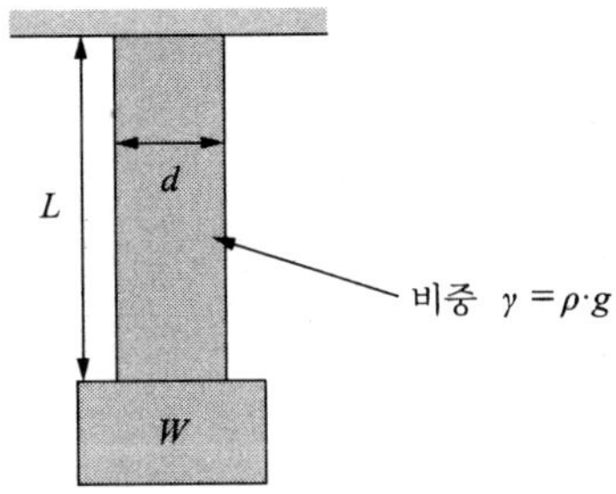

해설 원기둥의 부피는 $V = \frac{\pi d^2}{4} L$.

최대 하중($F_{\max}$)을 받는 원기둥의 단면은 물체 W가 매달린 천장의 접합부위이므로

$$F_{\max} = \rho g V + W$$

따라서 최대 응력($\sigma_{\max}$)은

$$\sigma_{\max} = \frac{F_{\max}}{A} = \frac{4}{\pi d^2}\left(\rho g L \frac{\pi d^2}{4} + W\right) = \rho g L + \frac{4W}{\pi d^2}.$$

2.5 취성재료와 연성재료

재료는 잘 깨어지기 쉬운 취성(脆性)재료와 탄성변형률보다 훨씬 소성이 잘 일어나는 연성(延性)재료로 구분된다. 본 절에서는 응력성분과 재료의 파괴 관계에 대하여 알아보자. 최종 파단(破斷)이 일어날 때까지 축하중을 받는 원기둥 요소에는 길이와 단면 등 형상에 영구적 변화가 일어난다.

$$\sigma = E\epsilon; \quad \sigma = \frac{F}{A_0}$$

같은 원기둥 요소에 아래의 그림과 같이 축하중 P와 횡하중 T 등이 작용할 때 응력의 크기를 묻는다면 얼마라고 해야 할까? 응력은 단위 면적당 힘으로 정의되므로 기준이 되는 힘과 기준면의 선택에 따라서 대답은 여러 가지가 될 수 있을 것이다. 같은 기준면에 대해서 고려하는 힘의 방향에 따라서 $P\cos\theta/A_0$, P/A_0, T/A_0 등이 답이 될 수 있다.

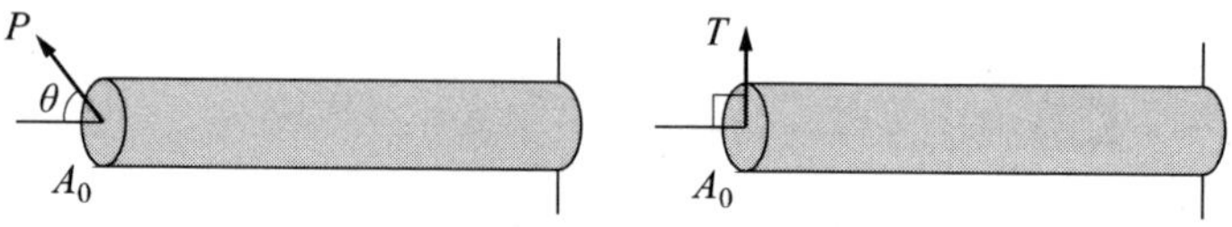

응력의 크기에 대하여 앞에서는 힘의 방향에 대하여 생각해 보았지만, 응력은 힘과 힘이 작용하는 기준면의 크기도 관련이 있으므로 면적(面積)도 대답하는 사람이 생각하기에 따라 응력의 크기가 달라질 수 있다. 기준면은 눈으로 보이는 외부의 면적이 항상 기준면적은 아니다. 아래의 그림에서 임의의 면 A는 A_0와 $A = A_0/\cos\phi$의 관계가 있는데 응력이 F/A_0로 대답하는 경우와 $F/A = F\cos\phi/A_0$ 모두 가능하다.

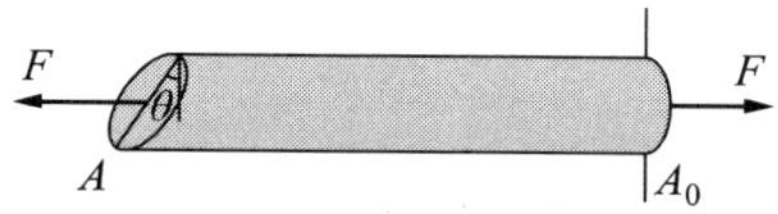

인장시험 결과를 관찰하면 시편의 재료가 취성(脆性)인지 연성(延性)인지에 따라서 각각 최종 파단면(破斷面)이 다르다. 연성재료의 경우를 연상할 수 있도록 한 여름철 냉장고에서 꺼내어 한참 동안 밖에 놓아둔 초콜릿을 상상해 보자. 이 초콜릿을 두 손으로 서서히 잡아당기면 아래의 그림과 같이 파단면이 생길 것이다. 구조용 연성재료로 많이 사용되는 연강, 강, 합금강, 알루미늄 등 금속류의 재료들은 이와 유사한 파단현상을 보인다.

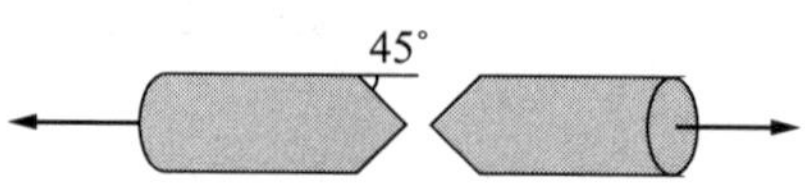

금속재료의 경우 이론적으로 파단면은 축방향을 기준으로 대략 45° 경사지는 것으로 관찰된다. 반면에 냉장고에서 바로 꺼낸 초콜릿 혹은 분필과 같은 취성재료의 경우에 두 손으로 잡아당기면 파단면은 축방향에 수직하게 형성된다. 즉, 파단면의 방향은 축상(軸上)에 있다.

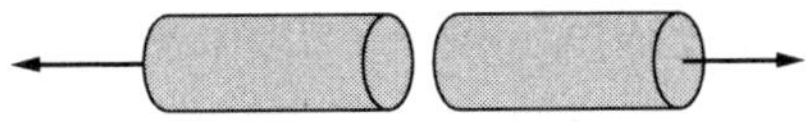

그럼 위의 두 가지 파단(破斷)된 면이 응력의 계산에서는 어떤 의미가 있는지 알아보기 위하여 축방향 인장(引張)하중을 받는 원기둥에 대하여 경사진 가상의 면을 기준으로 응력의 크기를 계산해 보자.

경사진 가상의 파단면이 θ만큼 기울어져 있을 때 자유물체도를 그려서 응력을 계산하자.

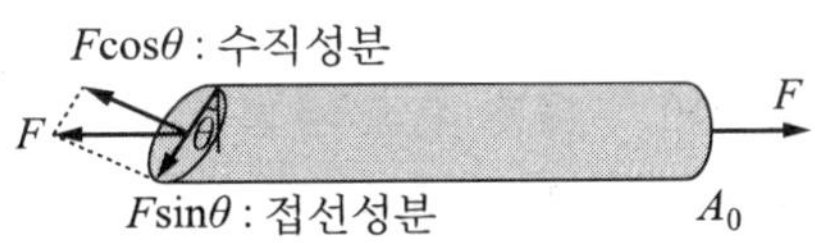

파단면에 수직으로 힘이 작용하는 응력인 수직응력을 계산하면,

$$\sigma = \frac{F\cos\theta}{A_0/\cos\theta} = \frac{F}{A_0}\cos^2\theta$$

한편, 파단면에 접선방향으로 힘이 작용하는 전단응력의 경우에는,

$$\tau = \frac{F\sin\theta}{A_0/\cos\theta} = \frac{F}{A_0}\sin\theta\cos\theta = \frac{F}{2A_0}\sin 2\theta$$

앞의 취성재료의 경우 $\theta = 0$이 파단면인데 이때 수직응력은 모든 경사진 면 중에서 최대가 되며 이때 전단응력은 0이다. 즉, 취성재료에서는 수직응력이

가장 크게 작용하는 면에서 파단이 일어난다고 말할 수 있다.

한편, 연성재료에서는 $\theta = 45°$이 파단면인 경우로 전단응력이 최대가 되는 면이다. 즉, $\sin 2\theta = 1$, $2\theta = 90°$, $\theta = 45°$일 때 $45°$의 파단면에서 전단응력이 최대임을 확인할 수 있다. 취성 혹은 연성 등으로 소재의 기계적 특성을 파악한 후 설계된 하중을 받는 구조물의 파손(破損) 즉, 안전성 여부를 응력해석(應力解析)을 통하여 분석하는 것이 재료역학의 목적이다. 따라서 응력의 크기를 계산할 때는 수직응력과 전단응력을 계산하고 이들을 재료의 특성에 따라 설계응력의 크기와 비교하여 구조요소설계를 수행한다. 요약하면, 겉보기 단면의 방향과 형상에 관계없이 수직(垂直)응력성분과 전단(剪斷)응력성분은 고려하는 기준면의 방향에 따라 연속적으로 바뀌게 되는데, 축방향 하중을 받는 원기둥의 경우에는 다음과 같이 정리된다.

$$\sigma = \frac{F}{A}\cos^2\theta$$

- 단면에 작용하는 수직방향 힘의 성분에 의한 수직응력.

$$\tau = \frac{F}{2A_0}\sin 2\theta$$

- 단면에 작용하는 접선방향 힘의 성분에 의한 전단응력.

그런데 앞에서 살펴본 후크의 법칙은 수직응력과 이에 상응하는 수직변형률 간의 관계식으로 다음과 같다.

$$\sigma = E\epsilon$$

여기서 σ는 수직응력 그리고 ϵ는 수직변형률이다.

그러면 전단응력(τ)의 경우에는 어떤 변형이 상응(相應)하게 되는지 살펴보자. 주사위처럼 만들어진 요소에 순수 전단응력이 작용하도록 접선방향의 힘 T를 아래의 그림과 같이 가하면 주사위의 부피는 변하지 않고 모서리의 각의 변화량이 주어진 힘의 크기와 비례하여 변한다. 아래 그림과 같이 힘에 따라서 변하는 각의 변화량(γ)을 라디안(radian)의 단위(單位)로 표현하고 이를 '전단변형률'이라고 부른다.

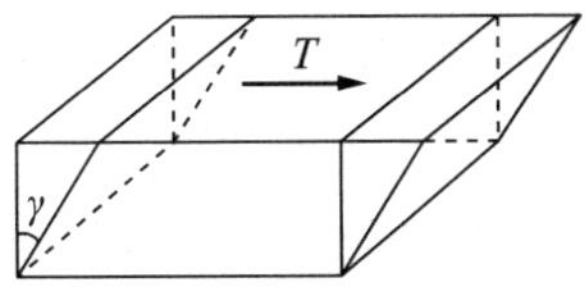

인장시험과 유사하게 전단응력과 전단변형률 사이의 관계를 얻기 위한 시험(試驗)을 하면 전단변형률(γ)은 외부에서 가하는 평균 전단력 즉, 전단응력(τ)에 비례하는 직선부분 즉, 탄성영역을 거친 후 곡선을 그리는 소성영역으로 진행한다. 이때 선형부분의 기울기는 G로 흔히 표현하며 '전단(剪斷)계수'라고 한다. G는 E와 다르지만 서로 독립적이지는 않다.

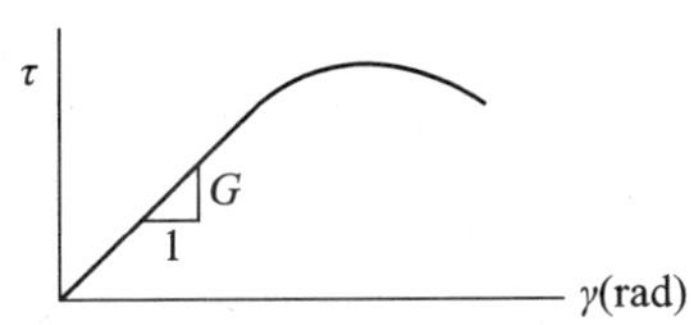

전단력을 받는 직육면체 모양의 변형체에서 전단력(T)이 클수록 꼭짓점이 움직이는 거리($\tan\gamma$)는 늘어난다. 전단시험 선도에서 변형량($\tan\gamma$)이 작은 경우에 $\gamma \ll 1$이므로 $\tan\gamma \approx \gamma$이다. 전단응력($\tau = T/A$)은 γ에 정비례하고 이때 비례상수는 전단계수(G)이므로 전단변형에 대한 후크의 법칙은 $\tau = G\gamma$로 쓸 수 있다.

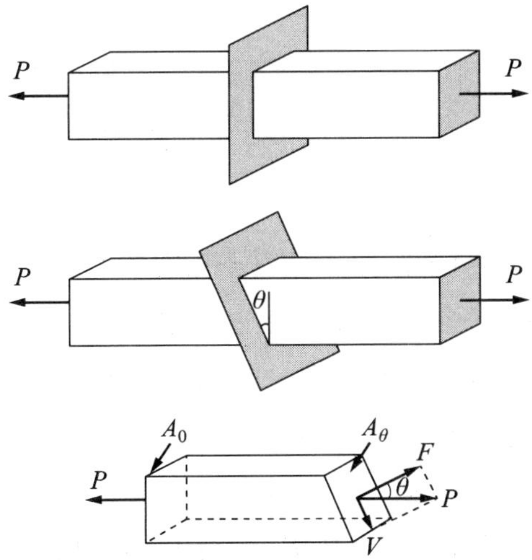

여기에서 축하중 하의 경사진 면에서의 응력을 정리하면, 임의의 질점(質點)에서 수직응력과 전단응력은 고려하는 기준면의 방향에 따라 바뀐다. 그림에서 축하중(P)을 받는 막대(단면적 A)의 임의의 질점에서 θ만큼 기울어진 면(A_θ)을 기준을 고려하면 $A_\theta = A/\cos\theta$, 힘의 수직성분 $F_\theta = P\cos\theta$ 그리고 전단성분 $V_\theta = P\sin\theta$이므로 다음과 같이 수직응력과 전단응력을 계산할 수 있다.

$$\sigma_\theta = \frac{F_\theta}{A_\theta} = \frac{F\cos\theta}{A/\cos\theta} = \frac{F}{A}\cos^2\theta$$

$$\tau_\theta = \frac{V_\theta}{A_\theta} = \frac{F\sin\theta}{A/\cos\theta} = \frac{F}{A}\sin\theta\cos\theta = \frac{F}{2A}\sin 2\theta$$

따라서 수직응력의 최대값은 $\theta = 0°$일 때 $\sigma_{max} = F/A$이며 이때 전단응력은 0이 된다. 이와 달리, 전단응력의 최대값은 $\theta = 45°$에서 $\tau_{max} = F/2A$이고 이때 수직응력은 같은 값인 $\sigma_{45°} = F/2A$이다.

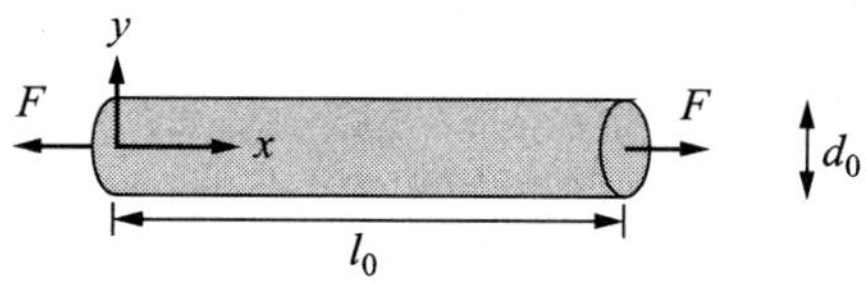

늘어난 후

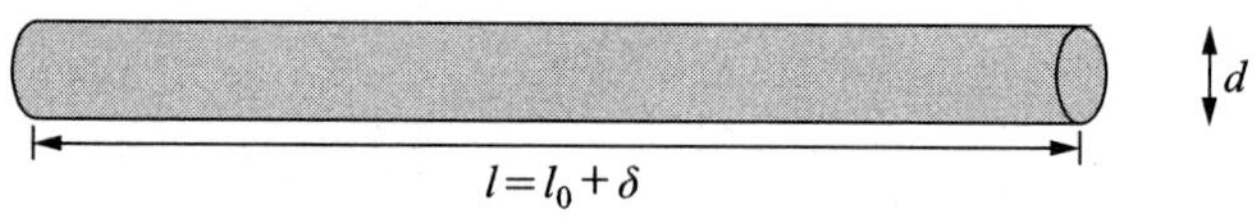

한편, 축하중을 받는 원기둥(단면적의 지름 d_0과 길이 l_0) 모양의 구조요소는 인장하중을 받는 동안 단면 지름(d)는 원기둥이 가늘어지므로 $d < d_0$이 된다. 이때 길이(l)를 측정하면 당연히 $l > l_0$이다. 길이의 변화로 변형률을 계산하면 지름방향으로는 $(d - d_0)/d_0 < 0$, 길이방향으로는 $(l - l_0)/l_0 > 0$이다. 그런데 같은 치수의 원기둥이 같은 하중조건에 놓여 있어도 원기둥의 재료가 다른 경우 길이 방향의 단위 변형률당 줄어드는 지름의 변화량은 다른데 이것은

포와송의 비(比)[3] ν로 정의되는 재료의 고유상수이다. 기계구조용 재료의 경우 탄성범위에서 변형량이 매우 작으므로 원기둥의 부피가 변형의 전과 후에 동일해 보이지만 l를 측정해서 d를 계산하여 실제 측정한 d와 비교해 보면 부피가 같은 경우 $l_0 d_0^2 = l d^2$의 관계가 성립하지 않는 것을 확인할 수 있다. 특별히 $\nu = 0.5$는 변형 전후의 부피가 같은 경우이며 $\nu = 0$이면 길이가 변해도 단면의 크기는 일정한 경우이다.

2.6 허용응력

구조물의 설계 시 일반적으로 '안전계수(Factor of Safety, FS)'를 고려한다. 안전계수는 설계 시 구조물에서 한계응력(재료의 극한응력 σ_u 또는 재료의 소성응력 σ_Y)과 설계에 반영되는 이론적 허용응력 사이의 비율로 다음으로 정의된다.

$$\text{안전계수} = FS = \frac{\text{극한하중}}{\text{허용하중}} = \frac{\text{극한응력}(\sigma_u)}{\text{허용응력}(\sigma_{all})}$$

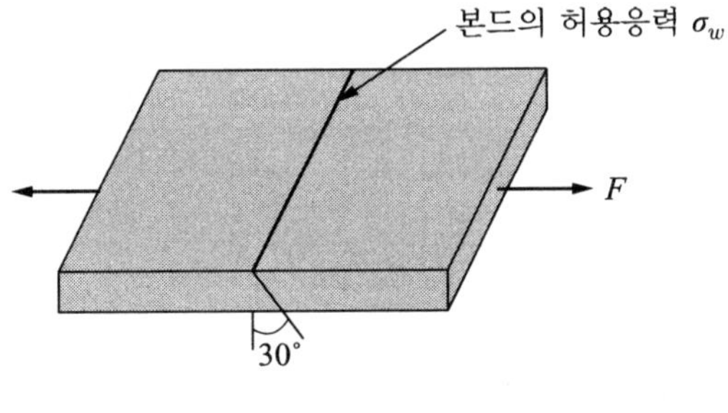

위의 그림은 접착면이 경사진 경우인데 허용한계가 σ_w인 접착제를 사용한 경우 인장하중(F)를 받는 경우이다. 30°면에서 수직응력은 $(F/A)\cos^2 30° =$

3) 제3장 참조. $\epsilon_x = \dfrac{\delta}{l_0}$; $\epsilon_y = \dfrac{d - d_0}{d_0}$

$\nu = -\dfrac{\epsilon_y}{\epsilon_x} > 0$; Poisson's ratio $0 < \nu < \dfrac{1}{2}$

$3F/4A$ 인데 이 값이 접착제의 허용한계를 넘도록 하중을 허용할 수 없다. 즉, $3F/4A < \sigma_w$ 이어야 하므로 $F_{\max} = 4A\sigma_w/3$ 가 최대 허용하중값이다. 실제 허용하는 설계하중이 F_{design} 이라면 이때 안전계수는 $FS = F_{\max}/F_{design}$ 으로 계산된다.

보기문제

볼트 $d_B = d_D = 8$ mm, $d_C = 12$ mm. 그리고 볼트 재료의 허용전단응력 $\tau_u = 300$ MPa이다. 한편, 조절봉의 재료는 $\sigma_u = 450$ MPa이다. 안전계수를 3.0으로 설계했다면 볼트 C에 작용하는 최대 F_C는 얼마인가?

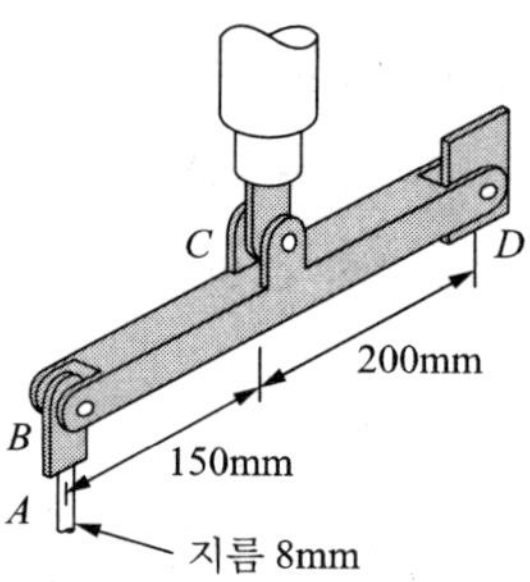

해설

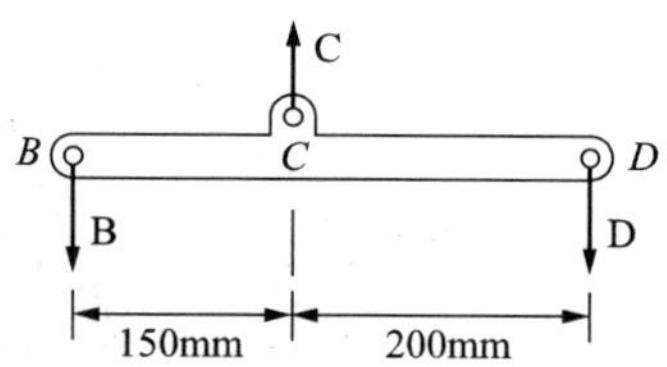

$$\sum F = 0;\ \ F_B + F_D = F_C$$

$$\sum M_B = 0;\ \ 150F_C = 350F_D \text{이므로}\ \ F_D = \frac{3}{7}F_C$$

위의 두 식으로부터 $F_B = F_C - F_D = \dfrac{4}{7}F_C$

조절봉에 대하여

$$A = \pi r^2 = \frac{81\pi}{4}$$

허용응력 $\sigma_{all} = \dfrac{\sigma_u}{FS} = \dfrac{450}{3}\ \text{MPa} = 150\ \text{MPa}$

따라서 $\sigma_{all} \geqq \dfrac{F_B}{A} = \dfrac{16}{7}\dfrac{F_C}{81\pi} = \dfrac{F_C}{35.44\pi}$ 이므로 $F_C \leqq 16.7\ \text{kN}$.

볼트에 대하여

$$\tau_C = \frac{F_C/2}{\pi(12)^2/4}\ \text{MPa} = \frac{F_C/2}{36\pi}\ \text{MPa} = \frac{F_C}{72\pi}\ \text{MPa}$$

$$\tau_B = \frac{F_B/2}{\pi(8)^2/4}\ \text{MPa} = \frac{4F_C}{(7)(2)(\pi/4)(8)^2}\ \text{MPa} = \frac{F_C}{56\pi}\ \text{MPa}$$

$$\tau_D = \frac{3}{4}\tau_B = \frac{F_C}{74.7\pi}\ \text{MPa}$$

$\tau \leqq \dfrac{\tau_u}{FS} = \dfrac{300}{3} = 100$ 이므로

$$F_C \leqq (56\pi)(100) = 17.59\ \text{kN}\ \ (\text{볼트 B})$$

그러므로 조절봉의 $F_C \leqq 16.7\ \text{kN}$와 볼트 B의 $F_C \leqq 17.59\ \text{kN}$ 중에서 보수적인 값을 선택하여야 한다.

답: 최대 $F_C = 16.7\ \text{kN}$.

보기문제

$M = 1{,}500\ \text{Nm}$의 모멘트가 A에 가해질 때 부재 BC에 걸리는 (1) 축하중 그리고 (2) 수직응력을 계산하라.

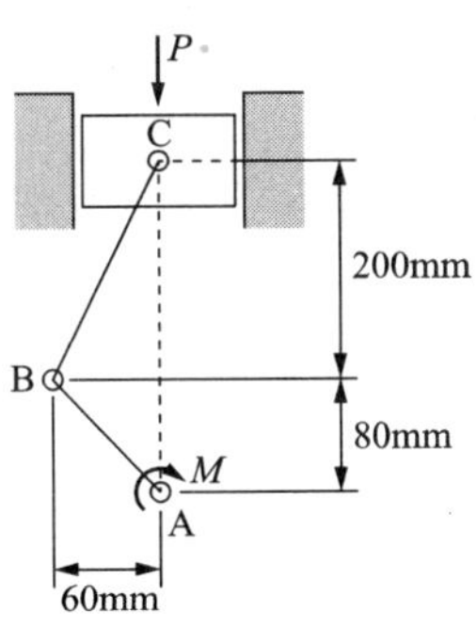

해설 BC가 수직선과 이루는 각은 $\theta = \tan^{-1}\dfrac{60}{200} = 16.7°$

수직방향 힘의 평형조건으로부터 $\sum F_y = F\cos\theta - P = 0;\ F = \dfrac{P}{\cos\theta}$.

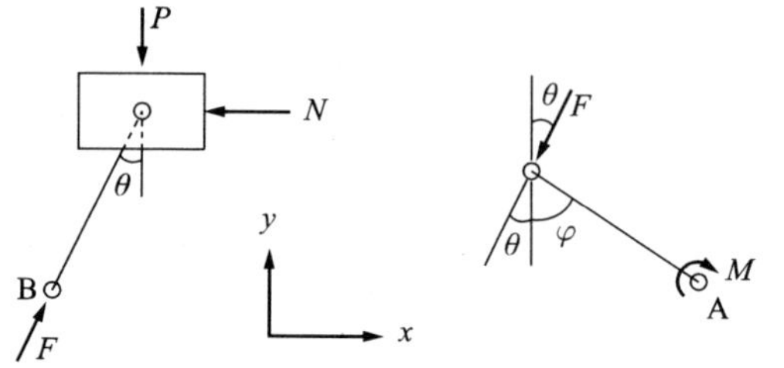

(1) $\psi = \tan^{-1}\dfrac{60}{80} = 36.9°$

A점 주위의 모멘트 평형으로부터

$\sum M_A = -M + F(0.1\ \mathrm{m})\sin(\theta+\psi) = 0$을 정리하면

$$F = \frac{1{,}500}{(0.1)\sin(16.7° + 36.9°)}\ \mathrm{N} = 18.64\ \mathrm{kN}.$$

따라서 $P = F\cos\theta = (18.64)\cos 16.7° = 17.86\ \mathrm{kN}$.

(2) 단면적 $A = 450\ \mathrm{mm}^2$이고 압축하중이므로

$$\sigma = -\frac{F}{A} = -\frac{18.64\ \mathrm{kN}}{450\ \mathrm{mm}^2} = -41.42\ \mathrm{MPa}.$$

보기문제

다음 그림과 같은 트러스 구조물에서 모든 부재는 원형의 단면적을 가지고 있다. 단면적에 관계없이 모든 부재에 작용하고 있는 축방향 수직응력(σ)의 크기를 100 MPa로 맞추어 구조물을 건설하려고 한다. 이 조건에 부합하도록 부재 EG와 부재 GF에 알맞은 축단면적의 지름을 각각 계산하라.

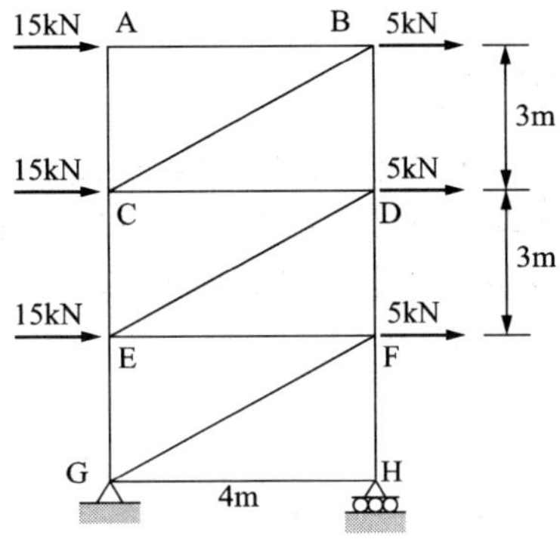

해설 (1) EG에 대하여

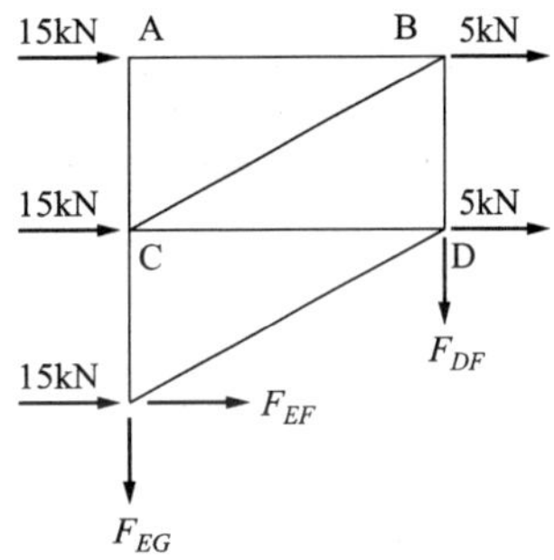

$\sum F_x = (3)(15\text{ kN}) + (2)(5\text{ kN}) + F_{EF}$

$= 0$으로부터

$F_{EF} = -55\text{ kN}.$

$\sum M_D = 3F_{EF} + 4F_{EG} + (3)(15)$

$-(3)(15) - (3)(5) = 0$으로부터

$4F_{EG} = 15 + (3)(55)$이므로

$F_{EG} = 45\text{ kN} = (100)\left(\dfrac{\pi d^2}{4}\right)$는 $d = \sqrt{\dfrac{45000}{25\pi}}\text{ mm} = 23.9\text{ mm}.$

(2) FG에 대하여

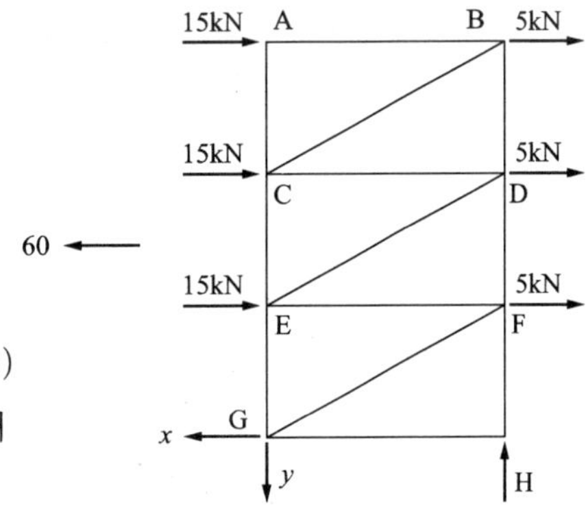

수평력 평형조건으로부터

$X = 45 + 15 = 60\text{ kN}$

수직력 평형조건으로부터

$Y = H$

G에 대한 모멘트의 평형조건

$\sum M_G = 4H - (3)(20) - (6)(20)$

$-(9)(20) = 0$으로부터

$H = 90\text{ kN}.$

$F_{GF}\dfrac{3}{5} + 45 = 90$으로부터

$F_{GF} = 75\text{ kN} = (100)\left(\dfrac{\pi d^2}{4}\right);\ d = \sqrt{\dfrac{75000}{25\pi}} = 30.9\text{ mm}.$

보기문제

다음 그림의 막대는 쐐기 모양의 두 조각을 접착제로 붙여 만들어진 것이다. 이 막대에 축하중 P를 양끝에서 가할 때 막대의 접착제가 견딜 수 있는 범위에서 가할 수 있는 최대 축하중 P_{max}의 값을 계산하라. 여기서 막대의 단면적은 $A_0 = 70 \times 110$ mm이고 접착제가 허용하는 최대 전단응력은 $\tau_{all} = 500$ kPa이다.

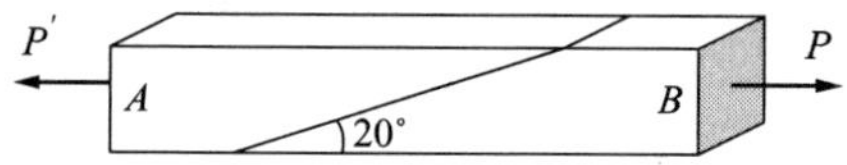

해설 경사진 면에서 $\tau_{all} = \dfrac{P_{max}}{A_0}\sin\theta\cos\theta$의 관계식에서 축하중의 최대값을 구할 수 있다.

$$P_{max} = \frac{\tau_{all}A_0}{\sin\theta\cos\theta} = \frac{(500\times10^3)(70\times110\times10^{-6})}{\sin20°\cos20°} = 12\text{ kN}.$$

보기문제

그림의 쇠막대가 천장에 매달려 자중을 받고 있다. 축에서 작용하는 최대 수직응력의 값이 최소가 되기 위한 a의 길이를 결정하고 이때 최대 수직응력의 값을 계산하시오. 쇠의 밀도는 $\rho = 8{,}500$ kg/m^3.

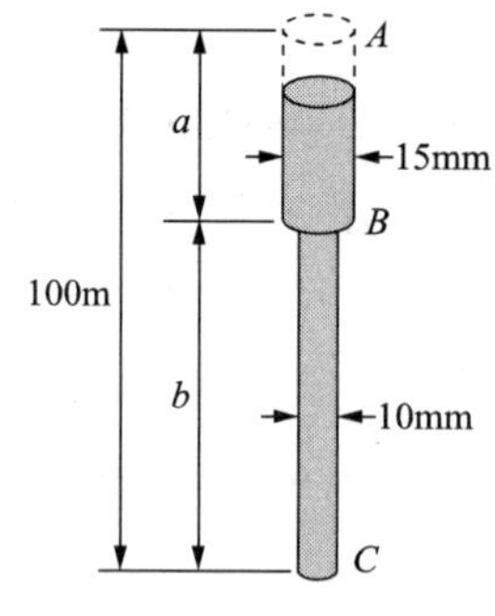

해설 막대 AB부분과 BC부분의 부피는 다음과 같다.

$$V_{AB}=\frac{\pi}{4}(15\times 10^{-3})^2 a=1.767\times 10^{-4}a$$

$$V_{BC}=\frac{\pi}{4}(10\times 10^{-3})^2(100-a)=7.854\times 10^{-5}(100-a)$$

(i) 구간 $0<x<b=100-a$에서

x를 C점으로부터 축을 따라서 측정할 때 임의의 위치에서 $P_x=\rho A_{BC}x$로부터 단면에 걸리는 최대 하중은 B의 위치이므로 이때

$$P_x=\rho A_{BC}(100-a)=\rho V_{BC}\,[\text{kg}].$$

(ii) 구간 $b<x<100$에서

x를 C점으로부터 축을 따라서 측정할 때 임의의 위치에서

$P_x=\rho A_{BC}(100-a)+\rho A_{AB}(x-100+a)$으로부터

최대 하중은 $P_x=\rho V_{BC}+\rho V_{AB}-\rho A_{AB}(100-x)$ [kg].

(i) 구간에서 수직응력을 구하면

$$\sigma_{(i)}=\frac{\rho V_{BC}\times 9.8}{A_{BC}}=\frac{9.8\rho A_{BC}(100-a)}{A_{BC}}=9.8\rho A_{BC}(100-a)$$

(ii) 구간에서 수직응력을 구하면

$A_{AB}=\frac{\pi}{4}(15\times 10^{-3})^2=1.767\times 10^{-4}$이므로

$$\begin{aligned}\sigma_{(ii)}&=\frac{P_x}{A_{AB}}=\frac{\rho V_{BC}}{A_{AB}}+\rho a\\&=\rho\left(\frac{7.854\times 10^{-5}(100-a)}{1.767\times 10^{-4}}+a\right)(9.8)\\&=\rho(0.4445(100-a)+a)(9.8)\\&=\rho(0.5555a+44.45)(9.8)\end{aligned}$$

따라서 최대 수직응력의 값이 최소가 되기 위한 a의 길이는 $\sigma_{(i)}=\sigma_{(ii)}$의 조건에서 결정할 수 있다. 즉, $\rho(9.8)(100-a)=\rho(9.8)(0.5555a+44.45)$로부터 $a=35.7\text{ m}$.

그리고 이때 최대 응력은

$$\sigma_{\max}=(8500)(9.8)(100-35.7)\times 10^{-6}=5.355\text{ MPa}.$$

보기문제

그림의 속이 비어 있는 실린더는 두께가 8 mm인 띠 모양의 판재를 용접하여 만들었다. 완성 후 실린더의 외경은 300 mm이다. 이 실린더가 축방향으로 하중 250 kN을 받고 있을 때 용접비드에 걸리는 응력의 크기를 계산하라.

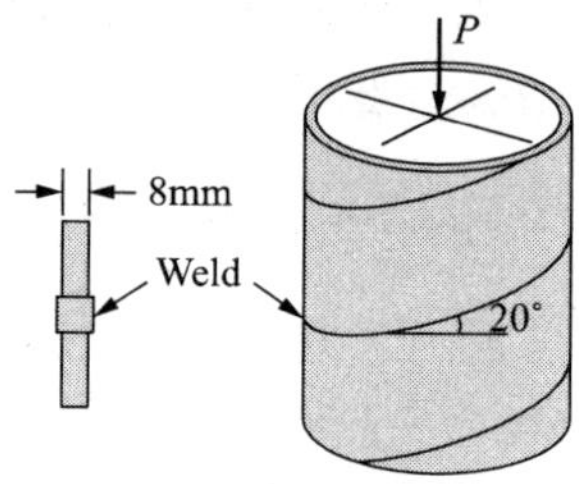

해설 지름 $d = 300\ \mathrm{mm}$, 축하중 $P = 250\ \mathrm{kN}$.

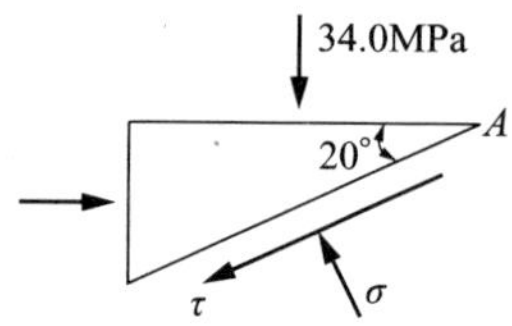

$$A = \frac{\pi}{4} \times (300^2 - 284^2) = 7{,}339\ \mathrm{mm}^2$$

$$\sigma_{axial} = \frac{P}{A} = \frac{250{,}000}{7{,}339} = 34\ \mathrm{MPa}.$$

쐐기형 그림에서 평형조건으로부터 응력을 계산할 수 있다.

$$\sum F_x = \sigma\left(\frac{1}{\cos 20°}\right)\sin 20° + \tau\left(\frac{1}{\cos 20°} \times \cos 20°\right) - S = 0 \text{로부터}$$

$$S = \sigma \tan 20° + \tau \qquad ①$$

$$\sum F_y = \sigma\left(\frac{1}{\cos 20°}\right)\cos 20° - \tau\left(\frac{1}{\cos 20°}\right)\sin 20° - 34 = 0 \text{로부터}$$

$$\sigma - \tau \tan 20° = 34 \qquad ②$$

$$\sum M_A = (34)(0.5) - \sigma\left(\frac{1}{\cos 20°}\right)^2 \times 0.5 + S \times \tan 20°\left(\tan\frac{20°}{2}\right) = 0 \text{로부터}$$

$$\frac{\sigma}{\cos^2 20°} - S \times \tan^2 20° = 34 \qquad ③$$

식 ①을 식 ③에 대입하면

$$\frac{\sigma}{\cos^2 20°} - (\sigma \tan 20° + \tau)\tan^2 20° = 34$$

$$\sigma\left(\frac{1}{\cos^2 20°} - \tan^3 20°\right) - \tau \tan^2 20° = 34$$

식 ②에 tan20°를 곱하면 $\sigma\tan 20° - \tau\tan^2 20° = 34\tan 20°$이고 위의 식에서 빼면

$$\sigma\left(\frac{1}{\cos^2 20°} - \tan^3 20° - \tan 20°\right) = 34(1-\tan 20°)$$ 으로부터

$\sigma = 30.09$ MPa의 압축응력이 걸리므로 $\sigma = -30.09$ MPa.

또한, 이 응력을 식 ②에 대입하면 $\tau = \frac{30.09-34}{\tan 20°} = -10.735$ MPa.

보기문제

다음 그림에는 실린더 모양의 소재(σ_{all})가 콘크리트 안에 박혀 있는 경우이다. 이 실린더는 콘크리트와 마찰력(τ_{all})에 의하여 외력 P를 견디고 있다. 소재가 견딜 수 있는 최대 길이 L을 계산하라.

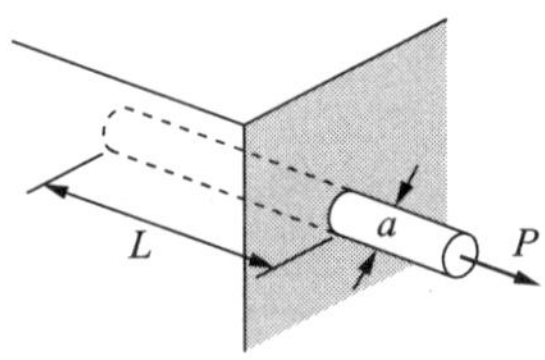

해설 $\frac{\pi d^2}{4}\sigma_{all} = P = \pi d L \tau_{all}$으로부터 $L = 0.25d\left(\frac{\sigma_{all}}{\tau_{all}}\right)$

보기문제

다음의 그림에서 CD는 접착된 면인데 접착제가 견딜 수 있는 최대 수직응력과 전단응력은 각각 σ_u와 τ_u이다. 최소 안전계수 3.0 조건을 만족하는 (1) θ의 범위를 구하고 (2) 안전계수 SF를 최대로 만드는 경우 θ의 값을 구하시오.

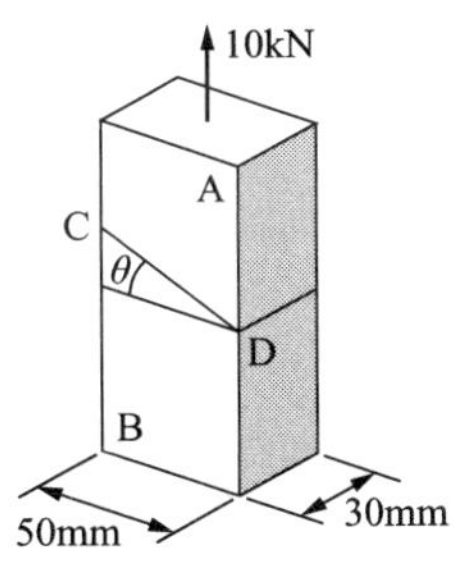

해설 (1) 접착면에서 응력을 구하면 $\sigma = \frac{P}{A}\cos^2\theta$와 $\tau = \frac{P}{2A}\sin 2\theta$이다.

σ에 대한 안전계수 $SF = \frac{\sigma_u}{\sigma} = \frac{\sigma_u A}{P\cos^2\theta} \geqq 3.0$이므로

$\cos^2\theta \leqq \frac{\sigma_u A}{3P} = 0.85$이고 $-90° \leqq \theta \leqq -22.8°$와 $22.8° \leqq \theta \leqq 90°$.

τ에 대한 안전계수 $SF = \frac{\tau_u}{\tau} = \frac{2A\tau_u}{P}\frac{1}{|\sin 2\theta|} \geqq 3.0$이므로

$|\sin 2\theta| \leqq \frac{2A\tau_u}{3P} = 0.9$. 따라서 $-32° \leqq \theta \leqq 32°$.

답: $-32° \leqq \theta \leqq -22.8°$, $22.8° \leqq \theta \leqq 32°$

(2) $(SF)_\sigma = \frac{\sigma_u A}{P\cos^2\theta} = \frac{2.55}{\cos^2\theta}$와 $(SF)_\tau = \frac{2A\tau_u}{P\sin 2\theta} = \frac{2.7}{\sin 2\theta}$을 그래프로 그리면 다음과 같다.

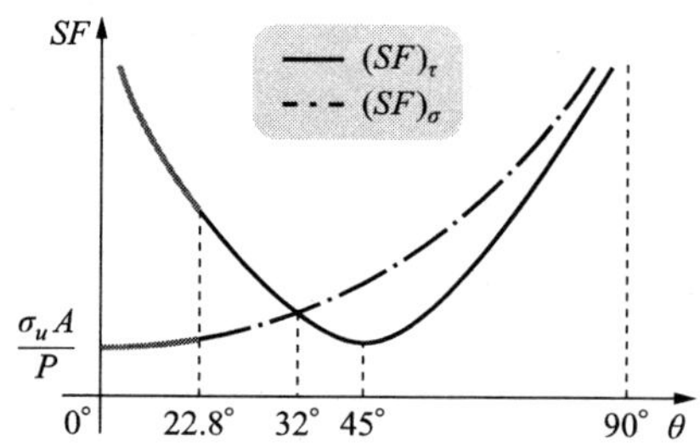

그래프로부터, $(SF)_\sigma = (SF)_\tau$ 조건으로부터 해를 읽을 수 있다.

$\frac{2.55}{\cos^2\theta} = \frac{2.7}{2\sin\theta\cos\theta}$를 정리하고 $\tan\theta = \frac{2.7}{2\times 2.55}$를 풀면

$\theta = \tan^{-1}0.53 = 27.9°$.

Chapter 2 연습문제

01 그림 P2-1 구조물에 가해지고 있는 하중에 의하여 볼트 A에 발생하는 전단 응력의 크기는 얼마인가? 볼트는 지름 6 mm이고 이중의 전단응력(double shear) 구조에 의하여 지지된다. 그림의 모든 치수는 mm단위이다.

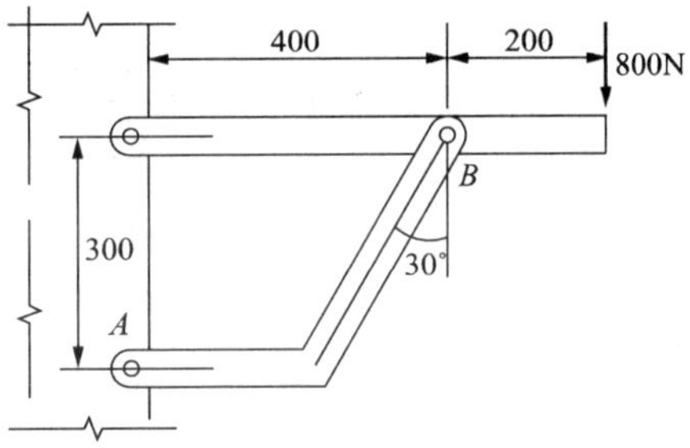

그림 P2-1

정답 26.5 MPa

02 그림 P2-2에 보인 힘 P는 핀으로 연결된 프레임에 의하여 지지되고 있다. 트러스요소 AB, BC에 작용하는 허용수직응력의 크기는 인장과 압축의 경우 모두 같다. 프레임 구조물이 자중이 최소가 되려면 두 트러스요소 사이의 각 α는 얼마이어야 하겠는가?

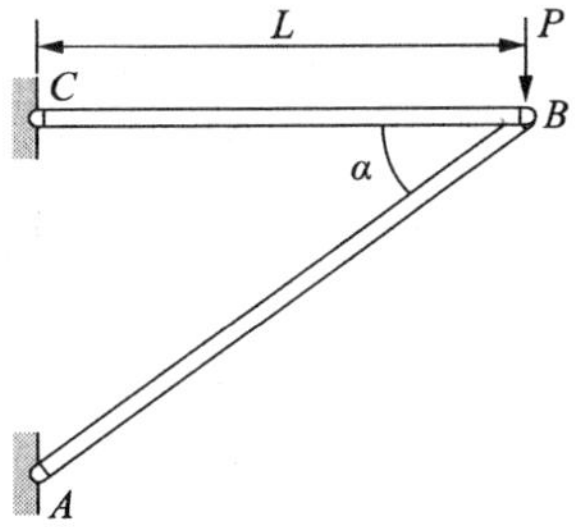

그림 P2-2

정답 54.7°

03 그림 P2-3에 보인 바와 같이 구조용 다중 리벳 랩조인트(structural multi-ple-riveted lap joint)는 42 kip 하중을 견디도록 설계되었다. 구조용 판재(板材)는 모두 두께가 $\frac{3}{8}$ in이고 너비는 10 in이다. $\frac{3}{8}$ in 규격의 리벳은 모두 $\frac{7}{8}$ in 구멍에 조립되었다. (1) 중앙의 리벳에 작용하는 전단응력의 크기는 얼마이겠는가? (2) 1-1과 2-2행에서 상판에 작용하는 인장응력의 크기는 얼마이겠는가?

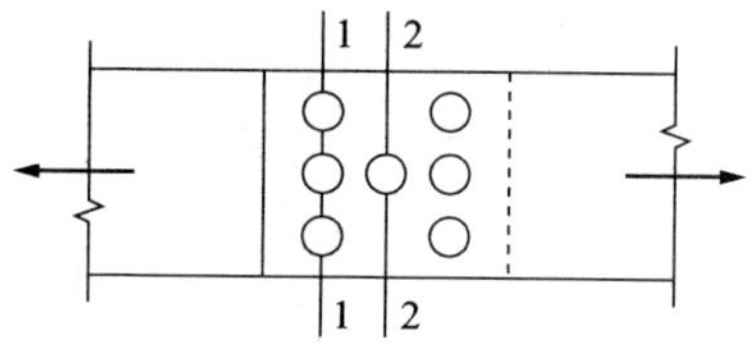

그림 P2-3

정답 (1) 54.3 ksi (2) 2.0 ksi, 5.16 ksi

04 두 개의 강선(steel wire)이 핀 조인트로 연결되어 그림과 같이 강체벽 A와 C에 잘 고정되어 있다. 그리고 조인트 B에 700 N의 수직하중이 작용하고 있다. 강선 AB의 지름은 2.68 mm이고 강선 BC의 지름은 2.52 mm일 때 다음의 물음에 답하라. (1) 수직하중에 의하여 발생하는 두 강선의 응력을 계산하라. (2) 각 강선의 규격은 적당한 것으로 판단되는가?

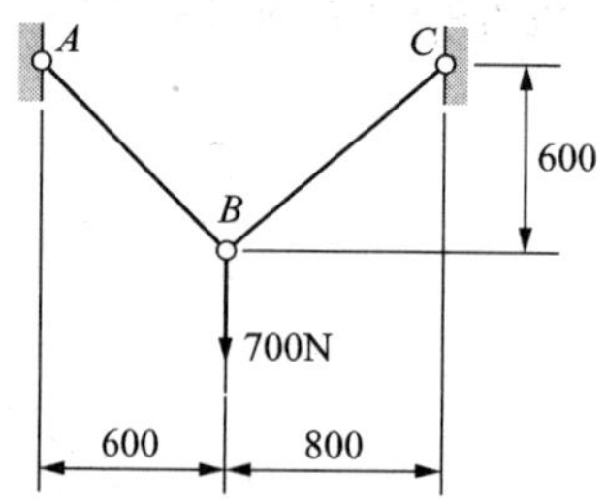

그림 P2-4

정답 (1) 강선 AB 100.28 MPa, 강선 BC 100.25 MPa
(2) 적합

05 여러 개의 수직보강 방법으로 그림 P2-5에 보인 케이블은 그림에 보인 연속적인 분포하중을 지지하도록 설계되었다. 케이블과 수직보강재들의 중량과 함께 연속적인 분포하중은 균일하게 분포된 2 kN/m의 하중으로 근사(近似) 될 수 있다. 만약 구조물 재료의 소성강도가 1,000 MPa이라면 케이블의 규격에 적당한 단면적 크기를 결정하라. 이때 안전계수는 2를 적용하라. (힌트: 케이블은 포물선으로 늘어져 있다고 간주될 수 있으며 케이블의 최저점에서는 H 크기의 수평하중만 발생한다.)

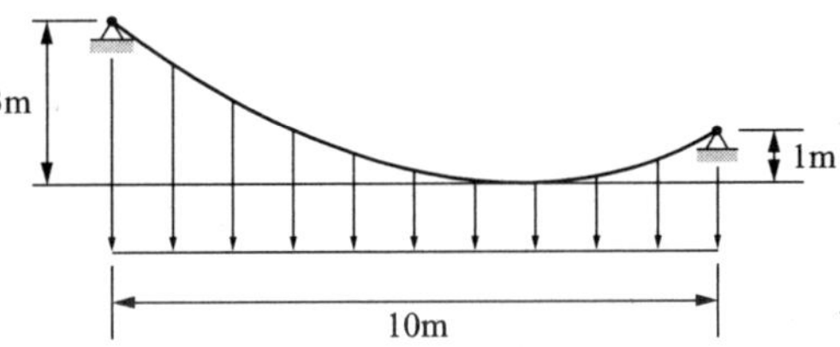

그림 P2-5

정답 48 mm^2

06 그림에 보인 벨-크랭크 기구 규격에 적당한 핀 B의 지름은 얼마이겠는가? A지점에서 가해지는 힘 60 kN은 C지점에서 힘 P에 의하여 균형이 유지된다. 허용전단응력은 100 MPa로 고려하라.

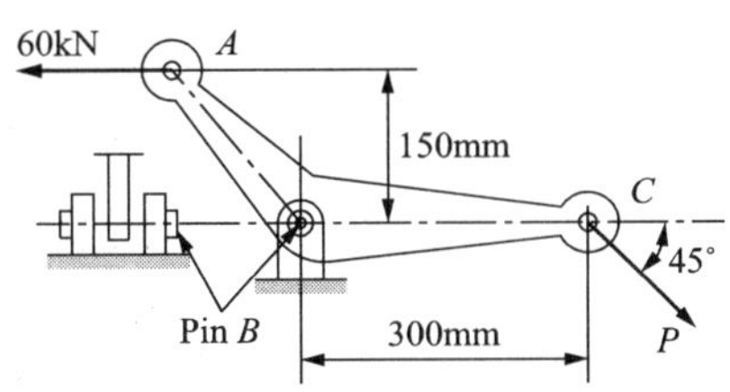

그림 P2-6

정답 16.43 mm

07 그림에 보여진 바와 같이 인장하중을 전달하기 위한 조인트가 한 개의 핀으로 연결되어 있다. 만약 연결된 부재들의 지름이 주어져 있다면 안전을 위한 핀의 지름 d는 얼마이어야 하겠는가? 단, 핀에서 허용되는 전단응력의 크기는 부재에서 허용되는 최대 인장응력의 반으로 가정하라.

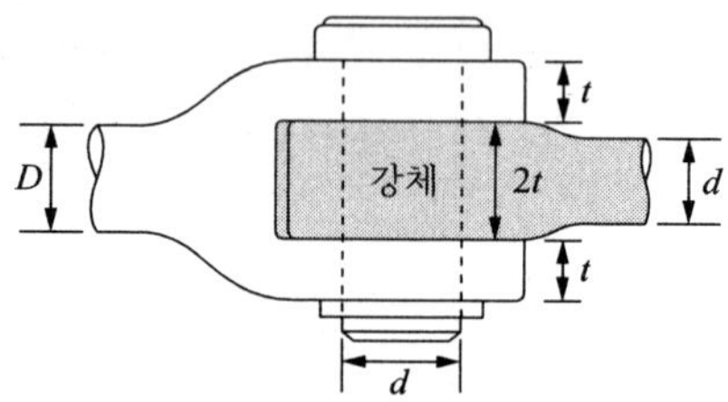

그림 P2-7

정답 $d = \dfrac{D}{\sqrt{2}}$

08 높은 선을 잇기 위하여 사용되는 타워가 그림 P2-8에 보여 있다. 이 타워가 540 kN의 수평하중을 받고 있고 허용응력이 100 MPa의 압축응력 그리고 140 MPa의 인장응력이라면 각 요소의 안전을 위하여 필요한 단면적의 크기는 얼마이어야 하는가? 모든 요소는 마찰이 없는 핀으로 연결되어 있다.

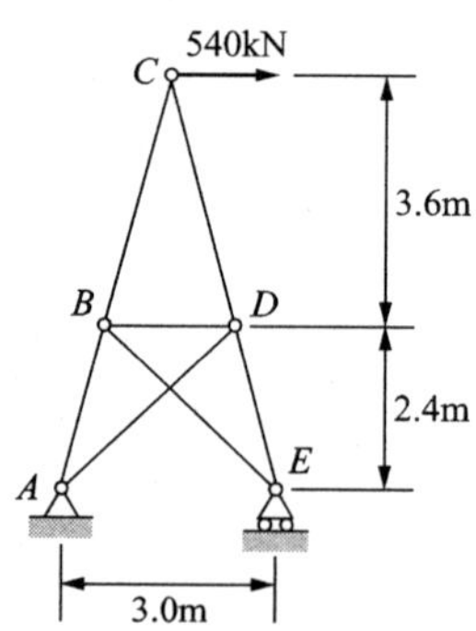

그림 P2-8

정답 AB 2640 mm^2, BC 7929 mm^2, CD 11100 mm^2, DE 28990 mm^2, DA 15043 mm^2, EB 16050 mm^2, BE 19860 mm^2

09 그림 P2-9에는 반지름의 크기가 a인 풀리 A가 있다. 풀리는 세 개의 지지막대 AD, AB, AC에 의하여 수직벽면에 고정되어 있다. 유연한 케이블 EAF는 풀리 A를 거쳐서 벽면 E에 고정되어 있으며 다른 끝단 F에는 하중 Q가 매달려 있다. $Q = 100$ lb, $a = 6$ in, $b = 4$ ft, $c = 7.5$ ft인 경우에 막대 AD에 작용하는 힘을 구하여라. 단 모든 연결점의 체결은 마찰이 없는 볼 조인트로 가정하여라.

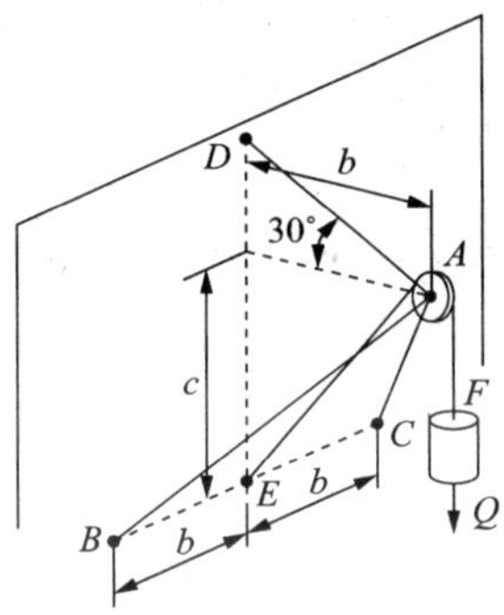

그림 P2-9

해설

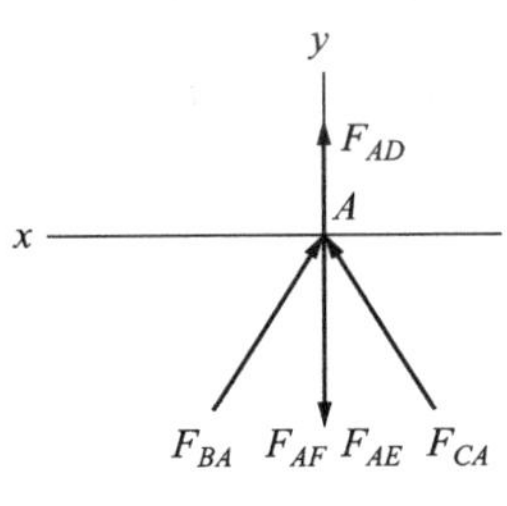

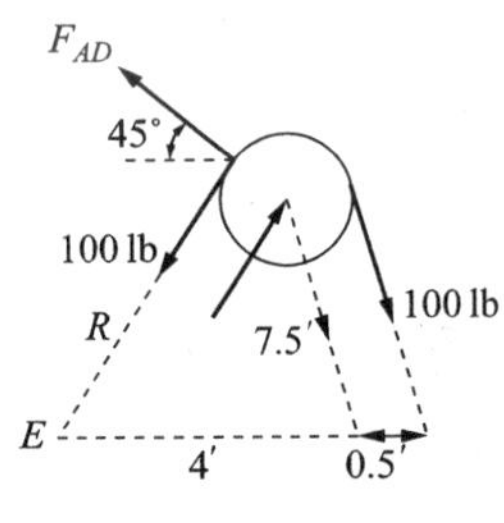

모멘트의 평형으로부터 $\sum M_E = 0$ 즉, 단위벡터 i와 j를 사용하면

$(4i + 7.5j) \times F_{AD}\left(-\dfrac{\sqrt{3}}{2}i + \dfrac{1}{2}j\right) + 4.5i \times (-100j) = 0$를 정리하면

$$F_{AD}\left(2 + \frac{7.5\sqrt{3}}{2}\right) = 450\text{이므로 } F_{AD} = 53 \text{ lb.}$$

구조물이 좌우대칭이므로 $F_{AF} = F_{AE} = q = 100$ lb이고 $F_{BA} = F_{CA} = T$이다. 또한,

$R_{AD} = (0,\ -b,\ b\tan 30°) = (0,\ -4,\ 2.31)$이므로 $n_{AD} = (0,\ -0.87,\ 0.5)$ ft.

$R_{BA} = (-b,\ b,\ c) = (-4,\ 4,\ 7.5)$이므로 $n_{BA} = (-0.426,\ 0.426,\ 0.798)$ ft.

$R_{CA} = (b,\ b,\ c) = (4,\ 4,\ 7.5)$이므로 $n_{CA} = (0.426,\ 0.426,\ 0.798)$ ft.

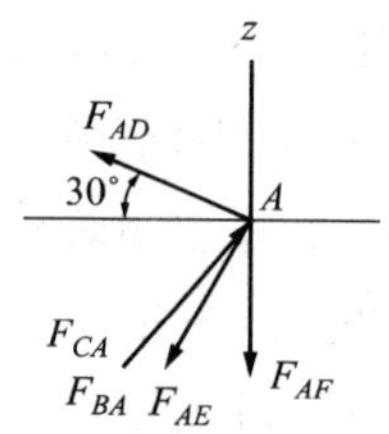

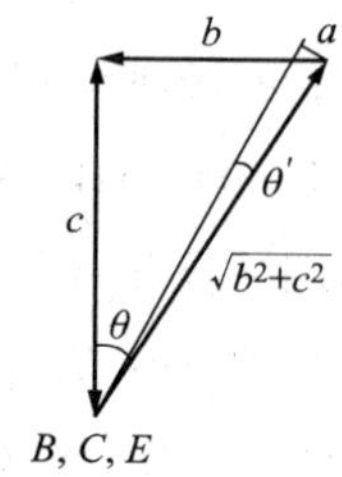

$\sqrt{b^2+c^2} = \sqrt{7.5^2+4^2} = 8.5$

$\theta = \tan^{-1}(b/c) = \tan^{-1}(4/7.5) = 28.072°$

$\theta' = \sin^{-1}(0.5/8.5) = 3.372°$

따라서 $\theta - \theta' = 24.7°$

$$n_{AE} = (0, \ -\sin 24.7°, \ -\cos 24.7°) = (0, \ -0.418, \ -0.909) \text{ ft.}$$
$$F_{AD} = F_{AD} n_{AD} = F_{AD}(0, \ -0.87, \ 0.5) \text{ lb}$$
$$F_{BA} = F_{BA} n_{BA} = T(-0.426, \ 0.426, \ 0.798) \text{ lb}$$
$$F_{CA} = F_{CA} n_{CA} = T(0.426, \ 0.426, \ 0.798) \text{ lb}$$
$$F_{AE} = F_{AE} n_{AE} = 100(0, \ -0.418, \ -0.909) = (0, \ -41.8, \ -90.9) \text{ lb}$$
$$F_{AF} = F_{AF}(0, \ 0, \ -1) = (0, \ 0, \ -100) \text{ lb}$$
$$\sum F_y = 0 \text{으로부터 } -0.87F_{AD} + 0.852T = 41.80$$
$$\sum F_z = 0 \text{으로부터 } 0.5F_{AD} + 1.596T = 190.9$$

따라서 $(0.5 \cdot 0.852 + 0.87 \cdot 1.596)F_{AD} = 190.9 \cdot 0.852 - 41.8 \cdot 1.596$를 풀면

$$F_{AD} = 52.87 \text{ lb.}$$

정답 52.87 lb

10 그림 P2-10에 보인 바와 같이 반지름이 r인 실린더가 마찰이 없는 수평면 위에 놓여 있다. 이 실린더는 길이가 $2r$인 밧줄 AC에 의하여 수평운동이 저지되는데 A점에는 무게가 Q인 쇠막대(길이 $3r$)가 핀으로 연결되어 실린더에 그림 P2-10과 같이 기대어 있다. 이러한 그림의 시스템이 정적 평형을 이루고 있다면 밧줄 AC에서는 얼마만 한 힘이 작용하고 있을까?

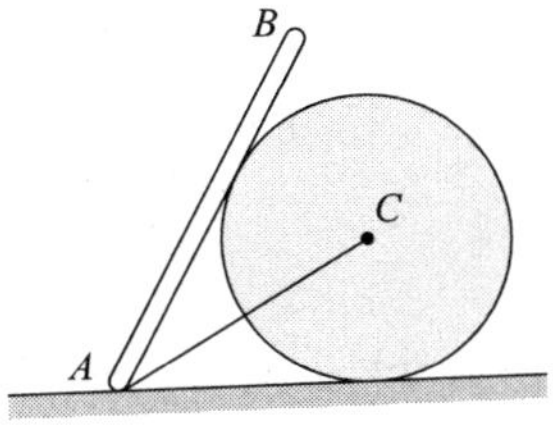

그림 P2-10

해설

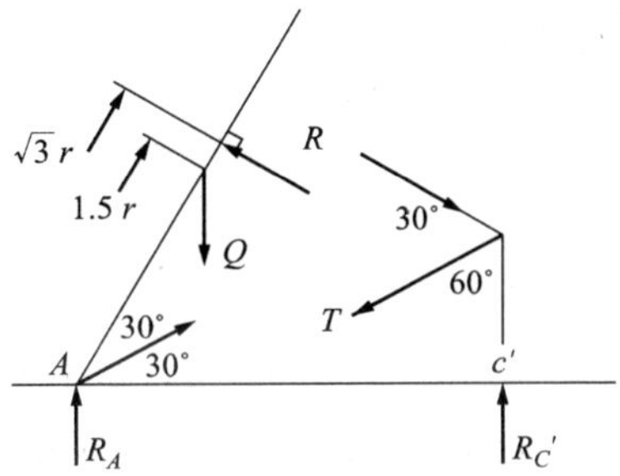

$\sum M_A = 0$으로부터 $R \times \sqrt{3}r - Q \times 1.5r\cos 60° = 0$이므로 $R = 0.433Q$.

$\sum M_C = 0$으로부터 $R\cos 30° \times r - T\cos 30° \times r = 0$이므로 $T = R = 0.433Q$.

정답 0.433Q

11 그림에는 중공(中空)실린더(hollow cylinder)가 보여 있는데 이 실린더는 두께가 1 mm인 띠 모양의 판을 말아서 용접하여 만들었다. 용접부위에서는 최대 100 MPa의 수직응력까지 견딜 수 있다면 이러한 중공실린더의 축 방향으로 가할 수 있는 최대 축하중 P는 얼마인가?

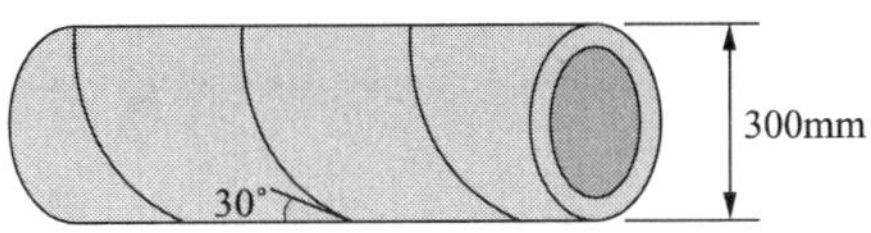

그림 P2-11

해설

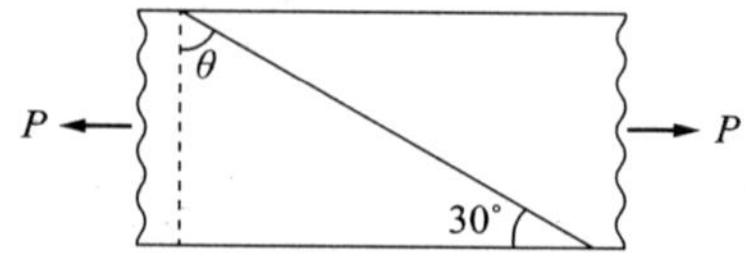

$\theta = 60°$이고 최대 응력은 $\sigma_u = 100$ MPa로 주어졌으며

단면적 $A = \dfrac{\pi(300^2 - 298^2)}{4} = 939.3\ \mathrm{mm}^2$이므로

$\sigma_u = \dfrac{P\cos^2\theta}{A}$ 로부터 $P = 375.7$ kN.

정답 375.7 kN

12 그림 P2-12에 보인 집게에서 핀 A, B, C에 작용하는 전단응력의 크기를 계산하시오. 손잡이 부분에는 60 N의 힘이 작용하고 있다. 각 핀의 지름은 3 mm이며 각 핀은 이중전단력(그림 참조)을 지탱한다.

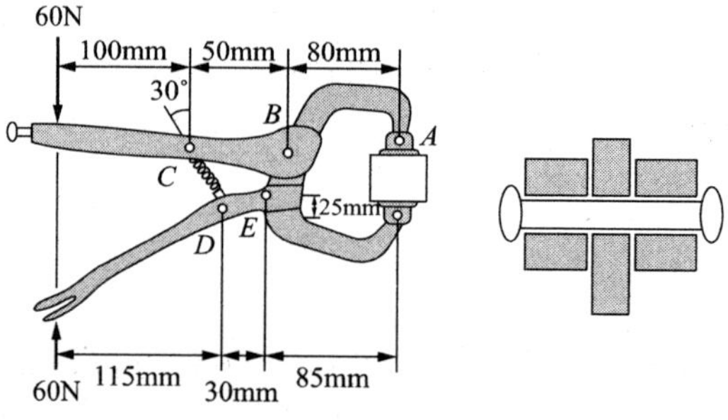

그림 P2-12

해설

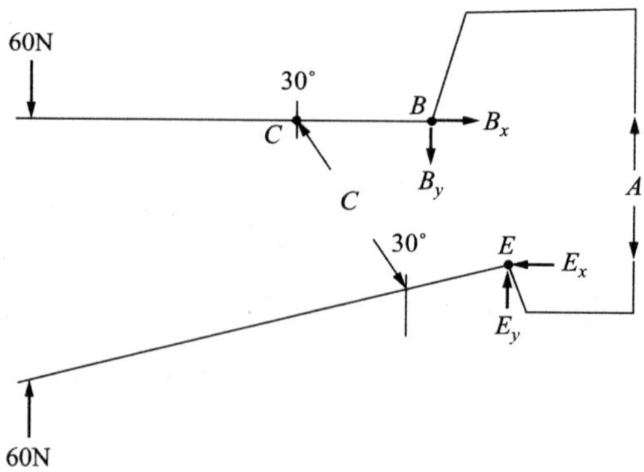

$\sum M_B = 0$으로부터 $A \times 80 - C\cos 30° \times 50 + 60 \times 150 = 0$이므로

$$80A - 43.3C = -9000.$$

$\sum M_E = 0$으로부터 $-A \times 85 - C(\cos 30° + \sin 30° \times 25) - 60 \times 145 = 0$이므로

$$-85A + 38.48C = 8700.$$

행렬식으로 표현하면

$$\begin{bmatrix} 80 & -43.30 \\ -85 & 38.48 \end{bmatrix} \begin{pmatrix} A \\ C \end{pmatrix} = \begin{pmatrix} -9000 \\ 8700 \end{pmatrix}$$

$\sum F_x = 0$으로부터 $B_x - C\cos 30° = 0$이므로 $B_x = 57.3$.

$\sum F_y = 0$으로부터 $-60 + C\cos 30° - B_y + A = 0$이므로 $B_y = -11.2$.

그러므로 $B = \sqrt{57.3^2 + (-11.2)^2} = 58.4$.

그리고 전단력은 두 면에 작용하므로 $\tau = \dfrac{P}{2A}$이고 여기서 $A = \dfrac{\pi \times 3^2}{4} = 7.609\ \text{mm}^2$.

따라서 $\tau_A = 55.86$ MPa, $\tau_B = 65.96$ MPa, $\tau_C = 16.0$ MPa.

정답 55.86 MPa, 65.96 MPa, 16.0 MPa

13 지하 6,000 ft의 갱내에 몇 명의 광부가 갇혀 있다. 지상에는 1 in 지름의 쇠밧줄이 5,980 ft 준비되어 있다. 이 쇠밧줄은 무게가 1 ft당 1.6파운드(lb)이고 스프링 상수는 약 10^6 lb/in일 때 만약 광부들이 이 밧줄을 이용하여 구조될 수 있다면 이것이 어떻게 가능한지 계산을 통하여 설명하시오.

해설

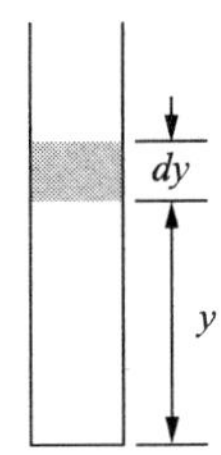

그림 P2-13

$k = \dfrac{EA}{L}$, $k_1 = 10^6$ lb/in

$L = 5{,}980$ ft이므로 $k = \dfrac{10^6}{5{,}980}$ lb/in.

$ds = \dfrac{wy}{EA}dy$이므로

$$\delta = \int_0^L \frac{wy}{EA}dy = \frac{wL^2}{2EA} = \frac{wL}{2k} = \left(\frac{(1.6/12)(5{,}980)(12)}{(2)(10^6)/5{,}980}\right) = 28.6\ \text{in} = 2.38\ \text{ft}$$

사람의 키를 약 6 ft라고 보면 12 ft 정도 짧다. 한편, W 무게를 매달면 $W = k\delta = \frac{10^6}{5,980} \times (12)^2 = 24,080$ lb으로부터 밧줄의 끝에 24,080파운드의 무게를 매달아 길이를 늘일 수 있다.

정답 24,080 lb 하중

14 소재의 탄성계수가 $E = 200$ GPa인 그림 P2-14의 2단 강철봉이 하중 200 kN을 받고 있다. 각 단의 단면크기가 그림에 주어져 있다. 강철봉의 변형량을 결정하라.

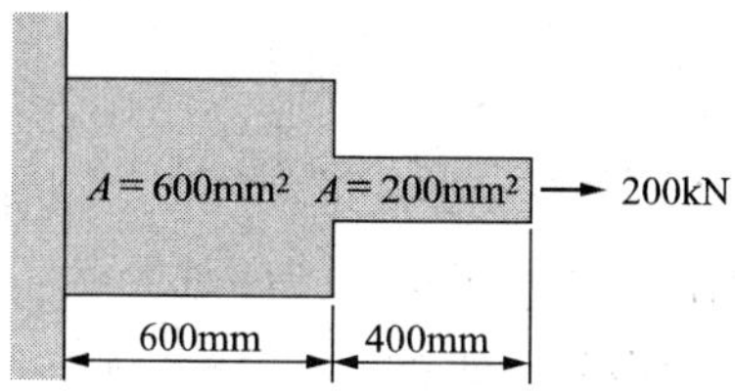

그림 P2-14

해설

$$\delta = \sum\left(\frac{PL}{AE}\right)$$

$$= \frac{(200 \times 10^3)(600)}{(600 \times 10^{-6})(200 \times 10^9)} + \frac{(200 \times 10^3)(400)}{(200 \times 10^{-6})(200 \times 10^9)} = 3 \text{ mm}$$

정답 3 mm

15 그림 P2-15에 보인 트러스 구조를 구성하는 각 요소는 모두 동일하며 각각 길이 10 m, 단면적 200 mm^{2}이다. 구조의 그림에 보인 위치에 $P = 10$ kN이 가해지고 있다. 각 트러스의 재료는 최대 75 MPa의 수직응력을 견딜 수 있다. 구조의 요소 AB의 축방향 수직응력의 크기를 결정하라. 현재 가해지고 있는 하중에서 구조물은 안전한지 판단하라.

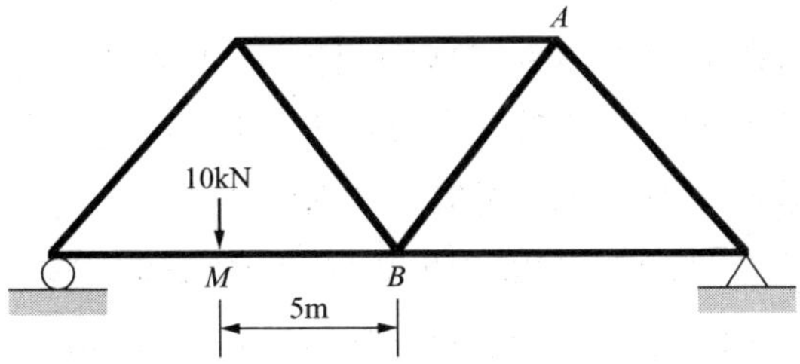

그림 P2-15

정답 7.2 MPa, 안전함.

16 다음 그림 P2-16에는 원형동판이 그려져 있다. 이 동판에는 같은 크기의 두 작은 원이 그려져 있는데 그중 II번 원은 구멍을 내었다. 최초 원판의 온도는 섭씨 20도이었는데 이때 각 작은 원의 반지름은 0.3 m이었다. 원판 온도를 50도까지 균일하게 상승시킨 후 각 작은 원의 면적을 계산하시오. 단, $\alpha = 18.8\times10^{-6}$/C이고 원판의 두께는 5 mm, 포와송 비는 0.2를 이용하시오.

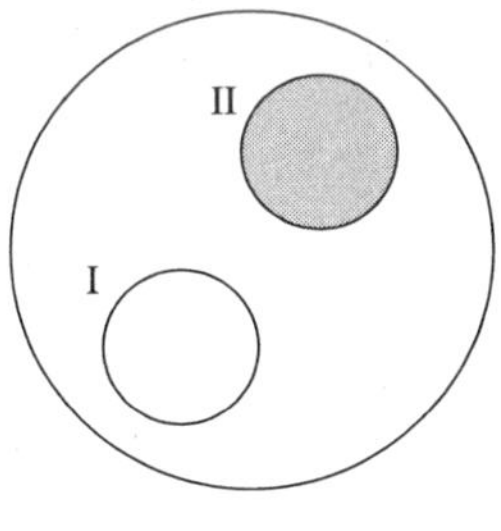

그림 P2-16

해설

구속이 없는 경우이므로 열팽창은 자유롭게 일어난다. 즉, 가열 전후의 그림은 크기는 다르지만 닮은꼴이므로 $A_I = A_{II}$이다.

반지름 R_I는 가열 후 $\Delta R_I - R_I\alpha\Delta T$이므로

$$R_I = R_I + \Delta R_I = (0.3)(1 + 30\times18.8\times10^{-6})\ \mathrm{m} = 300.1692\ \mathrm{mm}$$

등방성재료이고 구속이 없으므로 두께방향의 팽창은 반지름방향과 독립적임.

그러므로 가열 후 면적은 모두 동일하며 $A' = \pi R_I^2 = 283{,}602\ \mathrm{mm}^2$임.

17 다음에 보인 모눈 그림에서는 물체 내의 한 점이 외력을 받기 전과 받은 후의 위치를 P와 P'으로 나타내었다. 각 모눈은 정사각형이다. 점 주위의 작은 가상의 사각형의 꼭짓점들이 각각 변형 전의 $abcd$가 변형 후에는 $a'b'c'd'$로 이동되었다면 변형 후 점 P의 응력상태를 xy좌표성분으로 표현하시오. 단, 물질의 탄성계수는 $E = 5$ GPa, 포와송의 비는 $\nu = 0.1$이다.

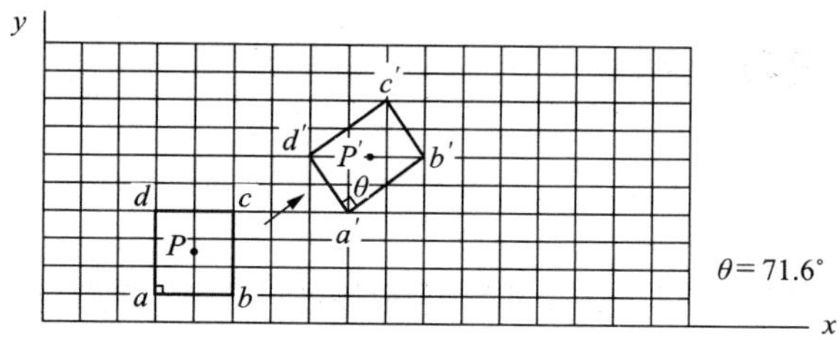

그림 P2-17

정답 $(\sigma_x,\ \sigma_y,\ \tau_{xy}) = (2150,\ 805,\ 729.5)$ MPa

18 그림 P2-18에 보인 그늘진 삼각형의 변형 후 면적의 크기를 계산하라. 재료상수는 E와 ν가 각각 탄성계수와 포와송 비로 주어져 있다.

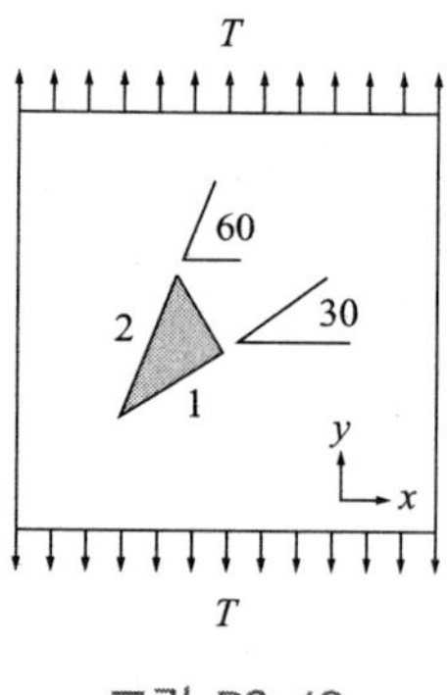

그림 P2-18

해설

문제에서 하중은 $\sigma_x = 0$과 $\sigma_y = T$로 주어져 있다.

후크의 법칙으로부터 $\epsilon_x = \dfrac{1}{E}\{\sigma_x - \nu(\sigma_y + \sigma_z)\} = -\dfrac{\nu T}{E}$, $\epsilon_y = \dfrac{T}{E}$, $\gamma_{xy} = 0$.

균일한 응력분포에서 단위 면적당 면적의 변화율은 특정 위치에 관계없이 동일하다.
변형 전 삼각형의 면적 $A_0 = \sqrt{3}/2$과 평판의 두께 t_0
그리고 변형 후 삼각형의 면적 A와 평판의 두께 t.
부피의 변화율인 Dilatation은 $\sum_{i=1}^{3}\epsilon_{ii} = \epsilon_x + \epsilon_y + \epsilon_z$

$$t = t_0(1+\epsilon_z) = t_0\left(1 - \frac{\nu T}{E}\right)$$

$$A_0 = \frac{\sqrt{3}}{2},\ \ V_0 = A_0 t_0 = \frac{\sqrt{3}}{2}t_0$$

$$\frac{\Delta V}{V_0} = \epsilon_x + \epsilon_y + \epsilon_z = \frac{(1-2\nu)T}{E}$$

$$V = A_0 t_0\left(1 + \frac{\Delta V}{V_0}\right) = \frac{\sqrt{3}}{2}t_0\left(1 + \frac{(1-2\nu)T}{E}\right) = At = At_0\left(1 - \frac{\nu T}{E}\right)$$

그러므로 $A = \frac{\sqrt{3}}{2}\frac{E+(1-2\nu)T}{(E-\nu T)}$

정답 $\frac{\sqrt{3}}{2}\frac{E+(1-2\nu)T}{(E-\nu T)}$

19 다음 그림 P2-19에서 보인 바와 같이 구조물이 벽면 A점에는 마찰이 없는 힌지로 C점에서는 벽면에 단단히 고정되어 있다. 구조물의 점 B에서 수직 하중 P가 작용하고 있을 때 벽면 A와 C에 작용하는 반력을 구하여라. 참고로 AB 막대에서 측정된 장력은 $\frac{P}{2}$.

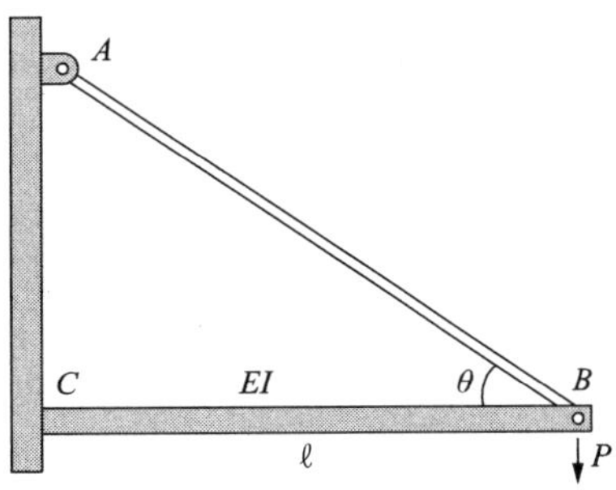

그림 P2-19

해설

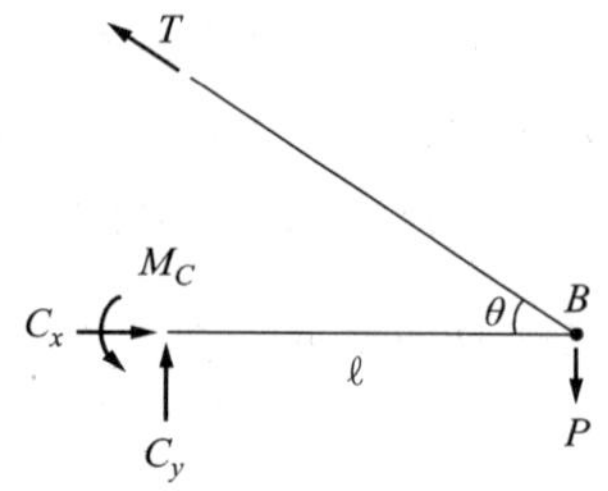

B점에 대한 모멘트의 평형조건에서

$$\sum M_B = M_C - C_y \ell = 0 \qquad ①$$

또한, 수평방향 힘의 평형조건에서

$$\sum F_x = C_x - T\cos\theta = 0 \qquad ②$$

수직방향 힘의 평형조건에서

$$\sum F_y = C_y + T\sin\theta - P = 0 \qquad ③$$

그리고 주어진 관계식

$$P = 2T \qquad ④$$

위의 ①~④를 연립하여 구한다.

정답 $R_A = \frac{P}{2}$ (↘θ)으로 인장력이며

$R_{Cx} = \frac{P}{2}\cos\theta$ (←)의 압축력.

$R_{Cy} = P\left(1 - \frac{\sin\theta}{2}\right)$ (↓)

$M_C = P\ell\left(1 - \frac{\sin\theta}{2}\right)$ (시계방향).

3 CHAPTER

축하중과 막대

일상생활에서 우리는 많은 인조구조물(人造構造物)과 자연(自然)구조물을 접하면서 살아간다. 여기서 구조물이란 보통 강한 재료로 이루어진 형상물을 생각한다. 바윗돌, 천연동굴, 야구방망이, 건축물, 자동차, 비행기 등등 주위에 존재하는 많은 것들을 공학적으로는 모두 구조물이라고 부르기는 어렵다. 공학적 의미에서 구조물이란 어떤 재료로 구성되어 있던 구조에 무엇인가 보관, 저장, 이용할 수 있는 공간(空間)이 존재하는 경우를 일컫는다. 자동차에는 사람이 타거나 물건을 싣고 이동할 수 있는 공간이 존재하므로 자동차는 구조물이라고 말할 수 있다. 건축물도 당연히 구조물의 하나이어야 한다. 그러나 이러한 면에서 돌멩이는 구조물이 아니다. 야구방망이도 구조물로 볼 수 없다. 그러나 구조물이 아닌 방망이와 같은 물건은 공간을 담기 위한 목적이 아닌 다른 용도로 사용될 수 있는 도구(道具)의 범주로 분류될 수 있으며 이러한 물건은 구조물을 구성하기 위한 하나의 구조요소(構造要素)로 사용될 수도 있다.

공학적으로 사용 목적에 부합하는 구조물을 완성하는 것은 매우 중요하다. 그리고 구조물은 보통 많은 요소를 연결하여 조립(組立)된다. 구조물을 구성하는 요소는 크게 다섯 가지 정도의 구조요소로 분류하여 공학적 해석을 연구한다. 이 다섯 가지 중 하나는 축(軸)요소(axial member) 혹은 이력부재(二力部材, two force member)인 트러스(truss)와 같은 부재인데, 이력부재의 특징은 축방향을 연결한 선과 두 힘의 작용점을 연결한 선이 일치하는 것이다. 두 번째 구조요소는 비틀림 하중을 받는 축(axis)으로 자동차나 마차 등에서 두 개의 마주 보는 바퀴를 연결하는 구조요소이다. 벡터의 일종인 우력(偶力) 혹은 모멘트(moment)는 시각적으로 두 개의 화살표시를 나란히 갖는 화살표(↠)로 표현되며 이 화살표의 방향으로 오른손 엄지를 놓고 손바닥을 감으면 이 감기는 회전방향이 모멘트의 방향이다. 즉, 비틀림 축에 작용하는 모멘트의 화살표는 회전축 방향과 일치하게 되며 이 모멘트를 특별히 토크(torque)라고 부른다. 세 번째 구조요소는 교량(橋梁, bridge)과 같은 역할의 보(堡, beam)이다. 보는 모멘트 하중을 받을 때 축이 휘는데 이 굽힘모멘트를 화살표로 축에 수직한 방향으로 그려서 표현한다. 네 번째는 집의 전창이나 체육관의 돔(dome)과 같은 구조요소로 앞의 보가 일차원 요소라면 보는 2차원의 형상이다. 이러한 요소 중 평면과 같이 면의 곡률이 없는 경우를 판(板)요소(plate element)라 하고 곡률이 있는 일반적인 경우를 셀요소(shell element)라고 하여 합쳐서 판 및 셀 구조요소(plate and shell structural element)로 해석한다. 마지막 구조요소로 압축하중을 받아 불안정한 상태의 거동을 보이는 경우를 고려하는데 이것의 일차원 요소를 기둥(column)이라고 한다. 건축물에서 흔히 찾아볼 수 있다. 이의 모델링 및 해석기법은 앞의 네 경우와 다르므로 이 요소를 제외한다면 안정된 기계적 거동을 보이는 구조요소는 '트러스', '비틀림 축', '보', '판 및 셸' 등 네 가지로 분류될 수 있다. 입문서에서는 구조요소 중에서 기초과정으로 다루기 적합하고 구조물의 이상화 모델에서 충분히 활용될 수 있는 트러스, 비틀림 축, 보, 기둥의 네 가지를 설명한다. 특히 제3장에서는 '트러스'를 중점적으로 해석한다.

3.1 응력 - 변형률 선도

서로 다른 재료는 동일 하중 하에서 서로 다른 기계적 거동을 보이는데 응력 - 변형률 선도란 시편(試片)의 모양과 관계없이 하중의 수직축에 하중이 작용하는 유효단면적에 대한 평균 하중으로 정의되는 응력과 수평축에 단위 길이당 변형량으로 정의되는 변형률을 수치(數値)좌표에 그린 것이다. 즉, (변형률, 응력)의 좌표점을 실험의 진행 상태에 따라 표현하여 응력 - 변형률 선도 곡선(曲線)을 그리면 이 곡선은 재료의 특성을 모두 말하며 고유곡선이 된다.

재료의 고유특성을 대변해 주는 특성곡선인 응력 - 변형률 선도는 만능재료시험기(萬能材料試驗機)에 인장시편을 장착하여 실험적 방법으로 그린다. 시험에서는 인장시편의 양 끝단을 시험기의 그립에 고정하여 시험하는데 이 중 한편은

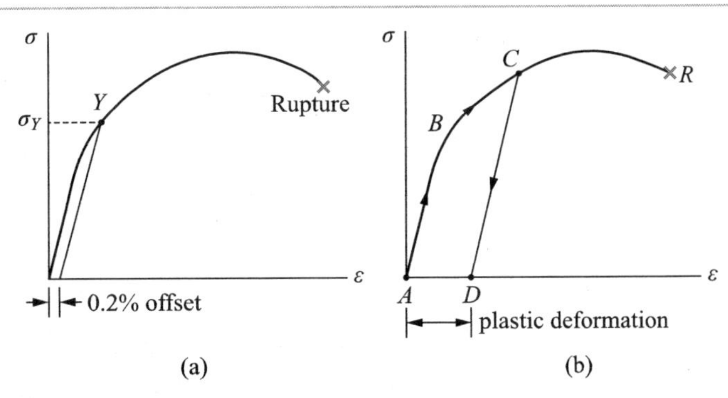

그림 3-1 대표적인 응력 – 변형률 선도의 예

고정그립이고 다른 한편에서는 작용하는 하중의 크기를 측정하는 로드셀(lead cell)을 통하여 축하중을 가하게 된다. 변형량은 인장시편의 유효(有效)측정길이(gage section)에 부착된 변형률 게이지(strain gage)를 통하여 측정한다. 그림 3-1은 강재의 대표적인 인장실험의 결과로 얻어진 재료 특성(特性)곡선이다. 이 곡선을 따라서 읽어보면 시편에 하중이 가해지기 시작해서 어느 정도의 하중에 도달할 때까지 가해진 응력과 변형률은 서로 정비례(正比例) 관계에 있어 직선으로 표현된다. 이때 직선의 기울기는 재료의 탄성(彈性)계수(modulus of elasticity)로 E로 표현된다. 이 계수는 영의 계수(Young's modulus)로도 불리며 단위는 다르지만 스프링 상수(常數)와 같은 개념으로 이해될 수 있다. 인장시편에 하중을 계속해서 증가시키면 응력 - 변형률의 궤적(軌跡)은 직선에서 벗어나 곡선을 그리며 진행되며 최종 파단에 이르게 된다. 탄소강을 비롯한 대부분의 금속재료 특성곡선에서 직선영역을 탄성영역이라 하고 이후 곡선부분은 소성영역으로 불린다. 탄성영역에서는 하중이 제거되면 시편은 실험 전의 원상태로 회복되지만 소성영역에서는 하중이 제거되어도 시편에는 영구적인 변형(그림 3-1(b))이 일어나 원상태로 회복되지 않는다. 따라서 역학적인 측면에서 직선과 곡선의 경계부분은 탄성과 소성이 구분되는 점이므로 매우 중요하며 이때의 응력을 탄성한계 응력 혹은 항복(降伏)응력(yield stress) σ_Y으로 불린다. 그러나 그림 3-1은 개념적인 것으로 실제 구조용 재료에서 E의 값은 매우 크며(예를 들어 철강(鐵鋼)의 경우 $E=200$ GPa) 직선과 곡선의 구분도 명확하지 않다. 그래서 σ_Y를 결정하기 위하여 그림 3-1(a)에 그린 직선부분의 평행선을 0.2% 변형률을 통과하도록 그어 결정하는 방법으로 이 평행선이 특성곡선과 교차하는 점의 위치로부터 σ_Y를 정의한다. 이 방법을 0.2% 오프셋 방법(offset method)라고 한다.

일반재료의 인장시험에서 직선 이후의 곡선부분이 거의 표현되지 않는 경우가 있고, 직선영역에 비하여 곡선부분의 영역이 매우 큰 경우가 있다. 전자의 경우처럼 곡선부분이 거의 없는 즉, 최종 파단 전까지 소성이 거의 일어나지 않는 재료는 깨어지기 쉬운 취성(脆性)이 강하므로 취성재료(brittle material)이라 하고 후자의 경우에는 최종 파단 시까지 연성(延性)이 매우 커서 소성변형이 심하게 일어나므로 연성재료(ductile material)이라고 명명한다.

그림 3-2는 대표적인 취성재료의 인장시험 결과 특성곡선이다. 이 그림에서 σ_U는 재료가 취할 수 있는 최대 응력으로 극한(極限)강도(ultimate strength)이

다. 즉, 취성재료에서 보통 $\sigma_U = \sigma_B$이며 그림 3-2의 왼편에 도시된 파괴강도 이후의 시편처럼 취성재료의 파단면은 축방향에 직각의 단면적으로 관찰된다. 응력성분(應力成分)의 관점에서 표현하자면 취성재료는 최대의 수직응력이 작용하는 면이 파단면이다. 반면 연성재료의 경우는 앞의 취성재료와 확연히 다른 특성을 보인다. 그림 3-3은 대표적인 두 연성재료의 특성곡선이다.

그림 3-3의 왼편은 저탄소강의 경우이고 오른편은 알루미늄 합금의 경우이다. 저탄소강의 그림에서 곡선 부분은 모두 소성이 일어나는 구간인데 이를 다시 세 구간으로 나누어 설명하고 있다. 이 곡선구간 중 첫 구간은 인장시편이 탄성한계에 도달하면 일정한 응력에서 약 2%의 변형률까지 시편의 길이가 늘어난다. 이 구간이 지나면 곡선의 기울기는 변형률에 따라서 다시 증가하는데 이는 재료 내 전위(dislocation)의 이동이 제한되어 움직이지 못하고 계속 축적되는 결과로 변형률 경화(硬化)현상(strain hardening)으로 설명한다.

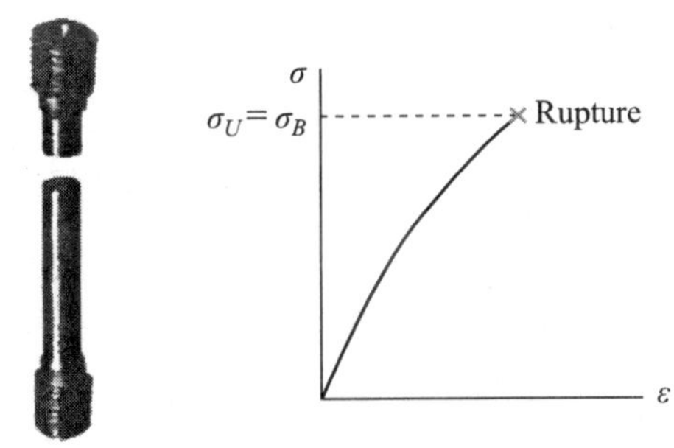

그림 3-2 **취성재료의 응력 – 변형률 선도**

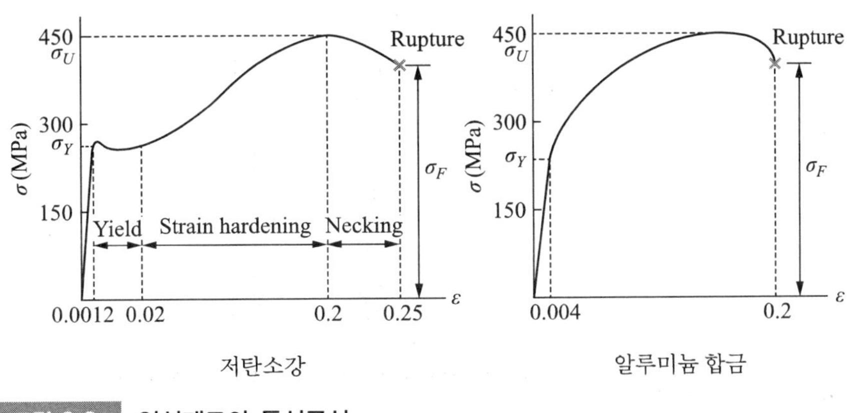

그림 3-3 **연성재료의 특성곡선**

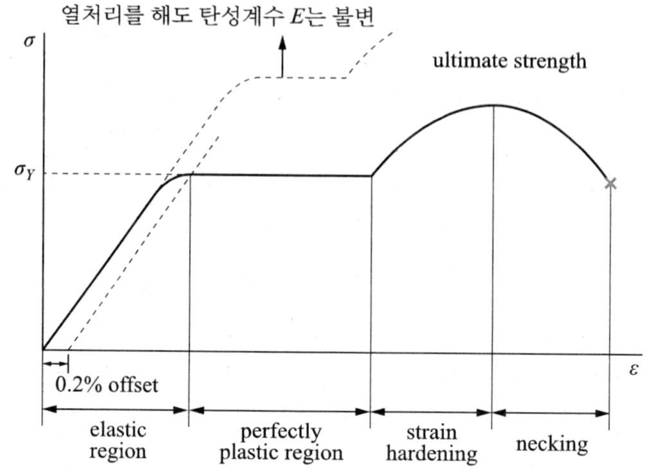

그림 3-4 연성재료 특성곡선의 개념도

갇힌 전위들이 극한강도에 이르러 장애물을 돌파하면 외부의 하중증가 없이 시편의 길이가 늘어나는데 이 경우 시편신장은 대부분 시편의 매우 짧은 국소 길이의 신장에 따른 것으로 이 부분의 단면적만 급격하게 줄어드는 현상을 보여 최종 파단에 이를 때까지 진행된다. 이 부분이 병의 목처럼 보이므로 네킹(necking)으로 불린다. 실제로 네킹 부분은 하중이 동일하여도 단면적이 급격히 줄어들므로 진짜 응력의 크기는 급격히 커진다. 그러나 공학응력에서는 현재의 단면적이 아닌 최초의 단면적을 기준으로 선도를 그리므로 응력이 작아지는 것 같은 착시를 일으키는 것이다.

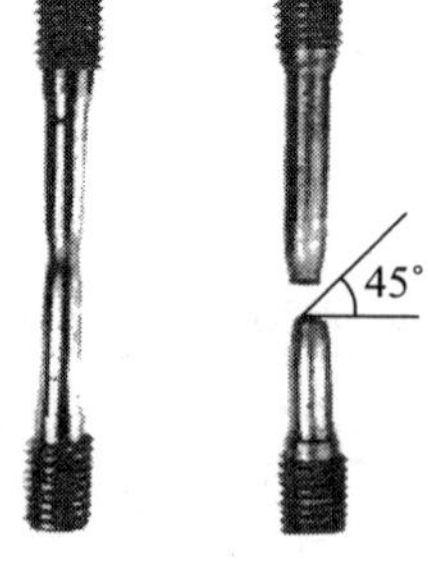

그림 3-5 연성재료 인장시편의 네킹현상과 최종 파단면

그림 3-5와 같이 연성재료의 시편은 축방향과 약 45°로 기울어진 면으로 소성변형이 진행되다가 최종 파단에 이른다. 즉 파단면의 주단면(主斷面)방향이 축과 45°를 기울어지는 것은 이 면(面)에서 전단응력이 최대가 되는 방향이다. 연성재료는 최대 전단응력이 작용하는 면에서 파단이 일어난다.

재료역학에서 사용하는 응력과 변형률에는 공학(工學)응력과 공학변형률 그리고 진응력(眞應力)과 진변형률(眞變形率)이 있다. 응력의 정의에 따르면 힘을 힘이 작용하는 유효면적으로 나누는 것인데, 공학응력은 면적으로 힘이 가해지기 전 면적을 사용한다. 그러나 축이 인장 축하중을 받게 되면 힘의 크기가 증가하면 면적이 줄어든다. 따라서 원래의 면적을 사용하는 공학응력의 경우 계산이 편리한데, 가하는 힘과 실면적(實面積)을 계산하는 것이 정확하게 현재 작용하는 응력이므로 '진응력'이라고 한다. 이와 유사하게 변형률 계산에서 최종적으로 변한 길이를 원래의 알고 있는 길이로 나누면 공학변형률이고 미소변형이 일어날 때마다 기준 길이가 변하므로 적분정의를 이용하여 변형률을 산출한 값이 '진변형률'이다.

공학응력: $$\sigma = \frac{P}{A_O}$$

진응력: $$\sigma_t = \frac{P}{A}$$

공학변형률: $$\epsilon = \frac{\delta}{L_O}$$

진변형률: $$\epsilon_t = \sum \Delta\epsilon = \sum \frac{\Delta L}{L} \rightarrow \int_{L_O}^{L} \frac{dL}{L} = \ln \frac{L}{L_O}$$

그러나 탄성계수의 크기가 매우 큰 구조용 재료를 주로 다루는 재료역학 혹은 구조역학 분야에서는 보통 변형 후의 형상이 하중이 가해지기 전의 형상과 같은 것으로 '미소변형률(infinitesimal strain)'을 가정한다. 따라서 계산이 편리한 공학응력과 공학변형률을 사용하고 각각 응력과 변형률로 사용한다. 그림 3-6에는 진응력 - 진변형률에 의한 재료특성곡선을 공학응력 - 공학변형률에 의한 경우와 비교하였다.

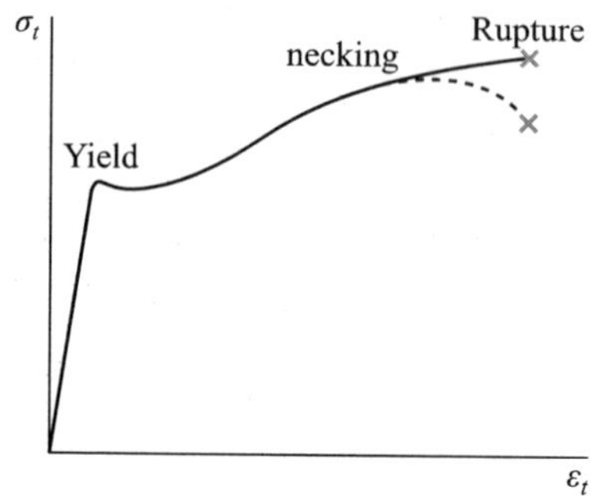

그림 3-6 진응력 – 진변형률에 의한 재료특성곡선

재료의 특성곡선의 탄성영역 내에서 응력과 변형률은 정비례하는 선형탄성 재료의 경우 '후크의 법칙(法則)' $\sigma = E\epsilon$으로 기계적 거동을 표현할 수 있다.

인장시편이 단순하게 증가하거나 감소하지 않고 지속적으로 반복하중을 받으면 시편은 '피로(疲勞, Fatigue)' 하중을 받는다고 한다. 이 경우에는 시편에 가해지는 하중의 최대 응력이 탄성한계를 초과하지 않도록 제어한다고 해도 반복하중으로 인하여 시편에 최종파단이 일어날 수 있다. 일반적으로 기계는 반복적인 작업에 사용되므로 기계의 요소를 설계할 때 피로현상을 고려하는 것은 중요하다. 피로는 재료역학의 심화과정이므로 여기서는 생략하도록 하겠다. 다만 반복적으로 가해지는 최대 응력이 비교적 작은 경우에는 무한대의 반복하중에서도 최종파괴가 일어나지 않는다. 이 응력이 '피로한계'로 설계에서 중요하다.

3.2 축하중을 받는 축요소의 변형

축요소의 모양은 반드시 단면(A)이 일정한 봉이나 막대모양은 아니다. 단면의 크기나 모양은 축방향 위치에 따라 달라도 모델링이나 해석방법은 같다. 재료가 선형 탄성영역의 상태에 있으면 재료에 가해지는 축방향 하중(P)의 수직 응력(σ)과 축방향으로 변하는 축길이(L) 변형량(δ)으로 산출하는 변형률(ϵ)은 탄성계수(E)을 비례계수로 선형관계(후크의 법칙)에 있다.

$\sigma = E\epsilon$에서 단면이 일정하면 $\sigma = P/A$이고 변형률은 $\epsilon = \delta/L$이므로

$$\delta = \left(\frac{L}{EA}\right)P$$

축의 단면이나 축하중의 크기가 위치에 따라 다를 수 있고 축의 길이방향으로 재료의 종류도 다른 물체를 고려하면 일반적으로 탄성계수(E)가 위치(x)의 함수이므로 축하중을 받는 전체 축길이의 총변형량은 다음의 식으로 계산할 수 있다.

$$\delta = \int_0^L \frac{P\,dx}{AE}$$

주요 구조요소 중 아래와 같이 세 개는 구조의 형태에는 상관없이 외부에서 가해지는 하중의 종류에 의하여 구분되며 구조요소 모두 그림과 같이 문제를 간략하게 고려할 수 있다.

1. 막대 : 축(軸)하중
2. 축(軸) : 비틀림 하중
3. 보(堡) : 굽힘 하중

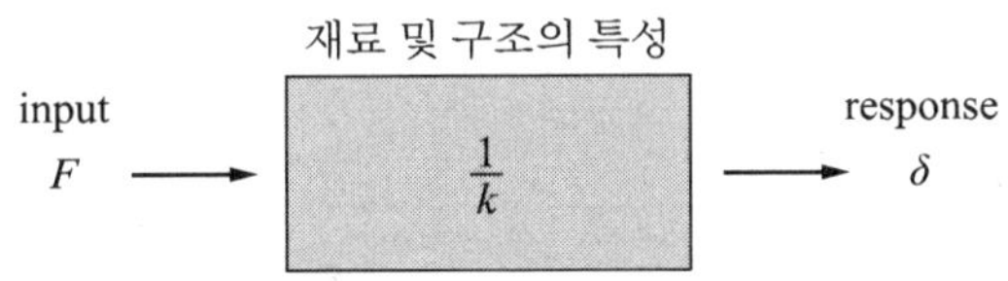

그림에서 입력값은 각 구조요소의 특성에 따라 가해지는 적당한 형태의 하중 크기를 말하고 출력값은 가해진 하중에 따른 구조요소의 응답으로 적당한 종류의 변형량 개념의 크기를 의미한다. 다시 말하자면 각 구조요소는 요소의 형상 및 재료의 특성에 따라 컴플라이언스(compliance)인 비례상수 $1/k$가 결정되며 이 요소에 가해진 하중과 컴플라이언스를 곱하면 변형과 같은 구조요소 응답결과를 구할 수 있다. 다음은 축하중(F)를 받는 막대요소에서 컴플라이언스의 정의를 유도하는 과정이다. 입력값은 F이고 출력값은 δ이므로

$$F \times \frac{1}{k} \rightarrow \delta \text{ 즉 } \delta = \frac{1}{k} \times F = \frac{F}{k}.$$

축하중의 구조요소의 경우 동일 하중을 받을 때 결국 길이와 면적이 같으면 (동일한 컴플라이언스) 늘어난 길이(구조응답)는 같아야 한다.

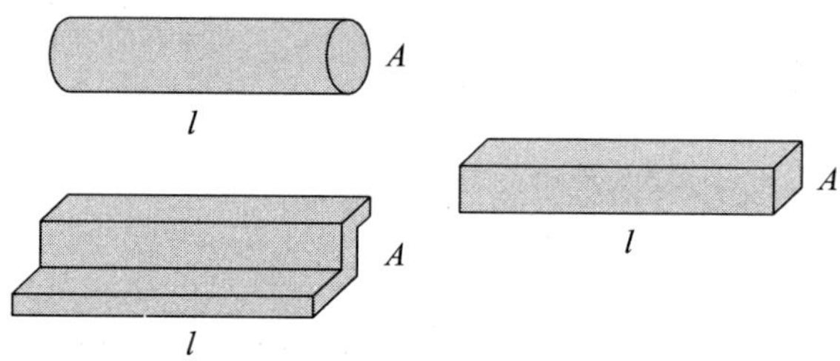

그림 3-7 단면의 크기와 길이가 서로 같은 여러 가지 축요소의 형상

축방향 하중(F)을 받고 있는 구간의 축요소는 선형 스프링(스프링 상수 k)과 하중 F를 받고 있는 경우로 바꾸어 해석을 수행할 수 있다. 다음은 축요소를 동등한 선형 스프링의 상수(k)를 구하는 방법을 설명한다.

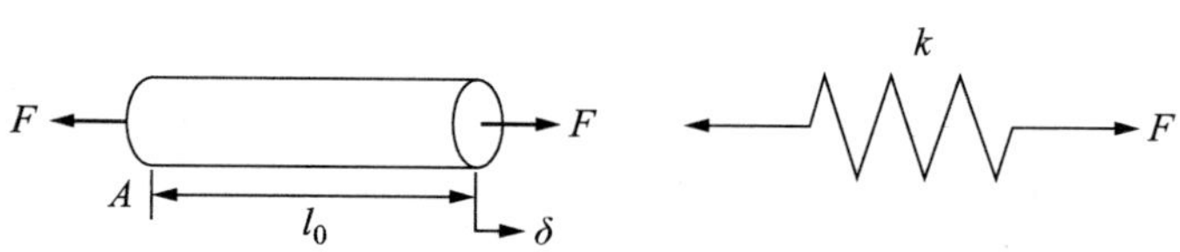

그림 3-8 축하중(F)을 받는 축요소와 동등한 스프링요소

여기서 δ는 축하중 F에 대한 요소의 변형량이다.

선형 스프링의 후크법칙으로부터 $\delta = \dfrac{1}{k} \cdot F$

그리고 축하중을 받는 막대의 경우 $\delta = \dfrac{l}{EA} \cdot F$.

위의 두 식을 비교하면 등가 스프링 상수는 다음과 같이 정의할 수 있다.

$$k_{eq} = \frac{EA}{l}$$

다수의 구조요소가 결합된 재료역학 해석문제의 경우 일차원적 문제는 스프링의 프레임 구조(frame work)로 바꾸어 해석을 시도하면 매우 간단해지는 경우가 많다. 스프링 프레임 구조로 응용하기 위하여는 다음의 직렬 및 병렬 스프링 시스템의 등가 스프링 상수 산출법이 기초가 된다.

(1) 직렬 스프링 연결의 동등 스프링 상수 k

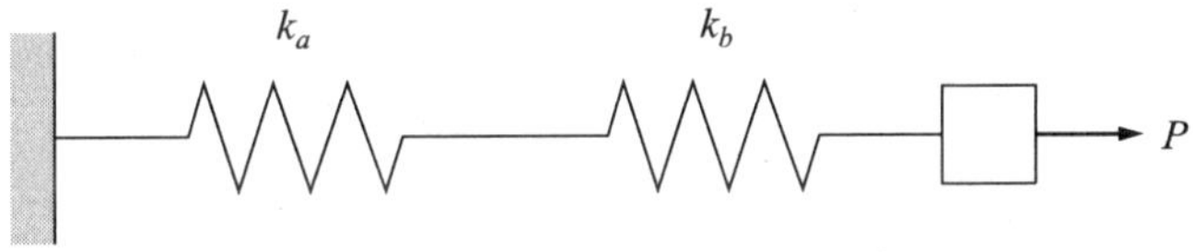

$$\frac{1}{k} = \frac{1}{k_a} + \frac{1}{k_b}$$

(2) 병렬 스프링의 동등 스프링 상수 k

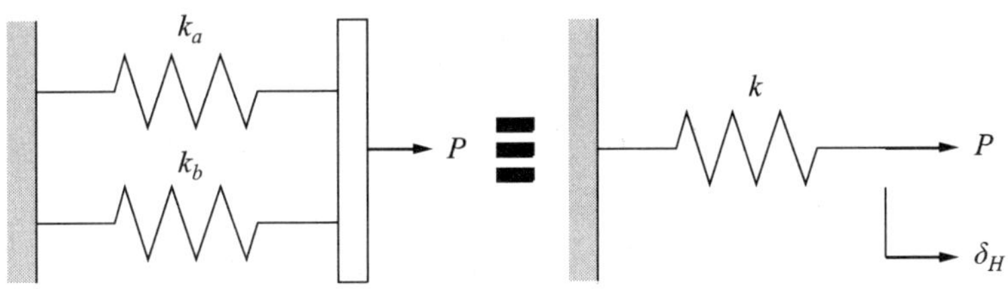

$$k = k_a + k_b \qquad \therefore \ \delta_H = \frac{1}{k} \cdot P = \frac{P}{k_a + k_b}$$

재료 역학적 관점에서 (2)의 동등 스프링 상수를 유도해 보자.

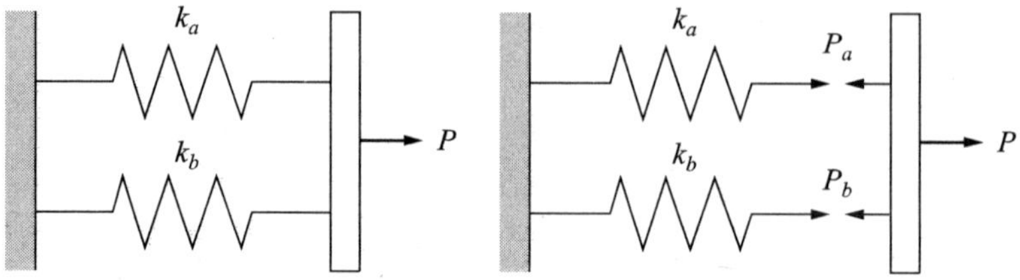

힘의 균형(force balance)으로부터 식 ①을 얻는다.

$$P = P_a + P_b \qquad ①$$

병렬 스프링 문제의 해결 시 동일 변형률 조건(equi-strain condition) 혹은 기하학적 조건(geometric compatibility)을 적용하였다.

$$\delta_a = \frac{1}{k_a} P_a \text{ 그리고 } \delta_b = \frac{1}{k_b} P_b.$$

동일 변형조건 $\delta_a = \delta_b$에서

$$P_b = \frac{k_b}{k_a} P_a \qquad ②$$

식 ②를 식 ①에 대입하면 $P = \left(1 + \frac{k_b}{k_a}\right) P_a = \frac{k_a + k_b}{k_a} P_a$가 되므로

$$P_a = \frac{k_a}{k_a + k_b} P.$$

따라서 $\delta_a = \frac{P}{k_a + k_b} = \frac{P}{k_{eq}}$로부터 $k_{eq} = k_a + k_b$.

보기문제

주어진 문제의 구조는 두 개의 트러스가 마찰이 없는 세 개의 조인트로 천장에 고정되어 있다. 이 구조물의 점 O에는 하중 W가 수직하방으로 작용하고 있을 때 점 O가 이동하게 될 거리를 계산하라. 단, 구조물의 자중은 무시한다.

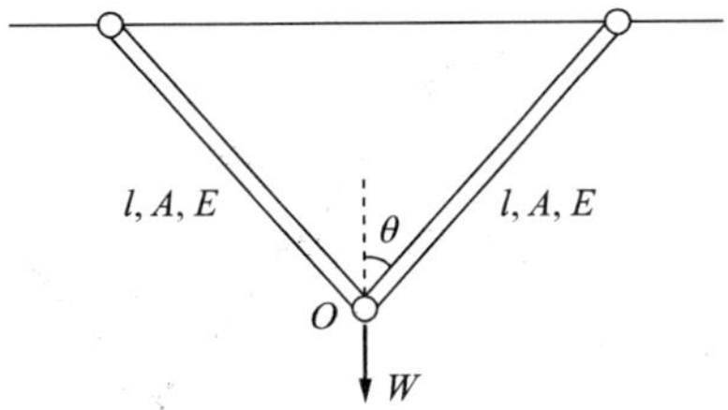

해설 구조물의 트러스가 강체($E=\infty$)이면 W가 작용해도 점 O는 움직이지 않을 것이다. 반면 일반적인 변형체(deformable body)이면 O점이 움직인다.
그러면 변형체 트러스의 경우 하중 W가 작용했을 때 밑으로 움직이는 거리 ($\delta_v=?$)를 계산해 보자.

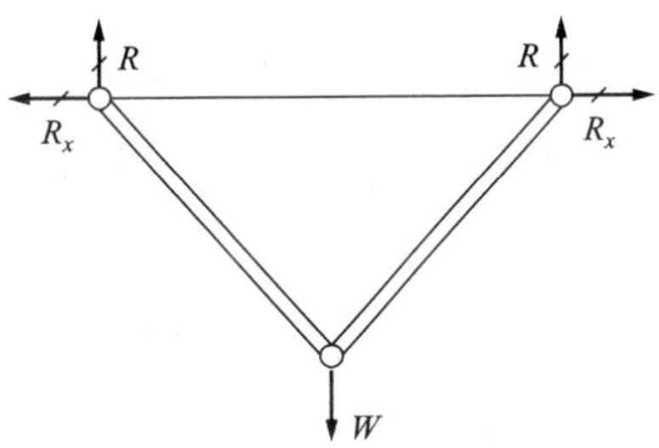

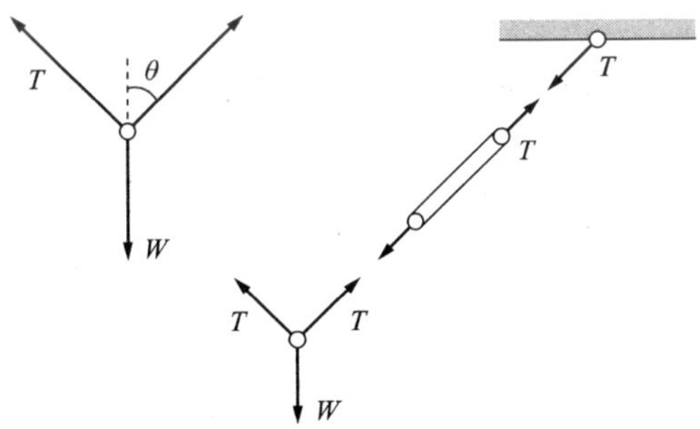

문제의 대칭성으로부터 $R=\dfrac{W}{2}$

$$\tan\theta=\frac{R_x}{R}=\frac{R_x}{W/2}$$

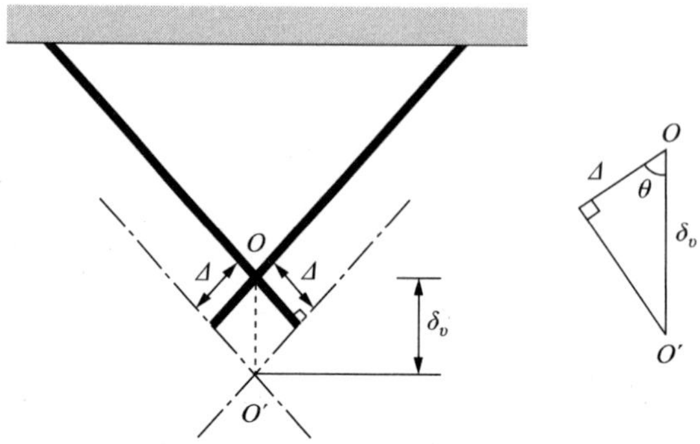

$$2T\cos\theta = W\text{이고}\ \ T = \frac{W}{2\cos\theta}$$

각 트러스는 T를 받아 $\Delta = \dfrac{Tl}{EA}$만큼씩 늘어날 것이다. 따라서 오른쪽 직각 삼각형으로부터 수직이동 거리를 계산할 수 있다.

$$\delta_v = \frac{\Delta}{\cos\theta} = \frac{Wl}{2EA\cos^2\theta}$$

Δ가 작으므로 원호의 곡률 반경은 매우 클 것이다. 그러므로 근사하게 수직인 선이 만나는 점으로 계산한 것이다.
앞에서와 같이 접선을 그어 만나는 점으로부터 이동거리를 계산하는 방법은 구조물의 변형 후 형상이 원래의 형상과 거의 같다는 가정이 가능한 경우에 국한된 일차적 근사해법이다. 그러나 일반적인 이론해를 구하기 위하여 접선이 아닌 천장을 중심으로 각 트러스의 변형 후 길이를 반지름으로 하는 원호를 그려 두 개의 원호가 만나는 점이 최종적으로 점 O가 이동한 위치이다.

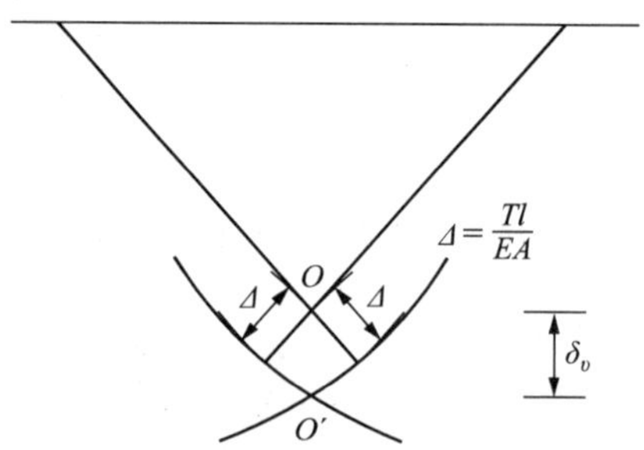

보기문제

문제의 주어진 그림에는 복합실린더가 있다. 실린더의 축 주위 코어에는 영의 계수가 E_b인 재료가 단면적 A_b, 길이 L의 형상 주위로 E_a의 재료가 동축 실린더로 용접되어 일체형의 구조를 구성하고 있다. 이 복합실린더의 축의 왼편은 강체 벽면에 단단히 고정되어 있고 오른편 끝단에는 축하중 P가 작용하고 있다. 이 복합실린더의 코어부 실린더와 외피 실린더에 분배되는 힘의 크기와 두 실린더의 축방향 변형량을 계산하라.

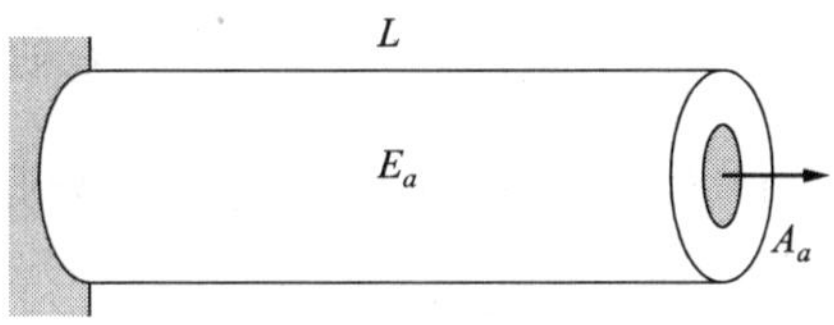

해설

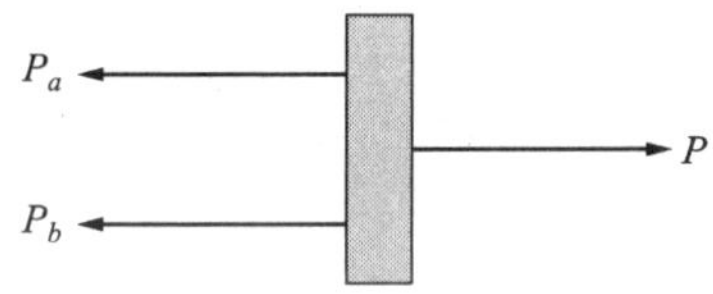

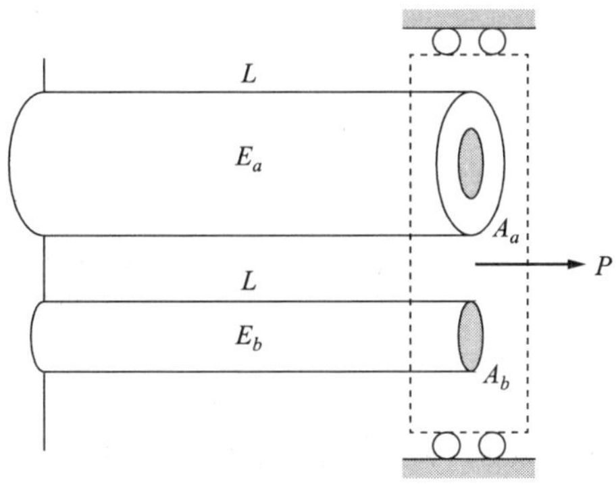

$$P = P_a + P_b \qquad ①$$

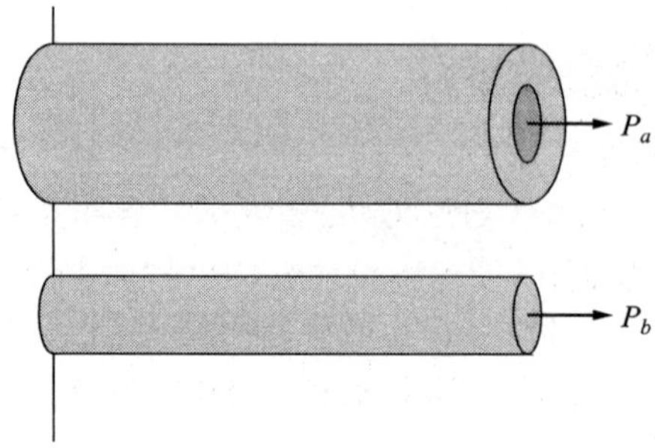

$$\delta_a = \frac{L}{E_a A_a} P_a \text{ 또한 } \delta_b = \frac{L}{E_b A_b} P_b.$$

기하학적 조건 $\delta_a = \delta_b$에 위의 식을 대입하면

$$P_b = \frac{E_b A_b}{E_a A_a} P_a \qquad ②$$

식 ②를 식 ①에 대입하면

$$P = \left(1 + \frac{E_b A_b}{E_a A_a}\right) P_a \text{이므로 } P_a = \frac{E_a A_a}{E_a A_a + E_b A_b} P.$$

따라서

$$\delta_a = \frac{LP}{E_a A_a + E_b A_b} = \frac{LP}{(EA)_e}.$$

결국, 이 문제는 아래의 문제와 동등하다.

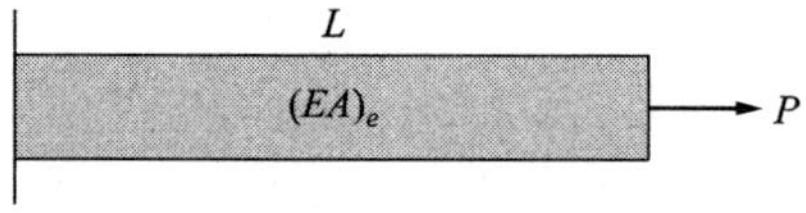

또한 다음도 위와 같은 문제이다.

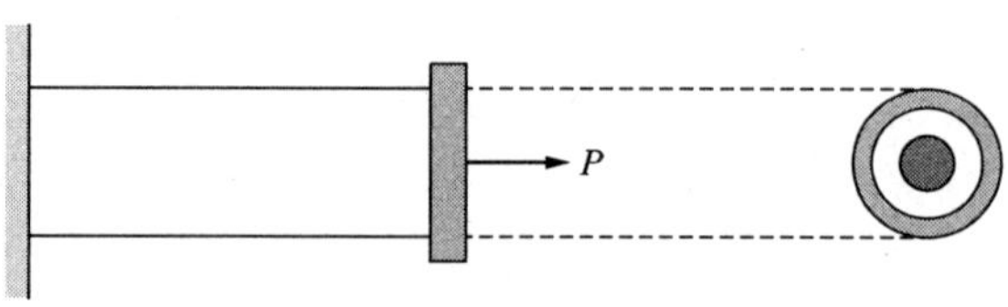

보기문제

그림과 같이 두 개의 서로 다른 재료로 만들어진 트러스가 직렬로 용접되어 일체형 트러스가 되어 있다. 이 복합트러스가 축하중을 받는 경우 축방향으로 변한 길이 δ를 결정하라. (즉, 직렬연결 스프링의 등가 스프링 상수를 유도하시오.)

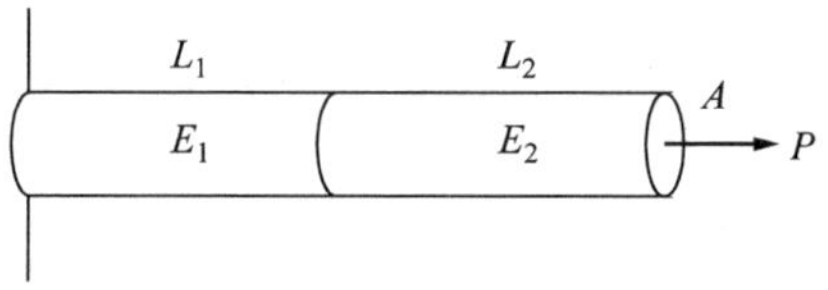

해설

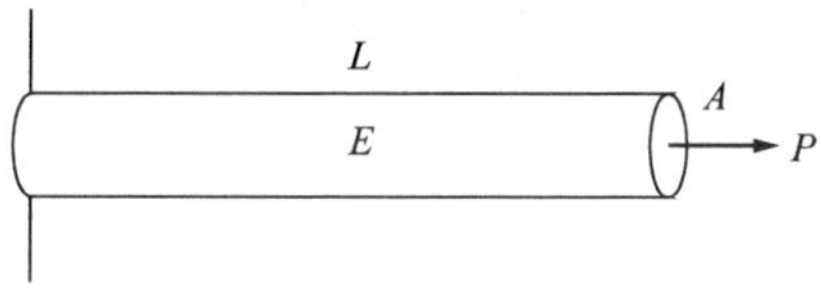

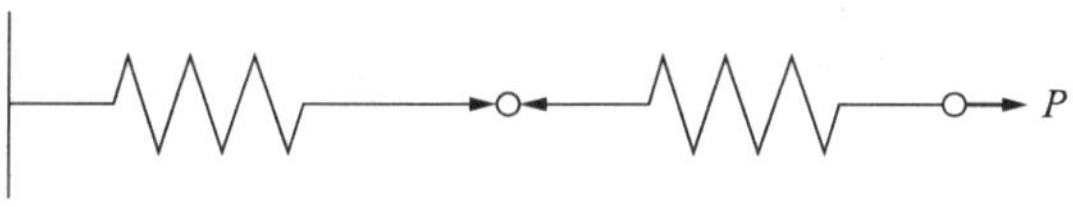

좌측 스프링은 $k_1 = \dfrac{E_1 A}{L_1}$ 이고 우측 스프링은 $k_2 = \dfrac{E_2 A}{L_2}$.

한 개의 등가 스프링으로 그리면

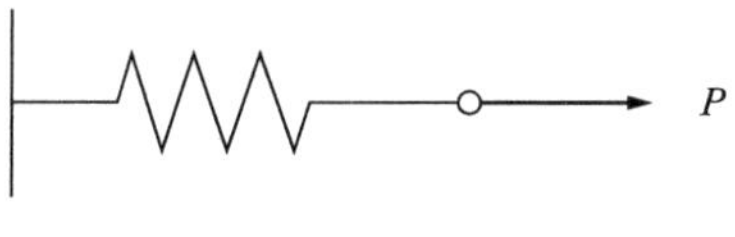

등가 스프링 상수(k_{eq})를 결정하기 위하여 직렬 스프링의 각 요소에 작용하는 힘의 크기는 축방향의 위치에 상관없이 항상 같아야 하는 등가힘의 조건 (equi-force condition)을 적용: $P_1 = P_2 = P$ 하면

$$k_{eq} = \frac{k_1 k_2}{k_1 + k_2} = \frac{\dfrac{E_1 A}{L_1}\dfrac{E_2 A}{L_2}}{\dfrac{E_1 A}{L_1} + \dfrac{E_2 A}{L_2}} = \frac{E_1 E_2 A}{E_1 L_2 + E_2 L_1}$$

그러므로

$$\delta = \frac{P}{k_{eq}} = \frac{E_1L_2 + E_2L_1}{E_1E_2A}P = \left(\frac{L_1}{E_1A} + \frac{L_2}{E_2A}\right)P.$$

앞의 제일 오른편에 있는 괄호안의 첫 번째 항은 단위 외력당 첫 번째 축요소에서 발생하는 변형량이고 괄호안의 두 번째 항은 두 번째 축요소에서 발생하는 변형량으로 결국 괄호 안의 합은 복합축에 작용하는 단위 축하중당 전체 축의 늘어난 변형량을 의미한다.

보기문제

한편 이번 예제에서는 직렬형 복합 축요소를 구성하고 있는 두 개의 단위 축요소가 외부의 축하중 이외 재료, 단면적, 길이가 모두 다른 경우의 총 복합 축요소의 신장 변형량을 결정하라.

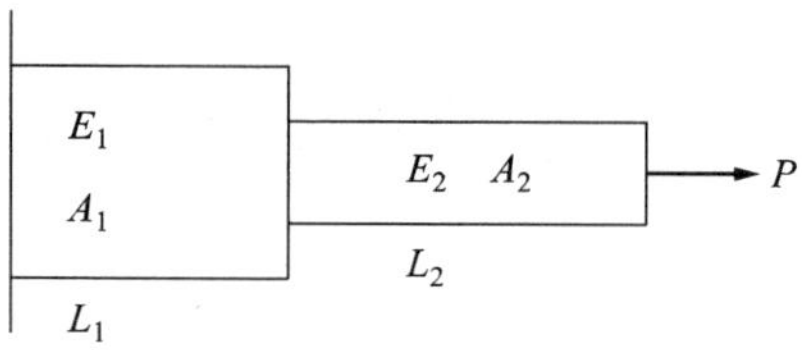

해설 이 문제는 다음과 같이 서로 다른 두 개의 등가 스프링이 직렬로 연결된 시스템에 축력 P가 작용할 때 작용점의 이동거리를 계산하는 것과 같다.

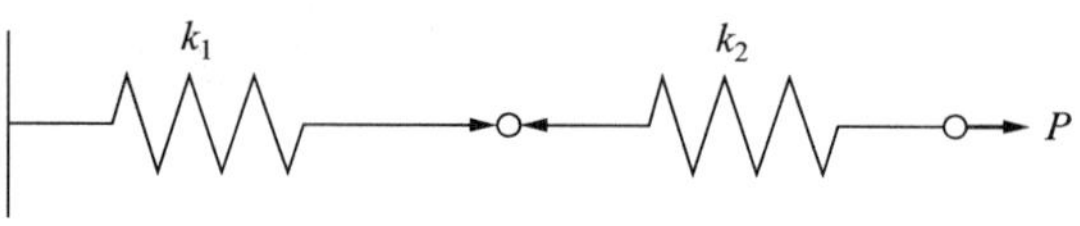

좌측 스프링은 $k_1 = \dfrac{E_1A_1}{L_1}$ 이고 우측 스프링은 $k_2 = \dfrac{E_2A_2}{L_2}$.

$$k_{eq} = \frac{k_1k_2}{k_1 + k_2} = \frac{\dfrac{E_1A_1}{L_1}\dfrac{E_2A_2}{L_2}}{\dfrac{E_1A_1}{L_1} + \dfrac{E_2A_2}{L_2}} = \frac{E_1E_2A_1A_2}{E_1A_1L_2 + E_2A_2L_1}$$

$$\delta = \frac{P}{k_{eq}} = \frac{E_1A_1L_2 + E_2A_2L_1}{E_1E_2A_1A_2}P = \left(\frac{L_1}{E_1A_1} + \frac{L_2}{E_2A_2}\right)P$$

보기문제

주어진 그림에서 좌측의 병렬형 복합 축요소와 우측의 축요소로 구성된 직렬형 복합 축에 축하중 P가 작용한다. 이 시스템에서 발생할 전체 축요소의 신장량을 계산하라.

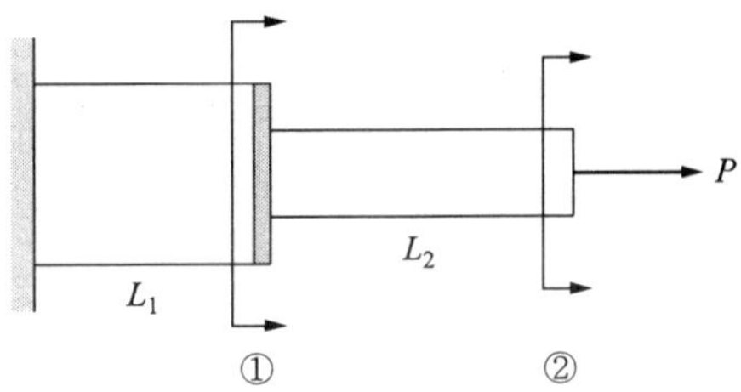

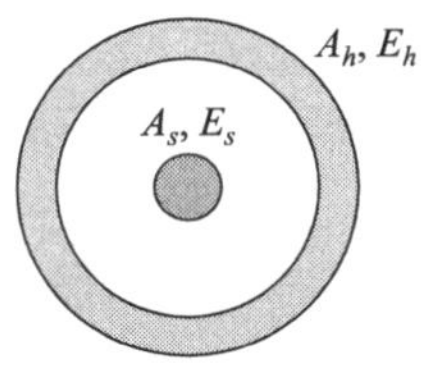

<단면모양 ①>

<단면모양 ②>

해설 이 종합 복합 축요소는 다음의 병렬, 직렬 복합 스프링계로 표현된다.

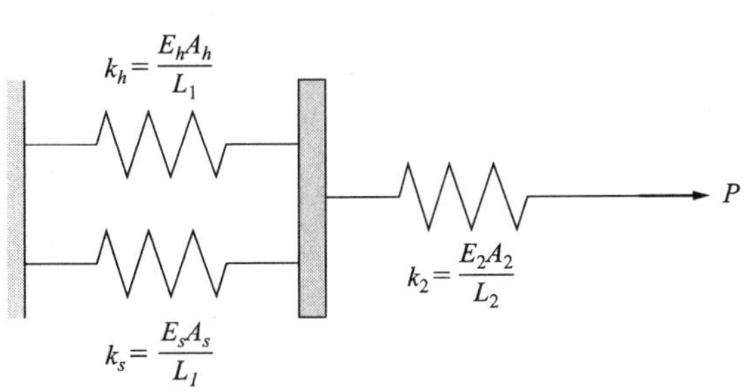

종합 스프링 시스템에서 왼편의 병렬 스프링의 등가 스프링을 우선 구하자.

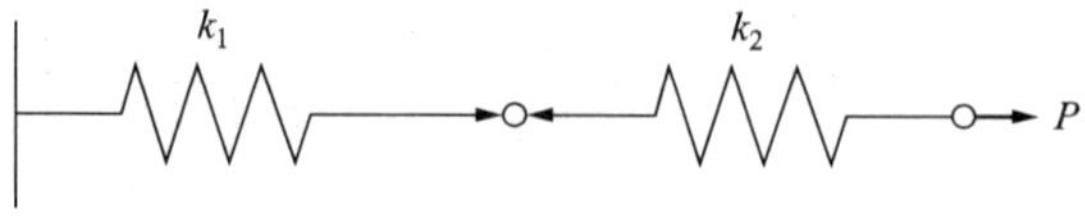

좌측 스프링은 $k_1 = k_h + k_s$ 그리고 우측 스프링은 k_2.
그리고 이어서 k_1과 k_2의 직렬 스프링 복합시스템의 등가 스프링을 구한다.
결국 전체 중 복합스프링 시스템의 등가 스프링 상수 k_{eq}는 다음과 같다.

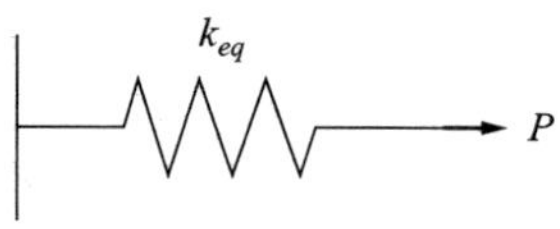

$$k_{eq} = \frac{k_1 k_2}{k_1 + k_2} = \frac{(k_h + k_s)k_2}{(k_h + k_s) + k_2} = \frac{\left(\dfrac{E_h A_h}{L_1} + \dfrac{E_s A_s}{L_1}\right)\dfrac{E_2 A_2}{L_2}}{\dfrac{E_h A_h}{L_1} + \dfrac{E_s A_s}{L_1} + \dfrac{E_2 A_2}{L_2}}$$

그러므로 $\delta = \dfrac{P}{k_{eq}}$

3.3 축방향 단면적이 일정하지 않은 불균일봉의 해석

축요소에서 축방향의 단면적이 위치에 따라 일정하지 않은 임의의 형상을 하는 축요소를 불균일봉(nonuniform bar)이라 한다. 이제 좀 더 일반적으로 불균일봉의 축하중에 따른 길이의 변형량을 고려해 보자. 이 경우의 해법도 균일한 단면을 갖는 균일봉의 해석기법이 기본으로 응용하면 비교적 쉽다.

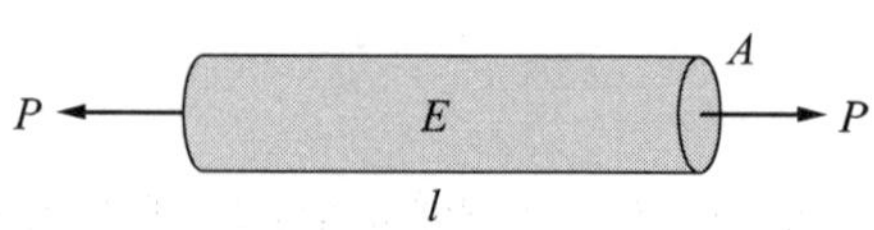

여기서 $\Delta l = \dfrac{l}{EA}P$.

위의 균일봉 경우를 기본적으로 이해하고 암기하고 있으면 이제 다루려고 하는 불균일봉의 경우는 물론 축요소 이외의 비틀림축과 보요소의 해석개념도 같이 시도할 수 있음을 알게 될 것이다.

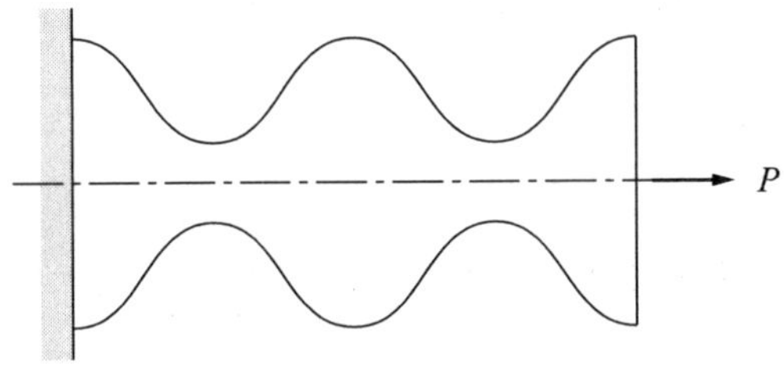

그림 3-9 **축하중을 받는 불균일봉의 변형량 해석**

우선 다음의 왼편 도식과 같이 끝단이 잘린 원추형으로 단면적이 변하는 불균일봉의 경우를 고려해 보자.

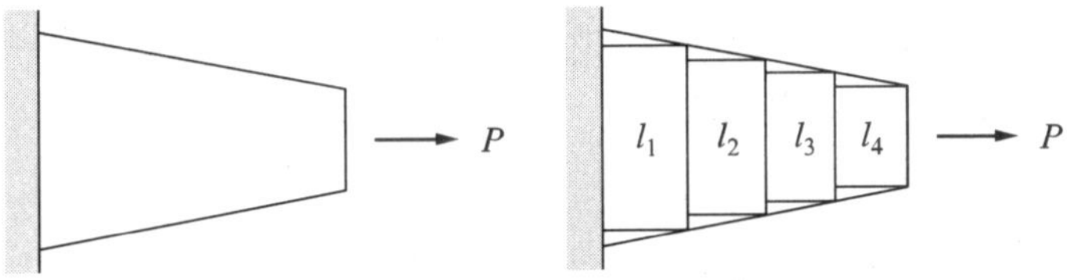

이 문제의 해석은 우리가 현재 알고 있는 균일봉의 해석결과를 이용하여 일차적인 근사해를 위의 오른편 그림과 같이 네 부분의 균일봉으로 나누어 고려할 수 있을 것이다.

즉, $\Delta l = \Delta l_1 + \Delta l_2 + \Delta l_3 + \Delta l_4 = \dfrac{l_1}{EA_1}P + \dfrac{l_2}{EA_2}P + \dfrac{l_3}{EA_3}P + \dfrac{l_4}{EA_4}P$

$$\Delta l = \sum_{i=1}^{4} \frac{l_i P}{EA_i} \qquad ①$$

식 ①의 결과는 4개의 조각으로 나눈 것이지만 조각을 더 많이 나눌수록 근사해는 정확한 엄밀해에 가까워질 것이다. 무한대로 나누었다면 다음의 식으로 계산할 수 있다.

$$\Delta l = \lim_{N \to \infty} \sum_{i=1}^{N} \frac{P\, l_i}{E A_i} = \int_0^l \frac{P\,dx}{EA(x)}$$

면적만이 아니라 축하중의 경우에도 위치에 따라서 얼마든지 다르게 가할 수 있다. 다음의 그림에는 축하중이 세 구간에서 서로 다르게 작용한다.

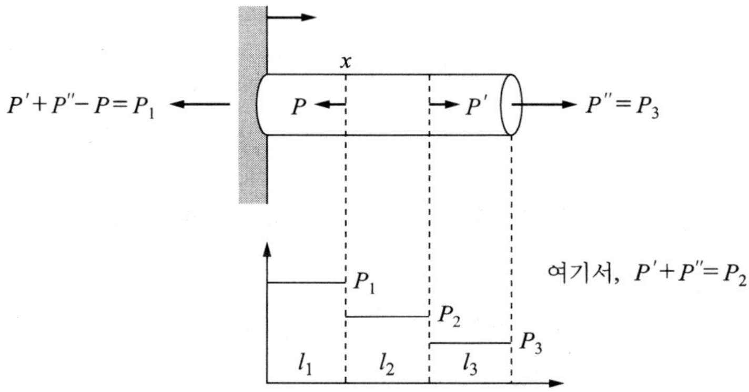

각각의 구간에서 늘어나는 길이를 모두 더하면 전체 구간에서 늘어난 길이 Δl을 구할 수 있다.

$$\Delta l = \frac{l_1}{EA} P_1 + \frac{l_2}{EA} P_2 + \frac{l_3}{EA} P_3$$

서로 재료가 다른 재료로 만들어진 축요소가 직렬로 연결된 경우 혹은 FGM (functional gradient material)과 같이 위치에 따라 연속적으로 재료상수가 변하도록 공정을 제어한 신소재와 같이 재료상수도 위치의 함수로 간주할 수 있다. 따라서 가장 일반적인 축요소의 경우로는 P, E, A가 모두 위치의 함수인 경우이므로 다음의 식이 가장 일반식으로 사용된다.

$$\Delta l = \int_0^l \frac{P(x)}{E(x)A(x)} dx$$

보기문제

두 개의 재료와 형상(길이와 단면적)이 그림과 같이 서로 다른 축요소가 축방향으로 완전 접합되어 있다. 전체 축요소의 길이변화량을 계산하라.

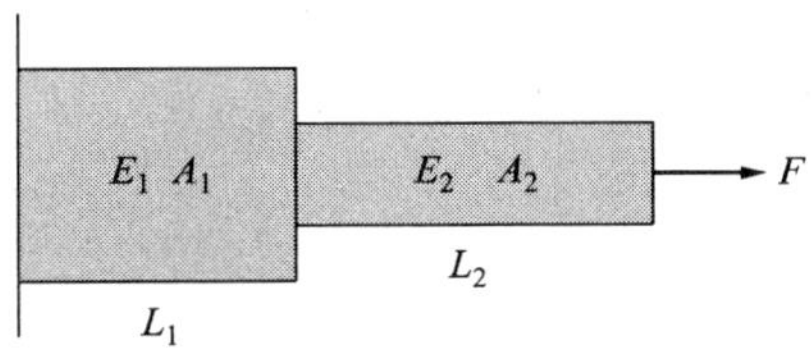

해설 각 부분의 변형량을 더하면 전체 변형량이 되므로 $\Delta_1 + \Delta_2 = \Delta$.

각 변형량은 $\Delta_1 = \dfrac{L_1}{E_1 A_1} F$과 $\Delta_2 = \dfrac{L_2}{E_2 A_2} F$으로 쓸 수 있으므로

$$\Delta = \sum_{i=1}^{2} \Delta_i = \sum_{i=1}^{2} \frac{L_i}{E_i A_i} F$$

보기문제

두 개의 재료와 형상(길이와 단면적)이 그림과 같이 서로 다른 막대요소가 축방향으로 완전 접합되어 있다. 이 복합막대는 L_1 구간과 L_2 구간의 경계에 왼쪽으로 작용하는 F' 축력과 오른편 끝에 F의 축력이 작용하고 있다. 전체 막대의 길이변화량을 계산하라.

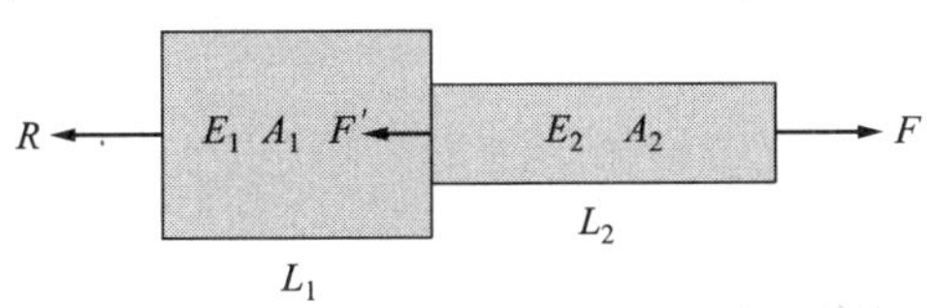

해설 힘의 평형으로부터 $R = F - F'$

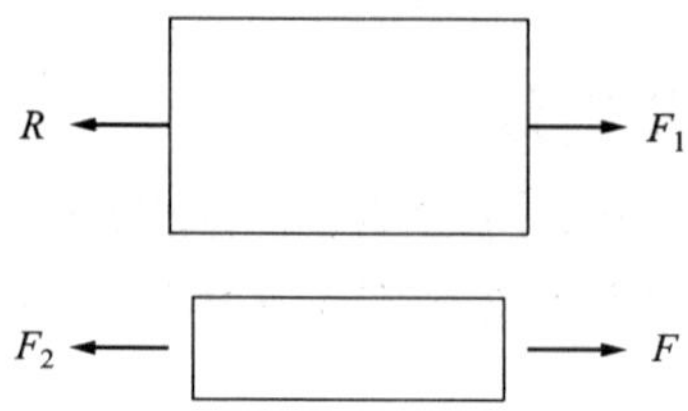

$$\Delta = \sum_{i=1}^{2} \Delta_i = \sum_{i=1}^{2} \frac{L_i F_i}{E_i A_i}$$ 식에서 $F_1 = R$ 그리고 $F_2 = F$이다.

보기문제

다음 그림의 일부가 잘린 원추형 불균일 축요소가 중력이 작용하는 공간에 설치되어 있다. 자중에 의하여 늘어난 축요소의 길이를 결정하라. $A(x) = e^{-x}$임.

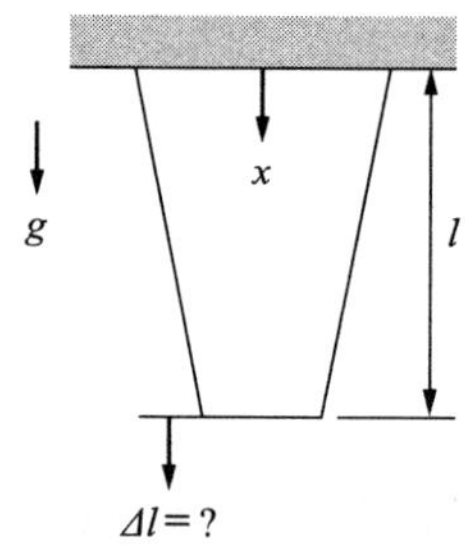

해설 $$P(x) = \rho g \int_x^l A(x) dx = \rho g \int_x^l e^{-x} dx = \rho g A_0 (e^{-x} - e^{-l})$$

$$\Delta l = \int_0^l \frac{\rho g A_0 (e^{-x} - e^{-l})}{E A_0 e^{-x}} dx = \frac{\rho g}{E} \int_0^l (1 - e^{x-l}) dx = \frac{\rho g (l - 1 + e^{-l})}{E}$$

보기문제

주어진 그림과 같이 3단으로 구성된 복합 축요소가 축하중 F, F', F''을 받고 있다. 전체 축요소의 길이변화를 계산할 수 있는 식을 구성하라.

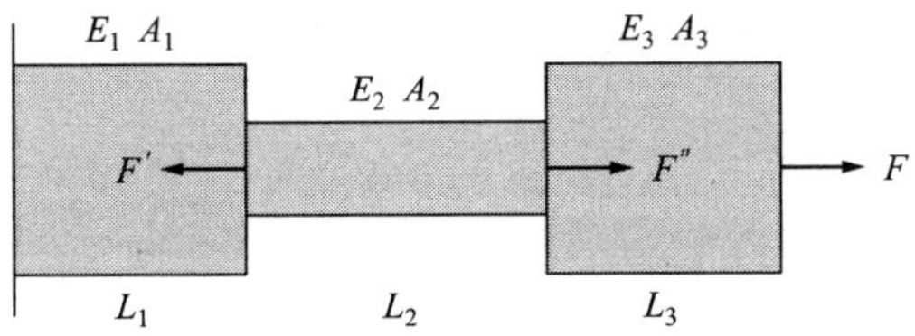

해설 $F_1 = R;\ F_2 = F + F''\ ;\ F_3 = F.$ 여기서 $R = -F' + F'' + F$

$$\Delta = \Delta_1 + \Delta_2 + \Delta_3 = \sum_{i=1}^{3} \Delta_i$$
$$= \frac{F_1 L_1}{E_1 A_1} + \frac{F_2 L_2}{E_2 A_2} + \frac{F_3 L_3}{E_3 A_3} = \sum_{i=1}^{3} \frac{F_i L_i}{E_i A_i}$$

한편 축요소의 단면적, 축력, 탄성계수가 다음과 같이 주어지면

$$A(x) = A_o e^{ax}$$
$$P(x) = F_o\left(1 - \frac{x^2}{L^2}\right)$$
$$E(x) = E_o\left(1 + \frac{x}{L}\right)$$

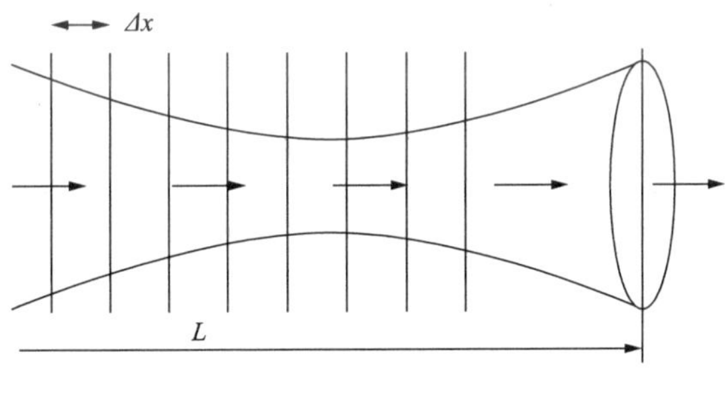

근사 해로써 $\Delta x = \frac{L}{N}$ 간격의 N개로 나눴다.

$\Delta_i = \sum_{i=1}^{N} \Delta_i = \sum_{i=1}^{N} \frac{P_i L_i}{E_i A_i} = \sum_{i=1}^{N} \frac{P(x_i)\Delta x}{E(x_i)A(x_i)}$ 이므로 일반적으로 다음으로 정리된다.

$$\Delta = \lim_{N\to\infty} \sum_{i=1}^{N} \frac{P(x)\Delta(x)}{E(x)A(x)} = \int_0^L \frac{P(x)}{E(x)A(x)} dx$$

위 일반식의 한 특수한 경우로 단면이 축방향으로 일정한 균일봉이고 축하중이 축방향으로 일정한 경우(equi-axial force)이며 봉요소 전체가 단일재료로 구성되었다면 이 식은 다음으로 정리된다.

$$\Delta = \int_0^L \frac{P}{EA} dx = \frac{P}{EA} \int_0^L dx = \frac{PL}{EA}$$

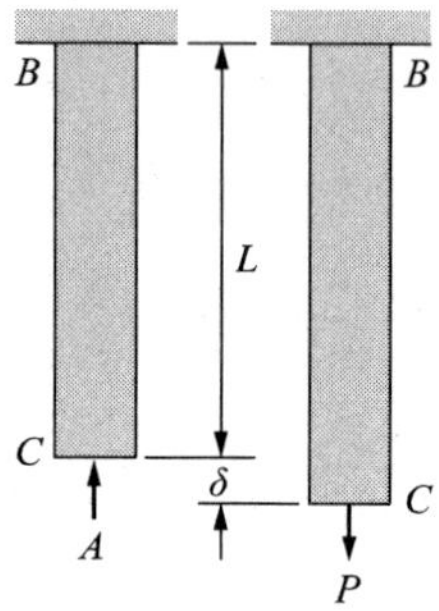

보기문제

아래 그림의 복합 축요소에는 세 개의 축하중이 작용하고 있다. 축의 재료는 강철(鋼鐵)인 경우 주어진 축하중 하에서 복합 축요소의 총 길이변화(δ)를 계산하라. 여기서 재료의 $E = 200$ GPa이다.

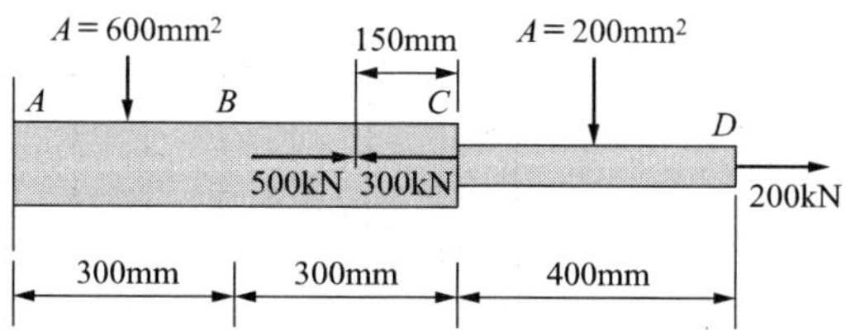

해설

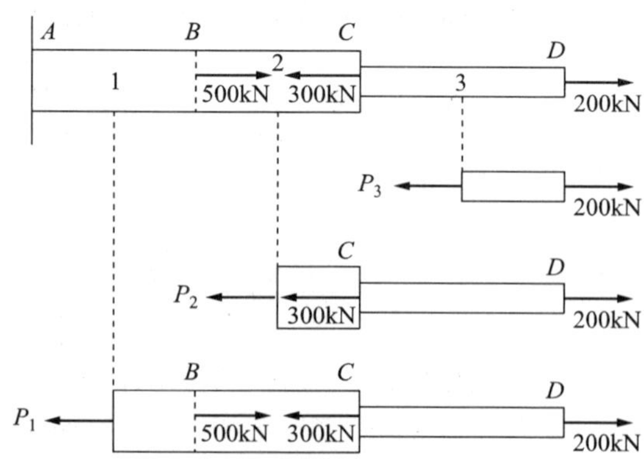

그림에 그려진 각 부분에 적용되는 수치는 다음과 같다.

$$P_1 = 400\,\text{kN},\ A_1 = 600\,\text{mm}^2,\ L_1 = 300\,\text{mm}$$
$$P_2 = -100\,\text{kN},\ A_2 = 600\,\text{mm}^2,\ L_2 = 300\,\text{mm}$$
$$P_3 = 200\,\text{kN},\ A_3 = 200\,\text{mm}^2,\ L_3 = 400\,\text{mm}$$

총 길이의 변화는 다음의 식으로 구할 수 있다.

$$\delta = \int_0^L \frac{P}{EA}dx = \int_0^{L_1} \frac{P_1}{EA_1}dx + \int_{L_1}^{L_1+L_2} \frac{P_2}{EA_2}dx + \int_{L_1+L_2}^{L_1+L_2+L_3} \frac{P_3}{EA_3}dx$$
$$= \sum_{i=1}^{3} \frac{P_i L_i}{EA_i} = 2.75 \times 10^{-3}\,\text{m} = 2.75\,\text{mm}$$

3.4 부정정문제(不靜定問題)

물체의 재료가 외력에 의하여 변하지 않는 강체(剛體, rigid body)인 경우 평형(平衡)조건은 3차원이 경우 직선방향 힘의 평형에 의한 3개의 식과 공간상 임의의 한 점에 대한 회전 모멘트의 평형에 의한 3개의 식을 모두 합하면 최대 6개[4]의 독립식 구성이 가능하다. 즉, 정역학(statics)에서 다루는 강체역학의 경우 모르는 반력 등을 포함하여 전체 미지수가 6개를 초과하는 경우에 해를 구할 수 없다.

미지수가 정역학의 독립식의 개수를 초과하는 경우 이 이상의 독립된 식을 구성하여야 한다. 식의 개수가 부족한 이유는 강체역학의 정역학 공학모델이 너무 단순화 되어 있기 때문이다. 따라서 해를 구하려면 이 모델을 좀 더 현실과 가깝게 수정하면 된다. 구조물의 제작에 이용되는 어떤 재료도 외부의 하중하에서 변형이 생긴다. 즉, 완전한 강체(rigid body)는 존재할 수 없으므로 재료역학과 같은 변형체 역학에서 강체 대신 사용되는 재료의 특성을 고려하는

4) 1차원의 경우: 1개(직선운동의 평형에서 1개); 2차원의 경우: 3개(독립된 2개의 직선운동에서 2개와 평면에 수직인 임의의 축 주위의 모멘트 평형에서 1개)

변형체로 모델을 좀 더 현실에 가깝게 하면 식의 개수를 보충할 수 있다.

정역학의 가정만으로 문제를 해결할 수 있는 경우 이를 정정문제(statically determinate problem)이라고 하고 그렇지 않은 경우를 부정정문제(statically indeterminate problem)이라고 한다.

보기문제

복합 실린더(Composite Cylinder)가 그림과 같이 주어져 있다. 이 복합 실린더는 두 개의 재료로 구성되어 있으며 내부에는 속이 꽉 찬 봉이 외부의 속이 빈 실린더와 한 몸체로 완전히 결합되어 있다. 이 결합된 복합 실린더에 축하중 P가 작용하는 경우 각 축요소에 작용하는 힘의 분력과 전체 축요소의 축방향 변형량을 계산하라.

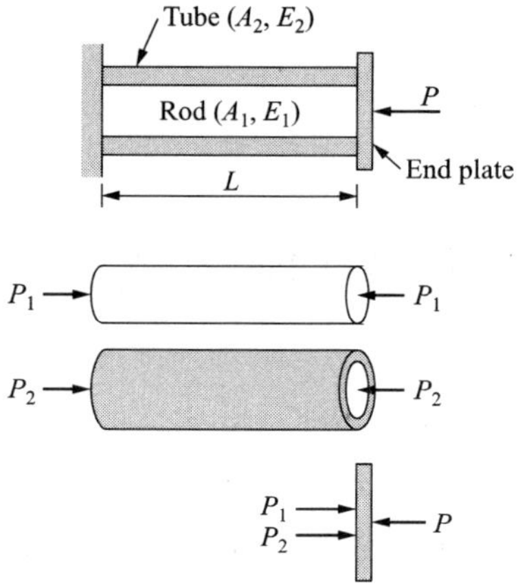

해설 봉(단면적 A_1)에서 변형량(δ_1)은

$$\delta_1 = \frac{P_1 L}{A_1 E_1}$$

단면적 A_2의 봉에서 일어나는 변형량(δ_2)은

$$\delta_2 = \frac{P_2 L}{A_2 E_2}$$

기하학적 적합 조건으로부터 $\delta = \delta_1 = \delta_2$에서 $P_1 = \dfrac{A_1 E_1}{A_2 E_2} P_2$을 복합 실린더의 강체마개에 작용하는 힘의 평형식의 P_1에 대입하면

$$P = \left(\frac{A_1 E_1}{A_2 E_2} + 1 \right) P_2 = \frac{A_1 E_1 + A_2 E_2}{A_2 E_2} P_2.$$

따라서 위 식에서 P_2를 결정하면 $P_2 = \dfrac{A_2E_2}{A_1E_1 + A_2E_2}P$.

그러므로 복합 실린더의 변형량은

$$\delta = \frac{P_2L}{A_2E_2} = \frac{L}{A_2E_2}\frac{A_2E_2}{A_1E_1 + A_2E_2}P = \frac{PL}{A_1E_1 + A_2E_2}.$$

보기문제

단면의 크기(A)가 축을 따라서 일정한 막대가 있다. 이 막대는 강체(剛體) 벽면 사이에 설치되어 A점과 B점에 그림과 같이 변형이 없는 상태에서 고정되었다. A점에서 L_1만큼 떨어진 위치에서 B점의 방향으로 하중 P가 가해진다면 각 고정된 점에서 발생하는 반력[5]의 크기와 구간 내 존재하는 수직응력의 크기를 구하라.

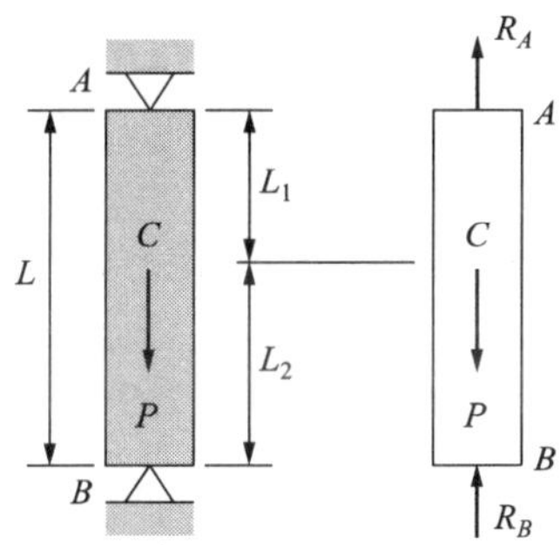

해설 각 구간에서 응력은 일정한데 이를 σ_{AC}와 σ_{BC}라고 하자.

축방향 힘의 평형조건에서 $R_A + R_B = P$.

기하학적 적합성을 위한, σ_{AC}와 σ_{BC}에 의한 총(總)변형량은 강체벽 사이에서 고정되어 항상 $\delta = 0$이다.

구간 $L_{AC} = L_1$에서 변형량은 $\delta_{AC} = \dfrac{R_AL_{AC}}{AE}$이고,

구간 $L_{BC} = L_2$에서는 $\delta_{BC} = \dfrac{R_BL_{BC}}{AE}$이다.

5) 구조물이 어느 곳에도 구속되지 않았다면 반력은 없다. 구속되지 않은 상태의 구조물은 외력에 의하여 경계가 구속 없이 변형될 것이다. 그러나 구조물이 구속된 위치에서는 구속된 상태에 따라서 변형이 일어나지 못하므로, 이 구속에 반(反)하여 자유롭게 경계의 모양이 변하지 못하도록 생기는 추가 외력(外力)이 반력(反力)이다.

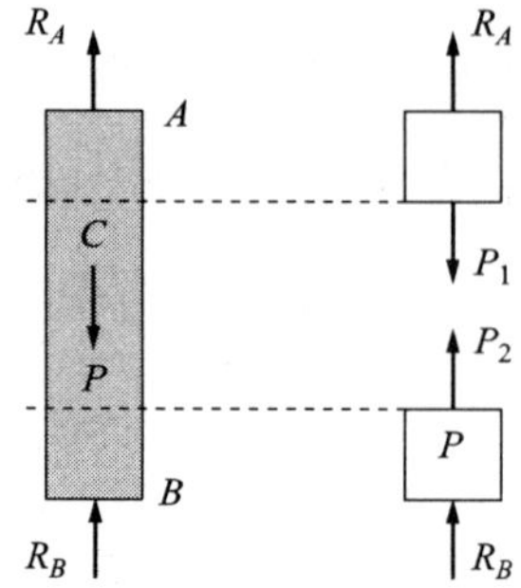

총변형량의 조건에서 '$\delta = \delta_{AC} - \delta_{BC} = 0$'이므로

$\delta_{AC} = \delta_{BC}$로부터 $R_A L_1 = R_B L_2$.

따라서 $R_A + R_B = R_A + R_A \dfrac{L_1}{L_2} = P$에서 R_A를 계산하면

$$R_A = \frac{L_2}{L_1 + L_2} P = \frac{L_2}{L} P = \frac{L_{BC}}{L} P \ (\text{인장})$$

$$\text{또한 } R_B = \frac{L_1}{L} P = \frac{L_{AB}}{L} P \ (\text{압축}).$$

AC와 BC 구간에서 응력은 각각

$$\sigma_{AC} = \frac{PL_{BC}}{AL} \ (\text{인장})$$

$$\sigma_{BC} = -\frac{PL_{AB}}{AL} \ (\text{압축})$$

부정정(不定靜)문제를 해결하기 위한 편리한 방법 중에 중첩법(重疊法, Superposition)이 있다. 중첩법은 '선형문제(線型問題)'인 경우에만 적용할 수 있으므로 재료가 선형 탄성영역 안에서 거동할 때에만 사용할 수 있다. 선형 탄성영역 내에서 변형이 일어나는 경우의 한 물체를 생각하자. 이 물체가 다수의 외력을 받고 있다면 이들 외력에 의하여 이 물체에는 '형상변화(形像變化)'가 생긴다. 이 물체에 작용하는 다수의 외력을 한 개씩 순서(順序)대로 적용하는 경우를 고려하면 각 외력이 가해질 때마다 물체의 외형에 변형이 생길 것이다. 그러나 최종적으로 마지막 외력이 가해져서 모든 외력이 동시에 작용하면 외력의 적용 순서와 관계없이 최종 물체의 변형된 외형은 항상 같아야 한

다. 중첩법은 선형인 구간에서 이러한 특성을 이용하여 다수의 외력이 작용하는 복잡한 문제를 한개 혹은 복수의 외력이 작용하는 쉬운 문제로 분해하여 답을 합산함으로써 최종 다수의 외력이 작용하는 원래의 문제를 해결하는 방법이다.

보기문제

단면이 일정하지 않은 2단계 막대가 AB구간 상에 강체(剛體)벽의 사이에 변형 없이 설치된 후 그림 (a)와 같이 막대에 표시된 두 점에서 각각 300 kN과 600 kN의 축하중을 작용시켰다. A와 B에서 발생하는 반력의 크기를 중첩법을 이용하여 결정하라. 막대의 총 길이는 600 mm, 이중 가는 부분과 굵은 부분은 각각 300 mm이며 축하중의 작용점은 각각 중간 지점에서 가한다.

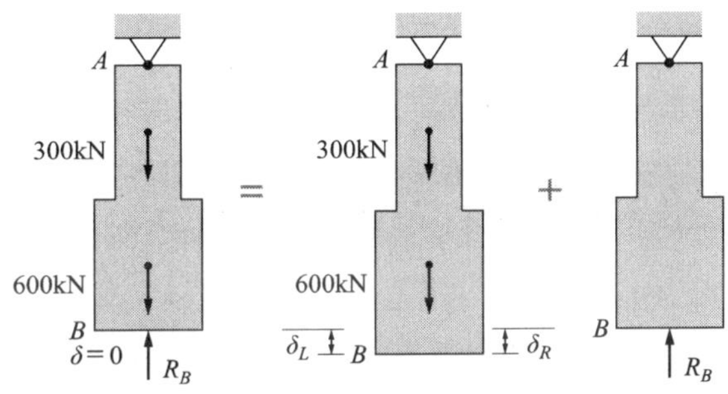

(a) (b) (c)

해설 그림 (b)를 참조하여 굵은 막대의 아래로부터 150 mm에는 하중이 없으므로 $P_1 = 0$이고 바로 위의 150 mm 구간과 가는 막대의 150 mm 아래 부분에 작용하는 하중은 $P_2 = P_3 = 600\times10^3$ N이며 고정점 A에 작용하는 반력을 포함하여 가장 윗부분 150 mm에는 $R_A = P_4 = 900\times10^3$ N. 그리고 앞의 표기를 따른 구간에 대한 면적은 $A_1 = A_2 = 400\times10^{-6}\ \text{m}^2$, $A_3 = A_4 = 250\times10^{-6}\ \text{m}^2$이다. 그림 (b)하단에 표시된 δ_L은 2, 3, 4구간에서 발생하므로

$$\delta_L = \frac{P_2L_2}{A_2E} + \frac{P_3L_3}{A_3E} + \frac{P_4L_4}{A_4E}$$
$$= \frac{(600\times10^3)(150\times10^{-3})}{400\times10^{-6}E} + \frac{(600\times10^3)(150\times10^{-3})}{250\times10^{-6}E} + \frac{(900\times10^3)(150\times10^{-3})}{250\times10^{-6}E}$$

$$= \frac{1.125 \times 10^9}{E}$$

그림 (c)에서

$$\delta_R = \frac{R_B(L_1 + L_2)}{A_1 E} + \frac{R_B(L_3 + L_4)}{A_3 E}$$

$$= \frac{R_B}{E}\left(\frac{300 \times 10^{-3}}{400 \times 10^{-6}} + \frac{300 \times 10^{-3}}{250 \times 10^{-6}}\right) = \frac{1.95 \times 10^3 R_B}{E}$$

(b)와 (c)의 결과는 상쇄되어 (a)로 되어야 하므로 $\delta_L = \delta_R$으로부터

$R_B = \dfrac{1.125 \times 10^9}{1.95 \times 10^3}$ N $= 577$ kN을 얻을 수 있다.

한편, $R_A = 900 - 577 = 323$ kN.

3.5 잔류(殘留)응력을 포함한 문제

여기에서는 온도변화를 포함하는 문제에서는 외부의 응력이 없어도 물체의 온도변화만으로 변형률(ϵ_T)이 발생할 수 있으므로 이로부터 구조에 응력이 분포하는 문제를 고려한다. 같은 온도의 변화(ΔT)에서 서로 다른 재료에서는 길이의 변화량이 다르다. 선형구간에서 온도의 변화와 길이변화의 관계를 표현하는 비례상수는 재료의 특성이다. 이 비례상수를 (선)열팽창((線)熱膨脹)계수라고 하며 '단위 온도당 변형률의 비(比)'를 'α'로 주로 표현한다.

$$\epsilon_T = \alpha \Delta T$$

여기서 α는 열팽창 계수(CTE, coefficient of thermal expansion) 그리고 ϵ_T는 열에 의한 변형률로 열(熱)변형률(Thermal strain)이다.

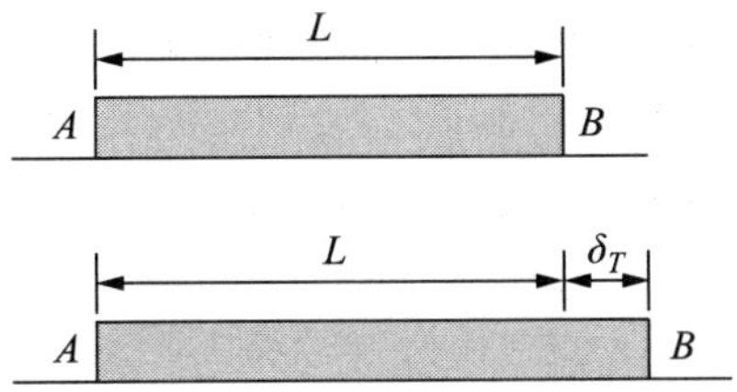

그림에서 $\epsilon_T = \delta_T / L = \alpha(\Delta T)$이므로 열변형량 $\delta_T = \alpha(\Delta T)L$이다. 전체 물체의 온도변화가 균일하고 경계에서 구속되지 않으면 자유(自由)경계에서는 응력이 발생하지 않는다.

보기문제

그림에 보여진 바와 같이 균일한 온도의 변화를 받는 막대가 온도의 변화가 일어나기 전에 두 강체(剛體) 벽면 사이에서 구속되어 있다. ΔT의 온도가 상승한 경우 막대에 발생하는 응력을 구하라. 소재의 탄성계수 E, 열팽창계수는 α.

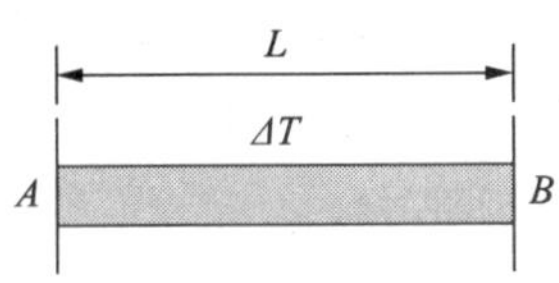

해설

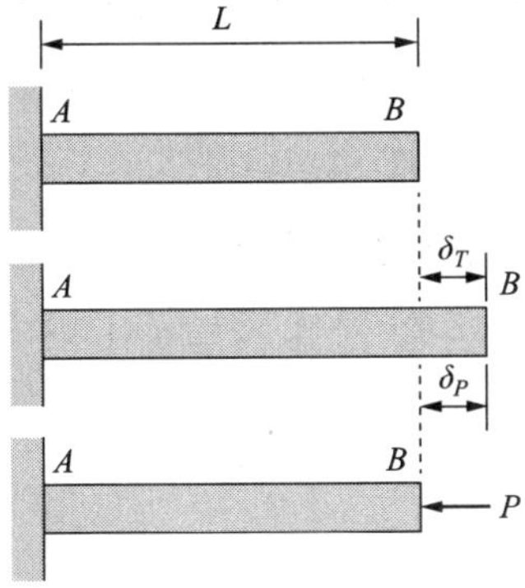

강체벽 사이에서 최종 변형은 없으므로 $\delta_T = \delta_P$의 기하하적 조건이 성립한다. 여기에서 $\delta_T = \alpha(\Delta T)L$이고 $\delta_P = PL/EA$이므로 $P = AE\alpha(\Delta T)$. 그러므로 막대내에 존재하는 압축응력은 다음과 같이 결정된다.

$$\sigma = -\frac{P}{A} = -E\alpha(\Delta T) \quad \text{(압축)}$$

예를 들어, 온도의 변화는 ① 분위기 온도(ambient temperature) 조절 또는 ② 국부(局部)에서 존재하는 열에너지에 의하여 발생할 수 있다. 국부적인 열에너지에 의한 것으로 용접 작업으로 화염으로 가열되는 부분을 생각할 수 있다. 일차원 후크의 법칙($\sigma = E\epsilon$)을 온도의 변화가 포함된 문제에서도 그대로 사용할 수 있다고 생각하면 외부에서 기계적 하중이 없는 상태($\sigma = 0$)에서 온도의 변화만으로 변형률($\epsilon = \epsilon_T \neq 0$)이 값을 가질 수 있으므로 모순이다. 즉, 후크의 법칙으로부터 응력은 $\sigma = E\epsilon = E\epsilon_T \neq 0$으로 계산되기 때문에 기계적 응력이 없는 것과 합치되지 않는다. 경계가 자유로워 구속이 되어 있지 않은 물체에서는 물체 전체에 균일한 온도상승이 일어났다면 변형이 일어나도 응력은 존재하지 않으므로 후크의 법칙은 온도의 변화를 포함하는 문제의 적용을 위해서는 수정되어야 한다.

후크의 법칙에서 $\sigma = E\epsilon$가 의미하는 변형률(ϵ)은 온도의 변화가 아닌 기계적 하중에 의한 변형률만을 의미하며 구별하여 표현할 때는 ϵ_M으로 많이 쓰며 기계적 하중이 아닌 온도의 변화만으로 변형률이 발생한 경우에는 주로 ϵ_T이다. 기계적 하중과 온도의 변화가 모두 존재하는 경우 전체 변형률은 앞의 두 변형률의 합으로 표현된다. 즉, $\epsilon = \epsilon_M + \epsilon_T$.

원래 막대의 길이가 L인 축요소의 온도가 ΔT만큼 상승하면 물체의 선형 열팽창계수 α를 가진 재료에서 막대의 늘어난 길이는 다음과 같이 계산된다.

$$\delta_T = \epsilon_T L = \alpha(\Delta T)L$$

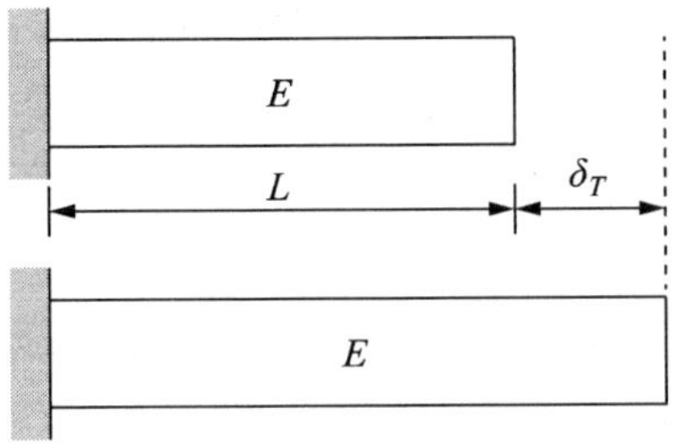

한편, 아래 그림은 막대에 축하중 P가 가해지고 있는 상태에서 전체 온도를 ΔT만큼 상승시킨 경우이다. 막대의 길이가 하중이 가해지기 전에 L이었다면 하중이 P이고 온도의 상승이 일어난 후 축의 최종길이와 변형률은 다음과 같이 구해진다.

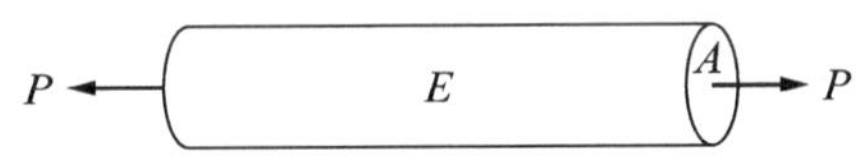

하중과 온도변화에 의한 길이의 변화량은 각각 $\delta_P = PL/EA$와 $\delta_T = \alpha \Delta T L$이므로 총 길이의 변화량은

$$\delta = \frac{PL}{EA} + \alpha \Delta TL$$

최종길이는 $L + \delta = L\left(1 + \frac{P}{EA} + \alpha \Delta T\right)$으로 계산되고 최종변형률은 $\epsilon = \frac{\delta}{L} = \frac{P}{EA} + \alpha \Delta T = \frac{\sigma}{E} + \epsilon_T = \epsilon_M + \epsilon_T$이 된다. 여기서, ϵ_M는 기계적 변형률을 그리고 ϵ_T은 열변형률이다.

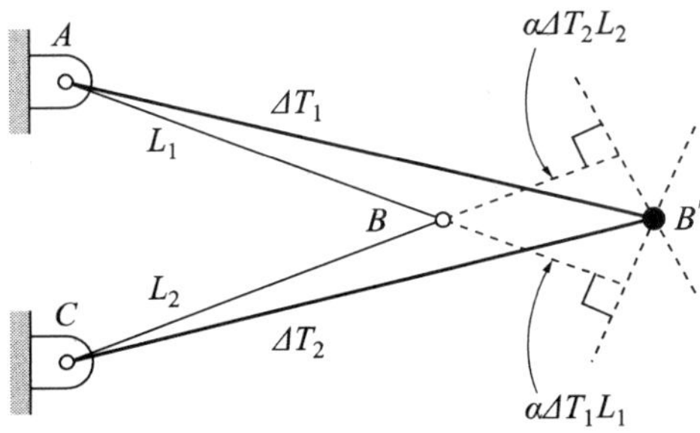

그림에 두 개의 막대로 구성된 구조물이 있다. 이 구조물이 전체적으로 균일한 온도의 변화가 일어나는 경우 구조물에는 열변형의 결과로 다음과 같이 응력이 발생할 수 있다.

- **정정구조물(statically determinate structure)** : 응력을 일으키지 않은 채 열변형을 일으킴.
- **부정정구조물(statically indeterminate structure)** : 구조물 특성과 온도 변화에 따라 열응력이 생기거나 없음.

온도의 분포가 변함에 따라서 발생하는 열변형 이외에 조립 시 요소의 구조적 오차로 인하여(이는 의도적일 수도 있다) 외부에서 하중이 가해지기 전부터 변형률(동등하게 응력)의 분포가 존재하는 때도 있으며 이를 '잔류(residual) 변형률'이라고도 한다.

- **어긋남(misfit)** : 구조물의 치수가 사전에 정해진 길이와 약간 다른 길이로 제작된 경우.
- **잔류 변형률(prestrain)** : 외부하중이 구조물에 가해지기 전에 존재하는 변형률.
- **정정계 구조물** : 하나 이상의 부재에서의 작은 어긋남은 구조물의 이론적 형상과 다르겠지만, 변형률이나 응력이 없음.
- **부정정계 구조물** : 외력이 작용하지 않아도 모든 부재 내에서 사전 변형률이 존재. 잔류응력의 영향 받음.

자동차 엔진의 실린더 블록과 같이 온도의 기울기가 존재할 때 실린더의 벽에 최초 가공 시 해석에 의한 적당한 크기의 각도를 만든다면 헤드부분과 같이 계속 열이 가해져서 팽창되는 부분과 실린더 하단의 냉각되면서 수축되는 부분을 고려하여 작동 시 정(正)실린더(right cylinder)의 형태가 되도록 만들 수 있을 것이다. 실린더 벽면은 온도의 분포에 의해서 평행한 상태가 된다.

보기문제

주어진 그림과 같이 구조물은 A, B 사이에 고정되어 있다. 온도가 25℃일 때는 막대에 어떤 응력의 분포도 없었다. 주위 분위기 온도의 조절에 의하여 물체 전체의 온도가 −50℃가 되었다면 이때 막대에 분포하는 응력의 분포를 계산하라. 소재의 영의 계수는 $E=200$ GPa이고 열팽창계수는 $\alpha=12\times10^{-6}$/℃이다.

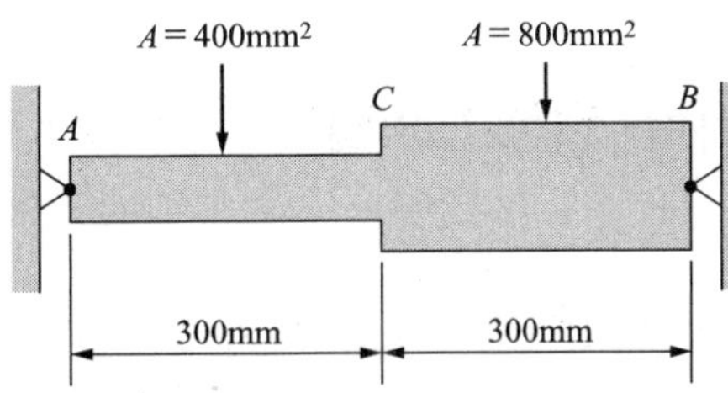

해설 +25℃일 때 응력이 없으며 −50℃에서는 열응력이 발생.

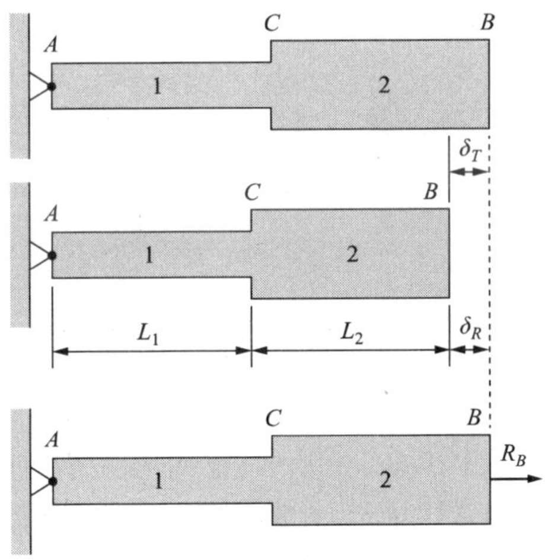

온도차는 $\Delta T=-75°$.

$$\delta_T=\alpha\Delta TL=(12\times10^{-6})(-75)(600\times10^{-3})=-540\times10^{-6}\ \text{m}.$$

$$\delta_R=\frac{0.3R_B}{(400\times10^{-6})(200\times10^9)}+\frac{0.3R_B}{(800\times10^{-6})(200\times10^9)}$$
$$=5.625\times10^{-9}R_B.$$

$\delta_T+\delta_R=0$이므로 $R_B=96$ kN.

응력을 계산하면

$$\sigma_{AC} = \frac{96 \times 10^3}{400 \times 10^{-6}}\ \text{Pa} = 240\ \text{MPa}\text{과}\ \ \sigma_{BC} = \frac{\sigma_{AC}}{2} = 120\ \text{MPa}.$$

3.6 일반화된 후크의 법칙

여기까지 후크의 법칙은 1차원의 경우에 국한하여 설명하였다. 후크의 법칙을 3차원의 일반적 문제에 적용할 수 있도록 유도하려면 우선 포와송의 비(Poisson's ratio)에 대한 재료상수 개념을 설명하여야 한다.

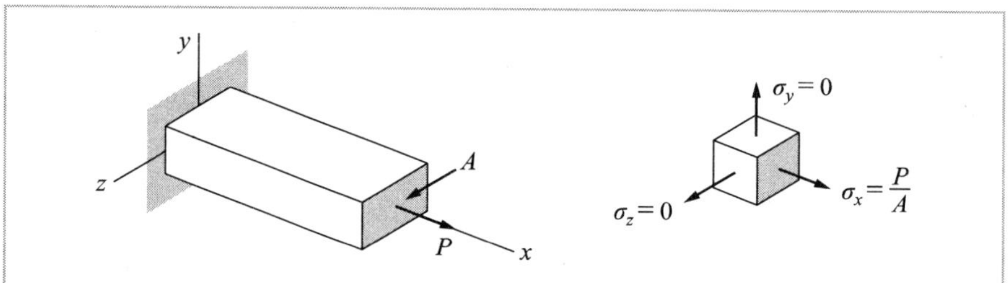

그림 3-10 축하중을 받는 육각(六角) 변형체(變形體)와 응력성분(應力成分)

그림 3-10에서 x, y, z방향의 수직응력 성분에 1차원 후크의 법칙을 적용하면 다음과 같은 변형률 성분이 결정된다.

응력의 정의로부터 $\sigma_x = P/A$, $\sigma_y = \sigma_z = 0$이다. 또한, 1차원 후크의 법칙($\sigma = E\epsilon$)으로부터 변형률을 계산하면 $\epsilon_x = \sigma_x / E$, $\epsilon_y = 0$, $\epsilon_z = 0$이 된다. 그러나, 경험적으로 축방향으로 인장하중을 받는 막대는 축과 수직방향의 y와 z 방향으로는 요소의 크기가 줄어드는 것을 알고 있다. 축과 수직방향, 즉 횡(橫) 방향의 길이가 줄어든다는 것은 변형률의 정의로부터 횡방향의 변형률 값은 영(零)이 아닌 음(陰)의 값을 가져야 한다. 막대의 재료가 균질[6]하고 등방성[7]

6) 均質(homogeneous) : 임의의 점에서 기계적 성질은 동일하다.
7) 等方性(isotropic) : 기계적 성질이 방향에 관계없이 일정하다.

을 가지고 있다면 균질(均質)한 등방성 재료에서 횡과 축방향의 변형률은 같아야 하므로 $\epsilon_y = \epsilon_z$의 관계가 성립한다. 균질 등방성 재료의 경우에도 재료의 종류에 따라 같은 축방향 응력성분 σ_x에 대하여 횡방향으로 일어나는 수축량(收縮量)의 정도가 다르므로 이 재료의 성질을 표현하기 위하여 포와송은 다음과 같은 비 값으로 이 재료성질(즉 '포와송의 비')을 정의한다.

$$\text{포와송의 비: } \nu \equiv \left|\frac{\text{횡방향 변형률}}{\text{축방향 변형률}}\right| = -\frac{\epsilon_y}{\epsilon_x} = -\frac{\epsilon_z}{\epsilon_x}$$

포와송의 비(ν) 정의에 의해서 수직응력성분 σ_x와 영의 계수(E)인 재료에 대하여 횡방향 수직변형률의 값은 $\epsilon_y = \epsilon_z = -\nu\epsilon_x = -\nu\sigma_x/E$으로 계산할 수 있다.

보기문제

그림과 같이 길이가 500 mm인 원형(原形)단면의 실린더 막대가 축하중 12 kN을 받고 있다. 이 하중 에서 축방향으로 늘어난 길이를 재었더니 300 μm였고, 이때 횡방향으로는 2.4 μm만큼 줄어들었다. 막대의 재료상수인 영의 계수(E)와 포와송의 비(ν)를 계산하시오.

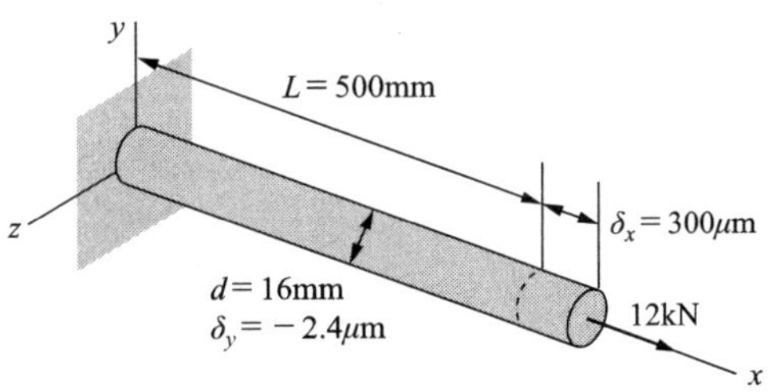

해설 축방향 변형률은 $\epsilon_x = \dfrac{300\times10^{-6}}{500\times10^{-3}} = 600\times10^{-6}$.

횡방향(y) 변형률은 $\epsilon_y = \dfrac{-2.4\times10^{-6}}{16\times10^{-3}} = -150\times10^{-6}$.

포와송의 비 정의로부터 $\nu = -\dfrac{\epsilon_y}{\epsilon_x} = \dfrac{150}{600} = 0.25$.

x방향의 응력은 $\sigma_x = \dfrac{12\times 10^3}{16^2\pi/4} = 59.7\ \mathrm{MPa}.$

일차원 후크의 법칙으로부터 $E = \dfrac{\sigma_x}{\epsilon_x} = \dfrac{59.7\times 10^6}{600\times 10^{-6}} \approx 10^{11}\ \mathrm{Pa} = 100\ \mathrm{GPa}.$

그럼 이제 1축(單軸) 하중이 아닌 일반적인 다축(多軸) 하중인 경우의 일반화된 후크의 법칙을 유도해 보자.

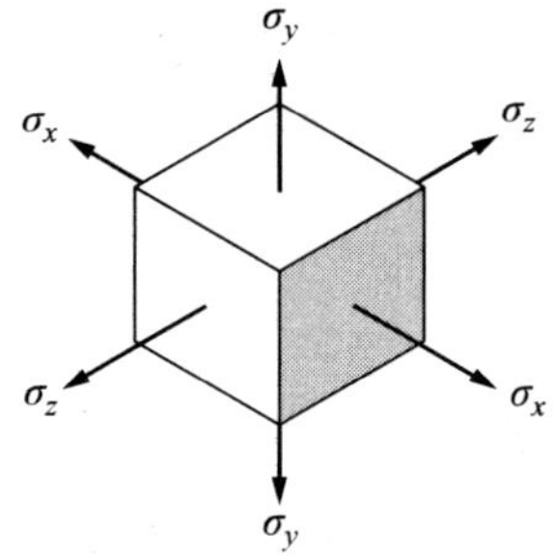

위의 그림과 같이 다축 하중을 동시에 받는 주사위에서 각 변의 변형 후 길이를 중첩의 원리를 이용하여 산출해 보자. 우선, x방향에 대해서

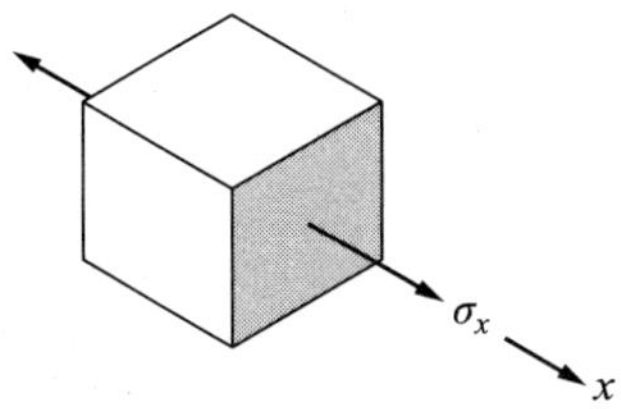

$$\epsilon_x = \frac{\sigma_x}{E}; \quad \epsilon_z = -\nu\epsilon_x = -\nu\frac{\sigma_x}{E}; \quad \epsilon_y = -\nu\epsilon_x = -\nu\frac{\sigma_x}{E}$$

그리고 y방향에 대해서

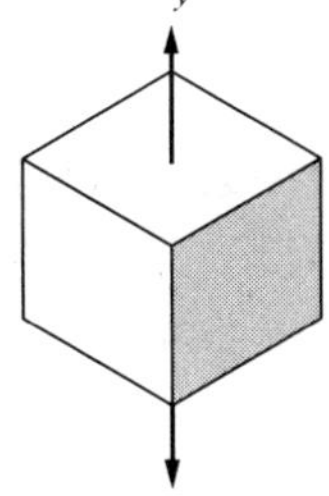

$$\epsilon_y = \frac{\sigma_y}{E}; \quad \epsilon_x = -\nu\epsilon_y = -\nu\frac{\sigma_y}{E}; \quad \epsilon_z = -\nu\epsilon_y$$

z방향의 경우도 유사한 방법으로 진행하면

$$\epsilon_z = \frac{\sigma_z}{E}; \quad \epsilon_x = -\nu\epsilon_z = -\nu\frac{\sigma_z}{E}; \quad \epsilon_y = -\nu\epsilon_z.$$

이상의 세 방향의 축하중 결과로 얻어진 변형률 성분들은 중첩법을 사용하여 각 방향에 따라 모두 합하여 구할 수 있다.

$$\epsilon_x = \frac{\sigma_x}{E} - \frac{\nu\sigma_y}{E} - \frac{\nu\sigma_z}{E} = \frac{1}{E}\{\sigma_x - \nu(\sigma_y + \sigma_z)\}$$

$$\epsilon_y = -\frac{\nu\sigma_x}{E} + \frac{\sigma_y}{E} - \frac{\nu\sigma_z}{E} = \frac{1}{E}\{\sigma_y - \nu(\sigma_z + \sigma_x)\}$$

$$\epsilon_z = -\frac{\nu\sigma_x}{E} - \frac{\nu\sigma_y}{E} + \frac{\sigma_z}{E} = \frac{1}{E}\{\sigma_z - \nu(\sigma_x + \sigma_y)\}$$

한편, 여기서 고려하는 재료는 균질하고 등방성이므로 수직응력과 전단응력이 유도하는 변형은 서로 독립적이다. 따라서 전단응력과 관련한 후크의 법칙은 다음과 같이 쓸 수 있다.

$$\gamma_{xy} = \frac{\tau_{xy}}{G}, \quad \gamma_{yz} = \frac{\tau_{yz}}{G}, \quad \gamma_{zx} = \frac{\tau_{zx}}{G}.$$

이상 여섯 개의 식을 일반화된 후크의 법칙이라고 한다.

보기문제

그림과 같이 직육면체 모양의 강철(鋼鐵)판은 재료상수 $E = 200$ GPa, $\nu = 0.29$인 재료로 제작되었다. 이 직육면체가 일정한 압력 P를 받을 때 한 변 'AB'의 변화량이 ΔAB = −24 μm이면 P는 얼마인지 계산하라.

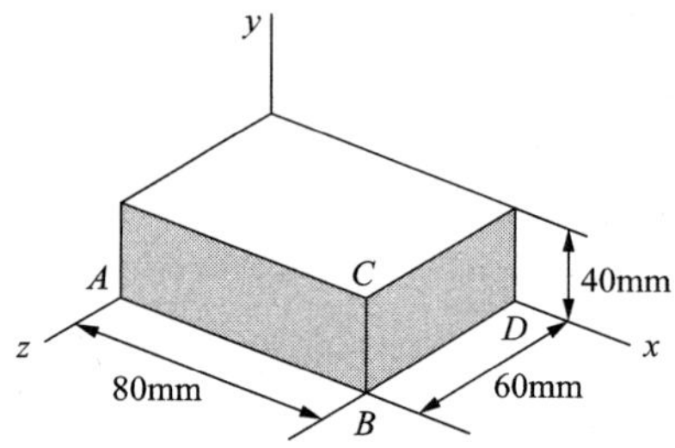

해설 압력하에서 응력은 $\sigma_x = \sigma_y = \sigma_z = -P$이다.

주어진 수치로부터 $\epsilon_x = \dfrac{-24 \times 10^{-6}}{80 \times 10^{-3}} = -0.0003$.

후크의 법칙으로부터 $\epsilon_x = \dfrac{1}{E}\{\sigma_x - \nu(\sigma_y + \sigma_z)\} = -\dfrac{1-2\nu}{E}P$.

$$P = -\frac{E\epsilon_x}{1-2\nu} = \frac{(200 \times 10^9)(0.0003)}{1-2 \times 0.29} = 142{,}857{,}142 \text{ Pa} = 142.9 \text{ MPa}.$$

단위 부피당 체적의 변화량을 '팽창률(膨脹率, dilatation)'이라고 한다. 한편 팽창률(e)의 크기는 이 부피에 작용하는 평균 압력에 비례하는데 이 비례상수를 체적(體積)계수(bulk modulus)라고 하고 보통 K로 쓴다. 여기서 e와 K를 유도해 보자.

한 변의 길이가 1인 정육면체의 체적은 $V_o = 1$이다. σ_x, σ_y, σ_z의 다축 하중 상태에서 각 변의 길이는 $1+\epsilon_x$, $1+\epsilon_y$, $1+\epsilon_z$이 되므로 변형 후 체적은 $V = (1+\epsilon_x)(1+\epsilon_y)(1+\epsilon_z)$이다. $\epsilon \ll 1$이므로 $V \approx 1 + \epsilon_x + \epsilon_y + \epsilon_z = V_o + \epsilon_x + \epsilon_y + \epsilon_z$로 쓸 수 있다. 체적변화량은 $\Delta V = V - V_o$으로 $V_o = 1$이므로 체적변화율 즉, 팽창률은 $\Delta V / V_o = \epsilon_x + \epsilon_y + \epsilon_z = e$이다. 한편,

$$e = \epsilon_x + \epsilon_y + \epsilon_z$$

$$= \frac{1}{E}\{\sigma_x - \nu(\sigma_y + \sigma_z)\} + \frac{1}{E}\{\sigma_y - \nu(\sigma_z + \sigma_x)\} + \frac{1}{E}\{\sigma_z - \nu(\sigma_x + \sigma_y)\}$$
$$= \frac{1-2\nu}{E}(\sigma_x + \sigma_y + \sigma_z)$$

정수압을 받는 경우 $\sigma_x = \sigma_y = \sigma_z = -P$이므로 위의 식에 대입하면

$$e = -\frac{3(1-2\nu)}{E}P \equiv -\frac{P}{K}$$

여기서 K는 체적계수이다. 일반적인 재료(안정된 재료)는 압력을 받을 때 체적이 감소한다. 따라서 $P > 0$일 때 $e < 0$이고 $(1-2\nu) > 0$이므로 $\nu < 0.5$를 만족해야 한다. 또한 일반재료에서 포와송의 비는 $\nu > 0$이다. 왜냐하면 축방향 하중에서 길이가 늘어나면 횡방향은 줄어들기 때문이다. 이 두 가지 조건으로부터 포와송의 비는 다음의 범위에 있다.

$$0 < \nu < \frac{1}{2}$$

특히 $\nu \to 0.5$이면 $K \to \infty$인데 P는 가하고 있는 압력의 크기이므로 $P = -Ke$에서 $e \to 0$이어야 한다. $e = 0$이면 $V = V_0$로 체적의 변화가 없다는 뜻이다. 즉, 다축 하중 하에서 체적의 변화가 없는 경우의 재료는 '비압축성(非壓縮性)' 재료이다. 반면에 $\nu = 0$이면 측변의 수축 없이 한 방향으로 얼마든지 늘어날 수 있는 재료를 의미한다. 그렇다면 $\nu < 0$인 가상의 물질이 정수압을 받는 경우 체적이 늘어난다.

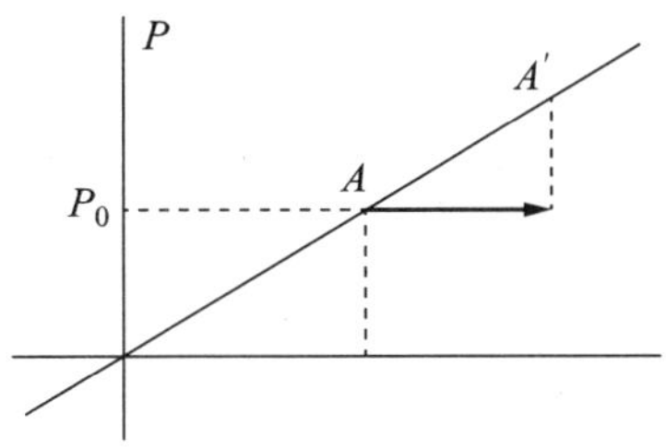

그림에서 A 상태에 있던 물질이 어떤 영향으로 체적이 늘어났다면 이 변화로 압력이 올라가고 그리고 계속해서 체적은 더 늘어나고 다시 압력이 올라가

고 이런 불안정한 물리현상이 반복되어 비현실적인 결과로 귀결된다.

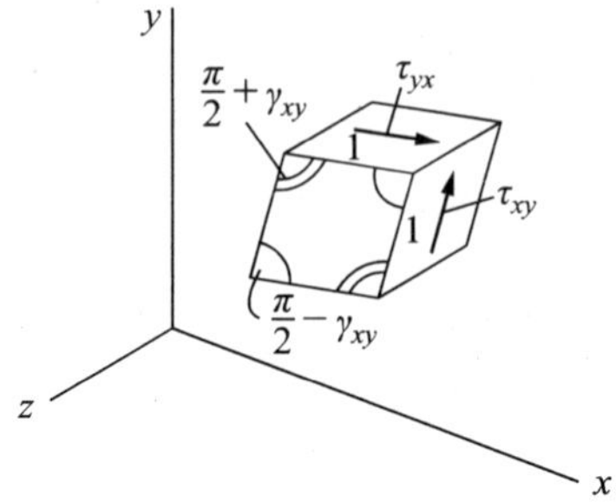

전단변형의 경우 전단응력(τ)과 전단변형률(γ)의 관계에서 전단계수(G)는 포와송의 비가 가지는 범위를 참조하면 다음의 범위에 있다.

$$\frac{E}{3} < G < \frac{E}{2}$$

균질 등방성 재료에 대하여 세 개의 재료상수 E, ν, G가 소개되었다. 그러나 수학적으로 2개만 독립변수이므로 나머지 한 개는 다른 2개의 상수로 표현될 수 있다. 즉, 이들 사이 한 개의 관계식을 다음의 그림을 참조하여 유도할 수 있다.

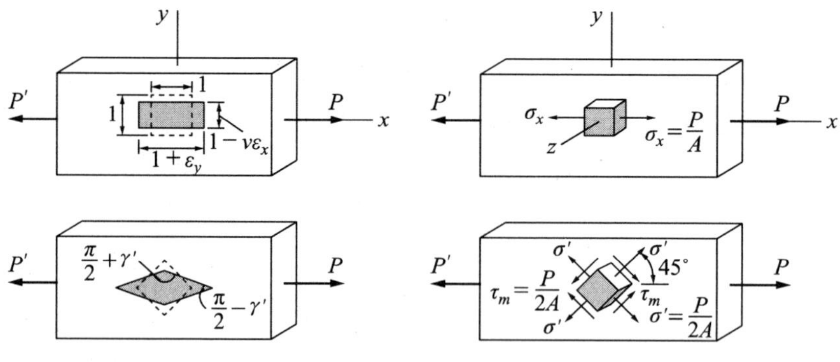

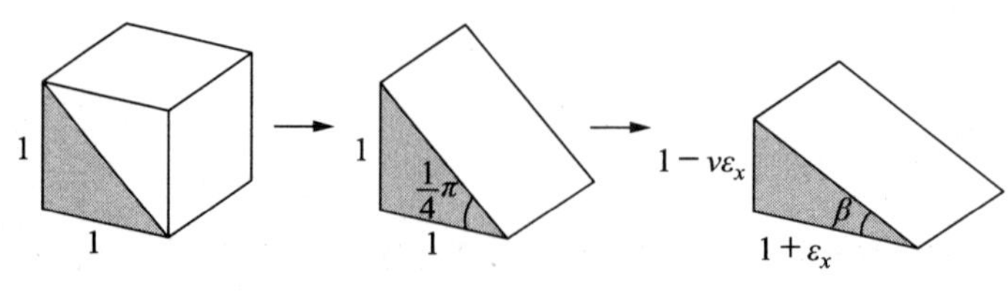

직각삼각형에서 $\beta = \frac{1}{2}\left(\frac{\pi}{2} - \gamma\right) = \frac{\pi}{4} - \frac{\gamma}{2}$이므로 양변에 tan를 취하면

$$\tan\left(\frac{\pi}{4} - \frac{\gamma}{2}\right) = \frac{\tan\frac{\pi}{4} - \tan\frac{\gamma}{2}}{\tan\frac{\pi}{4}\tan\frac{\gamma}{2}} = \frac{1 - \tan\frac{\gamma}{2}}{\tan\frac{\gamma}{2}}$$

미소변형량의 가정으로부터 $\gamma \ll 1$이므로 $\tan\gamma/2 \approx \gamma/2$로 바꾸어 쓸 수 있다. 따라서

$$\tan\beta = \frac{1-\gamma/2}{1+\gamma/2} = \frac{1-\nu\epsilon_x}{1+\epsilon_x}.$$

식을 정리하면 $(1-\nu\epsilon_x)(2+\gamma) = (1+\epsilon_x)(2-\gamma)$이며 이는 다시 $\gamma(2+\epsilon_x - \nu\epsilon_x) = 2(1+\nu)\epsilon_x$.

γ에 대하여 풀면

$$\gamma = \frac{2(1+\nu)\epsilon_x}{2+(1-\nu)\epsilon_x} \approx \frac{2(1+\nu)\epsilon_x}{2} = (1+\nu)\epsilon_x.$$

후크의 법칙으로부터

$$\frac{\tau_m}{G} = (1+\nu)\frac{\sigma_x}{E}$$

또한 $\tau_m = P/2A$이고 $\sigma_x = P/A$이므로 위 식에 대입하면 다음의 관계식을 얻을 수 있다.

$$G = \frac{E}{2(1+\nu)}$$

보기문제

$t = 18$ mm인 알루미늄 평판이 평면에서 두 축 방향의 인장응력을 받고 있다. (1) 지름 AB의 길이변화, (2) 지름 CD의 길이변화, (3) 두께의 변화, (4) 평판의 부피변화를 계산하라. 문제에서 $\sigma_x = 85$ MPa, $\sigma_z = 150$ MPa, 알루미늄의 탄성계수 $E = 79$ GPa, 알루미늄의 포와송 비 $\nu = 0.33$, 변형 전 원의 지름 $d = 200$ mm 등이 주어진 값이다.

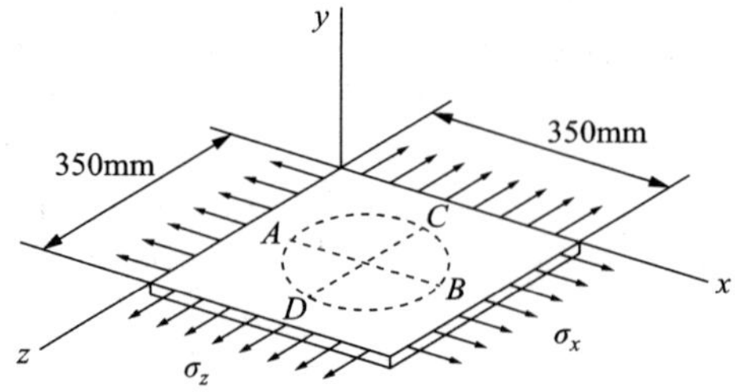

해설 (1) AB방향 지름의 변화량 δ_{AB}은 다음과 같이 계산된다.

$$\epsilon_x = \frac{1}{E}\{\sigma_x - \nu(\sigma_y + \sigma_z)\} = \frac{1}{E}(\sigma_x - \nu\sigma_z)$$
$$= \frac{85 - (0.33)(150)}{79 \times 10^3} = 0.5 \times 10^{-3}$$

따라서 $\delta_{AB} = (0.5 \times 10^{-3})(200\ \mathrm{mm}) = +100\ \mu\mathrm{m}$

(2) CD방향 지름의 변화량 δ_{CD}은 다음과 같이 계산된다.

$$\epsilon_z = \frac{1}{E}\{\sigma_z - \nu(\sigma_x + \sigma_y)\} = \frac{1}{E}(\sigma_z - \nu\sigma_x)$$
$$= \frac{150 - (0.33)(85)}{79 \times 10^3} = 1.738 \times 10^{-3}$$

따라서 $\delta_{CD} = (1.738 \times 10^{-3})(200\ \mathrm{mm}) = +348\ \mu\mathrm{m}$

(3) 두께의 변화량 δ_t은 다음과 같다.

$$\epsilon_y = \frac{1}{E}\{\sigma_y - \nu(\sigma_x + \sigma_z)\} = -\frac{\nu}{E}(\sigma_z + \sigma_x)$$
$$= -\frac{(0.33)(85 + 150)}{79 \times 10^3} = -1.119 \times 10^{-3}$$

따라서 $\delta_t = (-1.119 \times 10^{-3})(18\ \mathrm{mm}) = -20.1\ \mu\mathrm{m}$

(4) 부피변화량 $\Delta V = e\,V_0 = (\epsilon_x + \epsilon_y + \epsilon_z)\,V_0$로 계산되므로

$$\Delta V = (0.5 - 1.119 + 1.738) \times 10^{-3} \times (0.35)^2 (0.018)\ \mathrm{m}^3$$
$$= 2.47\ \mu\mathrm{m}^3 = 2470\ \mathrm{mm}^3.$$

3.7 응력집중(應力集中)

어떤 물체에 하중이 작용하면 이 하중은 물체의 내부에 응력의 분포를 형성한다. 유체가 일정영역의 수로를 따라 흐를 때 유속의 분포를 하중의 응력분포로 유사하게 시각적으로 이해를 하는 데 도움을 얻을 수 있다. 유체가 흐르는 수로가 일정한 폭을 갖고 있다면 유속은 폭의 너비 방향으로 수직 방향의 같은 유속으로 분포될 것이다. 유사한 이미지로 너비가 일정한 막대에 축하중이 작용하면 하중이 만드는 내부의 응력분포는 너비 방향으로 일정한 균등분포를 형성할 것이다. 하지만 유체가 흐르는 수로의 한 가운데 작은 돌과 같은 장애물이 있는 경우 유체의 속도는 돌의 근처에서 유속의 변화를 보이지만 이 장애물에서 얼마 정도 거리를 벗어나면 돌(장애물)이 없을 때의 유속분포를 회복하게 된다. 고체 물체에 분포하는 응력분포의 경우 고체 물체의 너비 일부분에 구멍이 있거나 일부를 떼어 내면 유효한 너비의 폭은 이러한 장애물이 존재하는 부분에서 변화하게 되므로 유속의 변화와 같이 이러한 구멍 등의 근처에서 응력의 분포가 증가한다. 그러나 구멍 가까이에서 벗어나면 응력의 분포는 기하학적인 불균일성이 존재하지 않는 경우와 같은 양상으로 회복된다. 재료역학에서 불균일한 형상 주위에서 변화를 보이는 최대 응력($\sigma_{\max}$)의 크기의 균일한 너비에서 분포된 균일응력(σ_{nom})에 대한 비 값을 응력집중계수(應力集中係數, stress concentration factor)라고 하며 보통 K로 표현한다.

$$K = \frac{\sigma_{\max}}{\sigma_{nom}}$$

그림 3-11(a), (b)에서 보인 원에서 가장 가까운 부분은 응력이 증폭(增幅, stress rise)된다. 원에서 가장 가까운 부분에서 응력은 $\sigma_{\max}$가 된다.

$$K = \frac{\sigma_{\max}}{\sigma_{nom}}$$

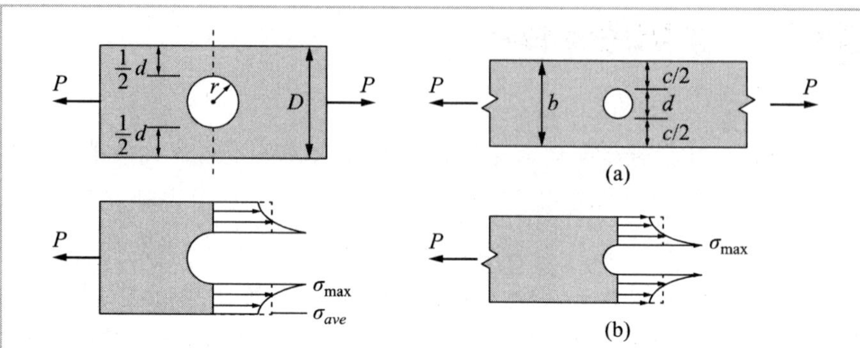

그림 3-11 구멍과 같은 기하학적 불균일성에 의한 응력의 변화

이 정의를 이용하면 기계요소설계집(機械要素設計集)에서 다음의 그림과 같이 주어진 형상에서 응력집중계수를 산출해 낼 수 있다.

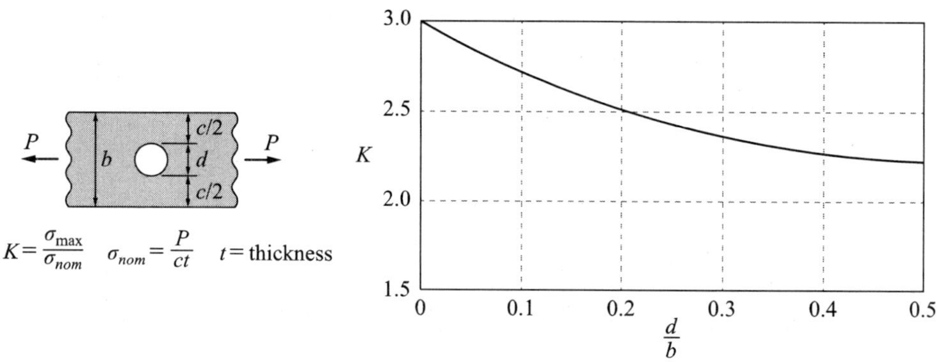

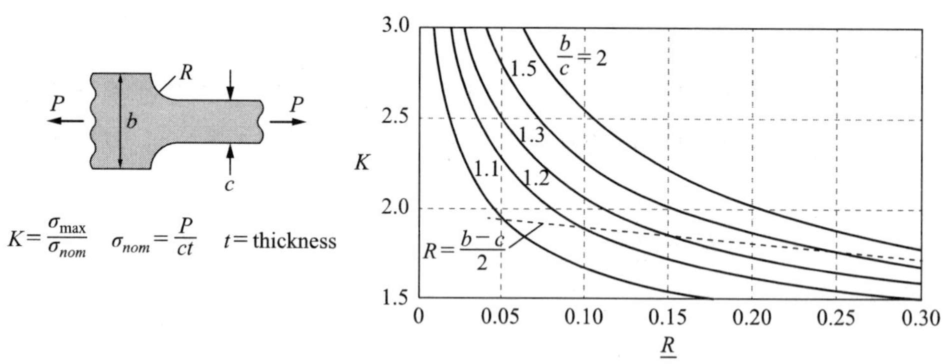

3.8 비선형 거동

고무 등에 의한 초탄성(超彈性) 비선형(非線形) 거동은 후크의 법칙과 같은 구성방정식으로 '비선형 함수'로 잘 표현될 수 있다. 실험에 의한 초탄성 비선형 거동의 대표적 곡선의 모양은 다음과 같다.

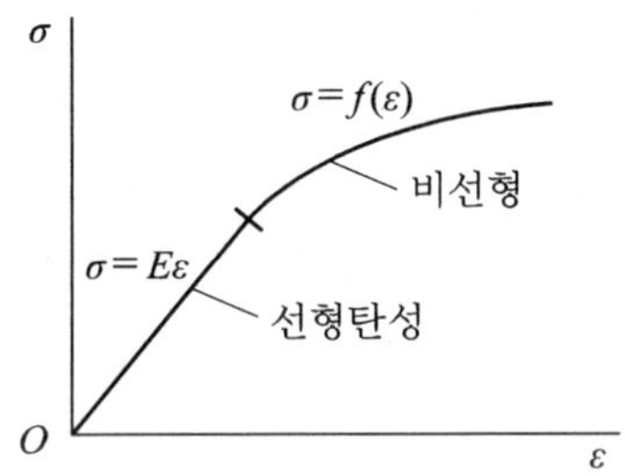

'Ramberg-Osgood' 방정식이 주로 사용되는데 다음과 같이 정의된다.

$$\frac{\epsilon}{\epsilon_0} = \frac{\sigma}{\sigma_0} + \alpha\left(\frac{\sigma}{\sigma_0}\right)^m \qquad \text{(여기서 } \epsilon_0,\ \sigma_0,\ \alpha,\ m\text{은 재료의 상수)}$$

또는 탄성계수 $E = \dfrac{\sigma_0}{\epsilon_0}$를 사용하면 $\epsilon = \dfrac{\sigma}{E} + \dfrac{\sigma_0 \alpha}{E}\left(\dfrac{\sigma}{\sigma_0}\right)^m$으로 표현된다.

한편, 소성거동에 의한 비선형 해석은 우리가 구조해석에서 흔히 접하는 또 다른 형태의 비선형 문제이다. 실험의 결과 연성재료의 재료특성곡선(응력 - 변형률 선도)는 일반적으로 비해석적 곡선모양을 보이지만 이론적인 해석을 위하여 '완전(完全)탄소성' 재료와 변형률 경화지수로 경화현상을 고려한 '탄소성[8] 재료'로 모델링 하는 경우가 많다. 이중 연강은 완전탄소성 재료(그림 참조)의 특성과 매우 유사한 거동을 보이는 경우이다.

8) 완전 소성(Perfectly plastic)영역을 변형률이 항복변형률보다 10 또는 20배 될 때까지 계속 변형.

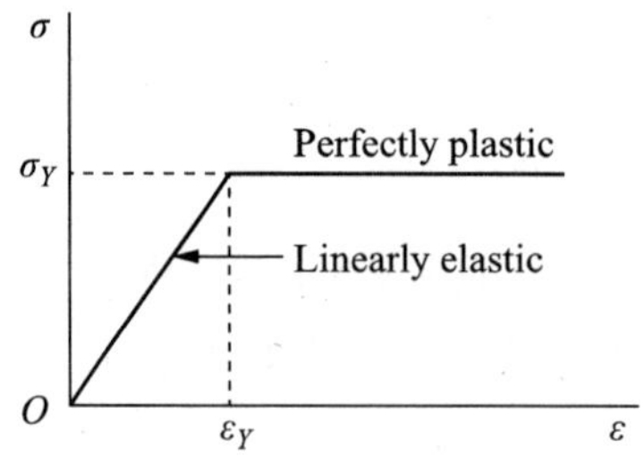

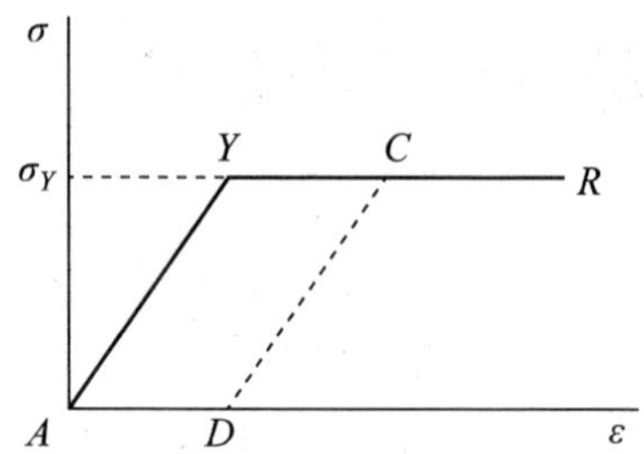

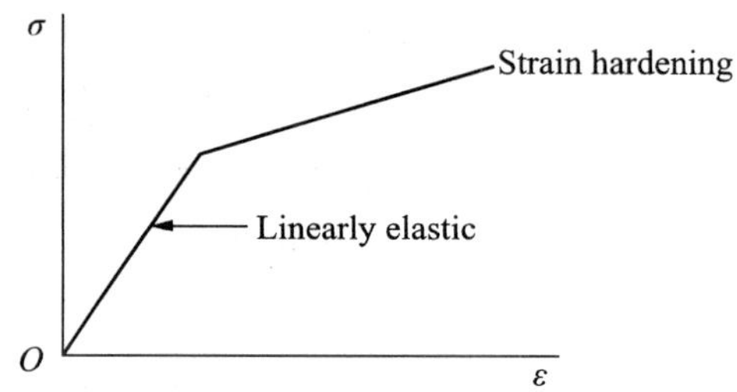

복선형 응력 - 변형률 선도에서는 첫 번째 선형탄성 부분에서만 후크의 법칙을 적용할 수 있다.

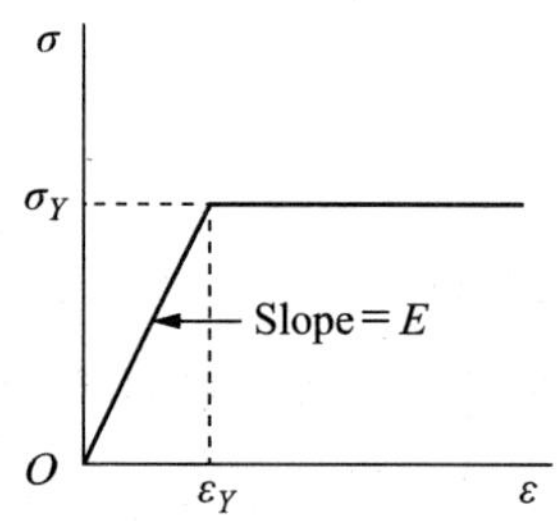

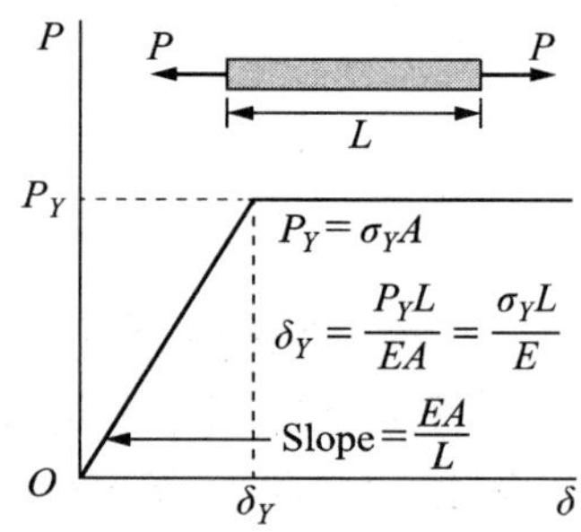

변형량은 $\delta = \int_0^L \epsilon dx$ 으로 계산할 수 있는데 선형구간에서는 $\delta = \epsilon L$ 이다. 그림에서 σ_Y는 항복응력과 ϵ_Y는 항복변형률을 의미한다.

보기문제

그림의 막대에서 변형량 $\delta = 7$ mm일 때 $\epsilon = \frac{7}{500} = 0.014$인데 이 상태에서 하중을 제거해도 남게 되는 영구변형(δ_P)의 값을 계산하라. 탄성구간에서 영의 계수는 E= 200 GPa, 항복응력은 $\sigma_Y = 300$ MPa.

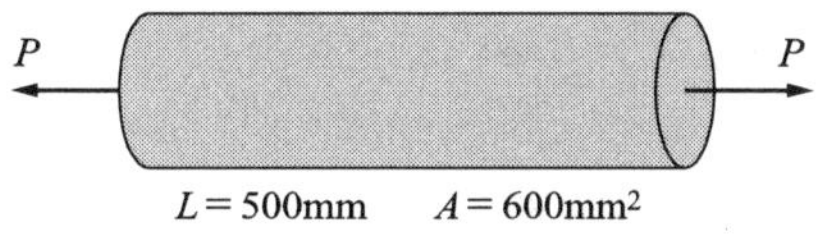

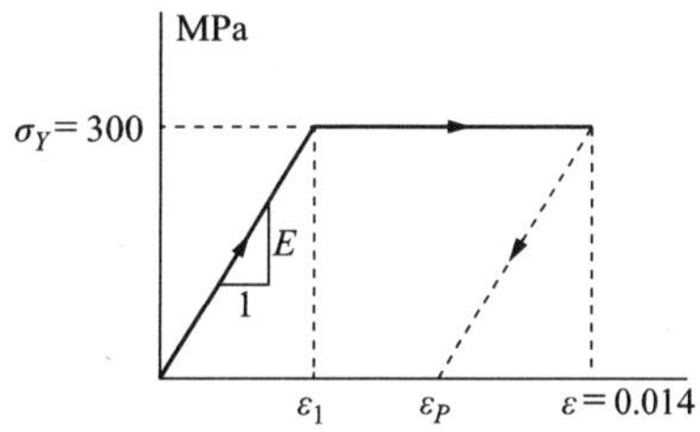

해설 그림에서 $\epsilon_1 = \frac{\sigma_Y}{E} = \frac{300\text{ MPa}}{200\text{ GPa}} = 1.5 \times 10^{-3}$

영구변형률 $\epsilon_P = \epsilon - \epsilon_1 = (14 - 1.5) \times 10^{-3} = 0.0125$

$\delta_P = \epsilon_P L = (0.0125)(500\text{ mm}) = 6.25\text{ mm}.$

보기문제

그림에 주어진 복합 실린더에서 알루미늄 튜브와 강철(steel) 로드는 각각 완전(完全) 탄소성 재료로 가정할 수 있다. 그림과 같이 축하중 P가 정적으로 작용하는 경우 축하중 P와 이에 따른 축의 신장변형률 δ의 관계를 보여주는 선도를 그려라. 알루미늄의 튜브 단면적 $A_t = 45\text{ mm}^2$ 그리고 영의 계수는 $E_t = 100$ GPa를 또한 강철의 로드 단면적 $A_r = 600\text{ mm}^2$ 그리고 강철의 영의 계수 $E_r = 200$ GPa를 항복응력은 각각 $(\sigma_t)_Y = 250$ MPa와 $(\sigma_r)_Y = 200$ MPa를 사용하라.

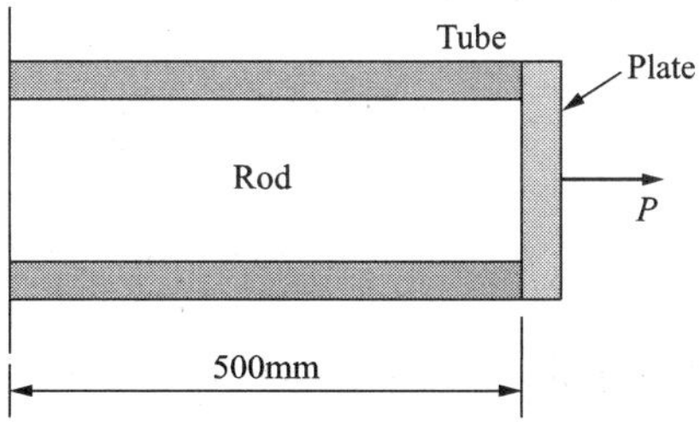

해설

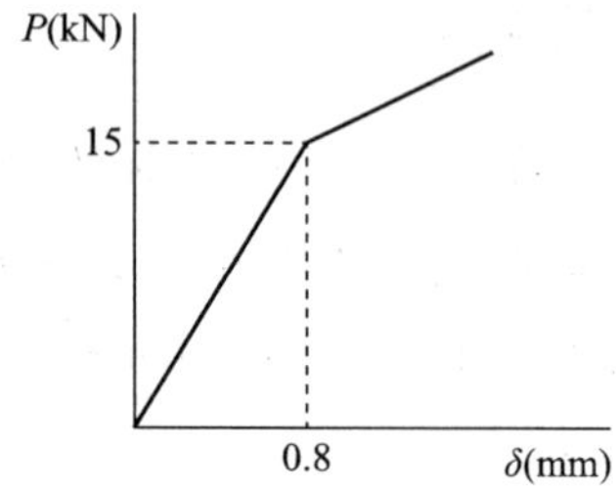

$$P_r = \frac{A_r E_r}{A_r E_r + A_t E_t} P = 0.6P$$

$$P_t = \frac{A_t E_t}{A_r E_r + A_t E_t} P = 0.4P$$

$$\delta = \frac{P_r L}{A_r E_r} = 5.3 \times 10^{-5} P$$

따라서 $P(\mathrm{N}) = 18{,}750\delta(\mathrm{mm})$ 또는 $P(\mathrm{kN}) = 18.75\delta(\mathrm{mm})$.

rod가 항복:

$$(P_r)_Y = (\sigma_r)_Y A_r = (200\text{ MPa})(45\text{ mm}^2) = 9\text{ kN},\ \text{즉}\ P = 15\text{ kN}$$

tube가 항복:

$$(P_r)_Y = (\sigma_t)_Y A_t = (250\text{ MPa})(60\text{ mm}^2) = 15\text{ kN},\ \text{즉}\ P = 37.5\text{ kN}$$

따라서 rod와 tube 중 rod가 먼저 항복을 시작한다.

이때 변형량은 $(\delta_r)_Y = \dfrac{15}{18.75} = 0.8\text{ mm}$.

rod가 항복점을 지난 후에는 항상 같은 하중만을 지지하므로 이후의 복합 실린더는 tube에 의해서 증가분의 외력을 지탱하게 된다.

$$\Delta P = \frac{A_t E_t}{L}\Delta\delta = \frac{(60\times 10^{-6})(100\times 10^{9})}{800}\Delta\delta(\mathrm{mm}) = 7.5\Delta\delta$$

tube의 항복점에서 외력 $P = (15)(0.4) + 7.5\Delta\delta(\mathrm{kN})$.

$$(\delta_t)_Y = 250\text{ MPa} = \frac{(15)(0.4) + 7.5\Delta\delta}{60\times 10^{-6}\text{ m}^2}\text{ kN}$$

따라서 $\Delta\delta = \dfrac{(250)(10^3)(60\times 10^{-6}) - (15)(0.4)}{7.5}\text{ mm} = 1.2\text{ mm}$

즉 총변형량은 $\delta = (\delta_r)_Y + \Delta\delta = 0.8 + 1.2 = 2.0\text{ mm}$

이후 모든 재료는 항복상태에 있으므로 더 이상의 외력은 지탱할 수 없다.

$$P_{\max} = 15 + (7.5)(1.2) = 24\ \text{kN}.$$

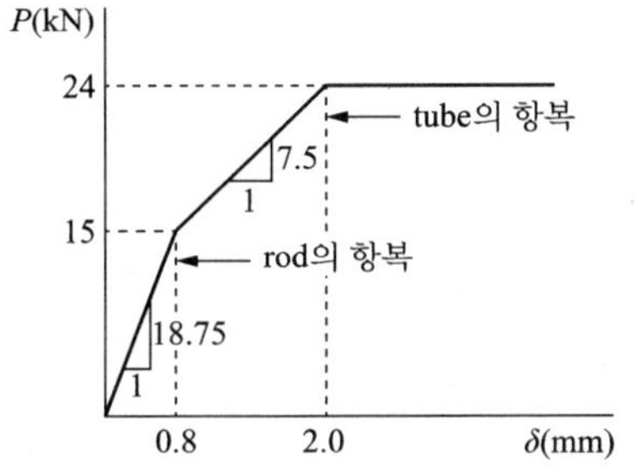

이번에는 평판의 중앙에 구멍이 존재하는 경우 외부하중 P와 변형량 δ 사이의 선도를 그려보자. 응력집중계수 $K = \sigma_{\max}/\sigma_{ave}$와 $\sigma_{ave} = P/A$의 정의로부터 $P = \sigma_{ave}A = \sigma_{\max}A/K$를 유도할 수 있다. 다음의 첫 번째 그림에서는 최대 응력이 항복응력에 도달하기 전까지 P와 δ는 정비례관계에 있다. 두 번째 그림에서는 최대 응력 즉 $\sigma_{\max}$가 항복응력 σ_Y에 도달한 경우로 이때 하중은 $P_Y = \sigma_Y A/K$일 때이다. 하중이 계속 증가하면 네 번째 그림과 같이 모든 응력이 항복응력 상태가 되어서 더 이상 외부하중이 증가할 수 없는 극한응력에 도달한다. 이때 하중은 $P_U = \sigma_Y A$으로 $\sigma_Y = P_U/A$의 관계에 있다. 앞에서 $P_Y = \sigma_Y A/K$이므로 극한하중으로 다시 표현하면 $P_Y = P_U/K$이다. 또한 응력집중계수는 $K = P_U/P_Y$로 쓸 수 있다.

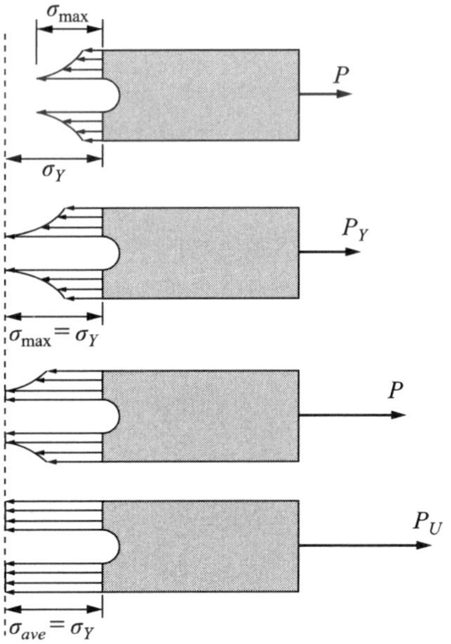

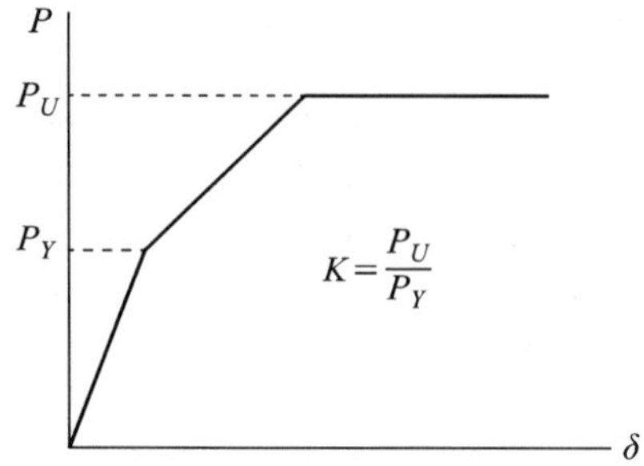

보기문제

그림에 보인 바와 같이 알루미늄(Al) 파이프와 쇠(steel)막대의 구조물에 C에서 P가 작용하고 있다.
그림에서 알루미늄 파이프의 단면적 $A_{\text{Al}}=1100\ \text{mm}^2$, 쇠막대의 지름은 $d=15\ \text{mm}$, 알루미늄의 영의 계수는 $E_{\text{Al}}=70\ \text{GPa}$, 쇠의 영의 계수는 $E_{st}=200\ \text{GPa}$이다. 하중 $P=60\ \text{kN}$이 작용할 때 작용점 C의 이동거리 δ_C를 계산하라.

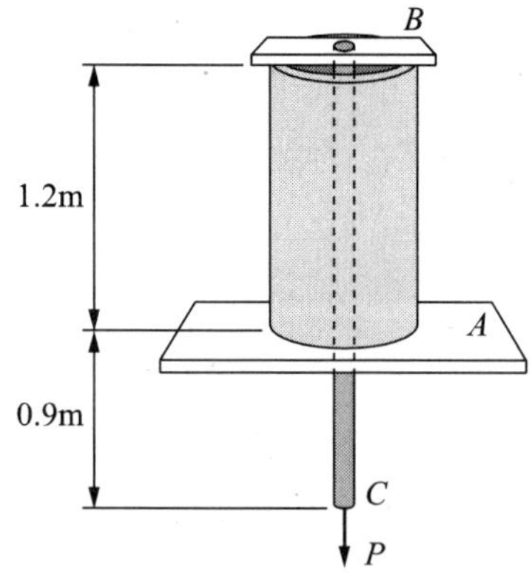

해설 C의 이동거리는 쇠막대가 늘어난 길이와 알루미늄 튜브가 줄어든 길이를 더하면 되므로

$$\delta_C=\delta_{st}+\delta_{\text{Al}}=\frac{PL_{st}}{(AE)_{st}}+\frac{PL_{\text{Al}}}{(AE)_{\text{Al}}}$$

$$\delta_{st}=\frac{(60{,}000)(2{,}100)}{(0.0015^2\pi/4)(200\times10^9)}\ \text{mm}=3.565\ \text{mm}$$

$$\delta_{\text{Al}} = \frac{(60{,}000)(1{,}200)}{(1{,}100 \times 10^{-6})(70 \times 10^{9})}\ \text{mm} = 0.935\ \text{mm}$$

따라서 $\delta_C = 4.5\ \text{mm}$.

보기문제

15℃에서 알루미늄 튜브와 황동 코어를 조립하여 응력이 없는 상태에서 완전히 접합하였다. 튜브의 바깥지름은 60 mm이고 안쪽 지름은 25 mm이다. 축방향의 변형만을 고려하여 195℃에서 알루미늄 튜브에 발생하는 열응력 σ_{Al}을 계산하라. 문제에서 황동 코어는 영의 계수가 $E_B = 105$ GPa, 열팽창계수는 $\alpha_B = 19 \times 10^{-6}/℃$ 이며 알루미늄 튜브는 $E_A = 70$ GPa 그리고 $\alpha_A = 23 \times 10^{-6}/℃$ 를 사용하라.

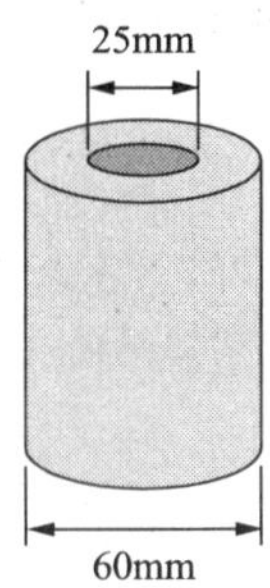

해설

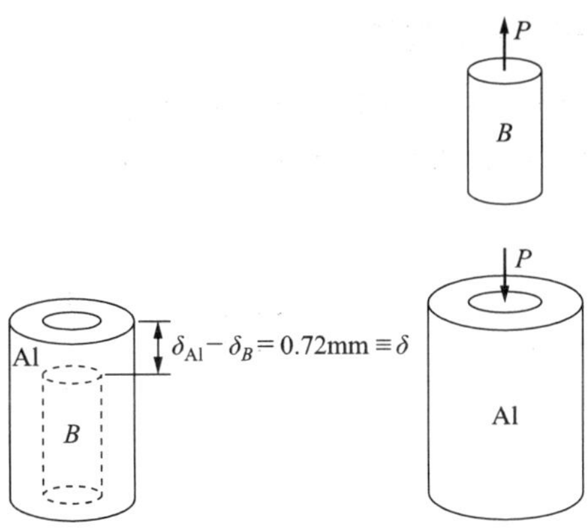

조립공정과 현재 온도의 차이는 $\Delta T = 195 - 15 = 180℃$.
온도상승에 의한 단위 길이당 황동과 알루미늄 부품의 길이변화량은

$$\delta_B^T = (19 \times 10^{-6})(180)(1) = 0.00342\ \mathrm{m} = 3.42\ \mathrm{mm}$$

$$\delta_A^T = (23 \times 10^{-6})(180)(1) = 0.00414\ \mathrm{m} = 4.14\ \mathrm{mm}$$

그림에 보여진 바와 같이 외력 P에 의하여 황동과 알루미늄 부품의 길이변화량 차이를 회복시킬 수 있다면

$$\delta_B^P = \frac{P}{(0.025^2\pi/4)(105 \times 10^9)} = 1.94 \times 10^{-8} P$$

$$\delta_A^P = \frac{P}{(0.06^2\pi/4)(70 \times 10^9)} = 6.114 \times 10^{-9} P$$

길이변화량의 차이($\delta_A^T - \delta_B^T = 0.72\ \mathrm{mm}$)를 회복하려면 P에 의한 변형량의 합이 차이와 같아야 한다. 즉,

$$\delta_B^P + \delta_A^P = 2.5516 \times 10^{-8} P = 0.72\ \mathrm{mm}.$$

따라서 $P = 28{,}217\ \mathrm{N} = 28.2\ \mathrm{kN}$.
압축력을 받는 알루미늄 튜브의 응력은

$$\sigma_{\mathrm{Al}} = -\frac{28{,}217\ \mathrm{N}}{(60^2 - 25^2)\pi/4\ \mathrm{mm}^2} = -12.08\ \mathrm{MPa}.$$

보기문제

그림에서 45° 기울어진 방향의 변형률 $\epsilon' = \epsilon_{45°}$ 를 다음의 방법을 사용하여 계산하라: (1) 기하학; (2) 후크의 법칙.

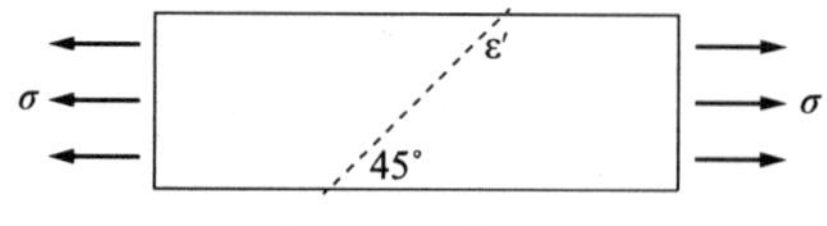

해설 (1)

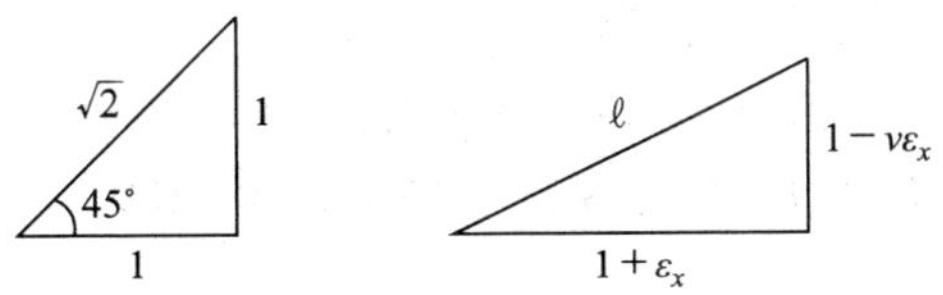

피타고라스의 정리로부터 빗변의 길이 ℓ은

$$\ell = \sqrt{(1+\epsilon_x)^2+(1-\nu\epsilon_x)^2} \approx \sqrt{2+2(1-\nu)\epsilon_x}$$
$$= \sqrt{2}\sqrt{1+(1-\nu)\epsilon_x} \approx \sqrt{2}\left(1+\frac{(1-\nu)\epsilon_x}{2}\right)$$

변형률의 정의로부터

$$\epsilon' = \frac{\ell-\ell_0}{\ell_0} = \frac{\sqrt{2}\left(1+\frac{1-\nu}{2}\epsilon_x\right)-\sqrt{2}}{\sqrt{2}} = \frac{1-\nu}{2}\epsilon_x.$$

(2)

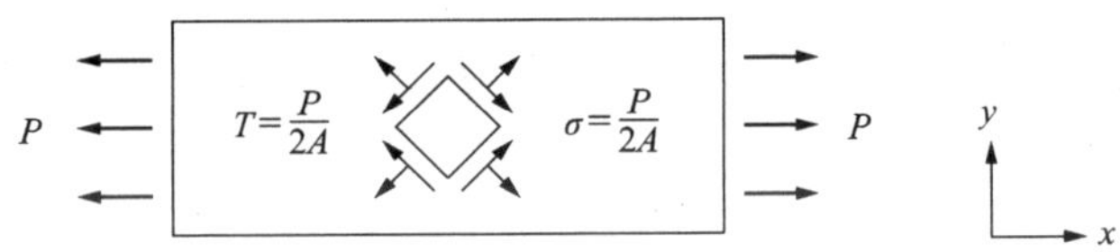

그림을 참조하여 일반화된 후크의 법칙을 이용하자.
그림에 보여진 45° 기울어진 방향의 사각형에 대하여 후크의 법칙을 적용하면

$$\epsilon' = \frac{1}{E}\left\{\frac{P}{2A} - \nu\left(\frac{P}{2A}+0\right)\right\} = \frac{1-\nu}{E}\frac{P}{2A} \qquad ①$$

x-y 좌표에 대해서

$$\epsilon_x = \frac{1}{E}\frac{P}{A} \quad \rightarrow \quad \frac{P}{A} = E\epsilon_x \qquad ②$$

② → ① 대입(代入)

$$\epsilon' = \frac{1-\nu}{2}\epsilon_x$$

보기문제

윗면의 면적(A)이 고정되어 천장에 매달려 있는 사다리꼴 모양의 물체는 스스로의 무게 때문에 생기는 변형(δ)을 계산하라.

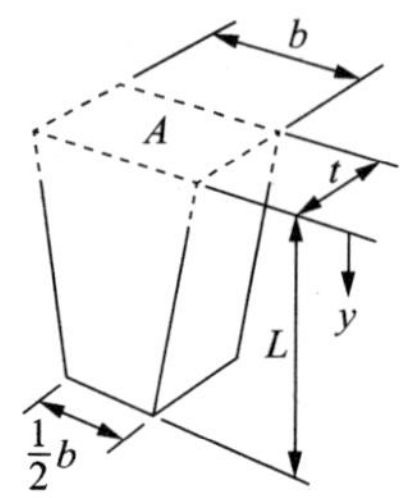

해설 수직위치 y에서 단면적은 $A(y)=\frac{bt}{2}+\frac{bt(L-y)}{2L}=bt-\frac{bt}{2L}y$

단면적 $A(y)$에서 자중에 의한 하중은 다음과 같다

$$P(y)=\int_y^L \rho g A(\xi)d\xi=\rho gbt\int_y^L\left(1-\frac{y}{2L}\right)dy=\rho gbt\left(\frac{3L}{4}-y+\frac{y^2}{4L}\right)$$

따라서 변형(δ)은

$$\delta=\int_0^L\frac{P}{AE}dy=\int_0^L\frac{\rho gbt\left(\frac{3L}{4}-y+\frac{y^2}{4L}\right)}{bt\left(1-\frac{y}{2L}\right)E}dy$$

$$=\frac{\rho gL^2}{E}\frac{3+2\log L-2\log 2L}{4}$$

$$=\frac{\rho gL^2}{E}\frac{3-2\log 2}{4}=0.4034\frac{\rho gL^2}{E}$$

Chapter 3 연습문제

01 그림 P3-1과 같은 강재토막이 일정한 압력을 받고 있다. 변 AB의 길이가 −24 μm만큼 변하면 부재의 표면에 작용하는 압력 P를 구하여라. 여기서 $E=200$ GPa, $\nu=0.29$로 고려하라.

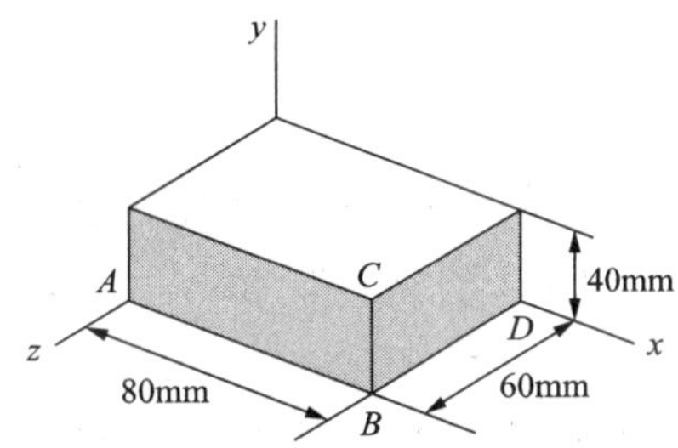

그림 P3-1

해설

정수압에서 $P=\sigma_x=\sigma_y=\sigma_z$이므로 세 방향에 대하여 후크의 법칙에 대입하고 양변을 더한 후 정리하면

$$\epsilon_x+\epsilon_y+\epsilon_z=\frac{1-2\nu}{E}(\sigma_x+\sigma_y+\sigma_z)=\frac{3(1-2\nu)}{E}P$$

x방향 후크의 법칙에 따르면

$$\epsilon_x=\frac{1-2\nu}{E}P=\frac{-24\ \mu\text{m}}{80\text{ mm}}=-0.3\times10^{-3}\text{으로부터}$$

$$P=-142.86\text{ MPa}$$

정답 142.86 MPa

02 반지름이 r이고 두께가 t인 얇은 원형 강판은 원주를 따라서 수직응력 P를 받고 있다. A 점에서 응력성분을 결정하고 하중을 받은 후 원형 강판의 체적을 계산하시오.

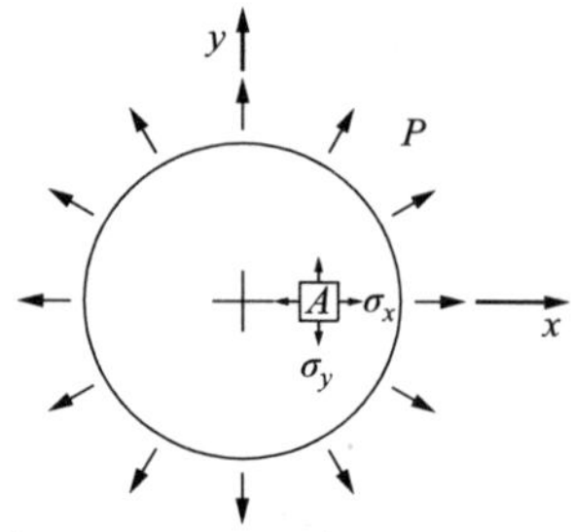

그림 P3-2

정답 $\sigma_x = \sigma_y = P,\ \sigma_z = 0,\ V = \pi r^2 t\left\{1 + \frac{2P}{E}(1-2\nu)\right\}$

03 그림 P3-3에 보인 채널은 z방향의 단면으로 무한히 길다. 이 채널에는 포와송이 비가 0.5인 고무가 채워져 있고 고무는 채널의 윗면에서 압력 P를 받고 있다. 채널은 강체로 이루어져 있고 채널의 벽과 고무 사이에는 마찰이 존재하지 않을 때 x방향의 응력성분과 z방향의 응력성분을 계산하시오. 또한, 고무의 탄성계수가 $E = 300$ GPa인 경우 단위 길이당 체적의 변화량을 계산하시오.

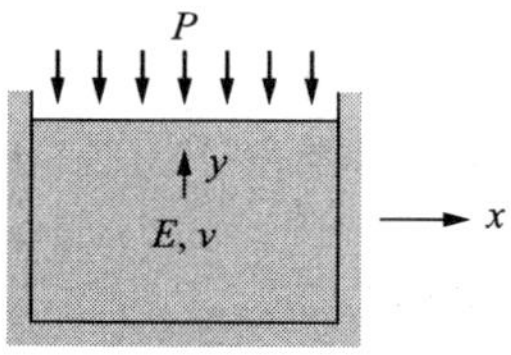

그림 P3-3

정답 $\sigma_x = \sigma_z = -P,\ \Delta V = 0$

04 한 판재가 그림 P3-4에 주어져 있다. 그림에서 보인 수치는 변형이 일어나기 전의 모양이다. 그림과 같이 이 판재에 2축 하중의 분포가 가해질 때 변형이 일어난 후 판재의 두께 t를 계산하라. 영의 계수는 $E = 200$ GPa 그리고 포와송의 비는 0.3으로 고려하라.

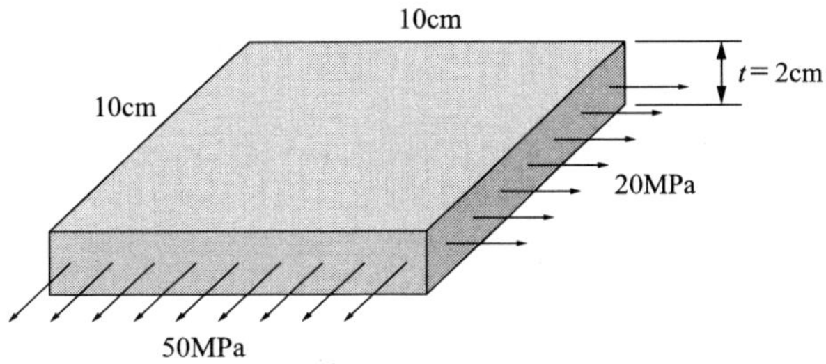

그림 P3-4

정답 1.99979 cm

05 영의 계수, 포와송의 비 그리고 소성응력을 구체적으로 예를 들어가며 설명하라.

06 단면이 50 mm × 80 mm로 일정한 두 개의 막대를 아래의 그림과 같이 a-a 선을 따라서 접착시켰다. 접착된 면(a-a)는 수평선과 25°만큼 기울어져 있고 접착제의 허용응력은 수직응력 $\sigma = 800$ kPa, 수평응력 $\tau = 600$ kPa일 때 외부에서 가할 수 있는 최대 축하중의 크기 P를 구하시오.[9)]

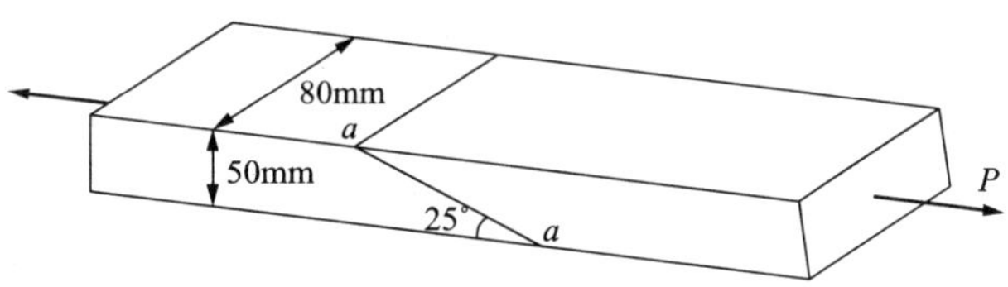

그림 P3-6

해설

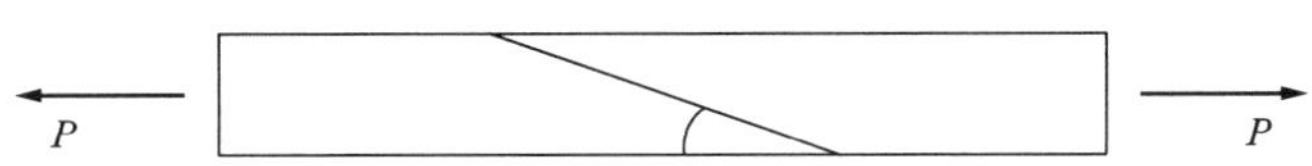

여기서 축방향을 기준으로 응력성분은 $\sigma_x = \dfrac{P}{A}$이고 $\sigma_y = 0$이다.

9) 연결문제. Mohr원을 이용하면 편리하다.

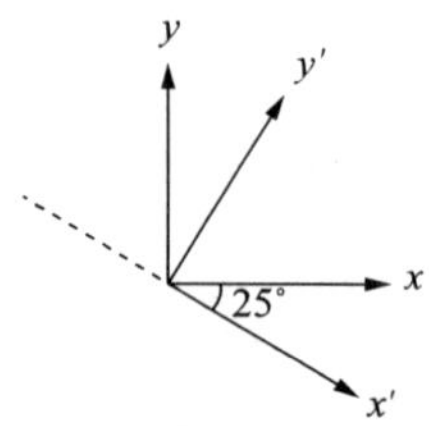

x축과 25°만큼 위상차가 있는 좌표축 x'을 고려하여 다음과 같이 모어원을 그린다. 이때 $\sigma_{ave} = \dfrac{P}{2A}$, 모어원의 반지름 $R = \dfrac{P}{2A}$이며 x-y축은 주응력이 작용하는 방향이다.

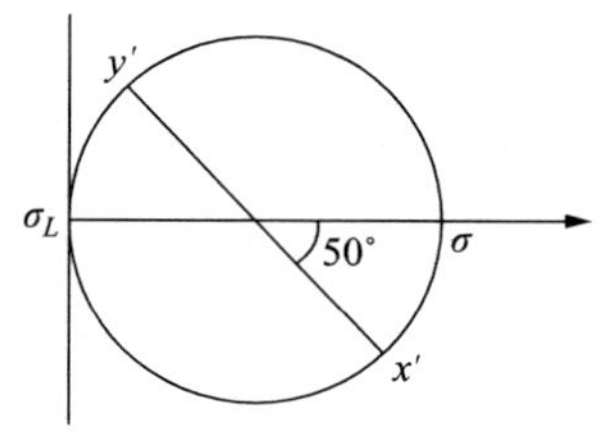

모어원에서 $\sigma_{y'} = \dfrac{P}{2A}(1-\cos 50°) \leq 800\ \text{kPa}$ ①

그리고 $\tau_{x'y'} = \dfrac{P}{2A}\sin 50° \leq 600\ \text{kPa}$ ②

식 ①로부터 $P \leq \dfrac{(2)(50)(80)(10^{-6})(800\times 10^3)}{1-\cos 50°} = 17{,}916\ \text{N}$ ③

식 ②로부터 $P \leq \dfrac{(2)(50)(80)(10^{-6})(600\times 10^3)}{\sin 50°} = 6{,}266\ \text{N}$ ④

식 ③과 식 ④를 동시에 만족시키는 하중을 구하면

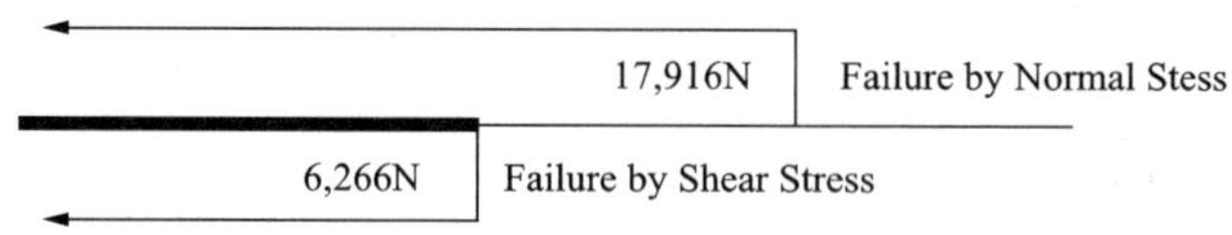

최대 하중 $P_{\max}$는 6.2 kN이다.

4

CHAPTER

비틀림 요소

4.1 기본 방정식

여기서 재료가 선형탄성 영역에 있을 때 비틀림 요소의 해석에 사용할 수 있는 구성방정식을 유도해 보자. 이 유도된 방정식은 비틀림 요소에 가해지는 토크와 이에 따라서 비례적으로 수반되는 비틀림각(Φ) 사이의 관계식이며 이때 요소의 기하학적 형상과 재료의 상수로 결정되는 비례상수가 결정될 것이다.

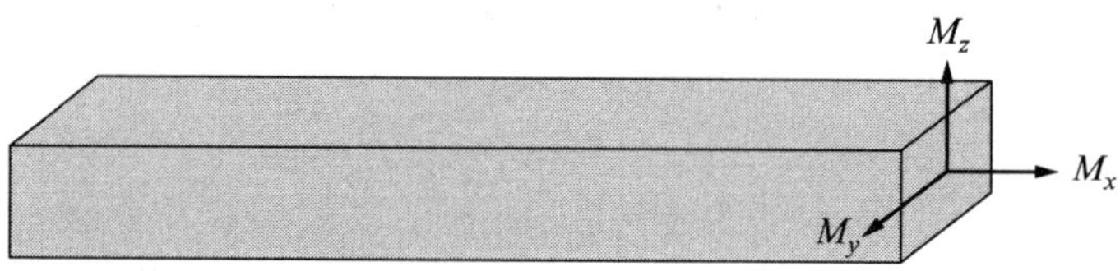

M_x : 비틀림 모멘트(twisting moment); 토크(torque) T

M_y : 굽힘모멘트(bending moment)

M_z : 굽힘모멘트(bending moment)

수학에서 3차원 모멘트 벡터의 성분에 의한 표현방식은 다음과 같다.

$$\overrightarrow{M} = M_x\vec{i} + M_y\vec{j} + M_z\vec{k};\quad \overrightarrow{M} = \vec{r}\times\overline{F}$$

■ **[보기]**

다음의 그림에는 x-y 평면상에 힘 F가 작용할 때 점 O를 중심으로 모멘트의 크기를 정의하고 개념을 작성한 것이다. 오른손의 법칙에 따라 모멘트의 방향은 z축 방향과 평행하고 크기를 결정하는 것은 평행사각형 면적의 정의로 구해진다.

$\overrightarrow{M} = |\overrightarrow{M}|\vec{k} = |\vec{r}\times\vec{F}|\vec{k} = rF\sin\theta\,\vec{k}$이므로 $M = rF\sin\theta$의 크기를 가진다.

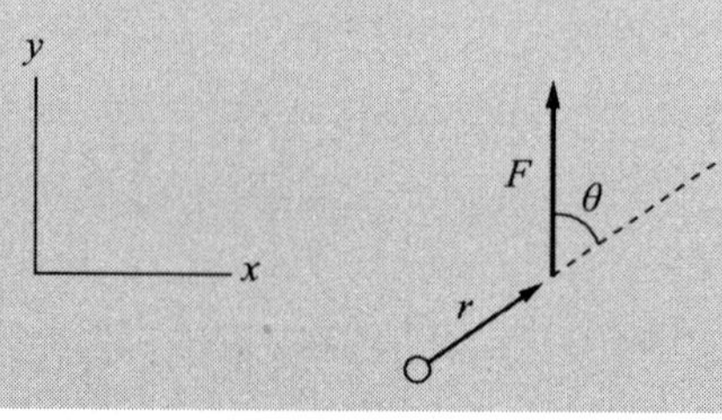

보기문제

3차원 좌표계의 원점을 기준으로 아래에 주어진 $\vec{r}$ m의 위치에서 단일하중 $\vec{F}$가 작용하고 있다면 원점 주위로 이 힘이 만드는 모멘트의 크기를 계산하라.

해설 $\vec{r}=(3\vec{i}+4\vec{j}+5\vec{k})$ m

$$\vec{F}=(100\vec{i}+200\vec{j}+50\vec{k})\ \text{N}$$

$$\vec{M}=\vec{r}\times\vec{F}=\begin{vmatrix}\vec{i} & \vec{j} & \vec{k}\\ 3 & 4 & 5\\ 100 & 200 & 50\end{vmatrix}=-800\vec{i}+350\vec{j}-200\vec{k}\ \text{Nm}$$

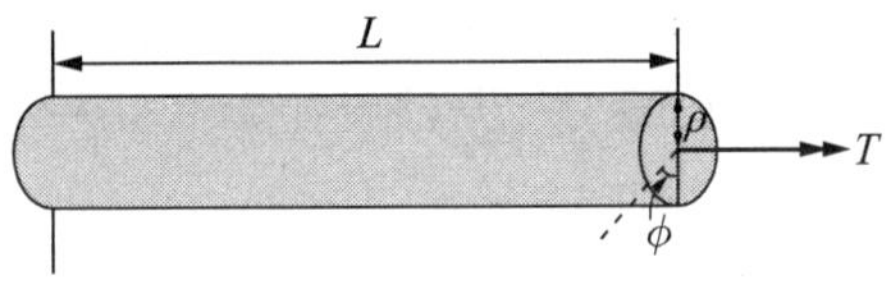

입력	출력	비례상수 또는 컴플라이언스
토크 T(Nm)	비틀림각 Φ (rad)	?

인장 축하중을 받는 다음의 막대의 경우로 미루어 위의 경우와 비교하면 각 용어의 역할을 유추하여 비틀림 요소의 경우를 추출할 수 있다.

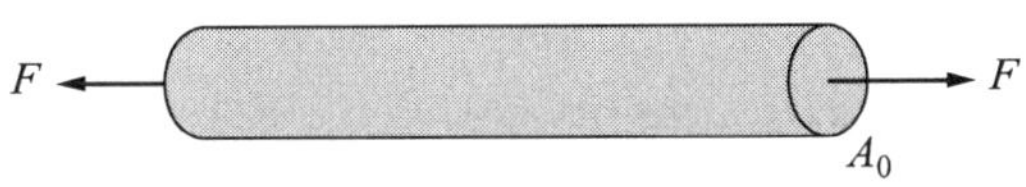

입력	출력	비례상수 또는 컴플라이언스
축하중 F(N)	변형량 δ(m)	$\frac{L}{EA}$

앞 장에서 기본적인 구조요소는 모두 개념적으로 동일한 (구성)방정식을 사용할 수 있다고 언급하였다. 따라서 위에서 막대에 대하여 유도된 구성방정식(힘 - 변형량 관계식)으로부터 현 구조요소인 비틀림 요소의 관계식을 다음과 같이 추론할 수 있다.

표 4-1 유추에 의한 비틀림 요소의 구성방정식 유도

구조요소	입력하중	출력변수	기하학적 인자		재료상수	결과방정식
			길이	면적		
막대	힘 F(N)	δ(m)	L(m)	A (m^2)	E ($\mathrm{N/m^2}$)	$\delta=\dfrac{L}{EA}F$
축(軸)	토크 T(Nm)	Φ	L(m)	J (m^4)	G ($\mathrm{N/m^2}$)	$\Phi=\dfrac{L}{GJ}T$

표 4-1에서는 앞의 제2장에서 유도된 막대의 구성방정식으로부터 비틀림 요소의 경우로 유추하였다. 축과 비틀림 요소에서 힘 F와 토크 T는 외부에서 가하는 하중으로 단위는 각각 힘(N)과 토크(Nm)는 서로 다르지만, 구조요소에 대하여 변형을 불러일으키는 원인이라는 점에서 단위를 떠나 '일반화된 힘'의 개념으로 동일시 될 수 있다. 일반화된 힘으로부터 구조에 유도되는 결과는 형상의 변화이다. 막대의 경우 축방향의 길이 변형량(δ)과 비틀림 축요소의 경우 요소의 축주위로 비틀림각 Φ은 각각 힘과 토크에 비례하여 증가하는 기하학적 변화량(geometric measure)로 역시 서로 단위는 다르지만 '일반화된 변형량' 개념으로 볼 수 있다. 한편 입력 하중과 출력변수 사이의 비례는 요소의 기하학적 특성과 재료특성에 의하여 결정되어야 한다. 막대의 경우 L/EA은 유도된 비례상수이다. 여기서 길이 L의 경우 '비틀림 요소에서도 비틀림각은 같은 입력하중 T에 대하여 L이 클수록 비례적으로 출력변수의 값도 커져야 하므로 막대의 L과 같은 역할로 간주되어야 한다. 재료상수의 경우 축요소는 축하중 P에 의하여 내부에 형성된 수직응력 σ에 저항하는 적합한 것이 '탄성계수(E)'인데 비틀림 요소의 경우 토크 T에 의하여 요소의 내부에 형성되는 응력의 성분은 전단응력 τ이므로 이 응력에 적용되는 재료(材料)상수는 '전단계수(G)'가 되어야 할 것이다. 한편 막대에서 단면적 A가 클수록 같은 하중조건하에서 변형의 크기가 작을 것이다. 비틀림 요소의 경우도 단면적이 클수록 비틀림각이 작아지겠지만, 같은 면적의 크기라 하여도 회전중심으로부터 떨어진 거리에 따라 면적의 저항할 수 있는 효율성이 다르므로 표에서는 이를 'J'로 표현하였고 구성방정식으로부터 단위를 추론하면 길이의 4제곱, 즉 m^4이 될 것이다. 결과적으로 비틀림 요소의 비례상수는 표 4-1에서 L/GJ로 유추되었다.

아주 간단히 J를 다음과 같이 변형이 일어나기 전에 실린더의 축에 평행한 선들과 단면 중심으로부터 방사선 등을 그리고 외부에서 토크를 가하면 표면의 수평선들은 비틀림으로 나선(羅線)으로 이동하게 되는 과정을 도식적으로 유추해 볼 수 있다. 그림에서 왼쪽 끝 면(面)은 실린더가 벽에 고정되어 움직일 수 없으므로 선의 이동이 일어나지 않았다.

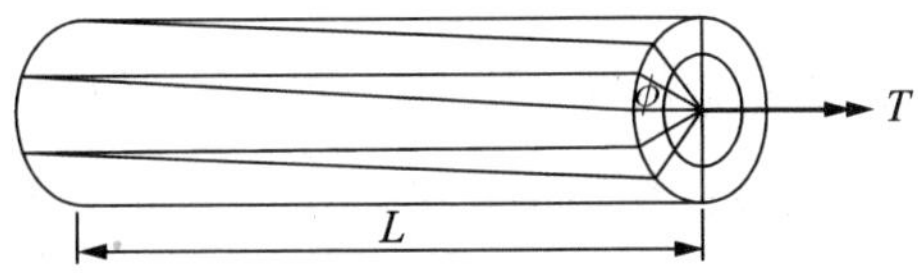

위 그림에서 두 개의 수평선 구간과 이와 일치하는 단면의 방사선 사이 부채꼴 부분을 생각해 보자.

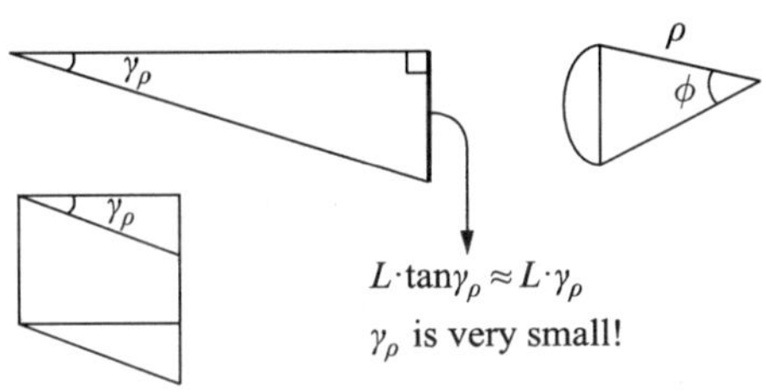

그림에서 $\rho\phi$는 부채꼴 호(弧)의 길이이다.

$$\therefore\ L \cdot \gamma_\rho = \rho \cdot \phi \qquad ①$$

내부도 똑같이 생각하면

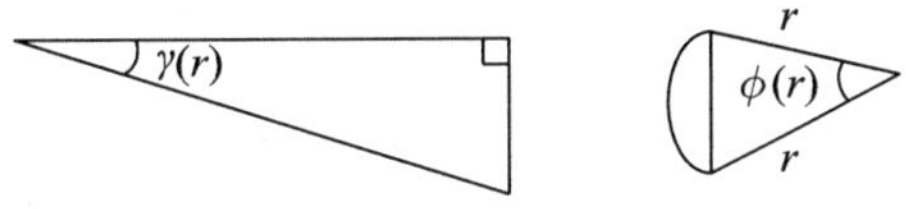

$\gamma < \gamma_\rho$일 것이다. 그러므로

$$L \cdot \gamma = r \cdot \phi \qquad ②$$

앞의 식 ②를 식 ①로 나누면

$$\frac{\gamma}{\gamma_\rho} = \frac{r}{\rho}$$

위의 기하학적 결과는 순수한 기하학적 관계로부터 유도된 식이므로 재료의 선형 혹은 비선형 성질과는 관계없이 적용될 수 있다. 이에 대한 이유는 위 식의 유도과정에서 후크의 법칙 등 재료의 성질이 포함된 관계식은 사용되지 않았기 때문이다.

그러나 선형재료 상수를 포함하는 후크의 법칙을 적용한 $\frac{G\gamma}{G\gamma_\rho} = \frac{\tau}{\tau_\rho} = \frac{r}{\rho}$은 선형 탄성재료의 경우에만 국한하여 식을 적용할 수 있다. 이 식을 다시 쓰면

$$\tau = \left(\frac{\tau_\rho}{\rho}\right) r$$

여기서 $\frac{\tau_\rho}{\rho}$는 상수로 일정한 값이다.

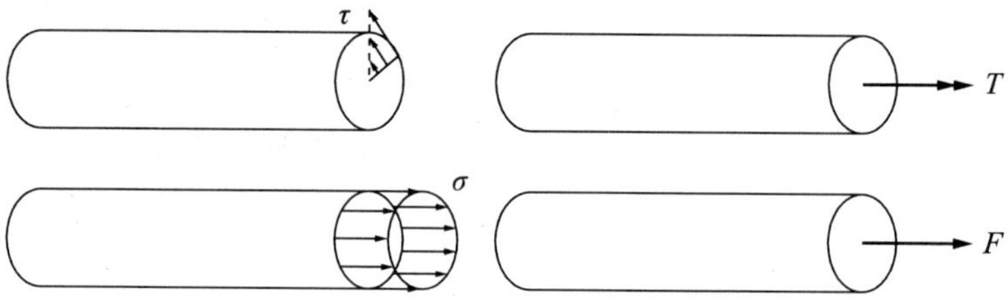

앞의 그림에서 다시 토크를 받는 비틀림 요소와 인장 축하중을 받는 막대에서 이들 외부하중으로 인하여 각 요소의 내부에 분포되는 전단응력(τ)과 수직응력(σ)을 염두에 두고 다음의 내용을 계속 진행하자.

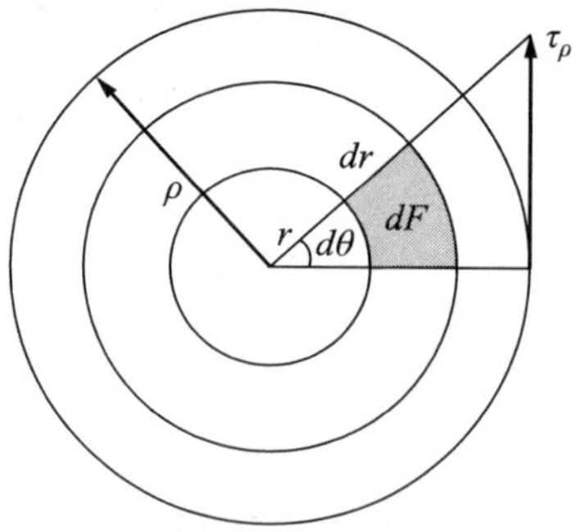

그림의 음영부분 미소(微小)면적에 작용하는 전단력은

$$dF = \left(\frac{\tau_\rho}{\rho} r\right) dA$$

여기서 $dA = rd\theta dr$이다. dF가 만드는 토크는 $dT = rdF = \frac{\tau_\rho}{\rho} r^2 dA$. 그리고 원형 단면에서 각의 범위와 반지름의 범위는 $0 < \theta < 2\pi$와 $0 < r < \rho$이다.

$$T = \int dT = \int \frac{\tau_\rho}{\rho} r^2 dA = \frac{\tau_\rho}{\rho} \int r^2 dA$$

한편, 막대의 경우 '$F = \int \sigma dA = \sigma_o \int 1dA$'를 면적의 가중치가 축의 경우와 다른 것을 알 수 있다. 그리고 위의 식을 정리하면

$$\frac{\tau_\rho}{\rho} = \frac{T}{\int r^2 dA}$$

양변에 반지름(r)을 곱하면

$$\tau = \frac{\tau_\rho}{\rho} r = \frac{Tr}{\int r^2 dA} G\gamma$$

기하학적 조건에서 $L\gamma = r\phi$이므로 $\gamma = \frac{r\phi}{L}$이고 양변에 전단계수(G)를 곱하고 후크의 법칙을 적용하면 $\tau = G\frac{r\phi}{L}$이 된다. 이 식을 위 식의 좌변 전단응력(τ)을 대치하여 정리하면

$$\phi = \frac{LT}{G\left(\int r^2 dA\right)} = \left(\frac{L}{GJ}\right) T$$

J의 기하학적 의미는 단면적의 미소면적(dA)은 그 면적의 비틀림 중심으로부터의 위치 r의 제곱의 가중치에 따라서 면적의 유효성이 달라진다. 여기서 J를 '면적의 2차 모멘트' 또는 '극관성(極慣性) 모멘트'라고 한다.

$$J = \int r^2 dA$$

한편, 2장에서 막대의 힘과 변형량 관계식 $\delta = \dfrac{L}{E\left(\int 1dA\right)}F$을 고려하면 일차원 막대 요소에서 면적의 역할을 비교할 수 있다. 축요소의 토크와 비틀림각 관계식의 J에서와 같이 가중치가 위치의 함수(r^2)가 아닌 상수 '1'로써 이것은 단면 모양에 상관없이 단면적만 같으면 δ는 같다는 것이다. 단면적이 속이 꽉 찬 원형일 때 극관성 모멘트의 크기를 다음과 같이 계산해 보자.

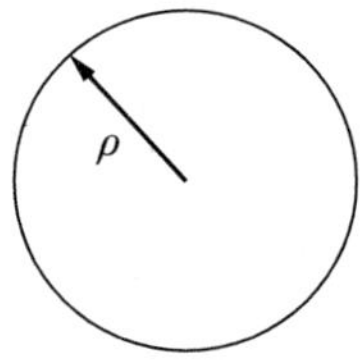

$$J = \int r^2 dA = \int_0^{\rho}\int_0^{2\pi} r^2 r d\theta dr = \int_0^{\rho} 2\pi r^3 dr = \frac{\pi\rho^4}{2}.$$

한편 속이 비어있는 원형의 단면인 경우에는 J의 정의에 따라 아래와 같이 산출될 수 있다.

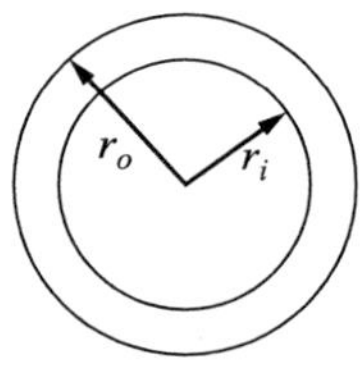

$$J = \int r^2 dA = \int_{r_i}^{r_o}\int_0^{2\pi} r^2 r d\theta dr = \int_{r_i}^{r_o} 2\pi r^3 dr = \frac{\pi\left(r_o^4 - r_i^4\right)}{2}$$

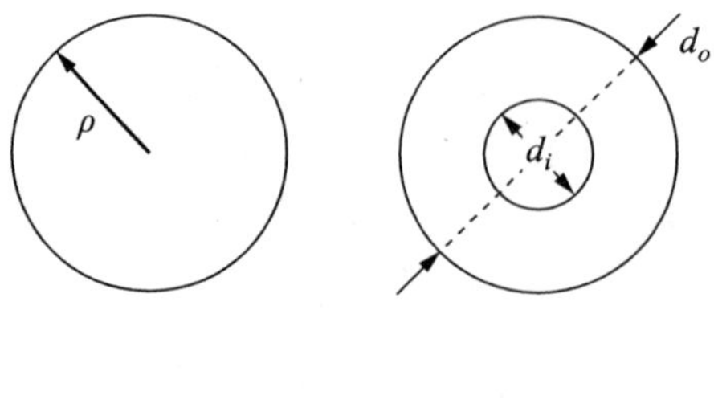

한편 원형 단면의 극관성 모멘트를 지름 $d=2\rho$으로 표현하면 $J=\dfrac{\pi d^4}{32}$이고 중공(中空)실린더의 경우 $J=\dfrac{\pi(d_o^4-d_i^4)}{32}$이다.

보기문제

막대 구조요소의 선형 등가(等價) 스프링 상수의 개념을 확장하여, 비틀림 하중을 받는 선형 비틀림 스프링을 비틀림 요소의 선형 스프링 개념으로 간주할 수 있다. 문제에 딸린 그림에는 실린더의 코어부분과 이를 감싸는 외부 동축(同軸)실린더가 완전접합을 하는 복합 실린더가 있다. 이 실린더의 등가 비틀림 스프링 상수를 구하라.

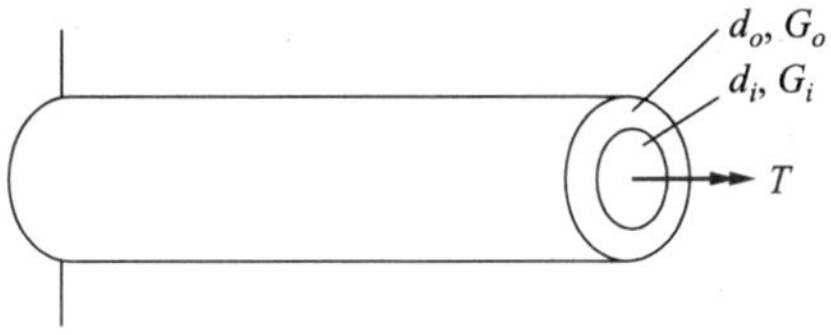

해설 코어의 비틀림 스프링 상수를 $k_t^i=\dfrac{G_iJ_i}{L}$으로 정의한다. 여기서 $J_i=\dfrac{\pi d_i^4}{32}$이다.

외부 실린더의 스프링 상수는 $k_t^o=\dfrac{G_oJ_o}{L}$이고 $J_o=\dfrac{\pi(d_o^4-d_i^4)}{32}$이다.

우선, 스프링 시스템을 이용하여 문제를 풀어보자.

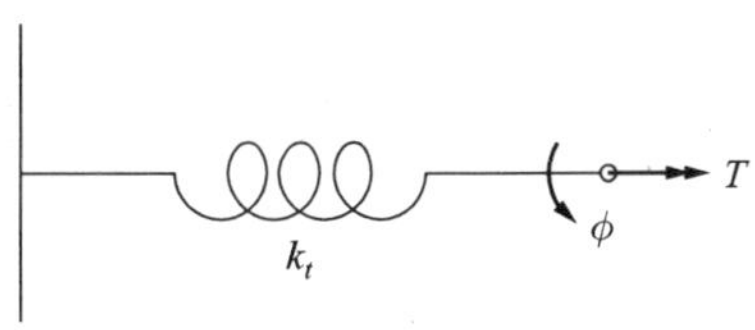

두 개의 스프링은 비틀림각도가 동일하여 병렬연결이므로 '등가 스프링 상수'는 코어와 외부의 스프링 상수를 더하면 된다.

$$k_t=k_t^i+k_t^o=\frac{G_iJ_i}{L}+\frac{G_oJ_o}{L}=\frac{G_iJ_i+G_oJ_o}{L}.$$

따라서 복합 실린더의 비틀림각은 다음과 같다.

$$\phi=\frac{T}{k_t}=\frac{TL}{G_iJ_i+G_oJ_o}.$$

이번엔, 재료역학의 축변형(軸變形) 식으로부터 문제를 풀어보자.

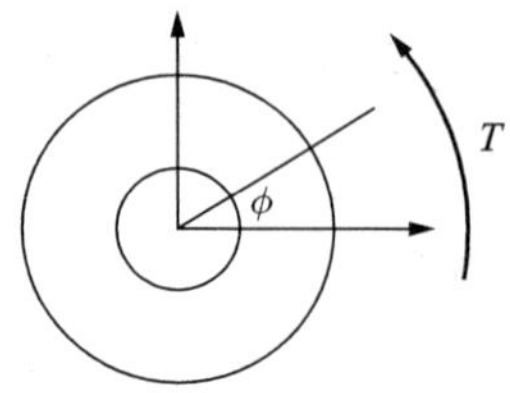

그림으로부터 코어와 외측 실린더의 비틀림각은 동일하다는 것을 알 수 있으므로

$$\phi = \phi_i = \phi_o$$

코어부와 외부 실린더에 작용하는 토크를 각각 T_i와 T_o라고 하면 외부에서 가하는 토크 T와 다음의 관계를 만족한다.

$$T = T_i + T_o \qquad ①$$

토크와 비틀림각의 관계식 $\phi = TL/GJ$을 이용하여 코어와 외부 실린더에 적용하면 $\phi_i = \dfrac{TL_i}{G_iJ_i}$ 그리고 $\phi_o = \dfrac{TL_o}{G_oJ_o}$이 되며 두 개의 비틀림각은 같아야 하므로

$$T_i = \frac{G_iJ_i}{G_oJ_o} T_o \qquad ②$$

식 ②를 식 ①에 대입하면

$$T = \left(\frac{G_iJ_i}{G_oJ_o} + 1\right) T_o = \frac{G_iJ_i + G_oJ_o}{G_oJ_o} T_o$$

따라서 비틀림각 $\phi = \dfrac{TL}{G_iJ_i + G_oJ_o}$이고 등가 스프링 상수는 $k_t = \dfrac{G_iJ_i + G_oJ_o}{L}$으로 앞의 스프링 시스템으로부터 얻은 답과 동일하다.

위의 보기문제에 보인 두 비틀림 축은 병렬연결로 시스템을 구성하고 있다. 두 비틀림 축이 스프링 시스템으로 표현되면 다음과 같이 그릴 수 있다.

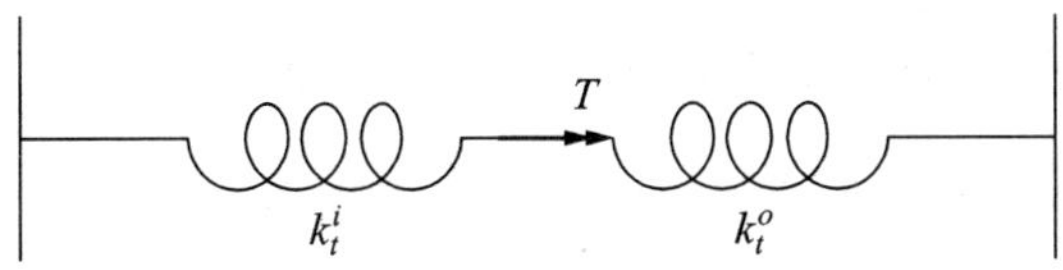

두 비틀림 스프링 k_t^i와 k_t^o는 다음과 같이 한 개의 등가 비틀림 스프링 k_t와 같다.

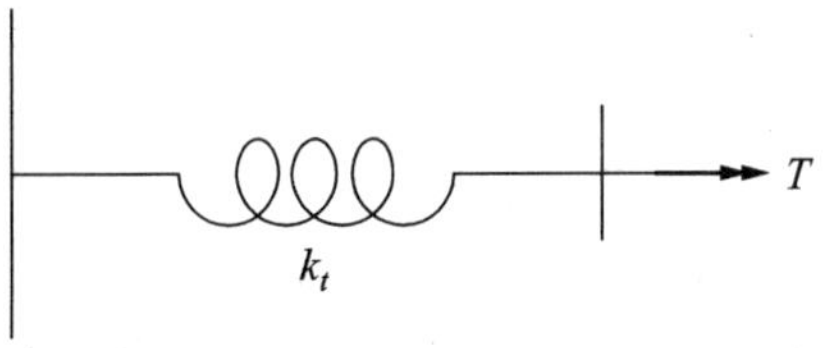

이제, 앞의 순수 비틀림각을 구하는 방식을 직렬로 연결된 비틀림 요소에 적용하는 예로서 아래의 직렬연결 비틀림 요소 시스템에서 오른편 끝의 자유단에서 측정되는 비틀림각의 크기를 구해보자. 그림에서 왼편 축의 비틀림각도를 ϕ_1 그리고 오른편 축의 순비틀림각도를 ϕ_2라고 하자.

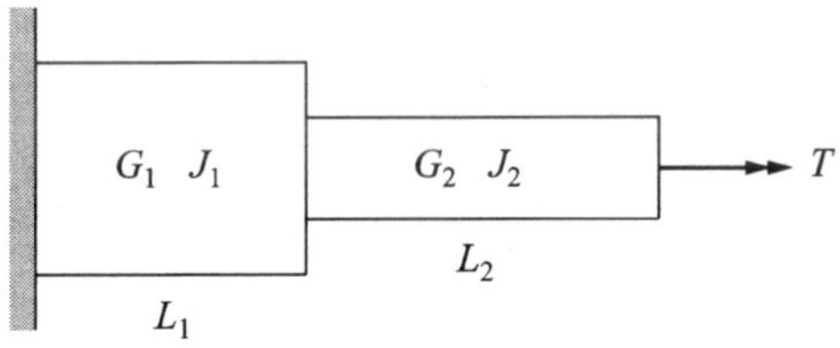

등가의 구조효과를 가지는 한 개의 축(軸)으로 그리면($L = L_1 + L_2$)

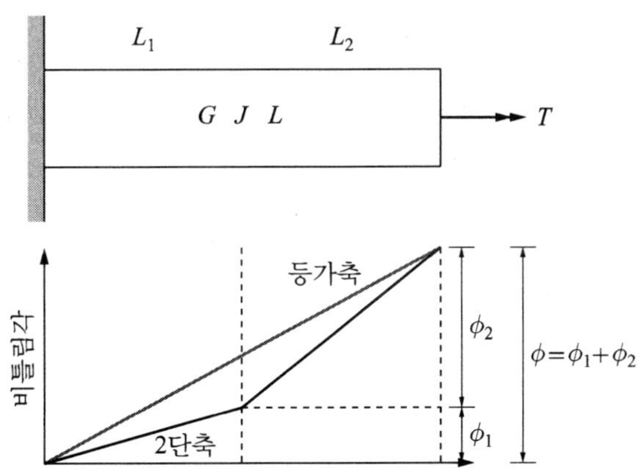

이 등가의 축에서 비틀림각과 토크의 관계는 $\phi = \left(\frac{L}{GJ}\right)T$이다. 여기서 ϕ는 오른편 끝에서 회전하는 총 비틀림각의 크기이다. 여기서 $\phi = \phi_1 + \phi_2$. 등가축에서 각 부분축의 역할은 다음으로 고려될 수 있다.

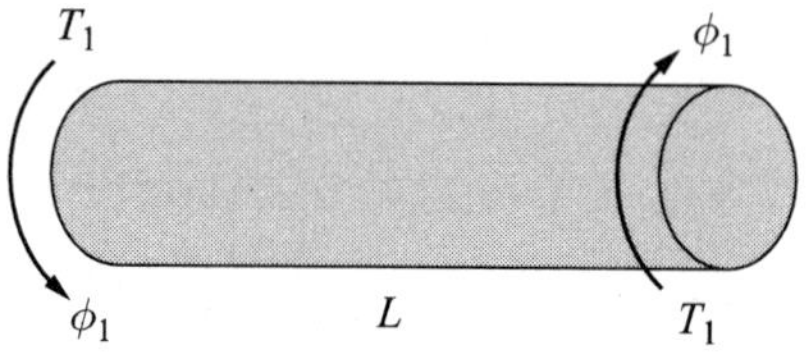

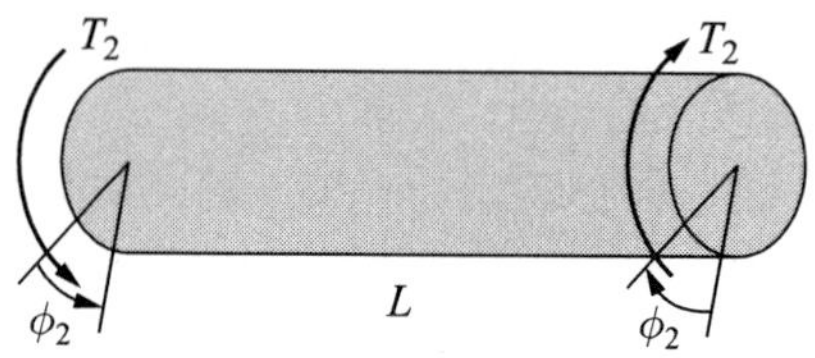

한편 강체회전이란 다음과 같이 회전하는 것이다.

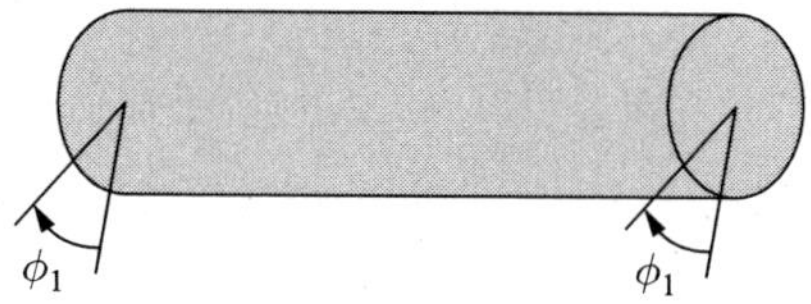

강체회전을 고려하여 중첩한 후 비틀림각으로 다시 그리면

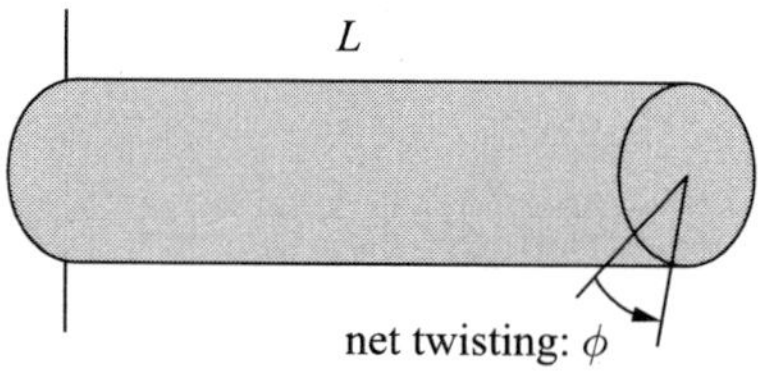

이단 복합축에서 오른편의 축은 왼편에서 발생한 비틀림각만큼 강체회전을 하게 된다. 즉, 오른편 축의 순수 비틀림각은 $\phi_2 = \phi - \phi_1$이다. 주어진 직렬 비틀림 요소 시스템에서 오른편 끝의 자유단에서 측정되는 비틀림각의 크기는 다음의 과정으로 구해진다.

$$\phi = \phi_1 + \phi_2$$
$$= \sum_{i=1}^{2} \frac{L_i}{G_i J_i} T = \frac{L_1}{G_1 J_1} T + \frac{L_2}{G_2 J_2} T = \left(\frac{G_1 J_1 L_2 + G_2 J_2 L_1}{G_1 G_2 J_1 J_2} \right) T = \frac{T}{k_t}$$

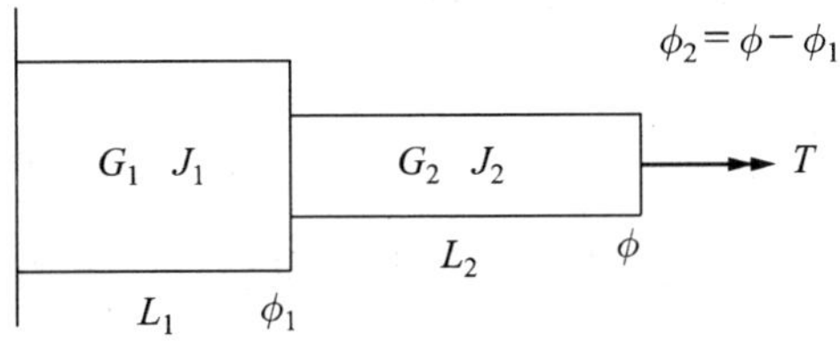

원형 단면 실린더 축에 대하여 요약정리해 보자.

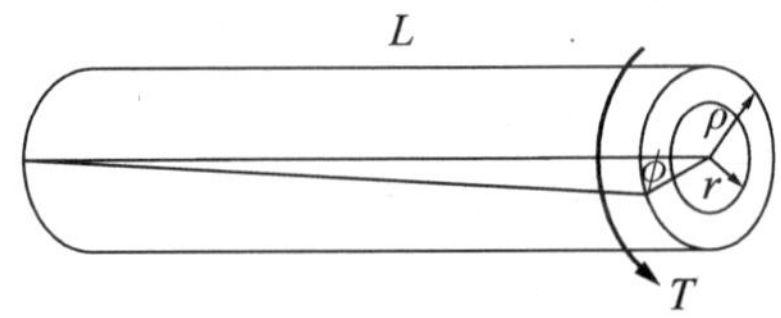

그림의 축은 길이가 L인데 왼편이 고정되어 있고 오른편 끝에 토크 T가 가해지는 경우이다. 여기서 ϕ는 오른편 끝면에서 측정되는 비틀림각이며 단면 내에서는 반지름 방향 위치에 관계없이 일정하다. 단면에서 반지름 ρ인 경우 측면의 삼각형과 단면의 부채꼴에 대한 그림은 다음과 같다. 그림에서 γ_ρ는 전단변형률이다.

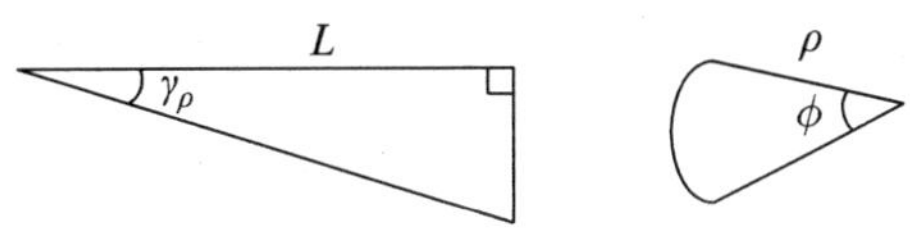

γ_ρ는 매우 작은 값이고 기하학적으로 그림의 삼각형 높이와 부채꼴에서 호의 길이는 같으므로

$$L \tan\gamma_\rho \approx L\gamma_\rho = \rho\phi \qquad ①$$

또한, 반지름 r인 경우에 대해서 위의 그림을 다시 보이면

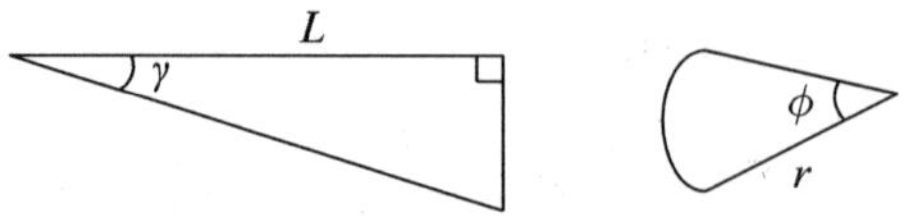

다시 한 번 기하학적 조건으로부터

$$L\gamma = r\phi \qquad ②$$

단면의 2차 모멘트 $J=\int r^2 dA$를 정의하면 토크와 비틀림각의 관계식은

$$\phi = \left(\frac{L}{GJ}\right)T$$

축대칭 단면인 원형의 단면은 비틀림 중에 원형 단면을 유지한다. 축방향으로 변위가 생기지 않는다는 뜻이고 '워핑(warping)'이 일어나지 않는다고 말한다. 식 ②를 식 ①로 나누면 $\gamma/\gamma_\rho = r/\rho$이고 전단계수를 곱하면 $G\gamma/G\gamma_\rho = r/\rho$가 되며 후크의 법칙을 적용하면 $\tau/\tau_\rho = r/\rho$가 되어 다음 관계식을 얻을 수 있다.

$$\tau = \frac{\tau_\rho}{\rho} r$$

이 식으로부터 비틀림 문제의 경우 단면에서 전단응력은 θ와 축방향 위치(z)에 관계없이 r만의 함수임을 알 수 있다. 가장 바깥의 반지름(ρ)이 원형 단면에서 속이 채워진 단면의 경우에는 최소 전단응력이 원의 중심에서 $\tau_{\min} = 0$이지만 속이 비어있는 중공 단면(안쪽 반지름은 ρ_i)의 경우에는 $\tau_{\min} = \tau_\rho \rho_i / \rho$로 차이가 크다. 재료의 효율적 사용 측면에서 속이 비어있는 단면을 가진 중공 실린더가 비틀림 축요소로 더 적합하다.

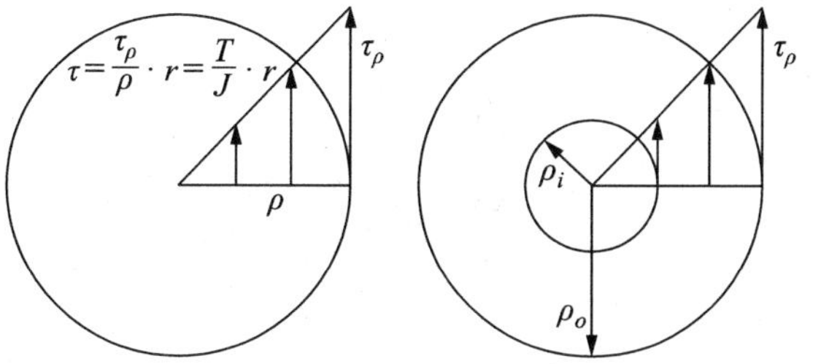

정적 평형상태에 있는 비틀림 축에서 존재하는 응력상태에서 응력성분은 기준좌표축의 설정에 따라 바뀐다.

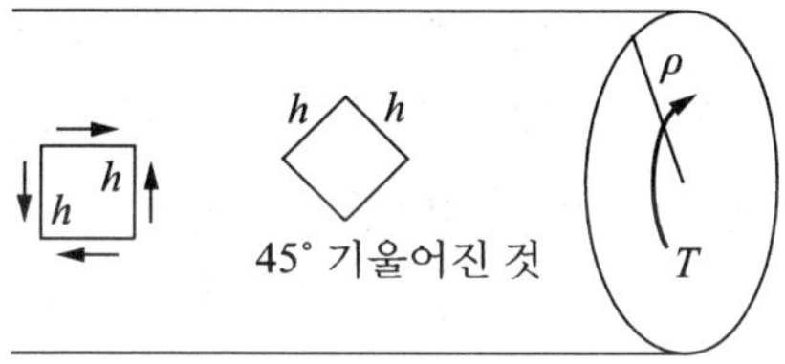

참고로 모멘트의 평형을 위하여 아래의 미소 육면체에 작용하는 네 개의 전단응력은 서로 독립적인 값을 가질 수 없다.

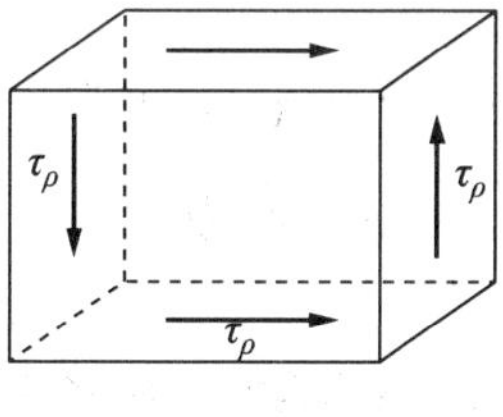

이 그림의 정육면체가 모멘트의 평형을 만족시키려면 같은 크기의 응력이 90°로 작용하여야 한다. 현재까지 유도된 응력분포의 식에서 최대 응력 τ_ρ은 결정되지 않았다. 이제 토크 T가 작용하고 있는 비틀림 요소의 모델링을 통하여 구성방정식(Φ, L, T의 관계식)과 요소 내에 분포하는 전단응력의 분포를 유도해 보자.

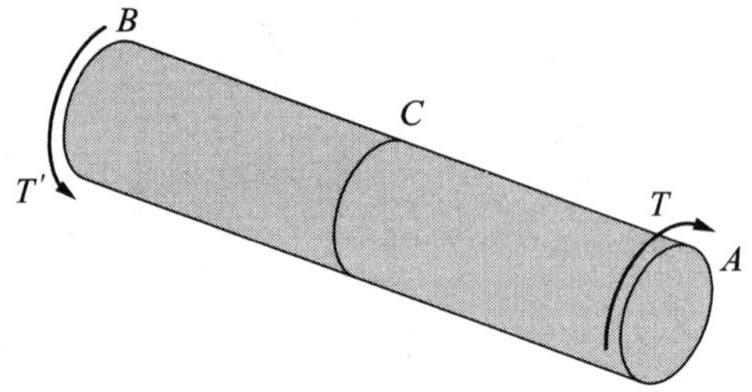

그림 4-1 토크를 받는 비틀림 요소

그림 4-1에서 단면 C를 포함하는 자유물체도를 그림 4-2에 표현하였다. 그림 4-2와 같이 자유물체도는 단면 C를 경계로 좌측 부분 혹은 우측 부분 두 가지 모두 같다. 여기에서는 좌측부분의 자유물체도를 고려하자. 단면 C에는 외부 토크에 의하여 접선방향의 전단력이 내력으로 분포하므로 대표적으로 그림 4-2와 같이 작은 면적 dA에 작용하는 dF를 표현하였다. 이 힘 dF는 요소의 회전중심으로부터 떨어져 있는 거리 즉, 중심으로부터 작은 면적까지 측정된 반지름 ρ가 토크 계산을 위한 팔의 길이가 될 것이다.

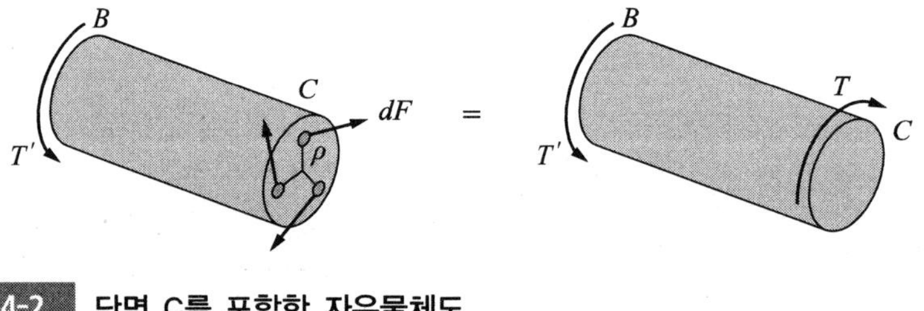

그림 4-2 단면 C를 포함한 자유물체도

그러므로 이 작은 면적에 작용하는 힘이 요소를 중심축 주위로 회전시키려는 토크의 크기는 팔의 길이와 힘의 곱이므로 $\rho dF = dT$가 된다. 또한 dF는 작은 면적 dA에 작용하는 전단응력 τ로 응력과 면적의 곱으로 계산될 수 있다. $dT = \rho dF$를 전체 단면에 대하여 모으면 $T = \int \rho dF$가 된다. 여기서 $dF = \tau dA$이다. 한편 비틀림 요소의 표면에 축과 평행한 가상의 선을 그어 놓은 다음 토크를 가하면 그림 4-3과 같이 생각할 수 있다. 이 그림에서 비틀림각 Φ는 외부에서 가하는 토크의 크기 T와 요소의 길이 L이 길수록 비례하여 커질 것이므로 다음의 관계를 설정할 수 있다. 즉, 비틀림각은 토크의 크기와 봉의 길이에 비례한다.

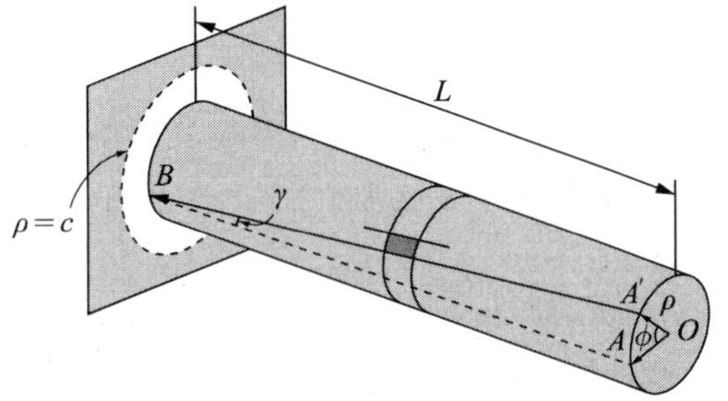

그림 4-3 비틀림각의 가하학적 특성

이 밖에 비틀림 현상을 가상의 실험을 통하여 관찰하면 대칭특성 때문에 원형 단면은 비틀림 후에도 같은 단면을 유지하므로 축대칭이고, 중심으로부터 방사선 방향으로 그어진 반지름은 비틀림 후에도 직선을 유지한다. 예를 들어 그림 4-4와 같이 반지름이 비틀림 후에 곡선으로 된다고 가정해 보면 관점을 반대로 하면 같아야 하는 단면 안의 곡선의 모양이 달라지는 모순을 발견할 수 있으므로 같아지려면 모순을 피하려면 지름은 변형 후에도 직선이어야 한다.

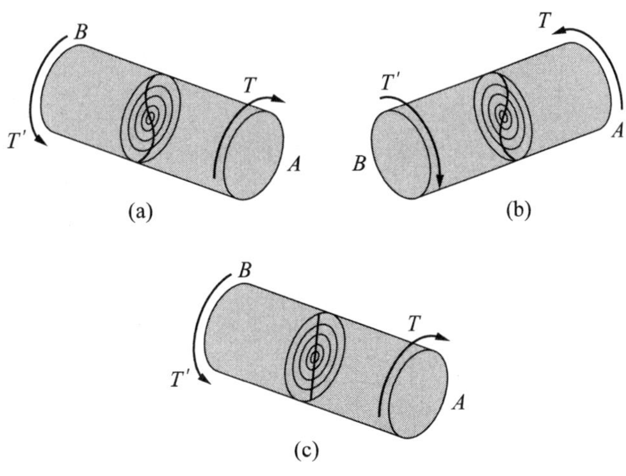

그림 4-4 비틀림 후의 방사형 반지름 모양

그림 4-3의 삼각형 A'BA와 부채꼴 OAA'에서 호의 길이 AA'은 두 경우에서 계산된 결과가 같으므로 $\gamma L = \rho\phi$이다. 따라서

$$\gamma = \frac{\rho\phi}{L}$$

여기서 γ는 그림 4-3의 가상 실린더 표면에서 일어난 전단변형률이다. 반지름 ρ는 비틀림 부재의 표면에서 $\rho = c$에서 최대가 되므로 다음의 식을 얻는다.

$$\gamma_{\max} = \frac{c\phi}{L}; \quad \frac{\phi}{L} = \frac{\gamma_{\max}}{c}; \quad \gamma = \frac{\rho}{c}\gamma_{\max}$$

토크 T에서 비틀림 요소의 재료가 탄성변형을 한다면 후크의 법칙을 적용할 수 있다.

$$\tau = G\gamma = \frac{\rho}{c}G\gamma_{\max} = \frac{\rho}{c}\tau_{\max}$$

즉, 그림 4-5와 같이 반지름 ρ의 값에 비례하여 전단응력 τ의 크기도 비례한다.

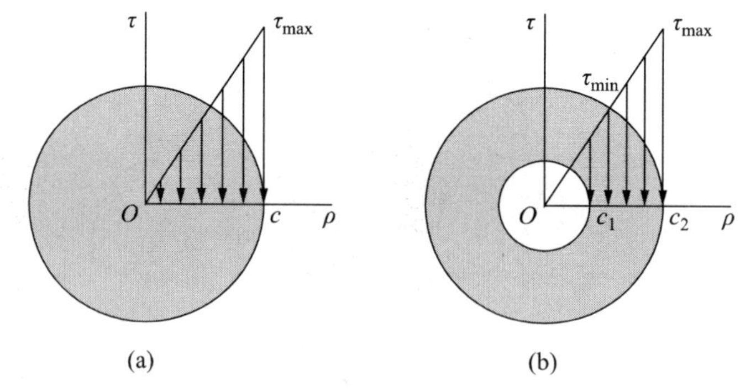

그림 4-5 비틀림 요소의 단면에 있는 전단응력 분포

그림 4-5(b)와 같이 속이 비어있는 중공(中空)축에서는 $c_1 \le \rho \le c_2$ 범위에서만 응력이 분포하므로 안쪽 반지름 위치에서 최소 전단응력, 바깥쪽 위치에서 최대 전단응력이 작용한다.

$$\frac{\tau_{\min}}{c_1} = \frac{\tau_{\max}}{c_2}$$

이상의 내용을 정리하면 다음의 식을 얻을 수 있다.

$$T = \int \rho(\tau dA) = \int \rho\tau dA$$

$$= \int \rho \cdot \frac{\rho}{c}\tau_{\max} dA = \frac{\tau_{\max}}{c}\int \rho^2 dA = \frac{\tau_{\max}}{c} J$$

여기서 앞에서 정의된 바와 같이 축요소의 단면적 역할을 하는 $J = \int \rho^2 dA$로 표기하였다. J는 길이의 4제곱 단위를 가진다. 따라서 구성방정식은 다음과 같이 정리된다. $T = \frac{\tau_{\max} J}{c}$에서 $\frac{\tau_{\max}}{c} = \frac{\tau}{\rho} = \frac{T}{J}$이므로 $\tau = \frac{T\rho}{J}$.

보기문제

$c_1 \le \rho \le c_2$의 중공축 경우 극관성 모멘트를 계산하라.

해설 $dA = 2\pi\rho d\rho$이므로 $J = \int \rho^2 dA = \int_{c_1}^{c_2} \rho^2(2\pi\rho)d\rho = \frac{1}{2}\pi(c_2^4 - c_1^4)$

보기문제

토크를 받는 중공축을 고려하라. 그림에 보여진 중공축의 재료는 최대 120 MPa까지 전단응력을 견딜 수 있다. 이 중공축에 가할 수 있는 최대 토크의 크기는 계산하라. 이때 중공축 내 최소 전단응력의 크기는 얼마인가. 그림에서 단면의 내부지름 d_i = 40 mm, 외부지름 d_o = 60 mm.

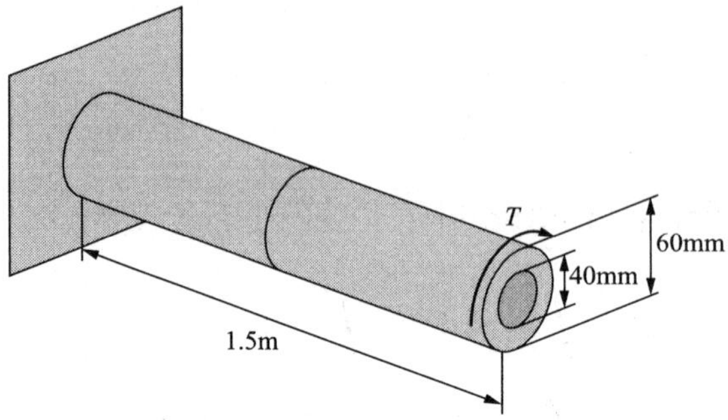

해설 $J = \dfrac{\pi(0.03^4 - 0.02^4)}{2} = 1.021 \times 10^{-6}\ \mathrm{m}^4$

$\tau_{\max} = \dfrac{Td_o}{2J}$ 로부터

$$T = \frac{(2J)\tau_{\max}}{d_o} = \frac{(2)(1.021 \times 10^{-6})(120 \times 10^6)}{0.06} = 4.08\ \mathrm{kNm}$$

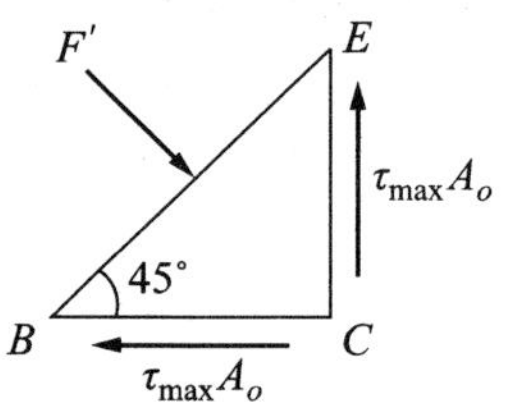

그림 4-6 비틀림에서 삼각형 요소

비틀림 요소의 응력 분포로부터 최대 전단응력의 크기는 $\tau_{\max} = Tc/J$. 그림 4-6에서 보인 삼각형은 토크를 받는 실린더의 표면에 임의의 사각형을 두 개의 삼각형으로 이등분하여 그린 것이다. 힘의 평형으로부터 $F = 2(\tau_{\max}A_o)\cos 45° = \tau_{\max}A_o\sqrt{2}$ 로 쓸 수 있다. 여기서 F를 빗면의 면적으로 나누면 빗면에 작용하는 수직응력의 크기를 계산할 수 있으며 다음 결과로부터 이 수직응력의 크기는 최대 전단응력의 크기와 같음을 알 수 있다.

$\sigma = \dfrac{F}{A} = \dfrac{\tau_{\max}A_o\sqrt{2}}{A_o\sqrt{2}} = \tau_{\max}$ 이 되는데 이 빗면에는 전단응력이 없다. 한

편 다른 방향의 45° 기울여진 빗면에 작용하는 응력의 크기를 유사한 방법으로 결정할 수 있다.

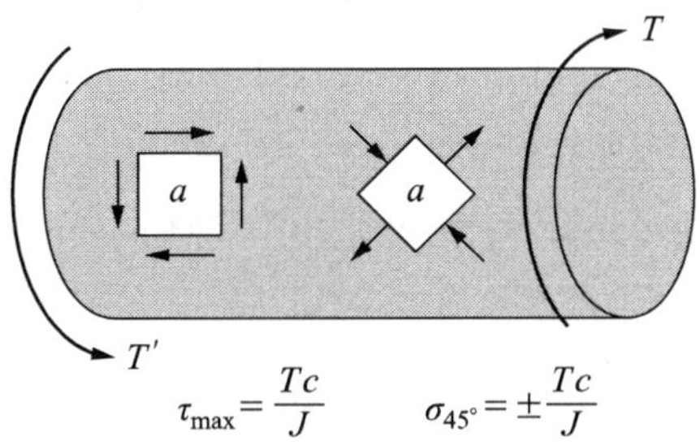

그림 4-7 비틀림 요소의 응력분포

그림 4-7에는 비틀림 요소에 분포하는 응력성분을 그림 4-6의 계산결과로 표현한 것이다. 축방향을 기준으로 좌표축을 설정하면 전단응력만이 영이 아닌 응력성분이다. 이 좌표축을 기준으로 보면 수직응력 성분이 없는데, 이와 응력성분 중 전단응력만 분포되는 좌표축 방향이 있으면 이러한 응력상태를 '순수전단응력'이라고 한다. 같은 응력상태에 있어도 좌표축을 축방향으로부터 45° 만큼 기울어진 좌표축을 기준으로 응력성분을 계산하면 전단응력 성분이 없고 수직응력만 존재한다. +45° 방향으로는 인장 수직응력 그리고 −45° 방향으로는 같은 크기의 압축 수직응력이 작용하므로 이러한 이축(二軸)응력상태와 순수전단응력상태에서 형상변화는 같다.

$$\tau_{max} = \frac{Tc}{J}; \quad \sigma_{45^\circ} = \pm\frac{Tc}{J}$$

참고로 재료역학에서 '응력상태(stress state)'와 '응력성분(stress component)'는 전혀 다른 의미로 사용된다. 응력상태란 기준좌표축 설정이 없이 물체에서 관심을 두는 임의의 위치에서 존재하는 응력으로 변형이 일어난 상태이다. 한편 '응력성분'은 앞의 '응력상태'를 정량적으로 표현한 것으로 반드시 좌표축의 설정이 필요하므로 우선 특정 좌표축을 설정한 후 이 좌표축을 기준으로 관심 위치에서 응력의 크기를 산출함으로써 얻어지는 응력값을 응력성분이라고 한다.

다시 그림 4-7에 도시된 응력성분을 관찰하면 비틀림 요소의 파손형태를 이해할 수 있다. 비틀림 요소의 재료가 취성재료인 경우를 고려하면 취성재료는 인장응력에 의하여 파손이 일어나므로 축에서 45° 기울어진 방향으로 최대 수직인장응력이 발생하므로 이 경우의 최종 파손형태는 45° 기울어진 선을 따라서 파단면이 생성될 것이다(그림 4-8). 한편 비틀림 요소의 재료가 전단응력에 취약한 연성재료인 경우에는 축방향으로 설정된 좌표에 의한 전단응력성분이 최대를 보이므로 최종 파단면이 축에 수직한 방향으로 나타날 것으로 예측할 수 있다.

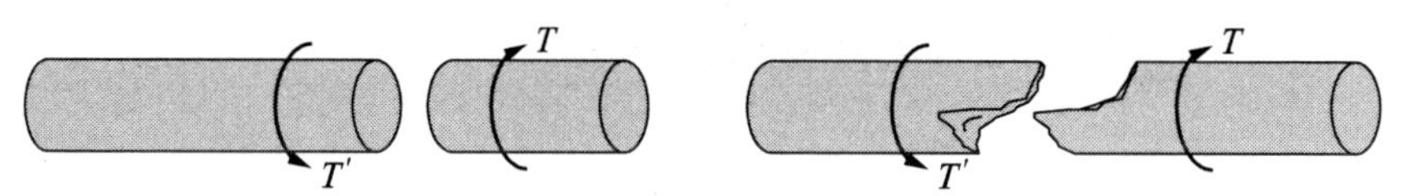

그림 4-8 **연성재료와 취성재료의 파단면**

보기문제

그림에서 보여진 중공축의 재료는 최대 85 MPa의 전단응력이 허용된다. (1) 이 중공축에 가할 수 있는 최대 토크의 크기를 구하라. (2) 동일한 중량의 원형 실린더 축인 경우 가할 수 있는 최대 토크의 크기를 구하라. (3) 바깥지름이 200 mm인 같은 중량의 중공축인 경우 가할 수 있는 최대 토크의 크기를 구하라.

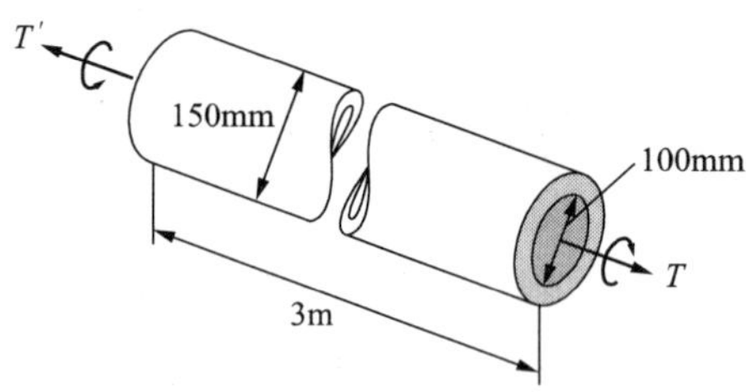

해설 (1) $J = \dfrac{\pi(d_o^4 - d_i^4)}{16} = \dfrac{\pi}{16}(0.15^4 - 0.1^4) = 39.9 \times 10^{-6}\ \mathrm{m}^4$

$$\tau_{\max} = \frac{Td_o}{2J} = \frac{T(150 \times 10^{-3})}{2 \times 39.9 \times 10^{-6}} \leqq 85 \times 10^6 \text{으로부터}$$

$$T_{\max} = 45.2\ \mathrm{kNm}$$

(2) 동일한 중량의 solid cylinder.

$$\frac{\pi d^2}{4} = \frac{\pi(d_o^2 - d_i^2)}{4} = \frac{\pi(0.15^2 - 0.1^2)}{4} \text{로부터 } d = 111.8\,\text{mm}.$$

$$J = \frac{\pi d^4}{16} = 3.07 \times 10^{-5}\,\text{m}^4$$

$$\tau_{\max} = \frac{Td}{2J} = \frac{T(111.8 \times 10^{-3})}{2 \times 3.07 \times 10^{-5}} \leqq 85 \times 10^6$$

$$T_{\max} = 23.3\,\text{kNm}$$

(3) 같은 중량의 $d_o = 200$ mm인 경우

$$\frac{\pi(d_o^2 - d_i^2)}{4} = \frac{\pi(0.15^2 - 0.1^2)}{4} = \frac{\pi(0.2^2 - d^2)}{4} \text{로부터 } d = 165.84\,\text{mm}$$

$$J = \frac{\pi(d_o^4 - d_i^4)}{16} = \frac{\pi}{16}(0.2^4 - 0.16584^4) = 82.82 \times 10^{-6}\,\text{m}^4$$

$$\tau_{\max} = \frac{Td_o}{2J} = \frac{T(200 \times 10^{-3})}{2 \times 82.82 \times 10^{-6}} \leqq 85 \times 10^6$$

$$T_{\max} = 70.4\,\text{kNm}$$

앞의 비틀림 요소 구성방정식으로부터 탄성한계 내의 비틀림각은 다음과 같이 달리 표현될 수 있다.

$$\tau = \frac{T\rho}{J} = G\gamma = G\left(\frac{\Phi\rho}{L}\right)$$

그러므로 처음의 예상과 같이 입력하중 토크(T)와 출력변형(Φ) 사이의 관계식을 확인할 수 있다. 비틀림각을 표현하면

$$\Phi = \frac{L}{GJ} \cdot T \text{ (rad)}$$

일반적으로 단면이 변하는 비틀림 요소의 경우에 토크, 극관성 모멘트, 재료상수는 일반적으로 모두 축방향(x)의 함수일 수 있다. 즉, $T = T(x)$, $J = J(x)$, $G = G(x)$. 이 경우엔 앞에서 유도한 식을 미소길이(dx)에 적용할 수 있다. 즉 $d\Phi = \dfrac{Tdx}{GJ}$이므로 총 비틀림각은 $\Phi = \int d\Phi = \int_0^L \dfrac{T(x)}{G(x)J(x)}dx$.

보기문제

다음의 그림에는 어떤 기어박스가 주어져 있다. 그림을 참고하여 문제를 해결하시오. 단, 기어의 피치원은 $r_A = 2r_B$의 관계에 있고 그림의 단면 E에서 토크 T가 가해지고 있을 때 이 단면의 비틀림각 ϕ_E를 구하라.

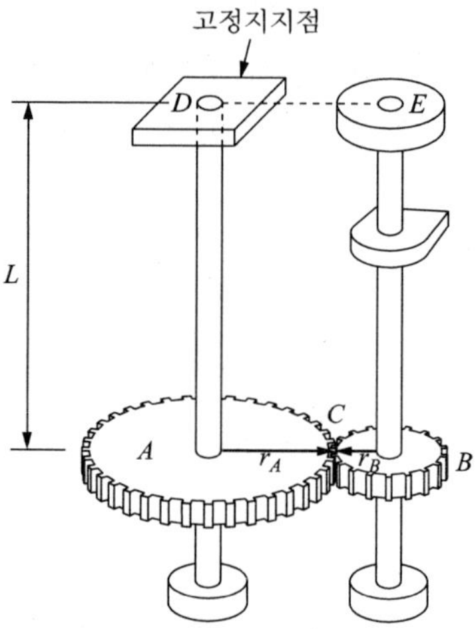

해설

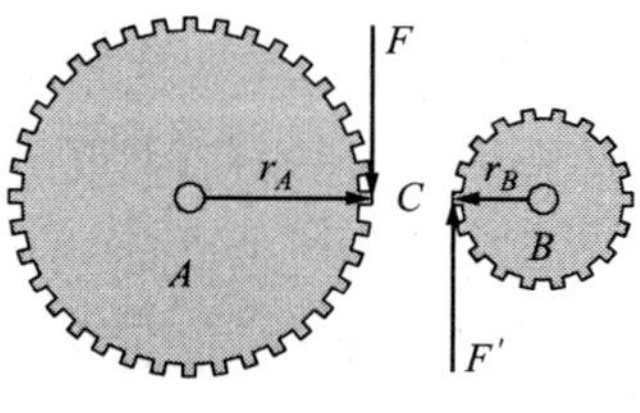

그림에서 $T = r_B F$와 같다.

그리고 $T_{AD} = r_A F = 2r_B F = 2T$이므로 기어 A의 비틀림각은

$$\phi_A = \frac{T_{AD}L}{GJ} = \frac{2TL}{GJ} \text{ 이 된다.}$$

따라서 ϕ_A에 의한 기어 B는 강체회전을 하게 된다. 이때 강체 회전각 ϕ_B는 $r_A\phi_A = r_B\phi_B$의 관계를 만족해야 하므로

$$\phi_B = \frac{r_A}{r_B}\phi_A = 2\phi_A = \frac{4TL}{GJ}$$

한편, 기어 B와 단면 E 사이에 작용하는 토크 T에 의한 비틀림각($\phi_{E/B}$)은

$$\phi_{E/B} = \frac{T_{BE}L}{GJ} = \frac{TL}{GJ}$$ 이 된다.

따라서 단면의 총 회전각 ϕ_E는

$$\phi_E = \phi_B + \phi_{E/B} = \frac{5TL}{GJ}$$ 로 계산된다.

여기에서는 균질하고 등방성 재료의 독립 재료상수는 이론적으로 2개이므로 앞에서 소개된 E, G, ν 3개는 1개의 관계식을 만족해야 하므로 다음과 같이 유도해 본다. 우선 다음의 삼각형에서 빗변 'C'는 나머지 빗변과 사잇각을 이용하여 $C^2 = A^2 + B^2 - 2AB\cos\alpha$로 계산될 수 있다. 사잇각이 직각이 되면 피타고라스의 정리로 환원된다.

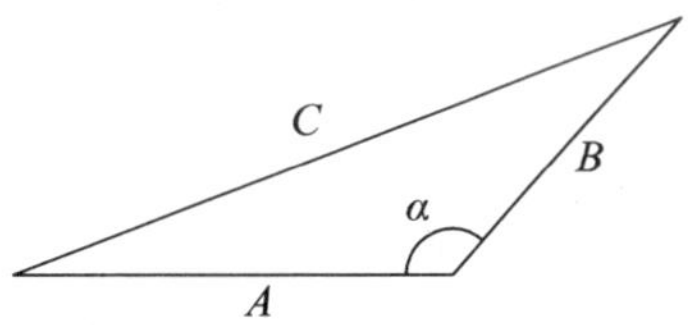

그러면 변형이 생긴 후 그림의 마름모꼴에서 대각선의 길이를 ℓ이라고 하자. 위의 코사인 식을 이용하여 대각선의 길이를 계산할 수 있다.

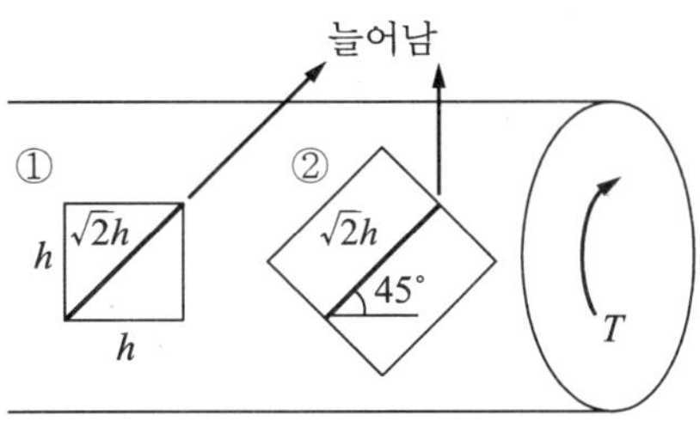

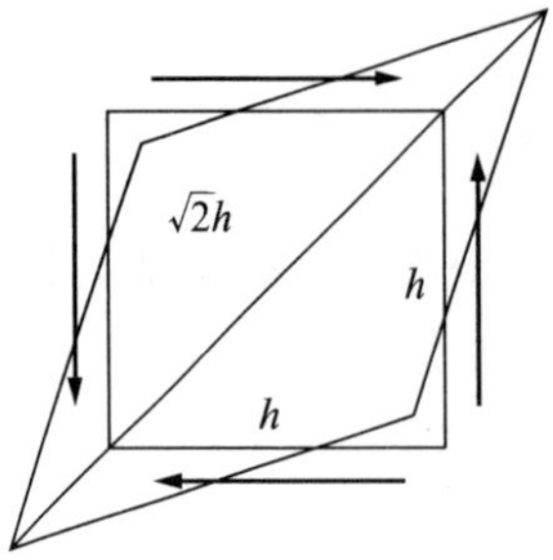

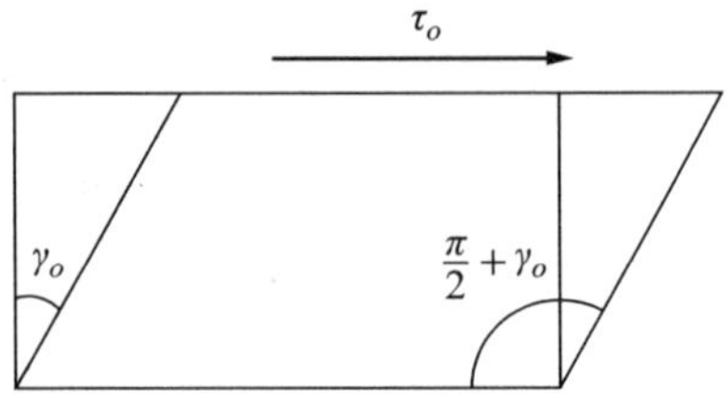

그림에서 ①번 사각형에 대한 계산을 먼저 하자.

$$\ell^2 = h^2 + h^2 - 2h^2\cos\left(\frac{\pi}{2} + \gamma_o\right) = 2h^2(1+\sin\gamma_o)$$

여기서 전단변형률 $\gamma_o \ll 1$로 매우 작으므로 $\sin\gamma_o \approx \gamma_o$이다. $\ell^2 = 2h^2(1+\gamma_o)$이므로

$$\ell = \sqrt{2}\,h\sqrt{1+\gamma_o} \approx \sqrt{2}\,h\left(1+\frac{\gamma_o}{2}\right)$$

후크의 법칙 $\tau_o = G\gamma_o$을 적용하면

$$\ell = \sqrt{2}\,h\left(1+\frac{\tau_o}{2G}\right) \qquad ③$$

이제 그림의 ②번 사각형에 대한 계산을 하자. 다음 그림에서 이 사각형을 x와 y축으로 재정렬하여 그렸다.

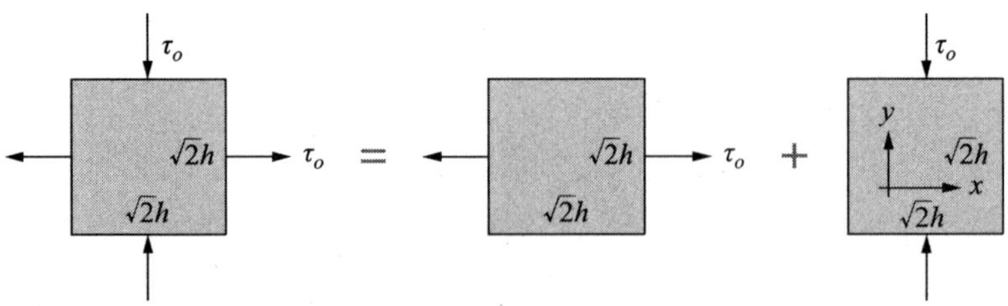

②번 그림의 빗변 ℓ은 재정렬된 그림에서는 x방향이며 변형 전 길이는 $\sqrt{2}\,h$이다. 그림의 첫 번째 속그림에서 보였듯이 순수전단의 응력상태는 x와

y축으로 재정렬된 사각형에서 x축으로 인장수직응력 τ_o, y축 방향으로는 압축수직응력 τ_o와 동등하다. 이제 이 사각형에서 x방향의 변 $\sqrt{2}\,h$가 응력을 받은 후 변형된 길이를 계산하여 앞 계산의 ℓ길이와 같이 놓고 관계식을 구하면 된다.

두 번째 속그림과 같이 x방향의 단축인장하중을 받을 때 최종 길이는

$$\sqrt{2}\,h(1+\epsilon_x) = \sqrt{2}\,h\left(1+\frac{\tau_o}{E}\right)$$

세 번째 속그림에는 y방향으로 단축압축하중을 받는 경우인데 이때 수평 빗변의 길이는 포와송의 비(ν)에 의하여 영향을 받으며 다음의 길이변화가 추가된다.

$$\sqrt{2}\,h(-\nu\epsilon_y) = \sqrt{2}\,h\left(-\nu\frac{-\tau_o}{E}\right) = \sqrt{2}\,h\left(\nu\frac{\tau_o}{E}\right)$$

따라서 양방향 하중을 동시에 받은 결과는 위의 두 결과를 합산하면 되는데 이결과는 식 ③의 ℓ과 같아야 한다.

$$\sqrt{2}\,h\left(1+\frac{\tau_o}{E}\right) + \sqrt{2}\,h\left(\nu\frac{\tau_o}{E}\right) = \sqrt{2}\,h\left(1+(1+\nu)\frac{\tau_o}{E}\right)$$

즉, $\sqrt{2}\,h\left(1+(1+\nu)\frac{\tau_o}{E}\right) = \sqrt{2}\,h\left(1+\frac{\tau_o}{2G}\right)$.

이를 정리하면 세 재료상수가 만족해야 하는 관계식을 얻는다.

$$G = \frac{E}{2(1+\nu)}$$

■ **[보기]**

철강(steel)의 재료상수가 $E = 200$ GPa와 $\nu = 0.3$이므로 전단계수는 다음과 같이 계산된다.

$$G = \frac{200\ \text{GPa}}{2(1+0.3)} = \frac{100}{1.3}\ \text{GPa} = 76.9\ \text{GPa}$$

4.2 부정정축(不定靜軸)

부정정축의 문제는 비틀림 요소 문제 중 단지 정역학적 평형조건으로는 미지수의 개수가 식의 개수보다 많아서 문제를 해결할 수 없는 경우를 말한다.

보기문제

주어진 그림에서 복합축의 외경이 20 mm일 때 지지점 A, B에서 작용하는 반력 토크의 값을 결정하라.

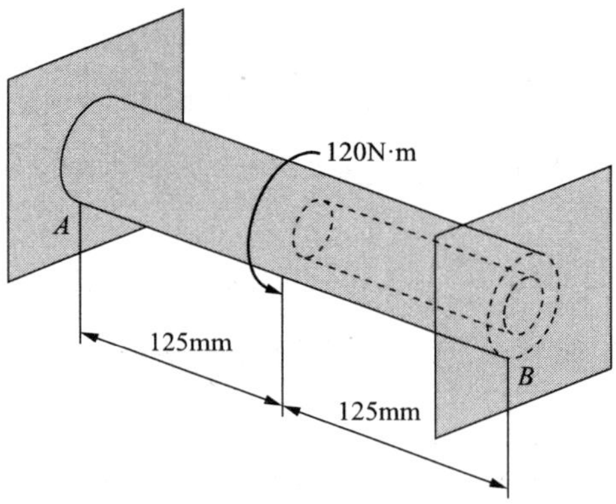

해설 $T_A + T_B = T = 120\ \text{Nm}$ ①

A 부분의 비틀림각 ϕ_A은

$$\phi_A = \frac{T_A(0.125)}{GJ_A}$$

B 부분의 비틀림각 ϕ_B은

$$\phi_B = \frac{T_B(0.125)}{GJ_B}$$

기하학적 조건으로부터

$$\phi_B = \phi_A: \quad T_A = \frac{J_A}{J_B} T_B.$$

$$J_A = \frac{\pi}{32} D_o^4 = \frac{\pi}{32}(0.02)^4 = 1.5708 \times 10^{-8}\ \text{m}^4.$$

$$J_B = \frac{\pi}{32}(D_o^4 - D_i^4) = 9.274 \times 10^{-9}\,\mathrm{m}^4.$$

2차 모멘트의 값을 대입하고 정리하면,

$$T_A = 1.694\,T_B \qquad ②$$

식 ②를 식 ①에 대입하여 풀면,

$$T_B = \frac{120}{2.694}\,\mathrm{Nm} = 44.54\,\mathrm{Nm} \quad \text{그리고} \quad T_B = 75.54\,\mathrm{Nm}$$

보기문제

그림에는 알루미늄 튜브와 강철 코어로 구성된 복합 실린더가 주어져 있다. 이 실린더에 가할 수 있는 최대 토크를 구하라. 철강소재에서 허용하는 전단응력은 $\tau_{s.all} = 120$ MPa이고 전단계수는 $G_s = 80$ GPa이다. 반면에 알루미늄 소재가 허용하는 전단응력은 $\tau_{\mathrm{Al}.all} = 70$ MPa이고 전단계수는 $G_{\mathrm{Al}} = 27$ GPa로 고려하라.

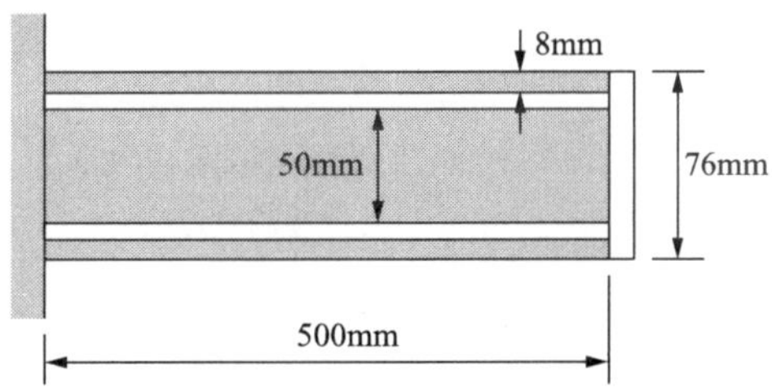

해설 복합 실린더의 강체마개에 대한 평형조건은

$$T_o = T_s + T_{\mathrm{Al}} \qquad ①$$

알루미늄 튜브와 강철 코어는 마개에 완전 접합되어 있으므로 튜브와 코어의 회전각은 같다. 즉, $\phi_{\mathrm{Al}} = \phi_s$.

$$\phi_{\mathrm{Al}} = \frac{T_{\mathrm{Al}}L}{G_{\mathrm{Al}}J_{\mathrm{Al}}} = \phi_s = \frac{T_sL}{G_sJ_s}.$$

$$T_{\mathrm{Al}} = \frac{G_{\mathrm{Al}}J_{\mathrm{Al}}}{G_sJ_s}T_s.$$

$$J_{\mathrm{Al}} = \frac{\pi}{32}\{(0.076)^4 - (0.076 - 0.016)^4\} = 2.003 \times 10^{-6}\,\mathrm{m}^4$$

$$J_s = \frac{\pi}{32} 0.05^4 = 6.136 \times 10^{-7}\ \mathrm{m}^4$$

위의 계산과 주어진 값을 이용하면,

$$T_{\mathrm{Al}} = 1.1017\, T_s \qquad ②$$

[경우 1] 알루미늄 튜브가 먼저 허용응력에 도달할 때

$\tau = \dfrac{T\rho}{J}$ 로부터

$$\begin{aligned} T_{\mathrm{Al.max}} &= \frac{2J_{\mathrm{Al}}}{d_o}\tau_{all} \\ &= \frac{(2)(2.003 \times 10^{-6})}{(0.076)}(70 \times 10^6) = 3689.7\ \mathrm{Nm} \end{aligned}$$

이때 식 ①, 식 ②에서 최대 토크의 크기는

$$T_o = \left(1 + \frac{1}{1.1017}\right) T_{\mathrm{Al}} = 7038.9\ \mathrm{Nm}$$

[경우 2] 강철 코어가 먼저 허용응력에 도달할 때

$$\begin{aligned} T_{\mathrm{Al.max}} &= \frac{2J_s}{d_o}\tau_{all} \\ &= \frac{(2)(6.136 \times 10^{-7})}{(0.05)}(120 \times 10^6) = 2945.28\ \mathrm{Nm}. \end{aligned}$$

이때 식 ①과 식 ②에서 $T_o = 2.1017\, T_s = 6190\ \mathrm{Nm}$ 이다.

두 경우에 대해서 더 작은 토크가 답이므로 $T_o = 6.19\ \mathrm{kNm}$

4.3 원형 단면 비틀림 축의 설계

제품의 성능을 나열한 기술정보를 '제품(製品)사양'이라고 하며 모터의 비틀림 축의 경우 동력(動力) 또는 일률과 회전속도(回轉速度)가 포함된다. 비틀림 축을 설계하려면 주어진 속도에서 축이 동력을 전달할 때 재료가 허용하는 전

단응력을 초과하지 않도록 단면의 치수를 결정해야 한다. 동력은 다음과 같이 정의되며 이에 파생되는 식은 토크의 관련 계산에 활용될 수 있다.

$$\text{동력 } P = T\omega$$

여기서 ω는 각속도이며 단위는 rad/sec이다. 주파수(f)와는 $\omega = 2\pi f$의 관계가 있다. 회전 주파수의 단위는 '헤르쯔(Hz)'로 초당 반복횟수이다. 따라서 동력을 주파수로 표현하면

$$\text{동력 } P = 2\pi f T$$

토크로 다시 표현하면 $T = \dfrac{P}{2\pi f} = \left(\dfrac{J}{r_{\max}}\right)\tau_{all}$와 $J = P\dfrac{r_{\max}}{2\pi f \tau_{all}}$는 설계 시 유용하다.

국제표준(SI)단위인 Hz와 공업에서 많이 쓰이는 분당 회전수(rpm)의 관계는

$$n\,(\text{rpm}) = \frac{n}{60}\frac{1}{s} = \frac{n}{60}\,[\text{Hz}].$$

국제표준(SI)단위로 동력(Power)은 Nm/s = J/s = W인데 반해서 ft-lb단위로는 마력(hp)를 흔히 사용한다. 1마력(馬力)은 1 (hp) = 550 (ft-lb/s) = 6,600 (in-lb/s) = 746 W이다.

보기문제

3,600 rpm으로 회전하는 7.5 kW 모터에 필요한 축의 최소 단면지름을 구하라. 단, 축소재의 허용전단응력은 $\tau_{all} = 60$ MPa이다.

해설 3,600 rpm = 60 Hz.

$$\frac{J}{r} = \frac{\pi r^3}{2} = \frac{P_{\max}}{2\pi f \tau_{all}}$$

$$r = \left(\frac{P}{\pi^2 f \tau_{all}}\right)^{1/3} = \left(\frac{7500}{\pi^2 \times 60 \times 60 \times 10^6}\right)^{1/3} = 5.954 \times 10^{-3}\,\text{m}.$$

$$d = 2r = 11.90\,\text{mm} < 12\,\text{mm}.$$

지름 12 mm 이상의 축을 사용해야 함.

일률(power)은 '시간당 행해지는 일의 양(work per second)'을 말한다. 제품의 사양(仕樣)에서 토크의 단위를 Nm, 비틀림각의 단위는 rad를 SI 단위계에서 흔히 사용한다. 물리에서 일(W)과 일률(P)의 개념을 사용하여 다음의 유용한 식을 전개할 수 있다.

$$P = \frac{W}{\Delta t} = \frac{F\Delta s}{\Delta t} \equiv Fv \text{ 또는 } P = \frac{dW}{dt} = \frac{d}{dt}(Fs) = F\frac{ds}{dt} = Fv$$

토크(Nm)가 가해지는 회전이동이 일어나는 비틀림 요소에는 결과적으로 비틀림각(rad)이 생긴다. 따라서 비틀림 요소에서 일 $W = T\Delta\phi$으로 정의된다. 그리고 토크에 의해 행해진 회전이동의 일률(P)은 다시 정리될 수 있다.

$$P = \frac{W}{\Delta t} = T\frac{\Delta\phi}{\Delta t} = T\omega$$

일률 $P = T\omega$의 계산에서 사용되는 단위에 익숙해지는 것은 공학적 문제해결 능력에 매우 중요하다.

보기문제

그림에는 3 kW 모터와 기어를 연결하는 강철 축이 100 rpm으로 회전시키는 설계에서 축의 지름(d)을 결정하라. 강철의 전단항복응력(τ_Y)은 80 MPa이다.

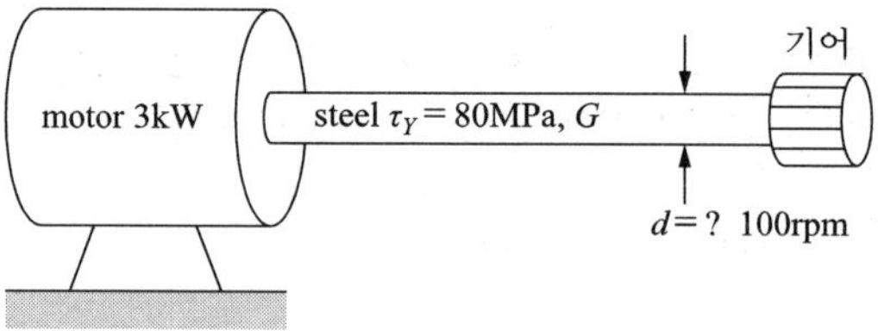

해설

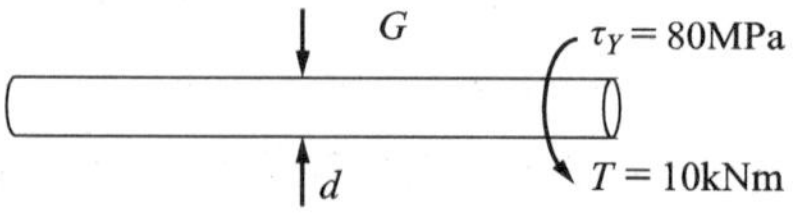

모터 회전축에서 τ_{max}는 가장 바깥쪽에서 일어난다. 정적인 경우 토크 T가

주어지면 축설계를 위한 축의 지름(d)는 다음과 같이 결정될 수 있다.

$$\tau_{\max} = \frac{T \cdot \frac{d}{2}}{J} < \tau_Y = 80\ \mathrm{MPa}$$

$$\text{즉,}\quad \frac{(10\ \mathrm{kNm})(d/2)}{\pi d^4/32} = \frac{160\ \mathrm{kNm}}{\pi d^3} \leqq 80{,}000\ \mathrm{kPa}.$$

$$d \geqq (160/80{,}000\pi)^{1/3}\ \mathrm{m} = 0.086\ \mathrm{m} = 86\ \mathrm{mm}.$$

그러나, 동적 운동을 하는 축의 경우 제품사양을 통해 일률과 운전속도를 주므로 계산에 필요한 토크는 간접적으로 주어진다. 이 경우 토크를 일률의 정의로부터 우선 산출해야 하며 일단 T가 정해지면 이후의 설계단계는 정적인 경우와 동일하다.

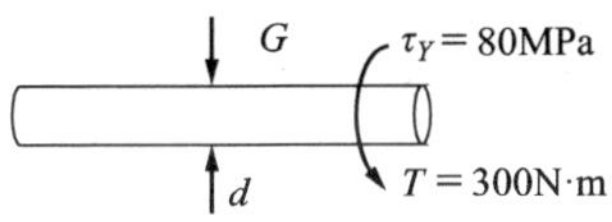

$P = T\omega$을 이용한다.

$P = 3\ \mathrm{kW} = 3\ \mathrm{kNm/s}$ 그리고

$$T\omega = T \times 100\ \mathrm{rpm} = T \times (100)\left(\frac{2\pi}{60s}\right) = \frac{10\pi T}{3}.$$

$3\ \mathrm{kNm/s} = \frac{10\pi}{3} T\,(\mathrm{kNm/s})$로부터

$$T = \frac{9}{10\pi}\ \mathrm{kNm}.$$

4.4 원형 단면 축의 응력집중계수

원형 비틀림 축에 발생하는 최대 전단응력은 축의 바깥 표면에 분포되며 이 값은 $\tau_{\max} = Tc/J$으로 결정된다. 이 결과의 관계는 이론적으로 축의 지름이 점차로 변화하는 A부위의 전단응력 계산 경우에 적용될 수 있다.

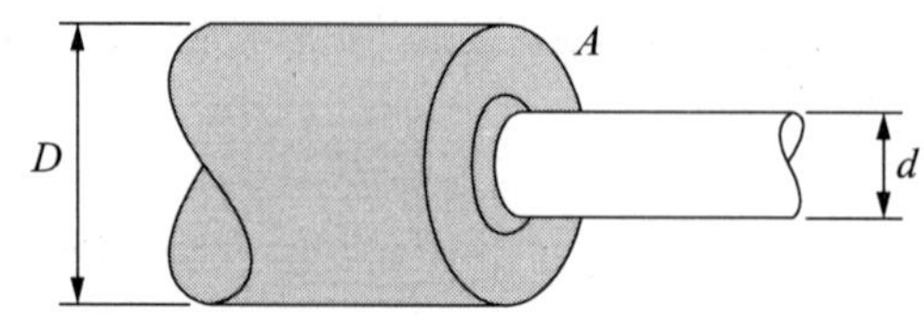

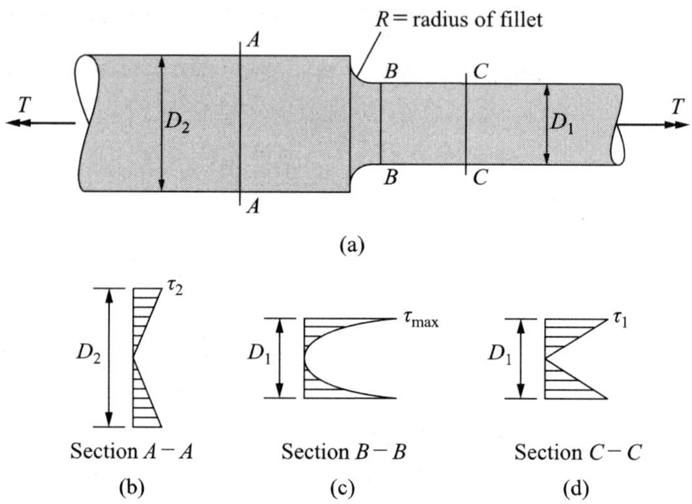

그림 4-9 응력의 분포

그림 4-9와 같이 축의 지름이 급격히 변하는 경우 코너 부분에 응력집중이 발생하게 된다. 이 현상을 완화하는 방법으로 필렛(fillet)을 붙임으로써 응력집중을 줄일 수 있으며 필렛에서 발생하는 최대 전단응력은 아래 식으로 계산할 수 있으며 Tc/J는 최소 지름에 대해 계산한 응력이다.

$$\tau_{\max} = K\frac{Tc}{J}$$

여기서 K는 '응력집중계수'이다.

필렛의 지름이 클수록 응력은 작아진다. 그리고 B-B에서 $\tau_{\max}$가 발생한다.

$$\tau_{\max} = K\tau_{nom} = K\frac{Tr}{J} = K\left(\frac{16\,T}{\pi D_1^2}\right)$$

응력집중계수(K)는 $\sigma_{\max}/\sigma_{nom}$으로 정의되고 계산에 사용될 수 있다.

4.5 '$\tau = f(\gamma)$'의 비선형 재료로 만든 원형 단면의 비틀림 축

$\gamma = \frac{\rho}{r}\gamma_{max}$와 $T = \int_0^r \rho\tau(2\pi\rho d\rho) = 2\pi\int_0^r \rho^2 \tau d\rho$ 등의 관계는 순수한 기하학적인 관찰로만 유도되었으므로 선형이나 비선형과 같은 재료의 성질과는 무관하게 유효하다. $\tau = G\gamma^n$와 같이 지수 꼴로 표현되는 경우

$$T = 2\pi\int_0^r \rho^2 G\gamma^n d\rho = 2\pi G\int_0^r \rho^2 \frac{\rho^n}{r^n}\gamma_{max}^n d\rho = \frac{2\pi r^3 \gamma_{max}^n}{n+3}$$

$$= \frac{2\pi r^3}{n+3}\tau_{max} = \frac{4}{n+3}\frac{\tau_{max}}{r}\frac{\pi r^4}{2} = \frac{4}{n+3}\frac{\tau_{max} J}{r}$$

그러므로 $\tau_{max} = \frac{n+3}{4}\frac{Tr}{J}$.

4.6 탄소성 재료로 만든 원형 단면의 비틀림 축

탄소성 재료(그림 참조)로 만들어진 비틀림 축의 변형이 아직 탄성영역 내에 있을 때,

$$\tau = \frac{T\rho}{J}$$

토크가 점차 증가함에 따라서 축의 단면에서 존재한 최대 전단응력 $\tau = Tc/J$이 분포하는 반지름이 가장 큰 외부 표면이 제일 처음 소성이 일어나는 전단응력 τ_Y에 도달(이때 가해지는 외부 토크는 T_Y)한다.

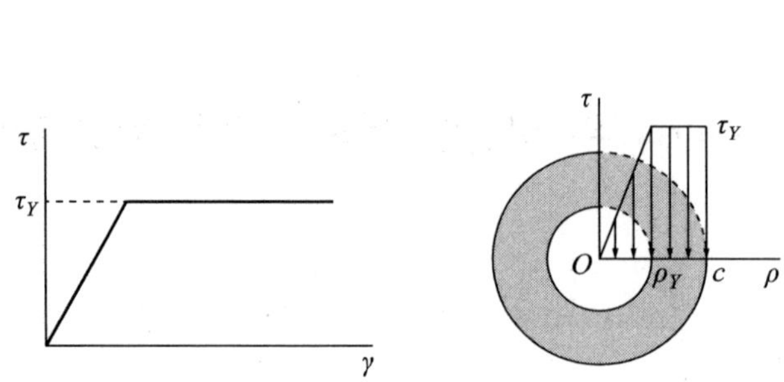

$\tau_Y = \tau_{\max} = \dfrac{T_Y c}{J}$이므로 $T_Y = \dfrac{\tau_Y J}{c} = \dfrac{\pi \tau_Y c^3}{2}$. 이후 토크가 더 커지면 소성 전단응력이 분포하는 영역은 점차 외부 표면에서 내부 중심 쪽으로 이동하며 소성영역($\rho_Y \le \rho \le c$)이 증가한다. 이때에도 탄성영역에서는 후크의 법칙이 적용될 수 있다.

$$\tau = \frac{T\rho}{J} \qquad (0 \le \rho \le \rho_Y)$$

소성경계의 위치에서 $\tau_Y = \dfrac{T\rho_Y}{J}$. 탄성영역 내에서는 $\dfrac{\tau}{\rho} = \dfrac{\tau_Y}{\rho_Y}$. 단면에 소성영역과 탄성영역이 모두 존재하는 경우 외부에서 작용하는 토크의 크기는 다음과 같이 계산된다.

$$\begin{aligned} T &= \frac{\tau_Y J}{\rho_Y} + 2\pi \int_{\rho_Y}^{c} \rho^2 \tau_Y d\rho = \frac{\tau_Y}{\rho_Y}\left(\frac{\pi \rho_Y^4}{2}\right) + 2\pi\tau_Y\left(\frac{c^3 - \rho_Y^3}{3}\right) \\ &= \frac{\pi c^3 \tau_Y}{2}\left(\frac{4}{3} - \frac{\rho_Y^3}{3c^3}\right) = \frac{4}{3} T_Y\left(1 - \frac{1}{4}\frac{\rho_Y^3}{c^3}\right) \end{aligned}$$

단면이 모두 소성영역일 때 $\rho_Y = 0$이므로

$$T_P = \lim_{\rho_Y \to 0} \frac{4}{3} T_Y\left(1 - \frac{1}{4}\frac{\rho_Y^3}{c^3}\right) = \frac{4}{3} T_Y$$

위의 T_P는 비틀림 축이 지지할 수 있는 가장 큰 토크의 크기로 '극한(極限)토크'라고 부른다. 항복응력(τ_Y)을 초과한 비틀림 축요소에서 발생하는 비틀림각의 크기를 다음과 같이 예측할 수 있다. ϕ_Y를 항복이 시작될 때 비틀림각으로

놓으면 이때 단면에서 기하학적 관계는 $c = \dfrac{L\gamma_Y}{\phi_Y}$이므로 ρ_Y는 다음과 같다.

$\phi > \phi_Y$인 경우 $\rho_Y = \dfrac{L\gamma_Y}{\phi}$이므로 $\dfrac{\rho_Y}{c} = \dfrac{\phi_Y}{\phi}$이다.

따라서 비틀림각을 포함하는 탄소성 비틀림 부재의 토크 크기는 $\phi \geq \phi_Y$일 때 다음과 같다.

$$T = \frac{4}{3}T_Y\left(1 - \frac{1}{4}\frac{\phi_Y^3}{\phi^3}\right)$$

4.7 비원형부재의 비틀림

단면이 원형이 아닌 경우 비틀림 요소의 변형은 3차원이므로 기초과정에서 다루기에 적합하지 않다. 즉, 원형 비틀림 부재의 식을 유도하기 위하여 나열한 가정 중 비틀림 요소의 단면이 하중 전후에 평면으로 유지되지 않는다. 평면이 아닌 3차원 변형을 겪는 단면을 워핑(warping)이 일어난 단면으로 말한다.

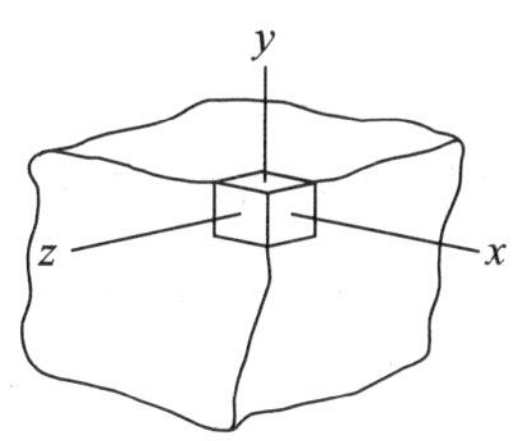

그림 4-10 워핑이 일어난 비원형 단면

토크를 받는 비원형 단면의 전단응력 분포를 막유사성(膜類似性, membrane analogy)으로 지칭되는 고전적인 실험으로부터 결정할 수 있다. 비누막 등의 박막구조는 압력에 의하여 부풀려질 수 있는데 압력과 이에 따라서 부풀려진 박막의 변형을 미분방정식으로 표현하면 이 결과는 토크 문제의 미분방정식과 같은 이유로 비원형 단면의 형상을 따라서 철사 등의 와이어로 본뜬 후 이에 비누막을 입히고 압력을 가하면 부풀려진 돔 모양의 비누막을 얻는다. 이 비누막의 임의 점에서 막 표면의 기울기를 측정하면 이 기울기는 유사성에 의하여 동일 형상의 비틀림 축 대응 위치에서 분포하는 전단응력으로 바로 환산될 수 있다. 따라서 원형 단면이 아닌 어떤 임의 모양의 단면이라도 유사성 원리에 의하여 간단한 비누막 실험을 통하여 전단응력의 분포를 예측할 수 있으므로 매우 편리하다.

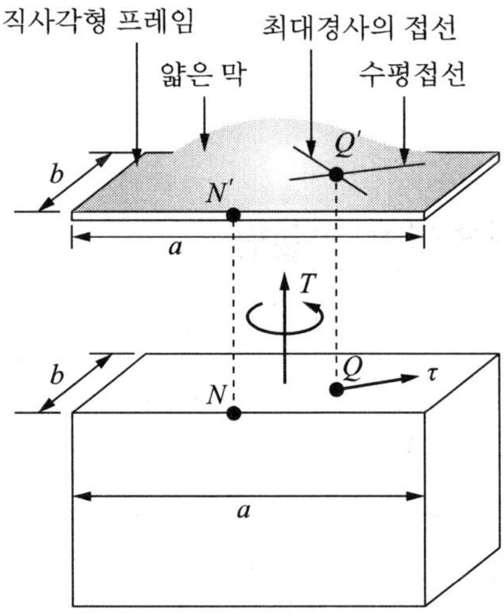

그림 4-11 막유사성의 원리개념도

벽이 얇은 단면을 가진 속이 비어있는 비틀림 요소의 경우 앞의 막유사성을 생각한다면 벽이 매우 얇으므로 두께를 가로질러 벽의 바깥쪽 면과 안쪽 면에 인접한 비누막을 제외하고 나머지 부분의 비누막 기울기는 같이 간주될 수 있을 것이다. 즉, 표면은 두께를 가로질러 직선이다.

벽이 매우 얇은 벽의 중공축(thin-walled hollow shafts)은 위의 '단면을 가로질러 전단응력은 일정'하다는 이유로 단면이 임의의 형상이어도 해석적으로 계산할 수 있다. 그림 4-12로부터 다음의 힘의 평형식이 성립된다.

$$\sum F_x = 0; \quad F_A - F_B = 0$$

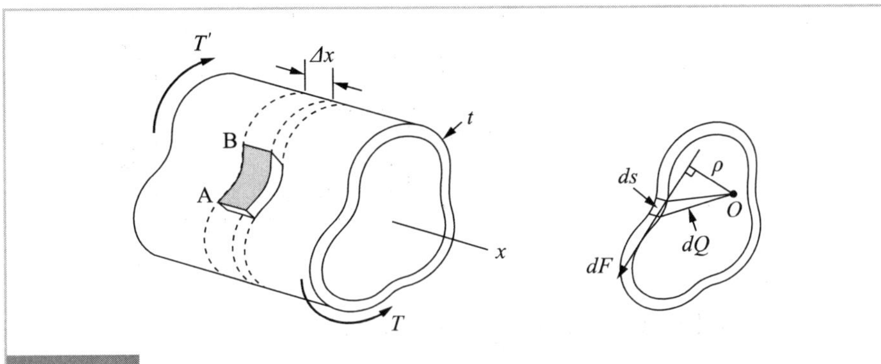

그림 4-12

t_A는 A에서 벽의 두께이고 $(t_A \Delta x)$는 전단응력 τ_A이 작용하는 면적이다. 따라서 힘 $F_A = \tau_A(t_A \Delta x)$으로 표현할 수 있으므로 유사하게 $F_B = \tau_B(t_B \Delta x)$이다. 힘의 평형으로부터 $\tau_A(t_A \Delta x) - \tau_B(t_B \Delta x) = 0$가 되므로 $\tau_A t_A - \tau_B t_B = 0$. 즉 $q \equiv \tau t$는 항상 일정하다. 여기에서 q를 '전단흐름(shear flow)'이라고 한다. 전단흐름의 정의에 의하여 호 ds에 작용하는 미소 힘의 크기는 $dF = \tau da = \tau(t\,ds) = q\,ds$로 표현될 수 있다. 임의의 점 O에 대한 모멘트를 계산해 보자.

$$dM_o = \rho dF = \rho q ds = q(\rho ds)$$

그림 4-12로부터 $\rho ds = 2dA$이므로 $dM_o = q(\tau dA)$. 단면에 작용하는 총 토크의 크기는

$$T = \oint dM_o = \oint q(2dA) = 2q \oint dA = 2qA.$$

보기문제

그림의 얇은 벽을 가진 사각형 튜브에 $T = 3$ kNm의 토크가 작용할 때 각 부분에서 작용하는 전단응력의 크기를 결정하라.

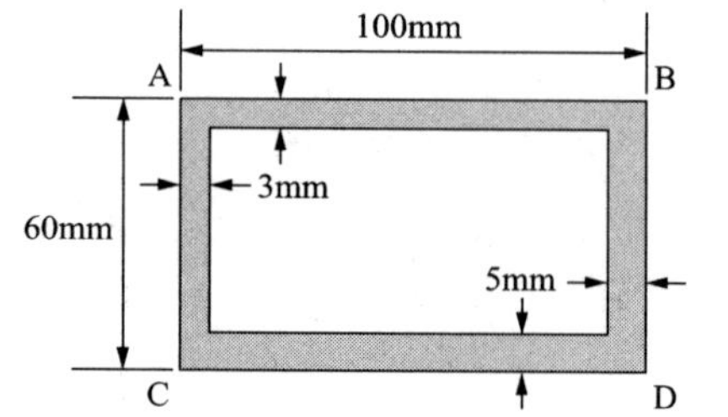

해설 $A = (96)(56) = 5.376 \times 10^{-3}\ \mathrm{m}^2$

$$\tau = \frac{3 \times 10^3}{(2)(4 \times 10^{-3})(5.376 \times 10^{-3})} = 69.8\ \mathrm{MPa}$$

$$\tau_{AB} = \tau_{AC} = \frac{3 \times 10^3}{(2)(3 \times 10^{-3})(5.376 \times 10^{-3})} = 93\ \mathrm{MPa}$$

$$\tau_{BD} = \tau_{CD} = \frac{3 \times 10^3}{(2)(5 \times 10^{-3})(5.376 \times 10^{-3})} = 55.8\ \mathrm{MPa}$$

얇은 벽을 가진 비틀림 부재의 해석방법을 정리하자.

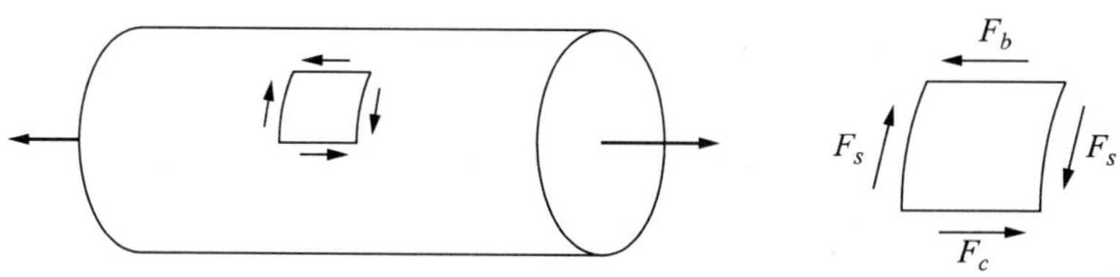

평형을 위해서 $F_b = \tau_b t_b dx$와 $F_c = \tau_c t_c dx$은 같은 크기이므로 $\tau_b t_b = \tau_c t_c$. 즉, $f = \tau t =$ 일정값

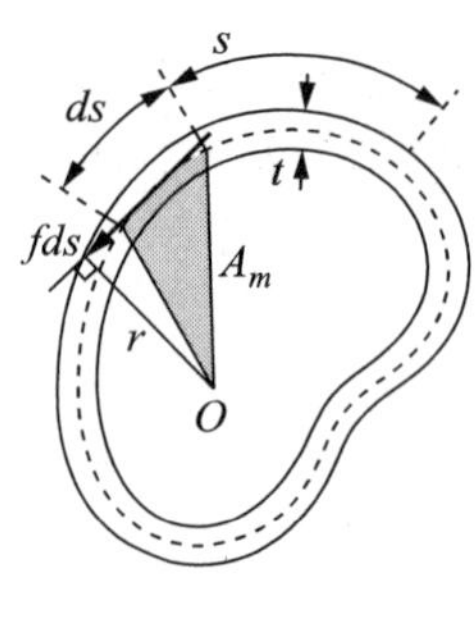

$dT = rfds$

$T = \int_0^{L_m} rfds = f\int_0^{L_m} rds = 2fA_m$ 이므로 $f = \dfrac{T}{2A_m}$ 또는 $\tau = \dfrac{T}{2tA_m}$.

예를 들어 원형관인 경우: $A_m = \pi r^2$

$$\tau = \frac{T}{2t\pi r^2} \qquad \left(\tau = \frac{Tr}{J} = \frac{Tr}{2\pi r^3 t} = \frac{T}{2\pi r^2 t}\right)$$

또 다른 예로 측면과 위 혹은 아래면의 두께가 다른 직사각형 튜브의 경우

$$A_m = bh \text{이므로 } \tau_{수직} = \frac{T}{2t_1 bh},\ \tau_{수평} = \frac{T}{2t_2 bh}\ .$$

Chapter 4 연습문제

01 그림 P4-1의 축 AB는 허용전단응력이 90 MPa인 강철(鋼鐵)로 만들었다. 그리고 축 BC는 허용전단응력이 60 MPa인 알루미늄 합금으로 만들었다. 축 BC의 지름은 50 mm이고 축에 생길 수 있는 이음부분의 응력집중을 무시하고 다음 물음에 답하라.

(1) 만약 축 BC에서 허용응력이 초과되지 않는 범위에서 A 위치에서 가할 수 있는 최대 토크의 크기 T를 결정하라.

(2) 또한, 이때 축 AB에서 요구되는 지름을 결정하라.

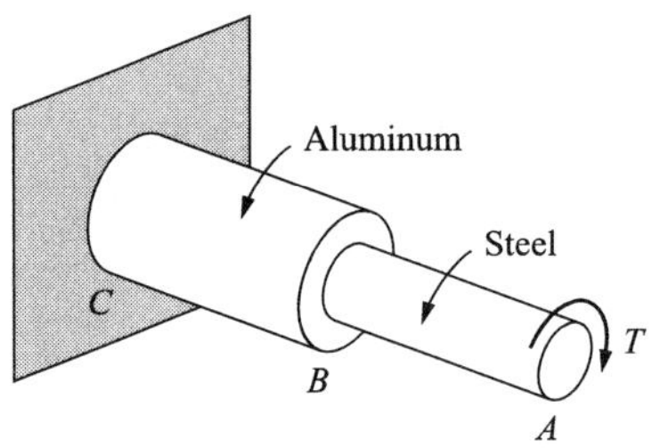

그림 P4-1

정답 (1) 2,209 N · m　　(2) 57.2 mm

02 그림 P4-2와 같이 1/4 in 두께의 평판이 45° 각도를 이루는 나선형을 따라서 용접되었다. 용접된 부위(비드)에서는 최대 12 ksi의 인장방향 허용응력이 가능할 때 그림의 파이프에 가할 수 있는 가장 큰 토크의 크기는 얼마이겠는가?

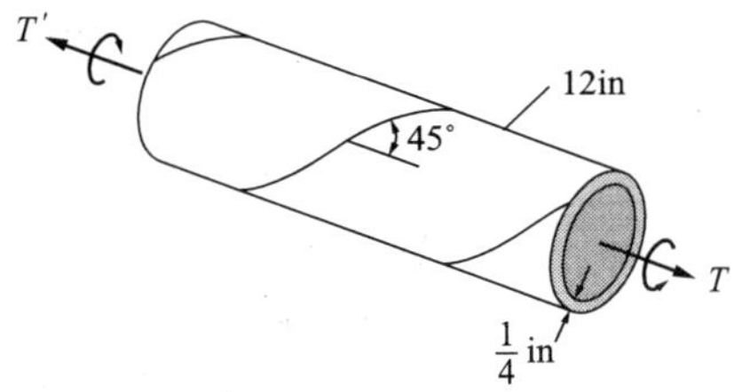

그림 P4-2

정답 339,292 lb · in.

03 기어 - 샤프트 시스템이 그림 P4-3에 보여 있다. 시스템의 두 개 축의 지름이 같다. $T_A = 2$ kip · in의 토크가 작용하면 풀리 A는 축 주위로 회전한다. 두 개의 축이 모두 $G = 11.2 \times 10^6$ psi와 $\tau_{all} = 12$ ksi의 재료로 만들었다면 풀리 A가 7.5°를 초과하지 않도록 필요한 축의 지름을 결정하라. 풀리 D는 고정되었다.

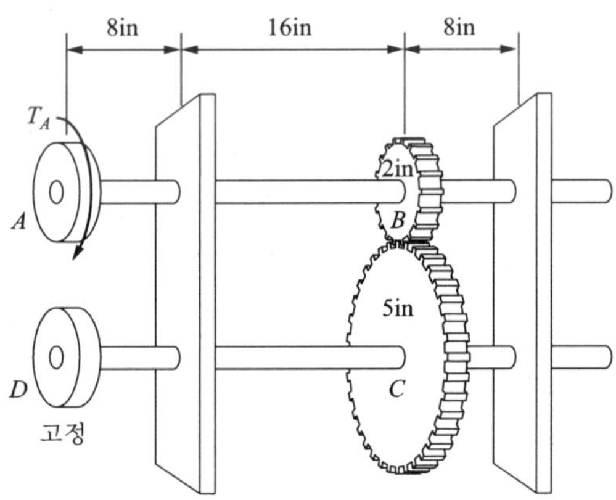

그림 P4-3

정답 1.29 in.

04 토크 5 kip · ft가 그림 P4-4에 보인 사각 튜브의 축에 가해진다. 응력집중이 일어나는 것을 무시하고 위치 a와 b에서 작용하는 전단응력을 계산하시오.

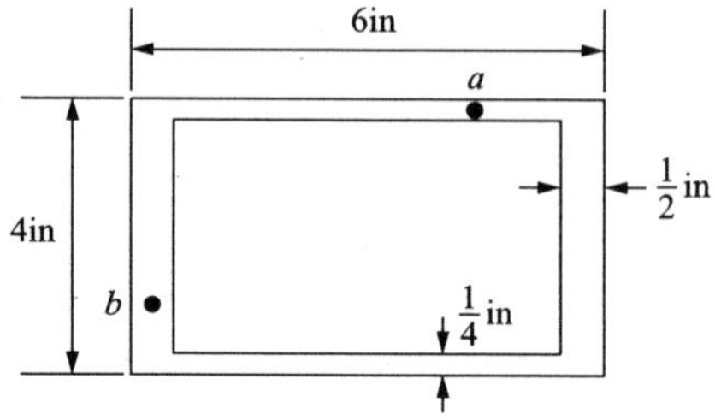

그림 P4-4

정답 $\tau_a = 5818$ psi, $\tau_b = 2909$ psi

05 토크 T는 탄소성 재료로 만들어진 속이 꽉 찬 실린더에 실린더의 모든 단면에 소성응력이 전체적으로 분포할 때까지 가해진 후 하중을 제거하였다.
(1) 잔류응력(residual stress)의 분포가 그림에 보인 바와 같이 됨을 증명하라.
(2) 반지름 c_o 안에 위치한 부분에 작용하는 응력에 따른 토크의 크기를 결정하라.

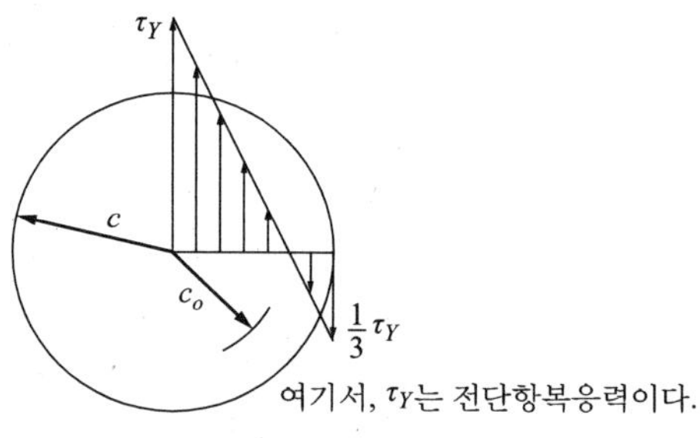

그림 P4-5

06 속이 빈 중공실린더가 최대로 토크 T_o를 견딜 수 있도록 하기 위하여 주어진 그림 P4-6(a)에 보인 단면으로 설계되었다. 그러나 그림 P4-6(b)에 보인 것처럼 축의 내외 표면사이에 약간의 편심 e만큼이 가공의 오류로 발생하였다.
(1) T_o, e 그리고 t의 관점에서 앞에서 설명한 결함이 있는 축에 안전하게 가할 수 있는 최대 토크의 크기 T를 표현하라.
(2) $e/t = 0.1$, 0.9의 값에 대하여 허용토크의 감소비율을 백분율로 계산하여라.

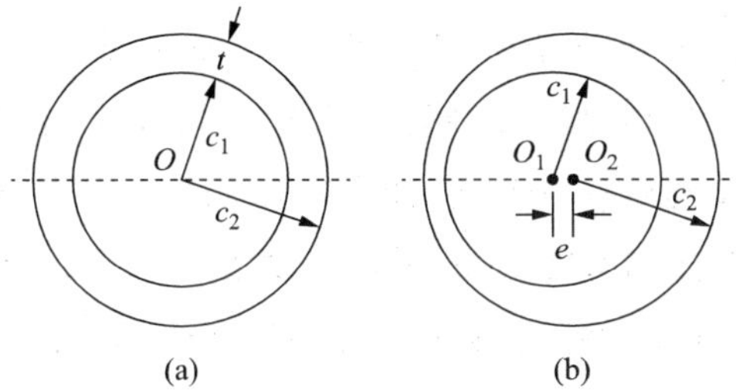

그림 P4-6

정답 (1) $T_e = T_o \dfrac{(c_2+c_1)c_2(t-e)}{(c_2^2+c_1^2)t} \approx T_o\left(1-\dfrac{e}{t}\right)$

(2) $\dfrac{e}{t} = 0.1$일 때 10% 감소, $\dfrac{e}{t} = 0.9$일 때 90% 감소

07 그림 P4-7(a)에는 축방향하중을 받는 부재가 보여 있다. 부재의 재료가 연성재료인 경우에 부재가 견딜 수 있는 하중이 초과되면 파손 시 그림 P4-7(b)의 모양으로 되며, 재료가 취성재료면 그림 P4-7(c)와 같이 최종파손이 일어난다. 그렇다면 그림 P4-7(d)와 같은 원형 단면의 부재가 과도한 비틀림 하중을 받을 때 파손 단면의 모양을 연성재료와 취성재료인 경우로 나누어 이유를 설명하고 파손 단면의 모양을 그리시오.

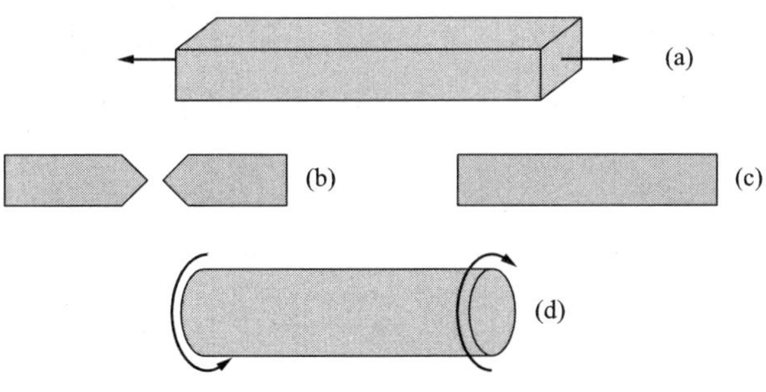

그림 P4-7

정답 연성재료  ; 취성재료 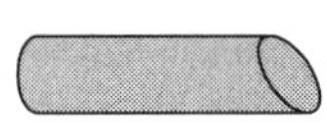

08 그림 P4-8과 같이 벽이 얇은 비틀림 부재 4가지(a, b, c, d)가 있다. 각 부재의 단면에서 두께의 중심선을 따라서 측정한 각 단면의 둘레 길이가 모두 같았다면 어느 단면이 가장 비틀림 하중에 잘 견딜 수 있는지 순서대로 단면의 기호를 쓰고 이유를 설명하시오. 또한, 비틀림 하중 T가 각각 주어질 때 단면에 발생하는 전단응력의 크기를 모두 구하시오.

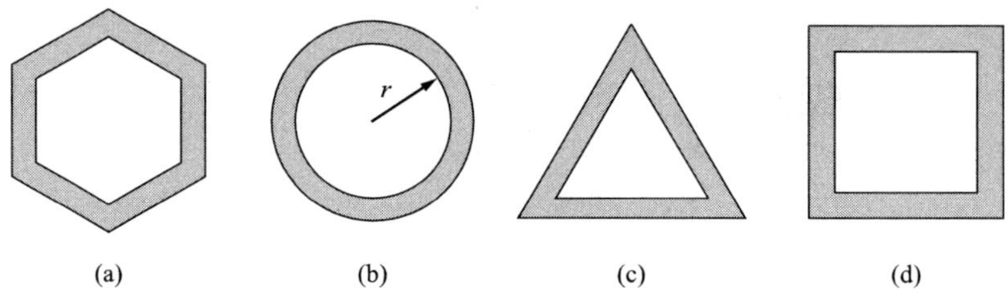

그림 P4-8

정답 허용 $T_{\max}$가 큰 순서도 : (b)>(a)>(d)>(c)

전단응력 크기 : (a) $\dfrac{12T}{\sqrt{3}L^2t}$, (b) $\dfrac{2\pi T}{L^2t}$, (c) $\dfrac{18T}{\sqrt{3}L^2t}$, (d) $\dfrac{8T}{L^2t}$

09 그림 P4-9(a)에 보인 원형 단면의 부재는 대리석(marble)으로 만들어졌는데 축하중을 가할 때 4.7 kN에서 파단되었다. 동일한 부재가 그림 P4-9(b)와 같이 이번에는 비틀림 하중을 받게 된다면 이 축은 최대 얼마까지의 비틀림 하중에 견딜 수 있겠는가? 각 단면의 지름은 20 mm이다.

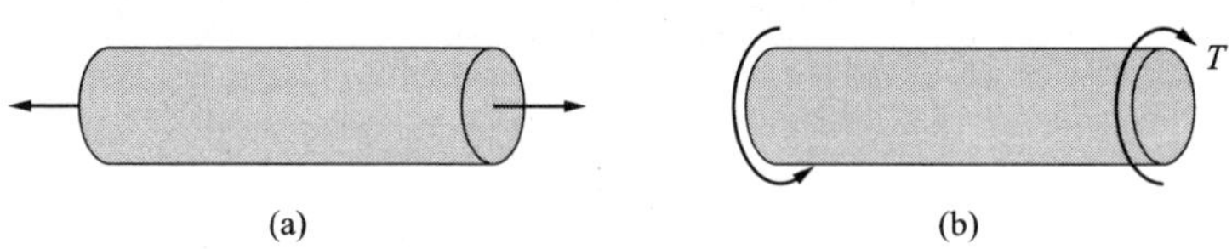

그림 P4-9

정답 $T_{\max} = 23.7\ \text{N}\cdot\text{m}$

10 2,000 rpm의 회전속도로 5마력(3,730 kW)의 동력을 전달하는 원형 단면의 비틀림 축을 설계(축의 지름)하시오. 단, 이 축의 재료가 허용하는 최대 전단응력은 60 MPa이다.

정답 29.3 mm

11 지름 120 mm의 원형 단면 축이 2 Hz에서 400 kW의 동력(動力)을 전달한다.
(1) 축에 작용하는 최대 전단응력을 구하라.
(2) 동일한 동력(400 kW)를 전달하되 축의 속도가 4 Hz로 사용될 축을 설계하려고 한다. 주어진 조건에서 최대 전단응력이 (1)에서 구한 최대 응력과 같게 하려면 축의 지름은 얼마로 결정해야 하는가?

해설

(1) 2차 단면모멘트는 $J = \dfrac{\pi d^4}{32} = \dfrac{120^4 \pi}{32}\ \mathrm{mm}^4 = (6{,}480{,}000\pi)\ \mathrm{mm}^4$

$P = T\omega$관계에서

$$T = \frac{P}{\omega} = \frac{400 \times 10^3\ \mathrm{Nms}^{-1}}{2\ \mathrm{Hz}} = \frac{400 \times 10^3\ \mathrm{Nms}^{-1}}{2 \times 2\pi\ \mathrm{s}^{-1}} = (10^5 \pi^{-1})\ \mathrm{Nm}$$

$$\tau_{\max} = \frac{Td}{2J} = \frac{10^5 \pi^{-1}\ \mathrm{Nm} \times 60\ \mathrm{mm}}{6{,}480{,}000\pi\ \mathrm{mm}^4} = 93.8\ \mathrm{MPa}$$

(2) $T = \dfrac{P}{2\pi f}$의 관계에서 동일한 동력에서 회전속도가 4헤르쯔로 두 배가 되는 경우이므로 축에 작용하는 토크의 크기는 반으로 되므로 $10^5/2\pi$ Nm가 된다. 위의 마지막 식에서 최대 전단응력은 동일하게 유지하는 지름의 크기 d'은

$$\tau_{\max} = \frac{Td}{2J} = \frac{32\,Td}{2d^4 \pi} = \frac{16\,T}{\pi d^3} = \frac{16(T/2)}{\pi d'^3} = \frac{16\,T}{\pi \times (2d'^3)}$$

위의 식으로부터 $d^3 = 2d'^3$에서 구할 수 있다.

$d' = 95.2\ \mathrm{mm}$

12 그림 P4-12에서 보인 원통형 단면을 가진 중공(中空)축의 안쪽과 바깥쪽 표면은 두께가 거의 무시될 수 있는 얇은 층으로 코팅되었다. 안쪽 원의 반지름은 b, 밖은 c이고 코팅된 막은 인장응력 σ_c에서 깨어진다. 코팅막의 전단계수는 G_c이고 축의 재료는 G로 주어져 있다. 코팅막에서 받을 수 있는 토크의 크기를 무시하고 코팅이 깨지지 않는 범위 내에서 축에 가할 수 있는 최대 토크의 크기 $T_{\max}$를 결정하라.

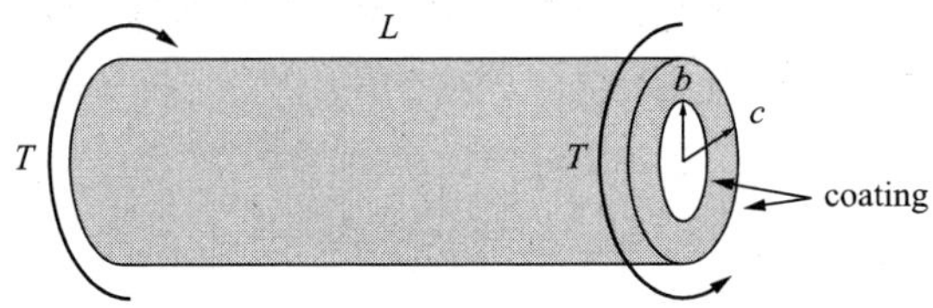

그림 P4-12

정답 $\dfrac{G\pi(c^4-b^4)\sigma_c}{2cG_c}$

13 직사각형 단면(길이 a, 두께 b)을 가진 비틀림 축에서 a/b의 값이 무한대일 때 주어진 토크 T에서 단면에 작용하는 최대 전단응력과 비틀림각의 크기는 각각 그림 P4-13에 주어진 대로 $\tau_{\max}=\dfrac{3T}{ab^2}$와 $\phi=\dfrac{3TL}{ab^3G}$ 식으로 계산할 수 있다. 아래의 그림과 같이 축에 슬롯이 있을 때와 없을 때 비틀림 강성인 T/ϕ를 각각 계산하시오.

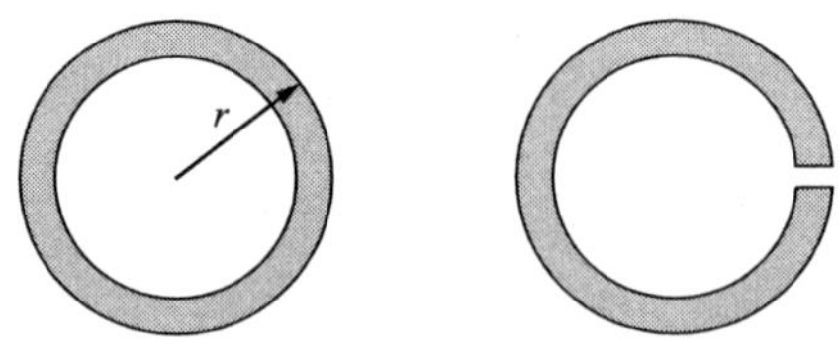

그림 P4-13

해설

$$J=\frac{\pi\{(r^4-(r-t)^4\}}{2}=\frac{\pi(4r^3t-6r^2t^2+4rt^3-t^4)}{2}$$

$$= \frac{\pi r^3 t}{2}\left\{4-6\left(\frac{t}{3}\right)+4\left(\frac{t}{r}\right)^2-\left(\frac{t}{r}\right)^3\right\} \approx 2\pi r^3 t$$

$\phi = \dfrac{TL}{GJ}$의 관계로부터

$$\left(\frac{T}{\phi}\right)_{w/o\ slot} = \left(\frac{L}{GJ}\right)^{-1} = \frac{2\pi r^3 tG}{L}$$

또한 $\phi = \dfrac{3TL}{ab^3G}$의 관계로부터

$$\left(\frac{T}{\phi}\right)_{w/o\ slot} = \frac{2\pi r t^3 G}{3L}$$

14 단이 있는 속이 채워진 원형 단면의 축이 변형이 일어나지 않는 두 개의 벽 사이에 그림 P4-14와 같이 설치되어 턱 부분에 토크가 가해지고 있다. 토크가 가해지는 지점에서 일어나는 회전각의 크기 ϕ_o를 구하여라.

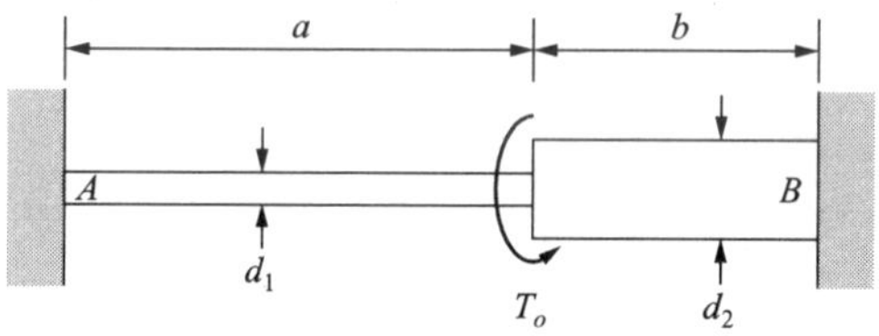

그림 P4-14

해설

a의 구간 축에 대하여

$$\phi_1 = \frac{T_1 a}{GJ_1} = \frac{32\,T_1 a}{G\pi d_1^4}$$

b의 구간 축에 대하여

$$\phi_2 = \frac{T_2 b}{GJ_2} = \frac{32\,T_2 b}{G\pi d_2^4}$$

기하조건으로부터 $\phi_1 = \phi_2$이므로

$$T_2 = \frac{J_2}{J_1}\frac{a}{b}T_1 \qquad ①$$

$$T_o = T_1 + T_2 \qquad ②$$

식 ①과 식 ②로부터

$$T_1 = \frac{T_o}{1+\dfrac{J_2}{J_1}\dfrac{a}{b}} = \frac{J_1 b T_o}{J_1 b + J_2 a}.$$

따라서

$$\phi_o = \frac{q}{GJ_1}\frac{J_1 b T_o}{J_1 b + J_2 a} = \frac{ab T_o}{G(J_1 b + J_2 a)}.$$

15 지름이 0.25 in인 강철(鋼鐵) 축이 10,000 rpm으로 회전하고 있다. 재료가 견딜 수 있는 최대 전단응력이 $\tau_{\max} = 5{,}000$ in로 주어져 있다면 축이 전달할 수 있는 최대 일률은 얼마인가? 환산을 위하여 1 hp = 33,000 ft-lb/min 그리고 1 ft = 12 in을 사용하라.

해설

$$f = 1{,}200\text{ rpm} = \frac{10{,}000}{60}\text{ Hz}.$$

$$P_{\max} = T_{\max}\omega = 2\pi f T_{\max} = 2\pi f \times \frac{\tau_{\max} J}{r_{\max}}$$

$$= \frac{2\pi\times 10{,}000}{60}\frac{(5000)\pi(0.25^4)(2)}{(32)(0.25)} = 1{,}339\text{ ft}\cdot\text{lb/s} = 2.43\text{ hp}$$

16 아래에 보인 그림 P4-16에서 기어 A에서 기어 B로 동력이 전달된다. 기어 B와 C의 지름의 비가 1 : 2이라면 각 축에서 같은 최대 응력이 작용하기 위하여 d_1 : d_2의 비를 구하여라.

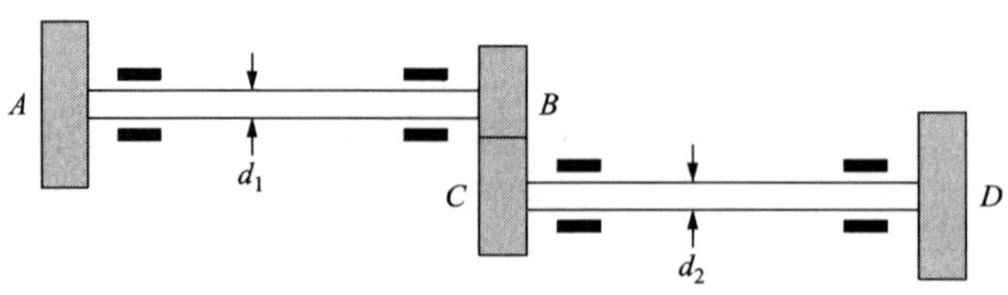

그림 P4-16

해설

$$\frac{d_B}{d_C} = \frac{1}{2}$$

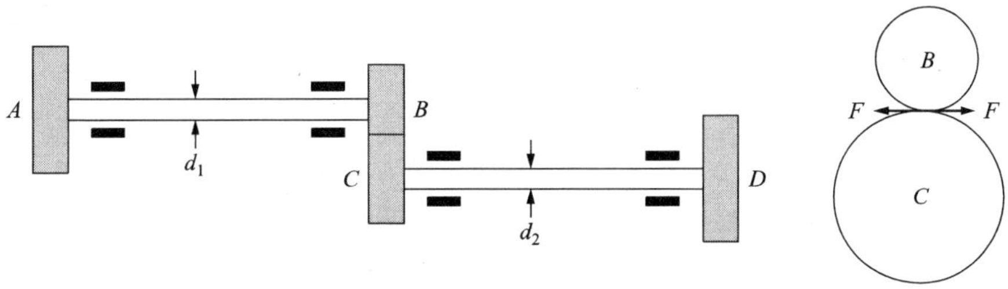

$T_B = \dfrac{d_B}{2}F$이고 $T_C = \dfrac{d_C}{2}F$이다.

$$\tau_{\max} = \frac{Td}{2J} = \frac{Td}{2}\frac{32}{\pi}\frac{1}{d^4} = \frac{16T}{\pi d^3}$$

$$\frac{d_1}{d_2} = \left(\frac{1}{2}\right)^{1/3} = 0.7937$$

그러므로 $\dfrac{d_1}{d_2} \approx \dfrac{1}{1.26} = \dfrac{50}{63}$

17 그림 P4-17에서 보인 단면의 벽이 얇은 중공축에 반시계 방향으로 토크 T 가 가해졌을 때 각 구간에 작용하는 전단응력을 계산하시오.

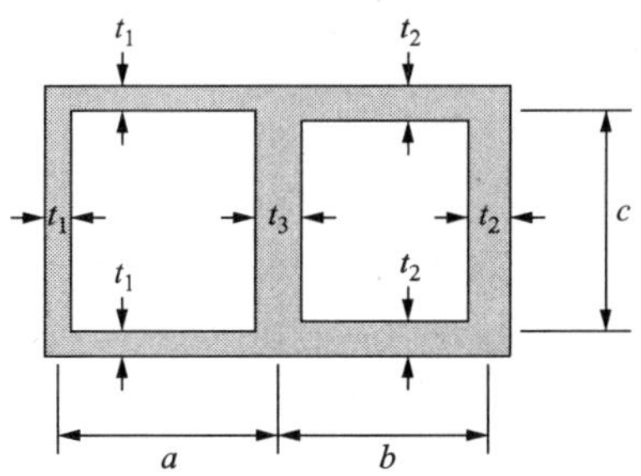

그림 P4-17

해설

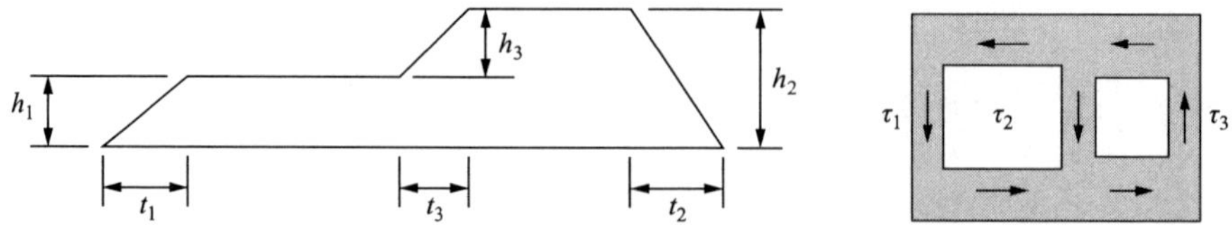

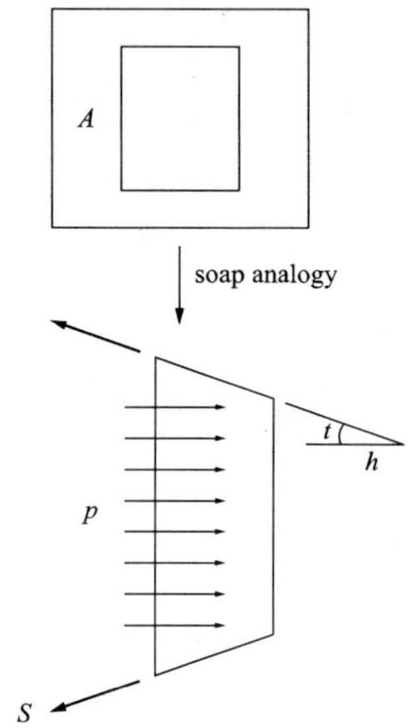

$$\tau_1 = \frac{h_1}{t_1},\ \tau_2 = \frac{h_2}{t_2},\ \tau_3 = \frac{h_3}{t_3}$$

$$\tau_3 = \frac{h_2 - h_1}{t_3} = \frac{\tau_2 t_2 - \tau_1 t_1}{t_3} \qquad ①$$

$T = 2(ac)h_1 + 2(bc)h_2$이므로

$$T = 2ac\tau_1 t_1 + 2bc\tau_2 t_2 \qquad ②$$

두께 방향 힘의 평형으로부터 $pA = \oint \frac{h}{t} S ds = \oint \tau S ds$.

표면장력 S는 일정한 값이므로 $\frac{p}{S} = \frac{1}{A}\oint \tau ds = 2G\theta$.

적분을 수행하면 $\frac{1}{ac}(\tau_1 c + \tau_1 a - \tau_3 c + \tau_1 a) = \frac{1}{bc}(\tau_3 c + \tau_2 b + \tau_2 c + \tau_2 b)$ 으로부터

$$bc\{\tau_1(2a + c) - \tau_3 c\} = ac\{\tau_2(2b + c) + \tau_3 c\} \qquad ③$$

식 ①, 식 ②, 식 ③을 연립하여 풀면 전단응력을 구할 수 있다.

$$\tau_1 = \frac{T}{2act_1 + \left(\dfrac{bt_3(2a+c)+ct_1(1+b)}{at_3(2b+c)+ct_2(1+b)}\right)}$$

$$\tau_2 = \frac{T}{1+2act_1\left(\dfrac{at_3(2b+c)+ct_2(a+b)}{bt_3(2b+c)+ct_1(a+b)}\right)}$$

$$\tau_3 = \frac{\tau_2 t_2 - \tau_1 t_1}{t_3}$$

18 동력 150 hp을 5,000 rpm의 속력으로 전달하는 원형 단면의 비틀림 축을 설계하시오. 사용하는 재료의 허용전단응력은 90 MPa이며, 전단계수 G의 값은 80 GPa이다.

해설

$P = 150\text{ hp} = 150 \times 745.7\text{ W} = 111{,}855\text{ W}.$

$f = 5{,}000\text{ rpm} = \dfrac{5{,}000}{60}\text{ Hz} = 83.3\text{ Hz}$

$P = T\omega = 2\pi f T$로부터 $T = \dfrac{P}{2\pi f} = \dfrac{111{,}855}{2\pi \times 83.3} = 213.6\text{ Nm}$

또한 $J = \dfrac{\pi r^4}{2}$이고 $\tau_{all} = 90\text{ MPa}$이므로

$$r = \left(\frac{2}{\pi}\frac{T}{\tau_{all}}\right)^{1/3} = \left(\frac{2 \times 213.6}{90 \times 10^6 \pi}\right)^{1/3}\text{m} = 11.48\text{ mm}.$$

그러므로 지름 $d = 22.95\text{ mm} \approx 23\text{ mm}.$

19 그림 P4-19에 보인 봉재는 변형이 일어나지 않는 벽(rigid wall) 사이에 고정되어 있다. 그림에 보인 위치에서 봉재에 크기 T의 토크가 가해질 대 양쪽 벽으로부터 봉재가 받는 탄력 토크의 크기를 계산하시오. 단, 봉재는 $\tau = K\gamma^n$으로 거동하는 재료로 만들어져 있다.

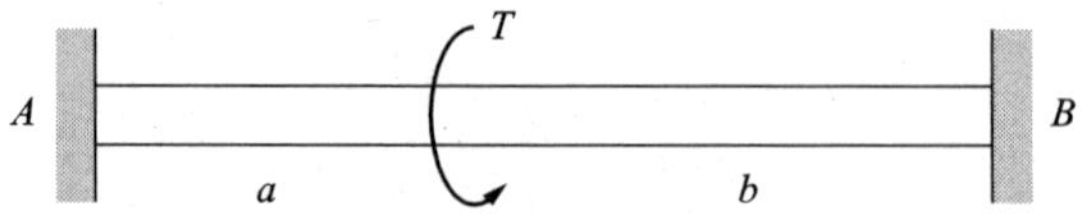

그림 P4-19

해설

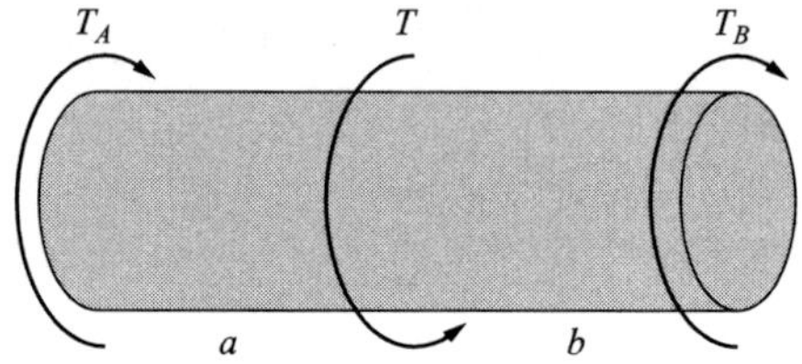

토크의 평형조건 : $T = T_A + T_B$ ①

구성방정식 : $\tau = K\gamma^n$

기하조건 : $l\gamma = r\phi$

위의 관계에서부터

$$\phi = \frac{(l)(\gamma)}{r} \text{ 이므로 } \phi_a = \frac{a\gamma_a}{r} = \phi_b = \frac{b\gamma_b}{r}; \quad \gamma_a = \frac{b}{a}\gamma_b.$$

$$\text{즉, } \left(\frac{\tau_a}{K}\right)^{1/n} = \frac{b}{a}\left(\frac{\tau_b}{K}\right)^{1/n}.$$

$$\text{따라서 } \tau_a = \left(\frac{b}{a}\right)^n \tau_b.$$

$\tau = K\gamma^n$ 의 재료에 대하여 $\tau = \frac{n+3}{4}\frac{Tr}{J}$ 를 위의 식에 적용하면

$$\frac{n+3}{4}\frac{T_A r}{J} = \frac{n+3}{4}\frac{T_B r}{J}\left(\frac{b}{a}\right)^n T_B. \text{ 따라서 } T_A = \left(\frac{b}{a}\right)^n T_B \quad ②$$

식 ①과 식 ②를 연립하여 풀면

$$T_A = \frac{b^n T}{a^n + b^n}, \quad T_B = \frac{a^n T}{a^n + b^n}$$

20 그림 P4-20에 보인 중공 실린더는 비틀림 하중을 받는 기계요소에 사용되도록 설계되었다. 원통은 두께가 1 mm인 띠 모양의 판을 말아서 용접하여 만들었다. 용접부위에서는 최대 100 MPa의 수직응력을 견딜 수 있다. 그림에서 용접된 선의 각도가 중심축과 30°만큼 기울어져 있다면, 이 원통에 가할 수 있는 최대 토크의 크기는 얼마인가?

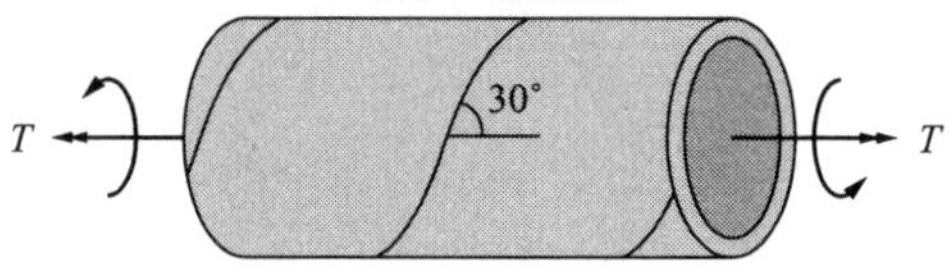

그림 P4-20

해설

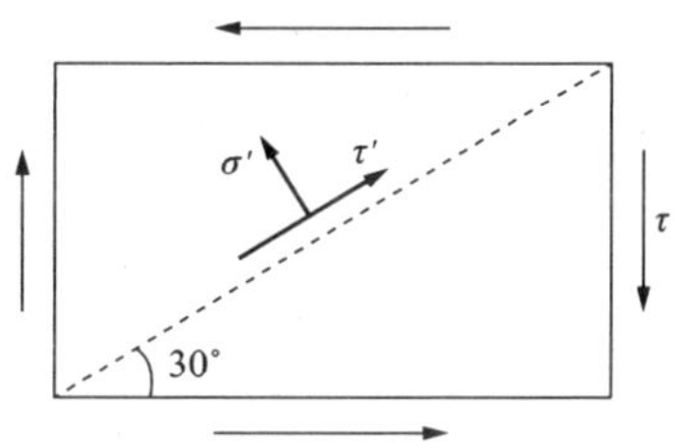

외부지름 = 300 mm, 두께 $t = 1$ mm, 허용응력 $\sigma_{all} = 100$ MPa.

그림에서 빗면에 작용하는 수직힘은 $\sigma'(1) = \tau(\cos 30°)\sin 30° + \tau(\sin 30°)\cos 30°$.

식을 정리하면 $\sigma' = 2\tau \cos 30° \sin 30° = \tau \sin 60° = \dfrac{\sqrt{3}}{2}\tau$

$\sigma_{all} \geq \sigma'$ 으로부터 $\sigma_{all} = \dfrac{\sqrt{3}}{2}\tau_{\max} = \dfrac{\sqrt{3}}{2}\dfrac{T_{\max} r}{J} = 100$ MPa을 풀면 $r = 150$ mm.

$J = \dfrac{\pi}{2}(0.15^4 - 0.149^4) = 2.1 \times 10^{-5}$ m^{4}이므로

$$T_{\max} = \frac{2}{\sqrt{3}} \frac{(2.1 \times 10^{-5})(100)(10^3)}{0.15} \text{ kNm} = 16.2 \text{ kNm}.$$

21 그림 P4-21에 보인 바와 같이 두 개의 얇은 벽의 튜브는 같은 재료로 만들어져 있고 길이가 같으며 벽의 두께 및 총 무게도 동일하며 같은 크기의 토크 T를 받고 있다. 그림에서 보인 바와 같이 (a)는 단면이 원형이고 (b)는 단면이 정사각형이라면 두 튜브가 받는 전단응력의 비와 비틀림각의 비를 계산하시오.

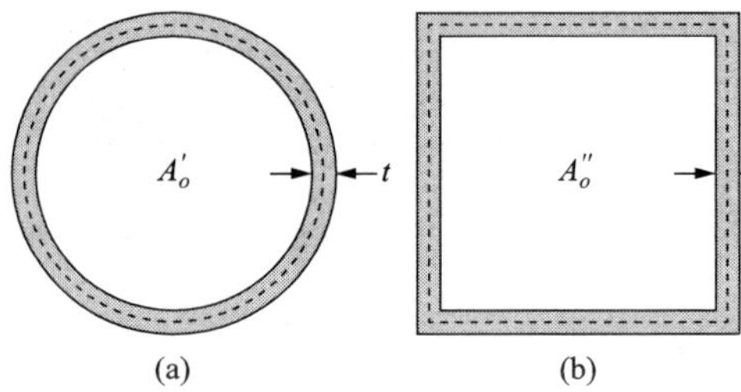

그림 P4-21

해설

$\tau = \dfrac{T}{2A_o t}$ 으로부터 $\dfrac{\tau'}{\tau''} = \dfrac{A_o''}{A_o'}$

A_o', A_o'' 는 동일한 길이 s로 둘러싸인 면적이다. s는 두께의 중앙을 따라서 설정된다.

원의 면적으로부터 $A_o' = \dfrac{s^2}{4\pi}$, 사각형 면적으로부터 $A_o'' = \dfrac{s^2}{16}$

그러므로 $\dfrac{\tau'}{\tau''} = \dfrac{4\pi}{16} = \dfrac{\pi}{4} = 0.785$

$$\phi = \frac{\tau s l}{2A_o G}, \qquad \frac{\phi'}{\phi''} = \frac{\tau' A_o''}{\tau'' A_o'} = \left(\frac{\pi}{4}\right)^2 = 0.616$$

22 지금이 36 mm인 축이 250 MPa인 항복응력(σ_Y)을 가진 강철로 만들어졌다. $P = 200$ kN일 때 다음의 각 경우에 대하여 소성이 발생하는 토크 T의 크기를 결정하라. (참고로 토크를 받는 축의 경우 전단응력은 $\tau = Tr/J$를 관계를 이용하여 계산할 수 있다.)

(1) Tresca Yield Criterion을 사용하라.

(2) Von Mises Yield Criterion을 사용하라.

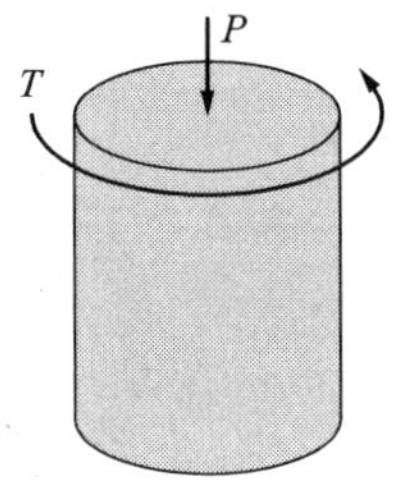

그림 P4-22

23 아래 그림 P4-23의 옛날 마차(손잡이 두 개, 바퀴 두 개)와 관련된 물음에 답하시오.

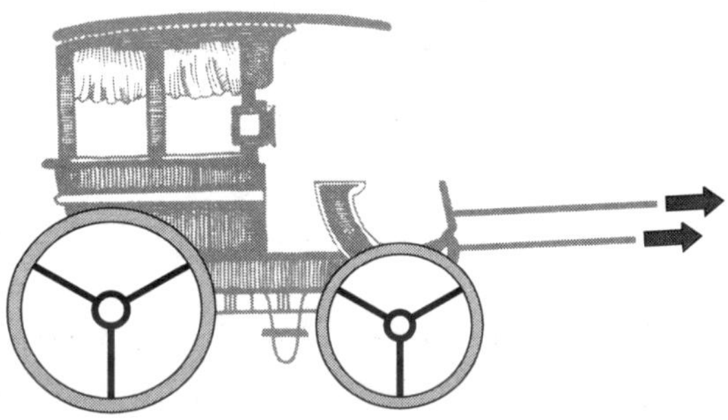

그림 P4-23

(1) 마차의 바퀴는 ring과 세 개의 spoke로 구성되어 있다. 세 개의 spoke는 선형탄성재료로 구성되어 있으며 각각 120° 간격으로 조립되어 있다. 이때 마차의 ring은 강체(rigid body)라고 생각하자. Spoke의 축방향 단면은 원형이고 반지름 R이라고 한다.
왼쪽의 바퀴그림에서 $\theta = 0$인 모양에서 $-Y$방향으로 힘($F = 1$)을 가하는 실험을 하였더니 축 중심(원점)이 $-Y$방향으로 c만큼 움직였다. (여기서 $k = 1/c$는 스프링 상수이다.) 그런데 추가적인 실험을 하였더니 c의 값이 바퀴의 위치 θ에 관계없이 거의 일정한 값으로 측정이 되었다. 이론적으로 c의 값이 θ의 값에 관계없이 일정한 값을 가져야 하는지 검증하라. 그리고 각 바퀴살의 단면에 작용하는 응력성분을 계산하라.

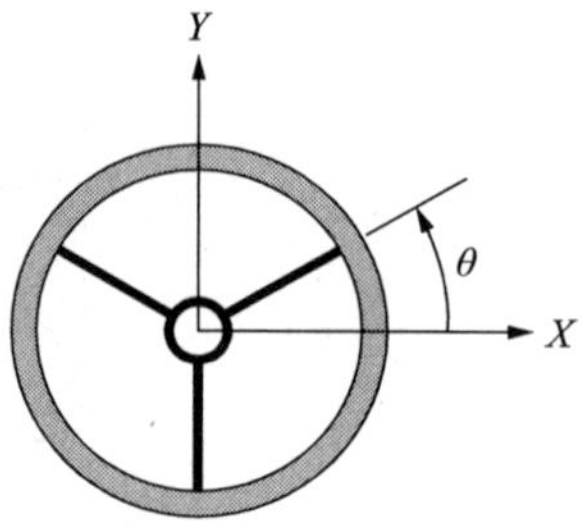

(2) 이 마차에서 두 바퀴의 중심은 목재(전단계수 G)로 만든 원형 단면(지름 D) 축(길이 L)을 억지끼움으로 조립하였다. 이 목재는 최대 σ_o의 수직하중을 견딜 수 있다고 한다. 운행 중 한쪽 바퀴가 땅에 박혀서 꼼짝을 하지 않게 되어 다른 한쪽만 구를 수 있는 상황이 되었다(즉, 축에 토크가 발생할 것이다). 이때 축이 부러지지 않고 견딜 수 있는 최대 토크 크기는 얼마일까?

(3) 마차에서 사람이 타는 부분의 수평면 방향의 단면은 다음과 같다. 마차의 운행중인 단면에 토크 T가 작용하는 경우 축 방향으로 단위 길이당 비틀림각의 크기를 계산하라. 그리고 이 경우 이 단면에 작용하는 최대 전단응력의 크기를 결정하라. 단, 구성재료의 전단계수는 G를 사용하라.

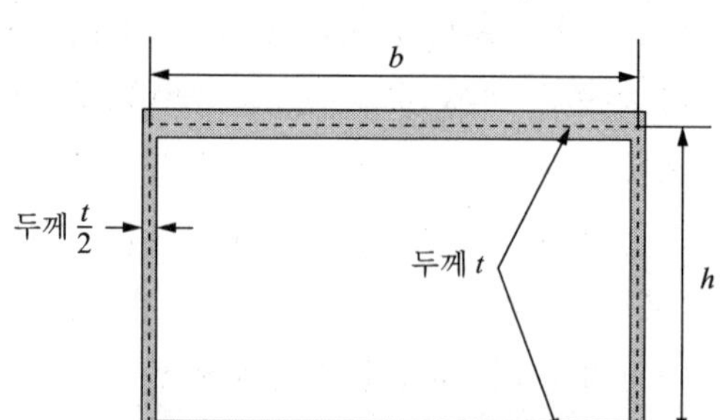

24 그림 P4-24에는 두 개의 바퀴를 이상화하여 그렸다. 차량에서 이 두 바퀴의 중심에는 베어링과 비틀림축이 연결되어 사용될 것이다. 차량의 부하(負荷)는 바퀴의 축에 전달되며 여기서는 수직하중 'F'로 표현하였다. 문제의 단순화를 위하여 여기서 바퀴의 외륜(外輪)은 강체(剛體)로 가정하고 반지름 방향으로 설치한 세 개의 바퀴살은 변형체로 생각하자. 바퀴살은 축방향으로 단면적이 일정한 이력(二力)부재로 원형 단면의 반지름(r)이 주어져 있다. 즉, 주어진 모델에서 각 구조요소의 연결부위 점 A, 점 B, 점 C, 점 O는 모두 마찰이 없이 회전이 자유로운 조인트로 고려하자. 단, $R = 24$ mm, $F = 5$ kN, $r = 2.5$ mm, 바퀴살의 소재는 알루미늄합금 2014-T6로 탄성계수 $E = 73$ GPa, 포와송의 비 $\nu = 0.33$이다.

(1) 그림 P4-24(a)에서 수직하중이 그림의 위치에 가해질 때 바퀴의 중심(O)에서 발생하는 x와 y방향의 변위량 δ_x와 δ_y를 구하라.

(2) 그림 P4-24(b)에서 수직하중이 그림의 위치에 가해질 때 바퀴의 중심(O)에서 발생하는 x와 y방향의 변위량 δ_x와 δ_y를 구하라.

(3) 본 문제의 이상화 모델과 구해진 변위량을 소재로 공학적으로 토론하라.

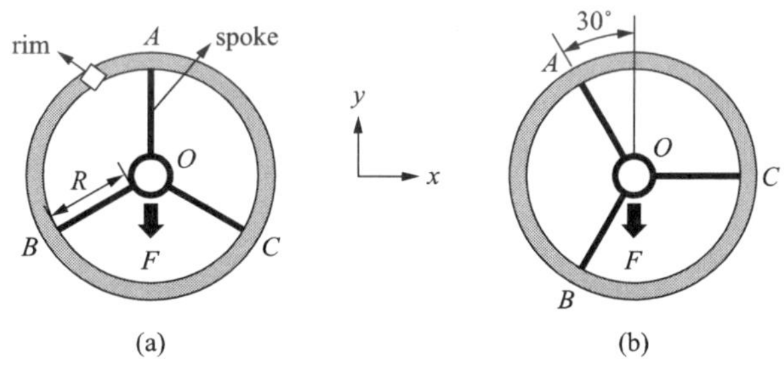

그림 P4-24

25 그림 P4-25에는 반지름이 R이고 길이가 각각 L_{AB}와 L_{CD}인 두 개의 속이 빈 두께 t의 실린더 사이를 연결하는 6개의 직사각형 조각판(원주방향을 따라 등(等)간격으로 배열되어 있으며 판의 두께는 t로 실린더와 동일)이 보여져 있다. 두 개의 실린더 재료는 같고 구성재료의 전단계수는 G라고 한다. 한편 각각의 조각판의 재료는 전단계수가 매우 커서 거의 강체로 볼 수 있는 소성재료로 견딜 수 있는 최대 전단응력의 크기는 τ_Y라고 한다. 연결 조각판의 경우 축방향의 길이는 L_{BC}이고 폭은 W이다.

(1) 면 A와 면 D에 동시에 크기 T의 토크를 가할 때 조각판이 모두 끊어지려면 면 A와 면 D 사이에서 일어나는 비틀림각 ϕ를 계산하라. 이 문제는 드링크류(예를 들면 박카스)의 마개를 비틀어 여는 경우를 단순화 시켜 생각할 수 있다.

(2) 앞의 답에서 표현된 각 문자의 크기를 단위를 포함하여 추정해 보고 설명하라.

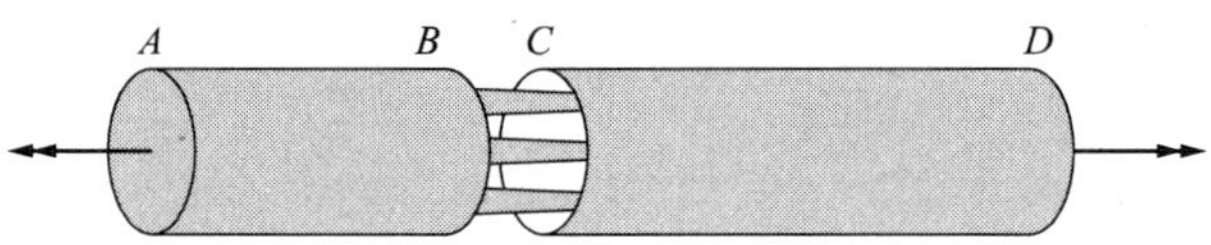

그림 P4-25

5 CHAPTER

굽힘모멘트를 받는 보

어떤 부재에 곡률(曲率, curvature)을 만드는 외력이 가해지면 우리는 굽힘모멘트가 작용한다고 말한다. 일반적인 모멘트의 정의에 의한 부재의 변형은 단면 내에서 작용하는 비틀림 현상을 만들고 단면 외(外) 방향으로 작용하면 곡률을 만든다. 전자의 경우는 앞 장에서 살펴본 토크하중으로 후자의 경우는 '굽힘모멘트' 또는 단순히 '모멘트'로 하중을 구분하여 해석하는 것이 보통이다.

5.1 순수(純粹)굽힘

변형체에 굽힘모멘트가 가해지면 보의 내력이 형성되며 이를 개념적으로 표현하면 다음과 같다.

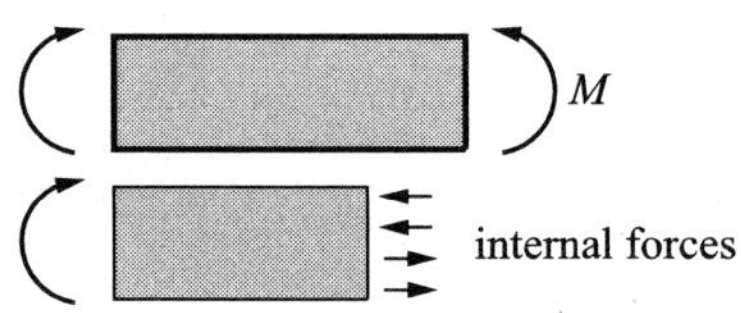

그림 5-1 모멘트에 의한 내력형성

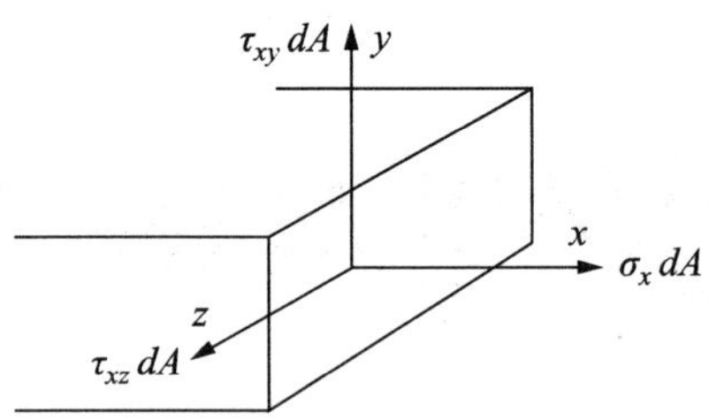

그림 5-2 내력에 의한 응력성분

3차원 부재 내에서 내력의 분포는 응력성분을 계산하여 임의의 단면(yz 면)에서 그림 5-2와 같이 수직 응력성분(σ_x)과 두 개의 전단 응력성분(τ_{xy}와 τ_{xz})으로 표현할 수 있다.

내부의 응력성분 분포에 의한 힘의 합과 모멘트의 합은 부재에 외부에서 가해진 힘과 모멘트 등과 평형을 이루어야 하므로 정적 평형조건을 만족시키기 위하여 다음의 평형식이 항상 만족되어야 한다.

x방향 힘의 평형으로부터 $\int \sigma_x dA = 0$

y축 중심으로 모멘트 평형으로부터 $\sum M_y = \int z\sigma_x dA = 0$

z축 중심으로 모멘트 평형으로부터 $\sum M_z = \int -y\sigma_x dA = M$

그림 5-3과 같이 대칭인 모양의 보가 순수굽힘을 받을 때 일어나는 변형을 알아보자.

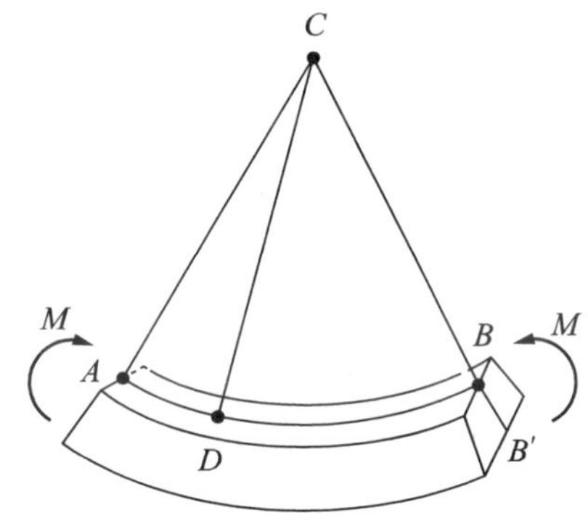

그림 5-3 **대칭단면을 가지는 보의 굽힘**

그림 5-3에 보인 자유물체도에서 굽힘에 의한 하중을 받는 보의 문제는 보의 길이에 관계없이 자유물체도가 모두 같다. 이러한 경우에 보는 '순수(純粹) 굽힘' 상태에 있다고 정의되며 이때 변형이 일어난 보의 모양은 문제의 대칭성으로부터 원의 일부가 되어야 한다.

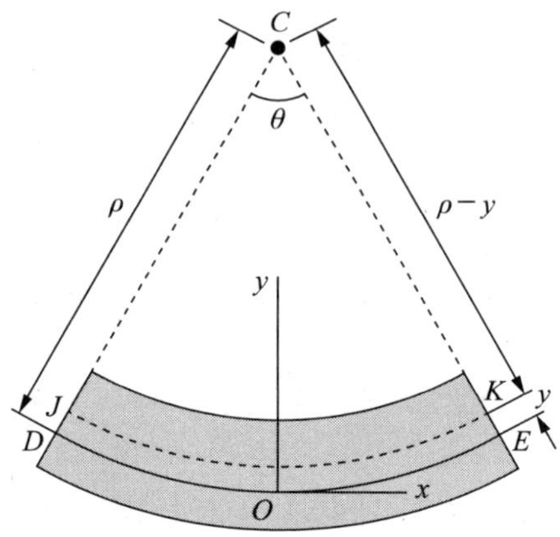

그림 5-4 순수굽힘에 의한 대칭단면 보의 변형

그림 5-4에 보인 보는 원주(圓周)의 일부인 호(弧) 모양으로 변형되었다. 호 DE는 원래의 길이와 같다고 가정하자. 이때 보의 윗면은 작은 원의 일부, 보의 아랫면은 큰 원의 일부가 되므로, 작은 원의 일부에 있는 선분은 변형 후 길이가 줄어들며 아랫면에 위치한 큰 원의 일부인 선분은 반대로 길이가 늘어난다. 보는 연속체의 성질상 어떤 현상의 두 가지 값 사이의 모든 값이 보의 내에 있으므로 축방향의 선분은 축에 수직(반지름)인 방향으로 위치가 이동함에 따라서 변형 후의 길이가 연속적으로 바뀌어야 한다. 따라서 보의 축 방향 선분은 변형 후에도 길이가 변하지 않은 선분이 존재하는데 이러한 가상의 축 방향 선분을 중립축(neutral axis)이라고 하며 그림에서는 DE로 x축과 일치시켰다. 그림과 같이 중립축에 좌표축을 설정하면 이 위치에서 zx평면은 순수굽힘 후에도 변형이 일어나지 않으므로 특별히 중립면(neutral surface)라고 한다.

변형 전 보의 길이가 L이라고 하자. 순수굽힘 하중을 받아서 변형이 일어난 후 중립축이 이루는 원의 반지름을 ρ라고 하면 중립축의 길이는 $\rho\theta$이고 중립축의 정의에 따라서 중립축의 원래길이 L과 같다. 즉, $L = \rho\theta$. 또한, 중립축에서 y만큼 떨어져 있는 선분 JK의 변형 후 길이 $L = (\rho - y)\theta$이고 JK의 원래 길이는 L이므로 변형량은 $\delta = (\rho - y)\theta - \rho\theta = -y\theta$가 되어 아래와 같이 변형률을 계산할 수 있다.

$$\epsilon_x = \frac{\delta}{L} = -\frac{y\theta}{\rho\theta} = -\frac{y}{\rho}$$

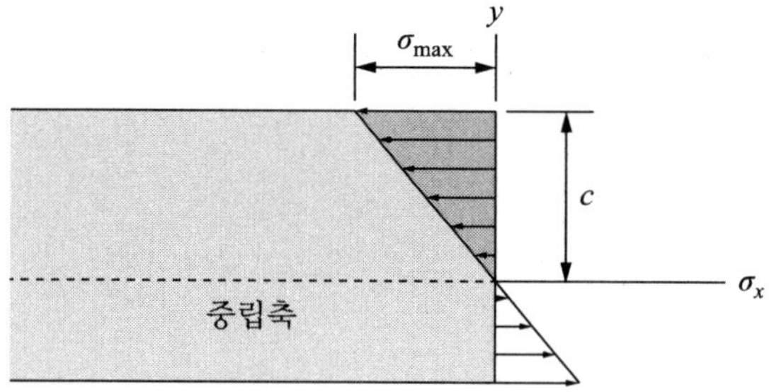

그림 5-5 굽힘하중 보의 응력성분

식의 의미는 ϵ_x가 중립축으로부터 거리 y에 선형적으로 변하는 결과를 의미한다. 보의 높이에서 최상단 선분이 중립축에서 떨어진 최대 거리로 그림 5-5와 같이 $y = +c$라고 하자. 이때 최대 변형률의 크기는 $\epsilon_{\max} = c/\rho$이다. 따라서 중립축의 반지름을 $\rho = c/\epsilon_{\max}$으로 쓸 수 있다. 이 식에서 중립축의 곡률반경을 결정하면 변형률의 분포를 모두 알 수 있다. ρ를 구하기 위하여 순수굽힘에 의한 탄성영역 내 응력분포를 후크의 법칙을 적용한다.

$$\epsilon_x = \frac{1}{E}\{\sigma_x - \nu(\sigma_y + \sigma_z)\} = \frac{\sigma_x}{E} = -\frac{y}{\rho} = -\frac{y\epsilon_{\max}}{c}$$

$$\text{따라서}\quad \sigma_x = E\epsilon_{\max}\left(-\frac{y}{c}\right) = \sigma_{\max}\left(-\frac{y}{c}\right)$$

보에는 x방향으로 작용하는 힘은 없으므로 $\int \sigma_{\max}\left(-\frac{y}{c}\right)dA = -\frac{\sigma_{\max}}{c}$ $\int y dA = 0$이 되어야 하는데 그림 5-5에 보여진 좌표축의 원점을 단면의 도심(圖心)에 위치시키면 항상 만족된다. 즉, 순수굽힘 하중을 받는 보에서 중립축은 반드시 단면의 도심을 지나야 함을 의미한다. 그러므로 단면에서 일어나는 최대 수직응력은 그림 5-5와 같이 중립면에서 가장 멀리 떨어진 $y = c$의 위치에서 일어나고 이 값의 크기는 중립면에서 선형적으로 증가한다. 단면 내 응력분포에 의한 모멘트와 외부 모멘트 M의 관계는 다음과 같다.

$$M = -\int (y)(\sigma_x dA) = -\int (y)\left(-\frac{y}{c}\sigma_{\max}\right)dA = \frac{\sigma_{\max}}{c}\int y^2 dA$$

중립축에 대한 z축 중심으로 '단면의 2차 모멘트'는 기호 'I_z'로 다음과 같이 정의된다. 당분간 혼동이 없으므로 아래첨자를 제외하고 기호를 'I'로 쓴다. 아래의 식 전개과정에서 정의되는 Z는 '탄성단면계수'이다.

$I=\int y^2 dA$로 정의되므로 $M=\dfrac{\sigma_{\max} I}{c}$이다. $\sigma_{\max}=\dfrac{Mc}{I}$.

굽힘응력 $\sigma_x=-\dfrac{y}{c}\sigma_{\max}=\left(-\dfrac{y}{c}\right)\left(\dfrac{Mc}{I}\right)=-\dfrac{My}{I}$.

탄성단면계수 $Z=\dfrac{I}{c}$로 정의하면 $\sigma_{\max}=\dfrac{M}{Z}$.

보기문제

그림에 보여진 사각형 단면의 단면 2차 모멘트(I)와 탄성단면계수(Z)를 계산하라.

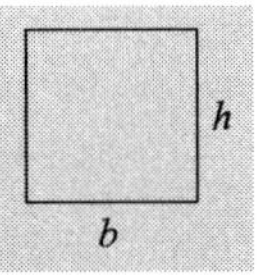

해설 단면의 도심을 원점으로 수평좌표 z, 수직좌표 y를 설정하면 미소면적 $dA=bdy$이므로

$$I=\int y^2 dA=\int_{-h/2}^{h/2}(y^2)(bdy)=2b\left[\frac{y^3}{3}\right]_0^{h/2}=\left(\frac{2b}{3}\right)\left(\frac{h}{2}\right)^3=\frac{bh^3}{12}.$$

그리고 $c=h/2$이므로

$$Z=\frac{I}{c}=\left(\frac{bh^3}{12}\right)\left(\frac{2}{h}\right)=\frac{bh^2}{6}=\frac{A^2}{6b}=\frac{Ah}{6}.$$

이제 중립축의 곡률($1/\rho$)을 모멘트 M으로 표현하자.

$\epsilon_{\max}=\dfrac{c}{\rho}$이므로 $\dfrac{1}{\rho}=\dfrac{\epsilon_{\max}}{c}=\dfrac{E\epsilon_{\max}}{Ec}=\dfrac{\sigma_{\max}}{Ec}=\left(\dfrac{1}{Ec}\right)\left(\dfrac{Mc}{I}\right)$.

따라서 곡률은 순수굽힘 보에서 $\dfrac{1}{\rho}=\dfrac{M}{EI}$의 관계를 갖는다. 이 결과를 σ_x

$= -Ey/\rho$에 대입하면 단면 내 응력 분포식은 $\sigma_x = -My/I$으로 앞에서 유도한 바와 같이 결정된다.

순수굽힘 상태에 있는 보에 대하여 xy평면에서 일어나는 곡률이외에 보의 yz횡단면의 z축에서도 포와송의 비의 특성으로 변형이 일어나 제2의 곡률이 생긴다. 순수굽힘 하중을 받는 보는 축방향 수직응력을 받으며 축에 수직인 방향으로는 응력의 성분이 없다. 그러나 횡방향으로 길이의 변화가 재료의 포와송 비 값에 의하여 일어난다. 축방향 수직응력은 수직위치에 따라서 선형적으로 크기가 바뀌므로 횡방향의 길이도 이에 따라 변하게 되어 단면에서 z에 평행한 선분들도 곡률이 생기게 된다. 이의 곡률은 안티클러스틱 곡률이라고 하며 아래의 계산과 같다.

$\epsilon_z = -\nu\epsilon_x$으로부터 $\epsilon_z = \dfrac{\nu y}{\rho} = y \cdot \left(\dfrac{\nu}{\rho}\right)$. 따라서 이 방향의 곡률은 $\kappa_z = \dfrac{\nu}{\rho} = \nu\kappa_x$.

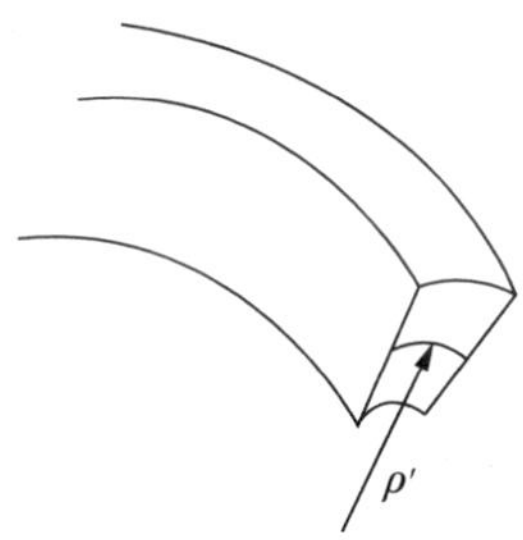

그림 5-6 안티클러스틱 곡률

보기문제

주어진 단면을 가진 보의 재료는 항복응력 $\sigma_Y = 250$ MPa에서 소성이 시작된다. 순수굽힘의 경우에 이 보에서 최초의 소성이 일어나게 되는 모멘트의 크기 M_Y를 계산하라.

해설 $I = \frac{1}{12}bh^3 = \frac{1}{12}(0.02)(0.06)^3 = 360 \times 10^{-9}\,\mathrm{m}^4$

$\sigma_{\max} = \sigma_Y = \frac{M_Y c}{I} = \frac{M_Y(0.03)}{360} \times 10^{-9}$로부터

$M_Y = 3\,\mathrm{kNm}$.

보기문제

보에 작용하는 모멘트(M)와 보 단면의 2차 모멘트(I)의 비가 $M/I = 28 \times 10^9\,\mathrm{N/m^3}$이다. 재료상수 $E = 70\,\mathrm{GPa}$이고 단면이 아래와 같이 반원인 보에 변형 후 곡률반경 $\rho = 2.5\,\mathrm{m}$이었다면 단면 내에서 작용하는 최대 인장응력 및 최대 압축응력의 크기를 구하라.

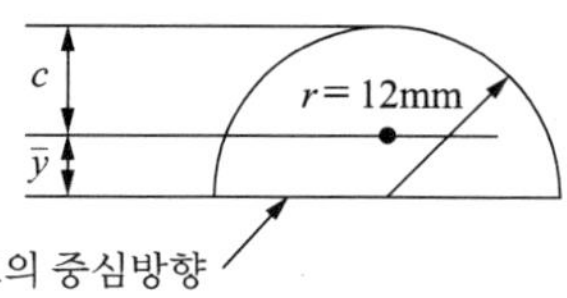

해설 $\sigma_{\max}^{comp} = -\frac{M\bar{y}}{I} = -(28 \times 10^9)(5.09 \times 10^{-3}) = -142.5 \times 10^6\,\mathrm{Pa}$

$= -142.5\,\mathrm{MPa}$

$\sigma_{\max}^{tension} = \frac{Mc}{I} = (28 \times 10^9)(6.91 \times 10^{-3}) = 193.2\,\mathrm{MPa}$

보기문제

그림의 사각형 튜브 단면에 대하여 다음의 물음에 답하라. 재료의 극한응력은 $\sigma_u = 300\,\mathrm{MPa}$이다.

(1) 안전계수 $FS = 3$을 적용하여 설계할 때 순수굽힘 보에 가할 수 있는 최대 모멘트 M는 얼마인가?

(2) 최대 모멘트를 가했을 때 변형 된 중립축의 곡률반경은 얼마인가?

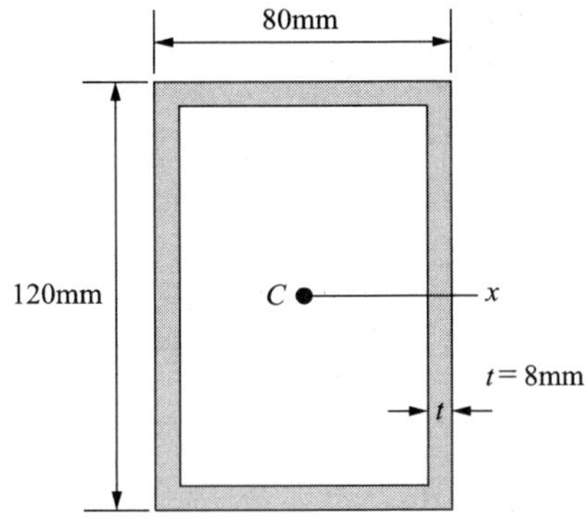

해설 (1) $I = 5.524 \times 10^{-6}\ \mathrm{m}^4$

$$\sigma_{all} = \frac{\sigma_u}{FS} = \frac{300\ \mathrm{MPa}}{3} = 100\ \mathrm{MPa}.$$

$$M \leq \frac{\sigma_{all}}{c} = \frac{(100\ \mathrm{MPa})(5.524 \times 10^{-6}\ \mathrm{m}^4)}{60\ \mathrm{mm}} = 9.20\ \mathrm{kNm}.$$

(2) 튜브의 곡률반경은 다음의 곡률로부터 구할 수 있다.

$$\kappa = \frac{1}{\rho} = \frac{M}{EI} = \frac{9200\ \mathrm{Nm}}{(70 \times 10^9\ \mathrm{GPa})(5.524 \times 10^{-6}\ \mathrm{m}^4)} = 23.8 \times 10^{-3}\ /\mathrm{m}$$

그러므로 $\rho = 42\ \mathrm{m}$.

보기문제

그림에 보여진 보를 구성하는 재료의 탄성계수가 $E = 175$ GPa일 때 (1) 최대 인장압축과 (2) 곡률반경을 구하라.

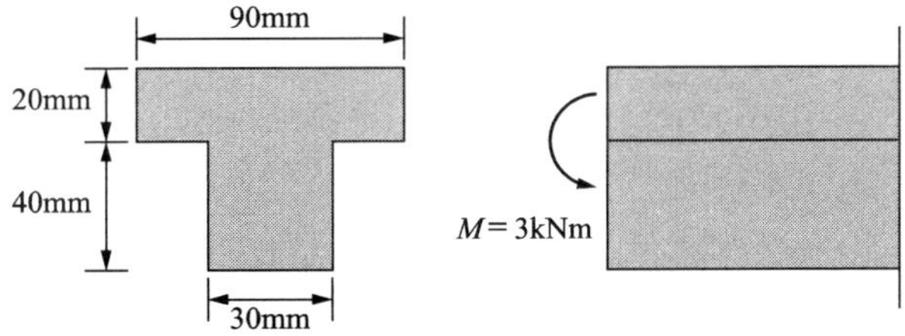

해설 $\bar{y} = \dfrac{\sum \bar{y}_i A_i}{\sum A} = 3.8 \text{ cm}$

평행 축 정리를 이용하여 원심에 관한 관성모멘트를 계산하자.

	A (cm^2)	$\bar{y}$ (cm)	$\bar{y}A$ (cm^3)
1	18	5	90
2	12	2	24
$\sum$	30		114

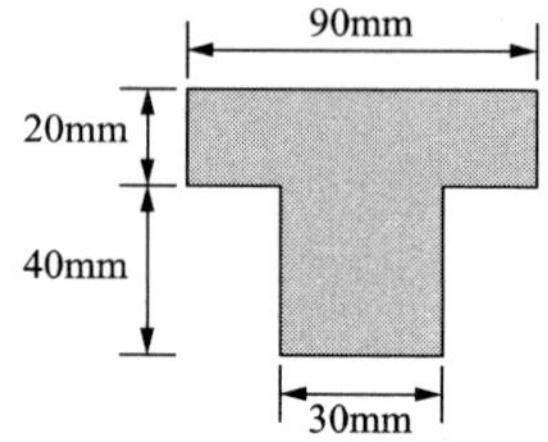

$$I_x = \sum(\bar{I} + Ad^2) = \sum\left(\frac{bh^2}{12} + Ad^2\right)$$
$$= \frac{(9)(2)^3}{12} + (18)(1.2)^2 + \frac{(3)(4)^3}{12} + (12)(1.8)^2$$
$$= 86.8 \text{ cm}^4 = 868 \times 10^{-9} \text{ m}^4$$

(1) 최대 인장응력

$$\sigma_i = \frac{Mc_i}{I} = \frac{(3 \text{ kNm})(0.022 \text{ m})}{868 \times 10^{-9} \text{ m}^4} = 76 \text{ MPa}$$

최대 압축응력

$$\sigma_B = -\frac{Mc_B}{I} = -\frac{(3 \text{ kNm})(0.038 \text{ m})}{868 \times 10^{-9} \text{ m}^4} = -131 \text{ MPa}$$

(2) 곡률반경

$$\frac{1}{\rho} = \frac{M}{EI} = -\frac{3 \text{ kNm}}{(175 \text{ GPa})(868 \times 10^{-9} \text{ m}^4)} = 19.75 \times 10^{-3} /\text{m}$$

그러므로 $\rho = 50.6 \text{ m}$.

참고 평행 축 정리는 다음과 같다.

그림으로부터 $y = y' - d$

$$\begin{aligned}\bar{I} &= \int y^2 dA = \int (y' - d)^2 dA \\ &= \int (y'^2 - 2dy' + d^2) dA \\ &= \int y'^2 dA - 2d \int (y+d) dA + d^2 A \\ &= I - d^2 A\end{aligned}$$

그러므로 $I = \bar{I} + d^2 A$

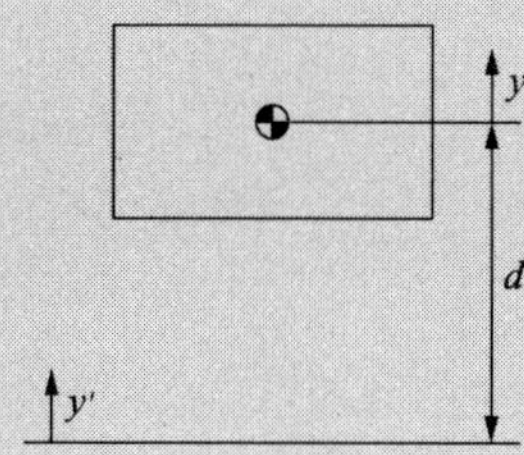

단면에서 대칭축(對稱軸)이 서로 수직인 두 대칭축이 있는 경우에 임의의 방향 굽힘모멘트가 작용하는 것을 고려하자. 이때 해석은 단순 굽힘모멘트의 해석을 두 경우로 나누어 수행한 후 두 해석을 중첩할 수 있다.

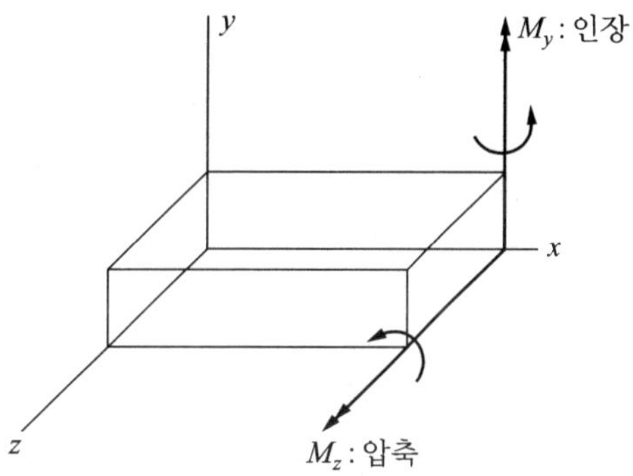

$$\sigma_x = \frac{M_y z}{I_y} - \frac{M_z y}{I_z}$$

정의에 의하여 중립축은 $\sigma_x = 0$일 때 성립하므로 $\sigma_x = \dfrac{M_y z}{I_y} - \dfrac{M_z y}{I_z} = 0$ 로부터 다음 그림과 같이 도시할 수 있다.

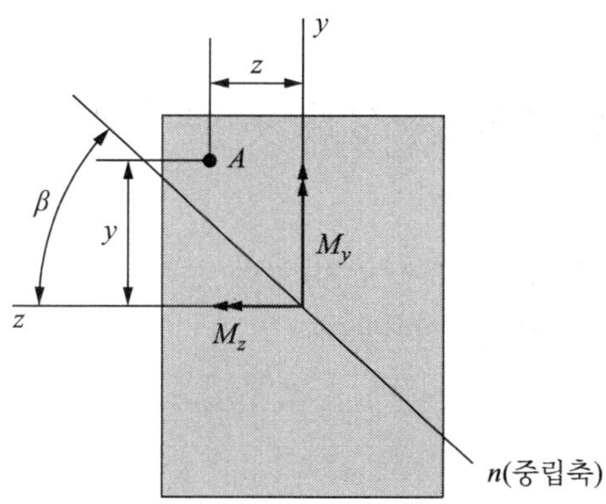

그림에서 중립축과 도심축은 $\tan\beta = \dfrac{y}{z} = \dfrac{M_y I_z}{M_z I_y}$ $(-90° < \beta < 90°)$이다. 또한 응력은 중립축으로부터 거리에 따라 선형적으로 변하므로 최대 응력은 중립축에서 가장 먼 거리에 있다. 중립축과 하중의 경사각의 관계는

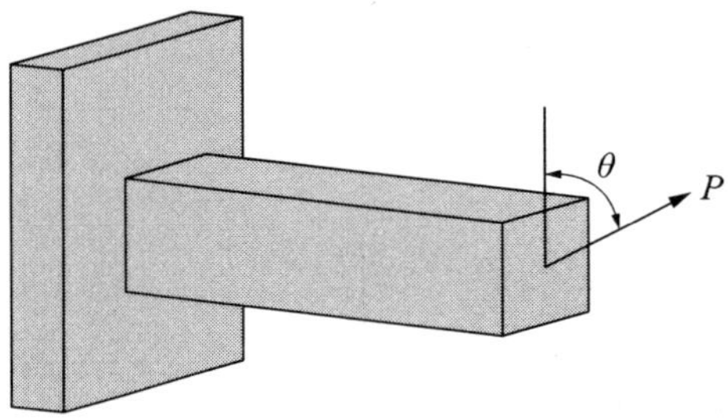

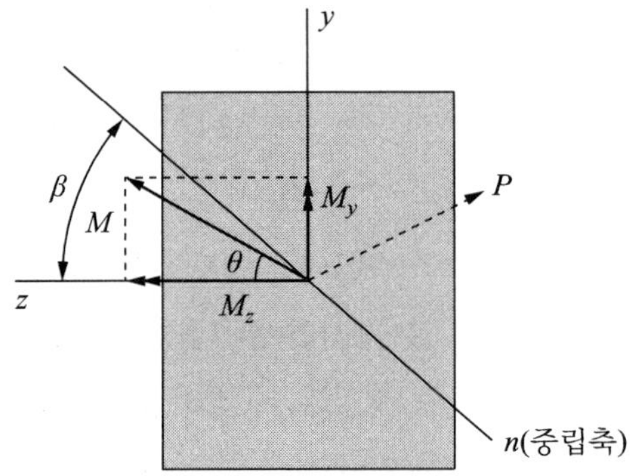

그림으로부터 $M_y = (P\sin\theta)(L-x)$ 그리고 $M_z = (P\cos\theta)(L-x)$.

$\dfrac{M_y}{M_z} = \tan\theta$이므로 $\tan\beta = \dfrac{M_y I_z}{M_z I_y} = \dfrac{I_z}{I_y}\tan\theta$가 된다.

중립축은 특수 경우를 제외하고 하중을 포함하는 길이 방향 평면에 수직하지 않는다.

① 하중이 xy평면에 놓임($\theta = 0$ or 180°) : 중립축은 z축을 의미.

② 하중이 xy평면에 놓임($\theta = 90°$) : 중립축은 y축을 의미.

③ 주관성 모멘트가 동일 $I_y = I_z$으로 특수한 경우.

5.2 여러 재료로 구성된 부재의 굽힘

여기에서는 보의 단면이 여러 가지 재료로 복합단면을 갖는 경우에 굽힘을 해석하는 방법을 알아보자.

보기문제

다음 그림에 보인 바와 같이 두 개의 서로 다른 재료로 된 사각형 보가 서로 접합된 경우 중립축의 위치를 구해보자.

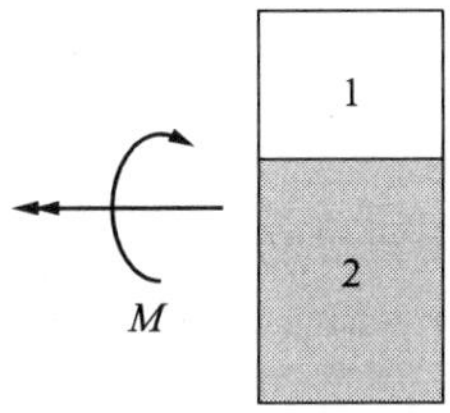

해설 중립축의 변형 후 곡률 반지름이 ρ라고 하면 다음 그림과 같이 변형률은 연속이지만 응력은 재료의 경계에서 불연속이 된다.

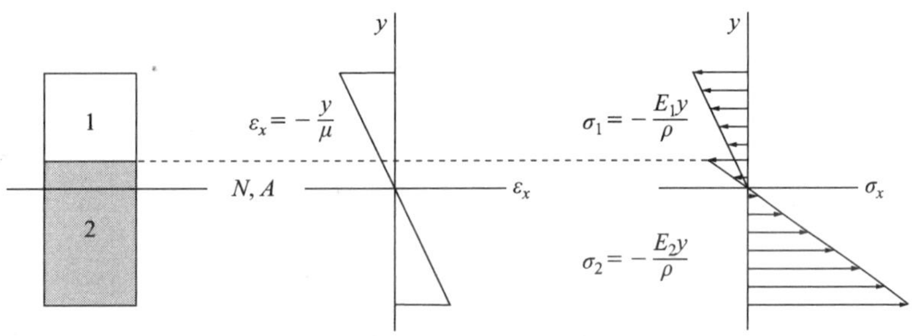

$\sigma_1 = E_1\epsilon_x = -\dfrac{E_1 y}{\rho}$ 으로부터 $dF_1 = \sigma_1 dA = -\dfrac{E_1 y}{\rho} dA.$

또한 $\sigma_2 = E_2\epsilon_x = -\dfrac{E_2 y}{\rho}$ 으로부터 $dF_2 = -\dfrac{E_2 y}{\rho} dA.$

만일, $\dfrac{E_2}{E_1} = n$이라면 $dF_2 = -\dfrac{E_1 y}{\rho}(ndA)$으로 쓸 수 있다.

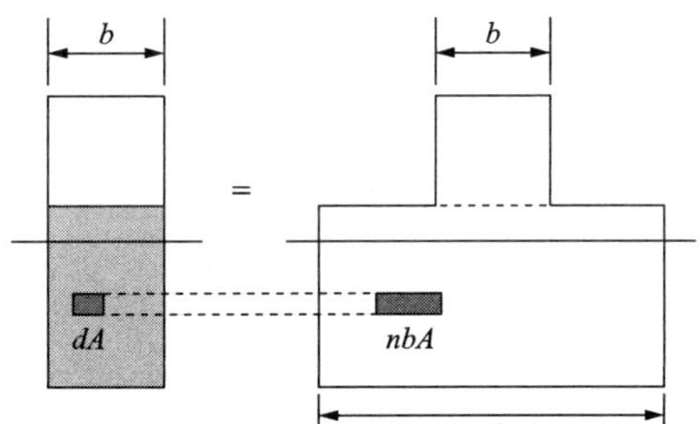

따라서 복합보의 해석을 위하여 단순히 두 개 중 한 개의 재료로 구성된 것으로 가정하여 문제를 해석할 수 있다. 이 때 단일재료로 환산된 등가 단면의 모양은 위의 그림과 같이 도식할 수 있다. 이 경우 변형률, 곡률 등은 같으나 응력의 크기는 원래의 면적으로 환산하여야 한다.

보기문제

그림에 보인 복합보(複合堡)에 2 kNm의 굽힘모멘트가 작용하고 있다. 이때 단면에 작용하는 최대 굽힘응력의 크기를 결정하라. 황동(brass)은 강(steel)에 비하여 50%의 영의 계수를 갖는다.

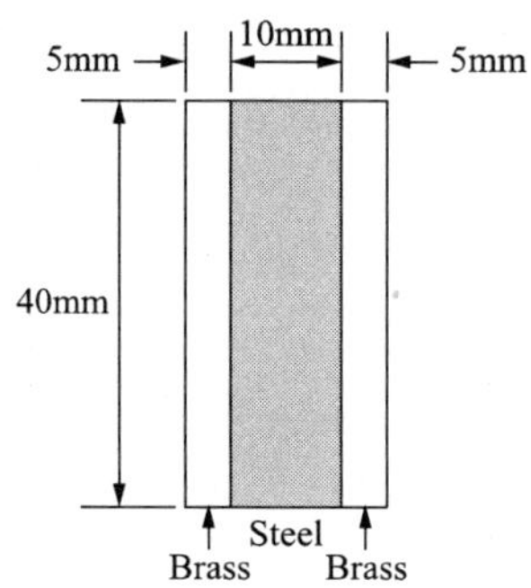

해설 해석을 위해 한 가지 재료의 경우로 된 변환단면(變換斷面)은 다음과 같다.

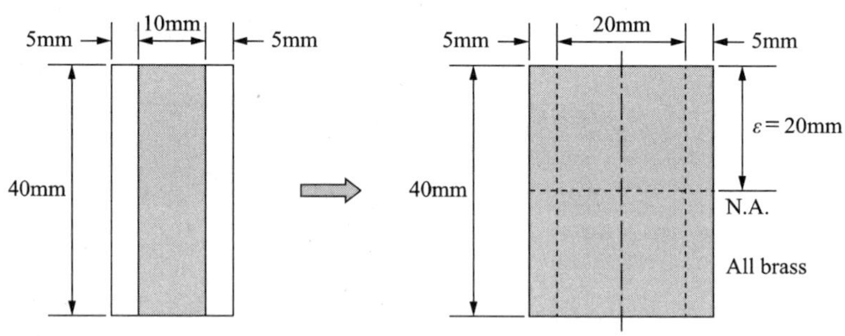

변환단면의 2차 모멘트를 계산하면

$$I = \frac{1}{12}bh^3 = \frac{1}{12}(30\times10^{-3})(40\times10^{-3})^3 = 160\times10^{-9}\ \mathrm{m}^4$$

그리고 최대 응력이 발생하는 위치는 중립축에서 최대 거리로 $c = 20$ mm이므로

$$\sigma_{\max} = \frac{Mc}{I} = \frac{(2 \times 10^3)(20 \times 10^3)}{160 \times 10^{-9}} = 250 \text{ MPa (황동)}$$

$$\sigma_{\max} = 500 \text{ MPa (강철)}$$

아래의 그림의 첫 번째 그림에 보인 철근 콘크리트 보의 단면과 같이 비교적 복잡한 경우에도 변환단면을 구성할 때 단면이 수평방향으로만 증감(增減)될 수 있고 수직방향으로는 면적의 변환이 일어나지 않는다는 점을 기억하면 쉽게 등가의 그림의 두 번째에 보여진 바와 같이 변환단면을 만들 수 있다. 가로방향의 경우에는 크기의 증감 전후에 순서의 나열은 해석결과에 영향을 주지 않는다.

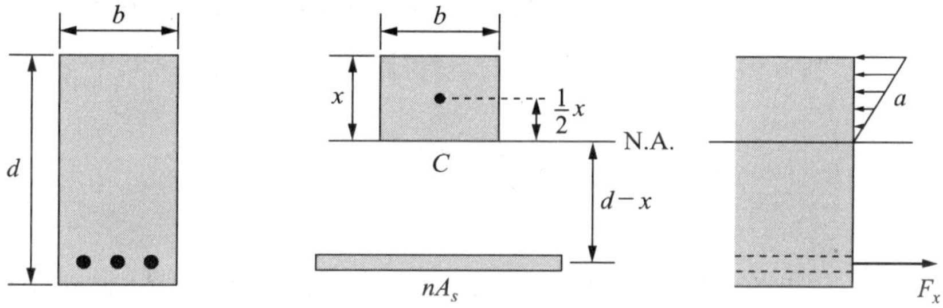

따라서 변환단면의 중립축은 도심에 있다는 사실로부터 중립축의 위치(x)를 구할 수 있다.

두 번째 그림의 변환단면에서 도심을 $\int \xi dA = 0$식에서 구할 수 있다. 여기서 ξ는 수직방향의 좌표를 의미한다.

$$\frac{x}{2} \times b \times x = F_x n A_s (d - x)$$

즉, $\frac{1}{2}bx^2 + nA_s x - nA_s d = 0$을 풀면 중립축 위치 x를 구할 수 있다.

한편, 한 가지 이상의 재료로 제작된 복합보가 굽힘하중을 받는 경우 해석을 다음과 같이 수행할 수 있다. y를 중립축으로부터 떨어진 수직거리라고 하면

$$\epsilon_x = -\frac{y}{\rho} = -ky$$

보가 서로 다른 두 개의 재료로 이루어져 있다면 중립축은 도심을 지나지 않는다. 이 경우 중립축의 위치를 구해보자.

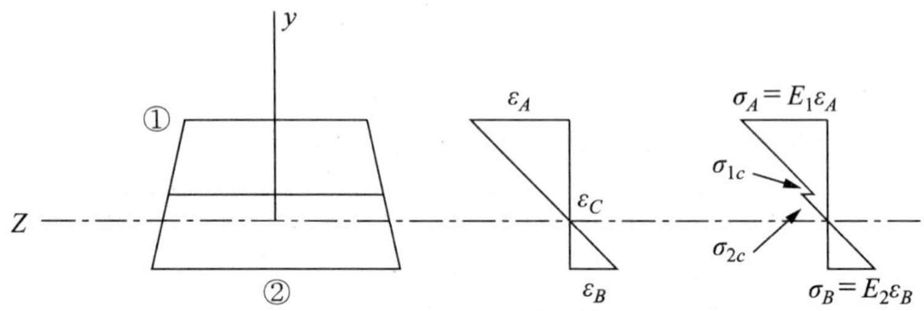

영역 ①에서 작용하는 응력은 $\sigma_{x1} = E_1\epsilon_{x1} = -E_1\kappa y$이다. 영역 ②에 작용하는 응력은 $\sigma_{x2} = E_2\epsilon_{x2} = -E_{21}\kappa y$이다. 중립축 위치는 단면에 작용하는 축방향 응력의 합이 0이 되는 위치이므로

$$\int_{A_1} \sigma_{x1} dA + \int_{A_2} \sigma_{x2} dA = 0.$$

앞의 각 영역에 작용하는 응력을 대입하면 $-\int_{A_1} E_1\kappa y dA - \int_{A_2} E_2\kappa y dA = 0$을 얻는다. 이를 정리하면 $E_1\int_{A_1} y dA + E_2\int_{A_2} y dA = 0$. 그리고 모멘트에 대한 식은

$$M = -\int_A \sigma_x y dA = -\int_{A_1} \sigma_{x1} y dA - \int_{A_2} \sigma_{x2} y dA$$
$$= \kappa E_1 \int_{A_1} y^2 dA + \kappa E_2 \int_{A_2} y^2 dA = \kappa(E_1 I_1 + E_2 I_2).$$

따라서 곡률 및 곡률반경은 $\kappa = \frac{1}{\rho} = \frac{M}{E_1 I_1 + E_2 I_2}$. 이를 각 영역에서 응력의 식에 대입하면

$$\sigma_{x1} = -\frac{E_1 M y}{E_1 I_1 + E_2 I_2} \text{ 그리고 } \sigma_{x2} = -\frac{E_2 M y}{E_1 I_1 + E_2 I_2}.$$

여기서 다음 그림과 같이 샌드위치 형태의 복합보에 횡하중(V)이 작용할 때 공식을 정리해 보자.

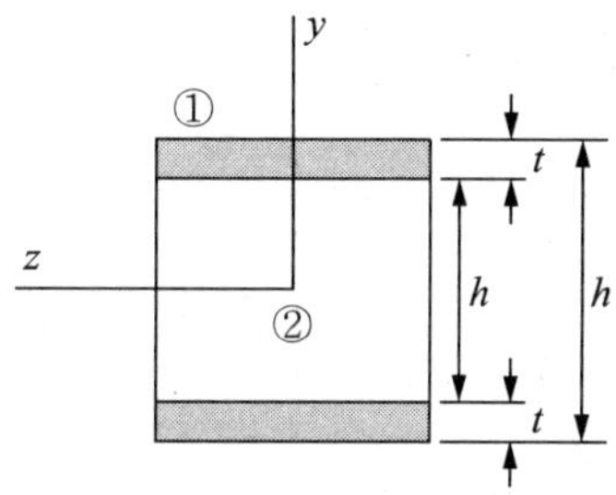

그림에서 영역 ①의 탄성계수는 영역 ②의 탄성계수에 비하여 매우 큰 경우라고 생각하면 중간층에서 지지하는 수직응력의 크기는 상대적으로 무시될 수 있으며, 영역 ① 즉, 바깥층에서 축방향의 굽힘응력을 모두 지지한다고 단순화시킬 수 있다. 이 경우엔 $E_2 \approx 0$가 된다. 영역 ①의 굽힘응력은 $\sigma_{x1} = -\dfrac{My}{I_1}$이고 2차 모멘트는 $I_1 = \dfrac{b}{12}(h^3 - h_c^3)$이므로 상단 부분에서 압축응력은 $\sigma_{upper} = -\dfrac{Mh}{2I_1}$이고 하단 부분에서는 인장응력 $\sigma_{down} = \dfrac{Mh}{2I_1}$이 작용한다.

단면에 작용하는 전단응력은 중립위치에서 최대이고 윗면과 아랫면에서는 전단응력이 없으므로 바깥쪽의 전단응력은 무시하고 중간층의 영역에서 전단응력을 모두 지지한다고 단순화시킬 수 있다. 평균 전단응력과 이에 따른 평균 전단변형률은 $\tau_{ave} = \dfrac{V}{bh_c}$와 $\gamma_{ave} = \dfrac{V}{bh_cG_c}$이다.

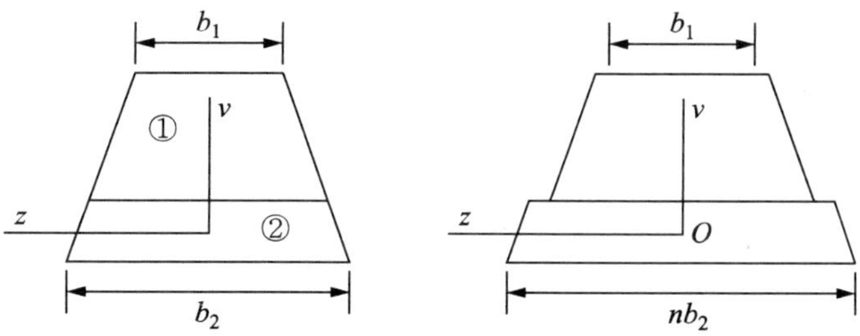

복합보의 단면을 하나의 재료로만 구성된 가상(假想) 보의 변환단면으로 바꾸는 방법을 '변환단면법(變換斷面法)'이라고 한다. 그림에서 두 재료의 탄성계수비(彈性係數比)를 $n = E_2 / E_1$이라고 하자. 중립축의 위치를 구하기 위해 $\int_A y dA = \int_{A_1} y dA + \int_{A_2} y n dA = 0$과 같이 단일재료단면으로 재구성한 후 단일재료의 굽힘모멘트 해석방법을 따른다. $n = E_2 / E_1$이 10 이하라면 재료 2의 면적은 환산 전의 10배가 된다. 환산된 보에서 분포하는 응력은 재료 1로만 구성된 단순보인데 응력분포와 모멘트의 관계식은 $M = \kappa (E_1 I_1 + E_2 I_2)$이므로 I_{tran}을 변환단면의 2차 모멘트로 놓으면 $\sigma_{x1} = -\frac{My}{I_{tran}}$에서 응력을 계산할 수 있다. 여기서 변환단면의 2차 모멘트는 $I_{tran} = I_1 + nI_2 = I_1 + \frac{E_2}{E_1} I_2$이다. 응력식에 대입하면

$$\sigma_{x1} = -\frac{E_1 My}{E_1 I_1 + E_2 I_2}$$

$$\sigma_{x2} = -\frac{E_1 n My}{E_1 I_1 + E_2 I_2} = -n\frac{My}{I_{tran}} = -\frac{E_2 My}{E_1 I_1 + E_2 I_2}$$

5.3 탄소성 재료의 굽힘부재

다음 그림과 같은 재료거동을 보이는 경우 탄소성 재료라고 한다.

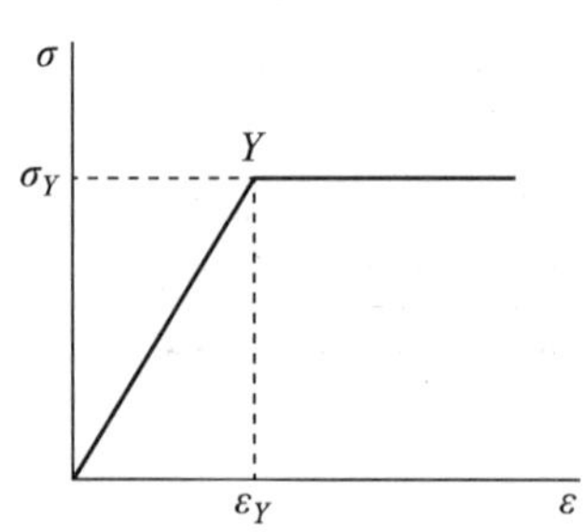

아래의 그림에서 (a)는 보에 분포하는 모든 응력이 항복응력 보다 작은 경우이다. (b)의 경우에는 $\sigma_{\max} = \dfrac{Mc}{I}$ 이므로 소성이 처음 발생하는 모멘트의 크기는 $M_Y = \left(\dfrac{I}{c}\right)\sigma_Y$.

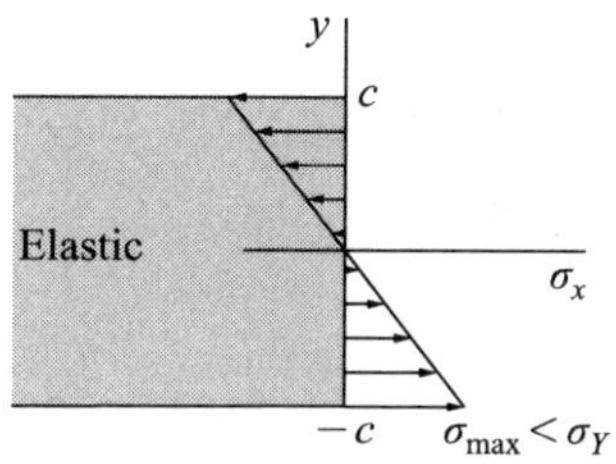

(a) $M < M_Y$

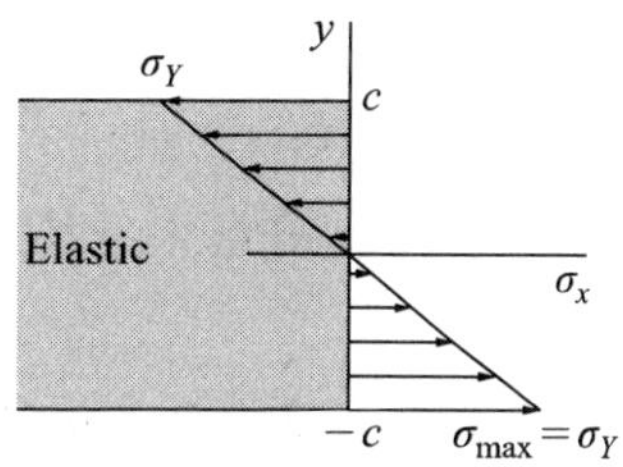

(b) $M = M_Y$

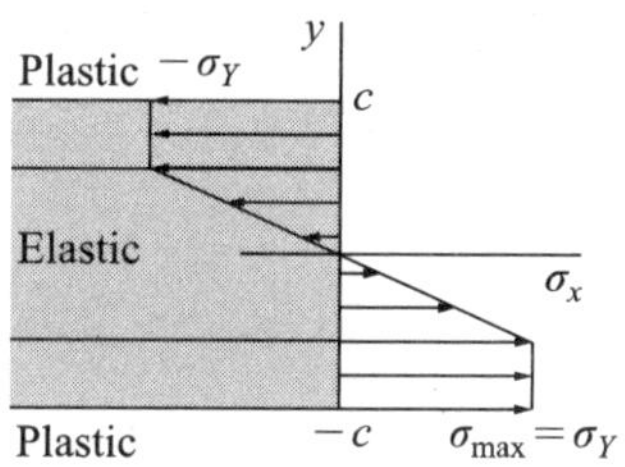

(c) $M > M_Y$

단면이 직사각형으로 폭이 b이고 높이가 $h = 2c$일 때

$$\frac{I}{c} = \frac{b(2c)^3}{12c} = \frac{2bc^2}{3} = \frac{M_Y}{\sigma_Y} \quad \text{또는} \quad M_Y = \frac{2}{3}bc^2\sigma_Y.$$

그림에서 (c)의 경우에는 모멘트가 $M > M_Y$가 되어 응력의 분포가 중립축을 중심으로 코어부분($|y| \le y_Y$)은 탄성상태가 되고 코어의 바깥부분($y_Y \leqq |y| \leqq c$)은 모두 항복응력의 크기가 된다. 이때의 모멘트를 구해보자. 우선, 탄성코어에서 응력의 분포는 중립축에서 멀수록 커진다.

$$\sigma_x = -\frac{\sigma_Y}{y_Y}y$$

$$M = -2b\int_0^{y_Y} y\left(-\frac{\sigma_Y}{y_Y}y\right)dy - 2b\int_{y_Y}^{c} y(-\sigma_Y)dy = \frac{2}{3}by_Y^2\sigma_Y + bc^2\sigma_Y - by_Y^2\sigma_Y$$

를 정리하면

$$M = bc^2\sigma_Y\left(1-\frac{1}{3}\frac{y_Y^2}{c^2}\right) = \frac{3}{2}M_Y\left(1-\frac{1}{3}\frac{y_Y^2}{c^2}\right).$$

이 탄소성 보가 지지할 수 있는 극한모멘트(M_P)는 모든 소재가 소성상태가 되는 경우($y_Y \to 0$)이므로 위의 식으로부터

$$M_P = \lim_{y_Y \to 0} M = \frac{3}{2}M_Y.$$

참고로 토크(T)를 받는 탄소성 축(단면의 반지름은 c)의 경우 항복응력이 시작하는 토크(T_Y)를 초과한 후 다음과 같다.

$$T = \frac{4}{3}T_Y\left\{1-\frac{1}{4}\left(\frac{y_Y}{c}\right)^3\right\}$$

이번에는 사다리꼴 단면의 보가 탄소성 굽힘을 받는 경우에 대해서 모멘트의 크기를 구해보자.

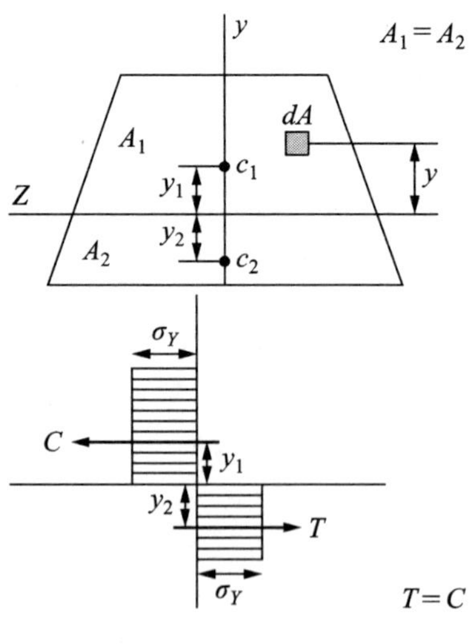

탄소성 재료는 항복응력(σ_Y)까지는 후크의 법칙을 따르고 항복이후 추가 응력을 지지하지 못하며 소성영역에서 영구변형을 수반한다. 여기서 항복모멘트는 $M_Y = \sigma_Y I/c = \sigma_Y Z$의 식으로 정의된다. Z는 단면계수이다.

굽힘모멘트를 M_Y 이상으로 증가시키면 보의 변형률이 계속 증가하여 최대 변형률이 항복변형률(ϵ_Y)을 초과한다. Z축이 대칭축이 아니면 중립축은 항복응력을 초과할 때 도심으로부터 멀어진다.

위의 그림에서 보여주는 응력분포는 단면이 지지할 수 있는 최대 모멘트가 주어진 경우로 극한모멘트(M_P)를 다음과 같이 구할 수 있다.

$$M_P = -\int_A \sigma y dA = -\int_{A_1} (-\sigma_Y) y dA - \int_{A_2} \sigma_Y y dA$$

$$= \overline{y_1}\sigma_Y A_1 + \overline{y_2}\sigma_Y A_2 = \sigma_Y A\left(\frac{\overline{y_1}+\overline{y_2}}{2}\right)$$

그림에서 A_1에 작용하는 총 압축력 C와 A_2에 작용하는 총 인장력 T로 표현하면 $M_P = C\overline{y}_1 + T\overline{y}_2$의 꼴인데 여기서 $C = T = \sigma_Y A/2$가 되어야 한다. 즉,

$$M_P = \frac{\sigma_Y A}{2}(\overline{y}_1 + \overline{y}_2) \text{ 또는 } M_P = \sigma_Y Z_P$$

식에서 Z_P는 '소성계수'이며 '형상계수'는 $f = Z_P/Z$로 정의된다.

$$M_P = f\sigma_Y Z$$

5.4 대칭면(對稱面)에 작용하는 편심 축하중

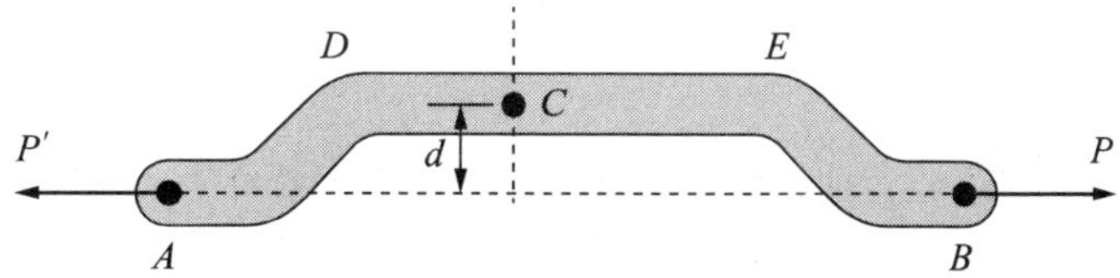

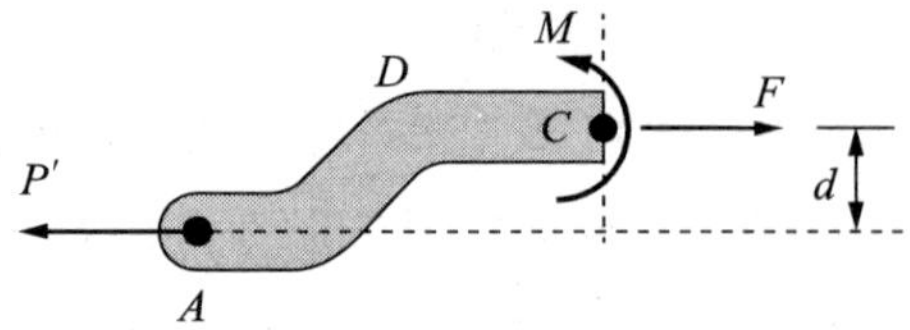

그림에서 $F = P$와 $M = Pd$의 관계를 가진다.

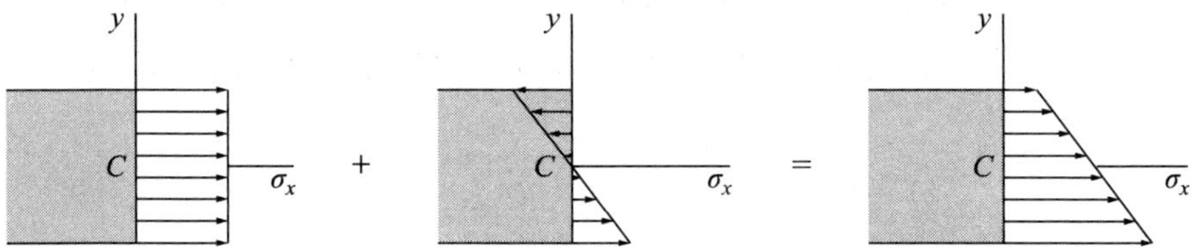

그림에서 중첩법으로부터 $(\sigma_x)_{axial} + (\sigma_x)_{bending} = \sigma_x$이므로 $\dfrac{P}{A} - \dfrac{My}{I} = \sigma_x$가 된다. 즉, 보의 임의 면에 작용하는 수직응력의 분포는 $\sigma_x = \dfrac{P}{A} - \dfrac{My}{I}$.

보기문제

체인에 주어진 그림과 같이 하중이 작용할 때 (1) 최대, 최소 응력의 크기와 (2) 중립축의 위치를 결정하라.

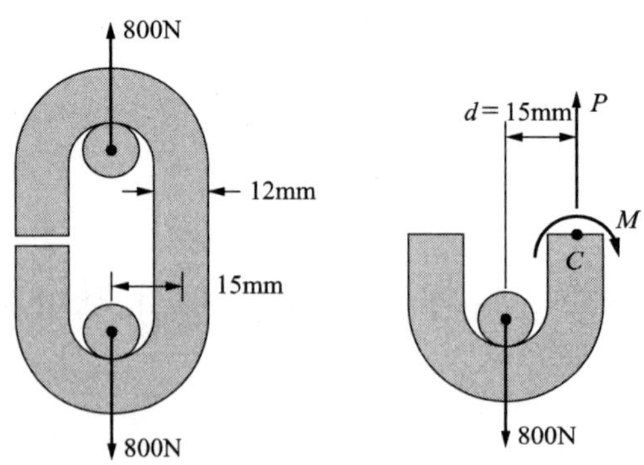

해설 (1) 최대 압축응력과 인장응력을 다음과 같이 구할 수 있다.

그림의 단면에서 축하중 $P = 800\text{ N}$과 모멘트 $M = (800\text{ N})(0.015\text{ m}) =$

12 Nm.

단면적 $A = \frac{\pi d^2}{4} = \frac{\pi(0.012)^2}{4} = 113.1 \times 10^{-6}\,\mathrm{m}^2$.

축응력은 $\sigma_{axial} = \frac{P}{A} = 7.07\ \mathrm{MPa}$이다.

2차 단면모멘트는 $I = \frac{\pi c^4}{4} = \frac{\pi(0.006\ \mathrm{m})^4}{4} = 1.018 \times 10^{-9}\,\mathrm{m}^4$

굽힘응력은 $\sigma_{bending} = \frac{Mc}{I} = \frac{(12)(0.006)}{1.018 \times 10^{-9}} = 70.7\ \mathrm{MPa}$이므로

중첩하여 최대 압축응력과 인장응력을 구한다.

$$(\sigma_{tension})_{\max} = \sigma_{axial} + \sigma_{bending} = 77.8\ \mathrm{MPa}$$
$$(\sigma_{compression})_{\max} = \sigma_{axial} - \sigma_{bending} = 63.6\ \mathrm{MPa}$$

(2) 도심과 중립축사이의 거리는 중립축의 정의 $\sigma_x = 0$으로부터 구할 수 있다.

$\sigma_x = \frac{P}{A} - \frac{My}{I} = 0$에서

$$y = \left(\frac{P}{A}\right)\left(\frac{I}{M}\right) = (7.07\ \mathrm{MPa})\left(\frac{1.018 \times 10^{-9}\,\mathrm{m}^4}{12\ \mathrm{Nm}}\right)$$
$$= 0.6 \times 10^{-3}\,\mathrm{m} = 0.6\ \mathrm{mm}.$$

보기문제

다음 두 경우의 단면에서 어느 단면이 인장응력의 관점에서 더 안전하겠는가?

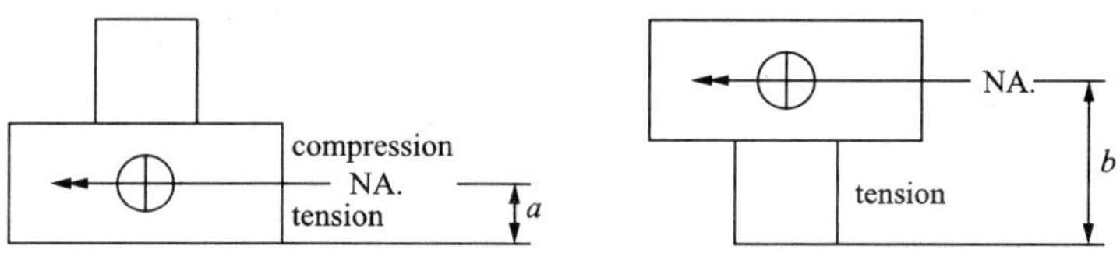

(a) (b)

해설 그림에서 도심의 축에 대한 2차 모멘트의 크기는 같다. 즉, $(I_a)_c = (I_b)_c$. 그리고 그림에서부터 높이 b가 a보다 크다. 따라서 (a)의 경우가 (b)의 경우보다 최대 전단응력이 작게 작용하므로 더 안전하다.

답:

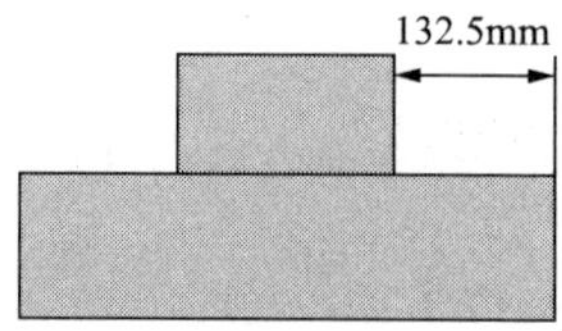

편심축 하중이 작용하는 보의 일반적인 경우를 고려하자.

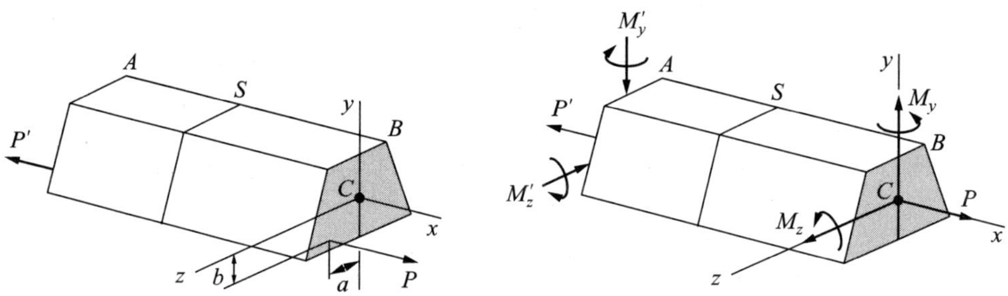

도심으로부터 떨어진 편심에 작용하는 축하중은 동등한 결과를 만드는 하중으로 도심에 대한 하중으로 두 개의 굽힘모멘트와 한 개의 축하중을 표현 할 수 있다.

두 개의 굽힘모멘트는 y축 주위로 작용하는 $M_y = Pa$와 z축 주위로 작용하는 $M_z = Pb$이며 도심에 작용하는 축하중은 P이다. 각 하중이 만드는 응력의 분포는 다음과 같다.

M_y에 의하여 $\sigma_x = \dfrac{M_y z}{I_z}$가 생성되며 M_z에 의하여 $\sigma_x = -\dfrac{M_z y}{I_y}$가 분포한다. 그리고 축하중에 의한 수직응력은 $\sigma_x = \dfrac{P}{A}$이다. 이 세가지 응력을 합하면 단면에 분포하는 수직응력을 결정할 수 있다.

$$\sigma_x = \frac{P}{A} - \frac{M_z y}{I_y} + \frac{M_y z}{I_z}.$$

여기서 2차 단면모멘트는 $I_y = \int z^2 dA$와 $I_z = \int y^2 dA$이다.

보기문제

그림에는 사각 기둥의 윗면에 4.8 kN의 수직하중이 가해지고 있다. 이 때 그림에서 (1) A, B, C, D 위치의 응력과 (2) 중립축의 위치를 구하라.

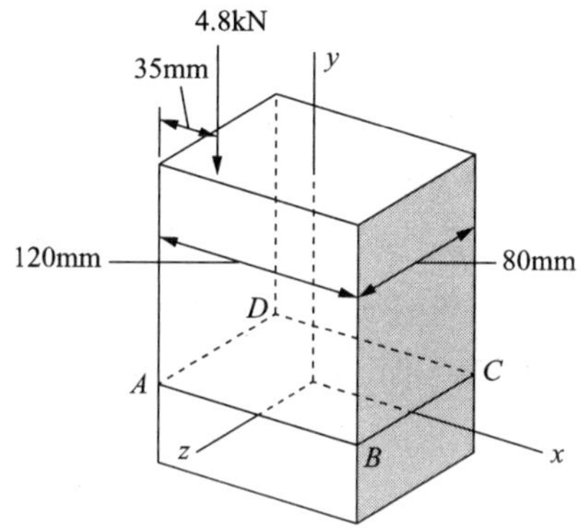

해설 편심에 의한 하중으로부터 굽힘모멘트를 구하자.

x축 주위로 작용하는 $M_x = (4.8)(0.04)\ \text{kNm} = 192\ \text{Nm}$

z축 주위로 작용하는 $M_z = (4.8)(0.06 - 0.035)\ \text{kNm} = 120\ \text{Nm}$.

단면의 크기 $A = (120)(80)\ \text{mm}^2 = 9.6 \times 10^{-3}\ \text{m}^2$.

2차 단면 모멘트의 크기는

$$I_z = \frac{(0.120)(0.08)^3}{12} = 5.12 \times 10^{-6}\ \text{m}^4$$

$$I_x = \frac{(0.08)(0.12)^3}{12} = 11.52 \times 10^{-6}\ \text{m}^4$$

(1) 두 모멘트와 축하중에 의한 응력을 계산하자.

축하중으로부터 $\sigma_x = \dfrac{P}{A} = \dfrac{-4800}{9.6 \times 10^{-3}}\ \text{Pa} = -0.5\ \text{MPa}$

M_x로부터 $\sigma_x = -\dfrac{M_x z}{I_z} = -\dfrac{192z}{5.12 \times 10^{-6}} = -\dfrac{192z}{5.12}\ \text{MPa}$

$= (-37.5z)\ \text{MPa}$

M_z로부터 $\sigma_x = \dfrac{M_z x}{I_x} = \dfrac{120x}{11.52}\ \text{MPa} = (10.42x)\ \text{MPa}$.

세 가지 응력을 합하면

$$\sigma_x = (10.42x - 37.5z - 0.5)\ \text{MPa}$$

이 식에 A, B, C, D의 (z, x) 좌표를 대입하면 다음과 같이 각 위치에서 응력을 구할 수 있다.

$$\sigma_A = (10.42)(-0.06) - (37.5)(0.04) - 0.5 = -2.625\ \text{MPa}$$
$$\sigma_B = (10.42)(+0.06) - (37.5)(0.04) - 0.5 = -1.375\ \text{MPa}$$
$$\sigma_C = (10.42)(+0.06) - (37.5)(-0.04) - 0.5 = +1.625\ \text{MPa}$$
$$\sigma_D = (10.42)(-0.06) - (37.5)(-0.04) - 0.5 = +0.375\ \text{MPa}$$

(2) 단면과 교차하는 중립면은 직선의 식인데 중립면의 정의인 $\sigma_x = 0$으로부터 결정할 수 있다.
중립면의 교차선 $\sigma_x = (10.42x - 37.5z - 0.5)\ \text{MPa} = 0$으로부터 중립면의 식은 $10.42x - 37.5z - 0.5 = 0$이며 x축과 z축에서 각각 48 mm와 −13.3 mm를 지난다. 단면과 중립면이 교차하는 선의 위치는 다음의 그림과 같다.

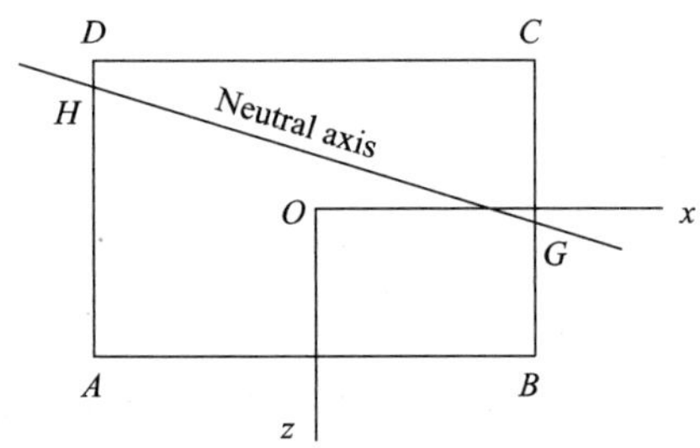

5.5 비대칭(非對稱) 굽힘

다음의 그림에서 보의 단면에 작용하는 모멘트를 확인할 수 있는데 이로부터 '대칭 굽힘'과 '비대칭 굽힘'의 예를 알 수 있다.

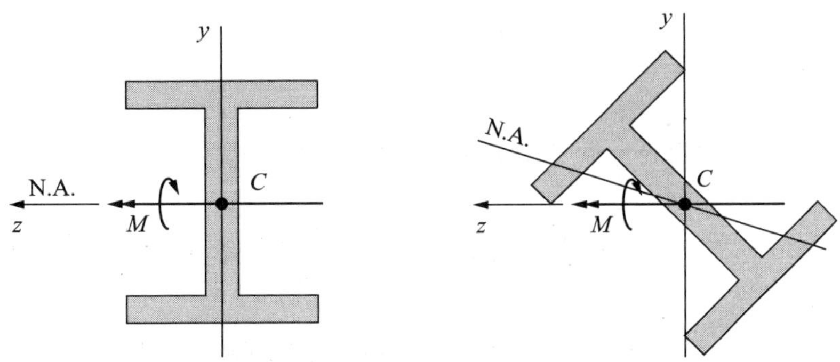

(a) 대칭 굽힘 (b) 비대칭 굽힘

일반적인 경우로 단면에 대칭성이 없는 보가 굽힘하중을 받는 그림이 다음에 예시되어 있다.

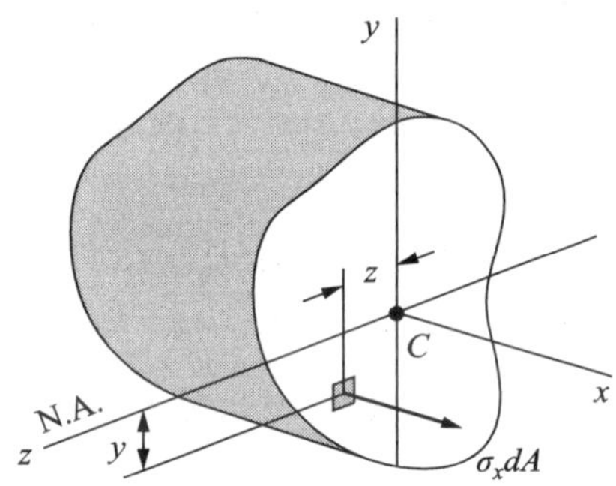

중립축은 식 $\sigma_x = 0$으로부터 결정할 수 있는데 이때 중립축은 좌표축으로 보의 'x'축과 일치시킨다. 이때 좌표계의 원점은 도심에 둔다. 도심의 위치는 다음의 식으로 구할 수 있다.

$$\int \sigma_x \, dA = 0$$

위에 주어진 그림에서 y축 주위로 작용하는 모멘트를 '$dM_y = z\sigma_x dA$'의 적분으로 구할 수 있으며 유사하게 z축 주위로 작용하는 모멘트는 '$dM_z = -y \sigma_x dA$'를 적분하여 결정할 수 있다. y축 방향으로 도심에서 가장 먼 단면의 위치가 'c'이고 여기서 응력의 크기를 'σ_m'이라고 하면 임의 위치에서 응력의 크기를 다음으로 표현할 수 있다.

$$\sigma_x = -\frac{\sigma_m y}{c}$$

그러면 y축 주위로 작용하는 모멘트는

$$M_y = \int z\sigma_x dA = \int z\left(-\frac{\sigma_m y}{c}\right)dA = -\frac{\sigma_m}{c}\int yzdA = -\frac{\sigma_m I_{yz}}{c}$$

이 식을 살펴보면 모멘트 M_y는 단면모멘트 중 한 성분인 $I_{yz}=0$인 경우에만 z축 주위로 작용하는 M_z과 중립축이 일치한다. 즉, $I_{yz}=0$이 되도록 좌표계의 y와 z축의 방향이 설정되었을 때 좌표축을 '주도심축(主圖心軸)'이라고 한다. 주도심축으로 좌표가 설정된 경우 다음의 그림에 보여진 바와 같이 임의의 방향(θ)으로 작용하는 모멘트 $\overrightarrow{M}$을 주축의 방향으로 분해하여 응력해석을 수행할 수 있다. y축 주위와 z축 주위로 작용하는 모멘트의 분력은 각각 다음과 같다.

$$\overrightarrow{M_y} = \overrightarrow{M}\sin\theta \text{와 } \overrightarrow{M_z} = \overrightarrow{M}\cos\theta.$$

혼동의 염려가 없으므로 편의를 위하여 벡터의 화살표를 생략하기로 한다. 즉, $M_y = M\sin\theta$와 $M_z = M\cos\theta$. 주축방향으로 설정된 보여진 면에서 $I_{yz}=0$이므로 y축과 z축을 기준으로 순수굽힘의 공식을 독립적으로 적용할 수 있다.

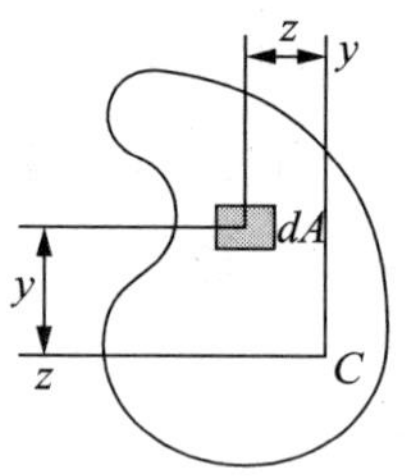

$\sigma_x = \dfrac{M_y z}{I_z}$와 $\sigma_x = -\dfrac{M_z y}{I_y}$으로부터 두 경우를 더하면 단면에 작용하는 수직응력의 분포는 다음과 같다.

$$\sigma_x = \frac{M_y z}{I_z} - \frac{M_z y}{I_y}.$$

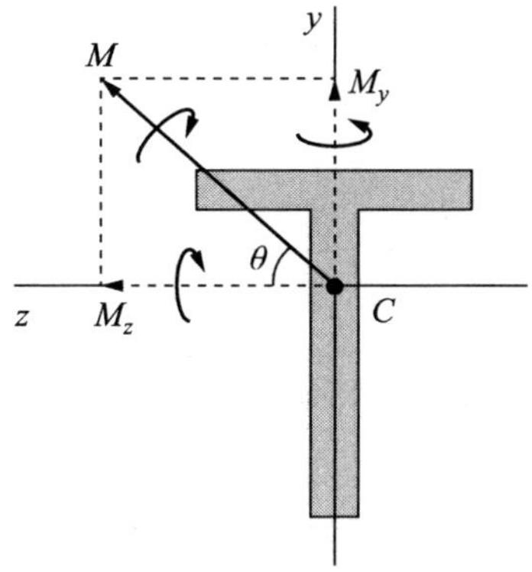

단면에서 중립축의 정의는 $\sigma_x = 0$으로 구할 수 있으므로

$$\sigma_x = \frac{M_y z}{I_z} - \frac{M_z y}{I_y} = 0$$

이 식으로부터

$$y = \left(\frac{M_y}{M_z}\frac{I_y}{I_z}\right)z \text{ 또는 } y = \left(\frac{M\sin\theta}{M\cos\theta}\frac{I_y}{I_z}\right)z = \left(\frac{I_y}{I_z}\tan\theta\right)z = (\tan\psi)z$$

따라서 $I_y > I_z$이면 $\psi > \theta$ 그리고 $I_y < I_z$이면 $\psi < \theta$가 된다. 즉, 중립축은 M의 방향과 $\min(I_y,\ I_z)$의 사이에 있다.

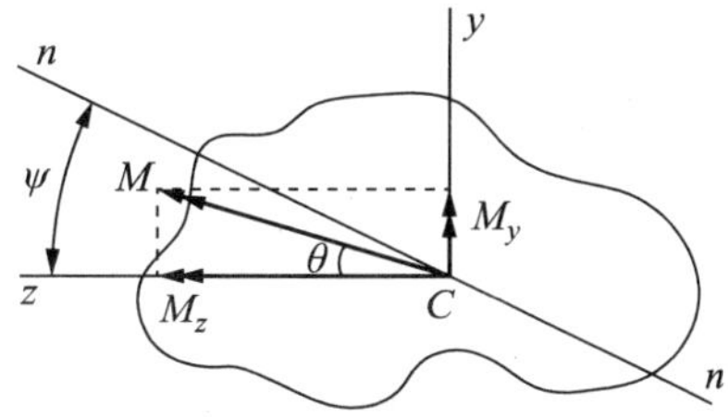

중립축에서 거리 y만큼 떨어진 위치의 면적요소 dA에 작용하는 수직응력은 $\sigma_x = -E\kappa_y y$이므로

$$\int_A \sigma_x dA = -\int_A E\kappa_y y dA = 0$$

탄성계수와 곡률은 주어진 모든 단면에서 동일한 크기이므로 위의 식으로부터

$$\int_A y dA = 0$$

비슷하게 z축이 중립일 경우는 $\sigma_x = -E\kappa_z z$이므로 $\int_A \sigma_x dA = -\int_A E \kappa_z z dA = 0$에서 $\int_A z dA = 0$ 조건을 얻는다.

5.6 모멘트를 받는 곡률이 있는 보의 해석

앞에서 고려한 보는 하중이 없을 때 축이 직선인 경우이었다. 여기에서는 그림에 보여진 바와 같이 모멘트를 받기 전에 이미 곡률이 있는 보가 모멘트를 받을 때 굽힘응력의 분포를 구한다.

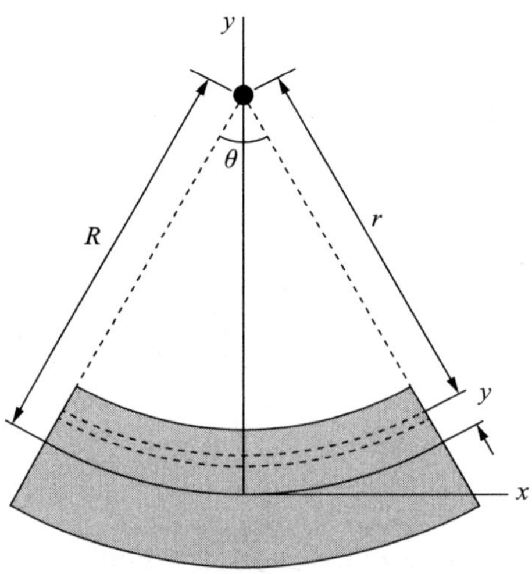

그림에서 축 단면의 중립축을 통과하는 반지름을 'R'이라고 하자. 하중을 받기 전 호의 길이는 '$R\theta$'이다. 그림의 반지름 'r'은 'R'에서 'y'만큼 떨어진

임의의 위치를 말한다. 이 곡률이 있는 보가 하중으로 모멘트 M을 받으면 다음의 그림과 같다.

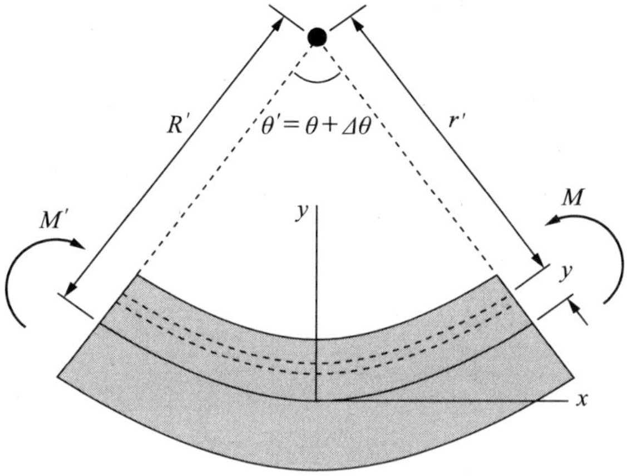

모멘트를 받은 후 중립축을 통과하는 반지름은 'R''으로 중심각은 θ'으로 $\Delta\theta$만큼 변하는 것으로 표현하였다. 중립축의 정의는 길이가 변하지 않으므로

$$R\theta = R'\theta' = R'(\theta + \Delta\theta)$$

반지름 r이 r'으로 이동했다면 이 호의 길이 변화는 $\delta = r'\theta' - r\theta = (R' - y)(\theta + \Delta\theta) - (R - y)\theta = (R' - y)\theta + (R' - y)\Delta\theta - (R - y)\theta$로부터

$$\delta = R'(\theta + \Delta\theta) - y\Delta\theta - R\theta = -y\Delta\theta$$

수직변형률을 계산하면

$$\epsilon_x = \frac{\delta}{r\theta} = -\frac{y\Delta\theta}{r\theta} = -\frac{\Delta\theta}{\theta}\frac{y}{R-y} = -\frac{\Delta\theta}{\theta}\frac{R-r}{r}$$

수직력이 없으므로 $\int \sigma_x dA = 0$ ①

모멘트의 합은 $M = \int -y\sigma_x dA$ ②

식 ①로부터 $-\int \frac{E\Delta\theta}{\theta}\frac{R-r}{r}dA = 0$에서 $\int \frac{R-r}{r}dA = \int \frac{R}{r}dA - A$

$=0$이므로 중립축의 위치를 구할 수 있다.

$$R = \frac{A}{\int \left(\frac{1}{r}\right) dA}$$

식 ②로부터

$$M = \int -y\sigma_x dA = \frac{E\Delta\theta}{\theta}\int \frac{(R-r)^2}{r} dA$$

$M = \frac{E\Delta\theta}{\theta}\left\{R^2\int\left(\frac{1}{r}\right)dA - 2RA + \int r dA\right\} = \frac{E\Delta\theta}{\theta}(RA - 2RA + \bar{r}A)$이므로 단면의 도심 $\bar{r}$과 중립축 R사이의 편심을 $e = \bar{r} - R$으로 정의하면 $\frac{E\Delta\theta}{\theta} = \frac{M}{A(\bar{r}-R)} = \frac{M}{Ae}$을 얻는다. 따라서 곡률이 있는 보의 경우 굽힘응력은 다음과 같이 비선형으로 분포한다.

$$\sigma_x = -\frac{My}{Ae(R-y)}.$$

5.7 횡방향(橫方向) 하중

보에 횡방향 하중 즉, 전단력이 작용할 때 생성되는 '전단(剪斷)흐름'을 정의하고 크기를 계산해 보자. 그림은 A에 전단력 P가 작용하는 보의 일부구간 (x)에 대한 자유물체도이다.

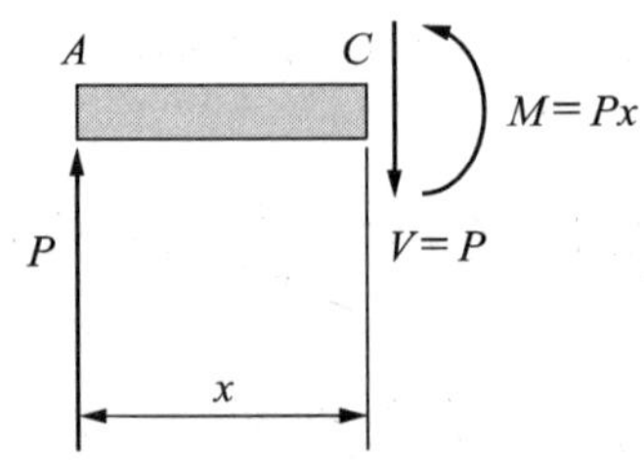

좌표의 원점을 자유단(A) 도심에 잡고 오른편으로 x축을 수직방향으로 y축을 설정하면 굽힘응력은 다음과 같다.

$$\sigma_x = -\frac{My}{I} = -\frac{Pxy}{I}$$

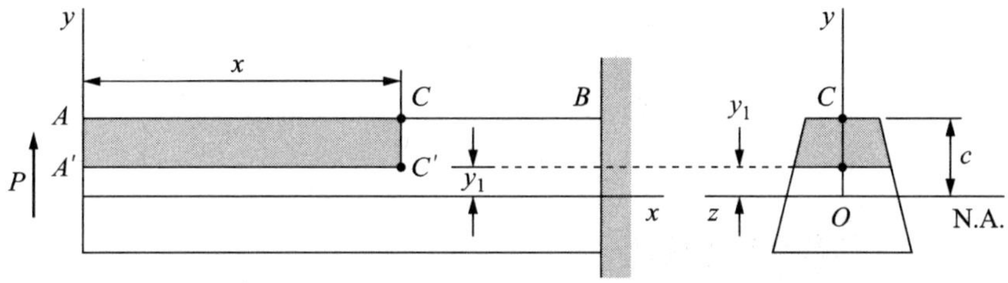

$\sigma_x dA = -\dfrac{Pxy}{I}dA$ 이므로 자유물체도로부터 힘의 평형조건을 적용할 수 있다.

$\sum F_x = 0$으로부터

$$H - \int \frac{Pxy}{I}dA = 0 \text{ 또는 } H = \int \frac{Pxy}{I}dA = \frac{Px}{I}\int ydA.$$

그림에서 음영된 부분의 아랫면에 작용하는 단위 길이당 수평전단력(q)을 계산하면

$$q \equiv \frac{H}{x} = \frac{PQ}{I}$$

여기서 q는 '전단흐름'으로 Q는 단면의 '1차 모멘트'로 $Q = \int_{y_1}^{c} ydA$ 정의되었다.

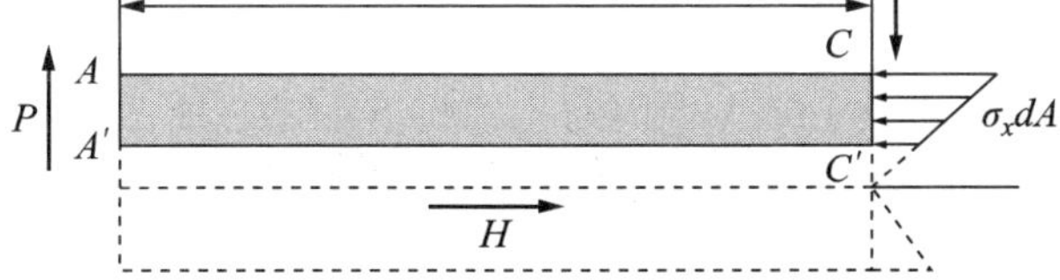

Q의 값은 $y_1 = 0$에서 최대가 된다. 따라서 임의의 단면에서 전단력(V)가 작용하면 전단흐름은 다음과 같다. V와 I는 단면에 대한 계산값으로 y나 z의 함수가 아닌 x의 함수이다. 즉 $V(x)$와 $I(x)$. 그러나 Q는 전단흐름의 크기를 계산하고자 하는 면내의 위치, y_1의 함수로 $Q(y_1)$이다. 임의 단면 사이에 굽힘응력의 차이가 전혀 없는 순수굽힘에서는 전단흐름이 없다.

$$q = \frac{VQ}{I}$$

보기문제

그림에 보여진 보는 세 개의 판자를 못으로 고정하여 구성된 구조이다. 못은 축방향으로 일정한 간격으로 사용되었는데 못의 간격은 $s = 25$ mm이다. 이러한 조립 보의 단면에 작용하는 전단력은 $V = 500$ N이다. 각 못에 걸리는 전단력의 크기를 계산하라.

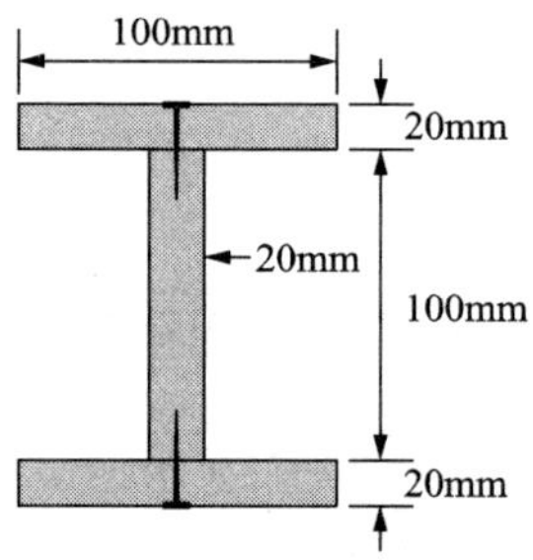

해설 $Q = A'\bar{y} = (0.02)(0.1)(0.06) = 120 \times 10^{-6}\ \mathrm{m}^3$

보의 2차 단면 모멘트(I)는 다음으로 계산된다.

$$I = \frac{1}{12}(0.02)(0.1)^3 + 2\left[\frac{1}{12}(0.01)(0.02)^3 + (0.02)(0.1)(0.06)^2\right]$$
$$= 16.20 \times 10^{-6}\ \mathrm{m}^4$$

전단흐름을 계산하면

$$q = \frac{VQ}{I} = \frac{(500\ \mathrm{N})(120 \times 10^{-6}\ \mathrm{m}^3)}{16.2 \times 10^{-6}\ \mathrm{m}^4} = 3704\ \mathrm{N/m}$$

단면을 구성하기 위하여 보에는 축방향으로 타공한 못의 간격이 25 mm이므로 $F = sq = (0.025\ \mathrm{m})(3704\ \mathrm{N/m}) = 92.6\ \mathrm{N}$이다.

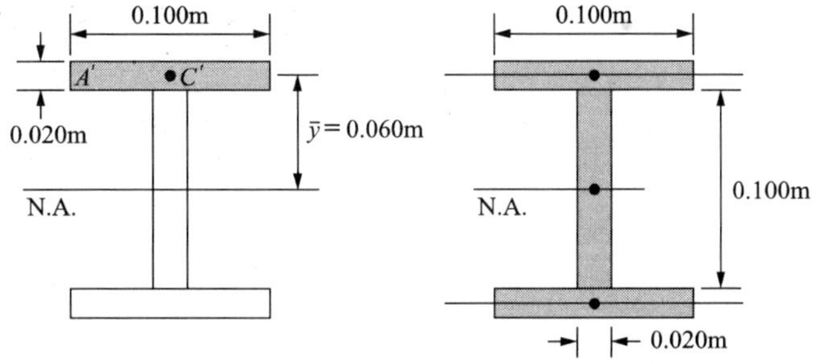

앞에서 정의한 전단흐름 $q(y_1)$은 전단응력과 y_1에서 z방향의 폭(t)을 곱한 값이다. 보의 전단응력 τ_{xy}의 결정하면 $\Delta H = q\Delta x = \dfrac{VQ}{I}\Delta x$으로부터 y_1의 위치에서 z방향의 폭(t)에 작용하는 평균 전단응력은

$$\tau_{ave} = \frac{\Delta H}{\Delta A} = \frac{VQ}{I}\frac{\Delta x}{(\Delta x)(t)} = \frac{VQ}{(I)(t)}$$ 이다.

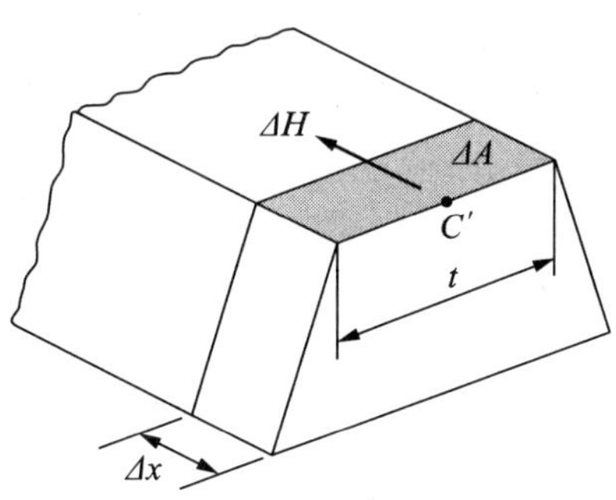

(a)

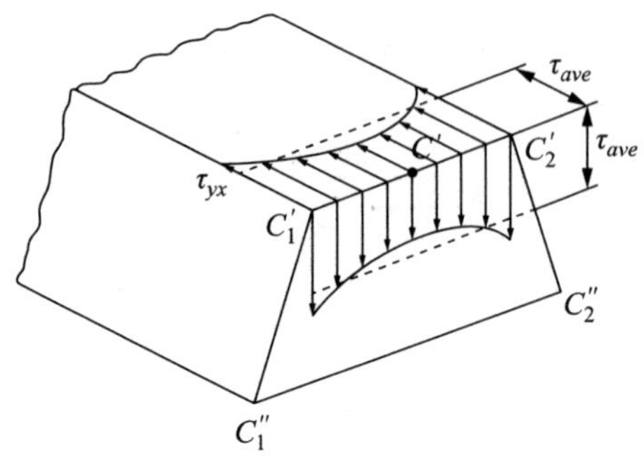

(b)

그림 5-7 **폭이 넓은 보의 전단응력**

τ_{ave}는 1차 모멘트(Q)뿐 아니라 폭(t)에도 영향을 받으므로 중립면에서 항상 최대는 아니다. 참고로 중립면에서 1차 모멘트(Q)는 최대값이다.

그림의 (b)와 같이 폭의 방향으로 전단응력은 위치(z)의 함수이다. 그러나 최대, 최소값의 차이는 폭이 좁아지면 작아진다. 따라서 폭이 좁은 보는 $\tau_{xy} \approx \tau_{ave}$로 일정하다고 할 수 있다. 다음 그림과 같이 그림 (a)의 사각형 단면에서 폭의 크기는 높이의 25%보다 작다. 폭이 $t \leqq h/4$이고 임의의 $y = y_0$에서 $\tau_{xy}(y_0,\ z)$는 z의 함수이다. 이때 평균 응력과 최대 응력의 차이는 $|\tau_{\max} - \tau_{ave}| \leq 0.008\tau_{ave}$로 거의 일정한 분포이다. 여기에서는 다음 그림과 같이 폭이 좁은 사각형 단면의 보가 횡하중을 받을 때 수직방향(y)의 함수로 전단응력의 분포를 구해보자.

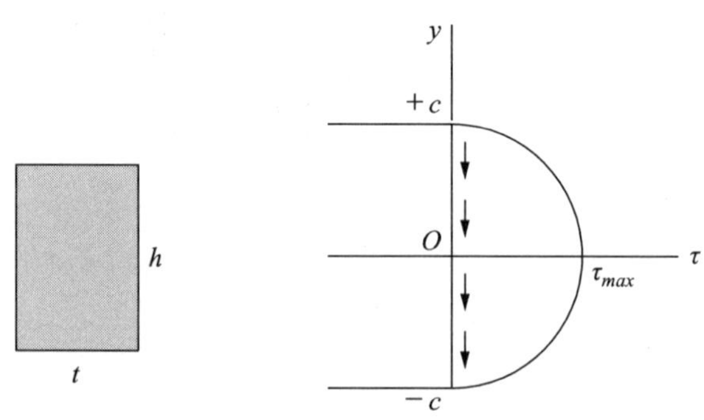

(a) (b)

그림 5-8 **폭이 좁은 보의 전단응력**

$$\text{폭이 좁은 보에서 } \tau_{xy}(y,\ z) \approx \tau_{xy}(y) = \frac{VQ(y)}{It(y)}.$$

그림 (b)와 같이 높이는 $h = 2c$이다. 1차 모멘트를 고려하는 임의의 위치(y)와 윗면($y = c$)사이의 면적에서 도심의 위치는 $\overline{y} = (c + y)/2$이다.

부분 단면(A^*)의 1차 모멘트는 $Q = A^*\overline{y} = t(c - y)\left(\dfrac{c+y}{2}\right) = \dfrac{t(c^2 - y^2)}{2}$.

또한 단면의 2차 모멘트는 $I = \dfrac{1}{12}th^3 = \dfrac{2}{3}tc^3$이므로

$$\text{전단응력은 } \tau_{xy}(y) = \frac{VQ}{It} = \frac{3}{4}\left(\frac{c^2 - y^2}{tc^3}\right)V = \frac{3}{2}\frac{V}{A}\left(1 - \frac{y^2}{c^2}\right)$$

폭이 좁은 사각형 단면모양 보에 전단응력($V = P$)가 작용할 때 면에 분포하는 전단응력을 위와는 조금 다른 방법으로 다시 한 번 구해보자.

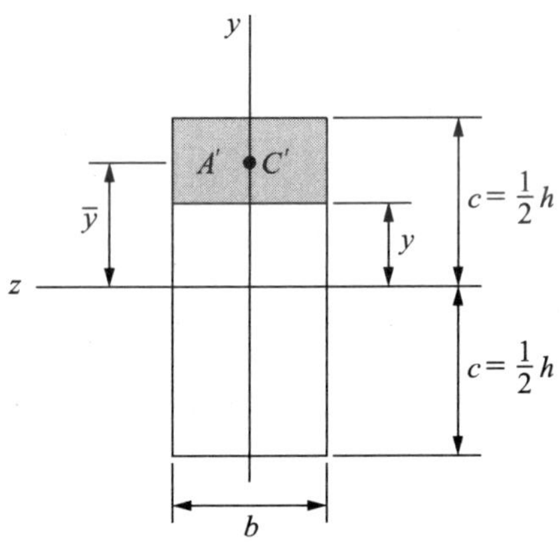

위의 그림에서 보의 단면적은 $A = 2bc$이다. 보에 작용하는 전단응력은 면전체에 대한 평균 전단응력 $\tau_{ave} = \dfrac{P}{A}$와 비례하므로 임의의 함수 $f(y,\ z)$와 조합하여 $\tau_{xy} = \dfrac{P}{A}f(y,\ z)$를 분포함수로 쓸 수 있다. 그런데 보의 단면은 폭이 좁기 때문에 전단응력 τ_{xy}가 폭방향 좌표 z에 민감하지 않고 함수 $f(y,\ z)$는 아직 임의의 함수이므로 전단응력을 $\tau_{xy} \approx \dfrac{P}{A}f(y)$으로 추론할 수 있다.

면에 작용하는 전단력이 P이므로 $\int \tau_{xy}dA = P$이며 $\int \frac{f(y)}{A}dA = \frac{1}{A}$ $\int_{-c}^{c} f(y)bdy = 1$가 되므로 $\int_{-c}^{c} f(y)dy = 2c$인데 다음과 같이 무차원화(無次元化)시킬 수 있다.

$$\int_{-1}^{1} f\left(\frac{y}{c}\right)d\left(\frac{y}{c}\right) = 2.$$

이 식에서 새로운 변수 $\xi = \frac{y}{c}$를 정의하자.

$$\int_{-1}^{1} f(\xi)d\xi = 2.$$

해의 거동에 대한 관찰로부터 $f(\xi)$는 ξ의 우(偶)함수임을 알 수 있다. 따라서 $2\int_{0}^{1} f(\xi)d\xi = 2$가 되고 $\int_{0}^{1} f(\xi)d\xi = 1$이다.

첫 번째 해에 대한 추정으로 $f(\xi) = k_1 + k_2\xi^2$이라고 놓자. 그러면

$$\int_{0}^{1}(k_1 + k_2\xi^2)d\xi = \left[k_1\xi + \frac{k_2}{3}\xi^3\right]_0^1 = 1.$$

이 식을 계수 비교하면 $k_1 + \frac{k_2}{3} = 1$의 관계를 얻고 $k_2 = 3(1-k_1)$가 된다. 따라서 $f(\xi) = k_1 + 3(1-k_1)\xi^2$의 형태를 가지므로 미지수 k_1을 알고 있는 결과로부터 결정한다. 즉,

$$\tau_{xy} = \frac{P}{A}\left[k_1 + 3(1-k_1)\xi^2\right]$$

$\xi = \pm 1$의 위치에서 $\tau_{xy} = 0$이므로 함수에 대입하면 $k_1 + 3(1-k_1) = 0$이고 $k_1 = \frac{3}{2}$를 얻는다.

그러므로 $\tau_{xy} = \frac{P}{A}\left(\frac{3}{2} - \frac{3}{2}\xi^2\right)$를 원래의 좌표로 다시 표현하면 $\tau_{xy} = \frac{3}{2}\frac{P}{A}$ $\left[1 - \left(\frac{y}{c}\right)^2\right]$이다. 결과적으로 $y = 0$에서 전단응력은 최대값 $(\tau_{xy})_{\max} = 3P/$

$2A$으로 면 전체에 대한 평균(平均) 전단응력($\tau_{ave} = P/A$)보다 50% 크다. 여기서 유도한 전단응력 공식의 정확도는 높이와 폭의 비(h/b)에 의존한다. 사각단면에 분포하는 전단응력의 분포를 도식화하면 다음 그림과 같다.

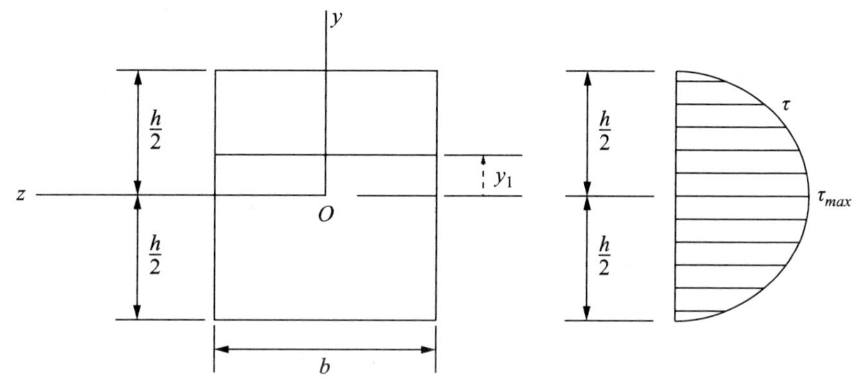

그림 5-9 사각단면에 분포하는 전단응력 분포

이제, 보의 단면이 원형인 경우 전단응력의 분포를 구해보자. 여기서 고려하고 있는 보에서 양 끝 이외의 표면에 작용하는 외력이 없으므로 횡단면의 표면에는 경계에 수직한 방향의 응력은 없다. 즉, 전단응력 τ는 경계를 따라서 접선방향으로만 작용한다. 원의 경우 단면의 2차 모멘트는 $I = \dfrac{\pi r^4}{4} = \dfrac{\pi d^4}{64}$이다. 중립축은 원의 도심 즉, 중심을 지나므로 최대 전단응력은 부분 면적($A^* = \pi r^2/2$)이 반원인 경우이다. 이 반원의 경우 도심은 중립축으로부터 $\bar{y} = 4r/3\pi$이다.

단면의 1차 모멘트는 $Q = A^*\bar{y} = \left(\dfrac{\pi r^2}{2}\right)\left(\dfrac{4r}{3\pi}\right) = \dfrac{2r^3}{3}$이고 여기서 보의 폭($b$)은 $b = 2r$이므로 전단응력을 구하는 식 $\tau = \dfrac{VQ}{Ib}$으로부터 최대 전단응력을 구할 수 있다.

$$\tau_{\max} = \frac{4}{\pi r^4}\frac{1}{2r}\frac{2r^3}{3}V = \frac{8V}{6\pi r^2} = \frac{4V}{3A}.$$

한편, 다음의 그림과 같은 속이 빈 원형 단면에서는

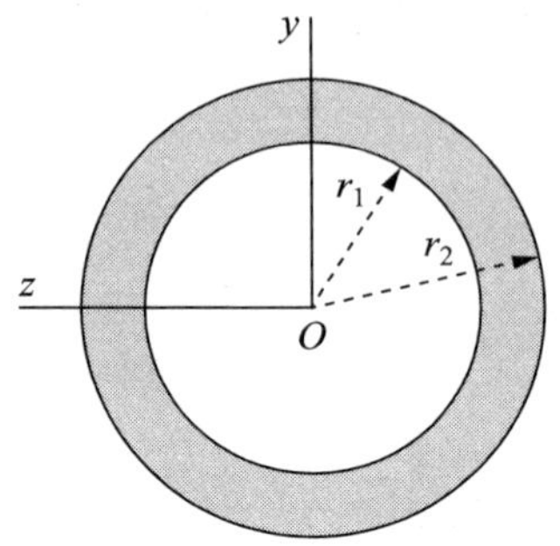

그림 5-10 중공 원형 단면

위의 그림과 같이 중공(中空) 원형 단면에서 2차 모멘트는 $I = \pi(r_2^4 - r_1^4)/4$이고 중립축 위치에서 일어나는 최대 전단응력을 계산하려면 $y = 0$ 즉, 부분단면이 $A^* = \pi(r_2^2 - r_1^2)/2$인 경우 앞의 원형 단면인 경우를 참조하면 1차 모멘트는 $Q = 2(r_2^3 - r_1^3)/3$이다. 또한 이 위치에서 전단응력이 분포하는 폭은 $b = 2(r_2 - r_1)$이므로 최대 응력은 $(\tau_{xy})_{\max} = VQ/It$와 단면의 면적은 $A = \pi(r_2^2 - r_1^2)$로부터

$$
\begin{aligned}
(\tau_{xy})_{\max} &= \left\{\frac{4}{\pi(r_2^4 - r_1^4)}\right\}\left\{\frac{1}{2(r_2 - r_1)}\right\}\left\{\frac{2(r_2^3 - r_1^3)}{3}\right\}V \\
&= \frac{4V}{3A}\left(\frac{r_2^2 + r_2 r_1 + r_1^2}{r_2^2 + r_1^2}\right)
\end{aligned}
$$

공업현장에는 단면이 'H'형상인 보를 흔하게 볼 수 있다. 굽힘하중을 버티는 구조에 이 단면은 90° 회전된 모양이 많은데 중립축에서 멀수록 작은 굽힘응력으로 큰 굽힘모멘트를 지탱할 수 있기 때문이다. 단면에서 상단과 하단에 위치한 넓은 단면을 플랜지(flange)라고 하고 세로의 면적을 웹(web)이라고 한다. 여기에서는 이런 단면에서 분포하는 전단응력을 구해보자.

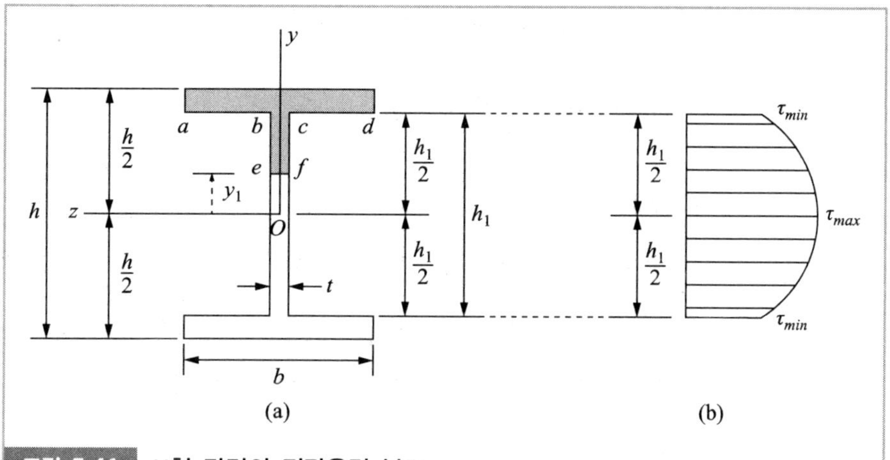

그림 5-11 H형 단면의 전단응력 분포

플랜지의 면적(A_1)은

$$A_1 = b\left(\frac{h}{2} - \frac{h_1}{2}\right).$$

플랜지와 연결된 부분($y = h_1/2$)부터 임의의 위치(y_1)사이의 면적(A_2)은

$$A_2 = t\left(\frac{h_1}{2} - y_1\right).$$

부분면적($A_1 + A_2$)의 1차 모멘트는

$$Q = A_1\left(\frac{h_1}{2} + \frac{h/2 - h_1/2}{2}\right) + A_2\left(y_1 + \frac{h_1/2 - y_1}{2}\right).$$

전단응력은 VQ/It의 식으로 계산하면

$$\tau(y_1) = \frac{VQ}{It} = \frac{V}{8It}\left[b(h^2 - h_1^2) + t(h_1^2 - 4y_1^2)\right].$$

최대 응력은 $y_1 = 0$에서 $\tau(0)$이므로

$$\tau(0) = \frac{V}{8It}(bh^2 - bh_1^2 + th_1^2).$$

그리고 최소 응력은 $y_1 = \pm h_1/2$에서

$$\tau(\pm h_1/2) = \frac{Vb}{8It}(h^2 - h_1^2).$$

전단력은 '전단응력의 분포도 면적'을 웹 두께(t)를 곱한 것과 같으므로 전단응력 분포면적은 $A = h_1\tau_{\min} + \frac{2}{3}h_1(\tau_{\max} - \tau_{\min})$, 따라서 전단력은 $V = At = \frac{th_1}{3}(2\tau_{\max} - \tau_{\min})$이 되므로 웹이 모든 전단응력($\tau_{xy}$)을 받는다고 가정하면 단면전체에 대한 평균 전단응력을 계산할 수 있다.

$$\tau_{ave} = \frac{V}{th_1}.$$

다시 말해서 웹이 모든 전단응력을 받는다는 가정에서 성립하는 관계식이지만 실제는 90~98% 수준이다. 이런 보의 예로 앞에서 얘기한 H보(또는 I보)의 전단가 있다.

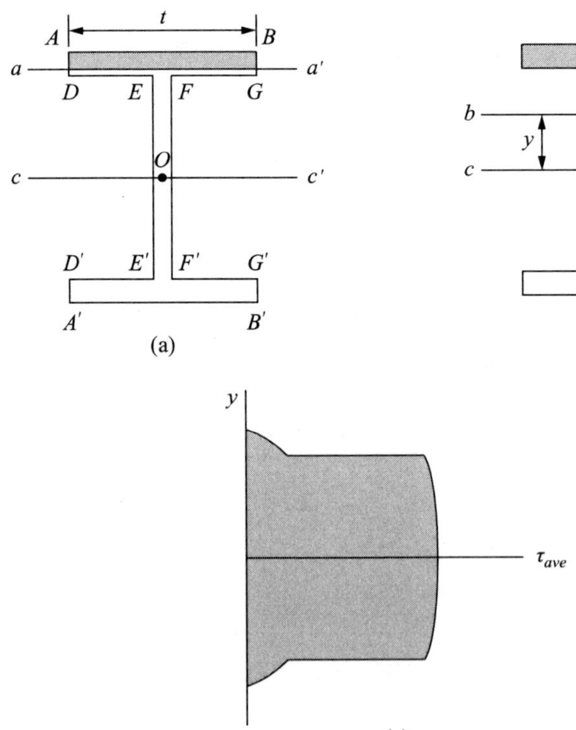

(a) (b)

(c)

웹에서 일어나는 $\tau_{ave} \approx \tau_{xy}$이지만 플랜지에서 일어나는 $\tau_{ave} \neq \tau_{xy}$이다. 플랜지에서 일어나는 평균 전단응력은 웹의 전단응력에 비해서 매우 작다. 즉, $(\tau_{ave})_{flange} \ll (\tau_{xy})_{web}$이므로 $\tau_{\max} \approx \dfrac{V}{A_{web}}$. 플렌지에서 $\tau_{xy} \approx 0$ 이지만 τ_{xz}은 무시할 수 없다.

보기문제

주어진 그림의 보는 세 개의 판재를 접착시켜서 만들었으며 단면에서 웹과 플랜지가 접착된 단면을 참조하라. $n-n$ 단면에서 각 접착부에 발생하는 평균 전단응력을 계산하라.

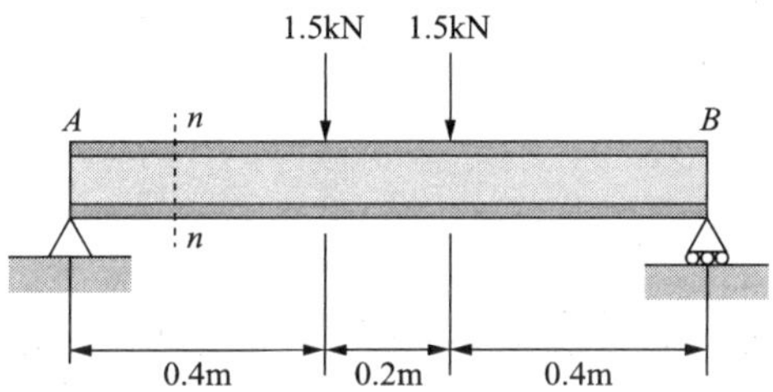

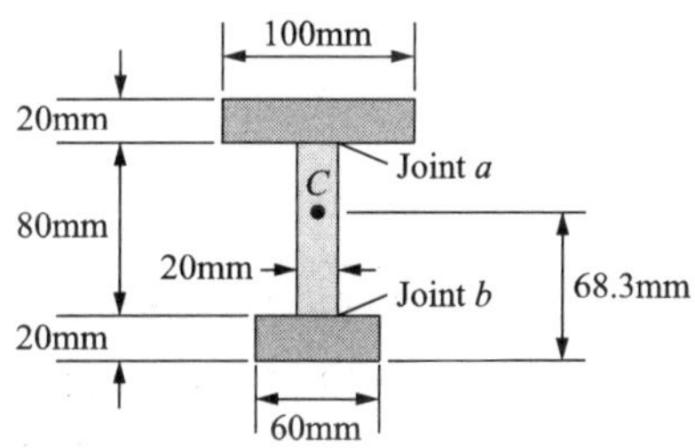

보의 단면

해설 단면의 2차 모멘트를 계산하면 $I = 8.63 \times 10^{-6}\ \mathrm{m}^4$ 이다. 문제의 대칭성으로부터 양 지지점의 반력은 $R_A = R_B = 1.5\ \mathrm{kN} \uparrow$ 이다.

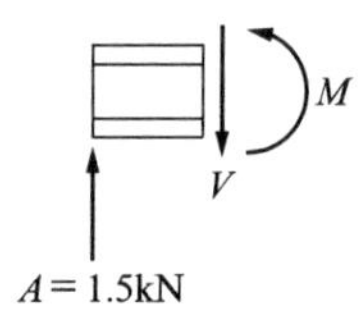

전단력은 $V = 1.5\ \mathrm{kN}$. 그리고 전단흐름 $q = \dfrac{VQ}{I}$와

전단응력 $\tau = \dfrac{VQ}{It}$를 이용하자.

○ 조인트 a:

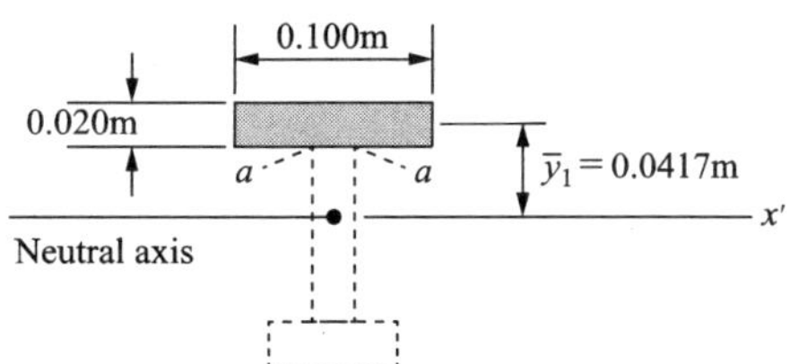

$$\bar{y}_1 = 0.12 - 0.0683 - 0.01 = 0.0147\ \text{m}$$

$$Q = A\bar{y}_1 = (0.01)(0.02)(0.0147) = 83.4 \times 10^{-6}\ \text{m}^3$$

$$(\tau_{ave})_a = \frac{VQ}{It} = \frac{(1500\ \text{N})(83.4 \times 10^{-6}\ \text{m}^3)}{(8.63 \times 10^{-6}\ \text{m}^4)(0.02\ \text{m})} = 725\ \text{kPa}$$

○ 조인트 b:

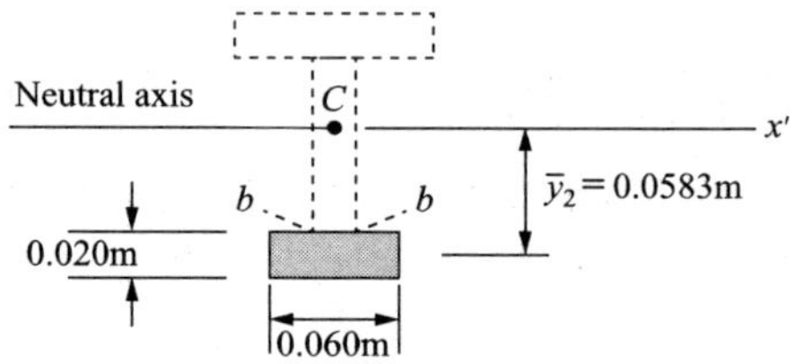

$$Q = A\bar{y}_2 = (0.06)(0.02)(0.0583) = 70.0 \times 10^{-6}\ \text{m}^3$$

$$(\tau_{ave})_a = 608\ \text{kPa}$$

보기문제

그림의 외팔보는 T형 단면을 가지고 있다. 주어진 그림을 참조하여 단면 $n-n$에서 결정하라: (1) 최대 압축응력 (2) 최대 전단응력

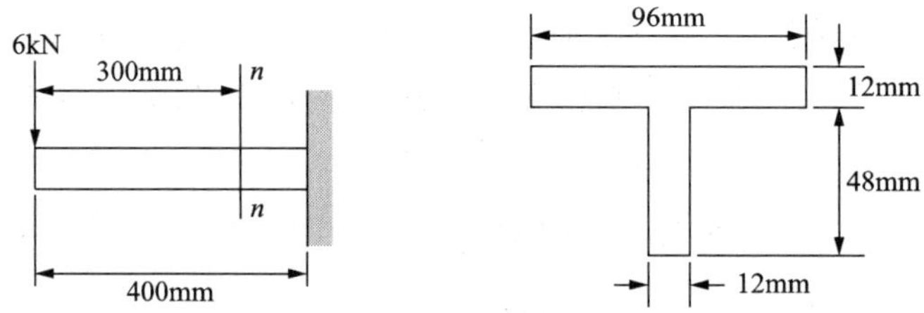

해설 좌표축을 밑면 중앙에 위치시키고 중립축의 위치 $\overline{Y}$를 구해보자.

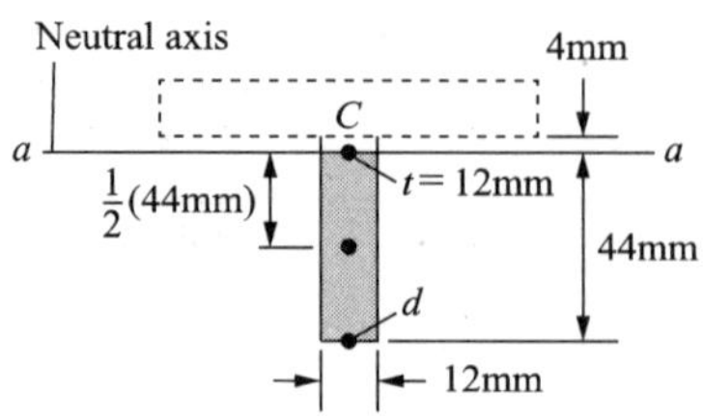

$$\overline{Y} = \frac{\sum A\bar{y}}{\sum A}$$
$$= \frac{(0.96)(0.017)(0.048+0.006)+(0.012)(0.048)(0.024)}{(0.096)(0.012)+(0.012)(0.048)}$$
$$= 0.044 \text{ m}$$

$$I = \frac{1}{12}(0.012)(0.048)^3+(0.012)(0.048)(0.02)^2$$
$$+\frac{1}{12}(0.096)(0.012)^3+(0.096)(0.012)(0.01)^2$$
$$= 470\times 10^{-9} \text{ m}^4$$

(1) 최대 압축응력

$$M = Px = (6 \text{ kN})(0.3 \text{ m}) = 1800 \text{ Nm}$$

중립축에서 가장 멀리 떨어진 곳은 좌표원점의 위치 $c_{\max} = 44 \text{ mm}$ 이므로

$$\sigma_{\max} = \frac{Mc}{I} = \frac{(1800 \text{ Nm})(0.044)}{470\times 10^{-9} \text{ m}^4} = 168.5 \text{ MPa}$$

(2) 최대 전단응력

1차 단면모멘트는 중립축에서 최대가 되므로

$$Q = \bar{y}A = \frac{44 \text{ mm}}{2}(44 \text{ mm})(12 \text{ mm}) = 11.62\times 10^{-6} \text{ m}^3$$

$V = 6 \text{ kN}$ 이고 두께는 $t = 12 \text{ mm}$.

$$\tau_m = \frac{VQ}{It} = \frac{(6000 \text{ N})(11.62\times 10^{-6} \text{ m}^3)}{(470\times 10^{-9} \text{ m}^4)(0.012 \text{ m})} = 12.36 \text{ MPa}$$

5.8 부분단면과 전단력

단면에서 임의의 높이를 기준으로 가로방향으로 구분된 면적에 대한 전단흐름을 앞 절에서 유도하였다. 그리고 그림 5-12에 보인 것과 같은 임의의 모양으로 구분된 단면의 일부인 경우에도 전단흐름을 결정하기 위하여 5.7절 방법

을 이용할 수 있다. 부분단면으로 어떤 임의의 단면을 선택하느냐 하는 것은 굽힘응력과 전단력을 고려하는 힘의 평형식을 구성할 때 어떤 미지수를 포함시키느냐에 달려 있다. 전단흐름의 식은 $q = \tau t$으로부터

$$q = \frac{VQ}{I}$$

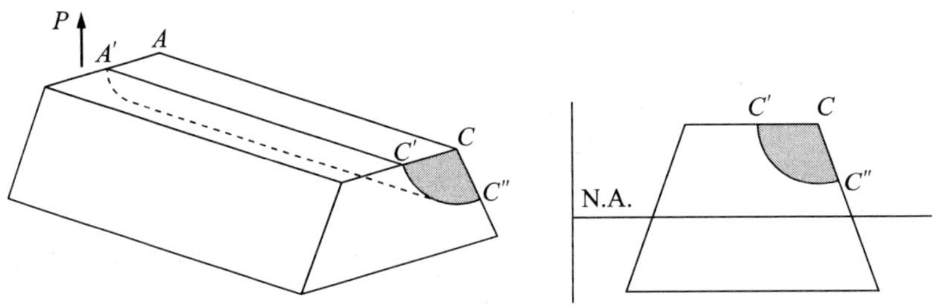

그림 5-12 부분단면과 전단력

보기문제

문제에 주어진 그림에는 네 개의 나무판자를 못으로 고정하여 사각단면튜브를 만들었다. 이 튜브의 단면에 수직하향으로 $V = 1200$ N의 전단하중이 작용한다. 이때 각 못에 작용하는 전단력의 크기를 계산하라. 단, 각 못은 축방향으로 30 mm의 등간격으로 설치되었다.

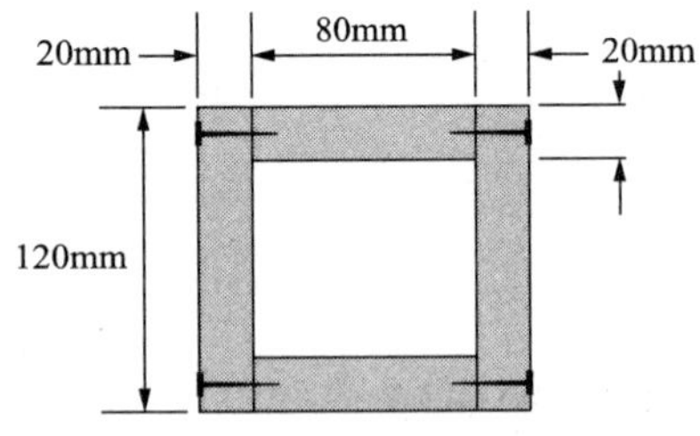

해설

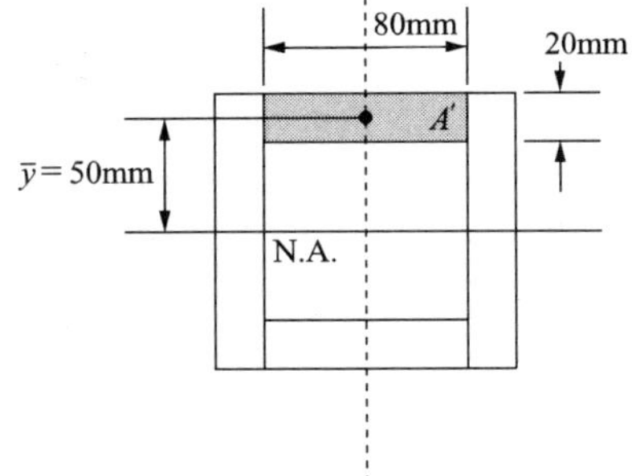

그림에 음영 처리된 부분면적의 1차 단면모멘트는

$$Q = A\bar{y} = (0.020)(0.08)(0.05) = 80 \times 10^{-6}\ \text{m}^3$$

$$I = \frac{0.12^4}{12} - \frac{0.08^4}{12} = 13.87 \times 10^{-6}\ \text{m}^4$$

$$q = \frac{VQ}{I} = \frac{(1200\ \text{N})(80 \times 10^{-6}\ \text{m}^3)}{13.87 \times 10^{-6}\ \text{m}^4} = 6920\ \text{N/m}.$$

한 면에 작용하는 전단흐름은 $\frac{q}{2} = 3460\ \text{N/m}$ 이므로

못 한 개에 걸리는 전단력은 $F = s\left(\frac{1}{2}q\right) = (0.03)(3460) = 103.8\ \text{N}.$

5.9 두께가 얇은 부재의 전단응력

횡방향 하중이 두께가 얇은 부재에 작용하는 경우 얇은 벽의 두께에 작용하는 전단응력은 내외벽 근처와 중심에서 모두 근소한 값의 차이만 있을 뿐이므로 두께 t, 벽을 따라서 측정한 호의 미소길이 ds로부터 미소면적 tds에 작용하는 전단응력은 벽의 호방향으로 균일하중이 분포한다. 단면의 모양이 벽이 얇고 벽의 중심선이 폐곡선을 그리지 않는 보에서 전단응력을 결정해 보자.

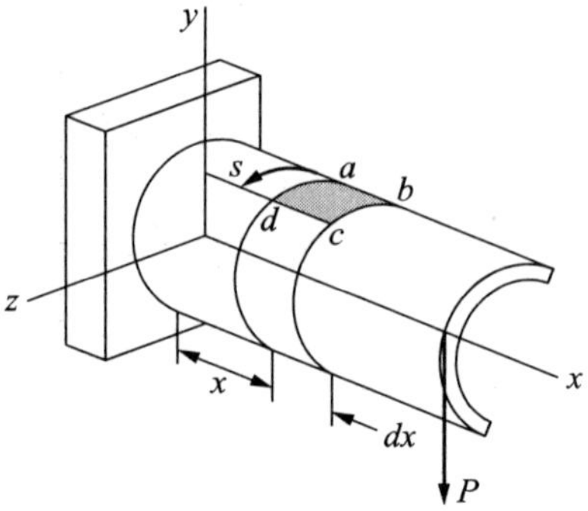

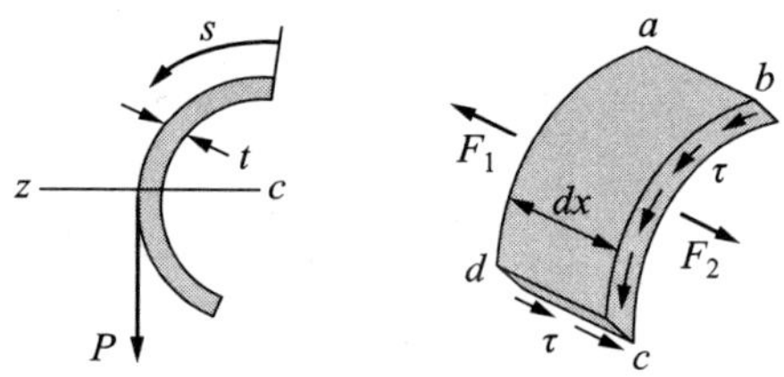

P로부터 더 멀리 떨어진 ad면에서 굽힘모멘트가 더 크므로 ad면에서 힘 F_1이 bc면의 힘 F_2보다 크다. 수평방향의 힘의 평형이 되려면 τ가 cd면에 작용해야 한다.

$\tau t\,dx + F_2 - F_1 = 0$으로부터 $\tau t = F_1 - F_2$. 여기서 F_1과 F_2는

$$F_1 = \int_0^s \sigma_x dA = \frac{M_{z1}}{I_z}\int_0^s ydA$$

$$F_2 = \int_0^s \sigma_x dA = \frac{M_{z2}}{I_z}\int_0^s ydA$$

$$\tau = \left(\frac{M_{z2} - M_{z1}}{dx}\right)\frac{1}{I_z t}\int_0^s y\,dA$$

굽힘모멘트와 전단력의 함수 관계로부터 dM/dx이면 단면에 작용하는 전단력(V_y)과 같다.

$$\tau = \frac{V_y}{I_z t}\int_0^s y\,dA \qquad f = \tau t = \frac{V_y}{I_z} Q_z$$

y축이 중립축일 때는

$$\tau = \frac{V_z Q}{I_z t}; \quad f = \tau t = \frac{V_z Q}{I_z}$$

$$\Delta H = q\Delta x$$

$$q = \frac{\Delta H}{\Delta x} = \frac{VQ}{I}$$

보기문제

보의 I형 단면에 수직 전단력 V가 작용할 때 전단흐름을 그려라.

해설

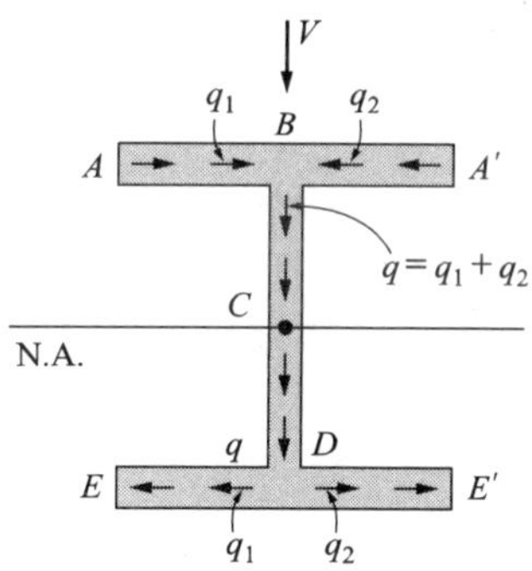

보기문제

그림에는 오른쪽 끝단이 벽에 고정된 외팔보가 주어져 있다. 이 외팔보의 단면은 그림의 ABD삼각형이며 높이 60 mm, 밑변 50 mm의 치수가 보여 있을 때 다음을 계산하라. 단면의 벽은 모두 3 mm이다.

(1) A점의 전단응력

(2) 보의 최대 전단응력

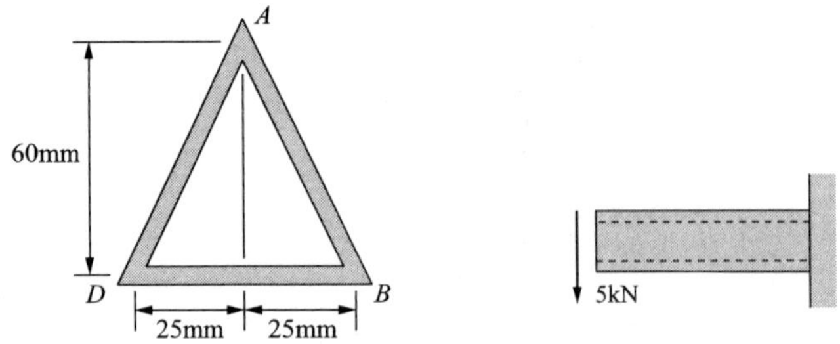

해설 도심

$$\bar{y} = \frac{\sum(\bar{y}A)_i}{\sum A_i} = \frac{2[(65)(3)(30)]}{2[(65)(3)]+(50)(3)} = 21.67\text{ mm}$$

아래의 그림에서 도심축에 대한 관성모멘트는 두 경우 모두 $I = bh^3/12$이다.

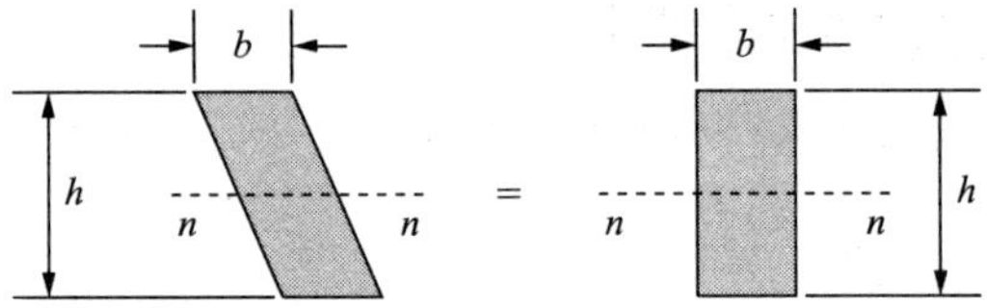

또한 다음의 그림에서 수평 폭을 계산하면

$$b = \frac{3\text{ mm}}{\cos\beta} = \frac{3}{12/3} = 3.25\text{ mm}.$$

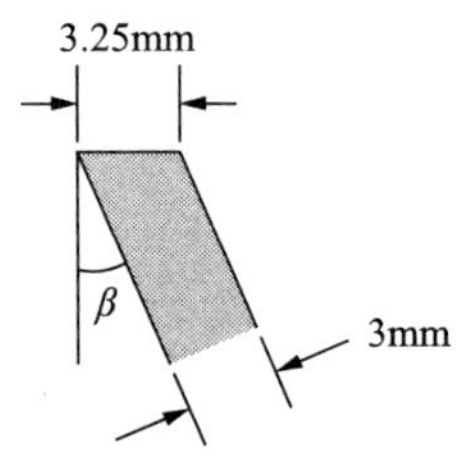

따라서 삼각형 단면의 2차 모멘트를 다음과 같이 계산할 수 있다.

$$\begin{aligned} I &= \sum(\bar{I} + Ad^2) \\ &= 2\left\{\frac{(3.25)(60)^3}{12} + (3.25)(60)(8.33)^2\right\} \\ &\quad + \left\{\frac{(50)(3)^3}{12} + (50)(3)(21.67)^2\right\} \\ &= 214.6\times10^3\text{ mm}^4 = 0.2146\times10^{-6}\text{ m}^4 \end{aligned}$$

(1) A점의 전단응력

$$\tau_A = 0$$

(2) 최대 전단응력은 중립축에서 발생하며 $t = 3$ mm이므로

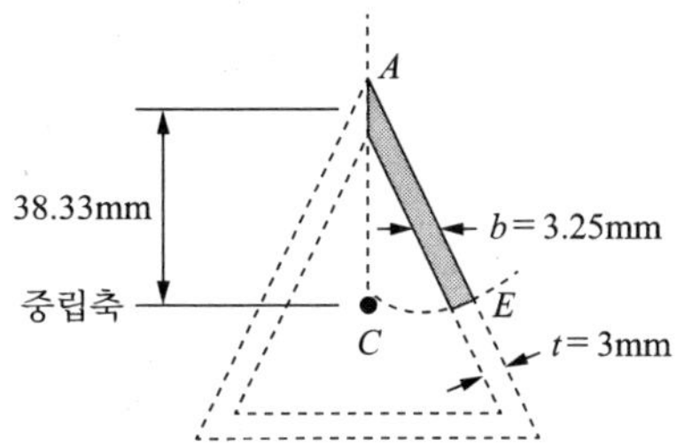

$$Q = (3.25)(38.33)\left(\frac{38.33}{2}\right) = 2387\ \mathrm{mm}^3 = 2.387 \times 10^{-6}\ \mathrm{m}^3$$

$$\tau_E = \frac{VQ}{It} = \frac{(5000)(2.387 \times 10^{-6})}{(0.2146 \times 10^{-6})(0.003)} = 18.54\ \mathrm{MPa}$$

같은 계산을 다음과 같이 부분면적을 선택하여 수행할 수 있다.

$$Q = 2(3.25)(38.33)\left(\frac{38.33}{2}\right) = (2)(2387)\ \mathrm{mm}^3$$

$$\tau_E = \frac{VQ}{It} = \frac{(5000)(2)(2.387 \times 10^{-6})}{(0.2146 \times 10^{-6})(2)(0.003)} = 18.54\ \mathrm{MPa}$$

만일 부재가 대칭면을 한 개 이하 가지고 있으면 전단중심(剪斷中心, shear center)이라 불리는 특정 점에 하중이 작용하는 경우를 제외하고는 부재가 굽힘과 비틀림을 동시에 받게 된다. 전단중심과 도심은 일반적으로 일치하지 않는다.

전단중심을 구하려면 여러 좁은 폭의 단면을 따라서 작용하는 전단력을 계산해야 하는 경우가 많으므로 다음을 통하여 이 방법을 알아보자.

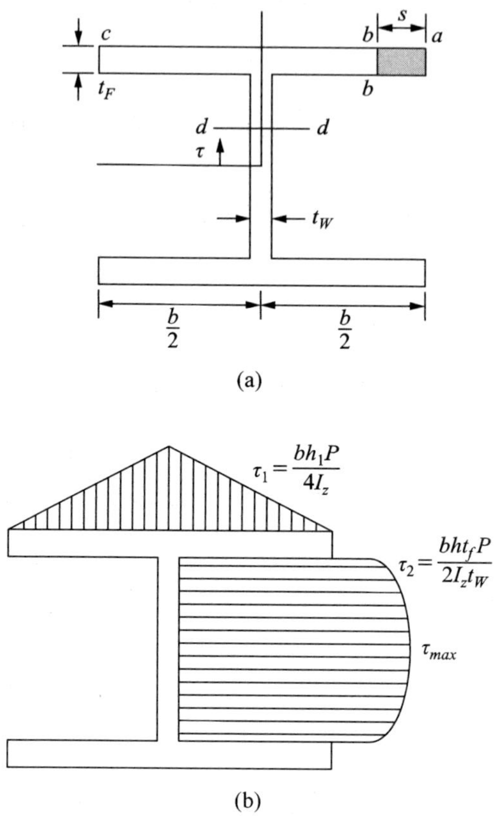

그림 5-13 (a) 전단응력의 계산 (b) 전단응력의 분포

단면 bb에서 전단응력을 고려하자. 면적은 st_f이고, 도심에서 중립축까지의 거리는 $\frac{h}{2}$이다. 따라서 전단응력의 계산은

$$\tau_f = \frac{V_yQ_z}{I_zt} = \frac{Pst_f(h/2)}{I_zt} = \frac{shP}{2I_z}.$$

여기서 $Q_z = \frac{bt_fh}{2} + \left(\frac{h}{2} - \gamma\right)(t_w)\left(\frac{h_2}{2} + \gamma\right)\frac{1}{2} = \frac{bt_fh}{2} + \frac{t_w}{2}\left(\frac{h_2}{4} - \gamma^2\right)$

따라서 $\tau_w = \left(\frac{bt_fh}{t_w} + \frac{h}{4} - \gamma^2\right)\frac{P}{2I_z}$

$\gamma=\dfrac{h}{2}$일 때 τ_2 그리고 $\gamma=0$일 때 $\tau_{\max}$.

$$\text{그러므로 } \tau_{\max}=\left(\frac{bt_f}{t_w}+\frac{h}{4}\right)\frac{Ph}{2I_z},\quad \frac{\tau_{\max}}{\tau_2}=1+\frac{ht_w}{4bt_f}$$

웹에서 전단응력은 합력 R이며,

$$R=\int \tau dA=2\int_0^{h/2}\tau t_w d\gamma$$

$$=2t_w\int_0^{h/2}\left(\frac{bt_f h}{t_w}+\frac{h^2}{4}-\gamma^2\right)\left(\frac{P}{2I_z}\right)d\gamma=\left(\frac{bt_f}{t_w}+\frac{h}{6}\right)\frac{h^2t_wP}{2I_z}$$

5.10 축하중을 받는 보

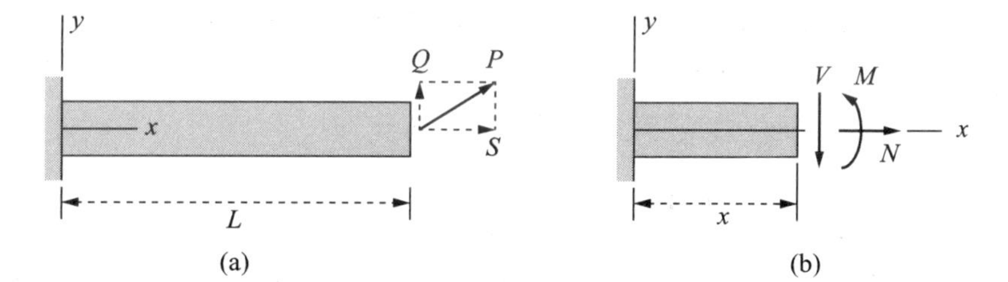

그림 5-14 자유단에서 임의의 점하중을 받는 보

그림에서 전단력 Q에 의하여 굽힘모멘트 $M=Q(L-x)$, 전단력 $V=-Q$ 그리고 $N=S$으로 표현된다. 또한 전단흐름은 $q=\dfrac{VQ_y}{I}$의 식으로 단면의 전단력을 계산할 수 있다. 한편, 굽힘응력은 중첩법으로부터 $\sigma=\dfrac{N}{A}-\dfrac{My}{I}$.

수직응력 σ는 인장일 때 (+) 압축일 때 (−)의 부호를 갖는다. 보가 하중을 받아 단면에 모멘트가 작용하면 보의 축이 휘어 곡률이 생기는데 U글자 모양의 (+)의 곡률인 경우에 중립축의 상부에 형성되는 굽힘응력은 (−) 부호의 압축응력을 받는다. 보의 상부 굽힘응력 분포는 삼각형 모양의 선형분포를 이루는데 중립축에서 멀리 떨어진 위치에 비례하여 응력의 크기가 커진다. 중립축이 양과 음부호의 굽힘응력 부분이 나뉘는 경계가 되지만 순수굽힘의 경우와는 달리 굽힘모멘트와 축하중이 동시에 작용하는 경우엔 중립축의 위치는 단면의 도심(centroid)를 통과하지 않는다. 이는 굽힘응력과 축하중에 의한 응력의 분포가 중첩되기 때문에 결과 응력의 분포가 없어 축의 길이가 바뀌지 않는 경계선이 중립축의 정의로 순수굽힘과 다른 위치로 이동한다. 중첩할 하중이 존재하는 경우에 y-z 단면적의 평면에서 중립축의 위치를 결정하는 식은 $\sigma(y,\ z) = 0$을 만족하는 y와 z의 궤적이다.

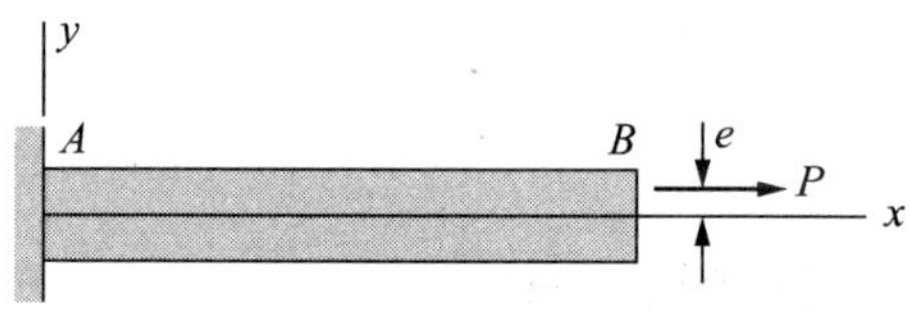

x축 방향으로 작용하는 편심하중은 도심에 작용하는 축하중 P와 굽힘모멘트 $M = Pe$로 분해하여 등가로 표현할 수 있으며 각 하중을 중첩하여 다음의 수직응력이 된다.

$$\sigma = \frac{P}{A} + \frac{Pey}{I}$$

앞의 식에 중립축 정의에 의하여 $\sigma(y,\ z) = 0$을 적용하면 중립축을 결정할 수 있다.

$$y_0 = -\frac{I}{Ae}$$

식으로부터 편심거리 e가 작아질수록 중립축은 도심에서 멀어지는 것을 알 수 있다. 이는 e가 작아질수록 편심에 의한 모멘트가 '0'이므로 중립축이 존재하지 않는다는 걸 의미한다.

$e \rightarrow 0$: 하중은 도심에 작용, 중립축은 무한대로 발산, 응력분포 균일.

$e \rightarrow \infty$: 하중은 무한대에 작용, 중립축은 도심을 지남, 응력분포는 순수굽힘.

높이에 대한 길이 비가 ‘10’ 이하인 보를 짧고 굵은 보로 간주하는 것이 일반적이며 이 경우의 보는 전단보(shear beam 또는 Timoshenko beam)이라고 하고 해석방법은 지금까지 서술한 오일러 보(Euler beam)와 다르다.

5.11 보요소에서 응력집중

구멍이 없을 때 보다 평판에 구멍이 있으면 구멍의 가장자리에서 응력이 훨씬 크게 되며 다음의 표에 보인 바와 같다.

(a) 축방향 인장하중 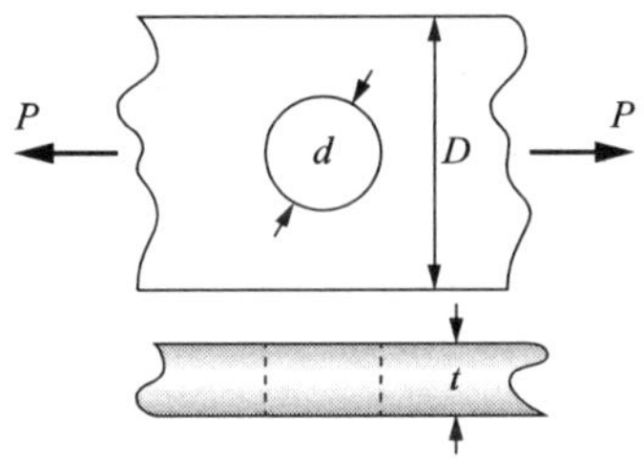	$\sigma_{\max} = \sigma_A = K_t \sigma_{nom}$, $\sigma_{nom} = P/[t(D-d)]$ $K_t = 3.000 - 3.140(d/D) + 3.667(d/D)^2 - 1.527(d/D)^3$ 여기서 $0 \le d/D \le 1$
(b) 굽힘하중 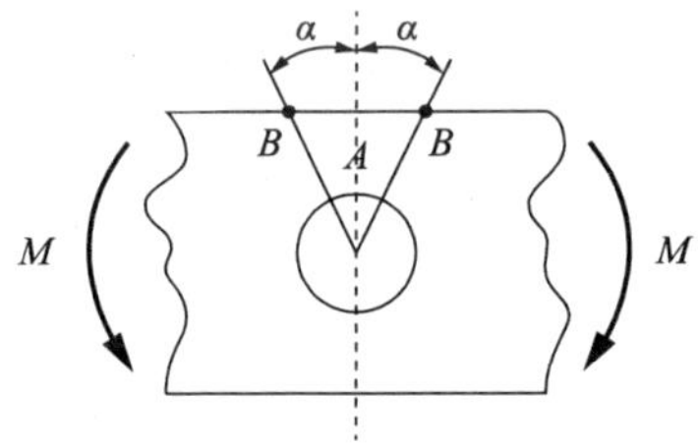	▪ 구멍의 가장자리에서, $\sigma_{\max} = \sigma_A = K_t \sigma_{nom}$, $\sigma_{nom} = 6Md/(D^3 - d^3)t$ $K_t = 2$(independent of d/D) ▪ 평판의 가장자리에서, $\sigma_{\max} = \sigma_B = K_t \sigma_{nom}$, $\sigma_{nom} = 6MD/(D^3 - d^3)t$ $K_t = 2d/D\,(\alpha = 30°)$

두께가 t인 평판에 구멍과 같은 불규칙 형상의 가장자리에서는 응력이 크게 증가한다.

$$K = \frac{\sigma_{\max}}{\sigma_{\min}}$$

5.12 전단중심(剪斷中心)

전단중심이란 가로방향 하중이 보에 작용했을 때 보가 비틀림 없이 굽혀질 수 있도록 힘을 가하는 작용점을 말한다. 2축 대칭축을 가지는 단면의 경우엔 도심에 가해지는 하중은 비틀림 없이 굽힘이 일어날 것이 당연히 유추되므로 이 경우엔 단면의 도심이 전단중심과 일치한다. 한편 한 개의 대칭축을 가지는 단면은 하중이 대칭축을 따라서 가해지면 비틀림이 일어나지 않으므로 이 경우도 전단중심이 된다.

이제 일반적인 단면의 모양인 비대칭인 경우를 대상으로 전단중심을 계산해 보도록 한다. 단면은 y-z 평면에 있는 경우를 고려한다. 우선 도심위치 C를 찾고 주 도심축 y와 z를 결정한 후 M을 M_y와 M_z로 분해하여 각각 해석을 수행한 후 중첩하는 과정을 따른다.

중립축이 x축과 일치할 때 굽힘응력은 축으로부터 수직으로 떨어진 거리 y에 비례한다.

$$\sigma_x = -\frac{My}{I}$$

수직대칭면이 있는 경우에는 $\tau = \dfrac{VQ}{It}$의 식을 적합하게 적용할 수 있다. 그러나 수직대칭면이 없는 경우에는 아래와 같이 비틀림이 일어나게 된다.

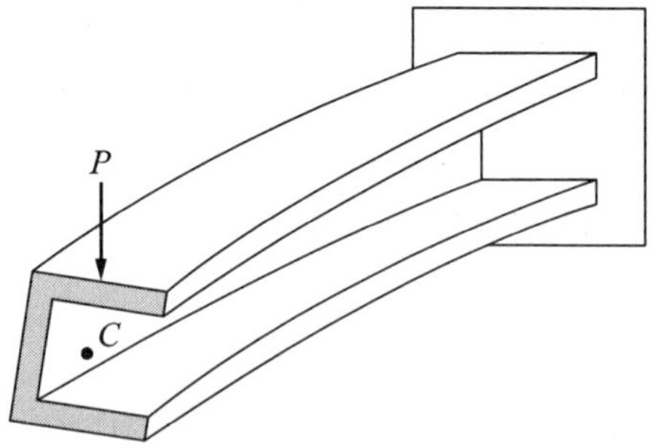

우리는 적당한 위치를 찾아서 P를 가함으로써 위 외팔보의 비틀림 현상을 막을 수 있다. 이 적당한 위치를 '전단중심'이라고 하며 보의 설계에 매우 중

요하다. 이 중심을 구하는 방법을 알아보자.

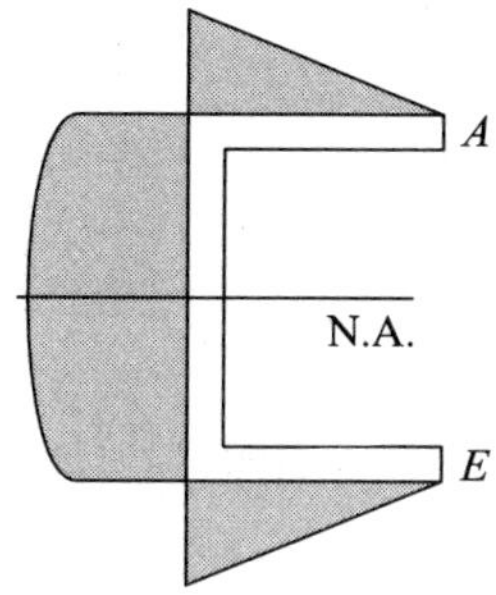

그림 5-15 단면에 작용하는 전단응력의 분포

앞의 그림에는 단면에 작용하는 전단응력의 분포와 크기를 보였다. 음영 처리된 삼각형 모양과 돔 모양의 높이는 채널을 따라서 전단응력의 위치별 크기를 나타낸다. 이 분포 때문에 채널의 각 팔에 작용하는 힘의 크기를 다음과 같이 계산할 수 있다.

$$dA = tds \text{이므로 } dF = \tau dA = \tau t ds = q ds = \frac{VQ}{I} ds$$

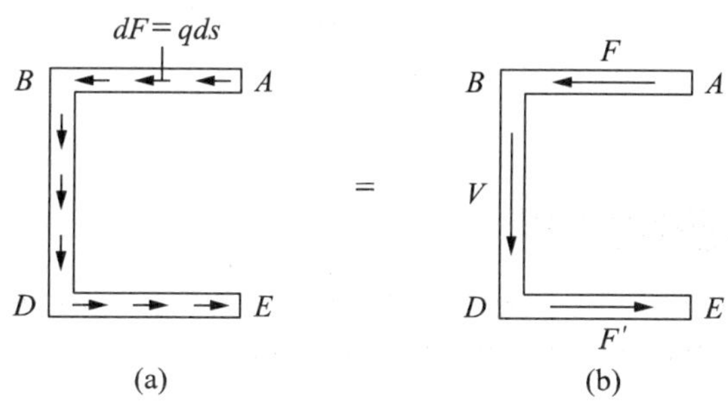

그림 5-16 채널에 작용하는 전단응력의 분포와 전단력

$$\text{플랜지에 작용하는 전단력 } F = \int_A^B q ds = \int_A^B \frac{VQ}{I} ds = \frac{V}{I}\int_A^B Q ds$$

$$\text{웹에 작용하는 전단력 } V = \int_B^D q ds = \int_B^D \frac{VQ}{I} ds = \frac{V}{I}\int_B^D Q ds$$

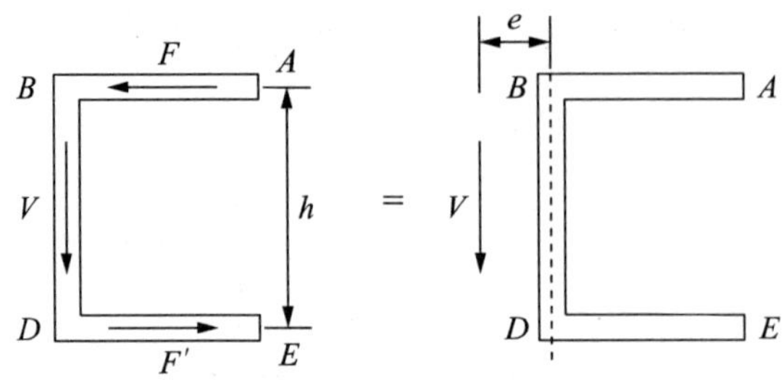

그림에서 e는 전단중심의 위치를 나타내며 등가 모멘트로부터 $Fh = Ve$로부터

$$e = \frac{Fh}{V}.$$

다음의 그림은 전단중심에 가해진 수직하중이 작용하는 동일 외팔보이다. 이 경우엔 비틀림 현상이 일어나지 않는다.

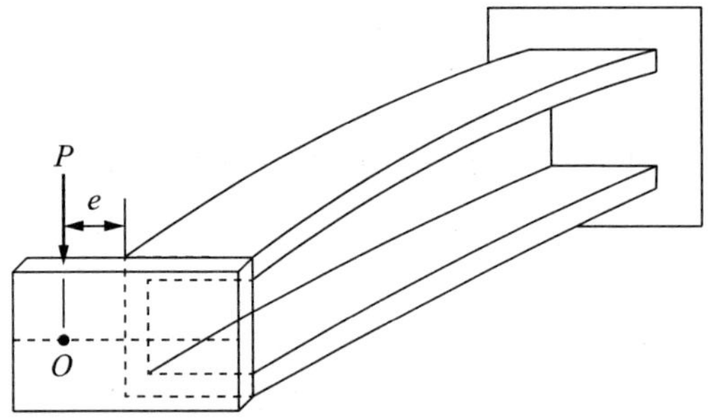

보기문제

문제에 주어진 보의 단면에서 전단중심 O의 위치를 계산하라. 보여진 단면의 치수는 $b = 100$, $h = 150$ mm, $t = 3$ mm이다.

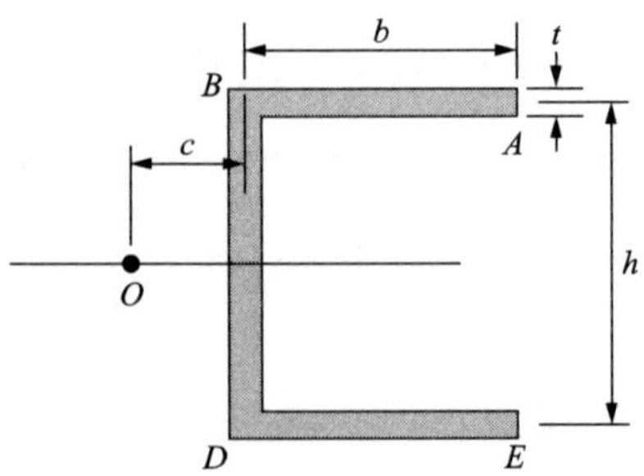

해설

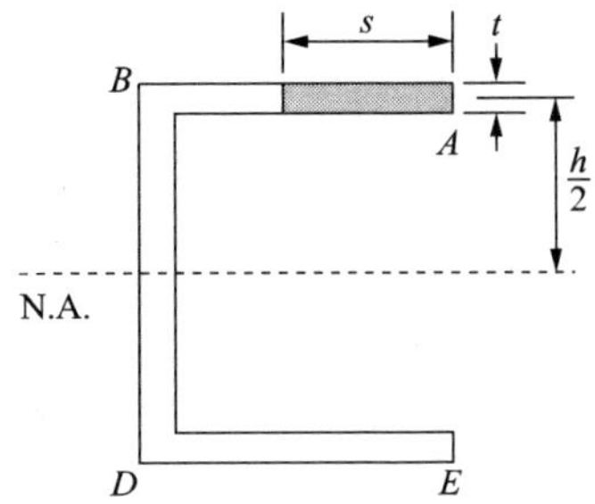

전단흐름 $q = \dfrac{VQ}{I} = \dfrac{V}{I}(st)(h/2) = \dfrac{Vhst}{2I}$

플랜지에 작용하는 힘 $F = \displaystyle\int_0^b q ds = \int_0^b \frac{Vhst}{2I} ds = \frac{Vhtb^2}{4I}$

전단중심 위치 $c = \dfrac{Fh}{V} = \dfrac{Vhtb^2}{4I}\dfrac{h}{V} = \dfrac{th^2b^2}{4I}$

여기서 $I = \dfrac{th^3}{12} + 2\left\{\dfrac{bh^3}{12} + bh\left(\dfrac{h}{2}\right)^2\right\} \approx \dfrac{th^3}{12} + \dfrac{tbh^2}{2} = \dfrac{th^2}{12}(6b+h)$

그러므로 $c = \dfrac{th^2b^2}{4}\dfrac{12}{th^2(6b+h)} = \dfrac{3b^2}{6b+h} = \dfrac{(3)(100)^2}{(6)(100)+(150)^2} = 40\ \text{mm}$

보기문제

그림에 주어진 단면에 전단력 V가 작용하고 있다. 이 단면에 작용하는 최대 전단응력의 크기를 계산하라.

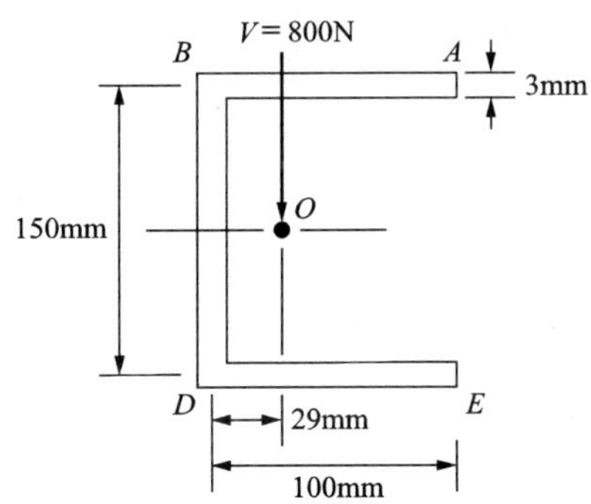

해설

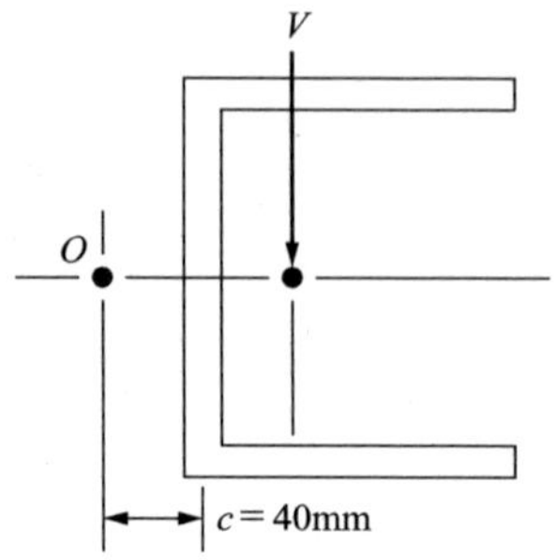

앞의 보기문제로부터 채널의 전단중심 위치는 수직면으로부터 40 mm 왼편의 O점이다.

이 문제에 주어진 V의 현재 위치는 전단중심이 아니므로 이 문제를 전단중심에 작용하는 V와 전단중심에서 현재의 전단력이 가해지는 위치의 거리를 팔의 길이로 하는 토크에 의한 응력의 분포문제로 각각 분해하여 해석한 후 결과를 중첩하면 원래의 주어진 문제 해를 얻게 된다. 다음 그림에는 이러한 방법이 도식화되어 주어져 있다.

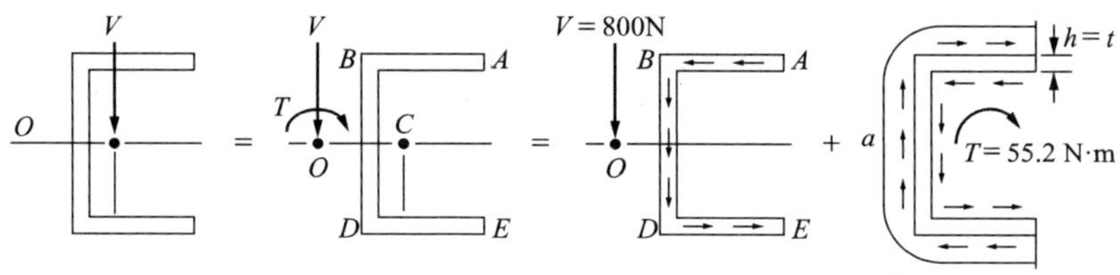

$T = (800\text{ N})(40\text{ mm} + 29\text{ mm}) = 55.2\text{ Nm}$

$(\tau_{\max})_V = 1.956\text{ MPa}$

$a = 0.1 + 0.15 + 0.1 = 0.350\text{ m}$

$$(\tau_{\max})_T = \frac{3T}{at^2} = \frac{(3)(55.2)}{(0.350)(0.003)^2}\text{ Pa} = 52.57\text{ MPa}$$

그러므로 $\tau_{\max} = (\tau_{\max})_V + (\tau_{\max})_T = 1.956 + 52.571 = 54.527\text{ MPa}$

다음의 그림에는 전단중심의 여러 가지 예(例)를 도시하였다.

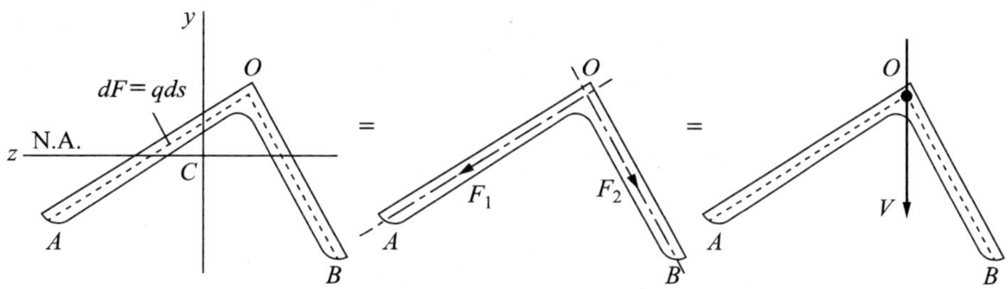

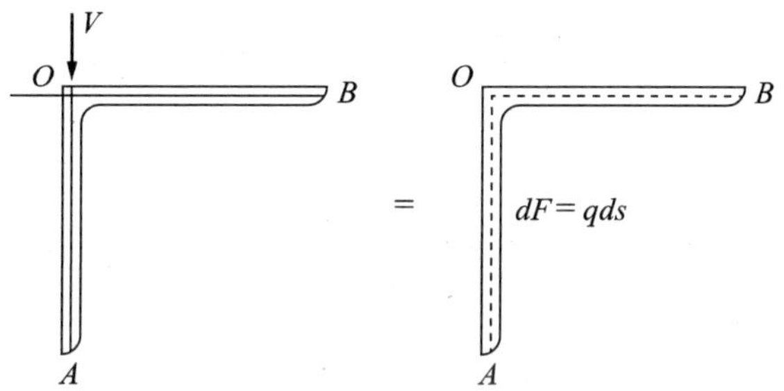

$$그림에서\ \ V = \int_O^A qds \ \ 그리고 \ \ \int_B^O qds = 0$$

단면이 얇은 벽으로 폐곡선이 아닌 열린 단면일 때 전단중심의 위치를 구하는 과정은 다음으로 요약된다.

① 굽힘이 주축 중에 하나에서 일어날 때 단면에 작용하는 전단응력
② 이들의 합력은 전단중심의 합력의 작용선상 위에 위치

두 개 주축의 굽힘만 고려하면 전단중심의 위치를 결정할 수 있다.

1. 채널단면

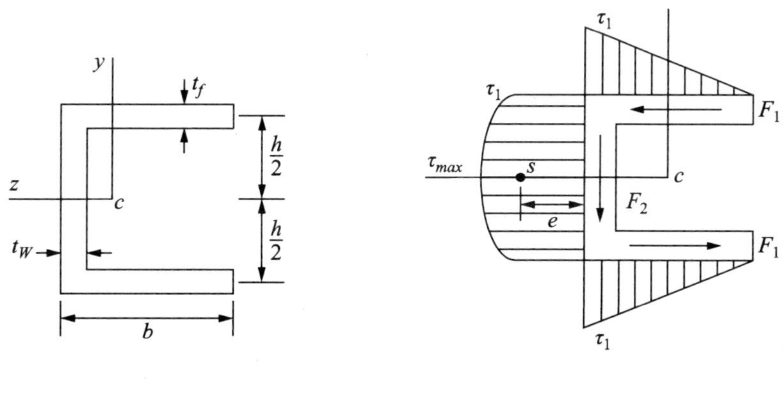

$$\tau_1 = \frac{V_y Q_z}{I_z t_W} = \frac{bhV_y}{2I_z} \qquad \tau_2 = \frac{V_y Q_z}{I_z t_W} = \frac{bt_f h V_y}{2I_z t_W}$$

중립축에서 면적의 1차 모멘트는

$$Q_z = \frac{bt_f h}{2} + \frac{t_W h}{2}\left(\frac{h}{4}\right) = \left(bt_f + \frac{ht_W}{4}\right)\frac{h}{2}$$

$$\tau_{\max} = \frac{V_y Q_z}{I_z t_W} = \left(\frac{bt_f}{t_W} + \frac{h}{4}\right)\frac{hV_y}{2I_z}$$

$$F_1 = \left(\frac{\tau_1 b}{2}\right)t_f = \frac{hb^2 t_f V_y}{4I_z} \qquad F_2 = \left(\frac{t_W h^3}{12} + \frac{bh^2 t_f}{2}\right)\frac{V_y}{I_z}$$

$I_z = \dfrac{t_W h^3}{12} + \dfrac{bh^2 t_f}{2}$ 이므로

$$F_2 = V_y$$

전단중심을 모멘트의 중심이라고 하면

$F_1 h - F_2 e = 0$ 으로부터 $e = \dfrac{F_1}{F_2}h = \dfrac{b^2 h^2 t_f}{4I_z} = \dfrac{3b^2 t_f}{ht_W + 6bt_f}$

2. 앵글단면

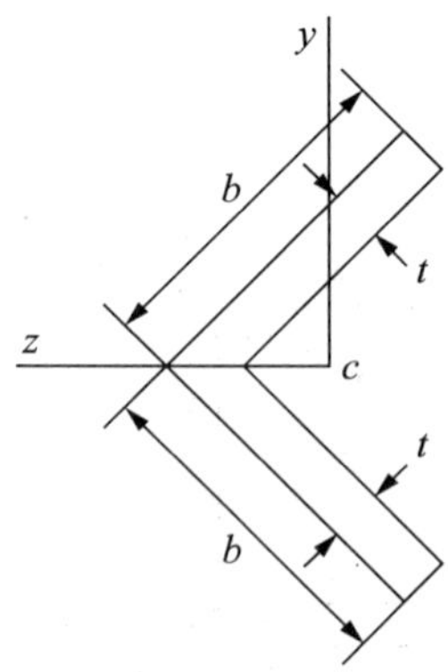

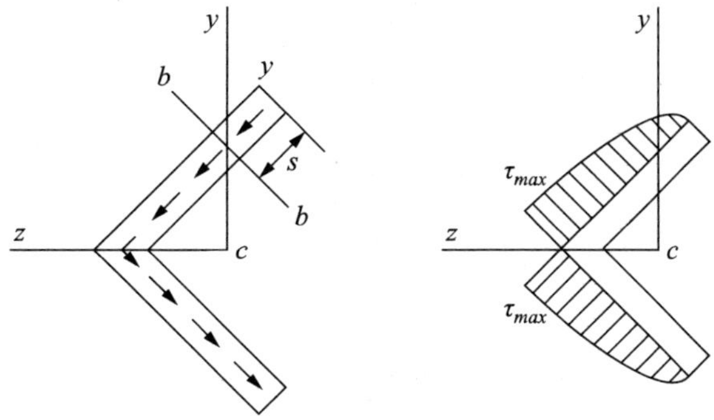

단면은 y축에 평행하게 작용하는 전단력 V_y를 받는다. 면적은 $A(s)=st$이고 중립축에서 면적도심까지는 $(b-s/2)/\sqrt{2}$이다.

$$Q_z = st\left(\frac{b-s/2}{\sqrt{2}}\right)$$

$$\tau = \frac{V_y Q_z}{I_z t} = \frac{V_y s}{I_z\sqrt{2}}\left(b-\frac{s}{2}\right)$$

$$I_{BB} = \frac{tb^3}{3}\sin^2\beta = \frac{tb^3}{3}\left(\frac{1}{\sqrt{2}}\right)^2 = \frac{tb^3}{6}$$

따라서 $\tau = \dfrac{6V_y s}{b^3 t\sqrt{2}}\left(b-\dfrac{s}{2}\right)$

$s=b$일 때 $\tau_{\max} = \dfrac{3V_y}{bt\sqrt{2}}$

각 변의 전단력 F는 (포물선 응력선도 면적) × (변의 두께)이므로

$$F = \frac{2}{3}(\tau_{\max})(t) = \frac{V_y}{\sqrt{2}}$$

힘 F의 수평(水平)성분은 상쇄되고, 수직성분 $\dfrac{F}{\sqrt{2}}$ 즉, $\dfrac{V_y}{2}$만 남는다.

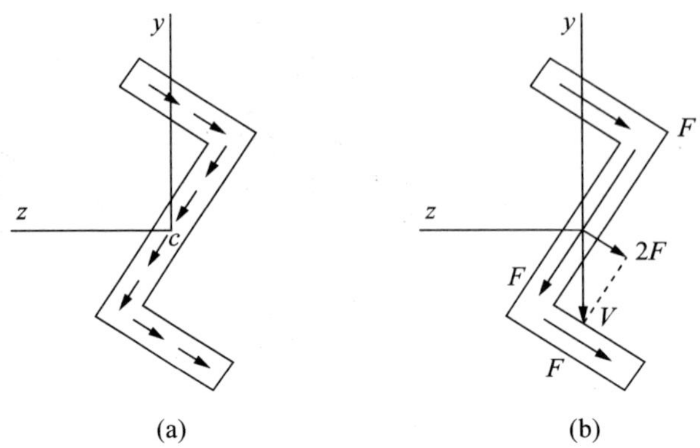

그림 5-17 Z형 단면

Z형 단면의 경우에는 전단중심과 도심의 위치는 동일하다.

Chapter 5 연습문제

01 두께가 얇은 실린더의 일부인 왼편 그림 P5-1의 단면에서 전단 중심의 위치를 결정하라.

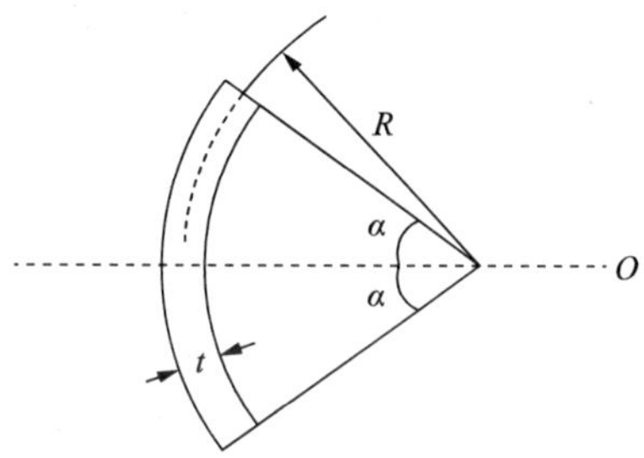

그림 P5-1

02 두 개의 압출된 보의 단면이 주어져 있다. 각 빔의 벽은 모두 0.25 in의 일정한 두께이다. 2500 lb 크기의 전단력이 아래쪽으로 작용하는 경우 각 보에서 작용하는 최대 전단응력의 크기를 계산하라.

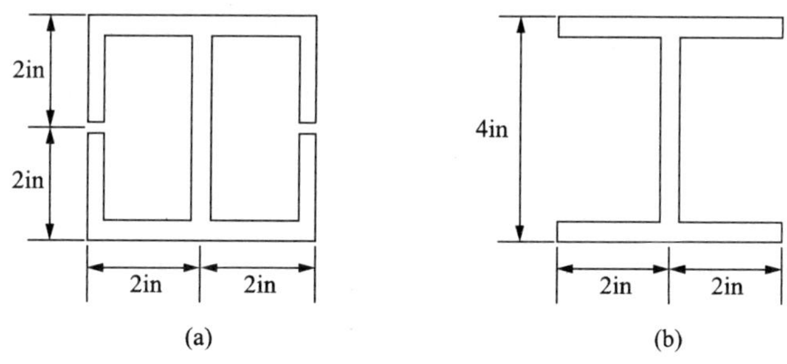

그림 P5-2

03 그림에 보인 벽이 얇은 파이프의 위치 A에서 작용하는 전단응력의 크기를 결정하라. 이 파이프에는 V 크기의 전단력이 전단중심에서 아래쪽으로 작용하고 있다.

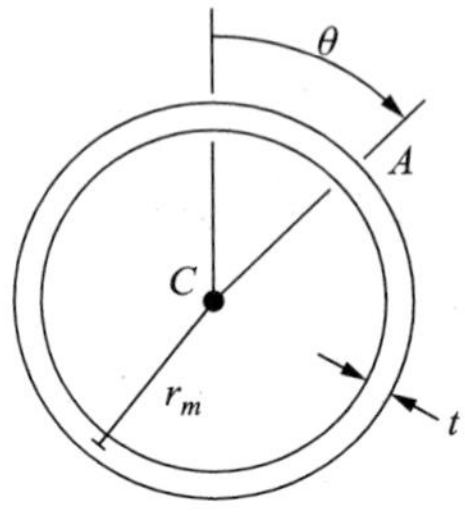

그림 P5-3

04 축방향을 따라서 절단된 벽이 얇은 튜브의 전단중심 위치를 구하라. 이 얇은 벽의 두께는 t이고 튜브의 반지름은 r이다.

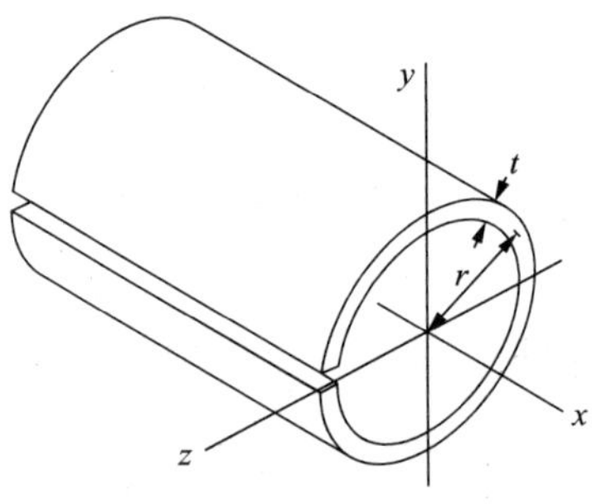

그림 P5-4

05 450 mm 너비와 2.2 m의 길이를 가진 띠모양 강철 소재(두께 2.5 mm)가 깊이 '150 mm × 폭 75 mm'의 직사각형 단면을 가진 보를 만들기 위하여 이용되었다. 이 사각 보를 그림 P5-5(a)에 보인 바와 같이 2.1 m 길이의 단순지지 보의 구조물로 중앙에 18 kN의 수직하중을 지탱한다. 아울러 그림 P5-5(b), (c), (d)에는 사각박스를 만들 수 있는 세 가지 용접방법이 제시되어 있다. 다음 물음에 답하라.

(1) 어떤 용접위치가 가장 안 좋은 경우인지 말하고 이유를 설명하라. 이 경우 용접선이 견뎌내야 하는 축방향 전단응력의 크기를 계산하라.

(2) 어떤 용접의 경우가 가장 좋은 경우인지 쓰고 이유를 설명하라.

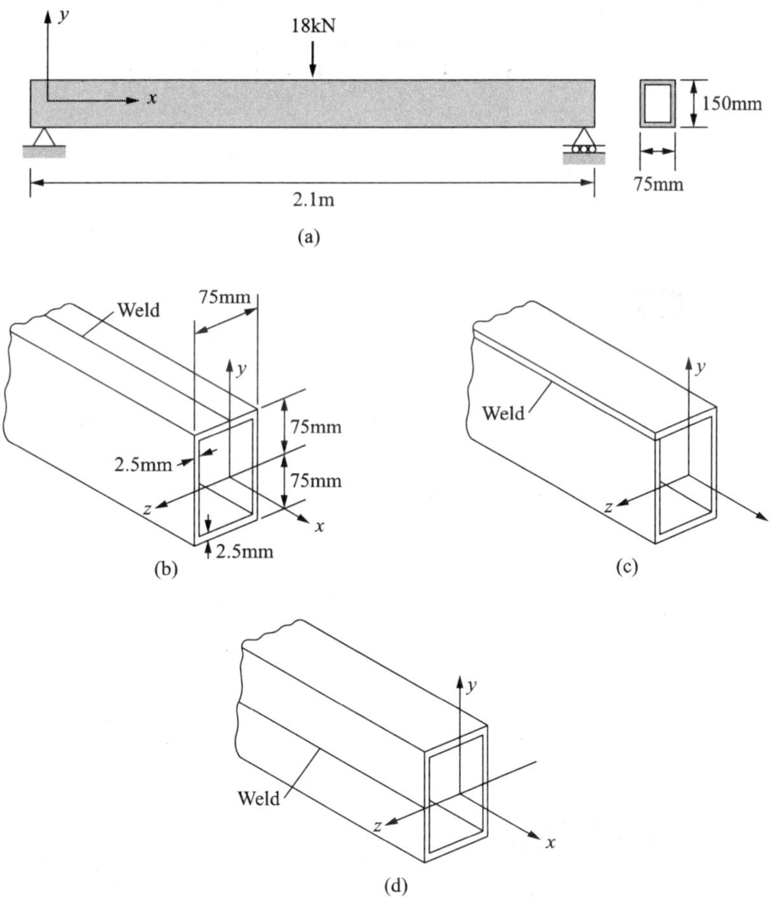

그림 P5-5

06 그림 P5-6(a)에서 채널은 세 개의 플라스틱판을 접착제로 붙여서 만들었다. 이 채널은 그림과 같이 두 개의 지지점에서 반력 R로 단순지지가 되어 있으며 보의 상판에는 2000 lb/ft의 균일하중이 가해지고 있다. 이러한 구조에서 접착제가 견디어야 하는 최대 전단응력을 계산하시오.

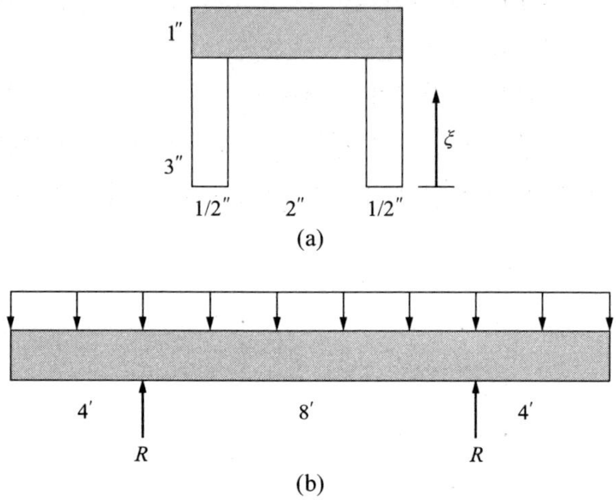

그림 P5-6

해설

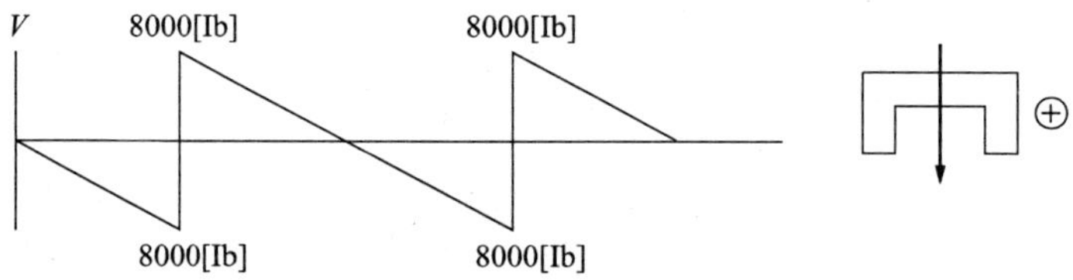

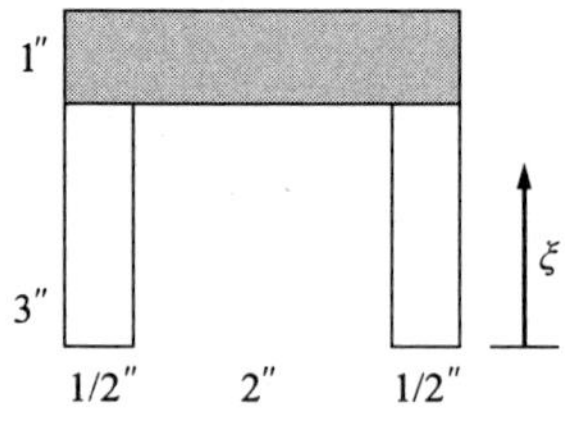

$$\bar{\xi} = \frac{(2)(3)(1/2)(3/2)+(3)(1)(7/2)}{(3)(1)+(2)(3)(1/2)} = 2.5 \text{ in}$$

$$I_{\text{NA}} = \left\{\frac{(3)(1)^3}{12}+(3)(1)(2.5-3.5)^2\right\}+(2)\left\{\frac{(1/2)(3)^3}{12}+\frac{1}{2}(3)(3/2-5/2)^2\right\}$$

$$= 8.5 \text{ in}^4$$

$$Q = A\bar{y} = (1)(3)(7/2-5/2) = 3 \text{ in}^3$$

한쪽의 전단흐름은

$$q = \frac{1}{2}\frac{VQ}{I} \text{이므로 } \tau_{\max} = \left(\frac{1}{2}\right)\frac{(8000)(3)}{(8.5)(0.5)} = 2823 \text{ psi}$$

07 아래의 그림 P5-7와 같이 얇은 벽의 실린더 단면의 한쪽이 절개되어 있다. 이러한 단면에 수직방향(↓)으로 O의 위치에 전단력이 가해질 때 단면에 형성되는 전단흐름(shear flow)을 그리고 전단중심의 위치(e)를 결정하시오.

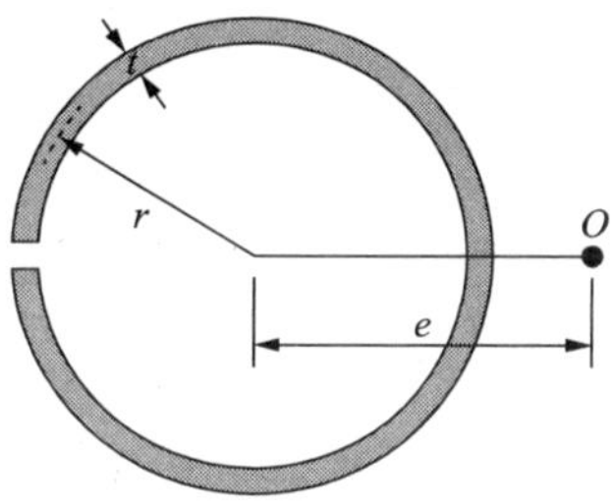

그림 P5-7

해설

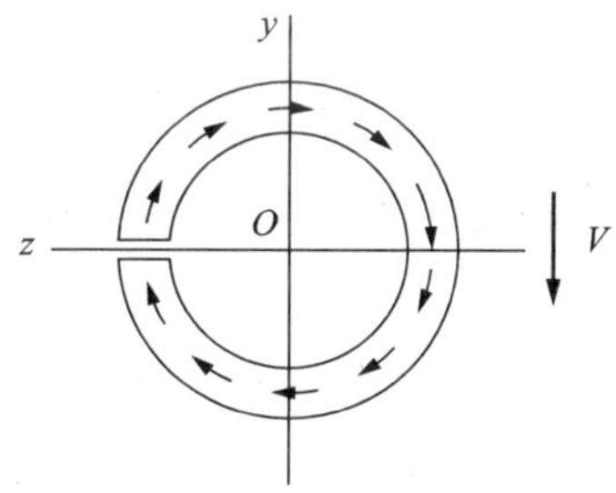

두께가 얇은 벽에 대한 2차 모멘트는 $I_z = \pi r^3 t$.

$$Q = \int_0^\theta y dA = \int_0^\theta r\sin\theta(trd\theta) = r^2 t(1-\cos\theta).$$

$$q = \frac{VQ}{I} = \frac{V}{\pi r}(1-\cos\theta).$$

$\sum M = 0$으로부터 $Ve = 2\int_0^\pi r(qrd\theta) = 2\int_0^\pi \frac{Vr}{\pi}(1-\cos\theta)d\theta = 2Vr.$

따라서 전단중심의 위치 $e = 2r$.

08 그림 P5-8은 박스형 보의 단면이다. 단면에 수직 방향(↓)으로 100 kN의 전단력이 전단중심에 가해질 때 단면에 형성되는 전단흐름을 그리고, 단면에 작용하는 최대 전단응력을 계산하시오.

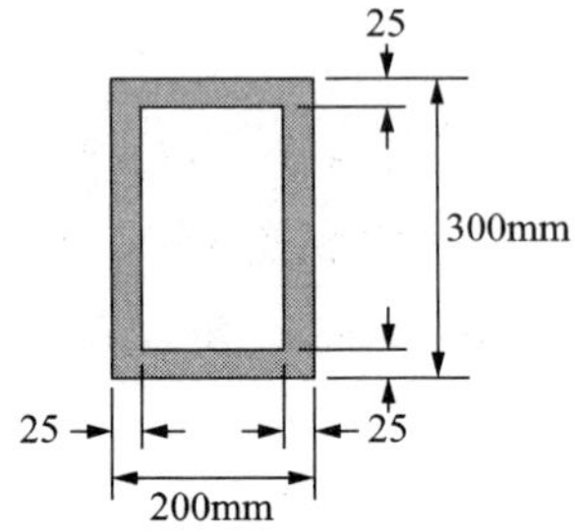

그림 P5-8

해설

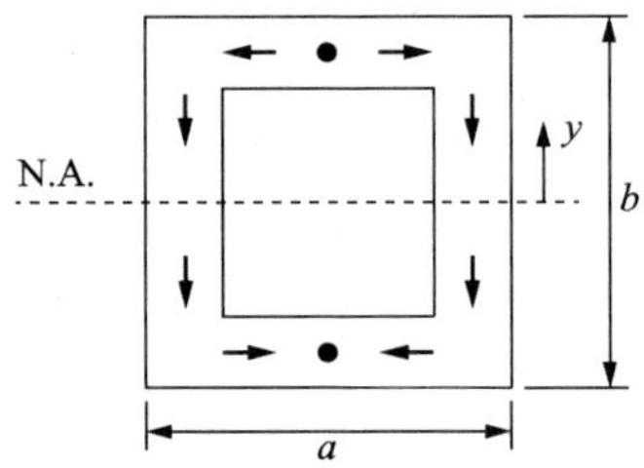

그림으로부터 $t = 25\,\text{mm}$, $a = 200\,\text{mm}$, $b = 300\,\text{mm}$, $V = 100\,\text{kN}$.

전단응력은 중립축 위치에서 최대값이 되므로 $\tau_{\max} = \dfrac{1}{2}\dfrac{VQ_{\max}}{It}$ 로부터 최대 전단응력을 계산할 수 있다.

중립축 상부의 부분면적에 대하여 도심의 위치 $\bar{y}$는

$$\bar{y} = \frac{(a)(b/2)(b/4) - (a-2t)(b/2-t)(b/2-t)(1/2)}{(a)(b/2) - (a-2t)(b/2-t)}$$

$$= \frac{(200)(150)(75) - (150)(125)(125)(125)(1/2)}{(200)(150) - (150)(125)} = 95.83\,\text{mm}$$

$$Q_{\max} = A\bar{y} = \{(200)(100) - (150)(125)\}(95.83) = 1{,}078{,}125\,\text{mm}^3$$

$$I = \frac{ab^3}{12} - \frac{(a-2t)(b-2t)^3}{12} = \frac{(200)(300)^3}{12} - \frac{(150)(250)^3}{12}$$

$$= 254{,}687{,}500\,\text{m}^4$$

최대 전단응력의 식에 위의 결과들을 대입하면

$$\tau_{\max} = \frac{1}{2}\frac{VQ_{\max}}{It} = 8.47\,\text{MPa}$$

09 횡방향 하중을 받는 구조물에서 전단흐름 및 전단응력이 발생하는 이유와 계산방법의 타당성 및 전단중심 등을 아는 대로 논하시오.

해설

보가 횡방향 하중을 받는 경우에는 서로 다른 위치에 있는 임의 단면에서 하중으로부터 떨어진 팔의 길이가 다르기 때문에 다른 굽힘모멘트가 작용하고 이에 따라서 서로 다른 단면에서 상대적으로 같은 위치의 굽힘응력 분포가 다르다. 서로 다른 굽힘응력 분포 때문에 부분 단면을 갖는 임의의 축방향 길이 Δx의 자유물체도를 그리면 자유물체의 축방향 힘의 평형을 위하여 전단력 H가 존재해야 한다. 즉, H를 보의 길이 Δx로 나누면 $H/\Delta x$는 전단흐름 q가 된다. 전단흐름 q를 보의 폭 t로 나누면 전단응력 τ를 계산할 수 있다.

횡하중에 의하여 임의의 단면에는 전단력(V)가 작용한다. 일반적인 단면의 모양에서 전단력은 단면의 비틀림을 유발시키므로 이를 상쇄시킬 수 있는 반대방향의 토크를 만들 수 있는 전단력의 작용점 위치를 '전단중심'이라고 한다. 즉, 전단중심에 전단력(V)가 작용하면 보의 단면에는 비틀림 현상이 없다.

10 그림 P5-10에 보인 바와 같이 하중을 받는 탄성고체의 점 P에서 x-y축을 기준으로 작용하는 응력(σ_{xx}, σ_{yy}, σ_{xy})을 구하라.

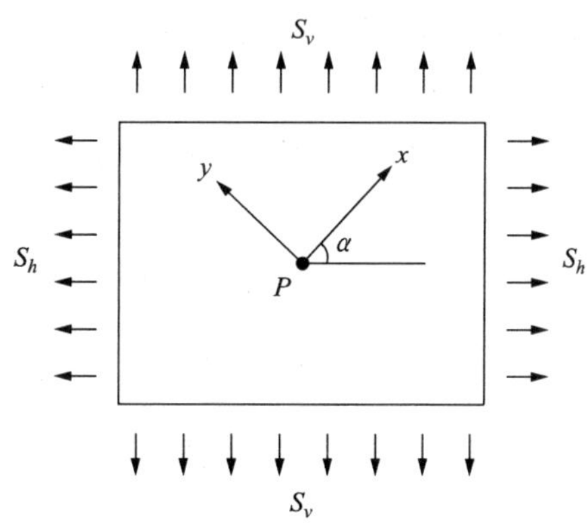

그림 P5-10

해설

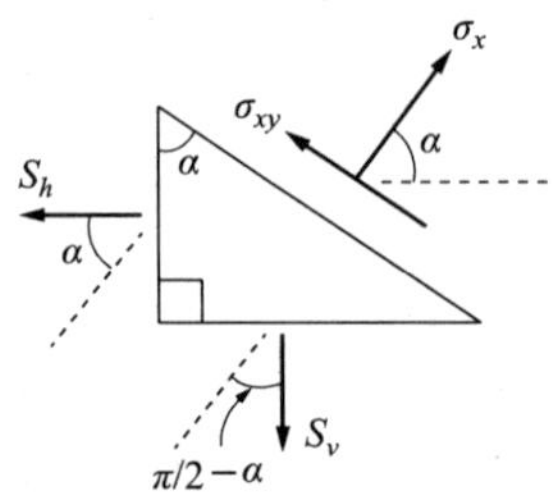

그림에는 한 변의 길이가 '1'인 직각 이등변 삼각형(두께 1)에 작용하는 응력 및 하중이 있다. 삼각형에서 x방향으로 힘의 평형조건은

$$\sum F_x = \sigma_x(1) - S_h(\cos\alpha)^2 - S_v(\sin\alpha)^2 = 0.$$

그러므로 $\sigma_x = S_h\cos^2\alpha - S_v\sin^2\alpha$

y방향의 힘의 조건으로부터

$$\sum F_y = \sigma_{xy}(1) + S_h(\cos\alpha)(\sin\alpha) - S_v(\sin\alpha)(\cos\alpha) = 0.$$

$$\sigma_{xy} = (-S_h + S_v)\cos\alpha\sin\alpha = \left(\frac{-S_h + S_v}{2}\right)\sin 2\alpha.$$

y축은 x축으로부터 반시계방향으로 90°만큼 회전하면 되므로

$$\sigma_y = \sigma_x(\alpha+90°) = S_h\cos^2(\alpha+90°) - S_v\sin^2(\alpha+90°)$$
$$= S_h\sin^2\alpha - S_v\cos^2\alpha$$

11 그림 P5-11에 구조물은 재질과 단면적이 같은 막대로 구성되었다. 각 막대의 단면적은 20 mm^{2}이고 탄성계수 $E = 40$ GPa이다. 그림과 같이 하중이 B에 3 kN의 크기로 작용할 때, 점 B가 움직이는 수직거리를 계산하시오.

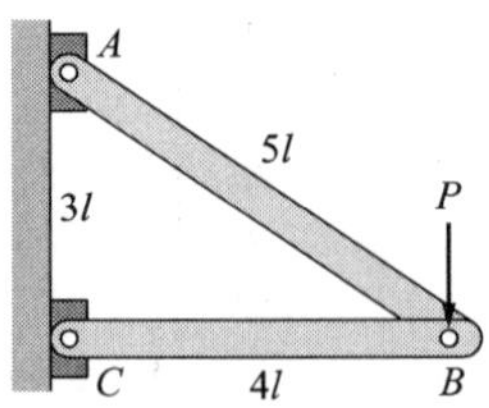

그림 P5-11

해설

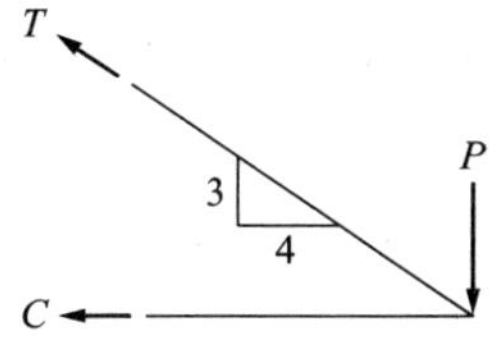

구조는 그림과 같이 두 개의 이력부재로 구성되어 있다. 각 부재의 변형량은 $\delta = \dfrac{Pl}{EA}$로 계산될 수 있다. 수직방향 힘의 평형으로부터 $\dfrac{3}{5}T = P$이므로 인장하중 $T = \dfrac{5}{3}P$. 수평방향 힘의 평형으로부터 압축하중 $C = \dfrac{4}{5}T = \left(\dfrac{4}{5}\right)\left(\dfrac{5}{3}\right)P = \dfrac{4}{3}P$.

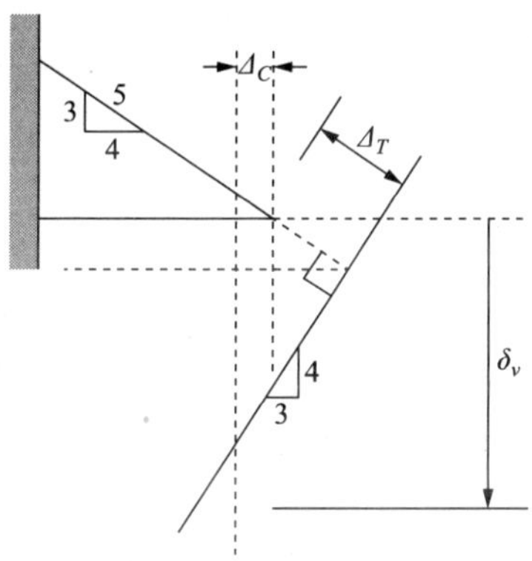

점 B의 수직이동거리가 작을 때 그림으로부터 근사값을 얻을 수 있다. Δ_T와 Δ_C가 인장부재와 압축부재의 변형량이라면 그림의 기하학적 조건으로부터 B의 수직이동거리는 다음과 같다.

$$\delta_v = \Delta_T\left(\frac{3}{5}\right) + \left\{\Delta_C + \Delta_T\left(\frac{4}{5}\right)\right\}\left(\frac{4}{3}\right).$$

한편, $\Delta_T = \dfrac{Tl_T}{EA} = \dfrac{\left(\dfrac{5}{3}P\right)(5)}{EA} = \dfrac{3P}{25EA}$이고 $\Delta_C = \dfrac{Cl_C}{EA} = \dfrac{\left(\dfrac{4}{3}P\right)(4)}{EA} = \dfrac{3P}{16EA}$이다.

또한, $\dfrac{P}{EA} = \dfrac{3000}{(20\times10^{-6})(40\times10^{9})} = 3.75\times10^{-3}$을 대입하면

$$\delta_v = \frac{P}{EA}\left\{\left(\frac{25}{3}\right)\left(\frac{3}{5}\right) + \left(\frac{16}{3}\right)\left(\frac{4}{3}\right) + \left(\frac{25}{3}\right)\left(\frac{4}{5}\right)\left(\frac{4}{3}\right)\right\} = 78.75\,\text{mm}.$$

12 그림 P5-12에는 비선형(非線形) 탄성 막대가 강체 벽면 A와 B 사이에 고정된 구조가 있다. 벽 사이의 막대에는 길이가 'e'인 강체 막대가 부분적으로 삽입되어 있다. 막대의 단면적은 'A'이고 재료는 응력과 변형률 사이의 관계가 $\sigma = K\epsilon^n$이라고 한다. 그림의 강체 위치에 축하중 P가 작용할 때 벽면에서 작용하는 반력을 계산하시오.

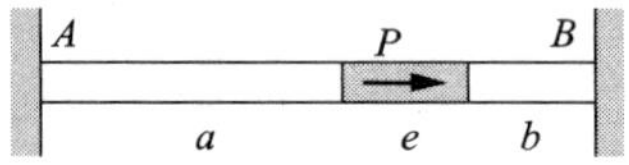

그림 P5-12

해설

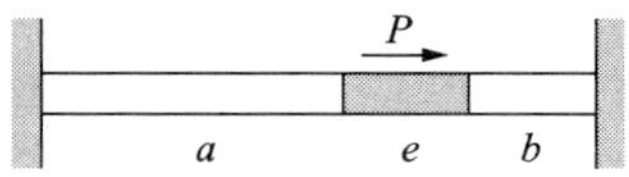

재료의 구성방정식 $\sigma = K\epsilon^n$ 으로부터

$$\epsilon_a = \frac{\delta_a}{a} = \left(\frac{\sigma_a}{K}\right)^{\frac{1}{n}} \text{ 그리고 } \epsilon_b = \frac{\delta_b}{b} = \left(\frac{\sigma_b}{K}\right)^{\frac{1}{n}}.$$

강체 사이에 설치되어 있으므로 인장량과 압축량은 같아야 한다. 따라서 $\delta_a = \delta_b$. $a\left(\frac{\sigma_a}{K}\right)^{\frac{1}{n}} = b\left(\frac{\sigma_b}{K}\right)^{\frac{1}{n}}$ 을 정리하면 $\frac{\sigma_a}{K} = \left(\frac{b}{a}\right)^n \frac{\sigma_b}{K}$가 되며 양변에 단면의 크기를 곱하면 $R_a = \left(\frac{b}{a}\right)^n R_b$. 그리고 힘의 평형으로부터 $R_a + R_b = P$를 만족해야 한다. 이 두 식으로부터 반력을 구할 수 있다.

$$R_a = \frac{\left(\frac{b}{a}\right)^n P}{1 + \left(\frac{b}{a}\right)^n} \text{ 그리고 } R_b = \frac{P}{1 + \left(\frac{b}{a}\right)^n}$$

13 그림 P5-13에 보인 사각 단면의 z축에 대한 2차 단면모멘트(I_{zz})의 값을 결정하라.

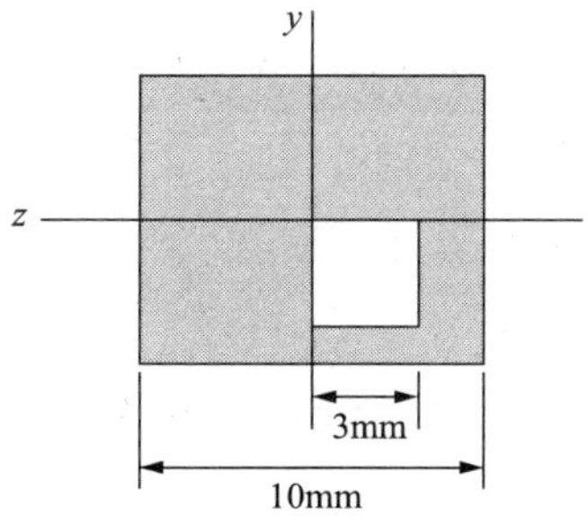

그림 P5-13

14 병아리가 알을 안쪽에서 깨고 나오기는 쉬우나 밖에서 깨고 들어가기는 어려운 이유를 설명하여 보시오.

해설

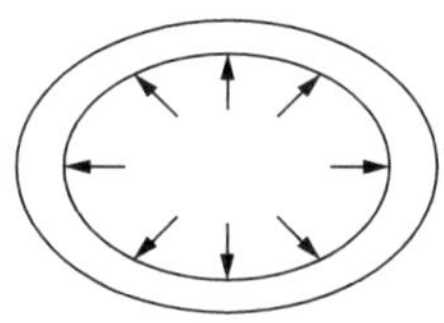

내부의 압력을 받는 경우에 알의 껍질은 인장응력을 받는다.

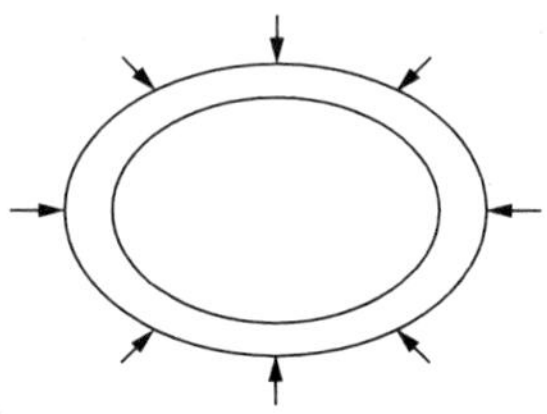

그러나 외부의 압력을 받는 경우에 알의 껍질은 압축응력을 받는다.
한편, 알의 껍질은 취성재료 특성을 보인다. 취성재료는 인장강도에 비하여 압축강도가 월등히 높다. 따라서 달걀의 경우 안쪽에서 깨고 나오기는 쉽지만 바깥의 충격에는 강하다.

15 그림 P5-15(a)와 (b)의 단면을 가진 보에 3 kNm 굽힘하중이 가해지고 있다. 각 보의 중립면이 힘을 받은 후 이루는 곡면의 반지름을 계산하시오. 그림 P5-15(a)의 경우에 재료의 탄성계수는 100 GPa이고 그림 P5-15(b)의 경우에는 두 개의 서로 다른 재료로 단면이 구성되어 있는데 ①번 재료는 400 GPa이고 ②번 재료는 100 GPa이다.

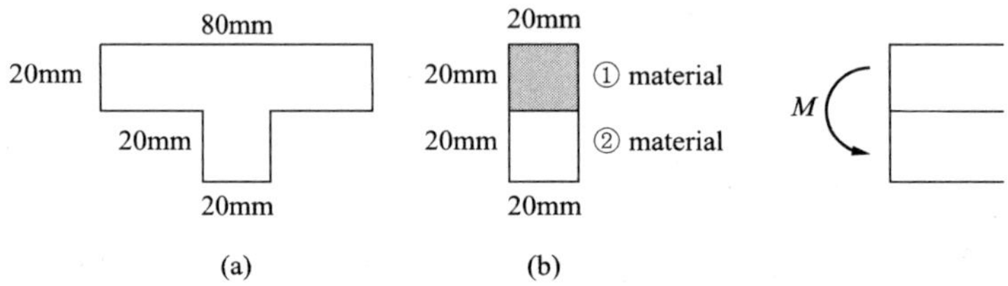

그림 P5-15

해설

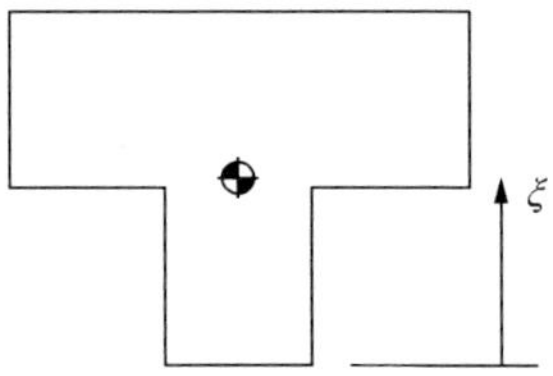

그림에서 단면의 중심을 구해보자.

$$\bar{\xi} = \frac{A_1\bar{\xi_1} + A_2\bar{\xi_2}}{A_1 + A_2} = \frac{(80)(20)(30) + (20)(20)(10)}{(80)(20) + (20)(20)} = 26\ \mathrm{mm}$$

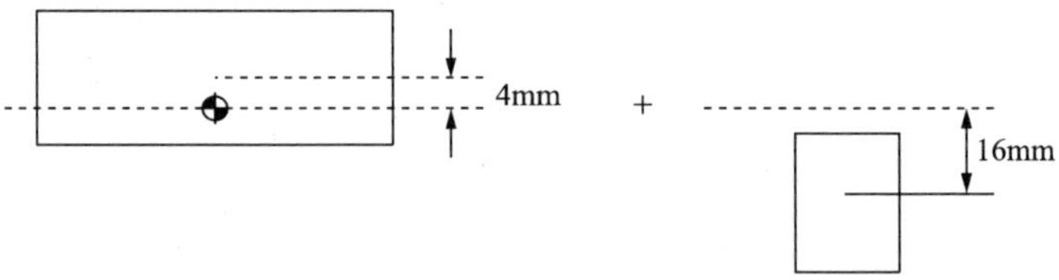

단면의 2차 모멘트를 계산하면

$$I = \sum_{i=1}^{2}\left\{\left(\frac{bh^3}{12}\right)_i + (bh)_i \bar{y}_i^2\right\}$$

$$= \left\{\frac{(80)(20)^3}{12} + (80)(20)(4)^2\right\} + \left\{\frac{(20)(20)^3}{12} + (20)(20)(16)^2\right\}$$

계산하면 $I = 194{,}667\ \mathrm{mm}^4 = 1.947 \times 10^{-7}\ \mathrm{m}^4$

(a) 중립축의 곡률반경 ρ를 계산하면

$$\rho = \frac{EI}{M} = \frac{(100 \times 10^9)(1.947 \times 10^{-7})}{3000} = 6.49\ \mathrm{m}.$$

(b) 100 GPa의 재료로 단면전체를 다음과 같이 변환시킨다.

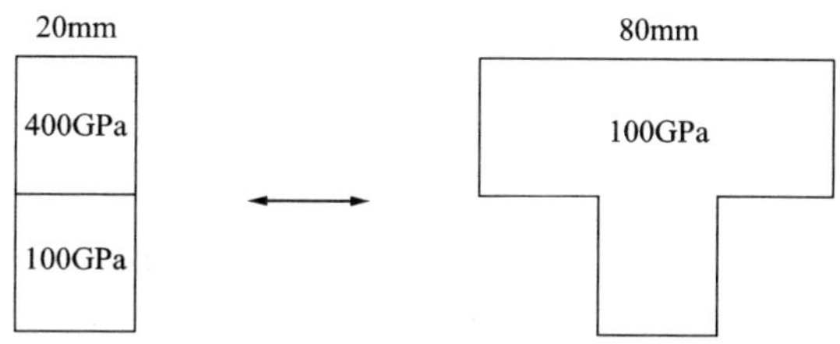

굽힘모멘트에 의한 변형률의 분포는 같으므로 변환 전과 변환 후의 곡률반경도 같아야 한다. 따라서

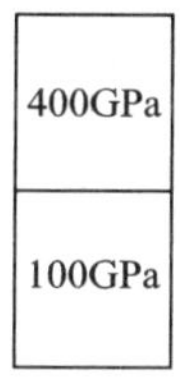

복합 단면의 곡률반경의 크기는 (a)과 같이 $\rho = 6.49\ \mathrm{m}$이다.

16 단면의 크기가 35×300 mm인 판재는 설계상 최대 허용응력이 $\sigma_{max} = 8$ MPa이고 탄성계수는 $E = 11$ GPa인 재료로 만들어져 있다. (1) 이 판재에 안전하게 가해질 수 있는 최대 모멘트의 크기를 계산하라. (2) 같은 재료로 만들어진 단면이 35×35 mm의 정사각형인 한 개의 빔으로 (1)의 판재를 굽힘하중을 높이기 위하여 보강하려고 한다. 사용 중인 재료에 가능한 한 작은 인장응력이 작용하도록 하려면 판재의 어느 곳에 정사각형 빔을 부착시키는 것이 유리한지 붙인 후 단면의 모양을 그리시오.

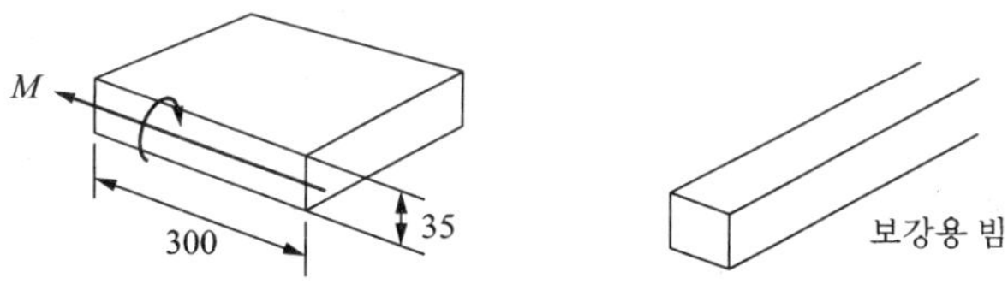

그림 P5-16

해설

(1)

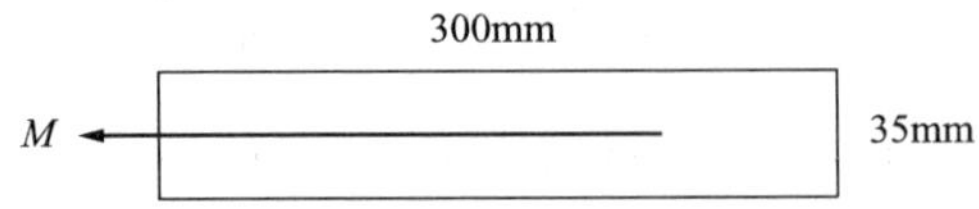

주어진 단면에서 재료가 허용하는 응력을 초과하지 않는 최대 모멘트의 크기를 다음과 같이 계산하자.

$$I = \frac{(300)(35)^3}{12} = 1{,}071{,}875\ \mathrm{mm}^4 = 1.072 \times 10^{-6}\ \mathrm{m}^4$$

$$\sigma = \frac{My}{I} \le \sigma_{\max} = \frac{M_{\max} c}{I}$$

$$M_{\max} = \frac{\sigma_{\max} I}{c} = \frac{(8\times 10^6)(1.072\times 10^{-6})}{(35/2)(10^{-3})} = 490\ \mathrm{Nm}$$

(2) 보강재를 부착 후 단면의 모양이 2차 모멘트(I)가 최대가 되도록 위치를 정하면 된다.

17 굽은 직사각형 단면을 갖는 막대의 평균 반경 $r = 100$ mm, 단면의 폭 $b =$ 50 mm, 높이 $h = 25$ mm이다. 단면의 중심과 중립축 사이의 거리 'e'를 계산하라. 막대에서 굽힘모멘트 $M = 500$ Nm일 때 단면에 작용하는 최대인 장응력을 계산하시오. 다음의 식은 곡률이 있는 보에서 굽힘응력을 계산하는 식이다.

$$\sigma_x = -\frac{My}{Ae(R-\bar{r})}$$

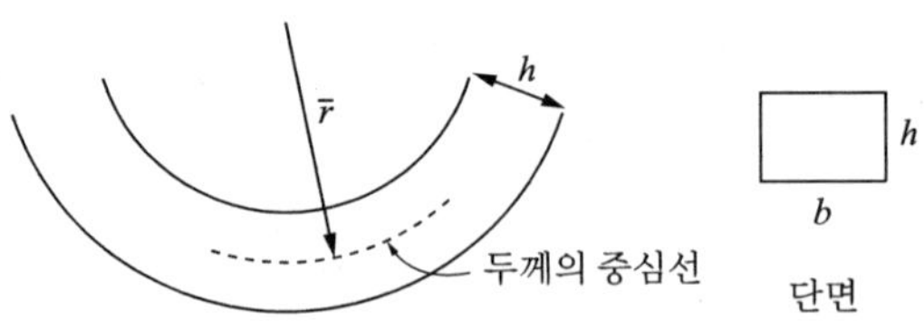

그림 P5-17

해설

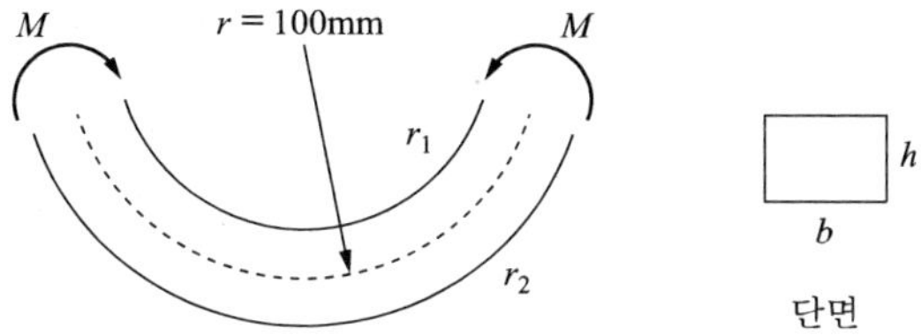

모멘트 $M = 500$ Nm가 작용하는 곡률이 있는 모멘트의 식 $\sigma_x = -\dfrac{My}{Ae(R-\bar{r})}$을 사용하자.

중립축의 거리 R은

$$R = \frac{A}{\int \frac{1}{r} dA} = \frac{bh}{\int_{r_1}^{r_2} \frac{bdr}{r}} = \frac{h}{\ln\frac{r_2}{r_1}} = \frac{25}{\ln\frac{100-12.5}{100+12.5}} = 99.477\ \mathrm{mm}$$

편심량 $e = \bar{r} - R = 100 - 99.477 = 0.523\ \mathrm{mm}^2$.

면의 면적 $A = bh = (50)(25) = 1250\ \mathrm{mm}^2$

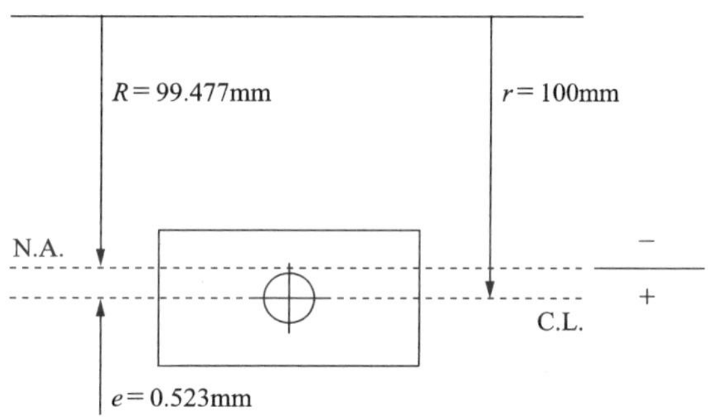

최대 인장응력은 $\sigma_{\max} = \dfrac{M(r_2 - R)}{Aer_2} = 88.5\ \mathrm{MPa}$

18 그림 P5-18에 보여진 단면에 z축과 45°의 방향으로 모멘트가 가해지고 있다. 중립면의 위치를 단면의 그림에 표시하시오.

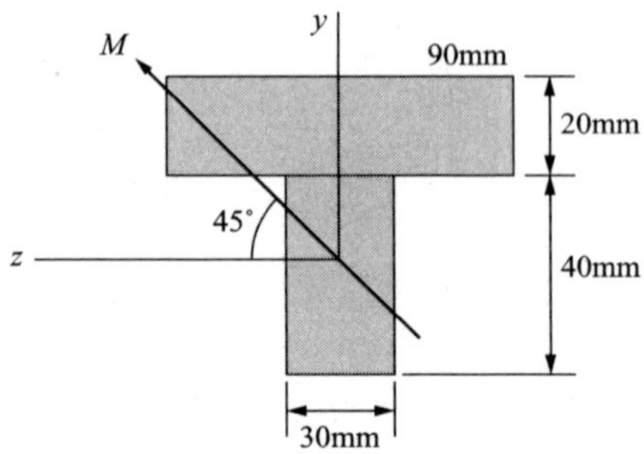

그림 P5-18

해설

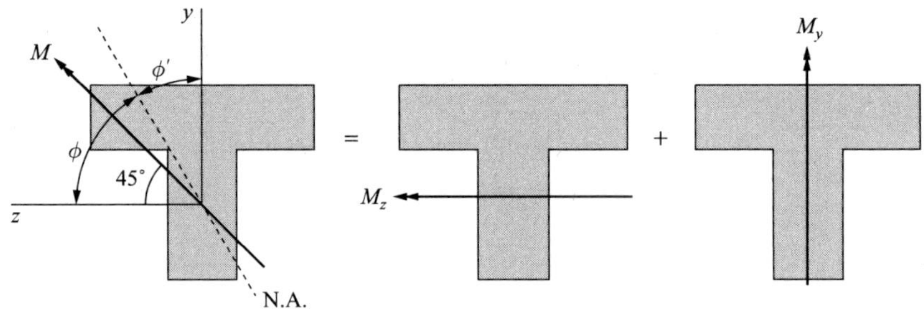

$M_y = M\sin 45°$ 그리고 $M_z = M\cos 45°$.

또한 $I_y = 1.305 \times 10^{-6}\,\mathrm{m}^4$이고 $I_z = 868 \times 10^{-9}\,\mathrm{m}^4$이다.

두 모멘트 성분으로부터 굽힘응력을 계산하여 중첩하면 다음의 식으로 된다.

$$\sigma_x = -\frac{M_z y}{I_z} + \frac{M_y z}{I_y}$$

중립축의 정의 때문에 $\sigma_x = 0$은 중립면의 식을 다음과 같이 계산한다.

$$z = \left(\frac{M_z}{M_y}\right)\left(\frac{I_y}{I_z}\right)y = \left(\frac{\cos 45°}{\sin 45°}\right)\left(\frac{1.305}{0.868}\right)y = 1.50346y$$

중립면이 단면의 y축과 이루는 각은 $\dfrac{dz}{dy} = 1.50346 = \tan\phi'$ 으로부터 $\phi' = 56.37°$.

또한 z축과 이루는 각은 보각이므로 $\phi = 90° - \phi' = 33.63°$.

19 반지름이 100 mm이고 두께가 10 mm인 원판에는 반지름이 10 mm인 작은 원판모양의 구멍이 그림과 같이 편심되어 뚫려 있다. 사용된 재료는 탄성계수가 $E = 10$ GPa, 포와송의 비는 $\nu = 0.1$이라고 한다. 이 원판이 100기압의 압력환경에 놓여 있을 때 변형 후의 모양을 간략하게 스케치하고 중요한 치수를 표시하라. (1기압 = 약 100 kPa)

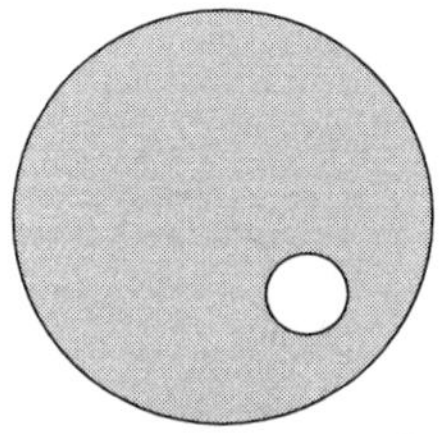

그림 P5-19

해설

기압 $P = 100\ \text{atm} \approx 10\ \text{MPa}$.

$\sigma_r = \sigma_\theta = \sigma_z = -10\ \text{MPa}$이므로 또한 $\sigma_x = \sigma_y = \sigma_z = -10\ \text{MPa}$.

$\epsilon_x = \dfrac{1}{E}\{\sigma_x - \nu(\sigma_y + \sigma_z)\} = \dfrac{-P + 2\nu P}{E} = -\dfrac{P(1-2\nu)}{E} = -0.8 \times 10^{-3} = \dfrac{\Delta R}{R}$이므로

$R' = \Delta R + R = R(1 + \epsilon_x) = 99.92\ \text{mm}$.

$r' = \Delta r + r = r(1 + \epsilon_x) = 9.992\ \text{mm}$.

$t' = \Delta t + t = t(1 + \epsilon_x) = t(1 + \epsilon_z) = 9.992\ \text{mm}$.

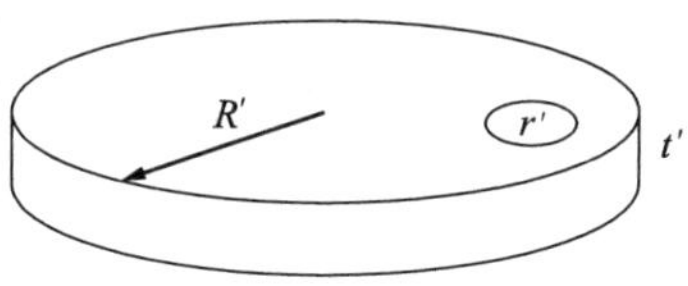

따라서 위의 변형 후 스케치의 치수는 (R', r', t')의 값을 가진다.

20 산업혁명 이전의 다리모양은 대부분 아치모양의 그림 P5-20(a)와 같이 만들어졌으나 현대의 다리들은 그림 P5-20(b)와 같이 편평한 모양을 많이 볼 수 있다. 역학적인 이유가 있는지 설명하여 보아라.

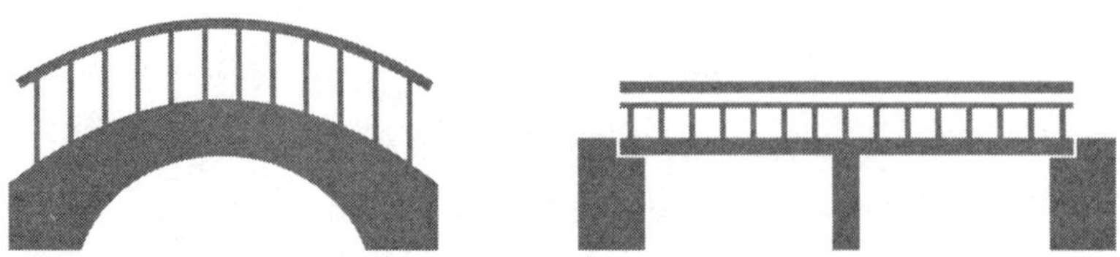

(a) (b)

그림 P5-20

해설

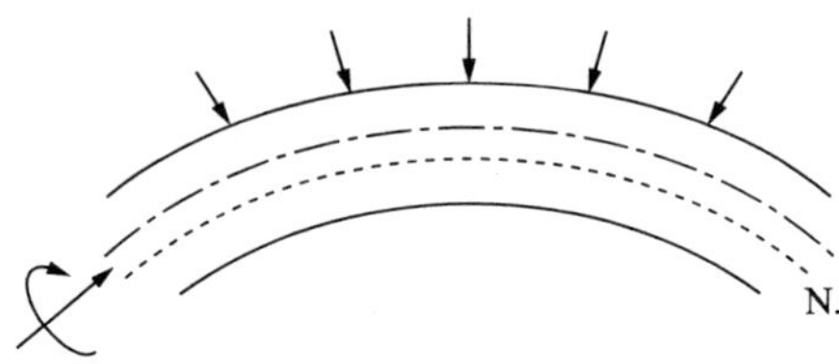

철근 콘크리트는 산업혁명 이후의 신소재이다. 콘크리트는 압축하중에 강하지만 인장하중에는 상대적으로 약하므로 철근 콘크리트는 철근을 인장하중 보강용으로 설계된 복합소재이다. 아치 형상은 중립축의 위치가 곡률반경의 중심으로 이동하므로 아치형상을 이루는 재료는 압축하중이 주된 하중을 지지하면 된다. 따라서 인장에 약한 소재로도 다리를 건설할 수 있다. 평평한 다리는 압축은 물론 인장하중을 지지해야 하므로 취성재료만으로 다리를 건설할 수 없다.

21 두 개의 황동 띠(brass strips, 두께 $t = 6$ mm)가 30 mm×30 mm의 정사각형 단면을 갖는 알루미늄 보에 용접되어 있다. 이 복합 빔(composite beam)이 수평축 방향으로 굽힘모멘트를 받고 있을 때 아래의 주어진 재료를 이용하여 작용할 수 있는 최대 굽힘모멘트의 크기를 결정하시오.

	알루미늄	황동
탄성계수	70 GPa	105 GPa
허용응력	100 MPa	160 MPa

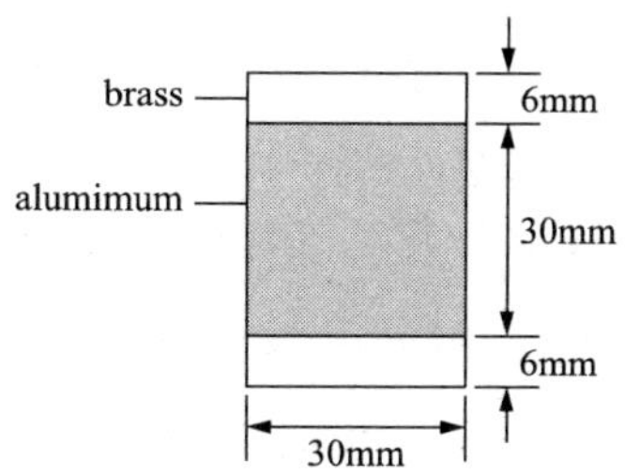

그림 P5-21

해설

변환단면법을 사용하자.

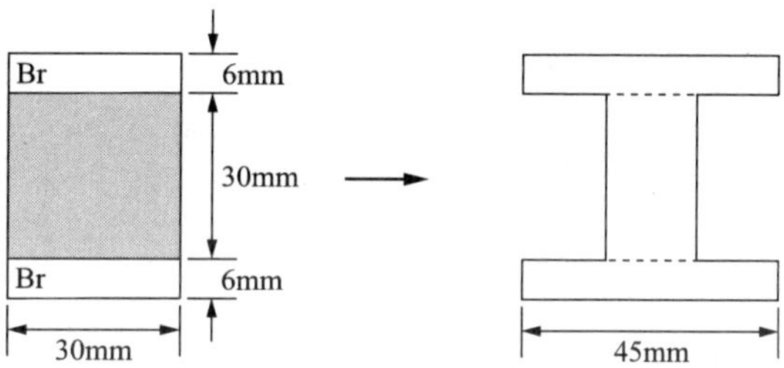

변환단면의 2차 단면모멘트를 구하면

$$I = \frac{(0.03)^4}{12} + (2)\left\{\frac{(0.045)(0.006)^3}{12} + (0.045)(0.006)(0.018)^2\right\}$$
$$= 24.41 \times 10^{-8}\,\text{m}^4.$$

변환단면법을 사용하면 황동에서 최대 응력은 알루미늄으로 환산된 단면에서 계산된 값의 1.5배이다. 이는 실제 면적은 변환단면 면적과 비교하여 50% 감소하기 때문이다.

$\sigma_B = 1.5\sigma_{\text{Al}} = (1.5)\dfrac{M_B(0.021)}{24.41 \times 10^{-8}} = 129{,}056 M_B \le 60 \times 10^6$ 으로부터

$$M_B \le 1{,}240\,\text{Nm}.$$

알루미늄 부분에서 최대 응력은 $\sigma_{\text{Al}} = \dfrac{M_A(0.015)}{24.41 \times 10^{-8}} = 61{,}445 M_A \le 100 \times 10^6$ 으로부터

$$M_A \le 1{,}235\,\text{Nm}.$$

따라서 최대 모멘트는 $M_{\max} = \min(M_A,\ M_B) = M_A = 1{,}235\,\text{Nm}$

22 아래 그림은 400 N의 수직하중을 받는 대퇴골의 스케치이다.

(1) 단면 BB에서 작용하는 응력의 분포를 구하시오.

(2) (1)의 경우를 다시 계산하되 뼈의 반지름(r) 중 안쪽의 반($0.5r$)는 스펀지(spongy) 뼈이고 뼈의 이 부분은 어떠한 응력도 지지할 수 없다.

(3) (2)의 경우에 일어나는 최대 응력은 (1)과 비교하여 몇 퍼센트나 증가하는가?

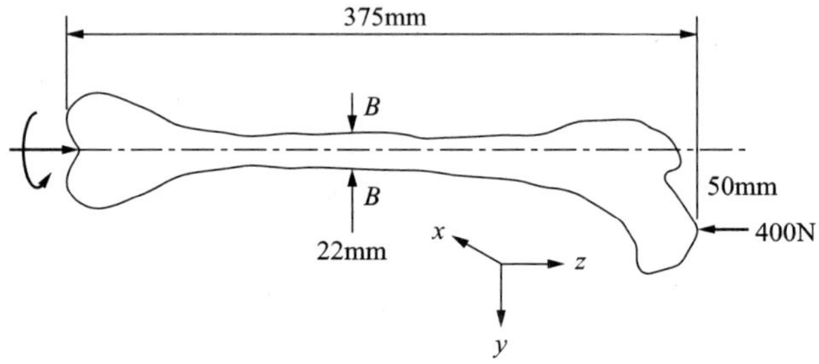

그림 P5-22

해설

$M_b = 400 \times 0.05 = 20\ \mathrm{Nm}.$

(1)

$$I = \frac{\pi d^4}{64} = \frac{\pi}{64}(22 \times 10^{-3})^4 = 1.150 \times 10^{-8}\ \mathrm{m}^4.$$

$$(\sigma_{\max})_B = \frac{20 \times 0.011}{1.15 \times 10^{-8}} = 19.13\ \mathrm{MPa}.$$

$$\sigma_C = -\frac{P}{\pi d^2/4} = -\frac{400}{\pi(22 \times 10^{-3})^2/4} = -1.052\ \mathrm{MPa}.$$

중첩하면 $\sigma = \sigma_B + \sigma_C = 18.078\ \mathrm{MPa}$

(2)

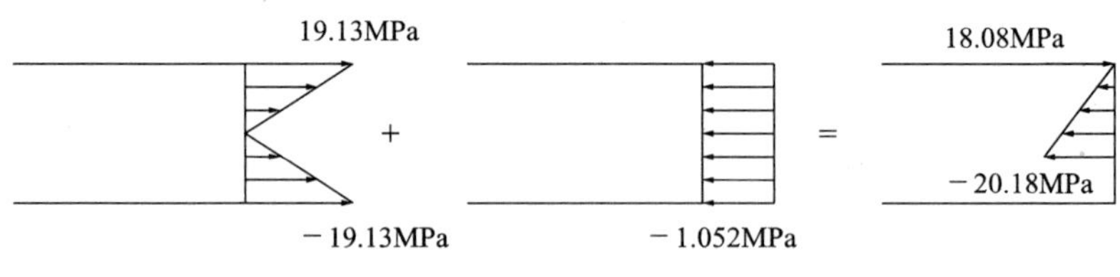

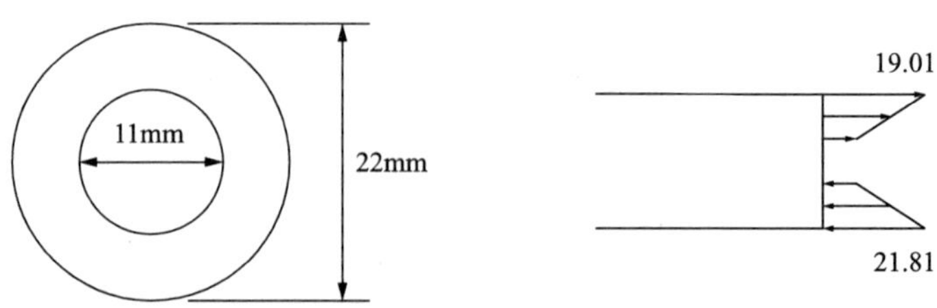

$$(\sigma_{\max})_B = \frac{20\times 0.011}{1.078\times 10^{-8}} = 20.41\ \text{MPa}.$$

$$\sigma = \sigma_C + \sigma_B$$

(3)

$$\text{인장비율은}\ \left(\frac{19.01}{18.08}-1\right)\times 100\% = 5.144\%.$$

$$\text{압축비율은}\ \left(\frac{21.81}{20.18}-1\right)\times 100\% = 8.077\%.$$

23 아래 그림의 보는 두 개의 동일한 금속막대를 용접하여 만들었다. 이 빔은 휨 강성도(Flexural stiffness) $\kappa = \frac{1}{\rho} = \frac{M}{EI}$의 비(ratio)가 용접하지 않은 두 개의 빔을 굽힐 때와 비교하여 얼마인가? 위의 두 경우에 대하여 최대 굽힘응력의 비가 얼마인가?

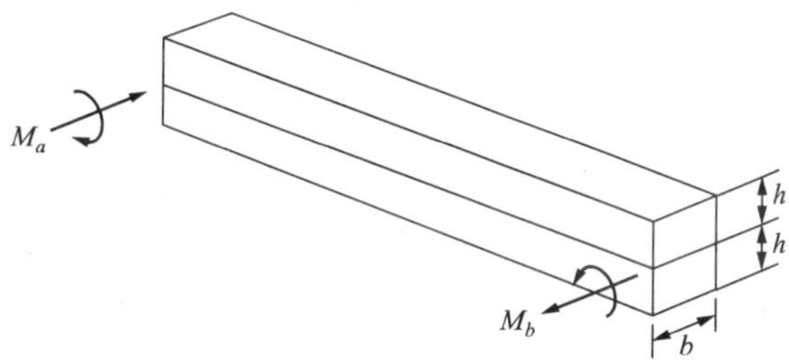

그림 P5-23

해설

① 용접 시

$$\frac{1}{\rho} = \frac{d\phi}{ds} = \frac{M_b}{EI} = \frac{M_b}{E\frac{b(2h)^3}{12}} = \frac{3}{2}\frac{M_b}{Ebh^3}$$

그러므로 $K_{b1} = \frac{2}{3}Ebh^3$.

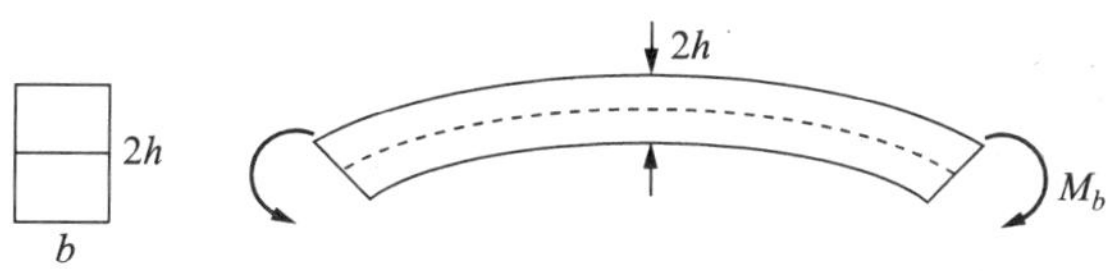

② 용접 안 할 때

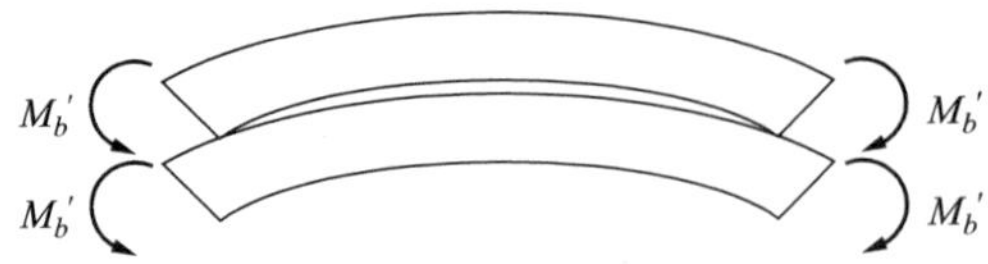

$M_b = E\left(\frac{bh^3}{12}\right)\frac{1}{\rho}$ 으로부터 $M_b = 2M_{b'}$

$K_{b2} = \frac{1}{6}Ebh^3$이므로 강성의 비는 $\frac{K_{b1}}{K_{b2}} = 4$

최대 응력을 구해보자.

용접보의 경우 $\epsilon_{\max 1} = \frac{3}{2}\frac{M_b}{Ebh^3}h = \frac{3}{2}\frac{M_b}{Ebh^2}$

용접 안 한 보의 경우 $\epsilon_{\max 2} = 6\frac{M_b}{Ebh^3}\frac{h}{2} = 3\frac{M_b}{Ebh^2}$

따라서 응력의 비는 $\frac{\sigma_1}{\sigma_2} = \frac{1}{2}$.

24 그림 P5-24(a)와 같이 쇠로 만든 얇은 띠를 소성변형이 일어나지 않는 범위에서 반지름 40 mm의 원으로 굽혀지도록 모멘트를 가하였다. 탄성계수 E=200 GPa일 때 (1)와 (2)의 물음에 답하여라.

(1) 굽혀진 모양의 쇠 띠(steel strip)에서 일어나는 최대 응력을 구하여라.

(2) 그림 P5-24(b)와 같이 원 모양이 되는데 필요한 모멘트의 크기는 얼마인가?

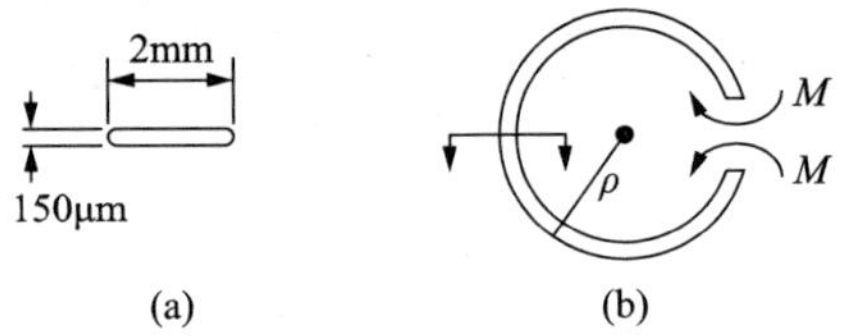

그림 P5-24

해설

원의 반지름은 $\rho = 40\text{ mm} = 0.04\text{ m}$.

곡률 $\kappa = \frac{1}{\rho} = \frac{M}{EI}$.

여기에서 2차 단면모멘트는

$$I = \frac{bh^3}{12} = \frac{(0.002)(150 \times 10^{-6})^3}{12} = 5.625 \times 10^{-16}\ \mathrm{m}^4$$

$$M = \frac{EI}{\rho} = \frac{(200 \times 10^9)(5.625 \times 10^{-16})}{0.04} = 0.0028125\ \mathrm{Nm}$$

(1) 최대 응력은 $\sigma_{\max} = \dfrac{Mc}{I} = \dfrac{(0.0028125)(150 \times 10^{-16})}{(2)(5.625 \times 10^{-16})}\ \mathrm{Pa} = 375\ \mathrm{MPa}.$

(2) 필요한 모멘트의 크기는 $M = 0.0028125\ \mathrm{Nm} = 2812.5\ \mu\mathrm{Nm}$.

25 갈릴레오는 그의 신과학(The New Sciences)에서 다음과 같은 문제를 제시하였다. 단순지지 하는 형식으로 대리석 기둥을 두 개의 지지대 위에 올려놓는다. 그러나, 로마의 시민들은 대리석 기둥의 안전을 염려해서 지지대의 숫자를 늘려 두 개 지지대 중간에 한 개의 지지대를 아래의 그림과 같이 추가하였더니 오히려 그 지지대 위에서 기둥이 부러지고 말았다. 무슨 이유에서 일까? 갈릴레오는 그 이유를 굽힘모멘트의 관점에서 설명하였다. 그 이유를 설명해 보시오.

그림 P5-25

해설

(경우 A)

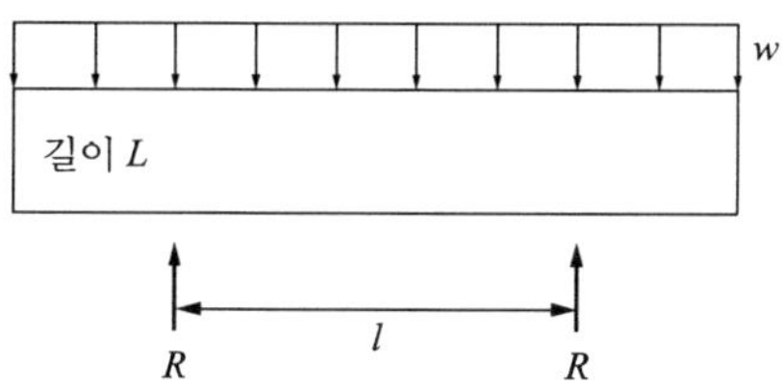

그림에서 반력 $R = \dfrac{wL}{2}$.

보의 중앙에서 최대 모멘트의 크기가 작용하며 이 크기는

$$M_A = \left(\frac{wL}{2}\right)\frac{l}{2} - \left(\frac{wL}{2}\right)\frac{l}{4} = \frac{wL^2}{8}\left(2\frac{l}{L} - 1\right)$$

(경우 B)

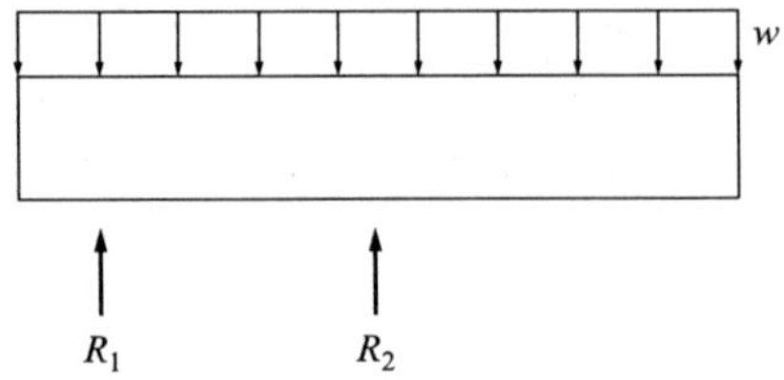

반력 $R_1 = 0,\ R_2 = wL$

중앙에서 최대 모멘트의 크기는 $M_B = \left(\frac{wL}{2}\right)\frac{L}{4} = \frac{wL^2}{8}$.

(경우 A)와 (경우 B)에서 각각 최대 모멘트인 M_A와 M_B로부터 $M_B \ge M_A$이므로

$$(\sigma_B)_{\max} \ge (\sigma_A)_{\max}$$

26 그림 P5-26에 보인 바와 같이 단면이 원형인 통나무를 제재하여 직사각형의 단면의 나무로 만든 보의 경우를 고려한다. 굽힘하중을 받을 때 보가 최대 강도를 가지기 위하여 요구되는 밑변과 높이의 비(b/h)를 계산하라.

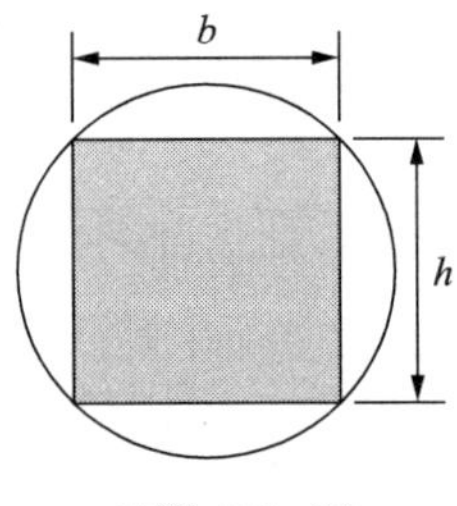

그림 P5-26

해설

단면의 2차 모멘트는 $I = \frac{bh^3}{12}$.

$$\sigma_{\max} = \frac{Mc}{I} = \left(\frac{h}{2}\right)\left(\frac{M}{bh^3/12}\right) = \frac{6M}{bh^2}.$$

최대 강도를 가지려면 보의 최대 응력은 같은 모멘트에서 최소가 되어야 하므로 위의 식에서 bh^2을 최대로 만드는 비를 구해야 한다. bh^2을 함수 $f(b)$라고 하자.
지름을 d라고 하면 $d^2 = b^2 + h^2$이므로 $f(b) = bh^2 = b(d^2 - b^2)$이므로 함수 $f(b) = b d^2 - b^3$.

$\frac{df(b)}{db} = d^2 - 3b^2 = 0$으로부터 $b = \frac{d}{\sqrt{3}}$일 때 함수는 $f(b) = b\left(d^2 - \frac{d^2}{3}\right) = \frac{2bd^2}{3} = \frac{2d^3}{3\sqrt{3}}$으로 최대가 된다. 즉, 이 때 최대 응력은 $\sigma_{\max} = \frac{9\sqrt{3}M}{d^3}$.

$d^2 = 3b^2 = b^2 + h^2$이므로 $2b^2 = h^2$양변을 h^2으로 나누면 $2\left(\frac{b}{h}\right)^2 = 1$이므로

밑변과 높이의 비는 $\frac{b}{h} = \frac{1}{\sqrt{2}}$.

27 그림 P5-27에는 7층의 합판으로 제작된 보의 단면을 보여주고 있다. 그림에서 흰색바탕으로 표현된 층은 나무의 결이 보의 길이 방향으로 배열된 경우이고 음영바탕으로 표현된 층은 나무의 결이 보의 축에 수직방향으로 배열되어 있다. 보의 길이는 1200 mm이고 양 끝에서 단순지지 되어 있으며 보의 중앙에서 수직방향 아래로 하중이 가해진다. 나뭇결 방향의 탄성계수는 10 GPa이고 나뭇결에 직각인 방향의 탄성계수는 2.5 GPa이다. 최대 허용응력이 결방향으로는 8.4 MPa이고 결에 수직인 방향으로는 2.1 MPa이라면 보에 가할 수 있는 최대 수직하중 P의 값을 계산하라.

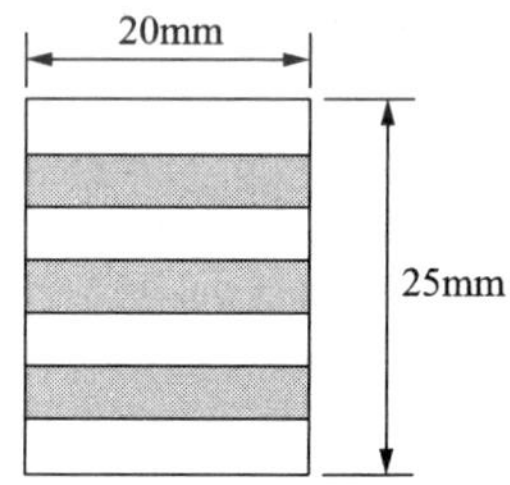

그림 P5-27

해설

변환단면을 고려하면 다음 그림과 같다.

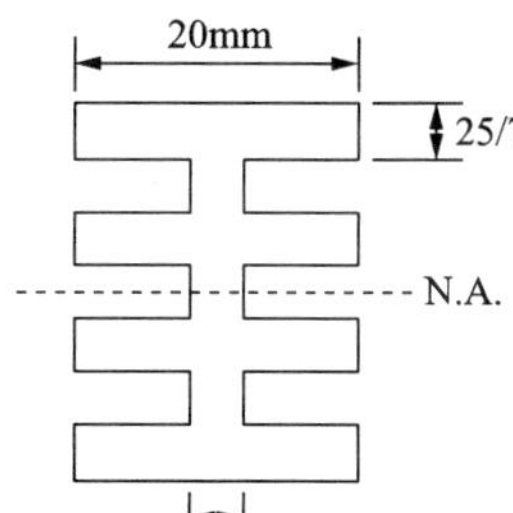

위 그림은 그림 P5-27에 보인 적층 단면과 같은 2차 모멘트(I)를 주도록 최상판의 재료(E_1)로 재구성한 변환단면이다. 수직한 층은 영의 계수를 E_1, 평행한 층을 E_2로 놓으면 $E_2 = 4E_1$.

변환단면에 대한 2차 모멘트는

$$I = \frac{(20)(25)^3}{12} - (3)\left\{\frac{(15)(25/7)^3}{12}\right\} - (2)\left\{(15)\left(\frac{25}{7}\right)\left(\frac{50}{7}\right)^2\right\}$$
$$= 20404\ \mathrm{mm}^4 = 2.0404 \times 10^{-6}\ \mathrm{m}^4$$

(1) 축방향 적층목판에 대해서 최대 응력은 $\sigma_{\max} = \dfrac{M_{\max} c}{I} = 8.4\ \mathrm{MPa}$의 관계로 계산되므로

$$M_{\max} = \frac{(8.4\times 10^6)(2.0404\times 10^{-6})}{12.5\times 10^{-3}}\ \mathrm{Nm} = 13.7\ \mathrm{Nm} = \frac{P(1.2)}{4}.$$

따라서 $P = 45.7\ \mathrm{N}$.

(2) 횡방향 적층목판에 대해서 최대 응력은 $\sigma^t_{\max} = \dfrac{Mc}{I} = (2.1\times 10^6)(4)\ \mathrm{Pa}$으로부터

$$\frac{Pl}{4I}\left(12.5 - \frac{25}{7}\right)\times 10^{-3} = (2.1\times 10^6)(4).$$

따라서 $P = 64\ \mathrm{N}$.

위의 두 경우로부터 적용할 수 있는 최대 하중은 $P = 45.7\ \mathrm{N}$.

별해 두 번째 판(E_2)의 탄성계수를 기준으로 변환단면을 만들어 계산한 경우이다. 이 경우 변환단면은 다음 그림과 같다.

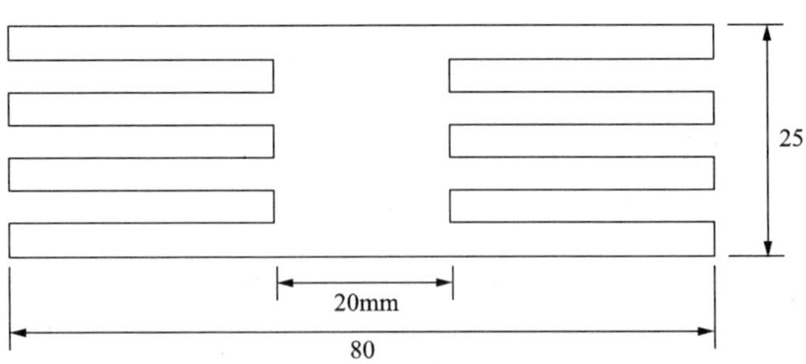

2차 단면모멘트

$$I = \frac{(80)(25)^3}{12} - (3)\left\{\frac{(60)(25/7)^3}{12}\right\} - (2)\left\{(60)\left(\frac{25}{7}\right)\left(\frac{50}{7}\right)\right\}$$

$$= 81617\ \text{mm}^4 = 8.1617 \times 10^{-6}\ \text{m}^4.$$

$$\sigma_{\max} = 4\sigma = (4)\left(\frac{Pl}{4}\right)\left(\frac{12.5 \times 10^{-3}}{I}\right) \le 8.4 \times 10^6.$$

$$P \le \frac{(8.4 \times 10^6)(8.1617 \times 10^{-6})}{(1.2)(12.5 \times 10^{-3})} = 45.7\ \text{N}.$$

28 단면이 300 mm×400 mm의 직사각형인 나무로 만들어진 외팔보의 무게는 단위 길이당 0.75 kN이다. 이 보의 끝에 그림 P5-28과 같이 20 kN의 힘이 작용하고 있을 때 자유단(自由端)에서 2 m 떨어진 위치에 있는 단면에 작용하는 최대 굽힘응력을 계산하시오.

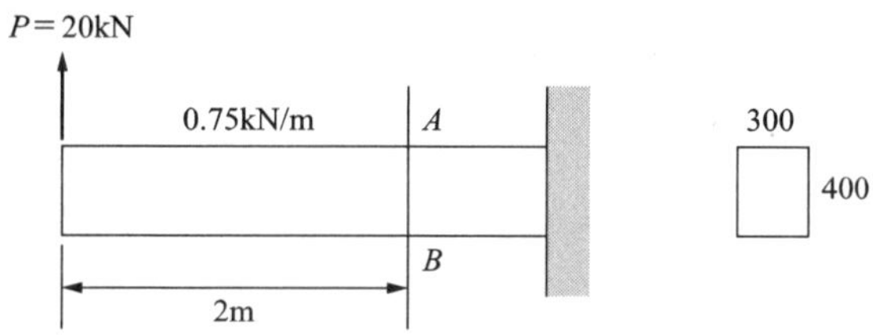

그림 P5-28

해설

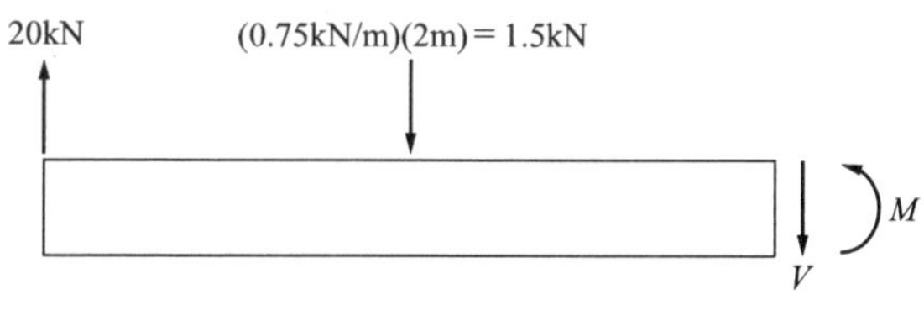

전단력 $V = (20 - 1.5)\ \text{kN} = 18.5\ \text{kN}$

모멘트는 $M = (20)(2) - (1.5)(1) = 38.5\ \text{kNm}$

단면의 2차 모멘트 $I = \dfrac{bh^3}{12}$

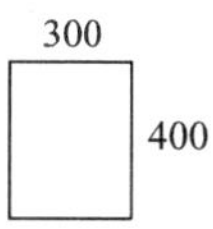

$$Z = \frac{I}{c} = \left(\frac{2}{h}\right)\left(\frac{bh^3}{12}\right) = \frac{bh^2}{6} = 8 \times 10^{-3}\ \text{m}^3$$

$x = 2$ m에서 최대 응력은 $\sigma_{\max} = \dfrac{M}{Z} = \dfrac{38.5\ \text{kNm}}{8 \times 10^{-3}\ \text{m}^3} = 4.81\ \text{MPa}.$

29 그림 P5-29에 보여진 보와 단면을 고려하여 주어진 하중에 대하여 보의 단면에 중립면의 위치를 나타내는 β의 탄젠트값 $\tan(\beta)$를 계산하시오.

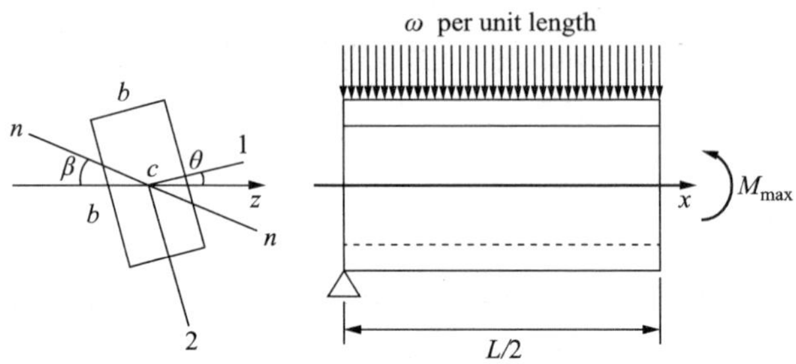

그림 P5-29

해설

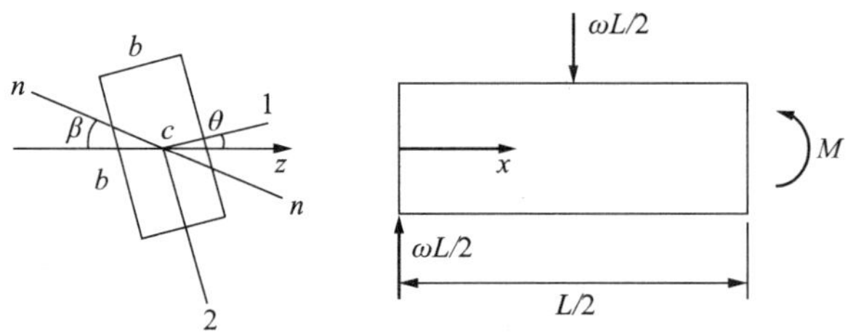

$M_{x1} = \dfrac{\omega L^2}{8}\cos\theta$ 그리고 $M_{x2} = \dfrac{\omega L^2}{8}\sin\theta$이다. 그리고 이에 따른 굽힘응력의 계산식은

$$\sigma_x = \frac{M_{x1}}{I_{x1}}(x_2) - \frac{M_{x2}}{I_{x2}}(x_1)$$

중립축은 $\sigma_x = 0$으로부터 결정되므로 $\dfrac{x_2}{x_1} = \tan(\theta + \beta) = \dfrac{bh^3}{hb^3}\tan\theta$.

그러므로 $\tan\beta = \dfrac{(h^2 - b^2)\tan\theta}{b^2 + h^2\tan^2\theta}$.

여기서 θ는 x_1축과 모멘트 M사이의 각이다.

30 단면이 70 mm×110 mm로 일정한 두 개의 나무로 만든 사각형 막대가 그림에 보인 바와 같이 30°의 각도로 아교로 접착되었다. 접착면의 전단 허용응력이 500 kPa일 때 가할 수 있는 최대 축하중 P를 구하라.

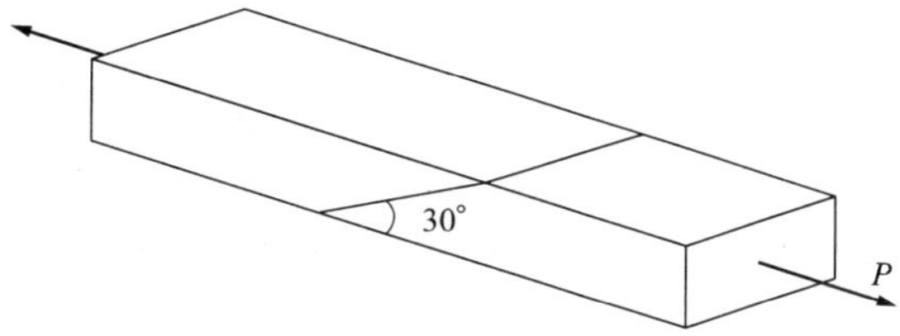

그림 P5-30

해설

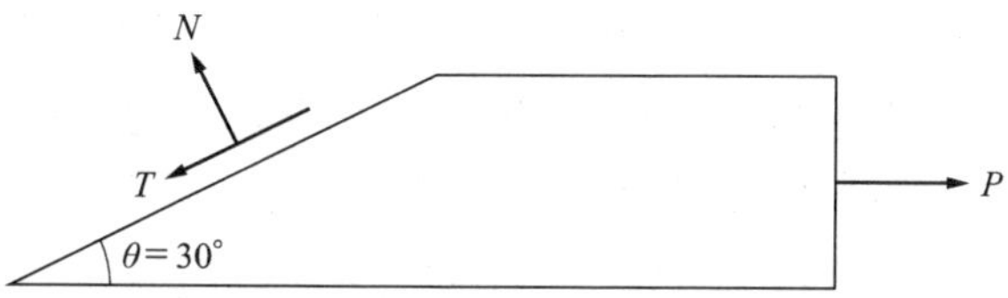

힘의 평형조건으로부터

$$P = T\cos\theta + N\sin\theta \quad ①$$

$$N\cos\theta = T\sin\theta \quad ②$$

식 ②를 ①에 대입하면 $P = T\left(\cos\theta + \dfrac{\sin^2\theta}{\cos\theta}\right) = \dfrac{T}{\cos\theta}$

최대 힘의 크기는 $P_{\max} = \dfrac{1}{\cos\theta}\left(\dfrac{T}{A_\theta}\right)_{\max}$

그리고 $A_\theta = \dfrac{A}{\cos\theta\sin\theta}(\sigma_{all}) = \dfrac{2A}{\sin 60°}(500)\ \text{kN} = 8.9\ \text{kN}$

31 지름이 22 mm인 원형 막대가 90 kN의 인장 축하중을 받고 있다. 재료의 포와송의 비가 0.3이고 탄성계수가 200 GPa이라면 (1) 봉의 길이 200 mm에 대하여 늘어난 길이를 계산하고 (2) 하중이 가해지는 중에 발생하는 지름의 변화량을 계산하시오.

해설

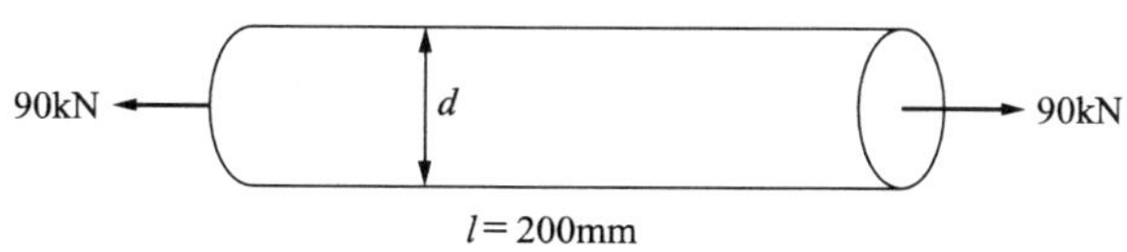

$$\epsilon = \frac{\sigma}{E} = \frac{P}{EA}.$$

$$\delta = \epsilon l = \frac{Pl}{EA} = \frac{(90\times10^3)(200)}{(200\times10^9)\pi(22\times10^{-3})^2/4} = 0.2368\ \mathrm{mm}.$$

$$\Delta d = -\nu\epsilon d = -(0.3)(0.2368/200)(22)\ \mathrm{mm} = -7.813\ \mu\mathrm{m}.$$

32 한 변의 길이가 10 in인 정방형 채널은 4개의 2 in 두께 나무판자로 만들었다. 아래의 그림과 같이 2가지 디자인이 있다. (1)의 디자인은 90° 회전하여 사용될 수도 있다. (1) 전단력을 지지하는 구조물에 사용할 때 못이 적게 필요한 디자인을 선택하시오. (2) 선택된 디자인의 단면이 620 lb의 전단력을 받을 때, 못의 간격은 얼마로 하는 것이 가장 적당한가? 주어진 한 개의 못이 견딜 수 있는 전단력은 50 lb이다.

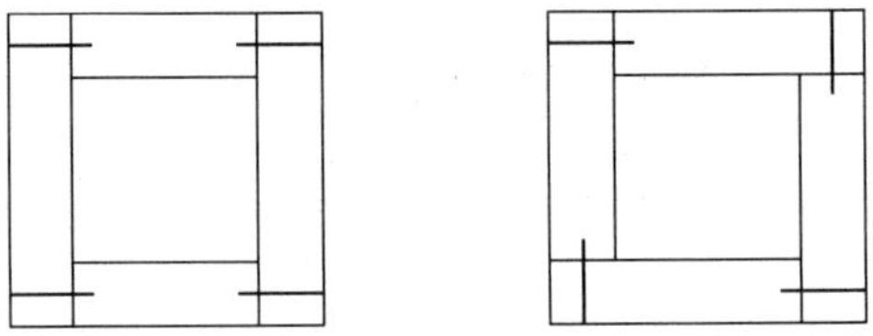

그림 P5-32

해설

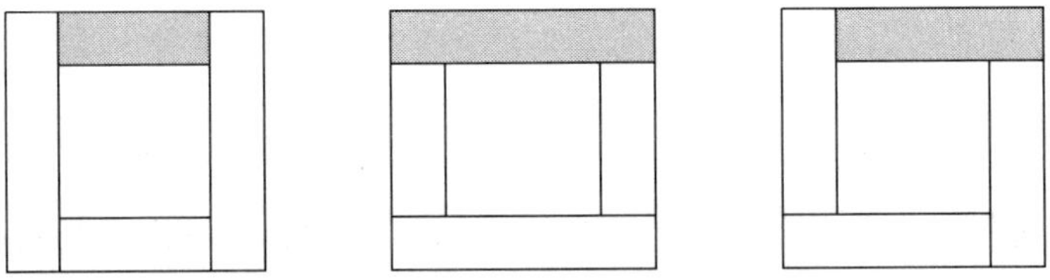

(1) 적은 못의 개수가 필요한 경우는 전단흐름(q)이 작은 경우이다. 전단흐름은 단면 1차 모멘트 Q의 함수이다. 따라서 가장 작은 Q의 경우가 못이 가장 적게 필요한 디자인이다. 대답은 가장 왼편의 디자인이다.

(2) $Q = A\bar{y} = (2)(6)(4) = 48\ \mathrm{in}^3.$

2차 단면모멘트는 $I = \dfrac{(10)^4}{12} - \dfrac{(6)^4}{12} = 725\ \mathrm{in}^4.$

전단흐름은 $q = \dfrac{VQ}{I} = \dfrac{(620)(48)}{725} = 41.05\ \mathrm{lb/in}.$

못의 간격은 $s = \dfrac{\tau_{all}}{q/2} = \dfrac{50}{41.05/2} = 2.436\ \mathrm{in}.$

33 아래에 보인 보에 힘 P가 작용할 때 비틀림이 일어나지 않는다면 힘이 가해지는 위치 'e'의 값은 얼마이어야 하는가? 모든 두께의 크기는 같고 $t \ll a$를 만족한다.

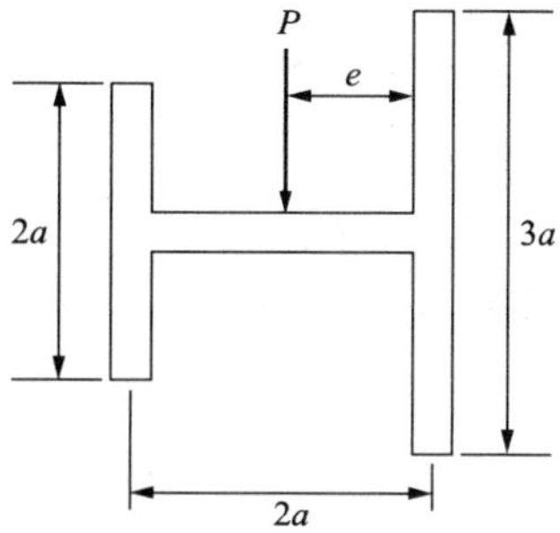

그림 P5-33

해설

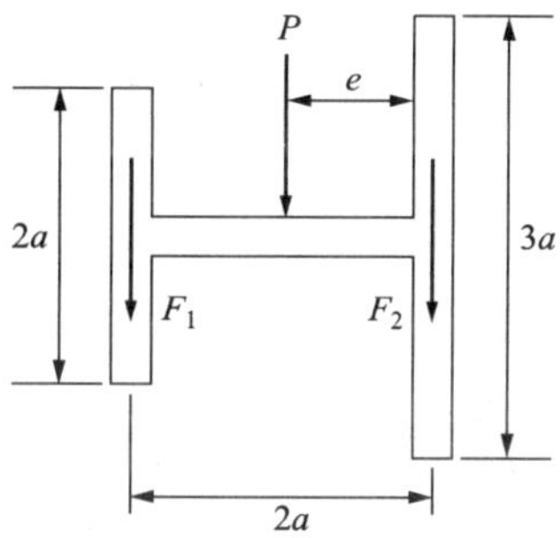

$$I = \frac{(t)(2a)^3}{12} + \frac{(t)(3a)^3}{12} = \frac{35a^3t}{12}.$$

$$Q = \left\{\left(\frac{h}{2} - y\right)t\right\}\frac{1}{2}\left(\frac{h}{2} + y\right) = \frac{t}{2}\left(\frac{h^2}{4} - y^2\right)$$

$$q = \frac{VQ}{I} = \frac{P}{I}\left\{\frac{t}{2}\left(\frac{h^2}{4} - y^2\right)\right\}$$

임의의 높이 h인 웹 I에 작용하는 총력은

$$F_i = \int qds = \frac{P}{I}\frac{t}{2}\left[\frac{h^2}{4}y - \frac{y^3}{3}\right]_{-h/2}^{+h/2} = \frac{Pt}{6I}\left(\frac{h^3}{6}\right)$$

$h = 2a$인 웹에 대해서 $F_1 = \dfrac{Pt}{(2)(35a^3t/12)}\left(\dfrac{8a^3}{6}\right) = \dfrac{8}{35}P$

모멘트 평형으로부터 $Pe=(F_1)(2a)$이므로 $e=\dfrac{16}{35}a=0.457a.$

34 다음의 그림 P5-34에서 보인 길이가 3 m인 외팔보는 단면이 50 mm×100 mm인 두 개의 동일한 부재를 (a), (b)의 모양으로 접착하여 만들었다. 보의 자유단에 수직력 P를 가할 때 각각의 경우에 접착제가 견딜 수 있는 최대 수직력의 크기를 계산하라. 단, 사용된 접착제는 최대 허용전단응력이 15 MPa이고 최대 허용인장응력은 90 MPa. 각 경우에 대하여 이유를 가능한 한 상세히 논술하고 포와송 비와 탄성계수가 필요한 경우에는 각각 0.5와 100 GPa의 값을 사용하라.

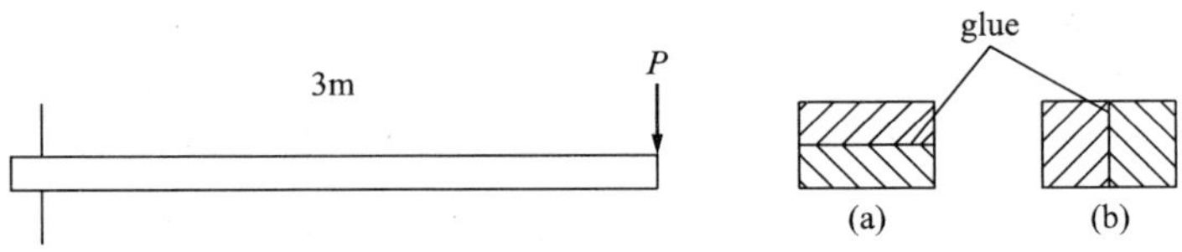

그림 P5-34

해설

(a) $\tau_{\max}=\dfrac{VQ}{It}=\dfrac{P(1/2)(0.05)^2(0.1)}{(0.1)^4(0.1)/12}=150P(\mathrm{N/m^2})$

$\tau_{\max}\le\tau_{all}$이므로 $P_{\max}=100\ \mathrm{kN}$

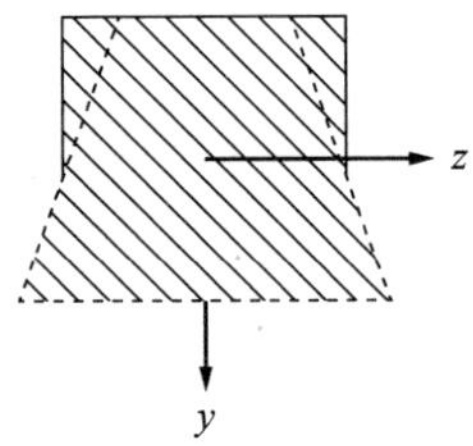

(b) $M_{\max}=3P$

$\sigma_x=-\dfrac{My}{I}=-\dfrac{3Py}{(0.1)^4/12}$

$(\sigma_c)_{\max}=-18{,}000P\ (\mathrm{Pa})$

$(\epsilon_x)_{\max}=\dfrac{(\sigma_c)_{\max}}{E}=-18{,}000\dfrac{P}{E}$

$\epsilon_z=-\nu(\epsilon_x)_{\max}=9{,}000\dfrac{P}{E}$

$E\epsilon_z=9{,}000P\le 90\times10^6$

35 그림 P5-35에는 한 변의 길이가 25 cm인 정방형 채널이 있다. 이 채널은 4개의 두께 5 cm인 나무판자로 만들어져 그림과 같이 못이 박혀 있다. 단면에 2500 N의 전단력이 작용하고 있다. 사용된 못이 최대 25 N을 견딜 수 있다면 가장 적절한 축방향 못의 간격을 결정하라. 이 경우 각 귀퉁이의 못 ①, ②, ③, ④가 각각 받는 전단력의 크기는 얼마인가?

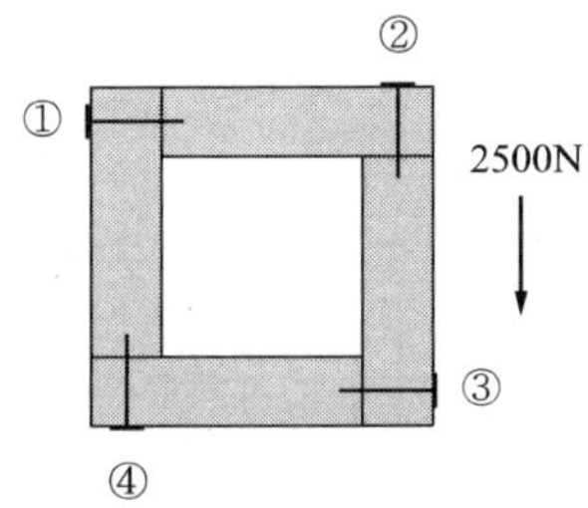

그림 P5-35

36 길이가 긴 강재 와이어(steel wire)를 지름 R인 원통 안에 보관하기 위하여 둥글게 말아 집어넣었다. 그림과 같이 와이어의 끝단 일부분은 원통의 내부면과 접촉이 되지 않는데 측정해보니 비접촉된 와이어의 원통 원주길이는 's'이었다. 강재의 유연강성도가 'EI'이고 와이어의 지름이 'd'라면 와이어의 끝단이 원통의 내벽으로부터 받는 집중하중이 얼마인지 계산하라. 단, 원통 내부는 마찰이 없는 것으로 가정하라.

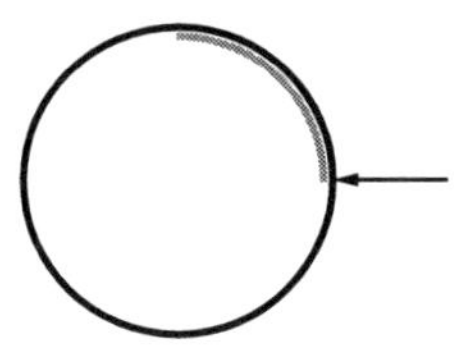

그림 P5-36

해설

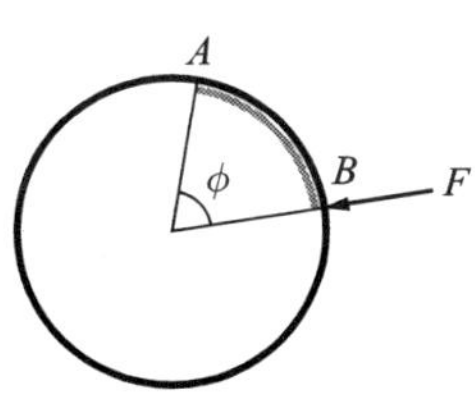

AB구간(호의 길이 s)에서 접촉이 되지 않는다.

점 A에서 모멘트의 크기는 $M_A = \dfrac{EI}{R}$

AB구간에 대해서 자유물체도를 그려보자.

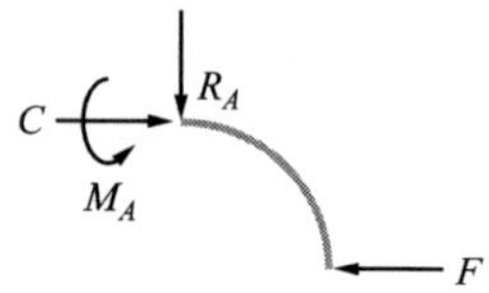

A에 대한 모멘트의 평형조건으로부터 $M_A - FR\sin\phi = 0$.

따라서 $F = \dfrac{M_A}{R\sin\phi} = \dfrac{EI}{R^2\sin\phi}$

$s = R\phi$이므로 $\phi = s/R$을 위의 식에 대입하면

$$F = \frac{EI}{R^2\sin\left(\dfrac{s}{R}\right)}$$

6

CHAPTER

응력과 변형률의 좌표변환

응력해석의 목표 중 하나는 최대 응력성분 혹은 최대 변형률 성분을 구해서 설계 등 공학적 목적에 이용하는 것이므로 좌표에 따른 성분의 변화를 쉽게 파악할 수 있는 능력은 매우 중요하다.

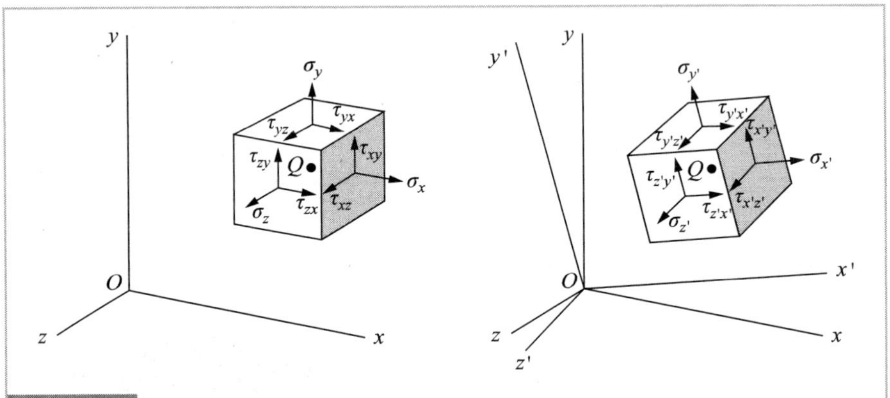

그림 6-1 응력성분

위의 그림에는 일반적인 3차원 응력성분이 기본 좌표계 선택에 따라서 달라지는 것을 보여주고 있다. 주어진 응력(應力)상태를 정량적으로 표현하는 방법은 관찰자가 정한 좌표계를 기준으로 응력의 성분을 구하는 것이다. 같은 응력상태도 서로 다른 관찰자의 좌표축에서는 응력성분이 다르므로 본 장에서는 이러한 서로 다른 응력성분 사이에 존재하는 관계를 규명하고 이를 쉽게 변환시키는 방법을 알아본다.

6.1 평면응력

$\sigma_z = \tau_{zx} = \tau_{zy} = 0$과 같이 임의의 한 방향(여기에서는 z방향)에 관련된 응력이 없는 경우를 '평면응력'이라고 한다. 이상화된 응력상태는 3차원 문제를 위한 근사적 해석방법으로 많이 응용된다. 본 설명과 같이 임의의 한 방향을 z축으로 설정하여도 일반성은 유지된다. xy 평면응력 경우에 $\sigma_z = \tau_{zx} = \tau_{zy} = 0$이며 xy 평면에서는 이 성분들을 제외한 응력이 물체에 분포한다. 평면응력

의 근사적인 예는 아래(그림 6-3)의 예와 같다.

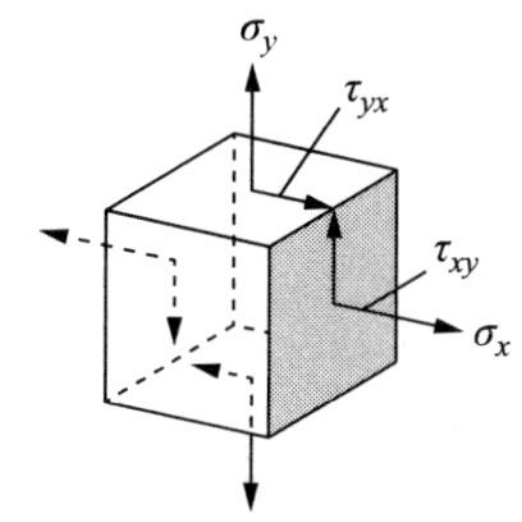

그림 6-2 평면응력상태

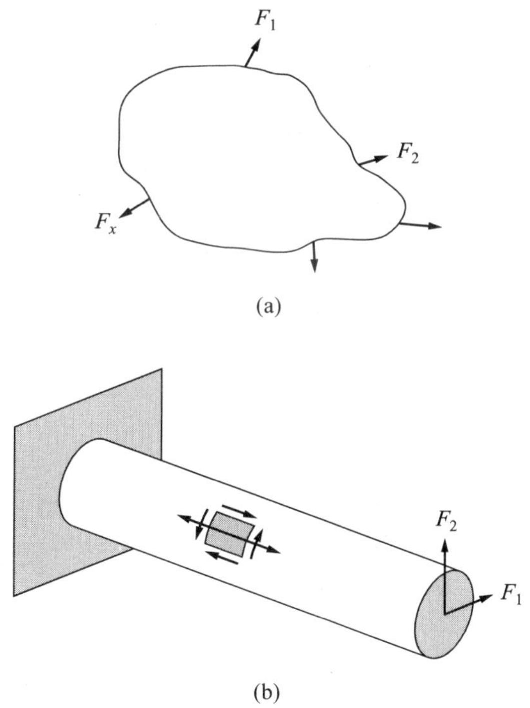

그림 6-3 평면응력의 예

그림 6-3의 (a)는 평면 내 하중을 받고 있는 얇은 평판의 경우이면 (b)는 횡방향에 의하여 굽힘하중을 받는 보의 경우이다.

6.2 평면응력의 변환

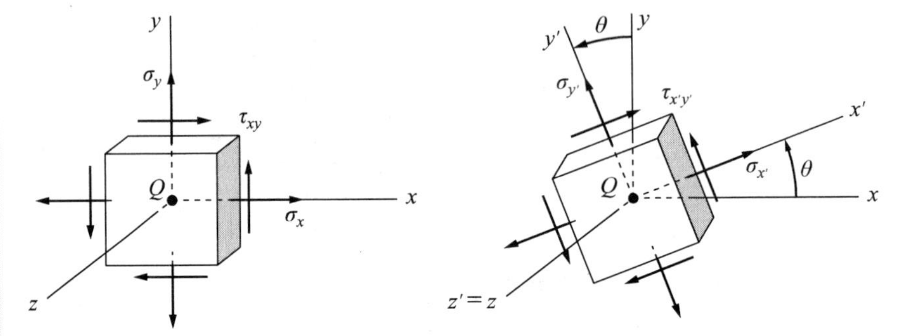

그림 6-4 평면응력성분의 변환

그림 6-4에서 평면응력으로 $x-y$ 좌표 기준으로 응력성분 (σ_x, σ_y, τ_{xy})을 가지고 있을 때 다른 좌표계 $x'-y'$ 좌표 기준의 응력성분 ($\sigma_{x'}$, $\sigma_{y'}$, $\tau_{x'y'}$)으로 변환시키는 방법은 다음과 같다. 우선 위의 그림 6-5와 같이 삼각형요소를 생각한다. 각 면에 작용하는 힘을 x와 y성분으로 나누어 힘의 평형조건을 적용하면 다음의 식 ①, ②를 얻는다.

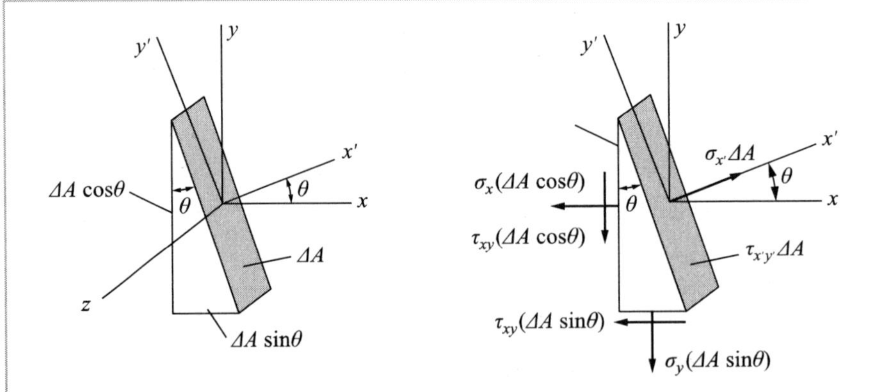

그림 6-5 응력성분 변환을 위한 삼각형

$\sum F_x = 0$에서 $\sigma_{x'}\Delta A\cos\theta - \tau_{x'y'}\Delta A\sin\theta = \sigma_x\Delta A\cos\theta + \tau_{xy}\Delta A\sin\theta$로부터

$$\sigma_{x'}\cos\theta - \tau_{x'y'}\sin\theta = \sigma_x\cos\theta + \tau_{xy}\sin\theta \qquad ①$$

$\sum F_y = 0$에서 $\sigma_{x'}\Delta A\sin\theta + \tau_{x'y'}\Delta A\cos\theta = \tau_{xy}\Delta A\cos\theta + \sigma_y\Delta A\sin\theta$

$$\sigma_{x'}\sin\theta + \tau_{x'y'}\cos\theta = \sigma_y\sin\theta + \tau_{xy}\cos\theta \qquad ②$$

식 ①에 $\cos\theta$를 곱하고 식 ②에 $\sin\theta$를 곱하여 양변을 더하고 정리하면

$$\sigma_{x'} = \sigma_x\cos^2\theta + \sigma_y\sin^2\theta + 2\tau_{xy}\sin\theta\cos\theta \qquad ③$$

또한 식 ①에 $\sin\theta$ 곱하고 식 ②에 $\cos\theta$를 곱하여 양변을 빼서 정리하면

$$\tau_{x'y'} = -\sigma_x\sin\theta\cos\theta + \sigma_y\sin\theta\cos\theta - \tau_{xy}(\cos^2\theta - \sin^2\theta) \qquad ④$$

식 ③과 ④의 수직응력과 전단응력의 식에 다음에 열거한 삼각함수 2배각 공식을 다음과 같이 적용하여 식을 정리한다.

$\cos^2\theta - \sin^2\theta = \cos 2\theta$와 $2\sin\theta\cos\theta = \sin 2\theta$

그리고 $\cos^2\theta = \frac{1}{2} + \frac{1}{2}\cos 2\theta$와 $\sin^2\theta = \frac{1}{2} - \frac{1}{3}\cos 2\theta$.

앞의 식 ③과 ④에 대입하면 다음의 결과를 얻는다.

$$\sigma_{x'} = \frac{\sigma_x + \sigma_y}{2} + \frac{\sigma_x - \sigma_y}{2}\cos 2\theta + \tau_{xy}\sin 2\theta$$

수직응력 $\sigma_{y'}$에 대한 식은 위의 $\sigma_{x'}$에서 θ가 $\theta + 90°$인 경우와 같으므로

$$\sigma_{y'} = \frac{\sigma_x + \sigma_y}{2} - \frac{\sigma_x - \sigma_y}{2}\cos 2\theta - \tau_{xy}\sin 2\theta$$

위의 결과에서 우리는 한 좌표계에서 수직응력의 합은 설정된 좌표의 위상과 무관하게 항상 같은 결과를 주는 것을 알 수 있다. 즉, $\sigma_{x'} + \sigma_{y'} = \sigma_x + \sigma_y$.

이 값의 반도 상수이므로 평균 수직응력은 좌표와 무관한 상수이다. $\sigma_{ave} = \dfrac{\sigma_{x'} + \sigma_{y'}}{2} = \dfrac{\sigma_x + \sigma_y}{2}$ = 상수. $\sigma_{x'}$과 $\tau_{x'y'}$의 식 즉, 식 ③과 ④에서 좌표와 무관한 값을 왼편으로 정리하여 양변을 제곱하여 더하여 다음과 같이 정리한다.

$$\left(\sigma_{x'} - \frac{\sigma_x + \sigma_y}{2}\right)^2 = \left(\frac{\sigma_x - \sigma_y}{2}\cos 2\theta + \tau_{xy}\sin 2\theta\right)^2$$

$$+)\quad \tau_{x'y'}^2 = \left(-\frac{\sigma_x - \sigma_y}{2}\sin 2\theta + \tau_{xy}\cos 2\theta\right)^2$$

$$\left(\sigma_{x'} - \frac{\sigma_x + \sigma_y}{2}\right)^2 + \tau_{x'y'}^2 = \left(\frac{\sigma_x - \sigma_y}{2}\right)^2 + \tau_{xy}^2$$

이 결과를 살펴보면 좌변은 모두 새로운 좌표축에 대한 수직응력($\sigma_{x'}$)과 전단응력($\tau_{x'y'}$)을 포함하고 있으며 우변에는 현재의 좌표축에서 결정된 응력성분으로 표현된 값(상수)이 정리되어 있다. 이 식은 $(x' - x_0)^2 + y'^2 = R^2$의 원의 식과 비교하면 수평좌표를 수직응력, 수직축을 전단응력으로 표현한 좌표계에서 원을 그리면 이 원주에는 무한개의 점이 있는데 각 점은 임의의 좌표계에서 표현되는 응력성분(σ_x, τ_{xy})임을 알 수 있다. 즉,

$$\sigma_{ave} = \frac{\sigma_x + \sigma_y}{2}$$

그리고 $R^2 = \left(\dfrac{\sigma_x - \sigma_y}{2}\right)^2 + \tau_{xy}^2$일 때 원의 방정식은

$$(\sigma_{x'} - \sigma_{ave})^2 + \tau_{x'y'}^2 = R^2$$

즉, ($\sigma_{x'}$, $\tau_{x'y'}$) 좌표계에서 중심이 (σ_{ave}, 0)에 위치한 반지름 R인 원의 방정식이며 이를 그림으로 표현하면 다음과 같다.

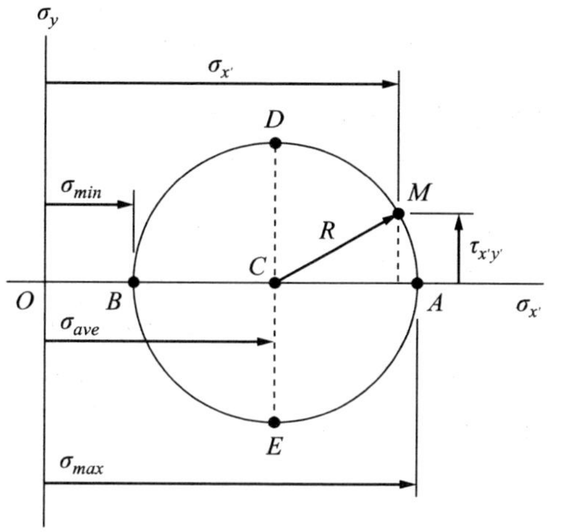

그림 6-6 모어(Mohr)의 원

모어원이 수평축과 만나는 점 A는 ($\sigma_{\max}$, $\tau_{x'y'}=0$)의 응력성분을 말하며 지름의 반대편에 있는 점 B에서는 ($\sigma_{\min}$, $\tau_{x'y'}=0$)이 응력성분이다. 이 두 점에서 최대 수직응력과 최소 수직응력이 되며 전단력은 없는 경우이다. 이에 해당하는 좌표를 주좌표계(principal coordinate system)라고 하며 현재의 xy좌표계와 위상차(θ_p)가 있으며 주방향이라고 한다. 최대, 최소 수직응력을 '주응력'이라고 한다. 주축의 방향은 $\tau_{x'y'}=-\dfrac{\sigma_x-\sigma_y}{2}\sin 2\theta_p+\tau_{xy}\cos 2\theta_p=0$에서 방향 θ_p는 $\tan 2\theta_p=\dfrac{2\tau_{xy}}{\sigma_x-\sigma_y}$으로 결정된다.

그림 6-6의 원은 '모어원(Mohr circle)'이라고 하는데 모어원의 모양과 위치는 현 질점(質點)의 '응력상태'를 의미한다. 또한, 원주 상에 있는 임의의 두 점은 서로 다른 면의 방향에 대하여 표현된 응력성분(σ_x, τ_{xy})이며 원주 상의 두 점 사이(즉, 서로 다른 두 면)의 중심각이 θ이면 두 면의 방향은 2θ만큼 차이가 난다. 특히 두 점 사이가 180°만큼 차이가 있다면 두 면의 방향은 90°의 위상차가 있다. 따라서 모어원에 임의의 지름을 그었을 때 원주와 만나는 두 점은 각각 σ_x와 σ_y로 읽을 수 있으며 이 때 두 점의 수직위치(τ_{xy})는 수평선을 기준으로 같은 높이를 가지지만 부호가 서로 다른데 이는 90°만큼 위상차이가 있는 두 면에서 전단응력의 양의 방향이 서로 반대이기 때문이다. 모어원

에서 전단응력을 읽을 때 σ_y를 나타내는 점에서 읽은 전단응력의 부호가 현재 좌표계에서 정의되는 전단응력성분과 같다.

정리하면, 모어원에서 임의의 지름이 만나는 원주상의 점들이 기준좌표계의 응력성분을 표현하고, 수평방향의 지름과 만나는 점은 각 모어원에서 항상 존재한다. 이 경우 점의 수직높이는 없으므로 전단응력이 '0'이다. 모든 응력상태를 표현할 때 우리는 적당한 좌표축을 설정하면 전단응력이 없는 수직성분만을 갖는 응력성분으로 표현할 수 있다. 이러한 좌표축을 주축(principal axis)이라고 하며 주축을 기준으로 얻어진 수직응력을 주응력이라고 한다. 주응력의 크기는 항상 주어진 응력상태에서 표현될 수 있는 최대 응력과 최소 응력이 된다.

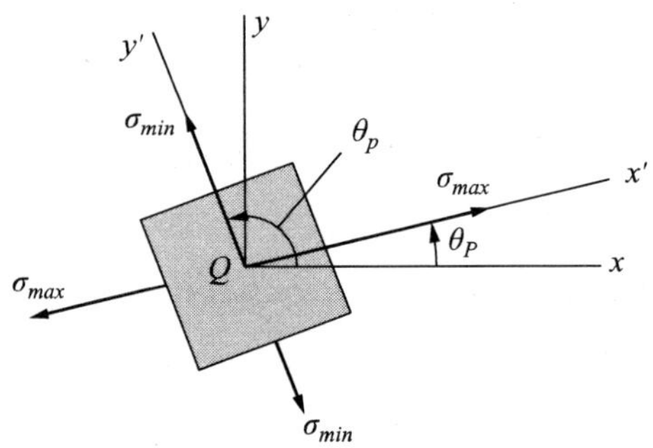

$\sigma_{\max}$와 $\sigma_{\min}$은 주응력(主應力, principal stress)인데 각각 $\sigma_{\max} = \sigma_{ave} + R$와 $\sigma_{\min} = \sigma_{ave} - R$이다. 즉,

$$\sigma_P = \sigma_{ave} \pm R = \frac{\sigma_x + \sigma_y}{2} \pm \sqrt{\frac{(\sigma_x - \sigma_y^2)}{4} + \tau_{xy}^2}$$

'최대 전단응력성분($\tau_{\max}$)'이 작용하는 좌표의 방향은 다음과 같이 결정될 수 있다. 지름방향을 다음의 그림과 같이 수직을 향하게 하여 만나는 점 D, E는 이 응력상태가 가질 수 있는 최대 전단응력($\tau_{\max} = R$)의 크기를 갖는 좌표축을 나타내며 이 방향은 주축 방향과 45°만큼 기울어진 좌표이다. 최대 전단응력의 경우 $\sigma_{x'}$은 평균 수직응력 σ_{ave}와 같다.

$$\sigma_{x'} = \frac{\sigma_x + \sigma_y}{2} + \frac{\sigma_x - \sigma_y}{2}\cos 2\theta_s + \tau_{xy}\sin 2\theta_s \equiv \frac{\sigma_x + \sigma_y}{2}$$ 으로부터

$\frac{\sigma_x - \sigma_y}{2}\cos 2\theta_s + \tau_{xy}\sin 2\theta_s = 0$이므로 $\tan 2\theta_s = -\frac{\sigma_x - \sigma_y}{2\tau_{xy}}$가 된다.

그러므로 최대 전단응력이 작용하는 좌표축의 방향 θ_s이다.

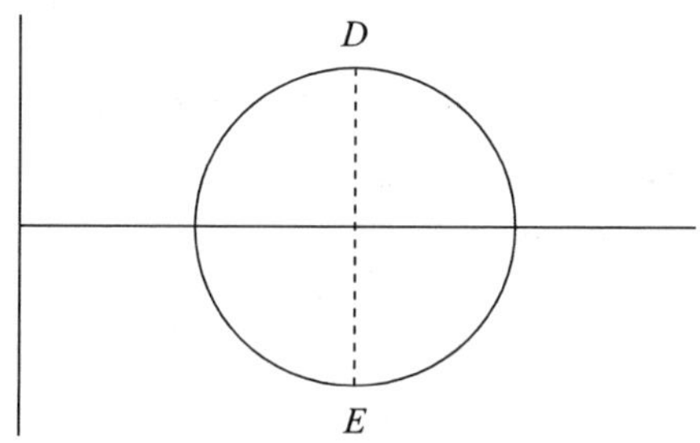

그림 6-7 최대 전단응력성분 D, E

최대 수직응력은 $\tau_{\max} = R = \sqrt{\left(\frac{\sigma_x - \sigma_y}{2}\right)^2 + \tau_{xy}^2}$ 이며 이때 수직응력은 $\sigma_x = \sigma_y = \frac{\sigma_x + \sigma_y}{2}$가 된다.

보기문제

외력을 받는 물체의 어떤 점에서 좌표축 x와 y에 대한 응력성분은 다음과 같다. 이 점에서 (1) 주축의 방향(θ_p)을 결정하고 (2) 주응력의 크기를 구하고 (3) 최대 전단응력이 작용하는 면의 방향(θ_s)과 크기를 결정하시오.

해설

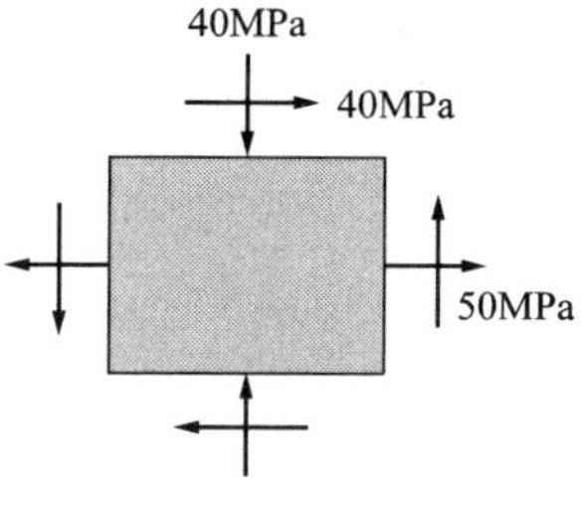

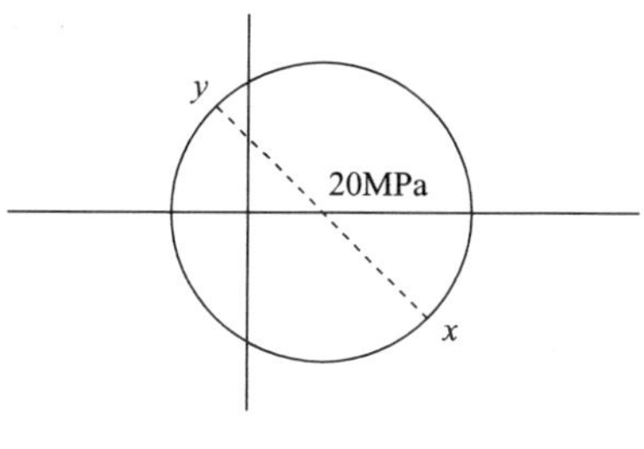

$$\sigma_{ave} = \frac{\sigma_x + \sigma_y}{2} = \frac{50-20}{2} = 20$$

$$R = \sqrt{\left(\frac{\sigma_x - \sigma_y}{2}\right)^2 + \tau_{xy}^2} = \sqrt{\left(\frac{60}{2}\right)^2 + 40^2} = 50$$

(1) 주면(主面, principal plane)

$$\tan 2\theta_p = \frac{2\tau_{xy}}{\sigma_x - \sigma_y} = \frac{(2)(40)}{50+10} = \frac{8}{6}$$

그러므로 $\theta_p = 26.57°$(반시계방향) 또는 $116.57°$(시계방향)

(2) 주응력(principal stress)

모어원으로부터

$$\sigma_{\max} = 20 + 50 = 70\ \text{MPa}$$
$$\sigma_{\min} = 20 - 50 = -30\ \text{MPa}$$

(3) 최대 전단응력

최대 전단응력은 주응력이 작용하는 축($\theta_p = 26.57°$)과 45° 위상차의 축에 작용하므로 x축으로부터 $26.57 + 45°$ 즉 $71.57°$ 반시계방향으로 회전한 방향에서 작용한다. 크기는

$$\tau_{\max} = R = 50\ \text{MPa}.$$

보기문제

문제의 그림에서 'ㄱ'자 모양의 봉은 지름이 $d = 36$ mm이다. 점 D에 '$-z$' 방향으로 $P = 900$ N의 힘이 작용하고 있을 때 다음을 계산하시오.

(1) H에 작용하는 응력을 구하시오.

(2) H에서 주면의 방향을 구하고 주응력의 크기를 계산하시오.

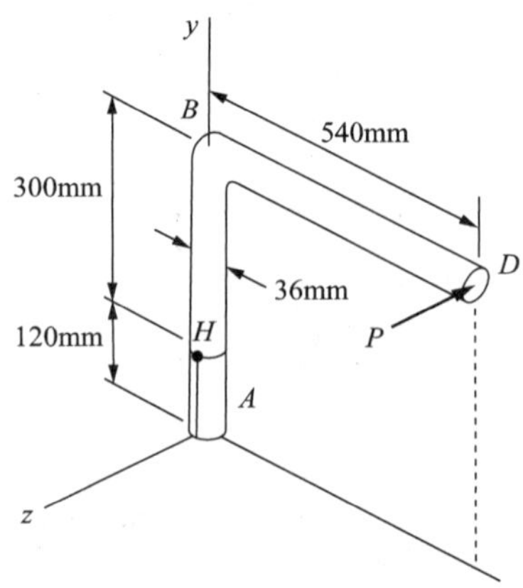

해설 H면에 작용하는 하중은 토크, 굽힘모멘트, 전단력 등이다. 크기는 다음과 같다.

토크 $T=(900)(0.54)=486$ Nm.

굽힘모멘트 $M=(900)(0.3)=270$ Nm.

전단력 $P=900$ N.

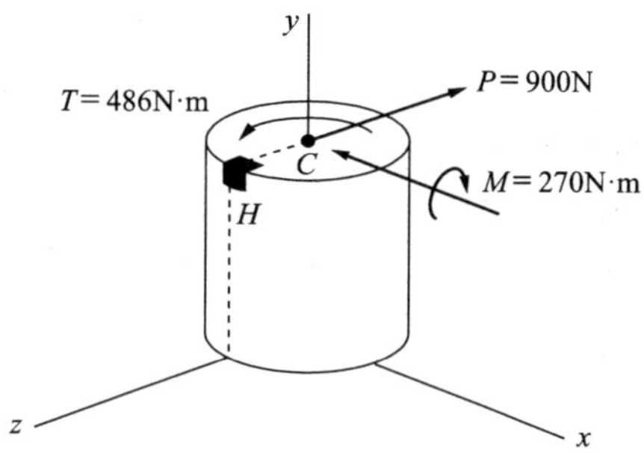

(1) H에서 작용하는 응력은 세 가지 하중으로부터 구해서 중첩한 값이다.

토크로부터 $\tau_{yx}=\dfrac{Td}{2J}=\dfrac{(486)(0.036)}{(2)\left(\dfrac{\pi\times0.036^4}{32}\right)}=53.1$ MPa

굽힘모멘트에서 $\sigma_y=\dfrac{Md}{2I}=\dfrac{(270)(0.018)}{\left(\dfrac{0.018^4\pi}{4}\right)}=58.9$ MPa

전단력으로부터 중립축에서 가장 먼 H에서는 $\tau_{yz}=0$

(2) H에서 수직응력 $\sigma_y=0$이므로

$$\sigma_{ave}=\frac{\sigma_x+\sigma_y}{2}=\frac{0+58.9}{2}=29.45\text{ MPa}$$

$$R=\sqrt{\left(\frac{0-58.9}{2}\right)+53.1^2}=60.7\text{ MPa}$$

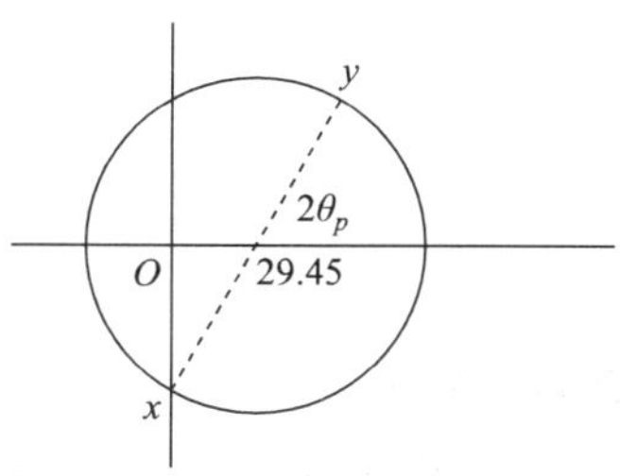

최대 주응력은 $\sigma_{\max}=\sigma_{ave}+R=29.45+60.7=90.15$ MPa

최소 주응력은 $\sigma_{\min}=\sigma_{ave}-R=29.45-60.7=-31.25$ MPa

주면의 방향을 구하기 위하여

$\tan 2\theta_p = \dfrac{2\tau_{xy}}{\sigma_x - \sigma_y} = \dfrac{(2)(53.1)}{0-58.9} = -1.803$으로부터

$\theta_p = -30.5°$ 또는 $59.5°$

보기문제

x방향으로 단축 인장(P)을 받는 막대(단면의 크기 A)의 모어원을 그리시오. 모어원으로부터 최대 전단응력이 작용하는 면의 방향과 응력의 크기를 결정하시오.

해설

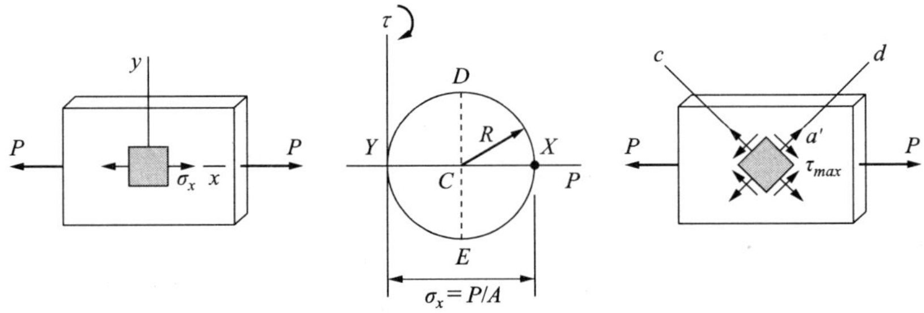

단축응력에서 $\sigma_x = \dfrac{P}{A}$, $\sigma_y = 0$, $\tau_{xy} = 0$이므로

모어원의 $\sigma_{ave} = \dfrac{\sigma_x}{2} = \dfrac{P}{2A}$, $R = \sqrt{\left(\dfrac{\sigma_x - \sigma_y}{2}\right)^2 + \tau_{xy}^2} = \dfrac{\sigma_x}{2} = \dfrac{P}{2A}$.

즉, x축은 주축이다. 따라서 최대 전단응력이 작용하는 면의 방향(x')은 $\theta_s = 45°$이며 D혹은 E에서 최대 전단응력이 작용한다. 이 면에 작용하는 응력성분은

$$\sigma_{x'} = \sigma_{y'} = \sigma_{ave} = \frac{P}{2A} \text{와 } \tau_{x'y'} = -\frac{P}{2A}.$$

보기문제

비틀림 하중(T)을 받는 원형(반지름 c) 실린더 축의 표면에 있는 질점의 모어원을 그리시오. 이 질점에서 주축의 방향과 주응력의 크기를 결정하시오.

해설

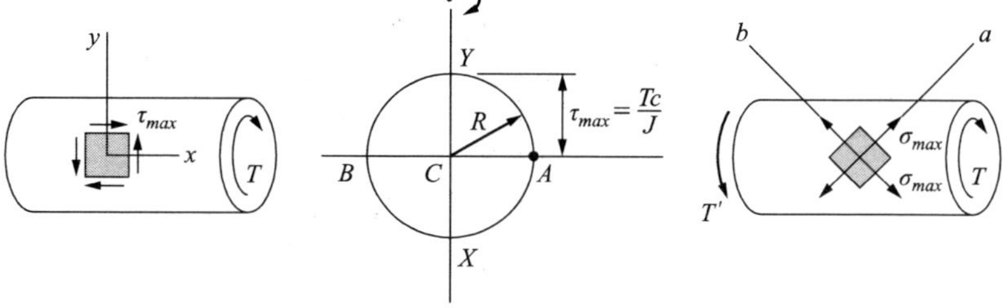

축의 방향은 x로 놓자. 비틀림하중에 의한 전단응력은

$$\tau_{\max} = \frac{Tc}{J} = \frac{Tc}{\left(\frac{\pi c^4}{2}\right)} = \frac{2T}{\pi c^3} \text{ 그리고 } \sigma_x = \sigma_y = 0.$$

모어원의 $\sigma_{ave} = 0$ 그리고 반지름은 $R = \tau_{xy} = \dfrac{2T}{\pi c^3}$.

따라서 주축은 x축과 $\theta_p = \pm 45°$만큼 기울어져 있다.

주응력의 크기는 $\sigma_{x'} = \tau_{\max}$, $\sigma_{y'} = -\tau_{\max}$

보기문제

문제그림에서 xy좌표에 대한 응력성분에 대하여 (1) 주면의 방향과 주응력을 계산하고 (2) 축을 반시계방향으로 30° 회전할 때 응력성분을 계산하시오.

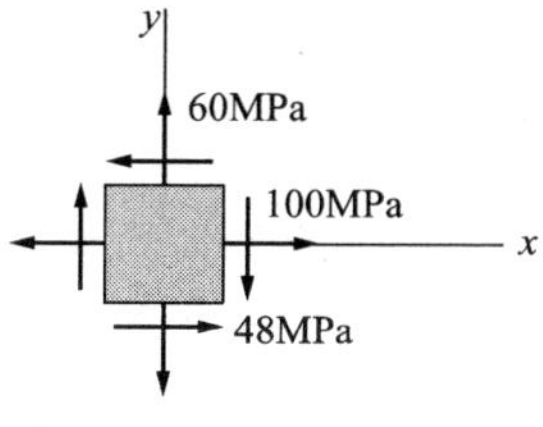

해설 모어원의 중심과 반지름은

$$\sigma_{ave} = \frac{100+60}{2} = 80 \text{ 그리고 } R = \sqrt{\left(\frac{40}{2}\right)^2 + (-48)^2} = 52$$

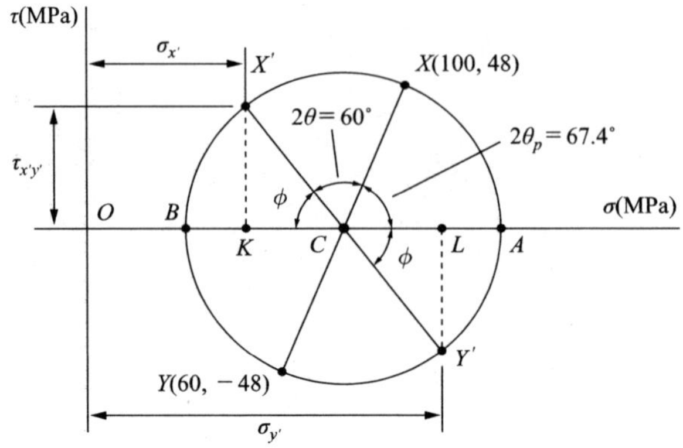

(1) 주면의 방향 θ_p와 주응력은

$\tan 2\theta_p = \dfrac{2\tau_{xy}}{\sigma_x - \sigma_y} = \dfrac{(2)(-48)}{100-60} = -2.4$이므로 $\theta_p = -33.7°$

$\sigma_{\max} = \sigma_{ave} + R = 80 + 52 = 132\ \text{MPa}$

$\sigma_{\min} = \sigma_{ave} - R = 80 - 52 = 28\ \text{MPa}$

(2) 반시계방향으로 30° 회전하면

$2\theta = 2\theta_p + 60 = 127.4°$

모어원에서 $\phi = 180° - 2\theta = 180° - 127.4° = 52.6°$

$\sigma_{x'} = \sigma_{ave} - R\cos 52.6° = 80 - (52)\cos 52.6° = 48.4\ \text{MPa}$

$\sigma_{y'} = \sigma_{ave} + R\cos 52.6° = 80 + (52)\cos 52.6° = 111.6\ \text{MPa}$

$\tau_{x'y'} = -R\sin 52.6° = -(52)\sin 52.6° = -41.3\ \text{MPa}$

보기문제

주어진 응력상태에서 $\sigma_o = 80$ MPa이지만 τ_o는 미지수이다. 다음의 각 물음에 답하시오.

(1) 최대 수직응력 $\sigma_{\max} = 100$ MPa인 경우 위의 미지 전단응력을 결정하라.

(2) 위의 결과로부터 최대 전단응력 $\tau_{\max}$를 구하라.

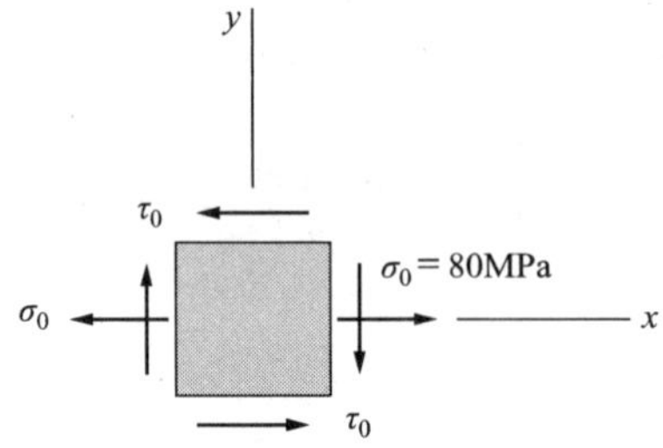

해설 모어원의 반지름 식은

$$R=\sqrt{\left(\frac{\sigma_x-\sigma_y}{2}\right)^2+\tau_{xy}^2}=\sqrt{\left(\frac{\sigma_o-0}{2}\right)^2+\tau_o^2}=\sqrt{40^2+\tau_o^2}$$

주응력은 $\sigma_{\max}=100=\sigma_{ave}+R=40+\sqrt{40^2+\tau_o^2}$ 으로부터 $40^2+\tau_o^2=60^2$이다. 따라서 $\tau_o=\pm 44.7\ \mathrm{MPa}$. 주어진 응력상태에서 전단응력은 (−)의 값인데 전단응력 화살표의 방향이 음의 방향이므로 $\tau_o=44.7\ \mathrm{MPa}$이다.

최대 전단응력은 $\tau_{\max}=R=\sqrt{40^2+44.7^2}=60\ \mathrm{MPa}$.

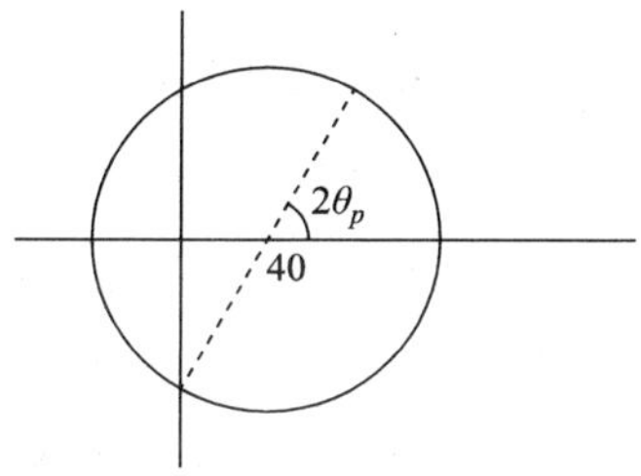

주응력의 방향은 $\theta_p=\frac{1}{2}\sin^{-1}\left(\frac{\tau_o}{R}\right)=\frac{1}{2}\sin^{-1}\left(\frac{44.7}{60}\right)=24°$(시계방향)

최대 전단응력이 작용하는 면은 $\theta_s=\frac{1}{2}(90°-2\theta_p)=\frac{1}{2}(90°-48°)=21°$(반시계방향)

6.3 일반 응력상태

응력을 받는 삼차원 물체에서 임의 방향 가상면에 작용하는 수직응력 σ_n을 공간상에 주어진 좌표축 관점의 응력성분과 면의 방향으로 표현하자. 가상면의 방향은 수직방향 단위벡터 n으로 표현하자. 단위벡터 n의 성분은 $(\lambda_x, \lambda_y, \lambda_z)$이다.

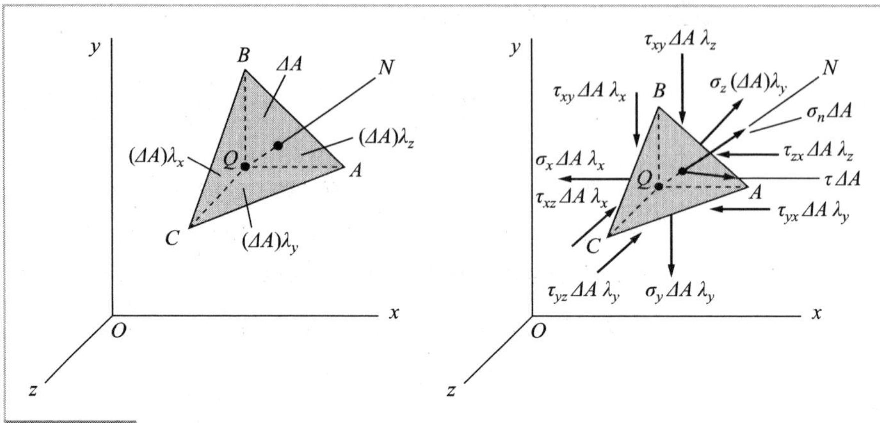

그림 6-8 응력성분 프리즘

그림 6-8에 보인 바와 같이 ΔA는 빗면의 삼각형 면적이고 λ_i는 QN방향이 x, y, z축과 이루는 방향여현을 나타낸다.

힘의 QN방향 성분의 모든 합 $\sum F_n = 0$은

$$\begin{aligned}\sigma_n \Delta A &- (\sigma_x \Delta A \lambda_x)\lambda_x - (\tau_{xy} \Delta A \lambda_x)\lambda_y - (\tau_{xz} \Delta A \lambda_x)\lambda_z \\ &- (\tau_{yx} \Delta A \lambda_y)\lambda_x - (\sigma_y \Delta A \lambda_y)\lambda_y - (\tau_{yz} \Delta A \lambda_y)\lambda_z \\ &- (\tau_{zx} \Delta A \lambda_z)\lambda_x - (\tau_{zy} \Delta A \lambda_z)\lambda_y - (\sigma_z \Delta A \lambda_z)\lambda_z = 0\end{aligned}$$

을 이 식을 정리하면

$$\sigma_n = \sigma_x \lambda_x^2 + \sigma_y \lambda_y^2 + \sigma_z \lambda_z^2 + 2\tau_{xy}\lambda_x\lambda_y + 2\tau_{yz}\lambda_y\lambda_z + 2\tau_{zx}\lambda_z\lambda_x$$

여기서 단위벡터의 성분이므로 $\lambda_x^2 + \lambda_y^2 + \lambda_z^2 = 1$의 관계식이 성립한다.

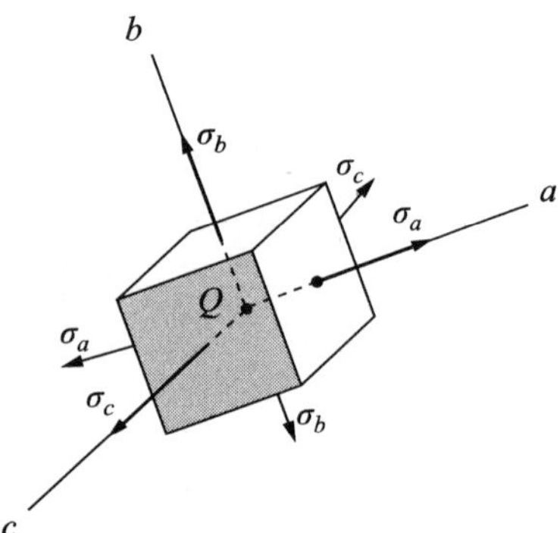

오른쪽 그림과 같이 특별히 주축일 때 축의 방향을 각각 a, b, c라고 하자. 즉, a, b, c는 주응력의 방향과 일치하는 주축의 방향이다. 주응력을 이용하여 임의 면의 방향에 작용하는 수직응력의 크기를 간략한 식으로 얻을 수 있다. 주응력

의 경우에는 전단응력 $\tau_{ij}=0$이므로

$$\sigma_n = \sigma_a \lambda_a^2 + \sigma_b \lambda_b^2 + \sigma_c \lambda_c^2$$

3차원 응력에 대한 모어원의 응용은 다음과 같이 주응력을 기준으로 작성한다. 우선 세 개의 주응력을 구한다. 수평 수직응력 축에 앞서서 구한 세 개의 주응력의 위치를 표시한다. 세 개의 수평선 위에서 임의로 두 개의 점을 선택하면 총 세 개의 짝을 얻을 수 있는데 각 짝을 지름으로 하는 원을 그린다. 그러면 아래와 같은 그림이 얻어지는 데 이를 3차원 모어원이라고 한다. 좌표의 변환에 의한 3차원 응력의 성분은 이 세 개의 원으로 둘러싸여 있는 면적 안의 한 점에 의하여 읽힌다. 이러한 방법은 과거에는 매우 중요하였으나 계산기의 발달로 이제는 자세한 작도로 좌표변환 후 3차원 응력의 성분을 읽어내는 방법은 거의 사용되지 않는다. 다만 주응력을 구한 후 3차원 모어원을 그리면 아날로그적인 감각을 갖는 데 도움이 되므로 이것으로 충분하다고 본다.

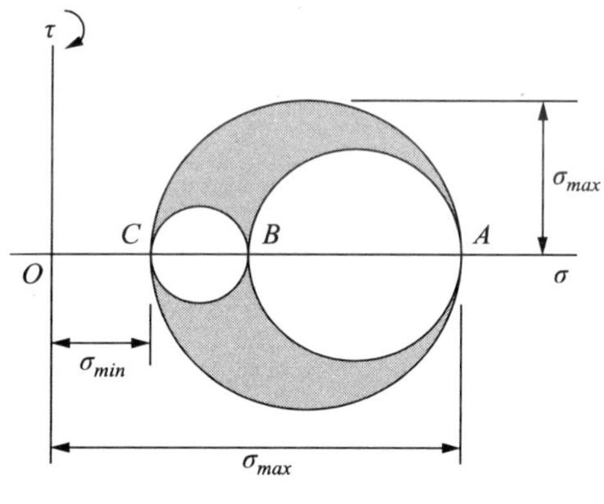

세 개의 원 중 최대 반지름의 크기가 삼차원 공간에서 물체에 작용하는 최대 전단응력이다.

$$\tau_{\max} = \frac{1}{2}\left|\sigma_{\max} - \sigma_{\min}\right|$$

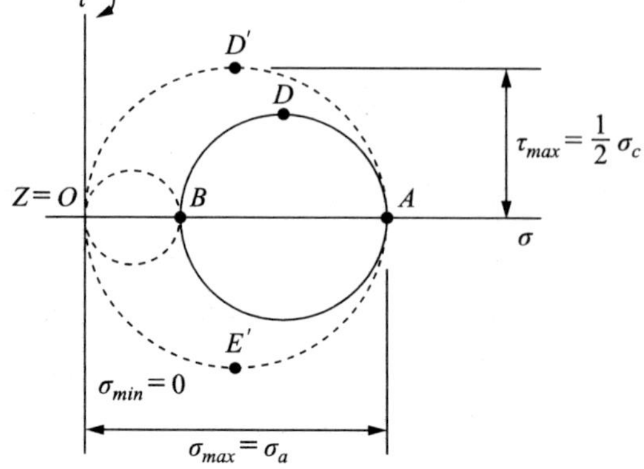

평면응력의 3차원 모어원이다. 수평축(수직응력)의 O, A, B 상의 응력 중 원점의 응력은 크기가 0이며 평면응력의 평면 외 방향 수직응력을 의미한다.

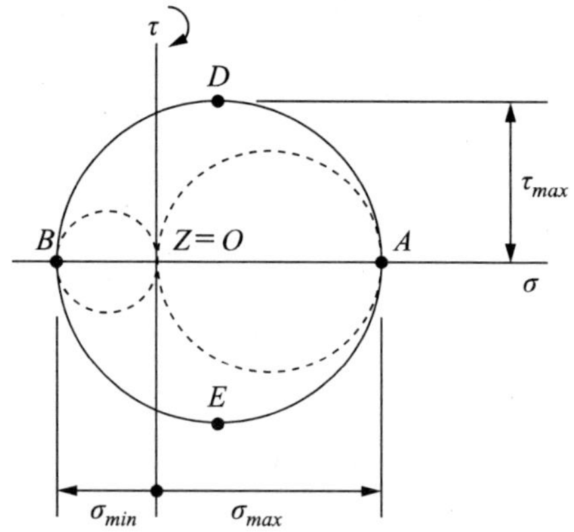

역시 평면응력의 경우 3차원 모어원인데 평면응력의 두 주응력 부호가 서로 다른 경우이다. 최대 전단응력의 변화를 관찰하라.

보기문제

3차원 세 방향에 대하여 다음을 결정하라.
(1) 세 주면과 세 주응력.
(2) 최대 전단응력.

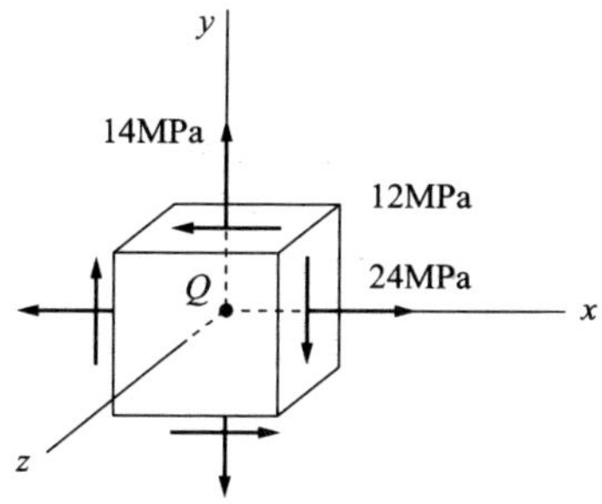

해설

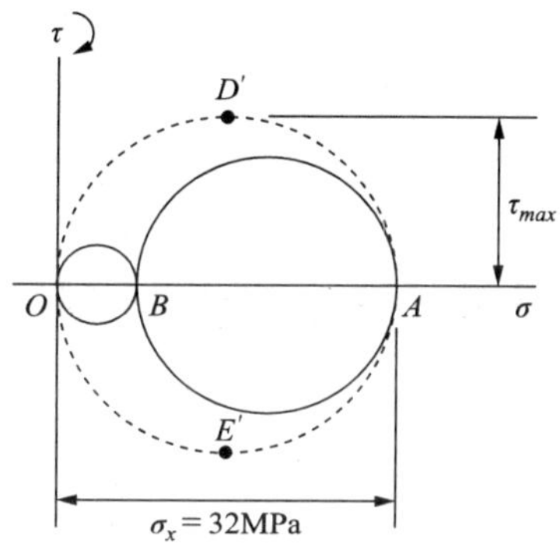

주어진 응력성분은

$$\begin{pmatrix} \sigma_x & \tau_{xy} & \tau_{xz} \\ \tau_{xy} & \sigma_y & \tau_{yz} \\ \tau_{zx} & \tau_{zy} & \sigma_z \end{pmatrix} = \begin{pmatrix} 24 & -12 & 0 \\ -12 & 14 & 0 \\ 0 & 0 & 0 \end{pmatrix}$$

에서 3차원 모어원을 작성할 수 있다.
모어원을 참고하여 최대 전단응력은

$$\tau_{\max} = \frac{\sigma_a - \sigma_c}{2} = 16 \text{ MPa}$$

$$\sigma_{ave} = \frac{\sigma_x + \sigma_y}{2} = \frac{24+14}{2} = 19 \text{ MPa}$$

$$R = \sqrt{\left(\frac{24-14}{2}\right)^2 + 12^2} = 13 \text{ MPa}$$

주응력 $\sigma_A = 19 + 13 = 32$ MPa, $\sigma_B = 19 - 13 = 6$ MPa, $\sigma_C = 0$

주면의 방향 $\theta_p = \frac{1}{2}\sin^{-1}\left(\frac{\tau}{R}\right) = 33.7°$

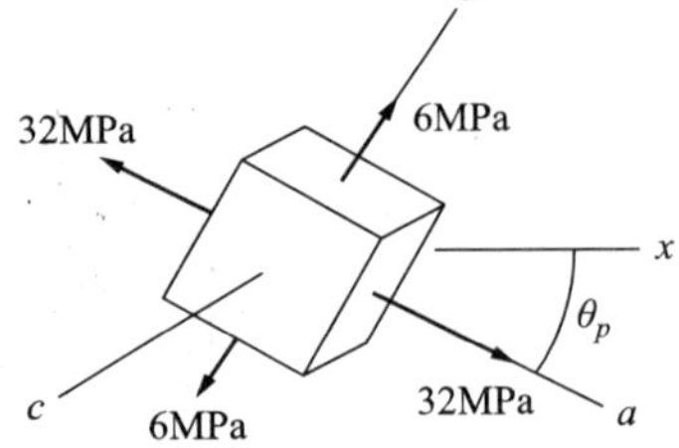

최대 전단응력 $\tau_{\max} = \dfrac{\sigma_A - \sigma_C}{2} = 16\ \text{MPa}$

6.4 평면응력 하에 연성재료의 항복

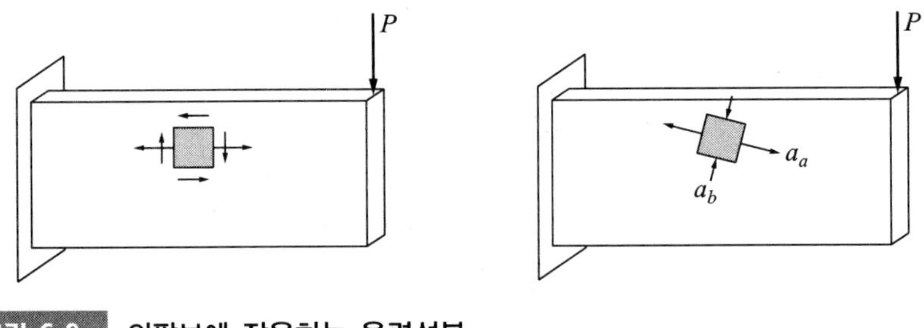

그림 6-9 외팔보에 작용하는 응력성분

연성재료가 과도한 외력을 받게 되면 항복 응력상태를 지나 소성이 일어나게 된다. 탄성영역에서 부품을 설계할 때 우리는 주어진 서비스 응력상태에서 관심이 있는 부분이 소성에 안전한지 판단을 할 필요가 생긴다. 물론 단축 응력상태에서는 수직응력이 소성응력을 넘는지 관찰하면 되지만, 다축 응력상태에서는 간단한 문제가 아니다. 현재 다축 응력상태에서 소성이 일어나는 조건을 판단하는 방법으로 최대 전단응력 기준과 변형에너지를 이용한 방법이 널리 쓰인다.

1. 최대 전단응력 기준

연성재료의 항복은 전위이동(dislocation slip)에 의해 경사면을 따라 발생한다. 본 기준의 적용은 최대 전단응력을 단순 인장의 경우와 비교함으로써 소성 여부를 결정하는 것이다. 이 방법은 Tresca에 의하여 제안되어서 'Tresca 소성 판정법'으로도 불린다.

σ_a와 σ_b가 동일부호인 경우에 탄성인 영역이려면 다음과 같다. 여기서 σ_Y는 단축인장시험에서 소성이 시작되는 '항복응력'이다.

$$|\sigma_a| < \sigma_Y, \qquad |\sigma_b| < \sigma_Y$$

주응력 σ_a, σ_b가 반대부호인 경우

$$|\sigma_a - \sigma_b| < \sigma_Y$$

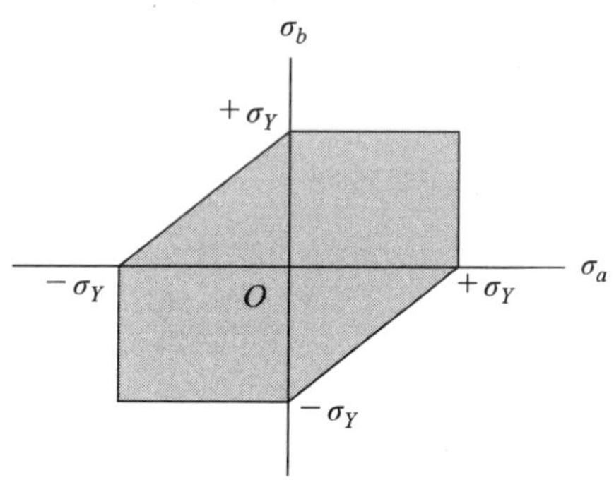

그림 6-10 Tresca 소성판정법

2. 최대 변형에너지 기준

'물체의 변형에너지 즉, 체적 변화 없이 물체의 모양을 변형하게(뒤틀리게) 하는 에너지가 재료의 탄성한계 초과량에 의하여 항복이 일어난다.'라는 가정으로 소성을 판단하는 기준이다. 'von Mises 소성판정법'이다.

2차원 평면응력에서 주응력 σ_a, σ_b일 때 평면응력의 등방성 재료의 단위 체적당 변형(비틀림) 에너지는

$$u_d = \frac{1}{6G}(\sigma_a^2 - \sigma_a\sigma_b + \sigma_b^2)$$

단축 인장시편의 경우; $\sigma_a = \sigma_Y$, $\sigma_b = 0$이므로

$$u_d = \frac{\sigma_Y^2}{6G}$$

따라서 이 값이 소성을 결정하는 경계값이 된다. 물체가 탄성영역에 있을 수 있는 조건은

$$\frac{1}{6G}(\sigma_a^2 - \sigma_a\sigma_b + \sigma_b^2) < \frac{1}{6G}\sigma_Y^2$$

위의 식을 만족하면 탄성영역 내에 있다고 판단하는 것이다. 다시 정리하여 판정식을 얻을 수 있다.

$$\sigma_a^2 - \sigma_a\sigma_b + \sigma_b^2 < \sigma_Y^2$$

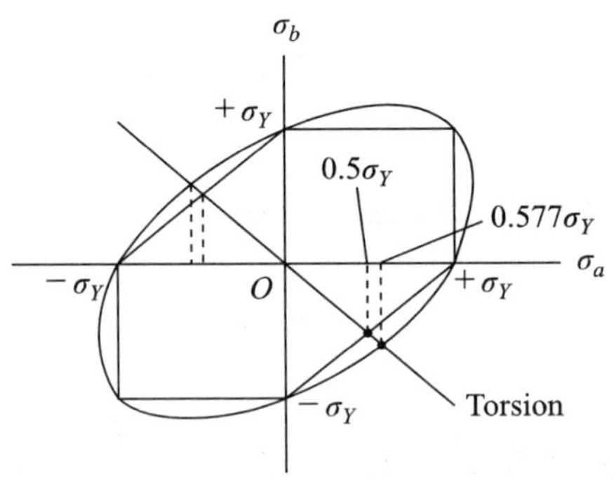

그림 6-11 von Mises와 Tresca 판정법의 비교

위의 두 소성판정기준은 매우 유용하게 널리 사용되는 것으로 재료에 따라 다르므로 직접 우열을 논할 수는 없으나 두 기준을 비교해 보자.

순수전단 응력상태를 주는 비틀림 하중의 경우 주응력은 $\sigma_{max} = -\sigma_{min}$

$$\begin{cases} \text{Tresca} & \sigma = \dfrac{\sigma_Y}{2} = 0.5\sigma_Y \\ \text{von}-\text{Mises} & \sigma = \dfrac{\sigma_Y}{\sqrt{3}} = 0.577\sigma_Y \end{cases}$$

비틀림 시험에서 $|\sigma_a| = |\sigma_b| = \tau_{max} = \tau_Y$ (측정되는 값)

실험적으로 $0.53 < \dfrac{\tau_Y}{\sigma_Y} < 0.6$으로 확인된다.

따라서 이 경우 즉, 비틀림의 항복에 관한 한 최대 변형에너지의 기준이 최대 전단응력 기준보다 우세하다는 것을 알 수 있다.

보기문제

재료의 항복응력은 $\sigma_Y = 250$ MPa이다. 안전계수 $F.S$를 계산하라.

(1) Tresca 기준으로 계산.

(2) Von Mises 기준으로 계산.

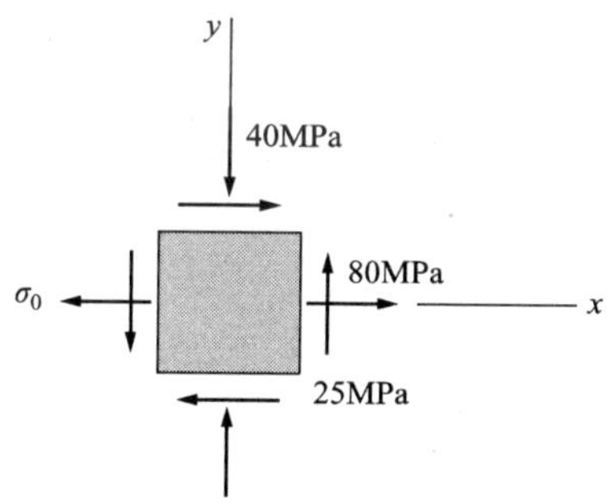

해설

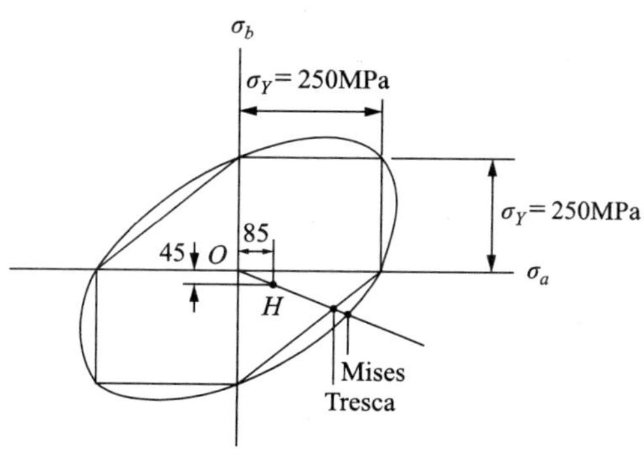

$$\sigma_{ave} = \frac{80+(-40)}{2} = 20\ \text{MPa}$$

$$R = \sqrt{\left(\frac{80-(-40)}{2}\right)^2 + (25)^2} = 65\ \text{MPa}$$

$$\sigma_a = 20+65 = 85\ \text{MPa}$$

$$\sigma_b = 20-65 = -45\ \text{MPa}$$

(1) Tresca

$\sigma_a a_b < 0$의 경우이므로

판정기준식은 $|\sigma_a - \sigma_b| = \dfrac{\sigma_{Y'}}{F.S}$

안전계수의 값은 $F.S = \dfrac{\sigma_Y}{|\sigma_a - \sigma_b|} = \dfrac{250}{130} = 1.92$

또는 $\tau_Y = \dfrac{1}{2}\sigma_Y = 125\ \text{MPa}$

$$F.S = \frac{\tau_Y}{\tau_{\max}} = \frac{\tau_Y}{R} = \frac{125}{65} = 1.92$$

(2) von Mises

판정기준식은 $\sigma_a^2 - \sigma_a\sigma_b + \sigma_b^2 = \sigma_Y^2$

주응력을 기준식에 대입하면

$$(85)^2 - (85)(-45) + (45)^2 = \left(\frac{\sigma_Y}{F.S}\right)^2 = \left(\frac{250}{F.S}\right)^2$$

위의 식으로부터 안전계수는 $F.S = 2.19$

6.5 얇은 벽 압력용기(壓力容器)

압력용기는 밀폐된 공간을 만드는 구조물의 벽을 경계로 안팎의 압력이 다른 용도로 설계하는 용기이다. 여기에서는 가장 기본형인 실린더 모양의 압력용기와 공 모양의 압력용기 등 두 가지의 해석을 알아본다.

1. 원통형(圓筒形)

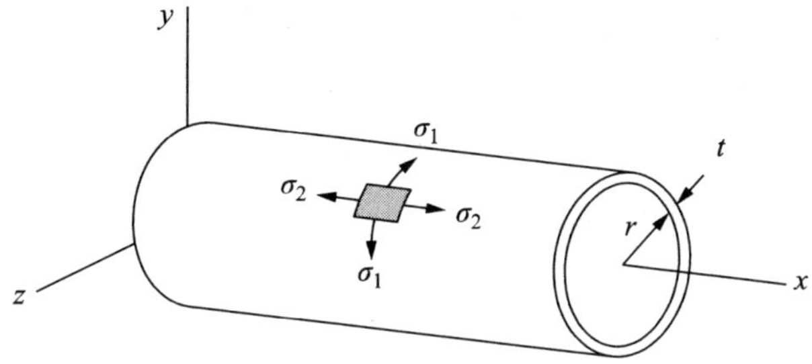

위의 그림에서 σ_1은 '후프응력' 그리고 σ_2는 '축응력'이다.

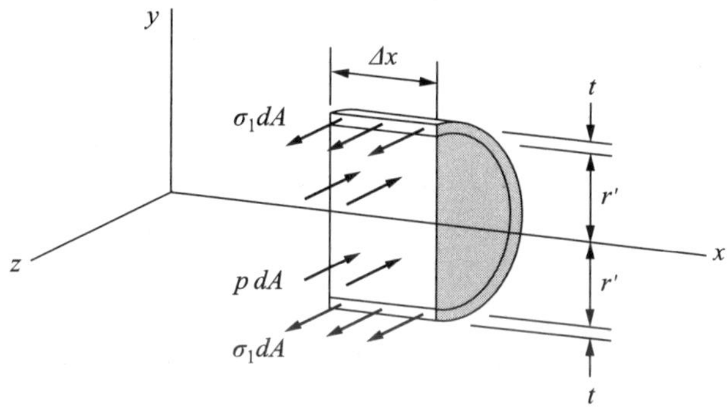

위 자유물체도에서 z방향 힘의 평형 $\sum F_z = 0$은 $\sigma_1(2t\Delta x) - P(2r\Delta x) = 0$으로 쓸 수 있다. 이를 정리하면 $\sigma_1 = \dfrac{P_r}{t}$을 얻는다.

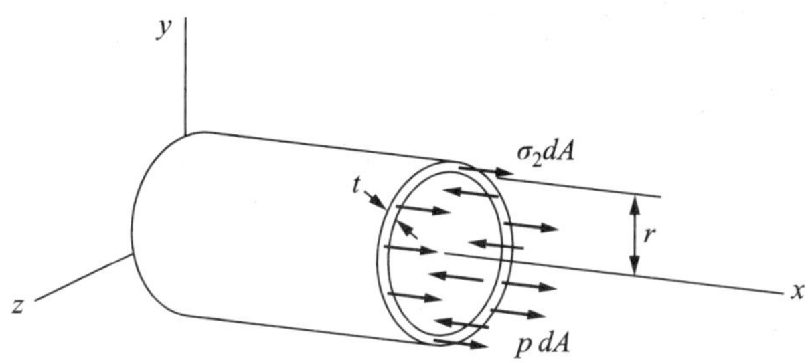

한편, x방향의 평형 $\sum F_x = 0$에서 $\sigma_2(2\pi rt) - p(\pi r^2) = 0$이다. 정리하면 $\sigma_2 = \dfrac{pr}{2t}$으로 후프응력을 얻게 된다.

앞의 결과로부터 원주방향의 응력인 후프응력의 크기는 축방향 응력의 두 배이다. 즉, $\sigma_1 = 2\sigma_2$. 이와 같은 실린더 형태의 압력용기 벽에 작용하는 응력의 모어원을 그려보자.

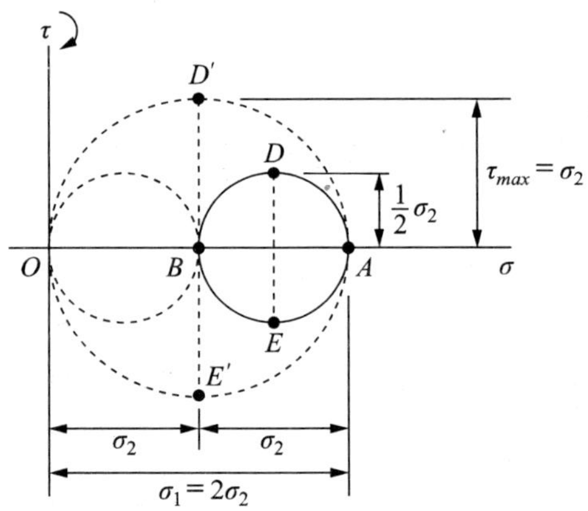

위의 모어원에서 최대 전단응력을 쉽게 판단할 수 있다.

D, E점은 평면 내(內) 최대 전단응력상태를 말하며 $\tau_{\max} = \dfrac{1}{2}\sigma_2 = \dfrac{pr}{4t}$

반면에 D′, E′점은 평면 외(外) 최대 전단응력상태로 $\tau_{\max} = \sigma_2 = \dfrac{pr}{2t}$

2. 구형(球形) 압력용기

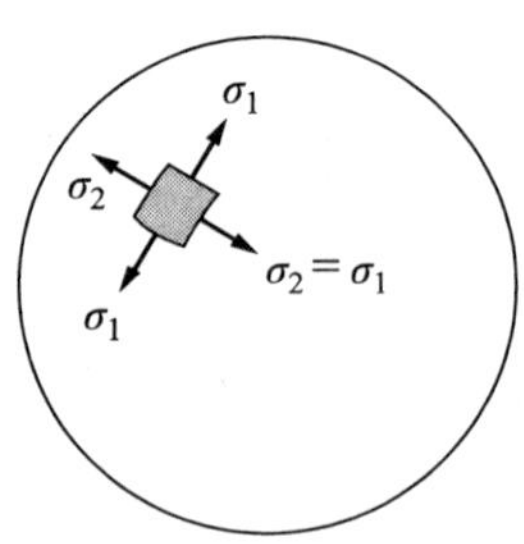

압력 p를 받는 압력용기의 반을 자른 자유물체도에서 절단면의 수직방향 힘의 평형을 고려하자.

$\sigma_1(2\pi rt) = p(\pi r^2)$에서

$$\sigma_1 = \frac{pr}{2t} = \sigma_2$$

공의 표면에 작용하는 수직응력은 주응력으로 모어원을 그려서 그림과 같이 최대 전단응력을 구할 수 있다.

$$\tau_{\max} = \frac{1}{2}\sigma_1 = \frac{pr}{4t}$$

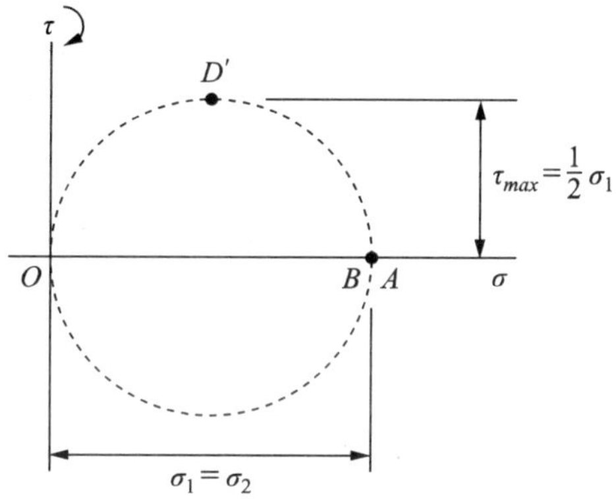

보기문제

$p = 180$ psi를 받는 압축공기 용기의 몸체를 3/8인치 두께 철판으로 그림과 같이 나선을 따라서 원통 모양으로 용접하여 만들었다. 원통의 몸통 양 끝에는 반구형(半球形) 마개를 용접하여 밀폐하였는데 마개의 철판 두께는 원통 몸체와는 다른 5/16인치의 철판으로 만들었다. 다음의 물음에 답하시오.

(1) 반구형 마개에 작용하고 있는 수직응력과 최대 전단응력을 구하시오.

(2) 원통 몸체에 작용하는 응력성분을 구하시오.

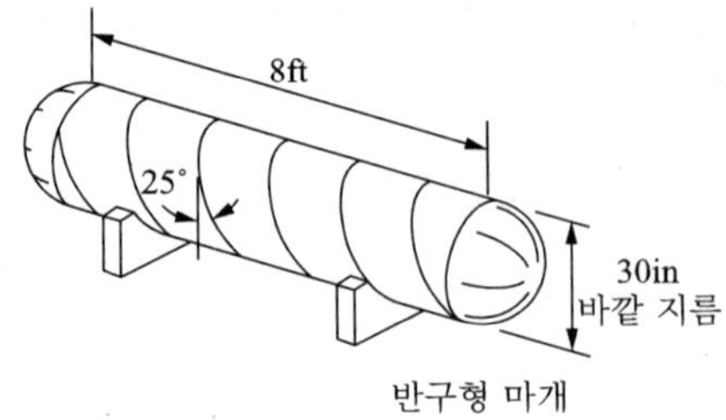

해설 (1) 압력용기를 어떤 모양의 조각들을 가지고 용접하든 용접선 혹은 표면에 균열 등의 결함이 없다면 표면에 존재하는 응력을 계산하는 방법은 동일하다. 따라서 원통형 압력용기 응력식을 사용할 수 있다.

$$p = 180\ \text{psi},\ \ t = 5/16 = 0.3125\ \text{in}$$
$$r = 15 - 0.3125 = 14.688\ \text{in}$$
$$\sigma_1 = \sigma_2 = \frac{pr}{2t} = \frac{(180\ \text{psi})(14.688\ \text{in})}{2(0.3125\ \text{in})} = 4{,}230\ \text{psi}$$

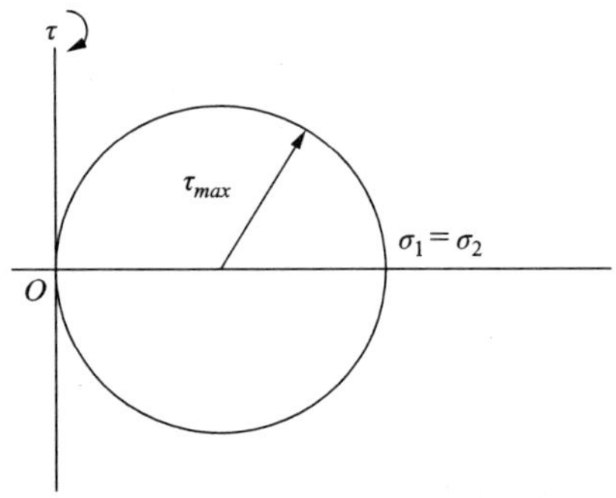

모어원에서 $\tau_{\max} = \dfrac{1}{2}\sigma_1 = 2{,}115\ \text{psi}$

(2) 원통형 용기를 나선을 따라서 용접하였다. 용접 비드에서 선에 평행한 방향과 수직한 방향의 응력성분을 결정하자.

$$p = 180\ \text{psi},\ \ t = 3/8 = 0.375\ \text{in}$$
$$r = 15 - 0.375 = 14.625\ \text{in}$$
$$\text{후프응력}\ \ \sigma_1 = \frac{pr}{t} = \frac{(180)(14.625)}{0.375} = 7020\ \text{psi}$$
$$\text{축응력}\ \ \sigma_2 = \frac{\sigma_1}{2} = 3510\ \text{psi}$$

$\sigma_{ave} = \frac{1}{2}(\sigma_1 - \sigma_2) = 1755$ psi와 $R = \frac{1}{2}(\sigma_1 - \sigma_2) = 1755$ psi이다.

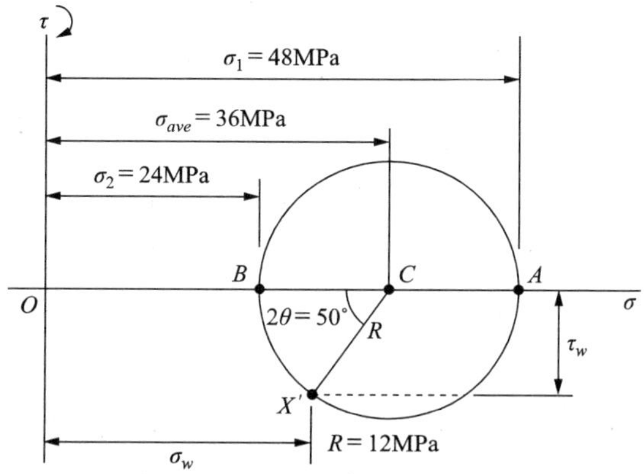

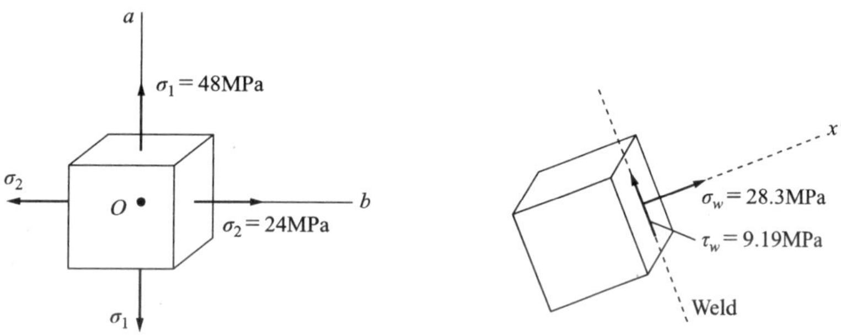

$$\sigma_w = \sigma_{ave} - R\cos 50° = 4140 \text{ psi}$$

$$\tau_w = R\sin 50° = 1344 \text{ psi}$$

보기문제

그림의 원통형 압력용기는 두 가지 방법으로 용접되었다. 각각 구성방법에 따른 압력용기에서 사용가능한 최대 압력의 크기를 구하시오. 벽의 두께는 $t = 16$ mm 그리고 용접부위에서 허용되는 응력은 $(\sigma_w)_{all} = 65$ MPa.

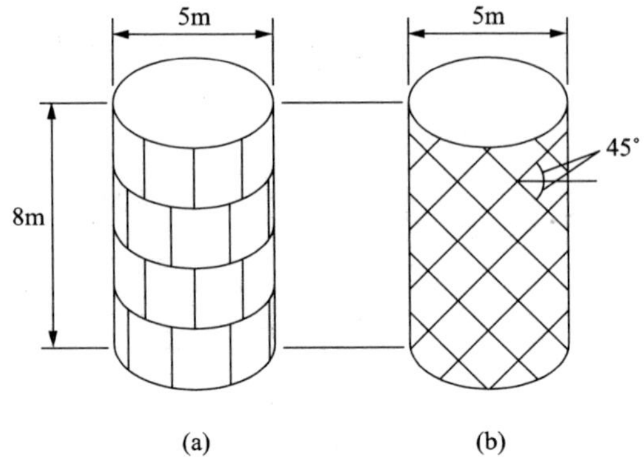

해설 (a) 후프응력 $\sigma_1 = \dfrac{pr}{t} = \dfrac{p(5-0.032)}{(2)(0.016)} \le 65 \times 10^6$ Pa에서 $p \le 418.7$ kPa

최대 압력은 $p_{\max} = 418$ kPa

(b)

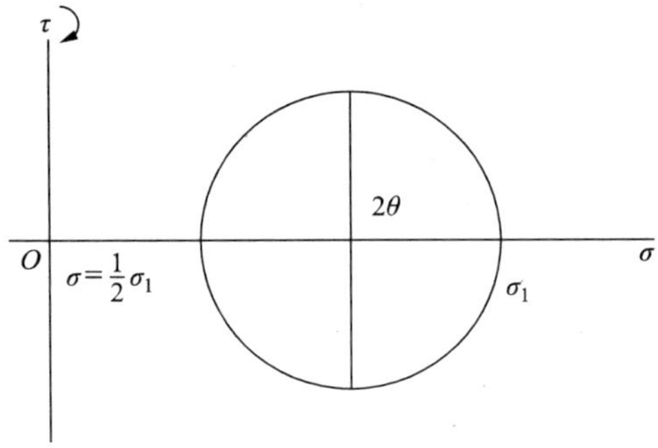

$$\sigma_{ave} = \frac{1}{2}(\sigma_1 + \sigma_2) = \frac{1}{2}\left(\frac{pr}{t} + \frac{pr}{2t}\right) = \frac{3pr}{4t}$$

$$\frac{3p(5-0.032)}{4(2)(0.0216)} \le 65 \times 10^6 \text{ Pa에서 } p \le 558.2 \text{ kPa}$$

$p_{\max} = 558$ kPa

6.6 평면변형률의 좌표변환

재료역학에서 2차원으로 간주할 수 있는 유용한 3차원 문제의 두 경우가 있는데 첫째는 앞 절의 '평면응력' 상태이고 둘째는 '평면변형률'이다. 평면변형률이란 3차원의 변형률 6개 성분 중 한 방향과 관련 있는 변형률(수직변형률 1개, 전단변형률 2개) 성분이 동시에 0이 되는 경우이다. 예를 들어 z축을 변형률이 없는 축으로 놓으면 $\epsilon_z = 0$, $\gamma_{zx} = 0$, $\gamma_{zy} = 0$이 항상 0이고 나머지 3개 변형률 ϵ_x, ϵ_y, γ_{xy}는 임의의 값을 받는 경우가 된다. 평면변형률의 좌표변환은 수학적으로 응력성분과 변형률 성분(단, 전단응력 τ_{xy}의 상대성분인 전단변형률은 $\dfrac{\gamma_{xy}}{2}$와 같이 취급)은 동일한 2차 텐서성분(second order tensor)이므로 같아야 한다. 기하학적인 방법을 이용하여 변형률의 변환식을 유도해보자.

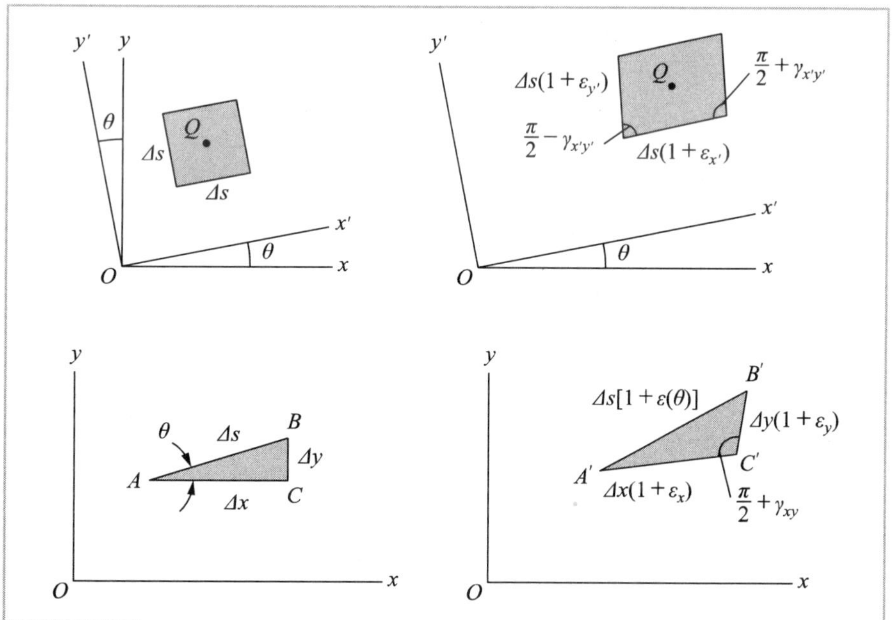

그림 6-12 변형과 변형률 성분

그림 6-12를 참고하고 코사인 법칙으로부터

$$(A'B')^2 = (A'C')^2 + (B'C')^2 - 2(A'C')(B'C')\cos\left(\frac{\pi}{2} + \gamma_{xy}\right)$$

이 식의 각 길이를 변형률을 이용하여 표현하면

$$\begin{aligned}\{\Delta s(1+\epsilon(\theta))\}^2 &= \{\Delta x(1+\epsilon_x)\}^2 + \{\Delta y(1+\epsilon_y)\}^2 \\ &\quad - 2\Delta x(1+\epsilon_x)\Delta y(1+\epsilon_y)\cos\left(\frac{\pi}{2}+\gamma_{xy}\right)\end{aligned}$$

그런데 $\Delta x = (\Delta s)\cos\theta$와 $\Delta y = (\Delta s)\sin\theta$ 그리고 $\cos\left(\frac{\pi}{2}+\gamma_{xy}\right) = -\sin(\gamma_{xy}) \approx -\gamma_{xy}$이므로 이를 위의 식에 대입하고 양변을 $(\Delta s)^2$으로 나누면

$$\begin{aligned}(1+\epsilon(\theta))^2 &= \cos^2\theta(1+\epsilon_x)^2 + \sin^2\theta(1+\epsilon_y)^2 \\ &\quad - 2\sin\theta\cos\theta(1+\epsilon_x)(1+\epsilon_y)(-\gamma_{xy})\end{aligned}$$

괄호를 전개하고 양변을 정리하면

$$\epsilon(\theta) = \epsilon_x\cos^2\theta + \epsilon_y\sin^2\theta + \gamma_{xy}\sin\theta\cos\theta$$

θ는 x'방향이고 삼각함수 2배각 공식을 이용하면

$$\epsilon_{x'} = \frac{\epsilon_x+\epsilon_y}{2} + \frac{\epsilon_x-\epsilon_y}{2}\cos 2\theta + \frac{\gamma_{xy}}{2}\sin 2\theta \qquad ①$$

한편 $\epsilon\left(\theta+\frac{\pi}{2}\right) = \epsilon_{y'}$이므로 위의 식에 대입하면

$$\epsilon_{y'} = \frac{\epsilon_x+\epsilon_y}{2} - \frac{\epsilon_x-\epsilon_y}{2}\cos 2\theta - \frac{\gamma_{xy}}{2}\sin 2\theta \qquad ②$$

식 ①과 ②의 양변을 더하면

$$\epsilon_{x'} + \epsilon_{y'} = \epsilon_x + \epsilon_y$$

이므로 $\epsilon_{ave} = \dfrac{\epsilon_x+\epsilon_y}{2}$는 좌표에 관계없이 항상 일정한 상수이다. 한편, 식 ①

을 다음의 응력의 변환식과 비교해 보자.

$$\sigma_{x'} = \frac{\sigma_x + \sigma_y}{2} + \frac{\sigma_x - \sigma_y}{2}\cos 2\theta + \tau_{xy}\sin 2\theta$$

새로운 방향에 대하여 $\epsilon_{x'}$와 $\sigma_{x'}$ 그리고 현재 방향에서 수직성분에 대해서는 ϵ_x와 σ_x, ϵ_y와 σ_y, 특히 전단에 관련해서는 $\frac{\gamma_{xy}}{2}$와 τ_{xy}를 대비하면 두 식은 완전히 같은 관계가 된다. 특이한 점은 γ_{xy}는 2차 텐서성분이 아니고 $\frac{\gamma_{xy}}{2}$가 2차 텐서성분인 것이다. 물리적으로 바꾸어 말하면 공학 전단변형률의 기준인 90° 대신 수학적 전단변형률의 기준은 45° 또는 $\frac{\pi}{4}$가 되어야 한다. 모어원의 반지름은 좌표에 독립인 상수이므로 응력의 경우를 유추하여 다음과 같이 쓸 수 있다.

$$R_\epsilon = \sqrt{\left(\frac{\epsilon_x - \epsilon_y}{2}\right)^2 + \left(\frac{\gamma_{xy}}{2}\right)^2}$$

그리고 전단변형률의 변환식은

$$\frac{\gamma_{x'y'}}{2} = -\frac{\epsilon_x - \epsilon_y}{2}\sin 2\theta + \left(\frac{\gamma_{xy}}{2}\right)\cos 2\theta$$

이상 유도된 결과로부터 변형률의 모어원은 다음의 그림으로 표현된다. 그림의 수직축 라벨에서 $\frac{1}{2}\gamma$의 오른편에 그려놓은 시계방향 화살표는 전단변형의 센스를 나타내기 위함인데 모어원에서 양의 영역에서 읽히는 전단변형은 이와 일치하는 전단응력이 물체에 작용할 때 물체를 시계방향으로 회전시키는 방향의 센스를 표현하는 것이다. 변형률 모어원에는 X, Y축에 해당하는 모어원의 좌표가 주어져 있다. 수평축(ϵ)의 X, Y좌표를 평균하면 C점의 수평축 좌표(ϵ_{ave})가 된다.

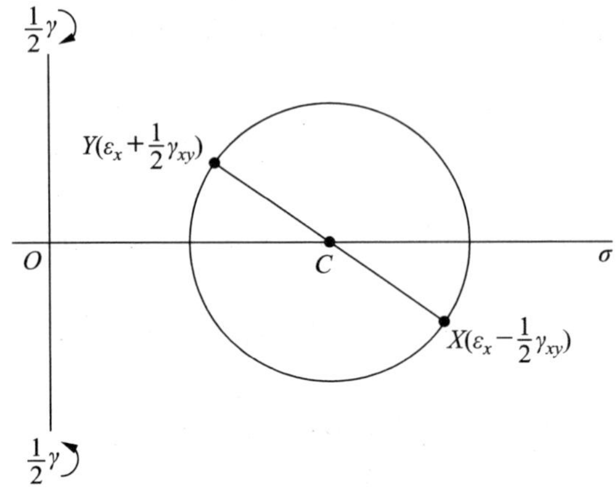

전단방향 후크의 법칙 $\tau_{xy} = G\gamma_{xy}$을 고려하면 수직성분과 전단성분은 서로 독립이고 $\gamma_{xy} = 0$일 때 $\tau_{xy} = 0$이므로 주축의 정의로부터 응력의 주축과 변형률의 주축은 일치해야 한다.

6.7 얇은 벽 원통형 보의 전단응력

횡하중(V)을 받는 원통단면 내 임의의 θ면에 작용하는 전단응력을 구해보자.

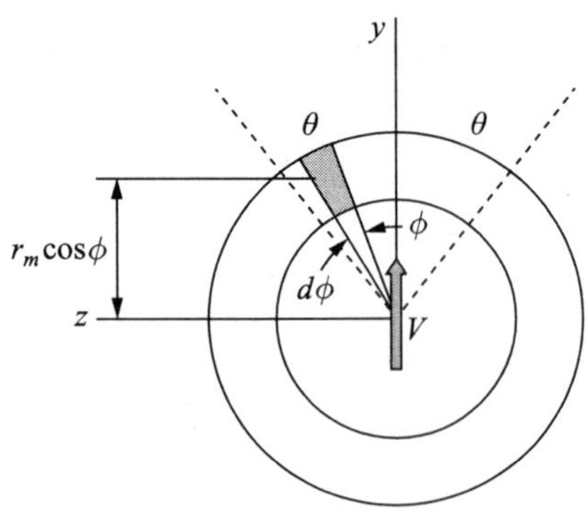

그림과 같이 $\frac{t}{r_m} \ll 1$인 얇은 벽 원통단면의 2차 단면모멘트는 $I_z = \pi r_m^3 t$.

음영처리된 부분의 1차 모멘트 $Q=2\int_0^{\theta}(r_m\cos\phi)(r_m t d\phi)=2r_m^2 t\sin\theta$.

θ면의 좌측면 혹은 우측면에 작용하는 전단흐름은 $q_{xs}=q_{sx}=\frac{1}{2}\left(\frac{VQ}{I_z}\right)$ $=\frac{V}{\pi r_m}\sin\theta$. 여기서 $\frac{1}{2}$는 음영부분의 좌우면이 포함되므로 한 면에 대한 계산에서 필요하다. 그러므로 θ면에서 전단응력은

$$\tau_{xs}=\tau_{sx}=\frac{q_{sx}}{t}=\frac{V}{\pi r_m t}$$

6.8 변형률 측정

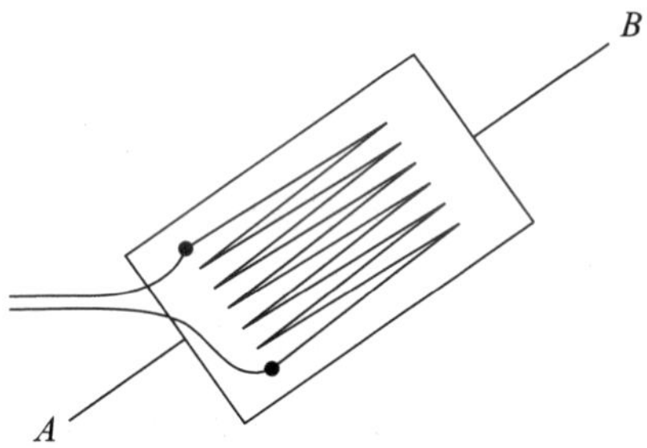

변형률 게이지(strain gage)는 변형률을 측정할 수 있는 전기 - 기계 센서이다. 이 센서에서는 가늘고 매우 긴 전선이 그림의 AB방향과 평행하게 배열된 특징이 있다. 평행 전선은 에폭시와 같은 고상의 접착제 안에 고정되어 일체형으로 제공된다. 물체에 하중이 작용하기 전 한 질점에서 길이 변화 측정 방향으로 AB방향을 맞추어 표면에 부착하여 센서를 사용한다. 일단 센서가 설치되면 하중이 작용할 때 수반되는 질점 주위 길이 변화를 측정할 수 있다. 전기선의 저항은 전기선의 단면에 반비례하고 길이에 비례한다. 전선을 잡아당기면 하중 방향으로 길이가 늘어날 것이고 동시에 포와송의 비(比) 때문에 단면이 줄어 저항이 변한다. 전선의 양 끝단에 전원을 연결하고 전선에 흐르는 전류변

화를 관찰하면 외부의 하중에 따른 변형의 발생을 측정할 수 있다. 즉, 길이의 변화는 전류의 크기와 일대일로 대응하므로 전류의 크기를 재면 이에 대응하는 길이의 변화량을 알 수 있다는 것이 이 센서의 원리이다. 한 개의 변형률 게이지로는 당연히 한 방향의 변형률만 측정할 수 있다. 이상을 다시 요약하면 AB방향의 '길이 변형(증가) → 전기저항 변화(증가) → 전류 변화(감소)'에서 전류와 변형률은 함수관계에 있으므로 변형량(變形量)을 측정할 수 있다.

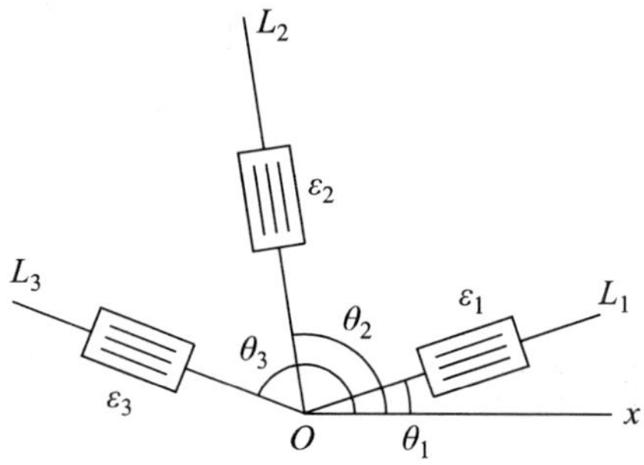

그림과 같이 변형상태를 알고 싶은 질점의 가능한 한 가깝게 그리고 서로 다른 방향으로 여러 개의 변형률 센서를 설치하면 질점의 변형률 성분을 측정할 수 있다. 이렇게 다수의 변형률 센서를 설치하는 것을 '변형률 로제트(strain rosette)'라고 한다.

2차원의 경우 3개의 변형률 성분이 있는데 변형률 센서는 한 방향의 수직변형률을 측정할 수 있으므로 관심 있는 질점의 변형상태를 측정하려면 최소한 3개의 게이지를 가까이 설치하여 측정해야 한다. L_1, L_2, L_3방향으로 측정되는 각 변형률 ϵ_1, ϵ_2, ϵ_3은 기준좌표 x축과 상대각도 θ의 관점에서 다음과 같다.

$$\epsilon_1 = \epsilon_x \cos^2\theta_1 + \epsilon_y \sin^2\theta_1 + \gamma_{xy} \sin\theta_1 \cos\theta_1$$

$$\epsilon_2 = \epsilon_x \cos^2\theta_2 + \epsilon_y \sin^2\theta_2 + \gamma_{xy} \sin\theta_2 \cos\theta_2$$

$$\epsilon_3 = \epsilon_x \cos^2\theta_3 + \epsilon_y \sin^2\theta_3 + \gamma_{xy} \sin\theta_3 \cos\theta_3$$

이 연립방정식을 풀면 평면의 변형률 성분(ϵ_x, ϵ_y, γ_{xy})을 모두 결정할 수 있다.

Chapter 6 연습문제

01 그림 P6-1과 같이 속이 텅 비어있는 원통형 시편을 사용하여 비틀림 시험을 시행하였다. 시험의 결과 하중과 변형량의 관계는 전단응력의 크기가 25 ksi까지 직선의 형태를 보인 후 소성변형을 시작하였다. 만일 소성의 발생을 판단하는 기준으로 von Mises $\sigma_1^2 - \sigma_1\sigma_2 + \sigma_2^2 = k^2$을 고려한다면 그림 P6-1(b) 형상의 인장시편에 소성이 시작되는 인장응력 값을 계산하시오.

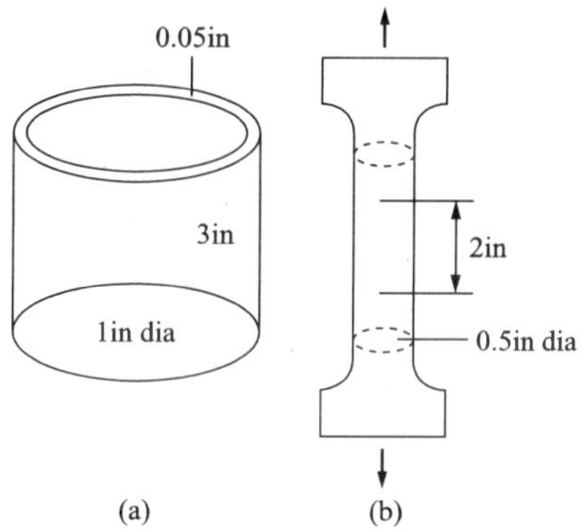

그림 P6-1

02 강철로 만들어진 원통형 압력용기 내에 작용하는 압력을 측정하려고 변형률 센서(strain gage)를 사용하였다. 변형률 센서는 그림처럼 수평면과 15° 기울여서 부착하였다. 압력용기 내부 반지름은 600 mm, 두께는 6 mm, 탄성계수 $E = 200$ GPa 그리고 포와송의 비는 $\nu = 0.29$이다. 시험에서 센서의 수치가 350μ일 때 용기 내의 압력을 계산하시오.

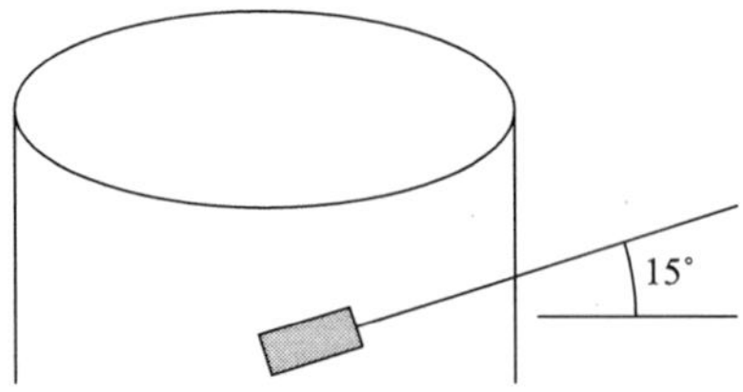

그림 P6-2

해설

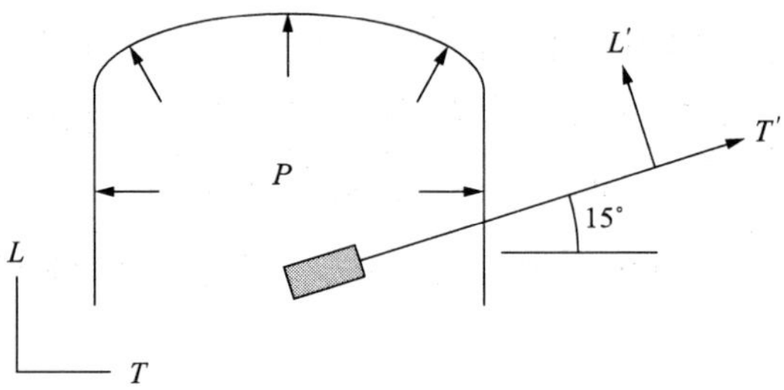

$\epsilon_\theta = 350\mu$, $E = 200$ GPa, $\nu = 0.29$, $r = 600$ mm, $t = 6$ mm로 주어진 값으로부터 15° 방향의 변형률(ϵ_θ)을 계산하기 위하여 모어원을 그리자.

원통형 압력용기의 내부압력을 p라고 하면 후프응력과 축응력은 다음과 같다.

$\sigma_T = \dfrac{pr}{t}$와 $\sigma_L = \dfrac{pr}{2t}$으로 주응력이므로

$$\sigma_{ave} = \frac{\sigma_T + \sigma_L}{2} = \frac{3pr}{4t},\quad R = \frac{\sigma_T - \sigma_L}{2} = \frac{pr}{4t}.$$

모어원을 그리면

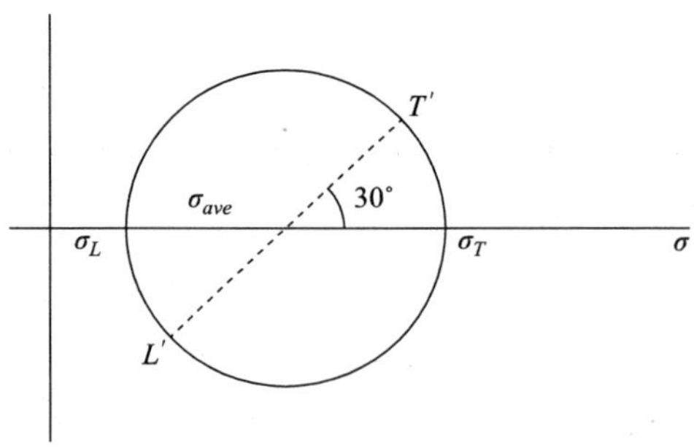

위의 모어원으로부터 15° 회전한 좌표에서 $\sigma_{L'}$, $\sigma_{T'}$을 계산하면

$$\sigma_{T'} = \sigma_{ave} + R\cos 30° = \left(\frac{6+\sqrt{3}}{8}\right)\frac{pr}{t}$$

$$\sigma_{L'} = \sigma_{ave} - R\cos 30° = \left(\frac{6-\sqrt{3}}{8}\right)\frac{pr}{t}$$

후크의 법칙으로부터

$$\begin{aligned}\epsilon_\theta &= 350\mu = \epsilon_{T'} = \frac{1}{E}(\sigma_{T'} - \nu\sigma_{L'}) = \frac{1}{E}\left\{\left(\frac{6+\sqrt{3}}{8}\right)\frac{pr}{t} - \nu\left(\frac{6-\sqrt{3}}{8}\right)\frac{pr}{t}\right\} \\ &= \frac{pr}{Et}\left\{\frac{6(1-\nu)}{8} + \frac{\sqrt{3}(1+\nu)}{8}\right\}\end{aligned}$$

주어진 값을 대입하고 압력에 대해서 풀면 $p = 862.3$ kPa.

03 원통형 압력용기를 고려하자. 내부의 5 ksi 압축가스에 의해 후프응력 1.3 ksi과 축응력 4 ksi를 받고 있다. 재료의 항복응력은 $\sigma_Y = 40$ ksi 그리고 포와송의 비는 $\nu = 0.30$이다. Tresca 항복기준과 von Mises 항복기준을 이용하여 원통형 압력용기의 안전계수를 각각 계산하시오.

04 그림의 외팔보 단면은 얇은 벽의 두께가 t이고, 단면의 평균 반지름이 r인 속이 비어 있는 원기둥모양이다. 보의 자유단에 P의 수직력이 작용하고 길이는 L일 때 최대 수직응력의 크기와 이 응력이 작용하는 위치를 구하라. 단, $r \gg t$, $L \gg t$이다.

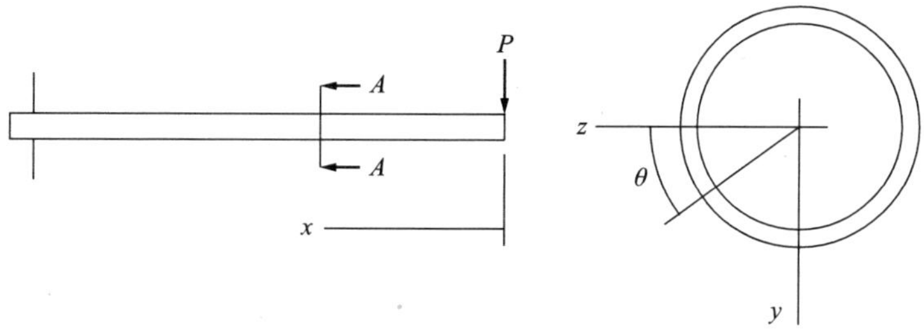

그림 P6-4

해설

이 문제의 풀이를 위하여 6.7절을 참조하시오.

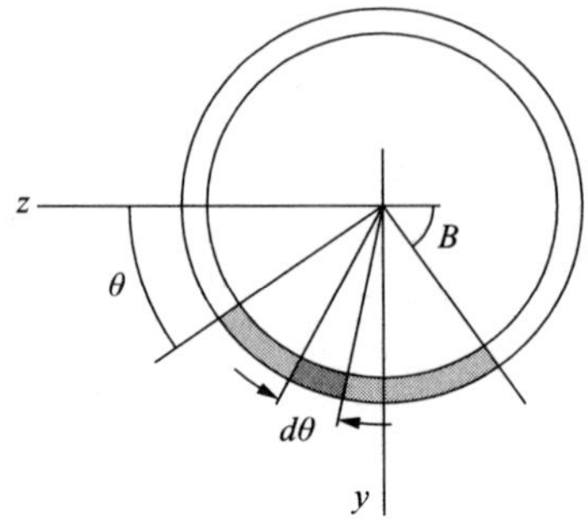

얇은 벽 원통 단면의 2차 모멘트는 $I_z = \int y^2 dA = \pi r^3 t$. 그리고 그림 P6-4의 외팔보에서 x만큼 떨어진 단면에 작용하는 모멘트의 크기는 $M = Px$이다.
그림에서 음영처리한 부분의 단면 1차 모멘트 Q는

$$Q = 2\int_0^{\frac{\pi}{2}} (r\sin\phi)(rtd\phi) = 2r^2 t\cos\theta$$

$$\tau_{r\theta} = \frac{1}{2}\left(\frac{VQ}{I_z}\right) = \frac{P\cos\theta}{\pi r t}$$

보의 굽힘응력 식으로부터 $\sigma_x = -\frac{My}{I_z} = -\frac{Pxy}{\pi r^3 t} = -\frac{Px\sin\theta}{\pi r^2 t}$

고정벽에서는 $x = L$이므로 굽힘응력은 $\sigma_x = -\frac{PL\sin\theta}{\pi r^2 t}$

그러므로 $\theta = \frac{\pi}{2}$에서 응력성분은 $\sigma_x = -\frac{PL}{\pi r^2 t}$와 $\tau_{r\theta} = 0$으로 모어원의 그림은 단축압축응력의 응력상태와 같다. 모어원의 반지름은 $R_{\pi/2} = \frac{PL}{2\pi r^2 t}$이며 주응력은 $\sigma_2 = -\frac{PL}{\pi r^2 t}$와 $\sigma_1 = 0$.

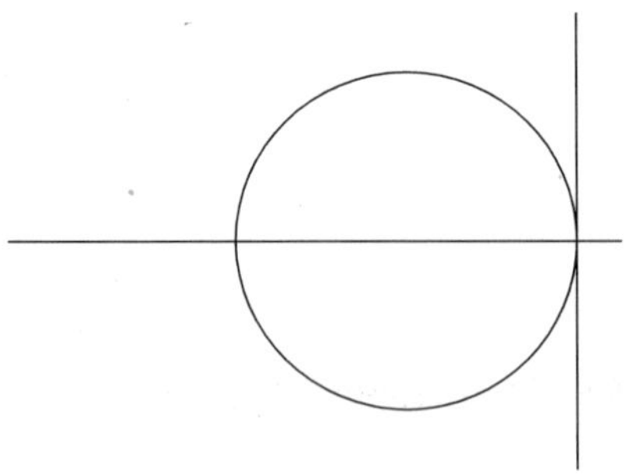

$\theta = 0$에서는 중립면으로 굽힘응력은 $\sigma_x = 0$이며 전단응력은 최대값 $\tau_{r\theta} = \dfrac{P}{\pi rt}$으로 모어원은 순수전단 응력상태와 같다. 모어원의 반지름은 $R_0 = \dfrac{P}{\pi rt} = \dfrac{PL}{2\pi r^2 t}\left(\dfrac{2r}{L}\right)$로 $R_{\pi/2} = \dfrac{PL}{2\pi r^2 t}$와 비교하여 매우 작다.

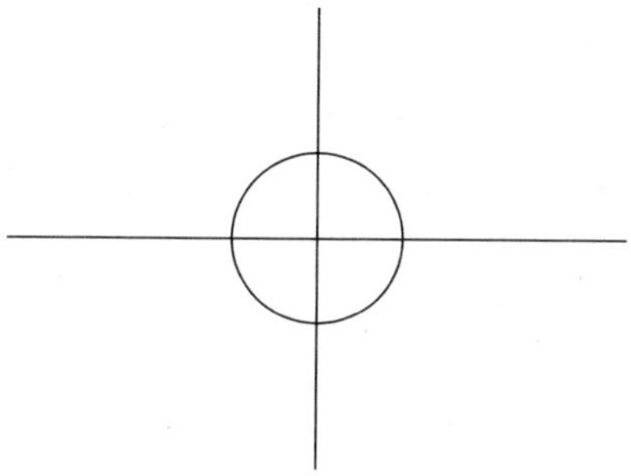

$\theta = -\dfrac{\pi}{2}$에서 응력성분은 $\sigma_x = +\dfrac{PL}{\pi r^2 t}$와 $\tau_{r\theta} = 0$으로 모어원의 그림은 단축 인장응력의 응력상태와 같다. 모어원의 반지름은 $R_{(-\pi/2)} = \dfrac{PL}{2\pi r^2 t}$이며 주응력은 $\sigma_1 = +\dfrac{PL}{\pi r^2 t}$와 $\sigma_2 = 0$.

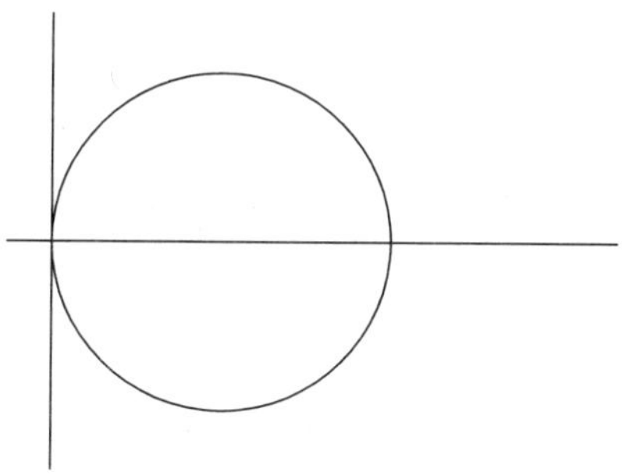

이외의 경우 $0 < \theta < \dfrac{\pi}{2}$일 때 모어원의 반지름은

$$R_\theta = \sqrt{\left(\frac{PL\sin\theta}{2\pi r^2 t}\right)^2 + \left(\frac{P\cos\theta}{\pi r^2 t}\right)^2} = \frac{PL\sin\theta}{2\pi r^2 t}\sqrt{1 + \frac{4r^2\cos^2\theta}{L^2\sin^2\theta}}$$

$\theta = 0$에서의 반지름 R_0은 $\theta = \pm\dfrac{\pi}{2}$에서 반지름 $R_{(\pm\pi/2)}$보다 매우 작기 때문에

최대 응력은

$$\sigma_{\max} = \frac{PL}{\pi r^2 t} \qquad @\ x = L,\ \theta = \pm\frac{\pi}{2}$$

05 원뿔의 각이 2α이고 높이가 L인 압력용기에 압력 p가 가해진다. 그림 P6-5와 같이 꼭짓점에서 축 방향으로 x만큼 떨어져 있는 곳의 표면에 원주 방향으로 변형률 센서가 부착되어 있으며 측정된 크기가 ϵ_θ이다. 압력용기의 두께는 t, 재료의 상수는 ν, E로 주어져 있다. 압력을 주어진 변수를 이용하여 표현하시오.

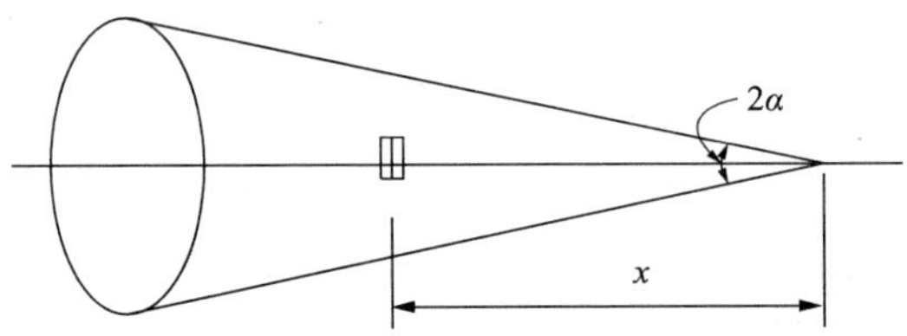

그림 P6-5

해설

꼭짓점에서 x부분을 자유물체도로 그리자.

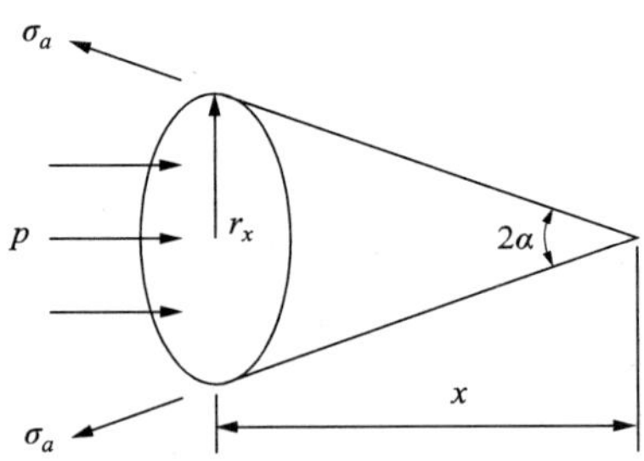

$$r_x = x\tan\alpha$$

x방향 힘의 평형에서 $2\sigma_a(2\pi r_x t\cos\alpha) = p(\pi r_x^2)$.

σ_a에 대해서 풀면 $\sigma_a = \dfrac{px}{2t}\dfrac{\tan\alpha}{\cos\alpha}$

다름의 그림을 참고하여 용기 내면의 곡률반경을 r_x'이라고 하면 $r_x' = \dfrac{r_x}{\cos\alpha}$

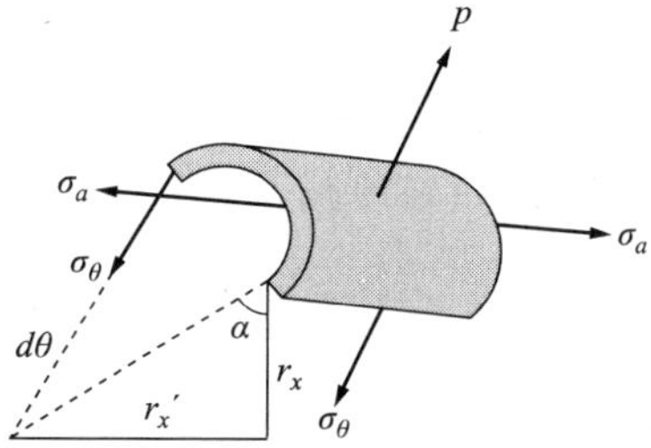

내면에 수직한 방향의 힘의 평형 $2\sigma_\theta t dx\left(\dfrac{d\theta}{2}\right) = pr_x' d\theta dx$ 으로부터

$$\sigma_\theta = \frac{pr_x'}{t} = \frac{px\tan\alpha}{t\cos\alpha}$$

후크의 법칙을 적용하면 $\epsilon_\theta = \dfrac{1}{E}(\sigma_\theta - \nu\sigma_a) = \dfrac{1}{E}\left(\dfrac{px\tan\alpha}{t\cos\alpha}\right)\left(1-\dfrac{\nu}{2}\right)$.

그러므로 $p = \dfrac{2E\epsilon_\theta t\cos\alpha}{x\tan\alpha(2-\nu)}$

06 그림 P6-6에 원통형 압력용기가 있다. 이 용기에는 $p = 1.3$ MPa의 압력이 가해지고 있으며 용기의 두께는 $t = 16$ mm, 반지름은 $r = 2.5$ m이다. (1) 'Tresca 항복기준' 그리고 (2) 'von Mises 항복기준'을 사용하여 각 경우에 현재 안전계수($F.S$)를 계산하라.

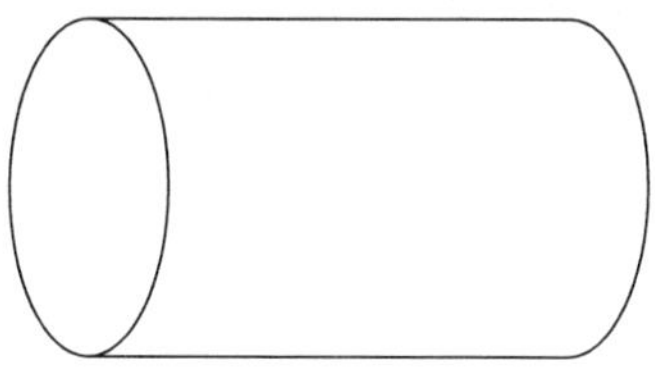

용기 재료의 항복응력은 $\sigma_Y = 200$ MPa.

그림 P6-6

해설

(1) 원통형 압력용기에서 축응력과 후프응력은 각각 $\sigma_a = \dfrac{pr}{2t}$ 와 $\sigma_\theta = \dfrac{pr}{t}$ 이므로 $\dfrac{\sigma_\theta}{\sigma_a} = 2$.

$$\frac{pr}{t} = \frac{(1.3)(2.5)}{0.016} = 203\ \text{MPa}.$$

2차원 주응력 좌표에서 원점 O에서 2 : 1 주응력 비(比)가 항복기준에 도달하는 길이는 $\mathrm{OA} = \sqrt{\sigma_Y^2 + (0.5\sigma_Y)^2} = 223.6\ \mathrm{MPa}$이다. 한편, 축응력과 후프응력의 좌표와 원점 간의 길이는

$$\mathrm{OX} = \sqrt{\sigma_\theta^2 + \sigma_a^2} = \sqrt{203^2 + 101.5^2} = 227\ \mathrm{MPa}.$$

따라서 안전계수 $F.S = \dfrac{\mathrm{OA}}{\mathrm{OX}} = \dfrac{223.6}{227} = 0.986$.

(2) 등가응력 $\sigma_{eq} = \sqrt{\sigma_a^2 - \sigma_a\sigma_\theta + \sigma_\theta^2} = \sqrt{\sigma_a^2 - 2\sigma_a^2 + 4\sigma_a^2} = \sqrt{3}\,\sigma_a$

von Mises 항복기준은 $\sigma_{eq} = \sigma_Y$의 관계에 의한 것이므로 $\sigma_a = \dfrac{\sigma_Y}{\sqrt{3}}$.

따라서 $\sigma_\theta = 2\sigma_a = \dfrac{2\sigma_Y}{\sqrt{3}}$.

$$\mathrm{OA} = \sqrt{\left(\frac{\sigma_Y}{\sqrt{3}}\right)^2 + \left(\frac{2\sigma_Y}{\sqrt{3}}\right)^2} = \sigma_Y\sqrt{\left(\frac{1}{3} + \frac{4}{3}\right)} = 258.2\ \mathrm{MPa}$$

앞의 (1)에서 $\mathrm{OX} = \sqrt{\sigma_\theta^2 + \sigma_a^2} = \sqrt{203^2 + 101.5^2} = 227\ \mathrm{MPa}$을 이용하면

$$F.S = \frac{\mathrm{OA}}{\mathrm{OX}} = \frac{258.2}{227} = 1.137.$$

07 변형체 안 임의의 점에 작용하는 응력의 성분과 방향이 그림에 있다. 같은 위치에서 수평면과 수직면을 기준으로 응력의 성분을 결정하시오.

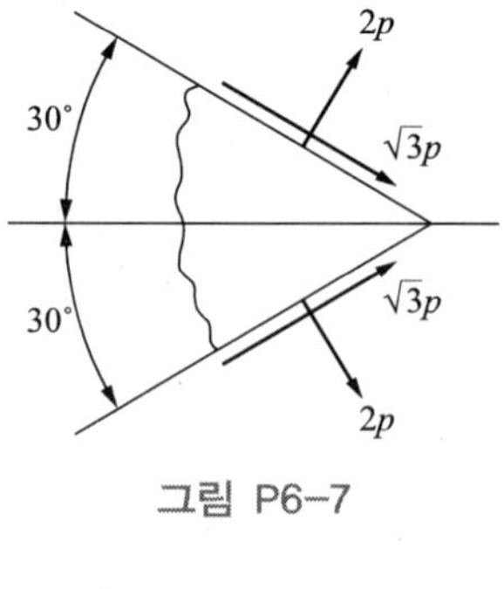

그림 P6-7

08 무거운 구조물의 건축 후에 돌로 만들어진 초석에 작용하는 응력은 그림 P6-8과 같이 2차원 응력상태를 보인다. 만약 이 바위가 수직선과 30° 위상차 충돌을 설계 시 고려했다면 허용응력의 상태를 계산하시오. 바위의 층 사이 정마찰계수(靜摩擦係數, static coefficient of friction)는 0.50이고 층간 접착 전단응력은 85 kN/m^{2}이다.

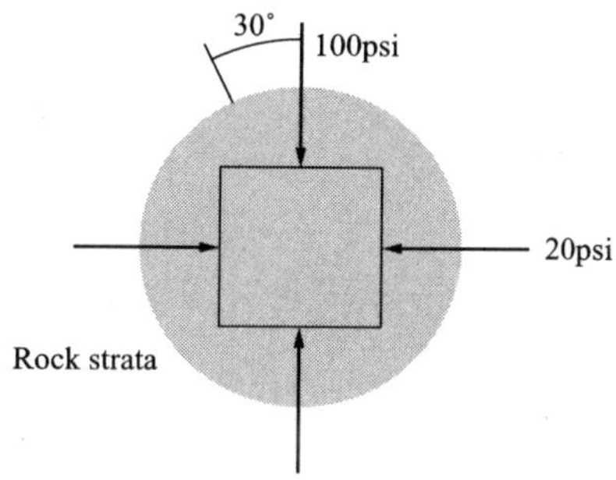

그림 P6-8

09 하중을 받는 알루미늄 합금($E = 70$ GPa, $\nu = 0.25$) 변형체에 4개의 센서로 스트레인 로제트를 구성하여 얻은 측정치가 다음과 같다.

$$\epsilon_{0^\circ} = -120\ \mu\text{m/m},\ \ \epsilon_{45^\circ} = +400\ \mu\text{m/m},$$
$$\epsilon_{90^\circ} = +1120\ \mu\text{m/m},\ \ \epsilon_{135^\circ} = +600\ \mu\text{m/m}$$

(1) 측정치가 역학적 관점에서 적합한지 검토하시오.
(2) 측정된 변형상태로부터 주응력의 크기를 계산하시오.

10 보통 Tresca와 von Mises의 항복기준을 2차원 주응력 σ_1, σ_2의 좌표에 그리고 비틀림 하중을 서서히 증가시키면서 원통형 축 표면의 질점이 받는 응력상태의 궤적을 이 좌표상에 함께 그리고 항복이 일어나는 시점에 대하여 두 항복기준의 차이를 논하시오.

11 변형률 시험에서 종종 45°-스트레인 로제트 대신에 60°-스트레인 로제트를 사용한다. 즉, 세 개의 변형률 ϵ_a, ϵ_b, ϵ_c을 정삼각형 변을 따라 설치하여 변형률을 측정한다. 이러한 경우에 변형률의 모어원 중심 C는 항상 $(\epsilon_a + \epsilon_b + \epsilon_c)/3$과 일치하는 수평선 좌표를 가지는 것을 보이시오.

12 중공(中空) 파이프가 그림의 고속도로 표지판을 지탱하는데 사용되었다. 표지판에 작용하는 최대 풍압(風壓)은 50 lb/ft^{2}이고 파이프의 외경과 내경의 비는 1.12이다. 파이프 소재(素材)의 전단 허용응력은 $\tau_{all} = 8{,}400$ psi인 경우 파이프의 외경(外徑)을 결정하시오.

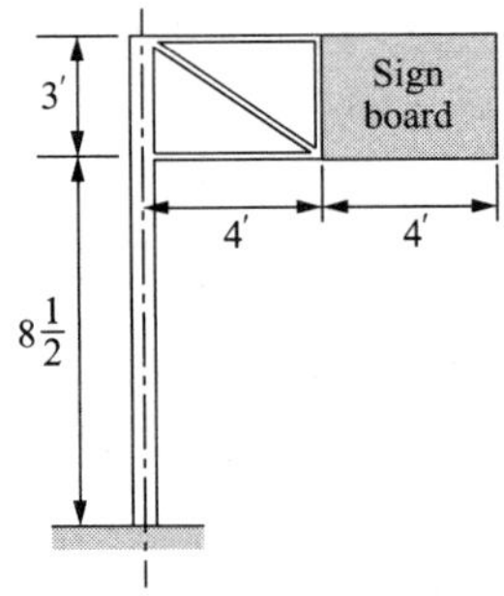

그림 P6-12

해설

답: 5.20 in.

13 지름 d인 막대를 구부려서 반지름 R인 반원 AB 모양 구조를 만들었다. 그림 P6-13과 같이 이 반원 구조를 A지점의 강체 벽에 고정하여 설치하였고 자유단 B에는 수직 하중 P를 가하였다. 결과적으로 반원 구조의 임의 단면(斷面)에는 굽힘모멘트와 비틀림 토크가 동시에 작용한다. 직선 형태의 보에 대하여 유도한 관계식은 이 반원 구조와 같이 지름 d가 R에 비하여 매우 작은 경우에 유효하다. 주응력 σ_1가 최대인 단면위치 ϕ를 구하시오.

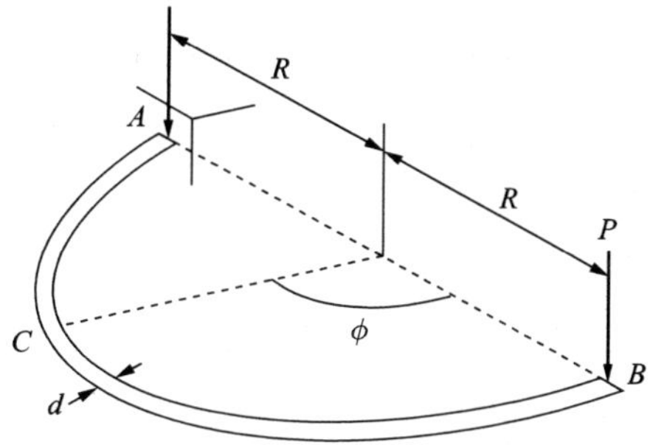

그림 P6-13

해설

답: $\phi = 120°$

14 다음 각 항에 주어진 응력성분에 대하여 주응력의 값과 주축의 방향을 결정하시오.

(1) $\begin{pmatrix} 3 & 0 & 0 \\ 0 & 2 & 2 \\ 0 & 2 & 5 \end{pmatrix}$ ksi

(2) $\begin{pmatrix} 10 & +4 & -6 \\ +4 & -6 & +8 \\ -6 & +8 & 14 \end{pmatrix}$ MPa

(3) $\begin{pmatrix} 9 & 0 & 0 \\ 0 & 9 & 0 \\ 0 & 0 & 9 \end{pmatrix}$ MPa

(4) $\begin{pmatrix} 1 & 0 & 0 \\ 0 & 0 & 0 \\ 0 & 0 & 0 \end{pmatrix}$ MPa

15 다음의 물음에 각각 답하시오.

(1) 주변형률

(2) 최대, 최소 주변형률과 주축의 방향.

$$\begin{pmatrix} 70 & -10\sqrt{3} & 0 \\ -10\sqrt{3} & 5 & 0 \\ 0 & 0 & -20 \end{pmatrix} \text{MPa}$$

16 그림 P6-16의 응력상태에 대하여 모어원을 그리고 각 항의 물음에 답하시오.

(1) 주응력의 방향과 크기를 사각형 변에 주어진 문제와 유사하게 표현하시오.

(2) 최대 전단응력이 작용하는 면에서 응력성분을 구하고 크기와 방향을 사각형 변에 그리시오. 또한 각 경우에 대하여 수직응력의 합이 변하지 않는 사실을 검증하시오.

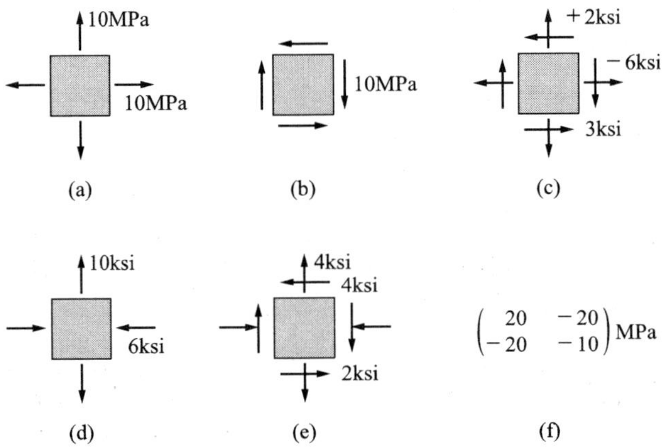

그림 P6-16

17 그림 P6-17과 같이 원기둥형 변형체에 축하중 P와 토크 T가 작용하고 있다. 이 실린더의 표면에 축방향 θ만큼 기울어진 방향으로 나선을 그렸다. 실린더의 반지름은 R, 높이가 H라고 하면 힘이 가해진 후 총 나선의 길이를 계산하시오. 재료의 탄성계수는 E, 포와송의 비는 ν라고 한다. 하중이 가해지는 동안 응력상태는 탄성이다.

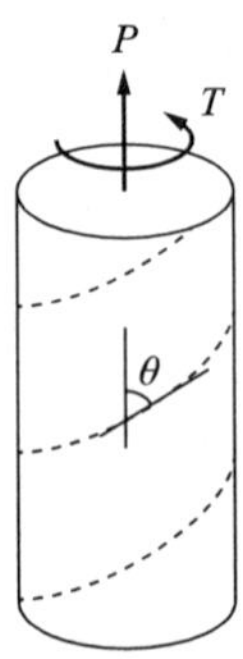

그림 P6-17

해설

표면상 임의의 질점 Q에서 응력성분은 인장력 P에 의한 수직응력 σ_y와 토크 T에 의한 전단응력 τ_{xy}가 있다.

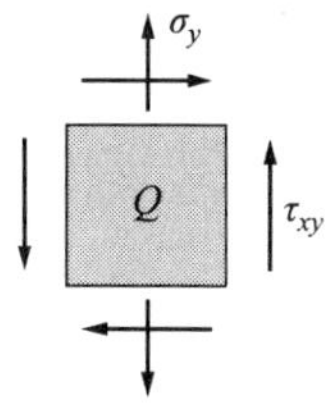

단면의 극관성 모멘트가 $J=\dfrac{\pi R^4}{2}$이므로 수직응력과 전단응력은

$$\sigma_y = \frac{P}{\pi R^2}, \qquad \tau_{xy} = \frac{TR}{J}$$

원기둥의 단면적은 $A=\pi R^2$이고 재료의 영의 계수와 포와송 비는 E, ν.

후크의 법칙에서 $\epsilon_y = \dfrac{P}{EA}$이므로 횡방향 변형률은

$$\epsilon_x = \frac{1}{E}\{\sigma_x - \nu(\sigma_y + \sigma_z)\} = -\frac{\nu\sigma_y}{E} = -\frac{\nu P}{EA}.$$

토크에 의한 전단응력은 $\dfrac{\gamma_{xy}}{2} = \dfrac{\tau_{xy}}{2G} = \dfrac{2(1+\nu)}{E}\left(\dfrac{\tau_{xy}}{2J}\right) = \dfrac{2(1+\nu)}{E}\left(\dfrac{T}{AR}\right)$

변형률에 대한 모어원의 중심과 반지름은

$$\epsilon_{ave} = \frac{\epsilon_x + \epsilon_y}{2} = \frac{(1-\nu)P}{2EA}$$

$$R = \sqrt{\left(\frac{\epsilon_x - \epsilon_y}{2}\right)^2 + \left(\frac{\gamma_{xy}}{2}\right)^2} = \frac{1+\nu}{2EA}\sqrt{P^2 + \left(\frac{4T}{R}\right)^2}$$

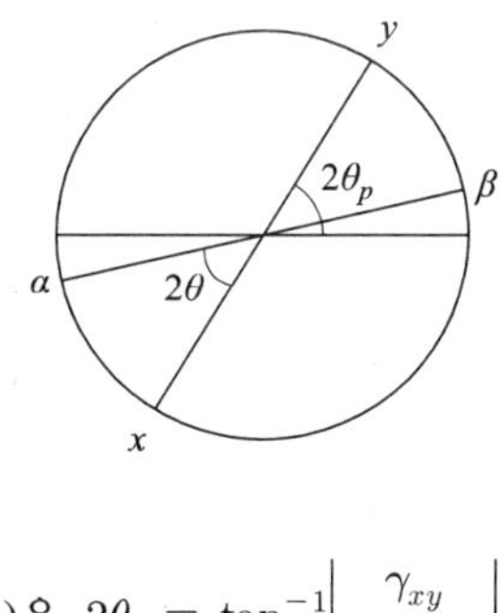

모어원에서 주응력의 방향(θ_p)은 $2\theta_p = \tan^{-1}\left|\dfrac{\gamma_{xy}}{\epsilon_x - \epsilon_y}\right| = \tan^{-1}\dfrac{4T}{PR}$

나선(helical line)을 따라 변형률 ϵ_β의 크기는

$$\begin{aligned}\epsilon_\beta &= \epsilon_{ave} + R_\epsilon \cos(2\theta_p - 2\theta) \\ &= \frac{(1-\nu)P}{2EA} + \frac{1+\nu}{2EA}\sqrt{P^2 + \left(\frac{4T}{R}\right)^2}\cos(2\theta_p - 2\theta)\end{aligned}$$

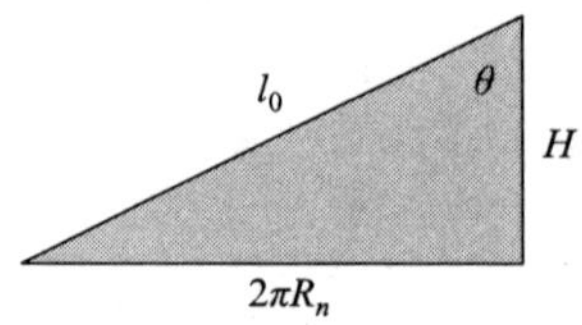

나선의 변형 후 길이는

$$l = l_o(1+\epsilon_\beta) = (1+\epsilon_\beta)\sqrt{(2\pi R_n)^2 + H^2}$$
$$= (1+\epsilon_\beta)H\sqrt{\tan^2\theta+1} = (1+\epsilon_\beta)H\sec\theta$$

그러므로 총 변형 후 나선길이는 위의 식에 ϵ_β의 결과를 대입하여

$$\text{답: } l_o H\left\{1+\frac{(1-\nu)P}{2EA}+\frac{1+\nu}{2EA}\sqrt{P^2+\left(\frac{4T}{R}\right)^2}\cos(2\theta_p-2\theta)\right\}\sec\theta$$

18 한 x, y, z좌표를 기준으로 임의의 한 질점에서 응력성분은 다음과 같다.

$$\begin{pmatrix} \sigma_x & \tau_{xy} & \tau_{xz} \\ \tau_{yx} & \sigma_y & \tau_{yz} \\ \tau_{zx} & \tau_{zy} & \sigma_z \end{pmatrix} = \begin{pmatrix} 10 & 4 & -6 \\ 4 & -6 & 8 \\ -6 & 8 & 14 \end{pmatrix} \text{MPa}$$

주응력(σ_1, σ_2, σ_3)의 크기와 주축의 방향을 구하고 최대 전단응력이 작용하는 면의 방향과 크기도 그림에 그려 넣으시오.

해설

주축 1, 2, 3과 이와 일치하는 주응력 σ_1, σ_2, σ_3의 그림은 다음과 같다.

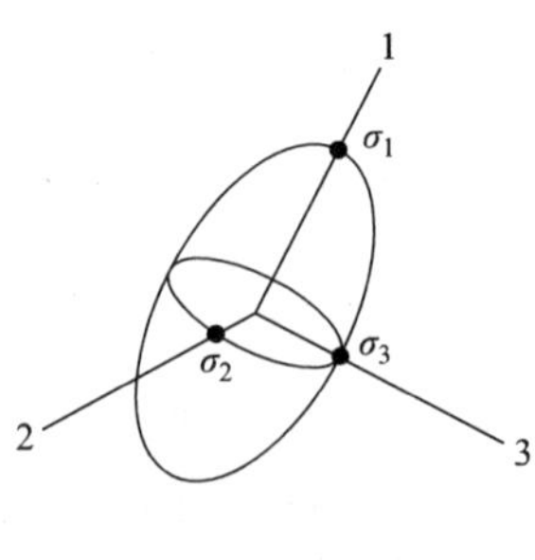

σ_1, σ_2, σ_3의 크기는 다음과 같이 결정할 수 있다. x, y, z축을 기준으로 응력 프리즘을 그리자. 이 프리즘의 빗면의 단위벡터는 (n_x, n_y, n_z) 그리고 이 빗면에 작용하는

수직응력의 크기는 σ_n으로 그림에 표현하였다.

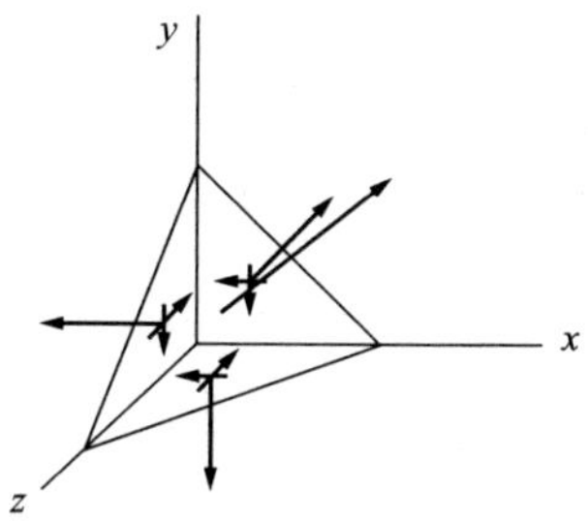

힘의 평형에 의하여

$$\sigma_n = \sigma_x n_x^2 + \sigma_y n_y^2 + \sigma_z n_z^2 + 2\tau_{xy} n_x n_y + 2\tau_{yz} n_y n_z + 2\tau_{zx} n_z n_x$$

문제에서 주어진 응력성분을 위의 값에 대입하면

$$\sigma_n = 10n_x^2 - 6n_y^2 + 14n_z^2 + 8n_x n_y + 16n_y n_z + 28n_z n_x$$

단위벡터 $(n_x,\ n_y,\ n_z)$는 $n_x^2 + n_y^2 + n_z^2 = 1$의 관계를 가지고 빗면의 방향이 바뀌면 이에 따라서 수직응력의 크기도 바뀌는데 이 수직응력을 σ라고 하고 다음의 함수를 통하여 극한값을 구할 수 있다.

$$\begin{aligned} f(n_x,\ n_y,\ n_z,\ \sigma) = {} & 10n_x^2 - 6n_y^2 + 14n_z^2 + 8n_x n_y + 16n_y n_z + 28n_z n_x \\ & -\sigma(n_x^2 + n_y^2 + n_z^2 - 1) \end{aligned}$$

$$\frac{\partial f}{\partial n_x} = 20n_x + 8n_y + 28n_z - 2n_x\sigma = 0 \qquad ①$$

$$\frac{\partial f}{\partial n_y} = 8n_x - 12n_y + 16n_z - 2n_y\sigma = 0 \qquad ②$$

$$\frac{\partial f}{\partial n_z} = 28n_x + 16n_y + 28n_z - 2n_z\sigma = 0 \qquad ③$$

이식은 '고유치 문제'인데 행렬형태로 다시 정리하면

$$\begin{pmatrix} 20-2\sigma & 8 & 28 \\ 8 & -12-2\sigma & 16 \\ 28 & 16 & 28-2\sigma \end{pmatrix} \begin{pmatrix} n_x \\ n_y \\ n_z \end{pmatrix} = \begin{pmatrix} 0 \\ 0 \\ 0 \end{pmatrix}$$

의미있는 답은 계수 행렬의 determinant가 0이 되는 것이므로

$\det\begin{pmatrix} 20-2\sigma & 8 & 28 \\ 8 & -12-2\sigma & 16 \\ 28 & 16 & 28-2\sigma \end{pmatrix} = 0$으로부터 $\sigma^3 - 18\sigma^2 - 120\sigma + 1872 = 0$.

이 식을 풀면 주응력을 얻는다. $\sigma_1 = 19.16$, $\sigma_2 = 9.32$, $\sigma_3 = -10.48$.

$\sigma_1 = 19.16$을 식 ①, ②, ③의 σ에 대입하여 단위벡터를 구하면

$$n_1 = (-0.47,\ 0.20,\ 0.86)$$

$\sigma_2 = 9.32$을 식 ①, ②, ③의 σ에 대입하여 단위벡터를 구하면

$$n_2 = (0.9267,\ -0.3329,\ 0.1742)$$

$\sigma_3 = -10.48$을 식 ①, ②, ③의 σ에 대입하여 단위벡터를 구하면

$$n_3 = (0.2272,\ 0.7968,\ -0.56)$$

$$\tau_{\max} = \max\left(\frac{\sigma_i - \sigma_j}{2}\right) = \frac{\sigma_1 - \sigma_3}{2} = 14.82\ \text{MPa}.$$

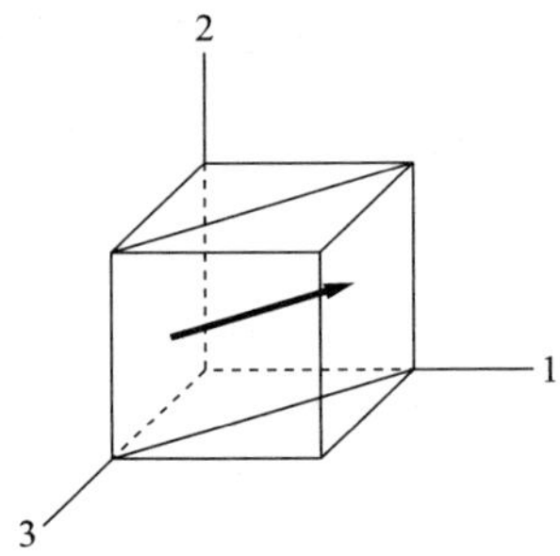

19 그림 P6-19에 고압(내벽의 압력 −5 ksi)을 받는 원통형 압력용기가 후프응력 1.3 ksi과 축응력 4 ksi를 받고 있다. 재료의 항복응력 $Y = 40$ ksi이고 포와송의 비는 $\nu = 0.30$이다. Tresca 항복판정과 Von Mises 항복판정에 의한 실린더의 안전계수($F.S$)를 각각 구하시오. 물체의 형상을 뒤틀리게 하는 3차원에서 단위 부피당 변형에너지의 크기는

$$u_D = \frac{1}{12G}\left[(\sigma_1 - \sigma_2)^2 + (\sigma_2 - \sigma_3)^2 + (\sigma_3 - \sigma_1)^2\right]$$

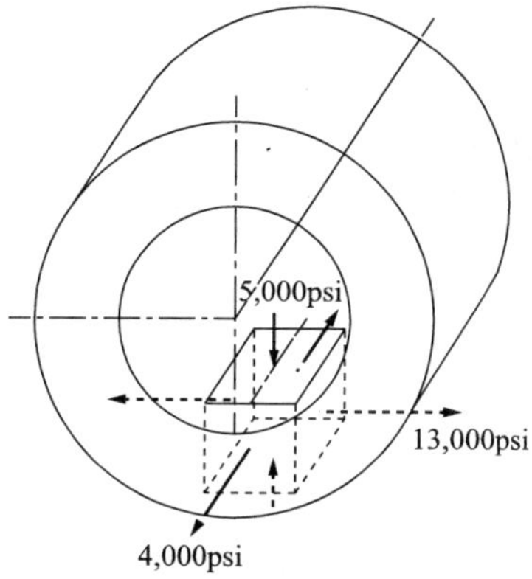

그림 P6-19

해설

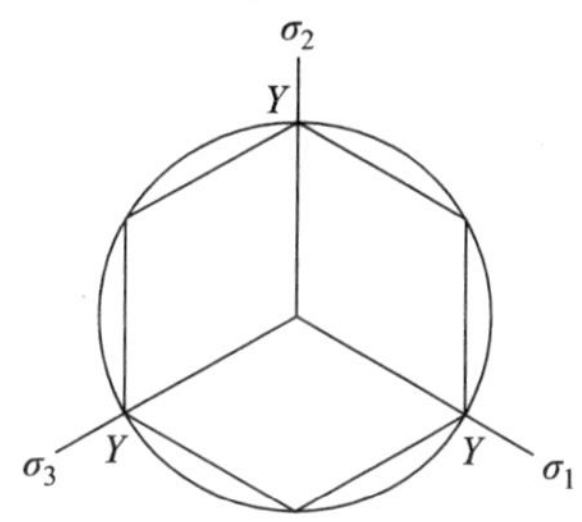

문제 그림의 주어진 위치에서 축응력 $\sigma_a = 4{,}000$ psi, 후프응력 $\sigma_\theta = 13{,}000$ psi, 내압 $\sigma_r = -5{,}000$ psi이므로

최대 전단응력은 $\tau_{\max} = \dfrac{\sigma_\theta - \sigma_r}{2} = 9{,}000 \text{ psi} = \dfrac{Y/2}{F.S}$.

Tresca 방식에 의한 안전계수는 $Y = 40{,}000$ psi를 대입하면 $F.S = 2.22$.

von Mises 방식에 의한 안전계수는 u_D에 단축응력실험이 Y인 경우 항복이 일어나므로 다음의 식에서 구한다.

$$(\sigma_a - \sigma_\theta)^2 + (\sigma_\theta - \sigma_r)^2 + (\sigma_r - \sigma_a)^2 = 2\left(\frac{Y}{F.S}\right)^2$$

이 식에 주어진 응력값을 대입하면

$$F.S = 2.56$$

20 원통형 압력용기의 표면에 있는 한 점에서 축응력 16 MPa 그리고 후프응력은 32 MPa의 응력상태에 있다. 이 점에서의 절대 최대 전단응력을 구하시오.

해설

x를 축방향, y는 원통의 원주방향, 그리고 z를 원통의 반지름 방향으로 놓자. 문제에서 주어진 모든 응력성분은 이 좌표설정에 대하여 전단응력은 모두 0이고 다음의 응력은 주응력이다. $\sigma_x = 16\text{ MPa}$, $\sigma_y = 32\text{ MPa}$, $\sigma_z = 0$. 이를 모어원으로 그리면 다음과 같다.

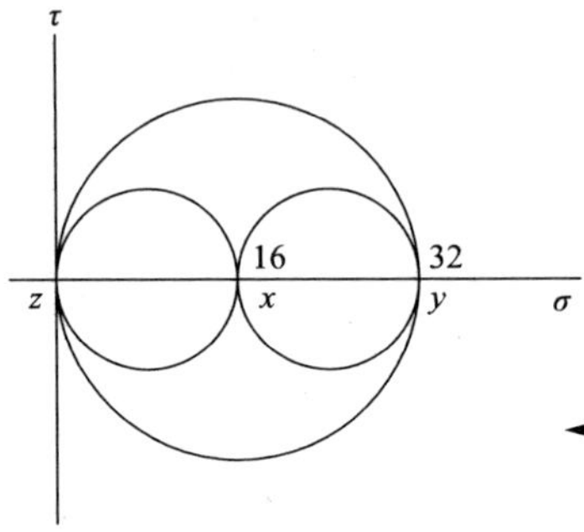

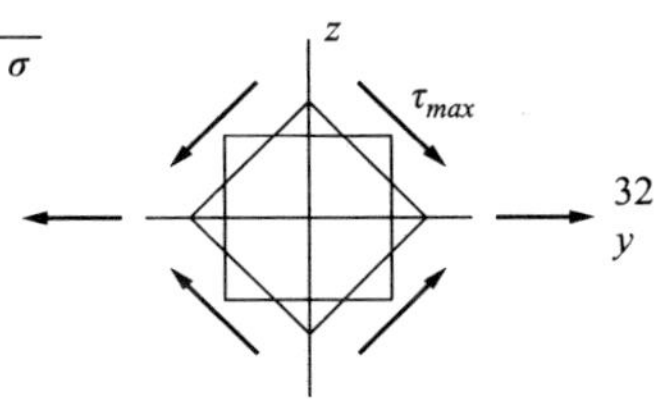

위 그림의 우측에는 yz 평면에서 질점 주위의 응력상태를 보여주고 있다. 최대 전단응력은

$$\tau_{\max} = R_{\max} = \frac{32}{2} = 16\text{ MPa}$$

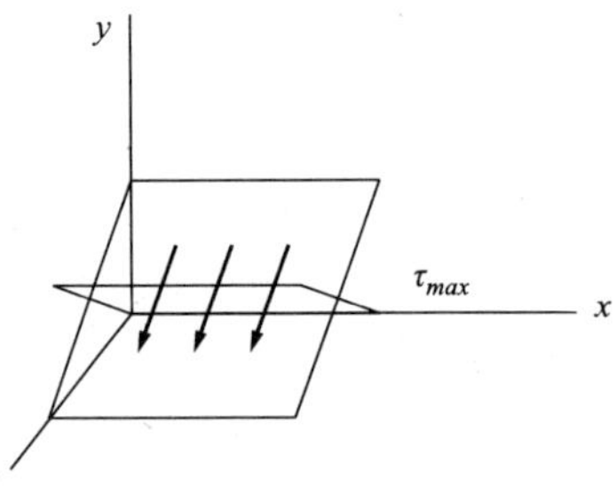

21 강철로 만들어진 구조물의 한 질점에서 응력은 평면응력 상태이다. 구조물에 사용된 강철의 항복응력(Yield stress)은 270 MPa이다. 다음의 두 가지 기준에 의하여 안전계수를 결정하시오.
(1) Tresca 항복조건, (2) von Moses 항복조건.

주어진 정보
$\sigma_x = -36$ MPa, $\sigma_y = 108$ MPa, $\tau_{xy} = 54$ MPa, $\sigma_Y = 270$ MPa

해설

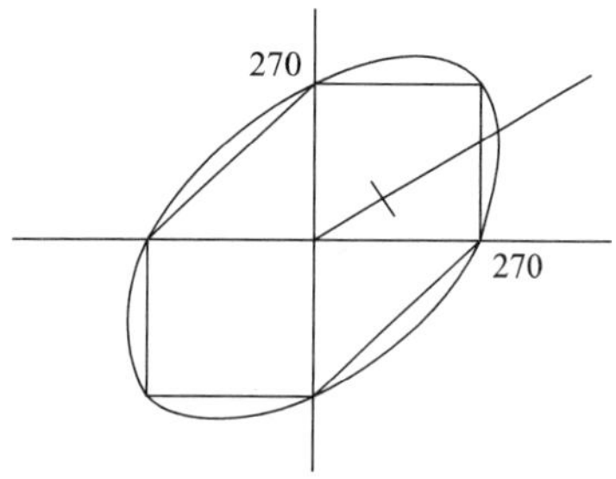

$$\sigma_{ave} = \frac{\sigma_x + \sigma_y}{2} = 36$$

$$R_\sigma = \sqrt{\left(\frac{\sigma_x + \sigma_y}{2}\right)^2 + \tau_{xy}^2} = \sqrt{72^2 + 54^2} = 90$$

$\sigma_1 = 126$, $\sigma_2 = -54$ MPa

(1) Tresca

$$|\sigma_1 - \sigma_2| = \frac{\sigma_Y}{F.S}$$

$$180 = \frac{270}{F.S} \text{ 으로부터 } F.S = \frac{270}{180} = 1.5$$

(2) von Mises

$$\sigma_1^2 - \sigma_1\sigma_2 + \sigma_2^2 = \left(\frac{\sigma_Y}{F.S}\right)^2$$

$$F.S = \frac{\sigma_Y}{\sqrt{(126)^2 + (126)(54) + (54)^2}} = 1.69$$

22 $\sigma_x = -\sigma_y = \sigma$인 이축응력(biaxial stress) 상태는 비틀림 막대(torsion bar)와 같은 부재에서 일어나는 순수전단 상태와 동일함을 모어원을 이용하여 설명하고 동등한 순수전단 상태를 기술하시오.

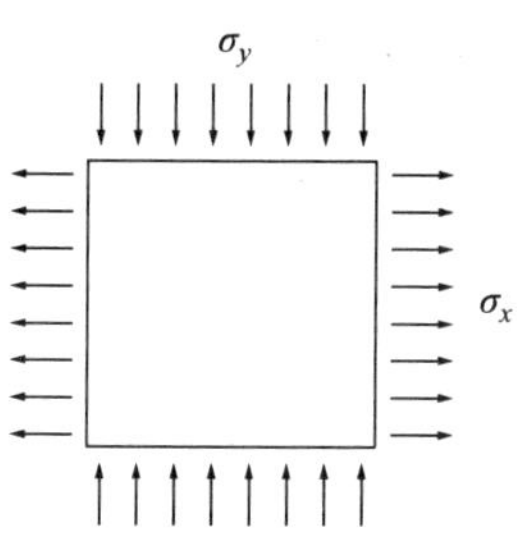

그림 P6-22

해설

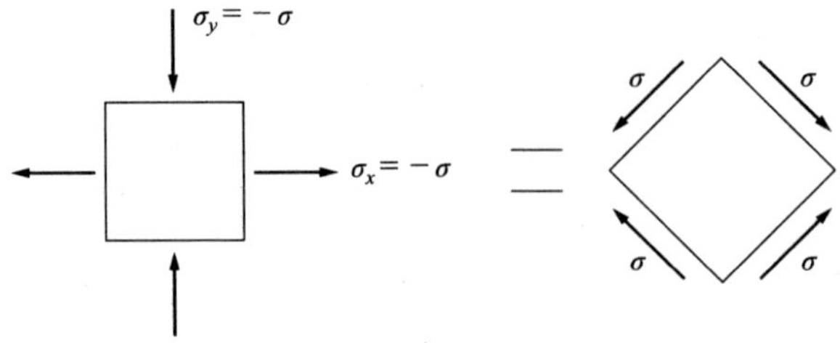

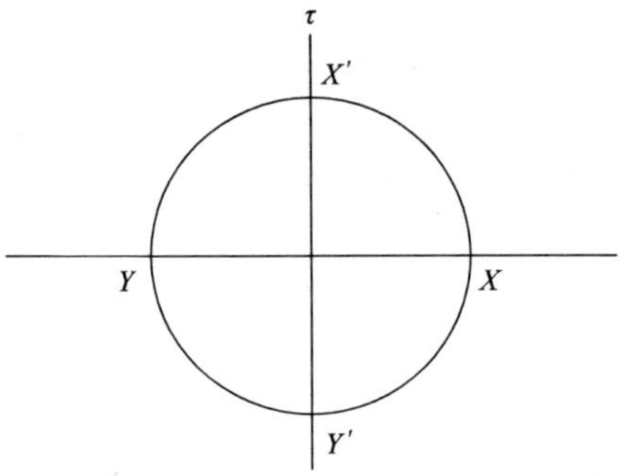

x-y축을 반시계 또는 시계방향으로 45° 회전시키면 이때 x'-y'축에 대한 응력은 $\sigma_{x'} = \sigma_{y'} = 0$ 그리고 $\tau_{x'y'} = \sigma$인 순수전단 상태가 되므로 $\sigma_x = -\sigma_y = \sigma$인 이축응력 상태는 $\tau = \sigma$인 순수전단 상태와 같다.

23 그림 P6-23에 보인 정사각형 요소에 작용하는 최대 수직응력의 크기와 방향을 구하시오. 그림에서 숫자의 단위는 모두 MPa이다.

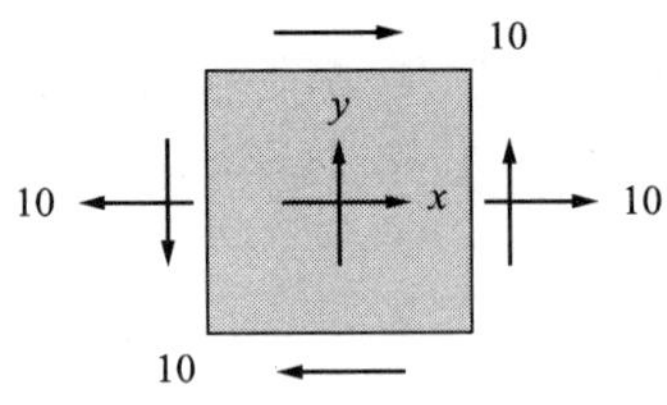

그림 P6-23

해설

$$R = \sqrt{\left(\frac{\sigma_x - \sigma_y}{2}\right)^2 + \tau_{xy}^2} = \sqrt{5^2 + 10^2} = 5\sqrt{5} \approx 11.18$$

$$\sigma_{ave} = \frac{\sigma_x + \sigma_y}{2} = 5$$

모어원을 그리면

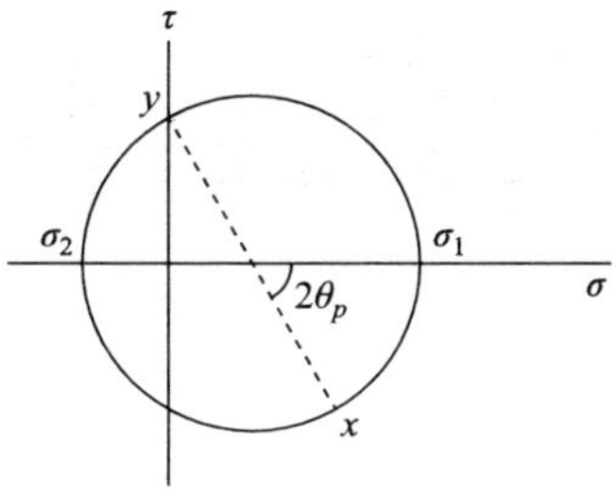

그림에서 $\sigma_1 = \sigma_{\max} = \sigma_{ave} + R = 16.18\ \text{MPa}$.

주축의 방향은 $\theta_p = \dfrac{1}{2}\tan^{-1}\left(\dfrac{\sigma_x}{R}\right) = \dfrac{1}{2}\tan^{-1}\left(\dfrac{2}{\sqrt{5}}\right) = 21.7°$

24 그림 P6-24 국제 경기용 축구골대의 크기는 732×244 cm이다. 이 골대를 아래의 스케치와 같이 간략화하자. 이 골문을 120 mm(외경)×100 mm(내경) 압출성형 알루미늄 관을 고강도 열처리하여 제작한 제품이라면 밀도는 2800 kg/m^3, 탄성계수 $E = 70$ GPa, 전단계수 $G = 27$ GPa, 항복응력 $\sigma_Y =$ 400 MPa이다.

이 골대의 중앙에 철봉을 하듯이 몸무게 80 kg인 골키퍼가 순간적으로 매달리면 골대에 걸리는 등가(等價) 정하중은 두 배(160 kg)가 된다. 즉, 이 구조물에는 알루미늄 구조물의 자중 이외에 골대의 수평축 중간에 골키퍼에 의한 160 kg의 하중이 작용하고 있는 것으로 고려할 수 있다. 다음의 물음에 답하시오.

(1) 골문에서 가장 높은 응력이 걸리는 위치를 구체적으로 지적하시오.

(2) 위의 대답에 대하여 응력성분을 계산하시오.

(3) 위의 대답에 대하여 모어원을 그리시오.

(4) 위의 대답에 대하여 소성이 발생하는지 판단기준을 구체적으로 쓰고 탄성영역 내에 있는 경우 안전계수($F.S$)를 계산하라.

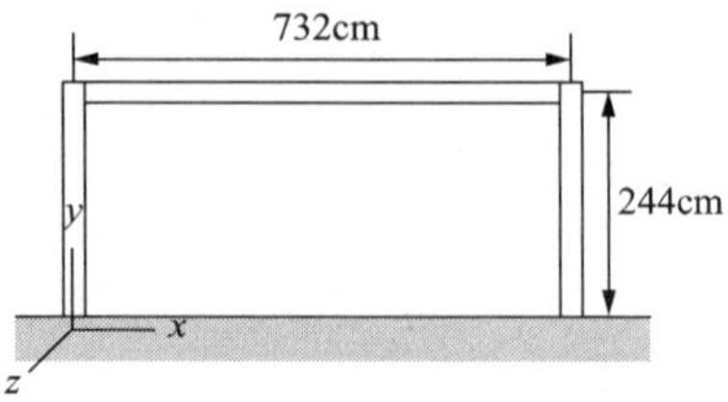

그림 P6-24

25 축구선수의 강슛은 얼마나 빠를까. 놀랍게도 브라질의 카를로스 선수는 시속 150 km의 슛을 날린다. 호나우도 선수 같은 스트라이커들이 차면 보통 시속 120 km가 넘고, 국내 선수로는 최용수 선수의 슛이 시속 130 km 정도를 기록했던 것으로 알려져 있다.

축구공이 발전을 거듭하면서 영국 맨체스터 대학의 엘리슨 교수는 축구공 안에 실리콘 칩을 부착해 공이 골라인이나 터치라인을 넘어갔는지, 오프사이드 등의 반칙이 범해졌는지 판정을 정확하게 내릴 수 있다고 주장, 한때 논란이 일기도 했다.

지난 70년 공인구가 도입된 이후 아디다스는 74년까지 검은색 오각형과 흰색 육각형이 어우러진 디자인을 사용했고, 이후 98년까지는 흰색 오각형과 검은 3각 무늬가 새겨진 육각형을 결합, 전체적으로 벌집모양의 흑백이 조화를 이루는 틀에서 크게 벗어나지 않았다.

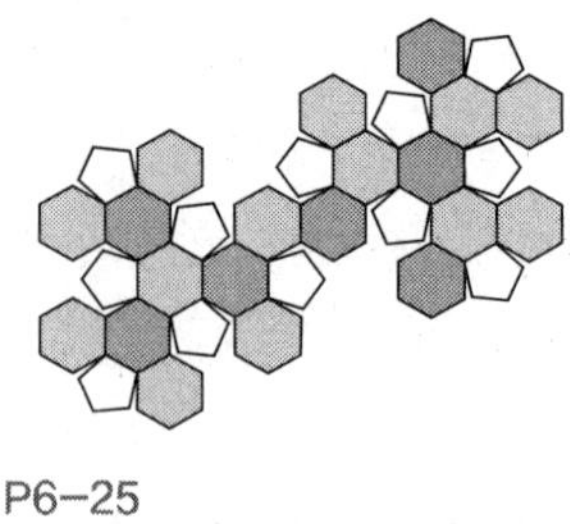

그림 P6-25

[공의 제작] 기원전 300년경의 학자인 아르키메데스는 축구공 모양 다면체는 정20면체의 꼭짓점을 깎아서 만든다는 것을 발견했다. 정20면체의 열두 개의 꼭짓점이 깎여서 열두 개의 정오각형이 되고, 스무 개의 면은 깎여서 스무 개의 정육각형이 된다. 그래서 수학자들은 축구공 모양 다면체를 '깎

은 정20면체'라고 부르기도 한다. 축구공은 모양과 성능 개선을 위해 여러 조각을 기워 만들기 시작했다. 19세기 초 탄생한 최초의 정식 축구공은 8조각이었고, 이후 12조각에서 보다 완벽한 구형을 만들기 위해 18조각, 26조각으로 늘어났다가 현재는 오각형 조각 12개와 육각형 조각 20개로 만든 32조각의 축구공을 사용하고 있다. 이상적인 축구공은 70조각 이상으로 만들어야 한다는 주장도 있지만 내구성이 떨어져 만들지 않고 있다.

제목	내용
일반 요구조건	축구공은 부드러울 것, 컨트롤이 잘 될 것, 속도가 빠를 것, 질길 것, 방수가 잘 될 것 등 크게 다섯 가지 요구를 만족해야 한다.
규격 및 요구조건	가죽 또는 알맞은 재질의 둥근 모양
	둘레의 길이는 68 cm(27인치) 이상, 70 cm(28인치) 이하
	경기 시작 시 무게는 410그램(14온스) 이상, 450그램(16온스) 이하
	공기압력은 해면에서 0.6기압(주: 1기압은 약 100 kPa) 이상, 1.1기압 이하
제품시험	새로 개발된 축구공이 월드컵 공인구가 되려면 심사과정에서 기계장치로 8만 번을 걷어차이며 탄력테스트를 받는다. 또 기계에 고정돼 3천여 회의 압력에 견뎌야 하며 1천 번마다의 체크를 통과해야 한다. 이 밖에도 방수성 실험에서 3백 시간 이상을 물속에 잠겨 있어야 하는 등 온갖 테스트를 통과해야 월드컵에 출전할 수 있는 자격이 주어진다.

축구공을 제작하는 재료로 처음에 사용했던 쇠가죽은 부위별로 서로 탄력이 다르고 방수성이 없어 지금은 대부분 인조가죽을 사용한다. 바깥의 외피와 안쪽의 부직포, 그리고 고무 튜브로 이루어져 있다.

축구공은 모두 1천6백20회의 바느질을 거쳐야 완성되고, 실밥 하나라도 터지면 곧바로 퇴출당한다. 외피의 각 조각을 꿰매는 작업은 전혀 기계화되지 않아, 숙련된 기술자가 8시간 동안 꿰매도 2~3개의 축구공밖에 만들지 못할 정도로 많은 시간이 걸린다.

그림 P6-25와 내용을 참조하여 사용된 가죽을 0.5 mm 두께 가죽으로 가정하고 바느질에 사용된 실이 축구공의 사용 중 받게 되는 인장력을 추정하시오. 단, 계산 시 안전계수는 무시하시오.

26 비싼 에너지 가격 때문에 연료비용은 이제 설계에서 우선 고려하는 인자가 되었다. 경제성은 오랫동안 항공기 설계에서 주요한 인자로 취급되었으며,

이로 인하여 지난 40여 년 동안 새로운 소재의 개발이 이루어졌다. 그러나 이제 에너지 비용은 매우 보수적 설계방식을 고수해 왔던 자동차 산업계에 급격한 변화를 일으켜서 설계 혹은 재질의 선정과정에서 에너지 효율이 좋은 자동차를 만드는 것이 매우 중요한 주제로 떠올랐다.
효율이 좋은 차를 만들기 위하여 다음과 같은 두 가지 방법이 있다.

(1) **엔진효율 제고** : 엔진은 이미 매우 효율이 좋은 상태이다. 더 이상 효율을 높이는 것이 가능하다 하여도 이 부분에서 얻을 수 있는 경제적 이득은 매우 제한적이다.
(2) **경량화** : 연료의 소비는 차의 무게와 정비례한다. 이것이 경차가 대형차보다 효율이 좋은 이유이다. 엔진의 크기와 성능이 영향을 줄 수 있지만, 연료의 소비를 결정하는 것은 주로 차체의 무게에 의존한다.

따라서 엔지니어는 차의 크기를 줄여서 이 문제를 해결하려고 하지만 소비자들은 이 방법을 좋아하지 않는다. 즉, 우리는 현재 사용되는 재질(주로 강철 - 전체 차의 무게 중 철은 대개 71%, 주철은 15%, 고무는 4% 정도)보다 더 가벼운 대체재질을 사용하여 차의 무게를 줄일 수밖에 없다. 이것이 현재 많은 자동차 제작회사들이 고려하고 있는 방식이다.
대체재질로 가능한 재료는 강철보다 가볍지만, 구조적으로는 동등해야 한다. 엔진블록(주철)의 경우 선택은 명백하다. 알루미늄(밀도 2.7 Mg m^{-3}) 또는 마그네슘(밀도 1.8 Mg m^{-3})을 사용하면 현재의 주철(7.7 Mg m^{-3})에 비하여 엔진의 무게를 2.8 내지 4.3배나 감소시킬 수 있다. 엔진의 생산방식은 주철과 비교하여 거의 바뀌지 않는다. 복수의 자동차 제작회사들이 이미 일부 적용하고 있다.
그러나 가장 많은 무게를 줄일 수 있는 것은 자체의 패널(전체 무게의 60%)을 교환하는 것이다. 이것의 선택은 좀 더 까다롭다. 대체재질로 고려될 수 있는 것은 다음의 표와 같다.

재질	밀도(Mg m^{-3})	영의 계수(GPa)	항복응력 σ_Y(MPa)
연철	7.8	207	220
고장력 강철	7.8	207	500
알루미늄 합금	2.7	69	193
유리강화 플라스틱	1.8	15	75

무게를 줄이기 위하여 어떻게 하여야 할까? 철재 패널을 동일한 두께의 알루미늄 합금이나 유리강화 플라스틱(GFRP)로 대체하는 것은 적당하지 않을 것이다. 각 대체재질은 강철에 비하여 작은 영의 계수가 있으므로 같은 하중에서 훨씬 큰 변형이 발생할 것이다. 또한, 이 중 하나는 매우 작은 항복응력을 가지므로 소성이 발생할 수도 있다.
만약 (차체 패널처럼) 탄성변형만 발생한다면, 논리적인 방법은 같은 강성의 패널이 되도록 설계하는 것이다. 반면에, 만약 (범퍼처럼) 소성에 대한 저항이 중요하다면 소성의 발생에 동등한 저항을 보이도록 설계하는 것이 필요할 것이다.

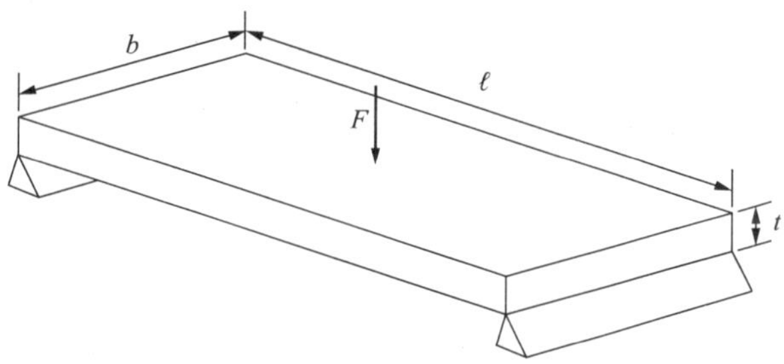

그림 P6-26 **차체의 이상화된 모델**

A. 탄성 변형량을 설계인자로 고려하는 경우

① 차체를 그림 P6-26과 같이 이상화하여 고려하자. 패널의 중앙에 집중하중 F가 작용한다고 할 때 패널(여기서 패널의 치수 b와 ℓ은 설계 — 문의 치수, 트렁크 덮개 등 — 에 의하여 결정되므로 재료에 관계없이 주어진 값으로 고려할 것)에서 발생하는 최대 처짐은 다음으로 됨을 보이시오(plate 문제를 풀지 않아도 됨).

$$\delta = C\frac{\ell^3 F}{Ebt^3}$$

여기서 C는 경계조건에 의하여 결정되는 단위가 없는 상수이다(이 그림과 같이 양 끝이 단순지지상태에서는 0.25임).

② 패널의 무게(M)을 밀도(ρ)와 그림에 주어진 길이의 수치를 사용하여 표현하시오.

③ 변형량(δ)이 설계요구 조건으로 주어졌다면 재료에 따라 결정해야 하는 패널의 두께 t를 표현하시오.

④ 휨강성(F/δ)과 패널(ℓ, b, C)이 주어진 상태에서 차체의 경량화를 위하여 우리가 선택할 수 있는 우선순위는 재료의 상수(ρ, E)로부터 어떻게 판단될 수 있는지 구체적으로 설명하시오. 그리고 당신의 판단기준에 의하여 얻어진 결과로부터 차체 경량화를 위한 재질(철도 포함)들을 선호하는 순서대로 나열하시오.

B. 소성저항을 설계인자로 고려하는 경우

소성에 대한 저항을 재료선정의 우선순위로 고려해도 위의 A.와 유사한 방법으로 설계를 진행할 수 있다.

① 앞의 그림과 같은 이상화된 패널의 조건에서 패널에 소성응력이 발생하기 위한 힘의 크기는 다음의 식으로 표현됨을 보여라(plate 문제를 풀지 않아도 됨).

$$F = \left(\frac{Cbt^3}{\ell}\right)\sigma_Y$$

여기서 C는 단위가 없는 상수이다(문제에서 보인 경계조건에 대하여 2/3임).

② 주어진 F에 대하여 소성저항에 견뎌내는 대체재질의 우선순위(경량화에 유리한)를 판단하기 위하여 당신은 재료의 상수(ρ, σ_Y)로부터 어떻게 주장하겠는가? 당신의 선택방법을 구체적으로 설명하라. 그리고 당신의 판단기준에 의하여 얻어진 결과로부터 차체 경량화를 위한 재질(철도 포함)들을 선호하는 순서대로 나열하시오.

③ 변형에 대한 저항과 소성에 대한 저항이 대체재질을 선정할 때 가장 중요한 설계인자이지만 차체설계와 관련하여 고려해야 하는 다른 설계인자를 생각할 수 있다. 당신의 생각에 좋은 설계를 위하여 추가로 고려해야 하는 사항들을 열거하고 각각에 대하여 이유를 쓰시오.

7 CHAPTER

보의 설계

다섯 가지 구조(構造)요소 중에서 '보' 요소는 '막대' 요소, '축' 요소와 더불어 3대 기본 구조요소 중 가장 빈번하게 해석이 요구된다. 요소에 대한 응력의 분포는 5장에서 다루었다. 여기에서는 여러 하중의 조건에 따라서 반응하는 보의 변형을 결정하는 방법을 설명한다.

7.1 보에서 응력의 분포

보(堡)를 설계하려면 우리는 최대 응력이 작용하는 위치와 그 크기를 계산하여야 한다. '보'는 보의 단면의 폭이나 높이의 크기가 보의 길이에 비하여 상당히 작은 경우를 고려한다. 또한, 평판과 달리 보가 굽힘하중을 받을 때 보는 포와송의 비에 의한 축방향 변형의 연성효과가 작은 경우로 폭 방향으로 발생하는 변형이 비교적 자유롭다. 보에서 최대 응력은 최대 모멘트가 작용하는 면에서 작용하므로 굽힘모멘트의 분포를 계산하는 것은 중요하다. 횡방향 하중은 보에 굽힘모멘트의 변화를 일으키는 동시에 면에 전단응력 분포를 형성하므로 면에 작용하는 전단력의 크기를 길이 방향의 함수로 구하는 것이 필요하다.

그러므로 보에 작용하는 응력의 분포를 계산하려면 굽힘모멘트와 전단력의 분포를 우선 계산한다. 길이 방향(x)에 대하여 굽힘모멘트의 분포를 그래프로 표현하는 경우 이를 '굽힘모멘트 선도(bending moment diagram; BMD)'라고 하며 전단력의 경우에는 '전단력 선도(shear force diagram; SFD)'라는 용어를 사용한다. 다음 그림에는 횡방향 분포하중이 작용하는 보가 보여 있다. 보의 높이는 '$2c$'이다.

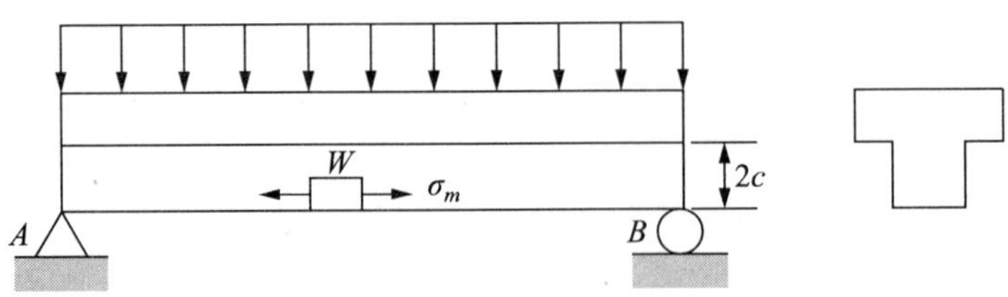

그림 7-1 분포하중을 받는 보와 굽힘 응력

이 보에서 가장 모멘트가 크게 작용하는 면에 발생하는 최대 모멘트 응력은 다음의 식으로 계산된다.

$$\sigma_{max} = \frac{M_{max}c}{I}$$

횡방향 하중에 의한 전단력은 단면에 전단응력의 분포를 발생시키는데 면에 작용하는 최대 전단응력은 다음과 같이 계산된다.

$$\tau_{max} = \frac{V_{max}Q}{It}$$

위의 내용을 요약하면 보를 설계하는 순서는 다음과 같다. 설계에서는 최대 모멘트(M_{max})와 최대 전단력(V_{max})를 파악하여 설계 기초자료로 사용해야 한다. 다음의 두 선도는 모멘트와 전단력의 분포를 시각적으로 파악하는 데 매우 유용하다.

① 굽힘모멘트 선도, Bending Moment Diagram(BMD)

② 전단력 선도, Shear Force Diagram(SFD)

7.2 굽힘모멘트와 전단력 선도

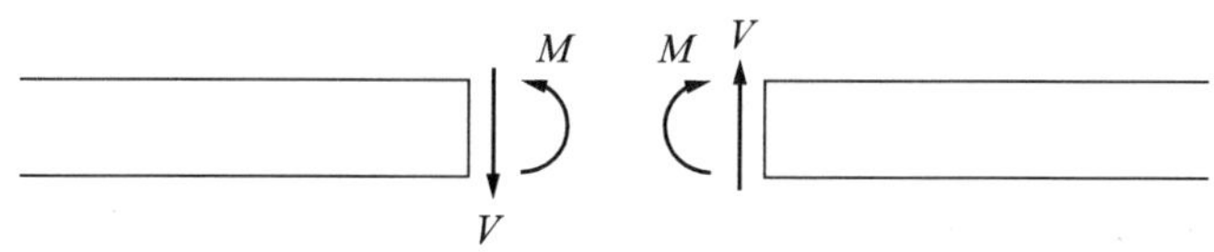

그림 7-2 전단력과 굽힘모멘트 (+)부호의 약속

굽힘모멘트와 전단력을 그래프에 그리기 위하여 모멘트와 전단력의 방향을 우선 결정하여야 한다. 위의 그림 7-2는 여기서 선택하는 양(+)의 방향에 대한 모멘트와 전단력이 각각 보에 작용하면 어떻게 보의 모양을 변화시키는지 대략 보여주고 있다. 모멘트의 경우 양의 x방향을 향하는 면(그림의 왼편 단면)에서 반시계 방향으로 작용하는 경우가 양의 방향으로 정의되었고, 이 면에서 아래로 작용하는 전단력도 양의 방향으로 정의되었다. 작용과 반작용의 법칙에 따라 음의 x방향을 향하는 마주보는 면은 굽힘모멘트는 시계방향, 전단력은 상향 방향을 양의 부호로 정의한다. 내력으로 작용하는 전단력과 굽힘모멘트가 음의 부호가 되는 경우는 상기 기술된 내용과 정반대가 될 것이며 이의 구분은 전단력 선도와 굽힘모멘트 선도의 작성에 매우 중요하다. 하지만 타 관련 서적의 경우 부호의 정의는 다를 수 있다.

보기문제

아래 그림과 같이 단순지지 보의 중앙에 집중하중 P가 하향으로 작용하는 경우 모멘트와 전단력의 분포를 구하라.

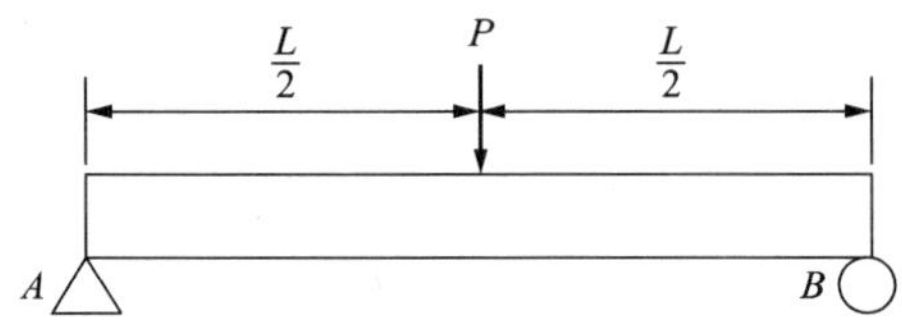

해설 대칭으로부터 지지점 A와 B에 작용하는 반력은 '$P/2$'로 동일하다.

① 범위 $0 < x < \frac{L}{2}$에 대하여

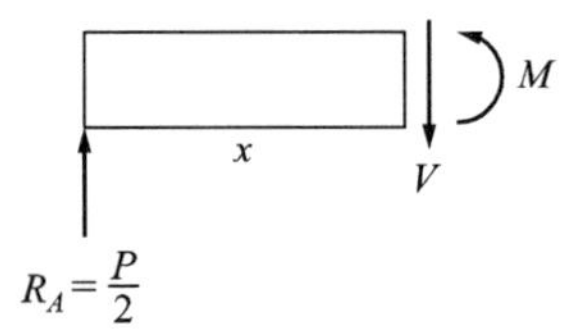

위의 자유물체도로부터 임의의 x에서 전단력은 수직방향으로 힘의 평형에서 결정할 수 있다. 즉, $V = R_A = \frac{P}{2}$.

또한, 자유물체도 우측의 단면위치를 중심으로 모멘트의 평형조건으로 부터 모멘트를 계산하면 $M = R_A x = \frac{Px}{2}$.

② 범위 $\frac{L}{2} < x < L$에 대하여

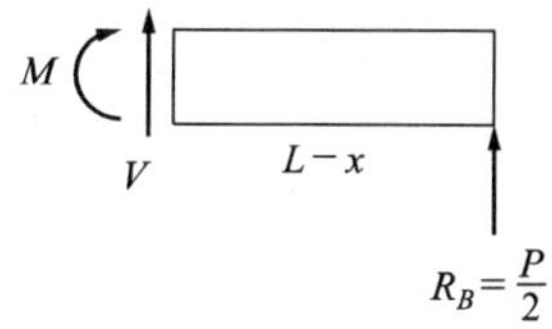

수직방향 힘의 평형조건과 모멘트 평형조건으로부터 임의의 x에서 전단력 $V=-R_B=-\dfrac{P}{2}$과 모멘트는 $M=R_B(L-x)=\dfrac{P}{2}(L-x)$을 결정한다.

보기문제

외팔보의 상면에 균일한 분포하중이 작용할 때 SFD와 BMD을 그려라.

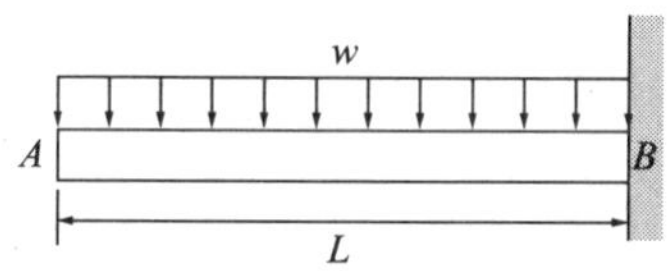

해설

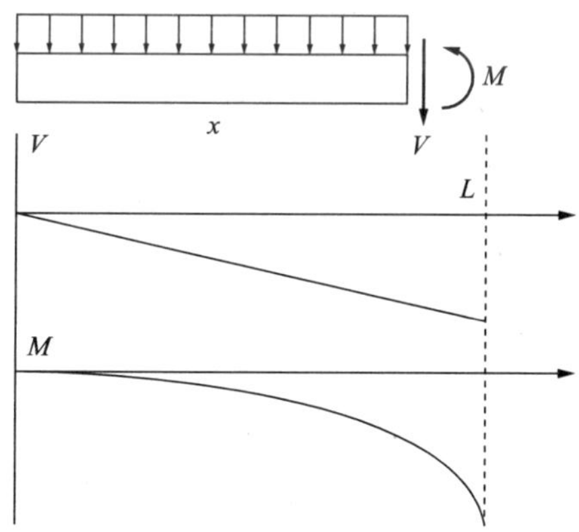

그림에서 수직방향 힘의 평형조건은 $V+wx=0$; 즉, $V=-wx$.

모멘트 평형조건으로부터 $M+\left(\dfrac{x}{2}\right)(wx)=0$; 즉, $M=-\dfrac{wx^2}{2}$.

예상대로 벽에 고정된 B의 위치에서 전단력과 모멘트는 모두 최대가 된다.

7.3 분포하중, 전단력, 모멘트 분포의 관계

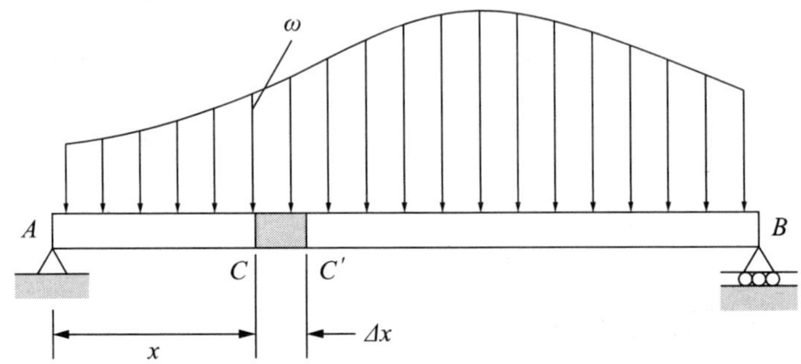

그림 7-3 분포하중을 받는 단순지지 보

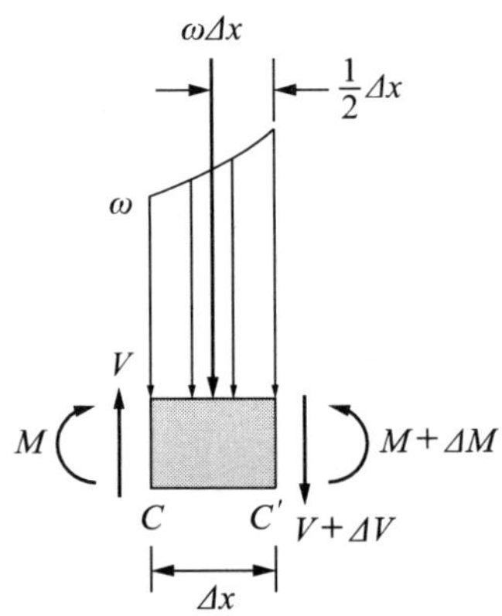

Δx구간에 대한 자유물체도를 참조하면, 수직방향 힘의 평형으로부터 $(V+\Delta V)-V+\omega\Delta x=0$. 이 식을 정리하면 $\dfrac{\Delta V}{\Delta x}=-\omega$. 미소구간에 대한 식을 유도하기 위하여 $\Delta x\rightarrow 0$의 조건을 주면 좌변은 미분기호로 바뀐다. 즉,

$$\lim_{x\rightarrow 0}\frac{\Delta V}{\Delta x}=\frac{dV}{dx}=-\omega.$$

한편, Δx구간에 대한 모멘트의 평형으로부터 $(M+\Delta M)-M-V\Delta x+(\omega\Delta x)\left(\dfrac{\Delta x}{2}\right)=0$. 식을 정리하면 $\dfrac{\Delta M}{\Delta x}=V-\dfrac{\Delta x}{2}$이므로 미소구간의 식으로 유도하면 좌변은 $\lim\limits_{x\rightarrow 0}\dfrac{\Delta M}{\Delta x}=\dfrac{dM}{dx}$으로 우변은 $\lim\limits_{x\rightarrow 0}\left(V-\dfrac{\omega\Delta x}{2}\right)=V$가 되므로 $\dfrac{dM}{dx}=V$.

앞에서 유도한 분포하중, 전단력과 모멘트의 미분 관계를 이용하면 보의 하중분포문제를 보다 수학적으로 쉽게 해결할 수 있다. 간단한 예를 들어 응용방법을 살펴보자.

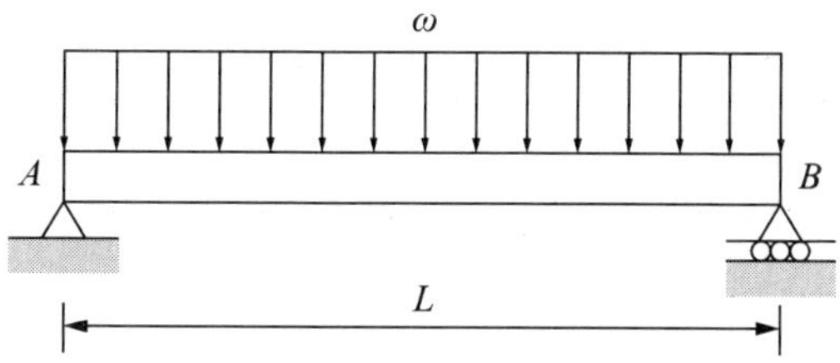

문제의 대칭성으로부터 양단에서 작용하는 반력은 $R_A = R_B = \frac{1}{2}\omega L$. 미분식을 이용하여 보의 문제를 해결하기 위한 첫 단계는 하중의 분포의 함수 $(\omega(x))$를 구하는 것이다. 그 다음 단계로 적분을 거쳐 전단력과 굽힘모멘트의 함수를 얻어낼 수 있는데 적분 시 부정적분을 수행할 때에는 적분상수는 반력, 모멘트, 기하학적 조건 등 경계조건으로부터 결정할 수 있다. 한편, 반력을 미리 계산한 경우에는 정적분을 수행하면 된다.

주어진 문제에서 분포하중의 식은 임의 구간에서 일정하다. 즉, $\omega = \omega(x) =$ 일정. 분포하중과 임의 면에서 전단력의 미분식 $\frac{dV}{dx} = -\omega$로부터 $dV = -\omega dx$. 이 관계는 dx구간에서 수직방향 힘의 평형을 의미한다. 양변을 적분하면

$$\int_{V_A}^{V(x)} dV = V(x) - V_A = \int_0^x \{-\omega(\xi)\}d\xi = -\omega x.$$

$$\text{즉, } V(x) = V_A - \omega x = \frac{\omega L}{2} - \omega x = \omega\left(\frac{L}{2} - x\right).$$

한편, 모멘트의 미분식 $\frac{dM}{dx} = V$로부터 $dM = Vdx$. 이 관계는 dx구간에서 모멘트의 평형을 의미한다. 양변을 적분하면

$$\int_{M_A}^{M(x)} dM = M(x) - M_A = \int_0^x \{V(\xi)\}d\xi = \int_0^x \left\{\omega\left(\frac{L}{2} - \xi\right)\right\}d\xi$$

$$= \frac{\omega}{2}(Lx - x^2).$$

따라서 $M(x)=\frac{\omega}{2}(Lx-x^2)$.

$V(x)$와 $M(x)$를 그리면 각각 SFD과 BMD을 다음과 같이 도시할 수 있다.

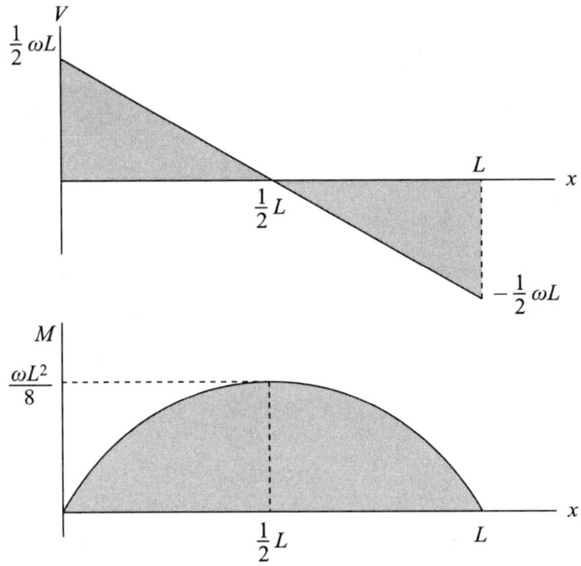

보기문제

B, E에서 단순지지 되어 있는 보에 아래의 그림과 같이 A, C, D의 각 점에 집중하중이 작용한다. 이 경우 다음 (1) $V_{\max}$, (2) $M_{\max}$, (3) $M_{\min}$의 값을 계산하라. 단, 최대, 최소는 부호를 포함한 숫자로부터 결정하라.

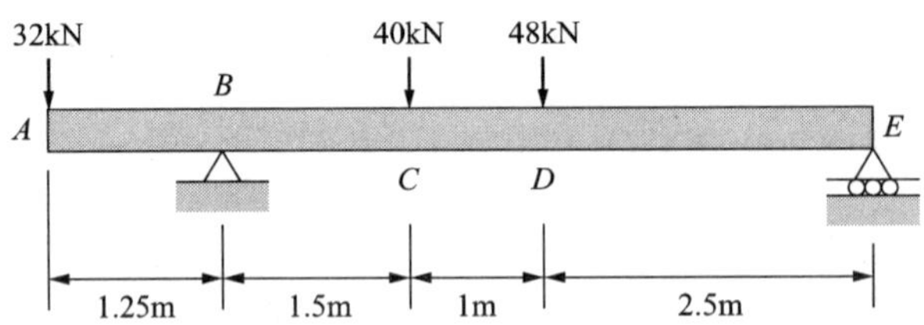

해설 수직방향 힘의 평형조건에서 $R_B+R_E=32+40+48=120$이다.
또한 A점 주위로 모멘트 평형조건에서 $5R_B=(48)(2.5)+(40)(3.5)+(32)(6.25)$이다.

이 두 식을 연립하여 풀면 반력을 구할 수 있다.
반력은 $R_B = 92\,\text{kN}(\uparrow)$ 그리고 $R_B = 28\,\text{kN}(\uparrow)$.
SFD와 BMD을 그리면

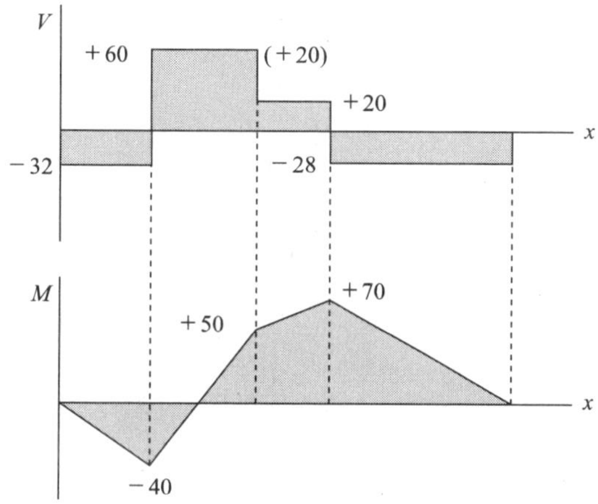

전단력 선도와 굽힘모멘트 선도로부터 답은 다음과 같다.

(1) $V_{max} = +60\,\text{kN}$ (B와 C 사이)

(2) $M_{max} = +70\,\text{kNm}$ (D점)

(3) $M_{min} = -40\,\text{kNm}$ (B점)

보기문제

그림에 주어진 보의 경계조건과 하중조건에서 전단력 선도(SFD)와 굽힘모멘트 선도(BMD)를 그려라. 단순지지 보 AC의 구간 B에 모멘트 T가 작용하고 있다.

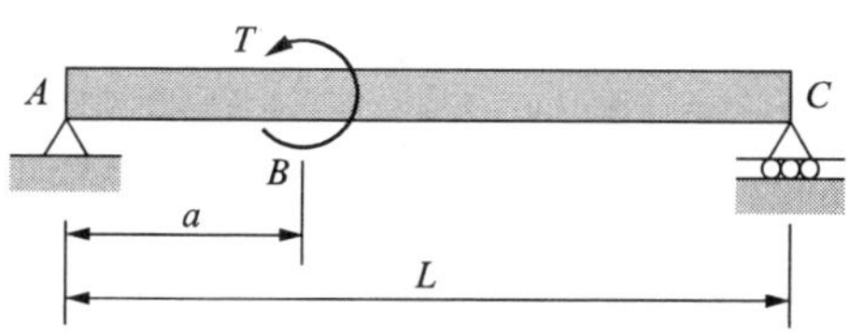

해설 구간 내에서는 외부에서 작용하는 집중하중이 없기 때문에 단면에 작용하는 전단력은 전 구간에서 일정하다. 모멘트는 선형으로 변화를 하는데 B점에서

집중모멘트가 가해진 만큼 불연속 차이를 만든다.
수직력 평형조건으로부터 $R_A + R_C = 0$.
A점 주위 모멘트의 평형으로부터 $LR_C = -T$이므로 $R_C = -T/L$이다. 위의 식에 대입하면 $R_A = T/L$가 된다.

$$\text{즉, } R_A = T/L(\uparrow) \text{ 그리고 } R_C = T/L(\downarrow)$$

반력을 구했으므로 모든 하중 정보를 전단력 선도와 굽힘모멘트 선도 작성을 수행하면 다음 그림과 같다.

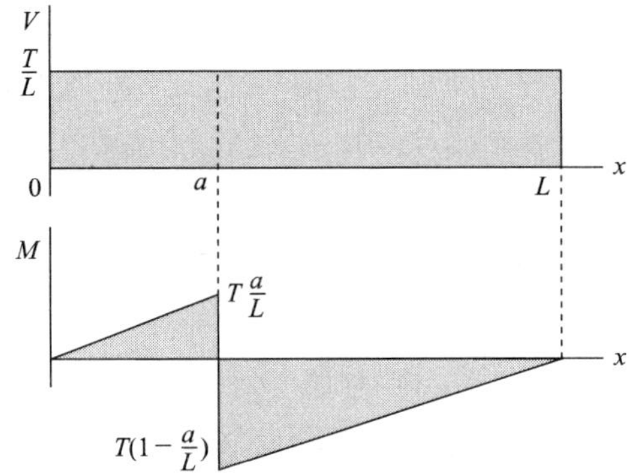

7.4 특이(特異)함수

하중의 분포, 전단력, 굽힘모멘트 등에 대한 함수를 표현하는데 다음과 같은 함수 정의를 이용하면 편리하다. 함수에서 꺽쇠 안의 값이 양인 경우에만 값을 가지며 안의 값이 양일 때에는 꺽쇠를 일반 괄호로 바꾸어 일반 함수로 간주한다. 이러한 함수를 '특이함수(Singularity Function)'라고 한다.

$n \geq 0$에 대하여, 특이함수는 다음과 같이 정의된다.

$$< x-a >^n = \begin{cases} (x-a)^n & x \geq a\text{일 때} \\ 0 & x < a\text{일 때} \end{cases}$$

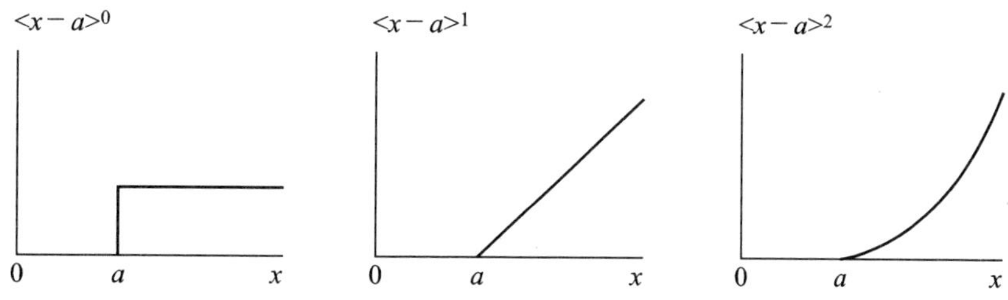

(a) $n=0$　(b) $n=1$　(c) $n=2$

그림 7-4 특이함수의 그래프 정의

특이함수의 미분과 적분

$$\int < x-a >^n dx = \int_{x<a} 0\,dx + \int_{x \geqq 0} (x-a)^n dx$$

$$= \left[\frac{(x-a)^{n+1}}{n+1} \right]_{x \geqq a} = \frac{1}{n+1}(x-a)^{n+1}$$

$$\frac{d}{dx} < x-a >^n = n < x-a >^{n-1}$$

$$\int_{-\infty}^{x} < x-a >^{-2} dx = < x-1 >^{-1}$$

$$\int_{-\infty}^{x} < x-a >^{-1} dx = < x-1 >^{0}$$

특이함수의 응용요소

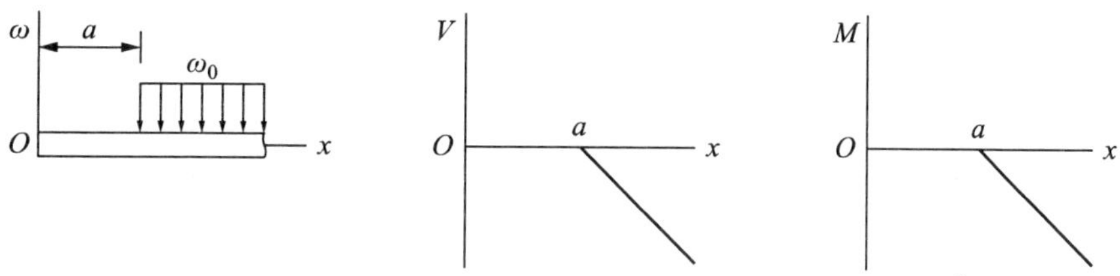

$\omega(x) = \omega_0 <x-a>^0$　$V(x) = -\omega_0 <x-a>^1$　$M(x) = -\frac{1}{2}\omega_0 <x-a>^2$

(a) 분포하중　(b) 전단하중　(c) 굽힘모멘트

$$\omega(x) = \omega_o < x-a >^0$$

$$V(x) = \int \{-\omega(x)\}dx = -\omega_o < x-a >^1$$

$$M(x) = \int V(x)dx = -\frac{1}{2}\omega_o < x-a >^2$$

다음의 그림에 대한 특이함수를 작성하고 전단력 선도와 굽힘모멘트 선도를 그리면 다음과 같다.

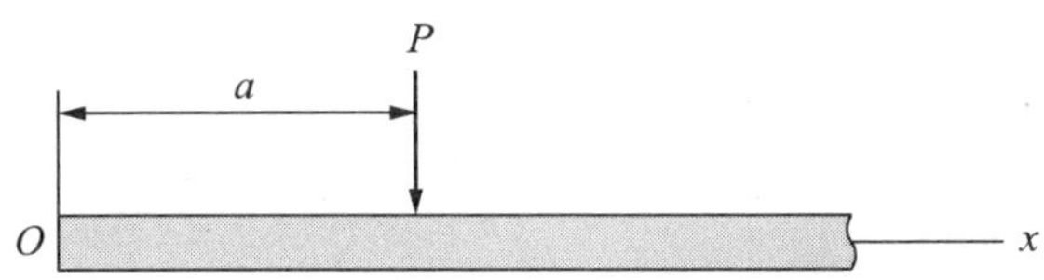

이 그림의 특이함수는 $\omega(x) = P < x-a >^{-1}$이다. 적분을 통하여 전단력 함수와 굽힘모멘트 함수를 계산할 수 있다.

전단력 함수는 $V(x) = \int (-\omega)dx = -P < x-a >^0$ 그리고 선도를 그리면 다음과 같다.

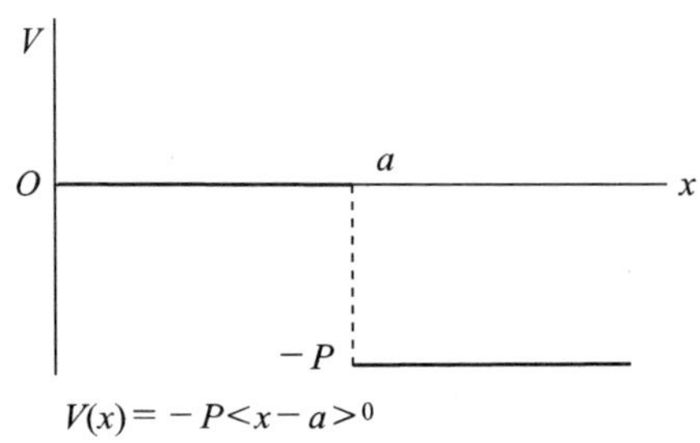

굽힘모멘트 함수는 $M(x) = \int Vdx = -P < x-a >^1$이며 선도를 그리면 다음과 같다.

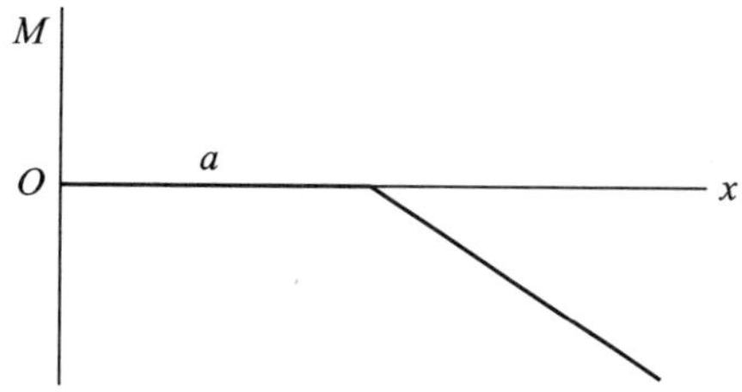

$M(x) = -P<x-a>^{1}$

또 다른 경우로 다음의 그림에 대한 특이함수를 작성하고 전단력 선도와 굽힘모멘트 선도를 그리면 다음과 같다.

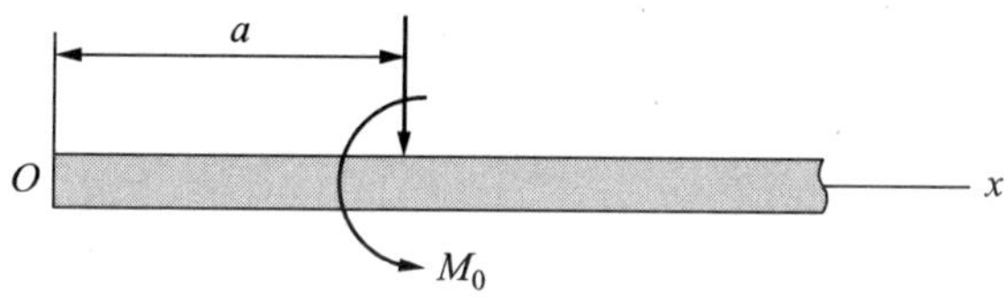

이 그림의 특이함수는 $\omega(x) = M_o < x-a >^{-2}$이다. 적분을 통하여 전단력 함수와 굽힘모멘트 함수를 계산할 수 있다.

전단력 함수는 $V(x) = \int(-\omega)dx = -M_o < x-a >^{-1}$ 그리고 선도를 그리면 다음과 같다.

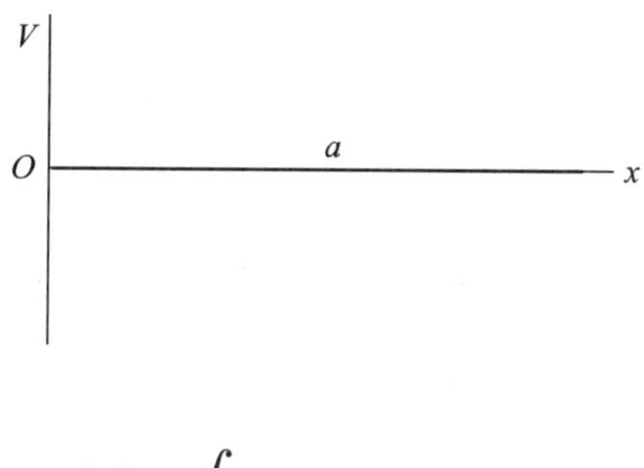

굽힘모멘트 함수는 $M(x) = \int Vdx = -M_o < x-a >^{0}$이며 선도를 그리면 다음과 같다.

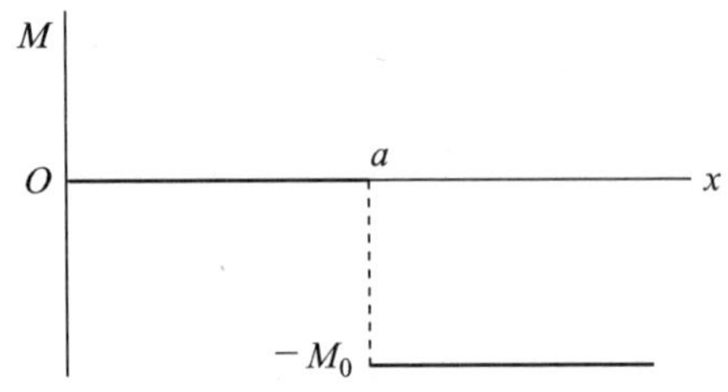

$M(x) = -M_0 <x-a>^0$

보기문제

아래 외팔보에 작용하는 전단력과 굽힘모멘트의 분포를 구하라.

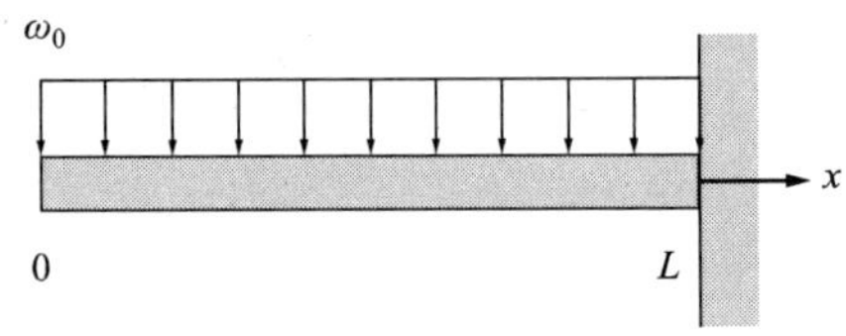

해설 다음과 같이 우선 기존의 방법을 이용해 보자.

$$\begin{cases} \sum V = 0 \ : \ V = -\omega_o x \\ \sum M = 0 \ : \ M = -\omega_o x\left(\dfrac{x}{2}\right) = -\dfrac{1}{2}\omega_o x^2 \end{cases}$$

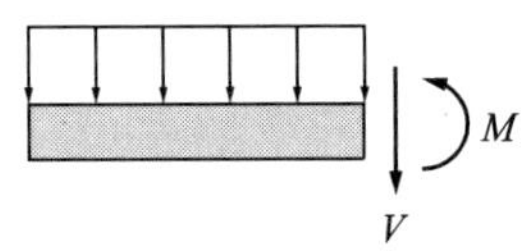

이번에는 특이함수를 이용하여 문제를 풀어보자.

일정한 크기의 분포하중을 받고 있으므로 $\omega(x) = \omega_o < x >^0$이다.

적분을 수행하여 전단력 함수를 구하면

$$V(x) = \int^x -\omega(x)dx = -\omega_o < x >^1.$$

한 번 더 적분을 수행하여 굽힘모멘트 함수를 구한다.

$$M(x) = \int^x V(x)dx = -\omega_o < x >^2$$

특이함수를 일반함수로 바꾸어 표현하면 다음과 같다.

$0 \le x \le L$의 보 전범위에서 전단력 함수와 굽힘모멘트 함수는 각각 $V(x) = -\omega_o x$와 $M(x) = -\dfrac{1}{2}\omega_o x^2$가 되어 자유물체도를 활용한 기존 방법의 답과

동일함을 확인할 수 있다.

보기문제

그림에 보인 보에 대하여 전단력의 분포와 굽힘모멘트의 분포를 구하라.

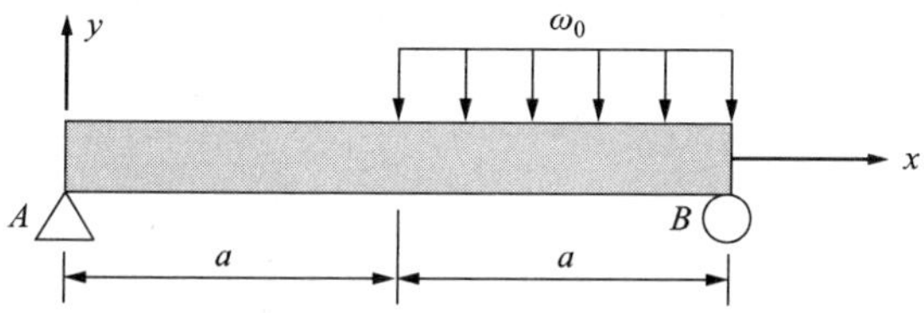

해설 문제의 단순지지 보 자유물체도를 다음과 같이 설정하자.

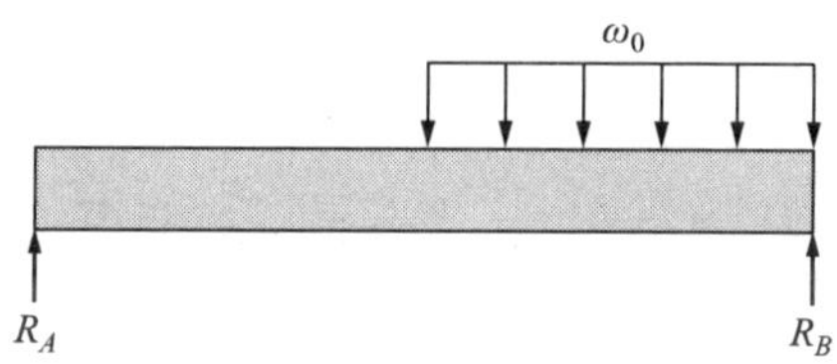

모멘트 평형조건에서 $\sum M_B = (\omega_o a)\left(\frac{a}{2}\right) - R_A(2a) = 0$으로부터

$$R_A = \left(\frac{\omega_o a}{4}\right) R_B = \frac{3\omega_o a}{4}.$$

하중분포 특이함수는 다음과 같다.

$\omega(x) = -R_A < x >^{-1} + \omega_o < x-a >^{0} - R_B < x-2a >^{-1}$가 완전한 형태이다. 그러나 보의 유효구간에 한정해서 식을 응용한다면 세 번째 항은 생략해도 된다. 간략화를 위하여 앞으로 세 번째 항과 같은 의미의 항은 생략하겠다. 분포하중 함수를 적분하여 전단력 함수와 모멘트 함수를 구하면

$$V(x) = \int -\omega(x)dx = \frac{\omega_o a}{4} < x >^{0} - \omega_o < x-a >^{1}$$

$$M(x) = \int V(x)dx = \frac{\omega_o a}{4} < x >^{1} - \frac{\omega_o}{2} < x-a >^{2}$$

다른 방법으로는 다음과 같이 수행할 수 있다.

$$\omega(x) = \omega_o < x-a >^0$$

$$V(x) = \int -\omega dx = -\omega_o < x-a >^1 + C_1$$

$$M(x) = -\frac{1}{2}\omega_o < x-a >^2 + C_1 x + C_2$$

보의 경계조건으로부터 적분상수를 결정할 수 있다.

$V(0) = C_1 = R_A = \frac{\omega_o a}{4}$ 이므로 $V(x) = \frac{\omega_o a}{4} - \omega < x-a >^1$

$M(0) = C_2 = 0$와 $M(2a) = -\frac{1}{2}\omega_o a^2 + C_1(2a) + C_2 = 0$으로부터 $C_1 = \frac{\omega_o a}{4}$.

앞의 결과와 동일한 것을 확인 할 수 있다.

7.5 보에 작용하는 주응력의 분포

보의 응력성분을 관찰하기 위하여 지금까지는 축방향 면을 기준으로 수직응력과 전단응력을 이용하였다. 즉, 이 경우 수직응력이 양의 값이면 보의 축 길이가 늘어나며 반대로 음의 경우에는 줄어들었다. 보에 축방향 단면에 작용하는 굽힘모멘트는 면의 수직선을 따라서 선형적으로 변하는 응력분포를 만들어 결과적으로 축은 휘게 된다. 재료역학의 해석은 궁극적으로 변형이 일어나는 물체 내에 분포하는 수직응력과 전단응력의 최대값 위치를 파악하여 설계에 반영하거나 관심있는 현상을 설명하는데 응용된다. 그러므로 해석이 쉬운 면을 기준으로 얻는 응력은 응력상태의 특수한 한 경우로 '평균 응력'과 '반지름'의 두 불변량으로 작성하는 모어원은 응력상태 그 자체이다. 모어원을 이용하면 최대 응력이 일어나는 면의 방향 등 설계에 관심있는 성분 값을 결정할 수 있다. 임의 질점(質點)에서 주응력은 최대 응력 및 최소 응력이며 모어원으로 주응력을 결정하는 방법은 일반적인 외력을 받는 보의 설계에서 중요하다. 외팔보의 경우를 가지고 이 내용을 살펴보자.

보에서 축을 좌표축의 x축과 일치시키면 5장을 참고하면 응력성분은 다음 식으로 결정할 수 있다.

$$\sigma_x = -\frac{My}{I}$$

$$\tau_{xy} = -\frac{VQ}{It}$$

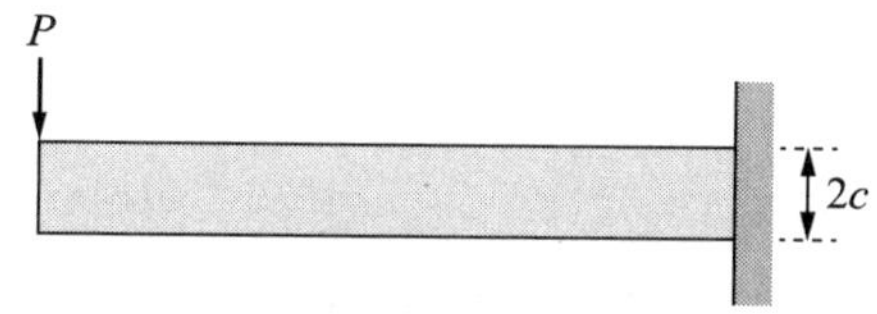

그림 7-5 수직하중을 받는 외팔보(단면 : $b \times 2c$)

보의 2차 단면모멘트는 $I = \frac{b(2c)^3}{12} = \frac{A(2c)^2}{12} = \frac{Ac^2}{3}$이므로

수직응력은 $\sigma_x = \frac{My}{I} = \frac{(Px)y}{I} = 3\left(\frac{P}{A}\right)\left(\frac{xy}{c^2}\right)$.

한편, 전단응력은 $\tau_{xy} = \frac{3}{2}\left(\frac{P}{A}\right)\left\{1-\left(\frac{y}{c}\right)^2\right\}$.

주응력이 작용하는 면의 방향(θ_P)는 다음의 관계에서 결정할 수 있다.

$$\tan(2\theta_P) = \frac{\tau_{xy}}{(\sigma_x - \sigma_y)/2} = \frac{2\tau_{xy}}{\sigma_x} = \frac{c^2 - y^2}{xy}.$$

$$\text{즉, } \theta_P = \frac{1}{2}\tan^{-1}\left(\frac{c^2 - y^2}{xy}\right).$$

$\sigma_y = 0$일 때 최대 수직응력을 구하는 식은

$$\sigma_{max} = \frac{\sigma_x + \sigma_y}{2} + \sqrt{\left(\frac{\sigma_x - \sigma_y}{2}\right)^2 + \tau_{xy}^2}$$

$$= \frac{\sigma_x}{2} + \frac{1}{2}\sqrt{\sigma_x^2 + (2\tau_{xy})^2} = \frac{\sigma_x}{2}\left(1 + \sqrt{1 + \left(\frac{2\tau_{xy}}{\sigma_x}\right)^2}\right)$$

이므로

$$\sigma_{\max} = \frac{3}{2}\left(\frac{P}{A}\right)\left(\frac{xy}{c^2}\right)\left(1 + \sqrt{1 + \left(\frac{c^2 - y^2}{xy}\right)}\right)$$

$x \geq 0.5444c$의 구간에서 최대 수직응력 $\sigma_{\max}$은 $y = c$에서 일어난다.

7.6 보의 처짐

보에 하중이 가해지기 전 변형이 일어나지 않은 보의 중립축의 위치는 '$y = v(x) = 0$'과 일치하는 x축이다. 그러나, 하중이 가해지면 중립축은 최초의 수평선분이 작용하는 하중과 기하학적 경계조건에 따라서 '$y = v(x)$'의 곡선으로 표현될 수 있다. 변형 후 수평위치 x에서 곡률(ρ)과 처짐량(v)의 미소 변형량에 대한 수학적 관계는 다음과 같다.

$$\frac{1}{\rho} = \frac{M}{EI} \approx \frac{d^2v}{dx^2}$$

여기서 보의 변형 후 x을 기준으로 기울기 각은 $\theta = \dfrac{dy}{dx} = \dfrac{dv}{dx}$로 결정될 수 있다.

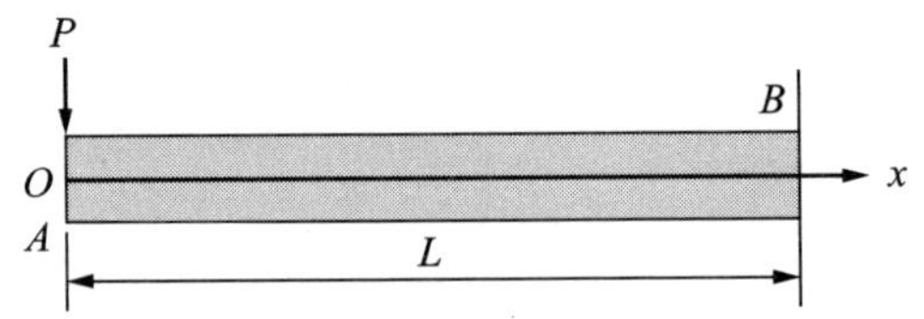

그림 7-6 횡하중을 받는 외팔보와 기준 좌표

그림 7-6에 설정된 좌표를 기준으로 임의의 x에 있는 단면에 작용하는 모멘트의 크기 $M(x)$는 일차식으로 직선이다. 굽힘모멘트를 굽힘강성으로 나누면 보 곡률과 같고 부호는 반대가 되어야 한다.

모멘트 분포함수는 $M(x) = -Px$.

곡률은 $\dfrac{1}{\rho} = -\dfrac{Px}{EI}$

경계조건으로 양끝에서 곡률은 $x=0$ 위치의 A점에서 $\left(-\dfrac{PL}{EI}\right)$인 반면 벽에 고정되어 있는 $x=L$의 B점에서는 초기와 동일한 '0'이다.

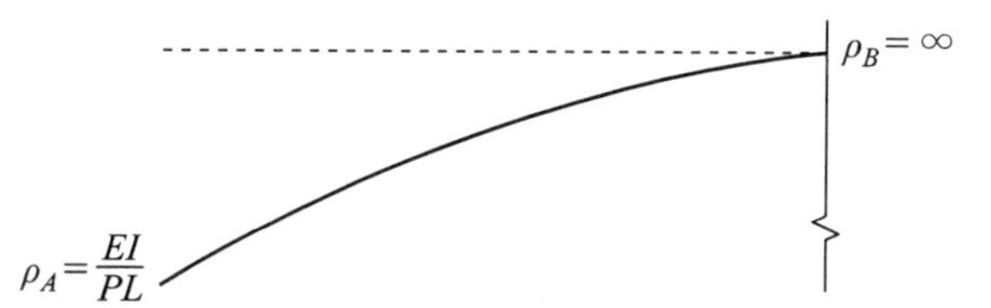

그림 7-7 변형 후 보의 탄성곡선

임의의 하중을 받는 보의 탄성곡선 $y=v(x)$은 여러 가지 방법으로 결정될 수 있다. 수학에서 평면곡선 $y=v(x)$의 곡률을 구하는 식은 다음과 같다.

$$\frac{1}{\rho} = \frac{\dfrac{d^2v}{dx^2}}{\left[1+\left(\dfrac{dv}{dx}\right)^2\right]^{3/2}}$$

미소변형조건과 같이 곡선의 기울기가 매우 작은 경우($dv/dx \ll 1$)에는 위의 곡률의 식은 $\dfrac{1}{\rho} \approx \dfrac{d^2v}{dx^2}$으로 간략화 된다.

변형이 일어나기 전 보의 중립축 곡선이 $y=0$가 되도록 좌표축을 설정하였으므로 제5장과 앞의 곡률 근사식으로부터 굽힘을 받는 보에서 굽힘모멘트의 분포와 곡률에 따른 중립축의 탄성곡선은 $\dfrac{M(x)}{EI} = \dfrac{d^2v}{dx^2}$의 미분방정식으로부터 구할 수 있다.

재료역학에서는 일반적으로 구조용 굽힘 보의 변형은 매우 미소하여 탄성곡선의 기울기가 매우 작다고 가정할 수 있으므로 곡률의 근사식을 이용한다. 한편 'EI'는 '굽힘강성도'이다.

보의 굽힘강성도가 일정한 경우에 $EI\frac{dv}{dx} = \int_0^x M(x)dx + C_1$의 1차 미분 방정식으로 간략화 된다.

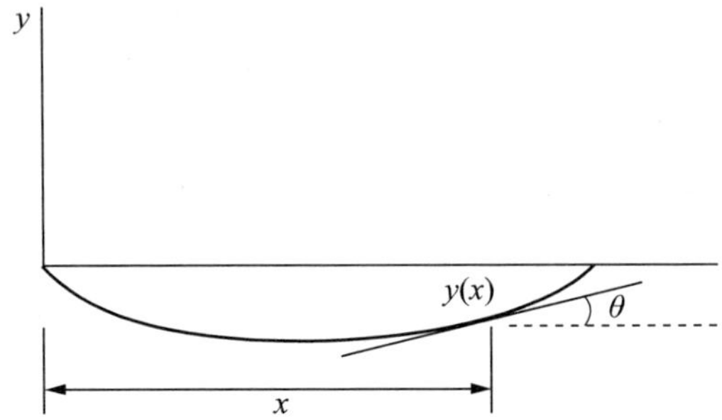

미소변형이론에서 탄성곡선의 기울기는 라디안으로 표현된 각과 크기와 같으므로 $\frac{dv}{dx} = \tan\theta \approx \theta(x)$이며 $EI\frac{dv}{dx} = EI\theta(x) = \int_0^x M(\xi)d\xi + C_1$이다.

탄성곡선을 구하기 위하여 한 번 더 적분을 수행하면

$$EIv = \int_0^x \left(\int_0^\eta M(\xi)d\xi + C_1\right)d\eta + C_2 = \int_0^x \int_0^\eta M(\xi)d\xi d\eta + C_1 x + C_2$$

기울기(θ)와 탄성곡선($v(x)$)의 함수를 결정하려면 두 개의 적분상수를 경계조건으로부터 결정해야 한다. 다음 그림에서 경계조건을 찾아서 부여해 보자.

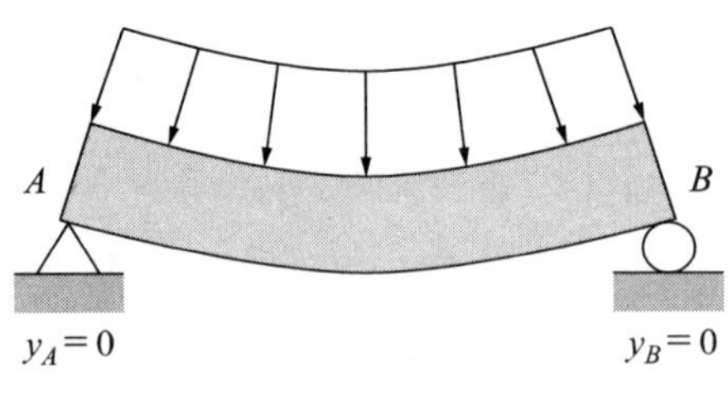

그림 7-8 단순지지 보의 경계조건

경계조건 $v_A = 0$, $v_B = 0$, $\theta\left(\frac{L}{2}\right) = \left[\frac{dy}{dx}\right]_{x=\frac{L}{2}} = 0$ 등으로부터 C_1, C_2를 결정한다.

보기문제

아래 외팔보의 변형 후 중립축의 곡선식 탄성곡선 $v(x)$를 결정하라.

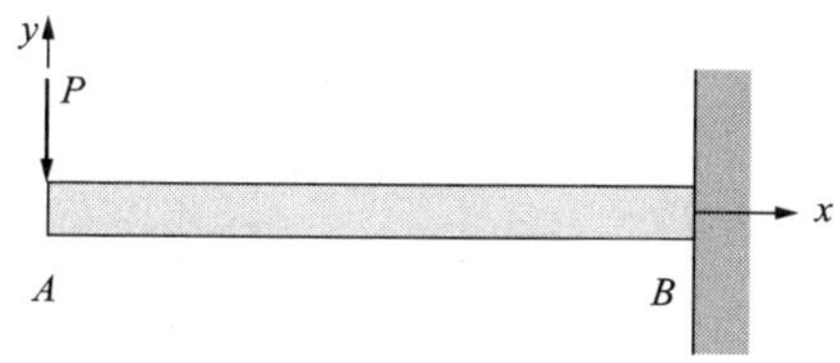

해설 굽힘모멘트의 분포함수는 $M = -Px$.

경계조건은 벽면에 고정된 $x = L$에서 변위 $v_B = 0$ 그리고 기울기 $v_B' = 0$.

$EI\dfrac{dv}{dx} = EI\theta(x) = \int_0^x M(\xi)d\xi + C_1$의 식에 모멘트와 $x = L$을 대입하고 적분을 수행하면 $C_1 - \dfrac{1}{2}PL^2 = 0$이므로 $C_1 = \dfrac{PL^2}{2}$.

또한 $EIv = \int_0^x \int_0^\eta (-P\xi)d\xi d\eta + \dfrac{PL^2x}{2} + C_2 = -\dfrac{Px^3}{6} + \dfrac{PL^2x}{2} + C_2$에 $x = L$을 대입하면 $EIv(L) = \dfrac{PL^3}{3} + C_2 = 0$으로 $C_2 = -\dfrac{PL^3}{3}$.

따라서 탄성곡선은 $v(x) = \dfrac{PL^3}{6EI}\left\{-\left(\dfrac{x}{L}\right)^3 + 3\left(\dfrac{x}{L}\right) - 2\right\}$

그리고 기울기는 $\theta(x) = \dfrac{PL^2}{2EI}\left\{-\left(\dfrac{x}{L}\right)^2 + 1\right\}$.

A점에서 처짐량과 반시계방향 기울기의 크기는 $v_A = \dfrac{PL^3}{3EI}$와 $\theta_A = \dfrac{PL^2}{2EI}$이다.

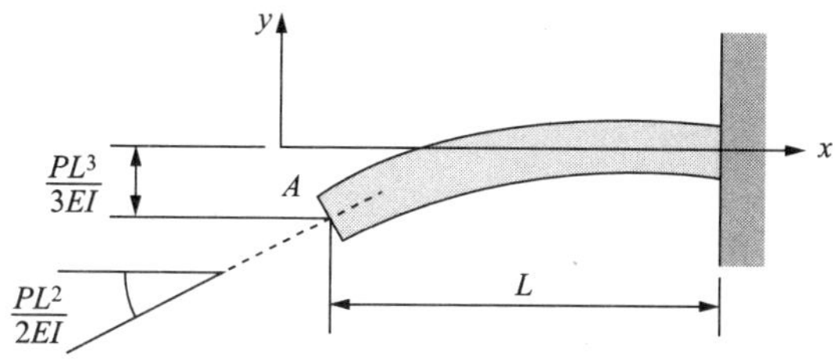

보기문제

중립축의 변형 후 탄성곡선을 결정하라.

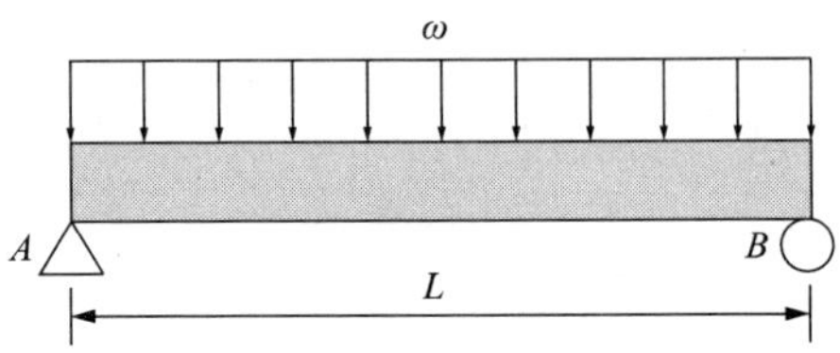

해설 분포하중 함수는 $\omega(x) = \omega < x >^0$

적분을 수행하여 전단력 함수를 얻으면 $V(x) = -\omega < x >^1 + C_1$

한 번 더 적분하여 굽힘모멘트 함수를 얻는다. 즉,

$$M(x) = -\frac{1}{2}\omega < x >^2 + C_1 x + C_2.$$

경계조건은 $x = 0$과 $x = L$에서 모멘트 반력이 없으므로 $M(0) = C_2 = 0$과

$M(L) = -\frac{1}{2}\omega L^2 + C_1 L + C_2 = 0$에서 $C_1 = \frac{\omega L}{2}$.

그러므로 모멘트 분포함수는 $M(x) = -\frac{\omega x^2}{2} + \frac{\omega L x}{2}$.

곡률과 모멘트의 관계식으로부터

$$EIv'' = M(x) = -\frac{\omega x^2}{2} + \frac{\omega L x}{2}.$$

양변을 적분하면

$$EIv' = -\frac{\omega x^3}{6} + \frac{\omega L x^2}{4} + C_3.$$

한 번 더 적분하면

$$EIv = -\frac{\omega x^4}{24} + \frac{\omega L x^3}{12} + C_3 x + C_4.$$

문제에서 경계조건은 $x = 0$과 $x = L$에서 변위가 없으므로 $v = 0$.

대입하면 $v(0) = C_4 = 0$와 $v(L) = -\frac{\omega L^4}{24} + \frac{\omega L^4}{12} + C_3 L + C_4 = 0$.

두 식으로부터 $C_3 = -\dfrac{\omega L^3}{24}$, $C_4 = 0$.

그러므로 탄성곡선 $v(x) = \dfrac{\omega L^4}{24EI}\left\{-\left(\dfrac{x}{L}\right)^4 + 2\left(\dfrac{x}{L}\right)^3 - \left(\dfrac{x}{L}\right)\right\}$

기울기는 $\theta(x) = \dfrac{\omega L^3}{24EI}\left\{-4\left(\dfrac{x}{L}\right)^3 + 6\left(\dfrac{x}{L}\right)^2 - 1\right\}$.

$v'(x) = 0$으로부터 최대 처짐량을 구할 수 있다.

$v'(x) = \dfrac{\omega L^3}{24EI}\left\{-1 + 6\left(\dfrac{x}{L}\right)^2 - 4\left(\dfrac{x}{L}\right)^4\right\} = 0$를 풀면 $x = \dfrac{L}{2}$에서 최대값은

$$v_{\max} = \frac{5\omega L^4}{384EI}.$$

7.7 부정정계 보

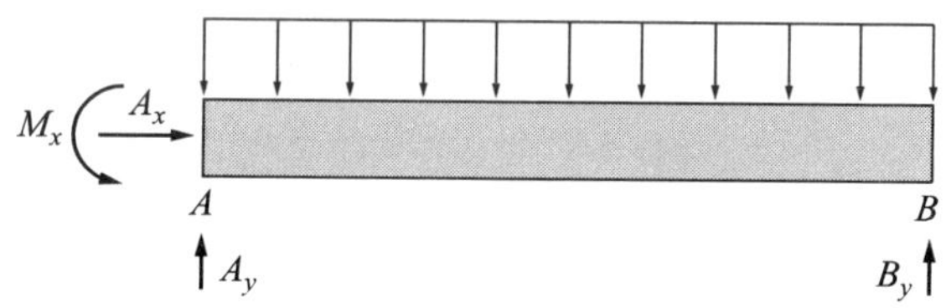

그림 7-9 B에서 단순지지를 받는 외팔보

그림 7-9는 왼편 B에서 고정되었고 오른편 A는 단순지지 되고 있는 외팔보이다. 이 외팔보의 경계조건은 벽에 고정된 $x = 0$에서 처짐과 회전이 일어날 수 없으므로 $v_A = 0$, $v_A' = 0$이 경계조건이며 $x = L$의 B는 단순지지 되고 있으므로 처짐이 없고 회전은 자유로우므로 $v_B = 0$, $M(L) = 0$이다. 여기서 모멘트는 $M = EIv''$의 관계로부터 $M(L) = M_B = v_B'' = 0$으로 경계조건을 쓸 수 있다.

그림 7-9의 자유물체도는 1도(first degree) 부정정보로써 힘과 모멘트의 평형조건은 다음과 같다.

$$\sum F_x = 0, \quad \sum F_y = 0, \quad \sum M = 0.$$

이 힘과 모멘트의 평형식은 3개이고 위의 자유물체도에서 미지수는 4개이므로 이 문제는 1개의 잉여 미지수 때문에 1도(度)의 부정정보가 되는 것이다.

보기문제

그림의 보는 왼편 A에는 단순지지 되어 있고 오른편은 벽에 고정되어 있다. 그림과 같이 삼각형 하중분포를 받을 때 보의 탄성곡선 $v(x)$을 구하시오. 또한, 보 좌측 지지점 A에서 반력의 크기 R_A와 보의 기울기 θ_A를 구하시오.

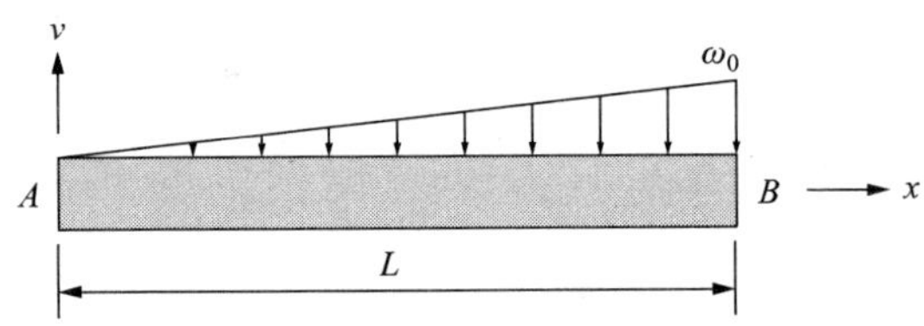

해설 분포하중의 특이함수: $\omega(x) = \frac{\omega_o}{L} < x >^1$

적분을 수행하여 전단력 분포함수를 구하면 $V(x) = -\frac{\omega_o}{2L} < x >^2 + V_1$

한 번 더 적분하면 모멘트 함수는 $M(x) = -\frac{\omega_o}{6L} < x >^3 + V_1 x + M_1$

곡률과 모멘트 관계식에서 $EIv'' = M(x) = -\frac{\omega_o x^3}{6L} + V_1 x + M_1$

양변을 적분하면

$$EIv' = -\frac{\omega_o x^4}{24L} + \frac{V_1 x^2}{2} + M_1 x + C_1 \qquad ①$$

한 번 더 적분하면

$$EIv(x) = -\frac{\omega_o x^5}{120L} + \frac{V_1 x^3}{6} + \frac{M_1 x^2}{2} + C_1 x + C_2 \qquad ②$$

$x = 0$ 자유단에서 경계조건은 $v_A = 0$ 그리고 $M_A = EIv_A'' = 0$에서 $v_A'' = 0$.
$x = L$ 고정단에서 경계조건은 $v_B = 0$과 $v_B' = \theta_B = 0$.

식 ②에 $v_A = 0$ 조건을 대입하면

$$C_2 = 0 \tag{③}$$

식 ②에 $v_B = 0$와 ③ 조건을 대입하면

$$-\frac{\omega_o L^4}{120} + \frac{V_1 L^3}{6} + \frac{M_1 L^2}{2} + C_1 L = 0 \tag{④}$$

식 ①에 $\theta_B = 0$과 ③ 조건을 대입하면

$$-\frac{\omega_o L^3}{24} + \frac{V_1 L^2}{2} + M_1 L + C_1 = 0 \tag{⑤}$$

또한 $x = 0$에서 $v_A'' = 0$은 $M_1 = 0$이 되므로 식 ④, ⑤는 다음으로 정리할 수 있다.

$$\begin{bmatrix} \frac{L^3}{6} & L \\ \frac{L^2}{2} & 1 \end{bmatrix} \begin{Bmatrix} V_1 \\ C_1 \end{Bmatrix} = \begin{Bmatrix} \frac{\omega_o L^4}{120} \\ \frac{\omega_o L^3}{24} \end{Bmatrix} \text{를 풀면 } \begin{Bmatrix} V_1 \\ C_1 \end{Bmatrix} = \begin{Bmatrix} \frac{\omega_o L}{10} \\ -\frac{\omega_o L^3}{120} \end{Bmatrix}$$

식 ①과 ②에 대입하면

$$v'(x) = \theta(x) = \frac{\omega_o L^3}{120EI}\left\{-5\left(\frac{x}{L}\right)^4 + 6\left(\frac{x}{L}\right)^2 - 1\right\} \tag{⑥}$$

$$v(x) = \frac{\omega_o L^4}{120EI}\left\{-\left(\frac{x}{L}\right)^5 + 2\left(\frac{x}{L}\right)^3 - \left(\frac{x}{L}\right)\right\} \tag{⑦}$$

$x = 0$에서 전단력 분포함수는 $V(0) = V_1 = \frac{\omega_o L}{10}$이므로 $R_A = \frac{\omega_o L}{10}(\uparrow)$.

그리고 $x = 0$에서 기울기는 $\theta(0) = \theta_A = -\frac{\omega_o L^3}{120EI}$(CCW). 즉, 기울기는 시계 방향으로 $\frac{\omega_o L^3}{120EI}$만큼 기운다.

보기문제

다음 그림과 같은 단순지지 보에서 최대 처짐이 일어나는 위치와 크기를 구하라.

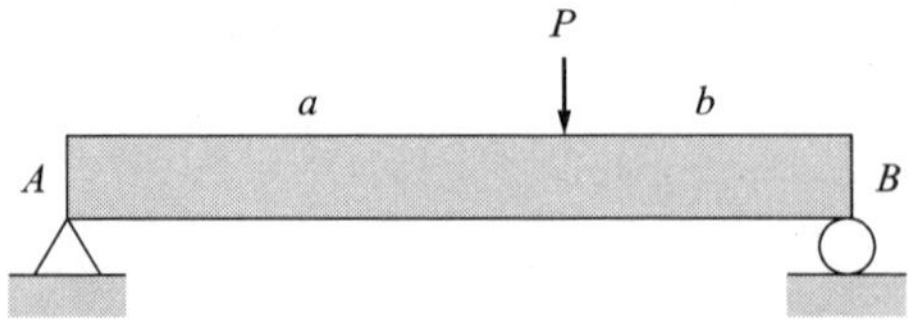

해설 하중분포 함수는 $\omega(x)=P<x-a>^{-1}$

적분하면 전단력 함수를 구한다. $V(x)=P<x-a>^{0}+C_1$

그리고 모멘트 함수는 $M(x)=\int V(x)dx=P<x-a>^{1}+C_1x+C_2$

단순지지조건으로부터 경계조건은 $x=0$, L에서 모멘트가 없으므로 $v_A''=v_B''=0$.

경계조건을 대입하면 $EIv_A''=M(0)=C_2=0$과 $M(L)=P(L-a)+C_1L=0$ 이므로

$$C_1=-\frac{P(L-a)}{L}=-\frac{Pb}{L}.$$

모멘트에 상수를 대입하면

$$M(x)=EIv''=P<x-a>^{1}-\frac{P(L-a)x}{L}$$

이식의 양변을 적분하면

$$EIv'=\frac{P}{2}<x-a>^{2}-\frac{P(L-a)x^2}{2L}+C_3$$

양변을 다시 한 번 적분하면

$$EIv=\frac{P}{6}<x-a>^{3}-\frac{P(L-a)x^3}{6L}+C_3x+C_4$$

양쪽 경계에서 처짐이 없으므로 $v_A=v_B=0$이다.

경계조건을 적용하면

$C_4=0$ 그리고 $\dfrac{P(L-a)^3}{6}-\dfrac{P(L-a)L^2}{6}+C_3L+C_4=0$으로부터

$$C_3=\frac{Pa}{6L}(2L-a)(L-a).$$

두 상수를 처짐식에 대입하면

$$v(x) = \frac{Pa}{6EIL}\{L < x-a >^3 - (L-a)x^3 + (2L^2 - 3La + a^2)x\}$$

따라서 최대 처짐은 $a > b$인 경우에 $x = \sqrt{(L^2 - b^2)/3}$ 에서

$$v_{\max} = \frac{Pb(L^2 - b^2)}{9\sqrt{3}\,EIL}(\downarrow)$$

다음의 부정정보의 경우에도 경계조건 $x = 0$에서 $v = 0$과 $\theta = 0$ 그리고 $x = L$에서 $v = 0$을 이용하여 탄성곡선을 구할 수 있다. 그림의 실선으로 그린 곡선과 같이 경계조건을 포함한 탄성곡선의 모양을 그려보고 문제에 접근하는 것은 도움이 될 경우가 많다. 이때 초기 하중분포함수는 $\omega = \omega_0 < x >^0$이다.

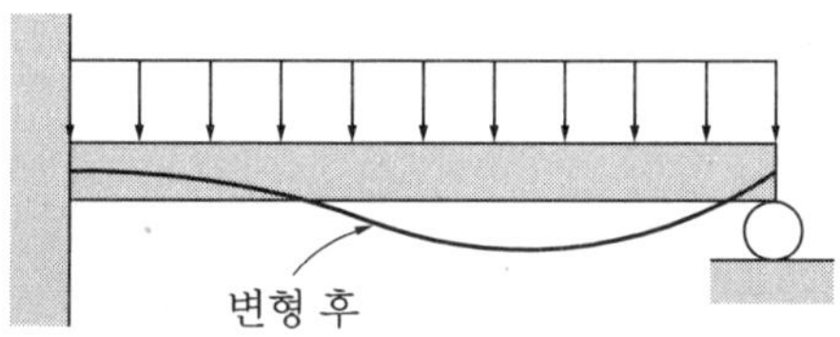

다음은 정정보의 경우이다. $x = 0$과 $x = a$에서 단순지지 되고 있으며 $x = L$에서 수직하중 P가 작용하고 있다. 이 경우엔 두 단순지지에서 발생하는 반력 $R_A(\downarrow)$과 $R_B(\uparrow)$를 포함하여 하중분포함수를 $\omega = R_A < x >^{-1} - R_B < x-a >^{-1}$로 쓸 수 있는데, 힘의 평형조건 $P + R_A = R_B$와 모멘트 평형조건 $PL = R_B a$로부터 $R_B = PL/a$와 $R_A = P(L-a)/a$를 적용하면 $\omega = \frac{P(L-a)}{a} < x >^{-1} - \frac{PL}{a} < x-a >^{-1}$를 계산에 이용할 수 있다.

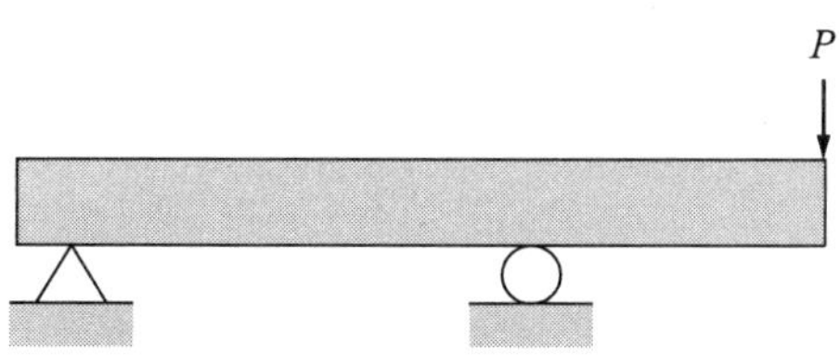

보기문제

그림에서 A점의 탄성곡선 기울기를 결정하라.

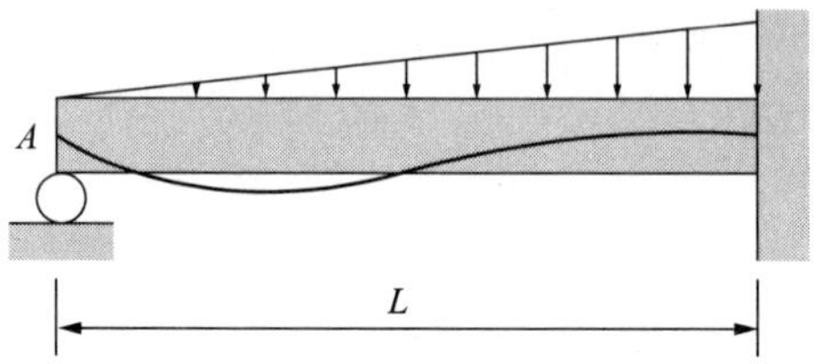

해설 경계조건: $x=0$에서 $v=0$ 그리고 $x=L$에서 $v=0$과 $v'=\theta=0$.

$$EIv = \frac{\omega_o L x^3}{60} - \frac{\omega_o x^5}{120L} - \frac{\omega_o L^3 x}{120}$$

A점 기울기 $\theta = \dfrac{dv}{dx} = \dfrac{\omega_o}{120EIL}(-x^5 + 2L^2x^3 - L^4x)$에서

$$\theta_A = -\frac{\omega_o L^3}{120EI}$$

다음 그림 (a)의 정정보에서 중첩법이란 (a)의 결과는 (b)와 (c) 결과의 합과 같다는 것이다.

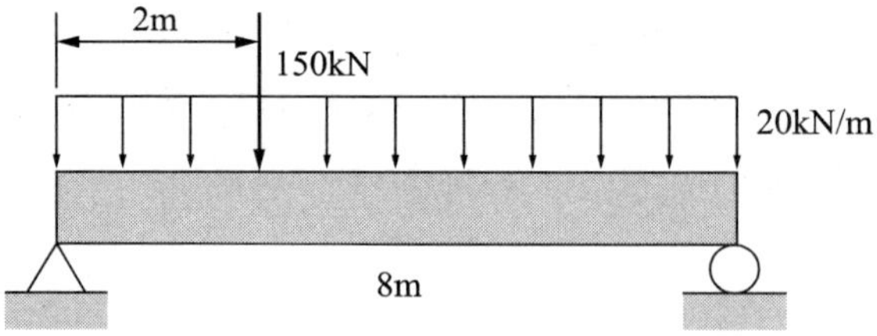

(a)

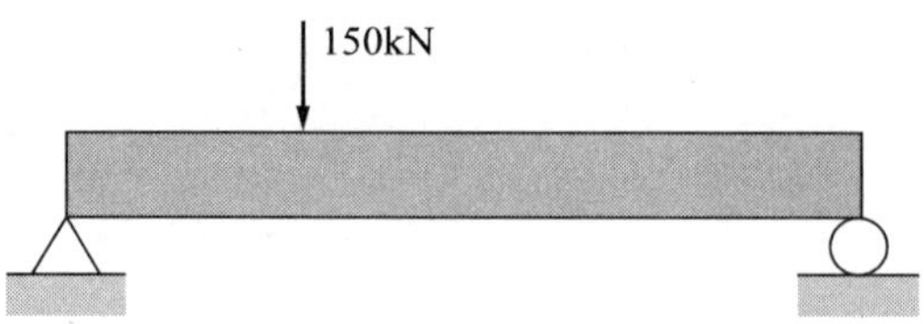

(b)

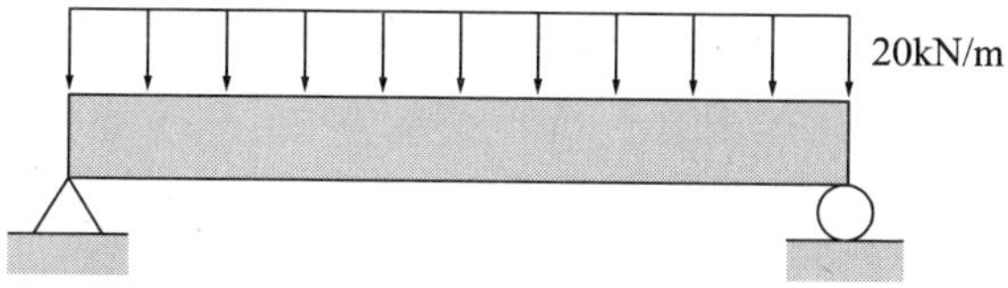

(c)

한편 부정정보에 대한 중첩의 원리도 앞의 정정계에 대한 중첩의 경우와 같이 진행할 수 있다. 하나의 문제를 중첩법 사용을 위하여 여러 개의 작은 문제로 분해할 때, 각각 분해된 문제는 정적 평형상태를 유지할 수 있도록 나누어야 한다. 각 분해된 문제에서 얻는 일정 위치의 반력을 모두 중첩하면 원래 문제의 동일한 위치에서 반력과 같다.

예시 1

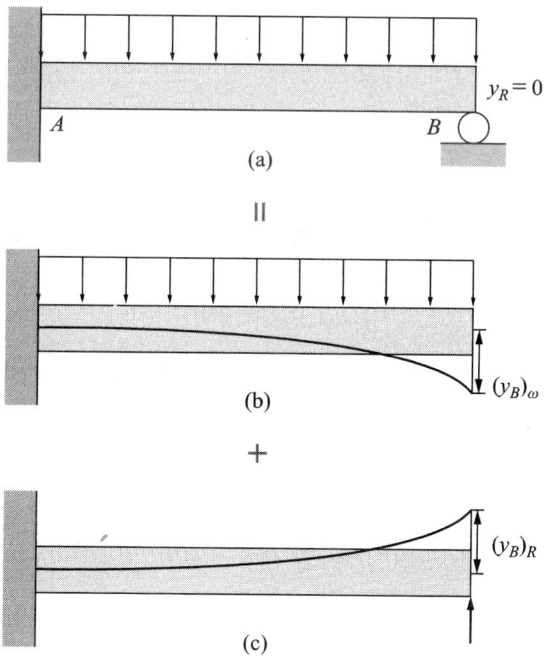

(c)

그림 (b)와 (c)로 분해된 두 문제의 자유단에서 일어나는 처짐의 방향은 서로 반대 방향으로 된다. 한편 원래의 문제 (a)에서 분해된 두 문제의 자유단은

'구름지지점' B로 구속되어 있어 B에서 처짐이 일어날 수 없으므로 뒤의 두 문제의 자유단 처짐은 서로 상쇄되어야 원래 문제의 조건을 만족시킬 수 있다. 즉, $(y_B)_\omega = (y_B)_R$이어야 하므로 이 식에서 R_B를 먼저 구하고 R_A와 M_A를 결정하면 된다.

예시 2

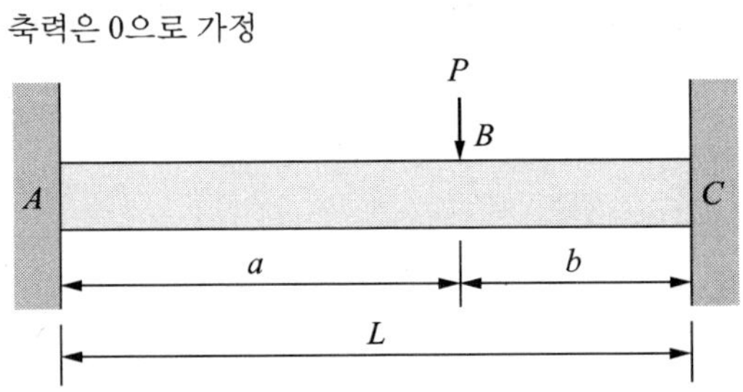

위 문제는 축력을 무시할 수 있을 때 다음 그림의 경우와 같다.

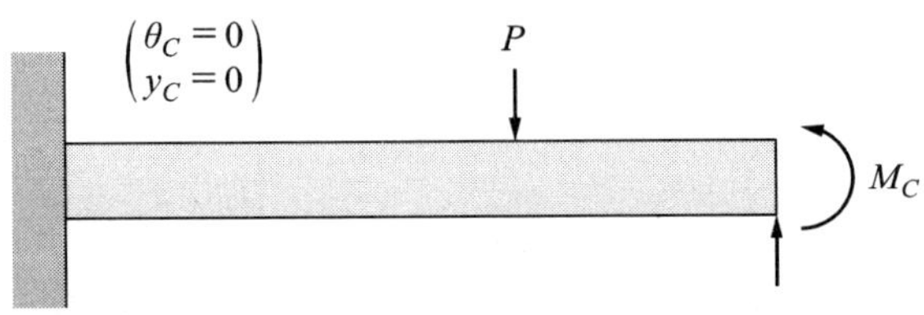

이 그림은 중첩법을 위하여 다음의 세 개 문제로 분해된다.

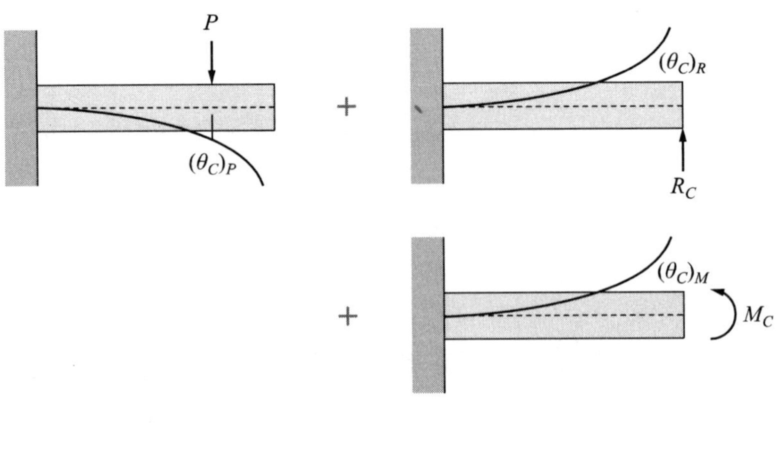

분해된 첫 번째 문제는 B점에 작용하는 하중이외에 우측 끝 자유단까지 다른 하중이 없으므로 B점 이후의 기울기는 동일하다. 즉, $(\theta_B)_P = (\theta_C)_P$. 우측 끝은 벽에 고정되어 회전할 수 없으므로 $\theta_C = (\theta_C)_P + (\theta_C)_R + (\theta_C)_M = 0$를 만족해야 하며 동시에 처짐도 일어날 수 없으므로 $v_C = (v_C)_P + (v_C)_R + (v_C)_M = 0$.

7.8 모멘트 - 면적 방법

처짐량이나 기울기를 모멘트 선도와 전단력 선도를 이용하면 시각적 방법으로 쉽게 구하는 방법이 있는데 이를 '모멘트 - 면적 방법'이라고 한다. 곡률과 모멘트의 관계로부터 $\dfrac{M}{EI} = \dfrac{1}{\rho} = \dfrac{d^2v}{dx^2} = \dfrac{d}{dx}\left(\dfrac{dv}{dx}\right) = \dfrac{d\theta}{dx}$로 쓸 수 있다. 이 식에서 탄성곡선 기울기의 변화량은 $d\theta = \dfrac{M}{EI}dx$이므로 다음 그림의 적분을 통하여 상대 관점에서 기울기를 알 수 있다.

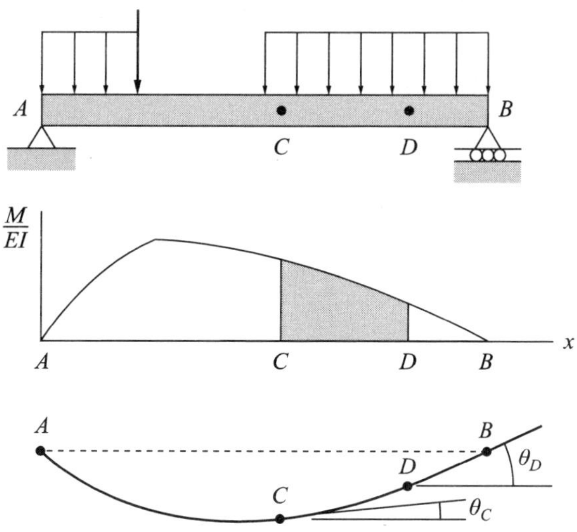

그림으로부터 두 지점 C와 D의 기울기 차이는 $\int_{\theta_C}^{\theta_D} d\theta = \int_{x_C}^{x_D} \frac{M}{EI} dx \equiv \theta_{D/C}$ 으로 표현되므로 이 적분식은 C와 D 사이의 $\frac{M}{EI}$ 선도의 면적으로 해석할 수 있다. 즉 선도의 면적을 계산하면 C의 기울기에 상대적으로 D의 기울기를 알 수 있다. 이 방법을 '모멘트 - 면적의 첫 번째 방법'이라고 한다.

한편 상대적 관점으로 처짐량을 알 수 있는데 이를 '모멘트 - 면적의 두 번째 방법'이라고 한다.

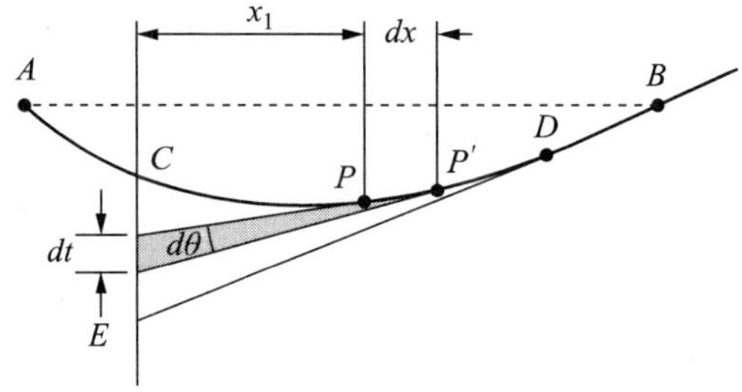

그림은 임의의 지점인 C에 수직선을 세우고 점 D에서 이 수직선에 접선을 그려서 교차하는 점은 D에 대한 C의 접선 편차가 된다. 다음 그림을 참조하여 이를 식으로 살펴보면 다음과 같다. C와 D점 사이의 위치한 임의의 이웃한 점 P와 P'에서 접선 편차는 $dt = x_1 d\theta = x_1 \frac{M}{EI} dx$이다. 이 미소 접선 편차로부터 D에 대한 C의 접선 편차를 구하려면 전체 구간을 적분하여 구하면 된다. 즉, $t_{C/D} = \int_C^D x_1 \frac{M}{EI} dx = \bar{x}_1 \int \frac{M}{EI} dx$이 D에 대한 C의 접선 편차가 된다.

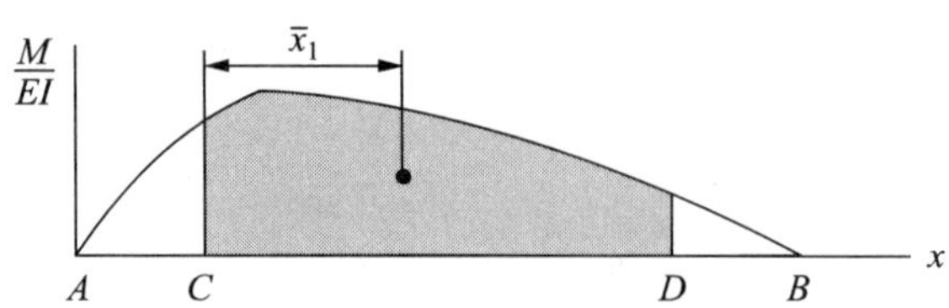

모멘트 - 면적의 두 번째 방법을 정리하면 다음과 같다.

> D에 대한 C의 접선 편차 $t_{C/D}$는 CD사이의 $\dfrac{M}{EI}$ 선도의 면적의 C를 통하는 수직축에 대한 1차 모멘트이다.

$t_{C/D}=(\dfrac{M}{EI}$ 선도의 CD사이의 면적$)\cdot\bar{x}_1$와 같은 관계식을 이용하여 기준점에 대한 상대적인 처짐량의 크기를 계산할 수 있다. 표 7-1을 참조하면 면적의 계산을 쉽게 할 수 있다.

표 7-1 면적과 도심위치

형상	그림	면적	도심위치
사각형	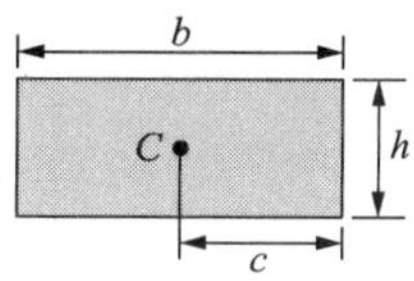	bh	$\dfrac{h}{2}$
삼각형	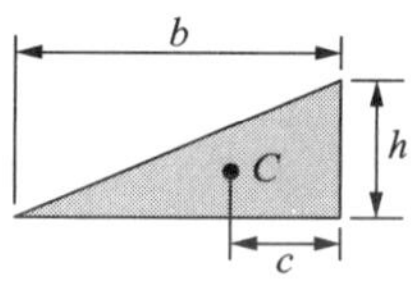	$\dfrac{bh}{2}$	$\dfrac{h}{3}$
이차곡선	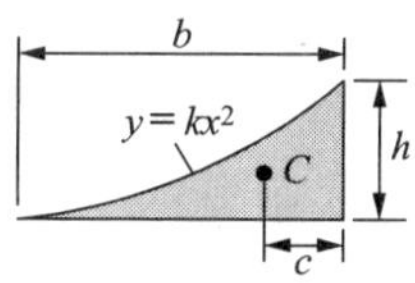	$\dfrac{bh}{3}$	$\dfrac{h}{4}$
삼차곡선	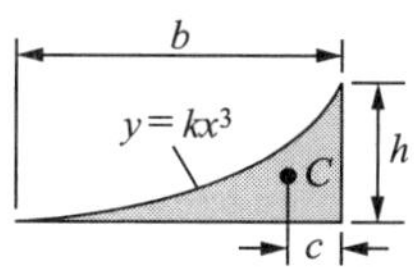	$\dfrac{bh}{4}$	$\dfrac{h}{5}$
n차곡선	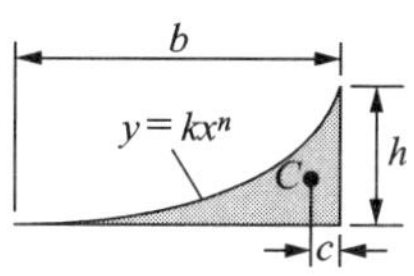	$\dfrac{bh}{n+1}$	$\dfrac{h}{n+2}$

여기서 '외팔보와 대칭하중을 받는 보'를 살펴보자.

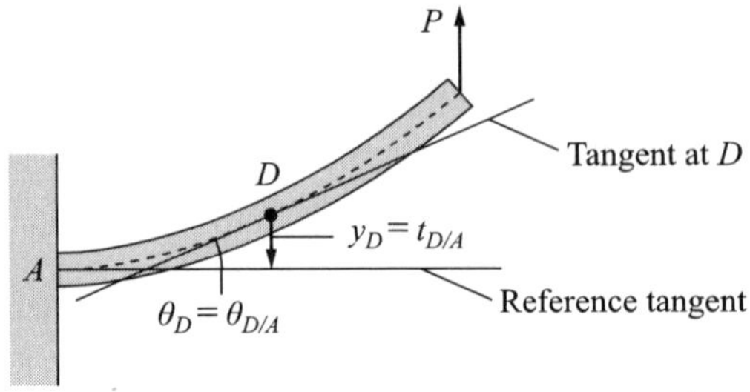

A에서 기울기가 '0'이므로 $\theta_D = \theta_{D/A} = \int_A^D \frac{M}{EI} dx$이다.

또한 A에서 접선은 수평방향이므로 D점의 접선 편차는 처짐량의 크기와 같다. 따라서,

$$v_D = t_{D/A} = \int_A^D x \frac{M}{EI} dx$$

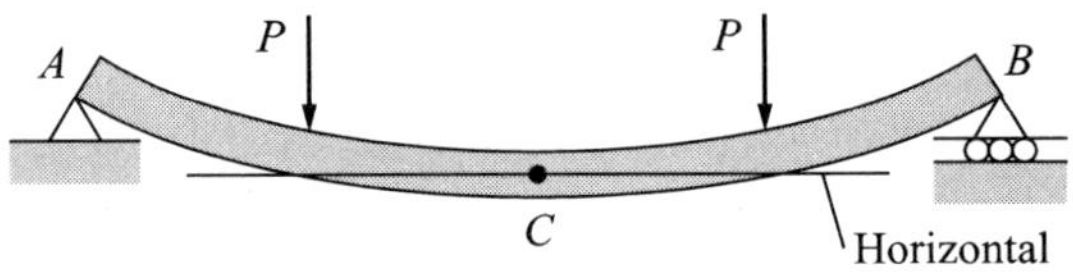

C점에서 접선은 수평방향이므로 이 점을 기준으로 기울기 및 처짐량을 계산하면 상대값이 아닌 절대값의 크기를 결정할 수 있다. 다음의 실선은 탄성곡선과 기울기, 처짐량을 도시하였다.

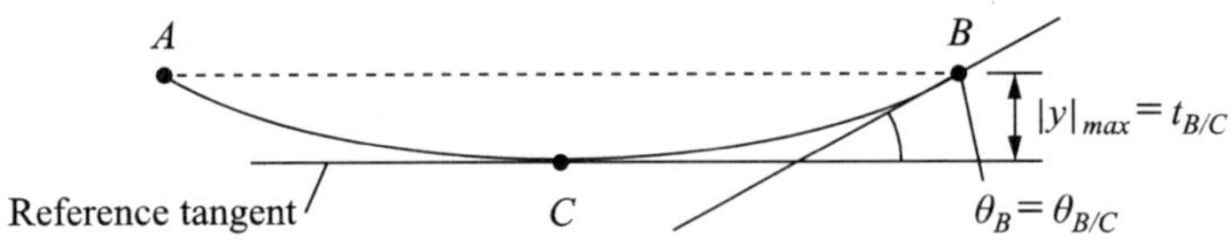

보기문제

굽힘강성이 $EI = 10\ \mathrm{MNm^2}$인 그림의 외팔보를 고려하라. 자유단 B에서 기울기와 처짐량의 크기를 결정하라.

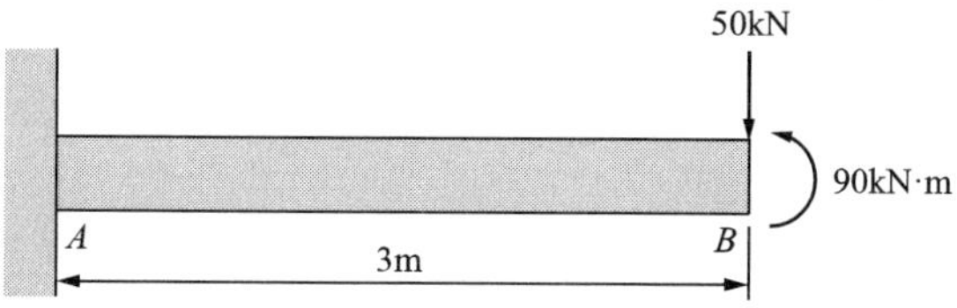

해설 외팔보의 자유물체도는 다음과 같다.

굽힘모멘트 선도를 그리면

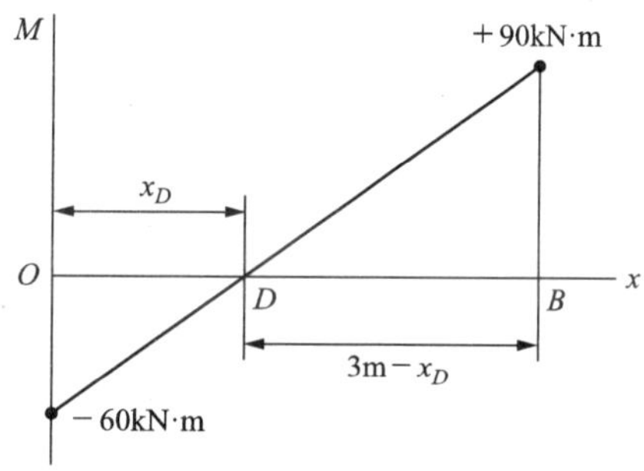

그림에서 닮은꼴 삼각형으로부터 $\dfrac{x_D}{60} = \dfrac{3-x_D}{90} = \dfrac{3}{150}$ 이다.

따라서 $x_D = 1.2\,\mathrm{m}$.

굽힘모멘트 선도를 다시 그리면

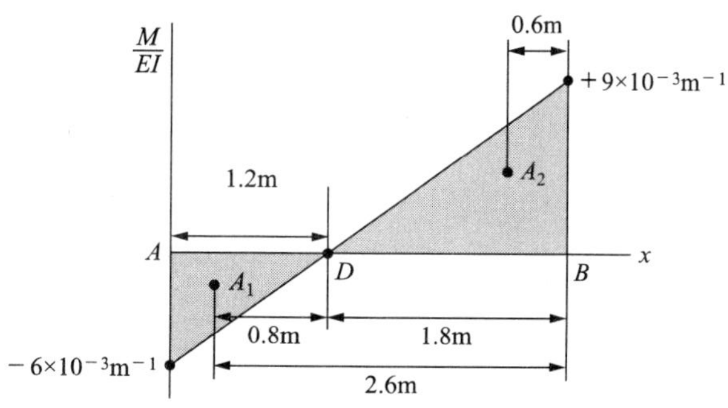

$$\theta_{B/A} = \theta_B - \theta_A = A_1 + A_2$$
$$= -\frac{1}{2}(1.2)(6\times10^{-3}) + \frac{1}{2}(1.8)(9\times10^{-3}) = +4.5\times10^{-3}\,\text{rad}$$
$$t_{B/A} = A_1(2.6\,\text{m}) + A_2(0.6\,\text{m})$$
$$= (-3.6\times10^{-3})(2.6) + (8.1\times10^{-3})(0.6) = -4.50\,\text{mm}$$

보기문제

다음 그림에서 자유단 B에서 기울기와 처짐량을 모멘트 - 면적 방법으로 구하시오.

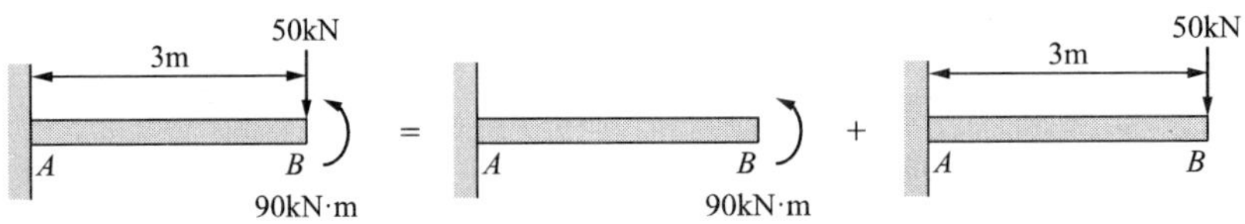

해설 굽힘모멘트 선도를 그리면

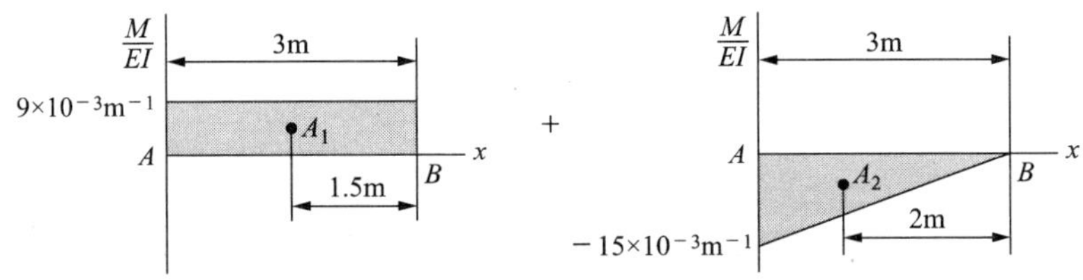

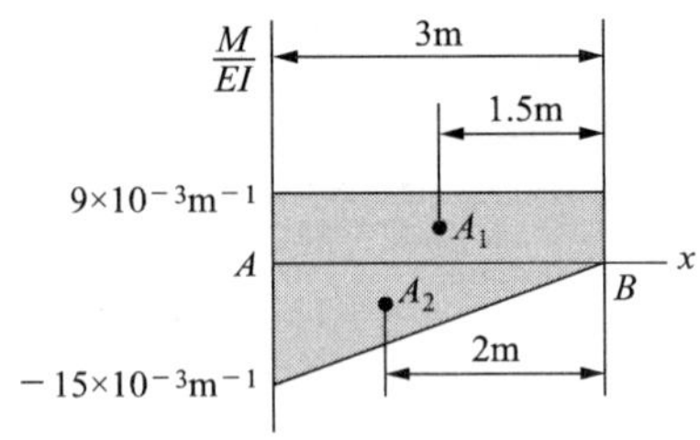

$$\theta_B = \theta_{B/A} = A_1 + A_2 = 4.5\times10^{-3}\,\text{rad}$$
$$v_B = v_{B/A} = A_1(1.5\,\text{m}) + A_2(2\,\text{m}) = -4.5\,\text{mm}$$

비대칭 하중을 받는 보의 경우 기울기 및 처짐량을 모멘트 - 면적법으로 고려해 보자.

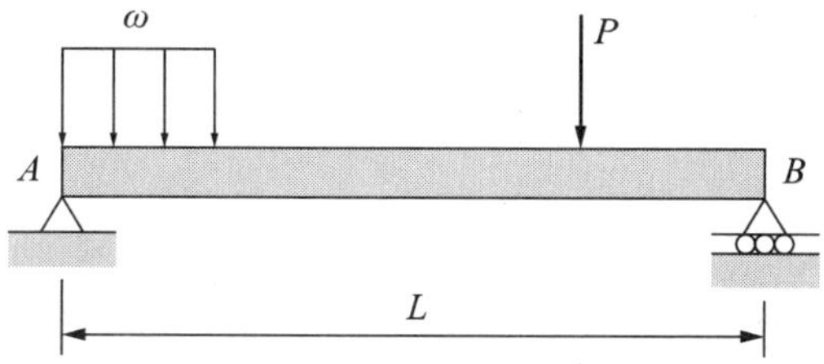

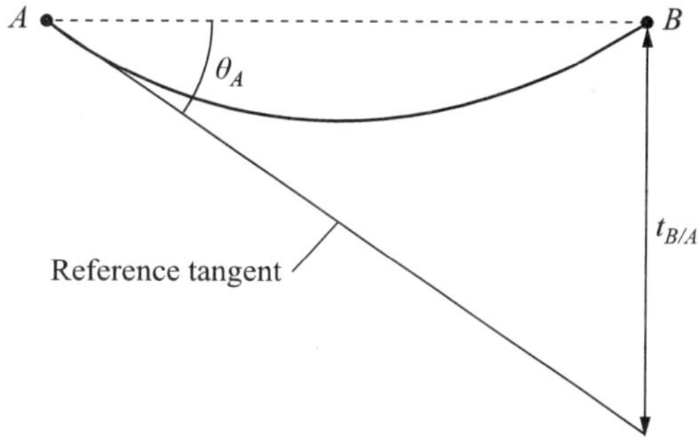

그림에서 $L\tan\theta_A \approx L\theta_A = t_{B/A}$이므로 $\theta_A = \theta\left(\dfrac{t_{B/A}}{L}\right)$.

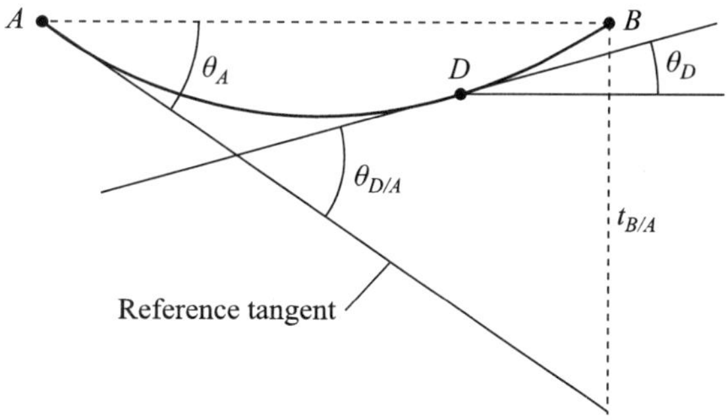

D점에 대해서 기울기는 위에서 θ_A를 알고 있으므로 $\theta_D = \theta_A + \theta_{D/A}$로 결정할 수 있다.

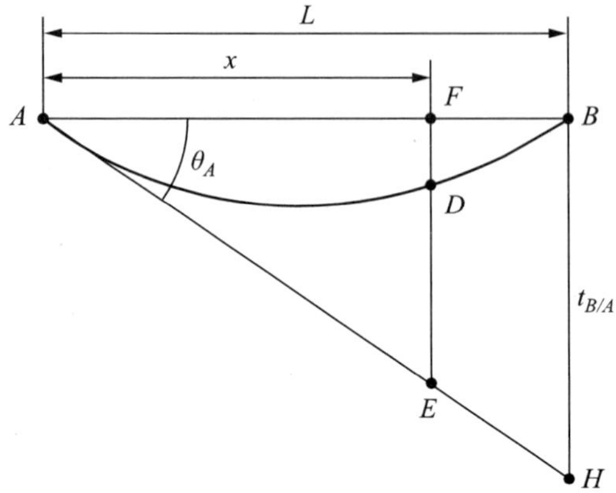

그림에서 삼각형의 닮은꼴을 이용하면 $\dfrac{EF}{x} = \dfrac{HB}{L}$ 이므로 $EF = \dfrac{x}{L} t_{B/A}$.

D점에서 처짐량은 $v_D = ED - EF = t_{D/A} - \left(\dfrac{x}{L}\right) t_{B/A}$로 구할 수 있다.

표 7-2

보와 하중	탄성곡선	최대 처짐량	끝단 기울기	탄성곡선식
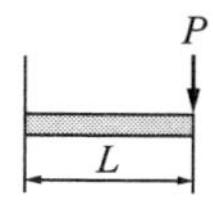	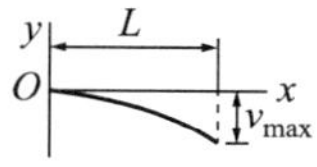	$-\dfrac{PL^3}{3EI}$	$-\dfrac{PL^2}{2EI}$	$v=\dfrac{P}{6EI}(x^2-3Lx^2)$
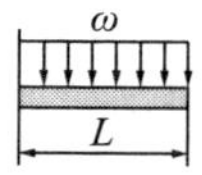	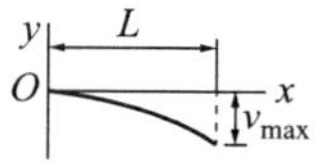	$-\dfrac{\omega L^4}{8EI}$	$-\dfrac{\omega L^3}{6EI}$	$v=-\dfrac{\omega}{24EI}(x^4-4Lx^3+6L^2x^2)$
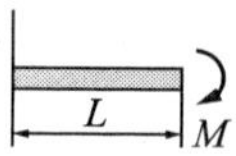	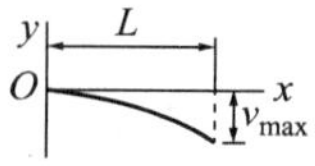	$-\dfrac{ML^2}{2EI}$	$-\dfrac{ML}{EI}$	$v=-\dfrac{M}{2EI}x^2$
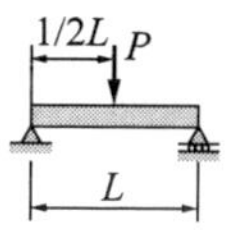	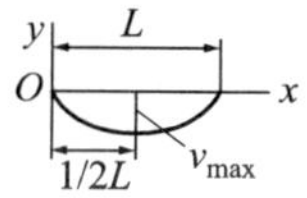	$-\dfrac{PL^3}{48EI}$	$\pm\dfrac{PL^2}{16EI}$	$x \leqq \dfrac{L}{2}$에서 $v=\dfrac{P}{48EI}(4x^2-3L^2x)$
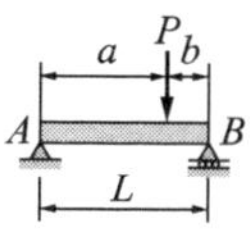	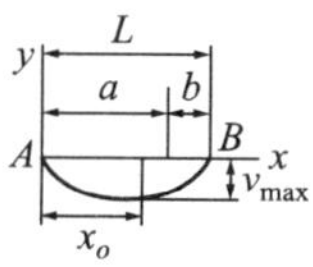	$a>b$일 때 $x_o=\sqrt{\dfrac{L^2-b^2}{3}}$ 에서 $-\dfrac{Pb(L^2-b^2)^{3/2}}{9\sqrt{3}\,EIL}$	$\theta_A=-\dfrac{Pb(L^2-b^2)}{6EIL}$ $\theta_B=+\dfrac{Pa(L^2-a^2)}{6EIL}$	$x<a$에서 $v=\dfrac{Pb}{6EIL}\{x^3-(L^2-b^2)x\}$ $a=b$인 경우 $v=-\dfrac{Pa^2b^2}{3EIL}$
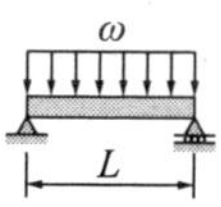	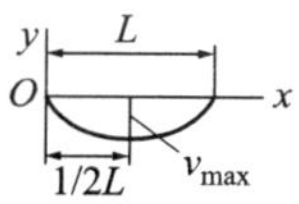	$-\dfrac{5\omega L^4}{384EI}$	$\pm\dfrac{\omega L^3}{24EI}$	$v=-\dfrac{\omega}{24EI}(x^4-2Lx^3+L^2x)$
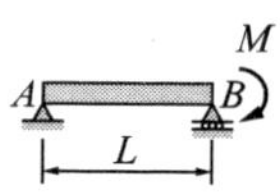	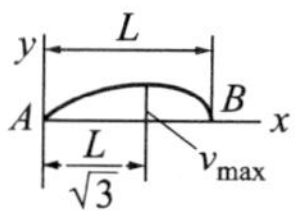	$\dfrac{ML^2}{9\sqrt{3}\,EI}$	$\theta_A=+\dfrac{ML}{6EI}$ $\theta_B=-\dfrac{ML}{3EI}$	$v=-\dfrac{M}{6EIL}(x^3-L^2x)$

Chapter 7 연습문제

01 길이가 L이고 단위 길이당 무게가 ω인 긴 막대가 강체 평면상 위에 있다. 이 막대의 굽힘강성은 'EI'이다. 그림 P7-1과 같이 이 막대의 CD부분의 길이(a)가 탁상 밖으로 나와서 탁상 안에서 BC부분의 길이(b)가 탁상과 비접촉상태로 되었다. 길이 b를 a의 함수로 표현하시오.

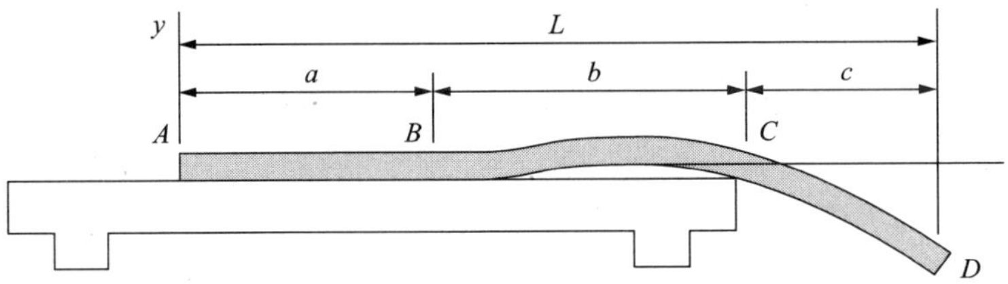

그림 P7-1

해설

AB부분의 길이(c)는 곧은 부분으로 곡률 $\frac{1}{\rho}=0$이므로, 이 구간에서 $\frac{1}{\rho}=\frac{M}{EI}=0$가 성립된다. 즉, AB구간에서는 $M=0$. 따라서 BCD 구간에 대한 자유물체도를 그리면 다음과 같다.

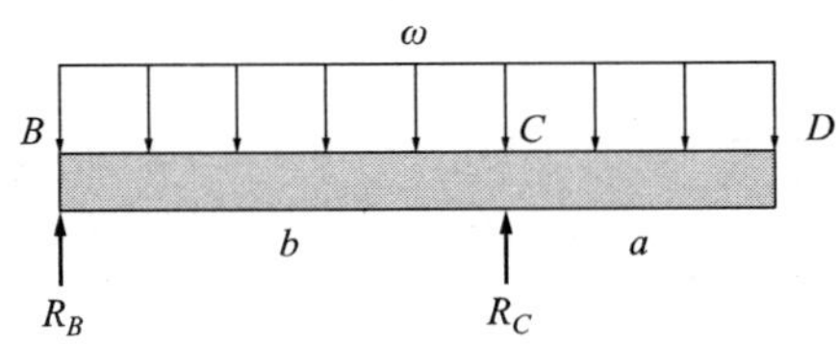

수직힘의 평형으로부터 $\omega(a+b)=R_B+R_C$

모멘트의 평형으로부터 $R_C b=\dfrac{\omega(a+b)^2}{2}$

두 식을 풀어서 미지 반력을 구하면 $R_B=\dfrac{\omega(b^2-a^2)}{2b}$와 $R_C=\dfrac{\omega(a+b)^2}{2b}$를 얻는다.

임의의 단면을 포함하는 자유물체도를 다음과 같이 그리고 탄성곡선을 구하자.

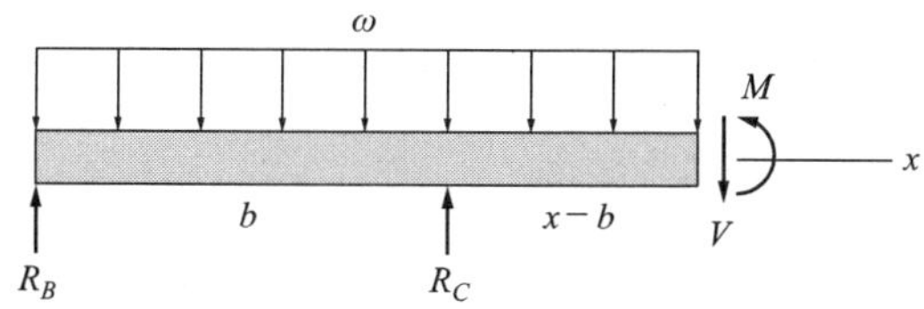

하중분포 $\omega(x) = -R_B < x >^{-1} - R_C < x-b >^{-1} + \omega < x >^0$

(−)를 곱하고 양변을 적분하면 $V(x) = R_B < x >^0 + R_C < x-b >^0 - \omega < x >^1$

한 번 더 적분하면 $M(x) = EIv'' = R_B x + R_C < x-b >^1 - \dfrac{\omega x^2}{2}$

기울기는 모멘트를 적분하여 $EIv'(x) = \dfrac{R_B x^2}{2} + \dfrac{R_C}{2} < x-b >^2 - \dfrac{\omega x^3}{6} + C_1$

그리고 처짐량은 $EIv(x) = \dfrac{R_B x^3}{6} + \dfrac{R_C}{6} < x-b >^3 - \dfrac{\omega x^4}{24} + C_1 x + C_2$

이 자유물체도 $x=0$의 왼편에서 모멘트와 처짐이 없으므로 각각 $v'(0)=0$과 $v(0)=0$. 즉 $EIv'(0) = C_1 = 0$ 그리고 $EIv(0) = C_2 = 0$. 그리고 $x=b$에서는 C에 접촉하여 처짐이 없으므로 $v(b)=0$조건을 대입하면 $EIv(b) = \dfrac{R_B b^3}{6} - \dfrac{\omega b^4}{24} = 0$으로부터 $R_B = \dfrac{\omega b}{4}$를 얻는다. 반력 R_B에 대한 두 가지 표현은 같은 값이므로 $R_B = \dfrac{\omega b}{4} = \dfrac{\omega(b^2 - a^2)}{2b}$로부터 $b = \sqrt{2}\,a$.

02 그림 P7-2의 보는 같은 간격으로 놓인 세 개의 같은 스프링에 설치되어 있다. 왼편에서 $L/4$만큼 떨어진 지점에서 집중하중 P를 가할 때 각각의 스프링에 작용하는 반력의 크기를 결정하시오.

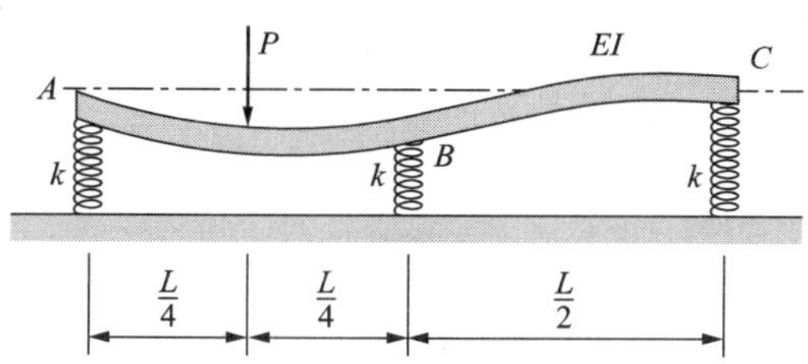

그림 P7-2

해설

바닥을 없앤 자유물체도를 그리면

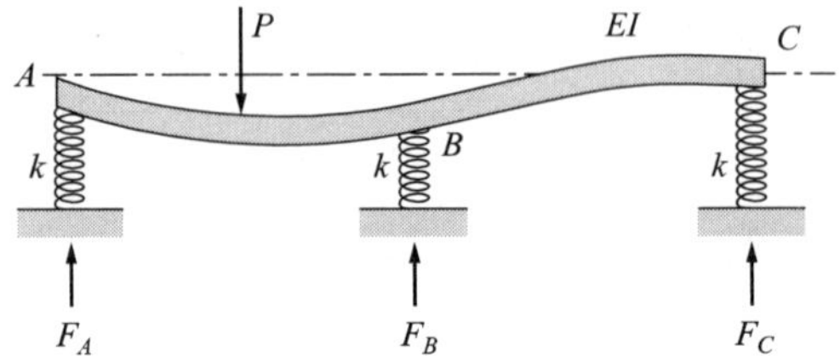

모멘트 분포 $EIv'' = F_A x - P < x - \frac{L}{4} >^1 + F_B < x - \frac{L}{2} >^1$

양변을 적분하면 $EIv' = \frac{F_A x^2}{2} - \frac{P}{2} < x - \frac{L}{4} >^2 + \frac{F_B}{2} < x - \frac{L}{2} >^2 + C_1$

한 번 더 적분하여 $EIv = \frac{F_A x^3}{6} - \frac{P}{6} < x - \frac{L}{4} >^3 + \frac{F_B}{6} < x - \frac{L}{2} >^3 + C_1 x + C_2$

스프링에 의한 세 지지점에서 반력과 스프링 변형에 의한 경계조건은 다음과 같다.

점 A에서 변형량과 반력으로부터 $-EI\delta_A = EIv(0) = C_2 = -EI\left(\frac{F_A}{k}\right)$

점 B에서 $-EI\delta_B = EIv(L/2) = \frac{F_A L^3}{48} - \frac{PL^3}{384} + \frac{C_1 L}{2} + C_2 = -EI\left(\frac{F_B}{k}\right)$

점 C에서 $-EI\delta_C = EIv(L) = \frac{F_A L^3}{6} - \frac{9PL^3}{128} + C_1 L + C_2 + \frac{F_B L^3}{48} = -EI\left(\frac{F_C}{k}\right)$

C의 식에서 B의 식을 빼면 $\frac{7F_A L^3}{48} - \frac{13PL^3}{192} + \frac{C_1 L}{2} + \frac{F_B L^3}{48} = -\frac{EI}{k}(F_C - F_B)$

C_1에 대해서 정리하면 $C_1 = \frac{2EI}{kL}(F_B - F_C) - \frac{7F_A L^2}{24} - \frac{F_B L^2}{24} + \frac{13PL^2}{96}$

C_1과 C_2를 B 식에 넣고 정리하면

$$\frac{EI}{k}(F_A - 2F_B + F_C) = \frac{25PL^3}{384} - \frac{F_A L^3}{8} + \frac{F_B L^3}{48} \qquad ①$$

수직힘의 평형조건에서

$$F_A + F_B + F_C = P \qquad ②$$

모멘트의 평형조건에서

$$F_A + \frac{F_B}{2} = \frac{3P}{4} \qquad ③$$

식 ①, ②, ③을 연립해서 풀면

$$F_A = \frac{(13kL^3 + 1344EI)P}{32(kL^3 + 72EI)}$$

$$F_B = \frac{(11kL^3 + 384EI)P}{16(kL^3 + 72EI)}$$

$$F_C = \frac{(-32kL^3 + 192EI)P}{32(kL^3 + 72EI)}$$

03 릴레이 스위치가 그림 P7-3과 같이 얇은 금속판(armature AB)으로 구성되어 있다. 금속판은 황동(C83400)으로 만들었으며 자기장이 형성되면 솔레노이드 S로 당겨진다. 그림에서 B 위치의 간극이 닫힐 수 있도록 C에서 금속판을 당길 수 있는 최소한의 필요한 힘의 크기를 결정하라. 또한, 이러한 전극이 B에서 작동하려면 간극의 크기(a)는 얼마인가? 금속판은 A에서 고정되어 있고 금속판의 단면 2차 모멘트는 $I = 0.18 \times 10^{-12}\ \text{m}^4$, 황동의 재료상수는 $E = 101$ GPa, $G = 37$ GPa이다.

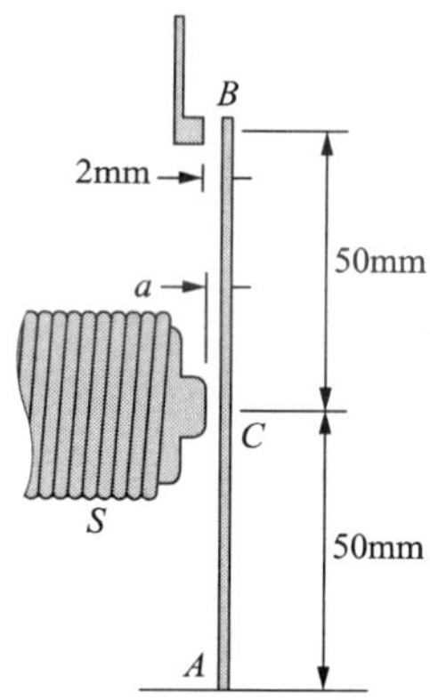

그림 P7–3

해설

armature AB에 대한 자유물체도는 다음과 같다.

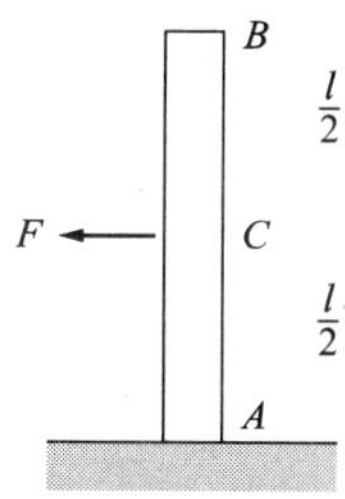

굽힘강성은 $EI = (101\text{ GPa})(0.18\times10^{-12}\text{ m}^4) = 0.01818\text{ Nm}^2$

C점의 변형량은 $\delta_C = \dfrac{F(l/2)^3}{3EI} = \dfrac{Fl^3}{24EI}$

C점에서 기울기는 $\theta_C = \dfrac{F(l/2)^2}{2EI} = \dfrac{Fl^2}{8EI}$

B점의 변형량은

$$\delta_B = \delta_C + \theta_C \times \frac{l}{2} = \frac{Fl^3}{24EI} + \left(\frac{Fl^2}{8EI}\right)\left(\frac{l}{2}\right) = \frac{5Fl^3}{48EI} = 2\text{ mm} = 0.002\text{ m}$$

그러므로 $F = \left(\dfrac{48EI}{5l^3}\right)(0.002) = \dfrac{(48)(0.01818)(0.002)}{(5)(0.1)^3} = 0.349\text{ N}$

B점이 접촉하지 않게 하려면 $a \ge \delta_C$이어야 하므로

$$\delta_C = \frac{Fl^3}{24EI} = \frac{(0.43632)(0.1)^3}{(24)(0.01818)} \times 10^3\text{ mm} = 0.8\text{ mm}$$

04 그림 P7-4와 같이 하중을 받는 보에 대하여 전단응력 선도와 굽힘모멘트 선도를 그리시오.

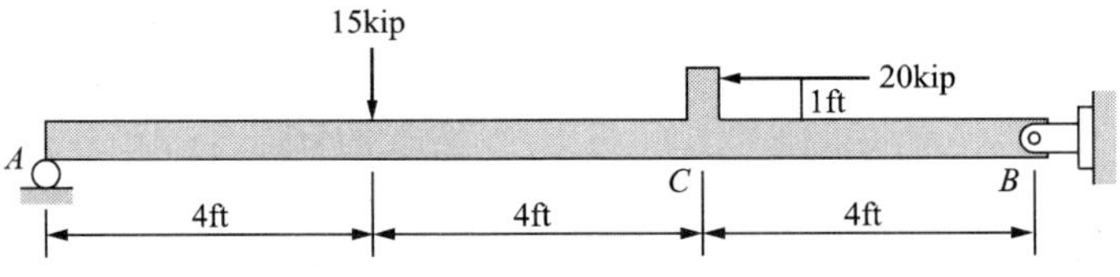

그림 P7-4

해설

자유물체도를 그리면 다음과 같다.

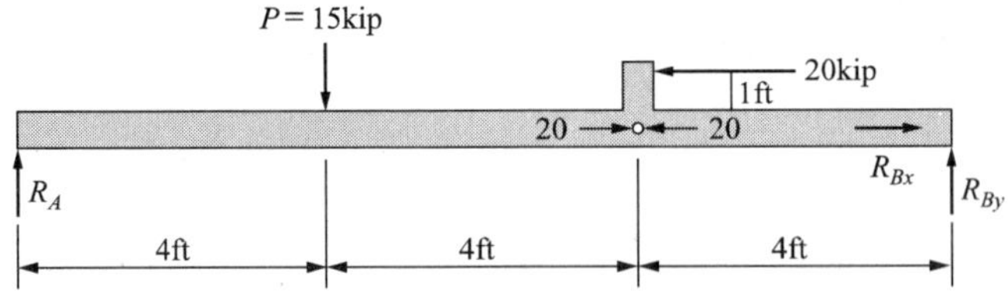

이 그림에서 힘의 평형상태에 변화를 주지 않고 C점에 서로 상쇄되는 20 kip 힘을 수평힘으로 추가하면 1 ft 높이에서 작용하는 20 kip는 짝힘에 의한 모멘트(M_C)와 C점에 왼편으로 작용하는 20 kip 힘으로 바꾸어 쓸 수 있다.

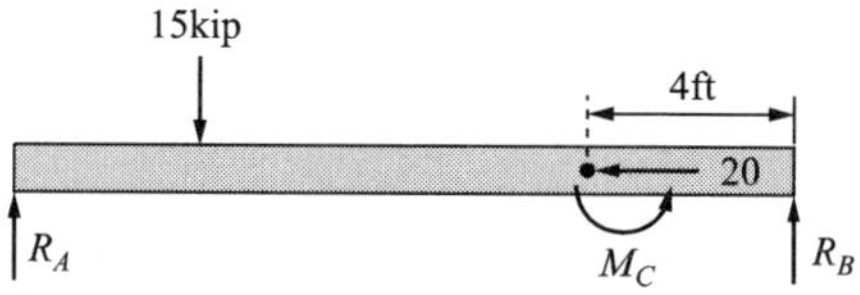

그림에서 $M_C = (20\ \text{kip})(1\ \text{ft}) = 20\ \text{kip} \cdot \text{ft}$.

수직방향 힘의 평형으로부터 $R_A + R_{By} = 150\ \text{kip}$

B점에 대한 모멘트 평형으로부터 $R_A = \dfrac{(20\ \text{kip})(1\ \text{ft}) + (15\ \text{kip})(8\ \text{ft})}{12\ \text{ft}} = 11.67\ \text{kip}$

하중분포는 $\omega(x) = -R_A < x >^{-1} + P < x-4 >^{-1} + M_C < x-8 >^{-2}$

전단력 분포는 $V(x) = R_A < x >^{0} - P < x-4 >^{0} - M_C < x-8 >^{-1}$

모멘트 분포는 $M(x) = R_A x - P < x-4 >^{1} - M_C < x-8 >^{0}$

따라서 전단력 선도와 굽힘모멘트 선도는 다음과 같다.

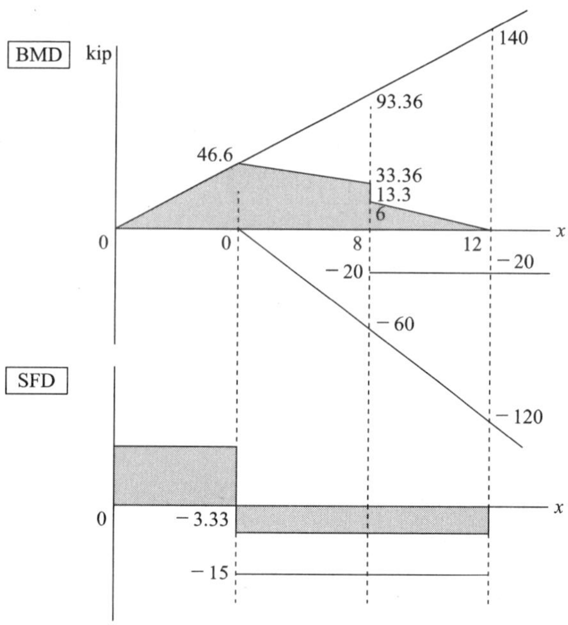

05 그림 P7-5의 보와 하중에 대하여 C에서 오른쪽으로 미소거리 떨어진 단면에 작용하는 최대 수직응력과 최대 전단응력을 결정하라. 여기서 $\tau_{all} = V/A_{web}$으로 가정하라.

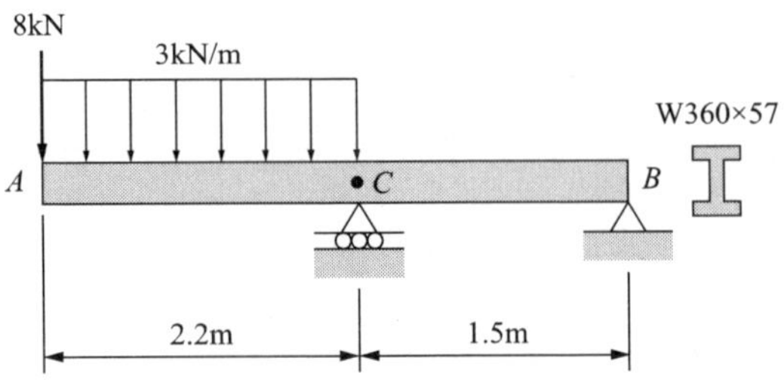

그림 P7-5

06 보 AB는 2 kN/m의 크기로 일정한 크기의 분포하중과 P와 Q에 두 개의 집중하중을 받고 있다. 보의 밑면에 작용하는 굽힘에 의한 수직응력의 값이 A에서 −56.9 MPa로 알려져 있고 C에서는 −29.9 MPa이라고 한다. (1) 보에 대하여 전단과 굽힘모멘트 선도를 그려라. 또한 (2) A점의 오른편 단면에 작용하는 최대 전단응력의 크기를 결정하라.

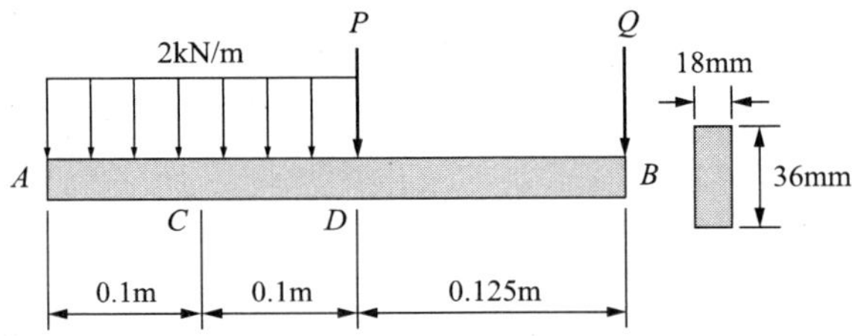

그림 P7-6

07 그림 P7-7에서 일정한 분포하중 ω의 최대값을 구하시오. 보는 $\sigma_{all} = +80$ MPa 인장강도와 $\sigma_{all} = -130$ MPa 압축강도를 가지는 재료로 만들었다. 그림의 치수는 mm이다.

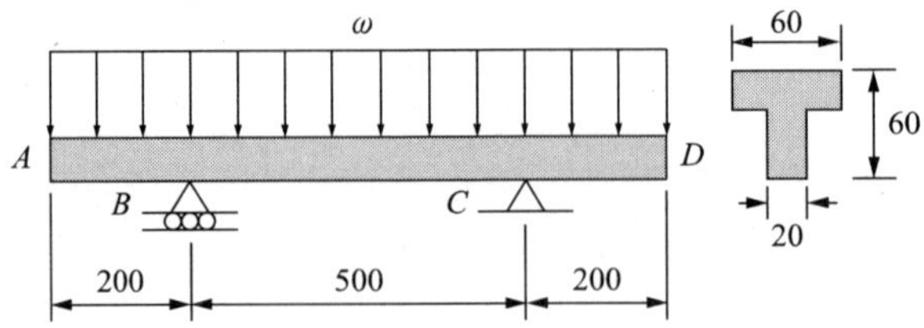

그림 P7-7

08 문제 7을 다시 풀어라. 단, T-모양의 단면이 뒤집힌 상태를 고려해라.

09 포스트 AB는 높이의 함수인 지름 d의 회전체의 형태를 가진 속이 찬 고체이다. d를 d_o, y 그리고 L의 함수로 표현하라. 포스트는 A에 수평력이 가해지면 일정한 강도를 가지고 있다.

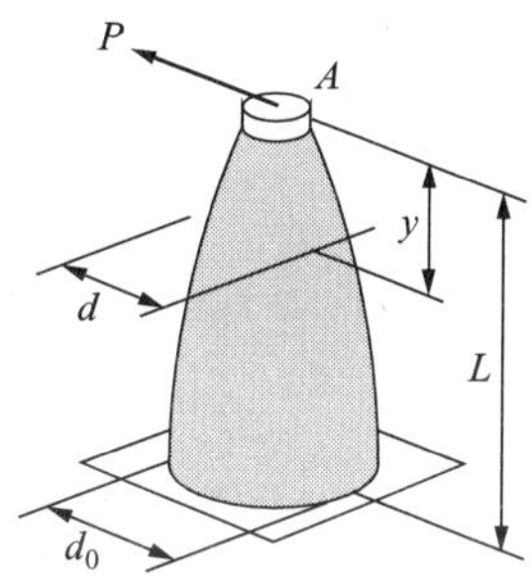

그림 P7-9

10 그림 P7-10에 두 경우가 있다. 각각의 보와 하중에 대하여 전단과 굽힘모멘트 선도를 그리시오. 또한, 인장 $\sigma_{all} = 5$ MPa와 전단 $\tau_{all} = 400$ kPa의 허용응력을 고려할 때 보 단면의 높이 d를 결정하여 보의 단면을 설계하시오.

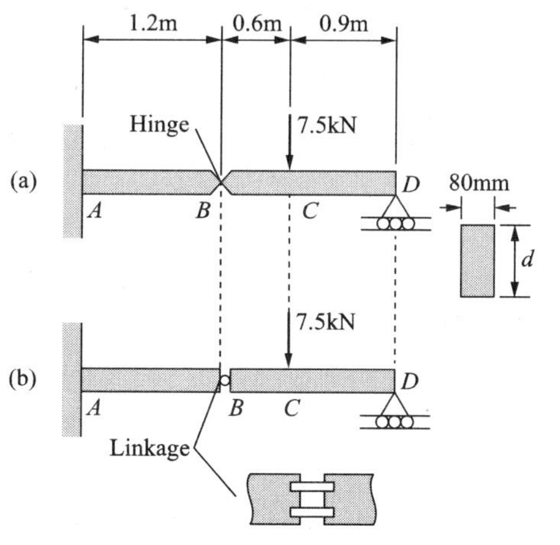

그림 P7-10

11 그림 P7-11의 보와 하중에 대하여 다음의 물음에 답하시오.

(1) A에서 기울기.

(2) 중앙 C에서 처짐량. 단, 목재의 탄성계수로 $E = 12$ GPa를 사용하라.

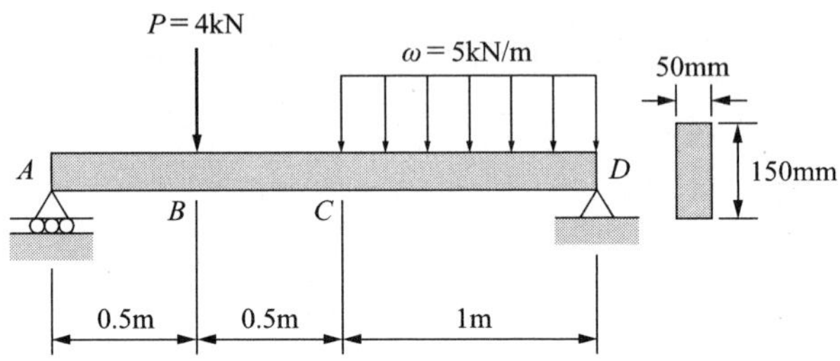

그림 P7-11

12 그림 P7-12의 보와 하중을 참고하여 다음의 물음에 답하시오.

(1) 탄성곡선의 식을 결정하시오.

(2) 끝단 A에서 곡선의 기울기를 결정하시오.

(3) 보의 중앙에서 처짐량을 계산하시오.

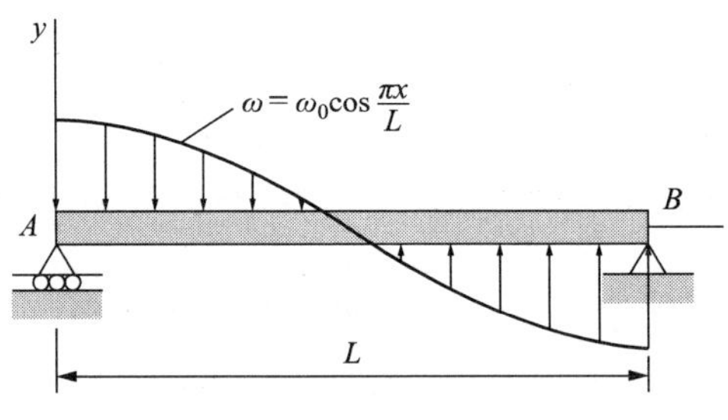

그림 P7-12

13 외팔보 ABC에 대하여 B, C 점에서 처짐량을 계산하라.

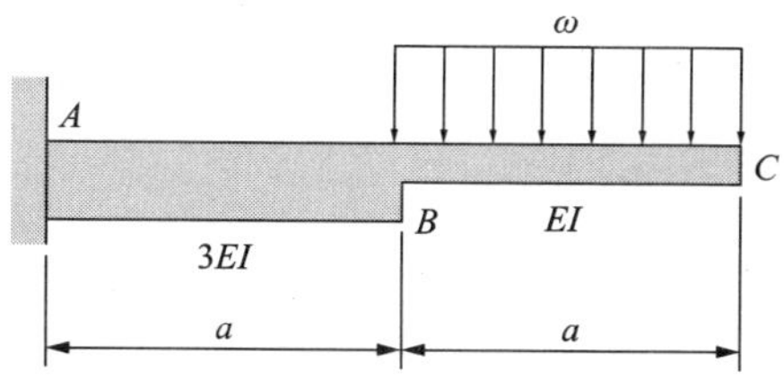

그림 P7–13

14 그림 P7-14의 보와 하중에 대하여 점 B에서 작용하는 굽힘모멘트 $M_B = -\frac{\omega L}{10}$를 발생시키는 스프링 상수($k$)를 계산하라.

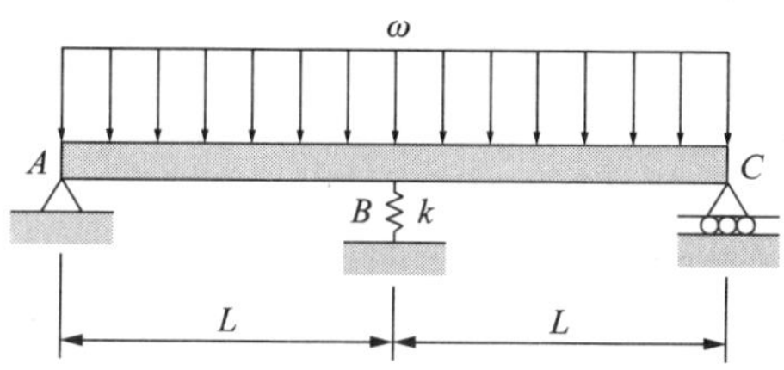

그림 P7–14

15 단면이 일정한 빔 AE가 강체 수평면 위쪽으로 δ_o의 높이만큼 떨어진 지지대에 고정되어 있다. 하중(P)이 두 곳에서 가해지면 하중의 크기가 증가함에 따라서 중앙 근처의 FG 부분이 바닥에 닿게 된다. δ_o가 보의 길이와 비교하여 매우 작다고 가정하고 하중의 크기 P를 a, δ_o, E와 I을 이용하여 표현하시오. 단, 바닥에 놓인 FG 부분의 길이 a는 알고 있는 값으로 간주할 것.

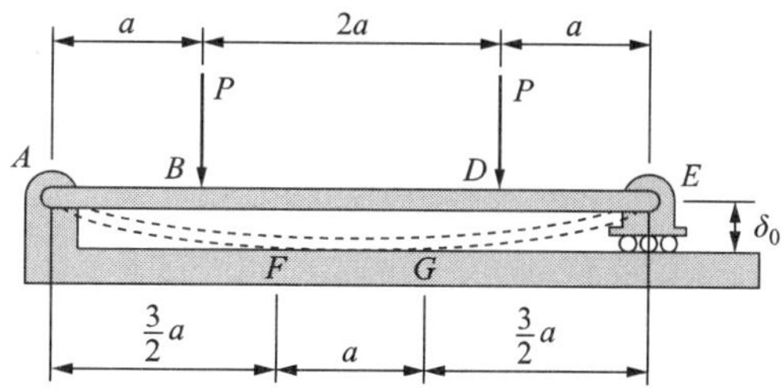

그림 P7–15

16 아래 그림의 전단력 선도와 굽힘모멘트 선도를 그리시오. 또한, 절대값 관점에서 최대 전단력과 최대 굽힘모멘트를 결정하시오.

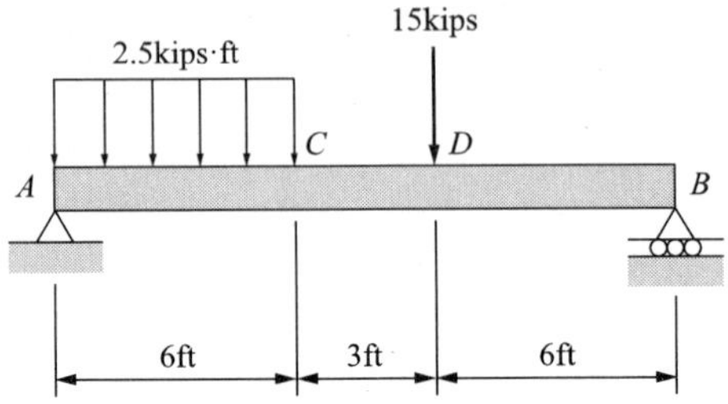

그림 P7-16

해설

분포하중 함수는 $\omega(x) = 2.5 \langle x \rangle^{0} - 2.5 \langle x-6 \rangle^{0} + 15 \langle x-9 \rangle^{-1}$

(−)를 곱하고 양변을 적분하면

$$V(x) = -2.5 \langle x \rangle^{1} + 2.5 \langle x-6 \rangle^{0} - 15 \langle x-9 \rangle^{0} + R_A$$

양변을 적분하면

$$M(x) = -1.25 \langle x \rangle^{2} + 1.25 \langle x-6 \rangle^{2} - 15 \langle x-9 \rangle^{1} + R_A x + M_A$$

경계조건 $x=0$에서 모멘트가 없으므로 $M_A = 0$. 또한, $x=15$에서 모멘트가 없으므로 $M(15)=0$으로부터 $R_A = 18\ \text{kips}$.

수직방향 힘의 평형으로부터 $R_A + R_B = (2.5)(6) + 15 = 30$이므로 $R_B = 12\ \text{kips}$.

아래의 전단력 선도와 굽힘모멘트 선도로부터 최대값을 읽을 수 있다.

최대 전단력은 $x=0$에서 $V_{\max} = 18\ \text{kips}$.

최대 굽힘모멘트는 $x=9$피트에서 $M_{\max} = 72\ \text{kips} \cdot \text{ft}$.

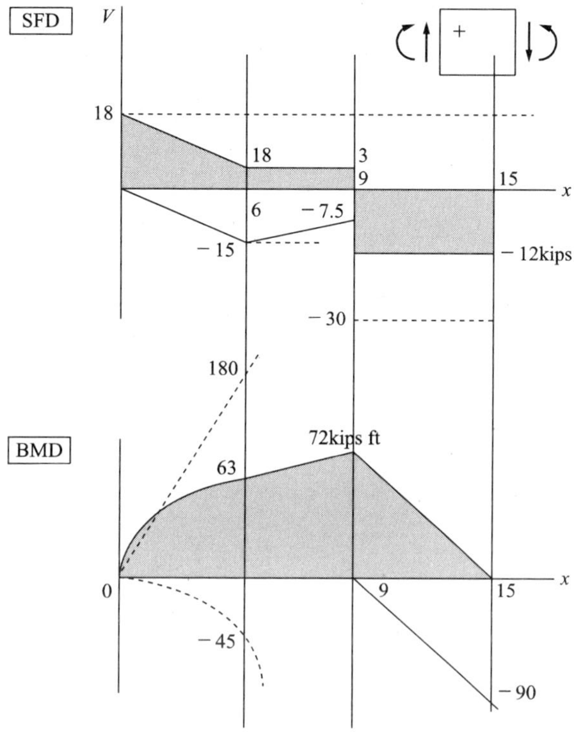

17 그림과 같이 보는 a 구간에서 등분포하중을 받고 있다. 이 양단이 고정된 보의 반력을 구하여라.

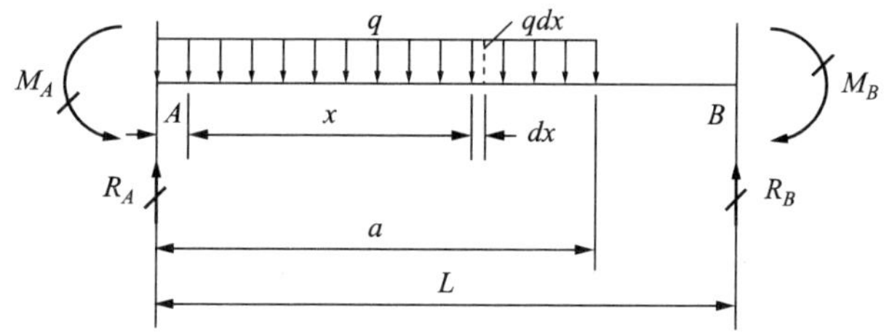

그림 P7-17

해설

집중하중이 작용하는 경우를 먼저 고려한다.

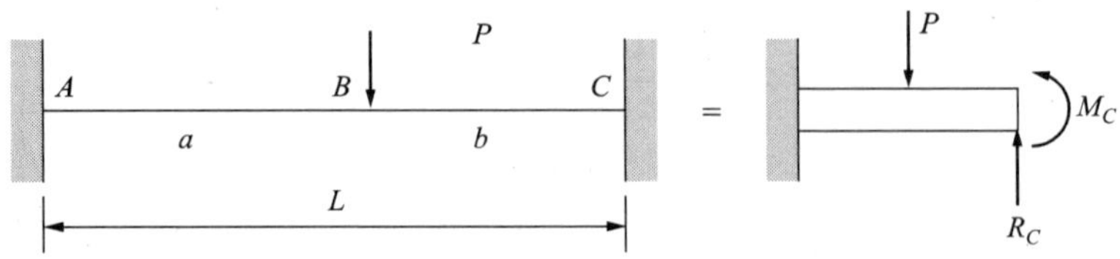

위의 오른쪽 문제는 다음의 세 가지 문제로 분해하여 중첩할 수 있다.

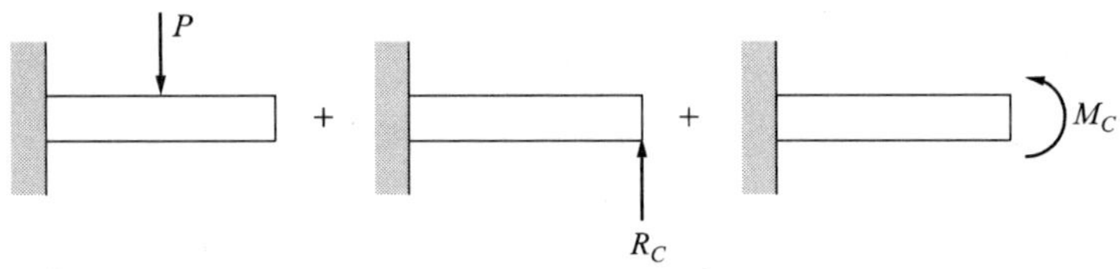

첫 번째 분해된 문제에서 탄성곡선을 구하면

$0 < x < a$에서 $v = \dfrac{P}{6EI}(x^3 - 3ax^2)$.

또한 $a < x < L$에서 $v = -\dfrac{Pa^3}{3EI} - \dfrac{Pa^2}{2EI}(x-a)$

그리고 두 번째 외팔보에서 탄성곡선은 $v = \dfrac{R_C}{6EI}(-x^3 + 3Lx^2)$

마지막 외팔보에서 탄성곡선은 $v = \dfrac{M_C x^2}{2EI}$ 이다.

이상을 중첩하면 원래 문제의 탄성곡선을 다음과 같이 얻는다.

$0 < x < a$에서 탄성곡선은 $v = \dfrac{P}{6EI}(x^3 - 3ax^2) + \dfrac{R_C}{6EI}(-x^3 + 3Lx^2) + \dfrac{M_C x^2}{2EI}$

$a < x < L$에서 $v = -\dfrac{Pa^3}{3EI} - \dfrac{Pa^2}{2EI}(x-a) + \dfrac{R_C}{6EI}(-x^3 + 3Lx^2) + \dfrac{M_C x^2}{2EI}$

오른쪽 끝단이 벽에 고정되어 있어서 경계조건은 $x = L$에서 $v(L) = v'(L) = 0$.
경계조건을 대입하면

$$v(L) = -\frac{Pa^3}{3EI} - \frac{Pa^2 b}{2EI} + \frac{R_C L^3}{3EI} + \frac{M_C L^2}{2EI} = 0 \qquad ①$$

$$v'(L) = -\frac{Pa^3}{3EI} + \frac{R_C L^2}{2EI} + \frac{M_C L}{EI} = 0 \qquad ②$$

식 ①과 ②를 연립하여 풀면 $M_C = -\dfrac{Pa^2 b}{L^2}$과 $R_C = \dfrac{Pa^2(a+3b)}{L^3}$을 얻는다.

따라서 $M_C = \dfrac{Pa^2 b}{L^2}$ (시계방향), $R_C = \dfrac{Pa^2(a+3b)}{L^3}(\uparrow)$

문제의 대칭성에서 좌측 끝단에 작용하는 반력은

$$M_A = \frac{Pab^2}{L^2}(\text{반시계방향}),\ \ R_A = \frac{Pb^2}{L^3}(3a+b)(\uparrow).$$

원래의 분포하중문제로 돌아가면

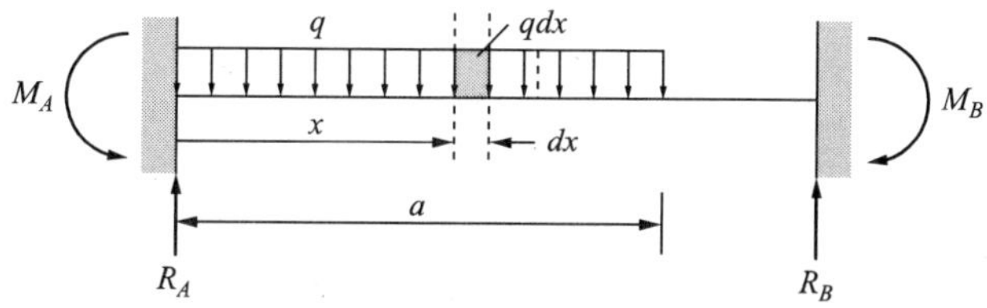

앞의 문제에서 $P=qdx$, $a=x$, $b=L-x$를 이용하여 중첩하면

$$M_A = \int dM_A = \frac{q}{L^2}\int_0^a x(L-x)^2 dx = \frac{qa^2}{12L^2}(6L^2-8aL+3a^2)$$

$$M_B = \int dM_B = \frac{q}{L^2}\int_0^a x^2(L-x)dx = \frac{qa^3}{12L^2}(4L-3a)$$

$$R_A = \frac{q}{L^3}\int_0^a (L-x)^2(L+2x)dx = \frac{qa}{2L^3}(2L^3-2a^2L+a^3)$$

$$R_B = \frac{q}{L^3}\int_0^a x^2(3L-2x)dx = \frac{qa^3}{2L^3}(2L-a)$$

18 두 외팔보 AD와 CD가 그림과 같이 함께 시스템을 구성하고 있다. D점에서는 두 보 사이에 롤러가 들어 있다. AB보의 굽힘강성을 EI_1, CD보의 굽힘강성은 EI_2이다. D점에서 두 보 사이에 전달되는 힘 F를 구하시오.

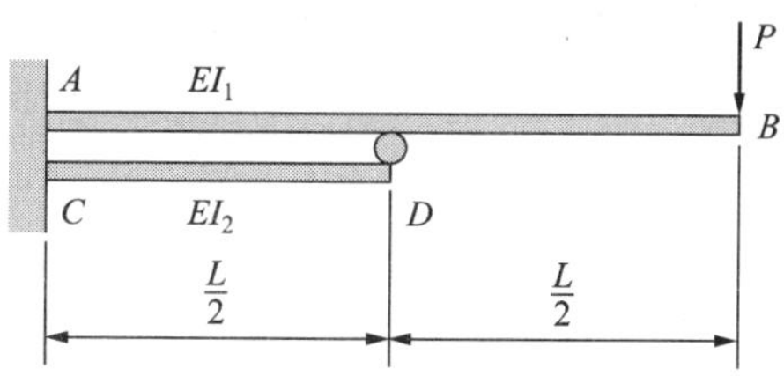

그림 P7-18

해설

문제의 시스템을 자유물체도로 그리면 다음과 같다.

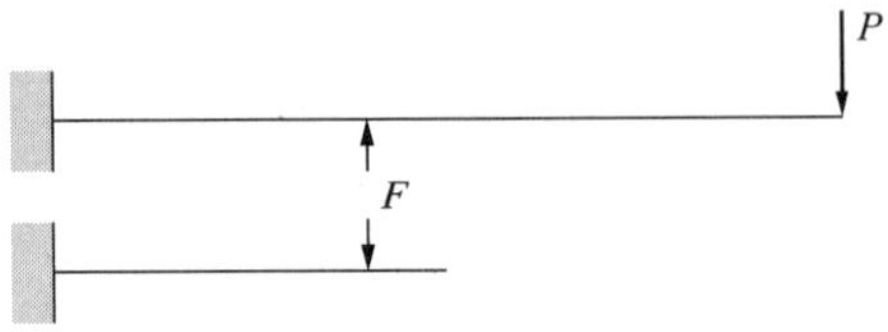

처짐량 $\delta_D^{(1)} = \dfrac{P}{EI_1}\left(-\dfrac{5L^3}{8}\right) + \dfrac{F}{3EI_1}\left(\dfrac{L^3}{8}\right)$ (↑)

처짐량 $\delta_D^{(2)} = \dfrac{F}{3EI_2}\left(\dfrac{L^3}{8}\right)$ (↓)

기하학적 조건으로부터 $\dfrac{FL^3}{24EI_2} = \dfrac{5PL^3}{48EI_1} - \dfrac{FL^3}{24EI_1}$ 이므로

$$\left(\frac{1}{24EI_1} + \frac{1}{24EI_2}\right)F = \frac{5P}{48EI_1}$$

$F = \dfrac{\dfrac{5P}{48EI_1}}{\dfrac{1}{24EI_1} + \dfrac{1}{24EI_2}}$ 를 정리하면, $F = \dfrac{5}{2}\left(\dfrac{I_2}{I_1 + I_2}\right)P$

19 그림과 같은 불균일한 단면을 가진 보 AB가 일정한 크기의 하중을 받고 있다. 보에 작용하는 반력을 구하시오.

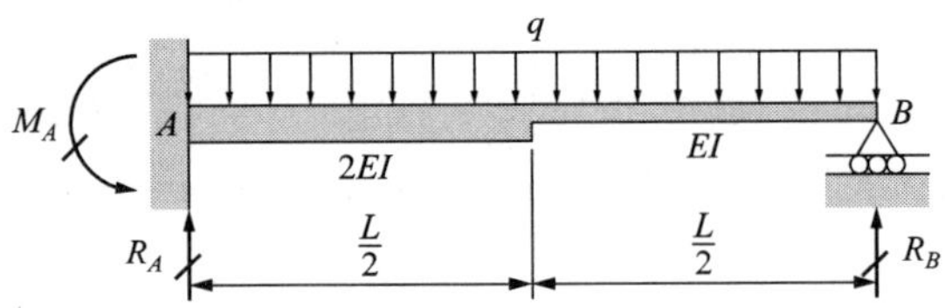

그림 P7-19

해설

①

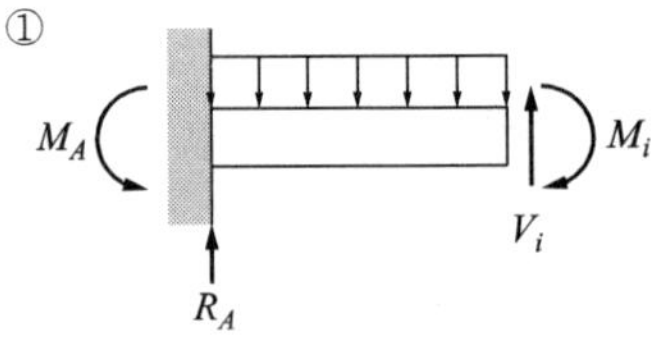

②

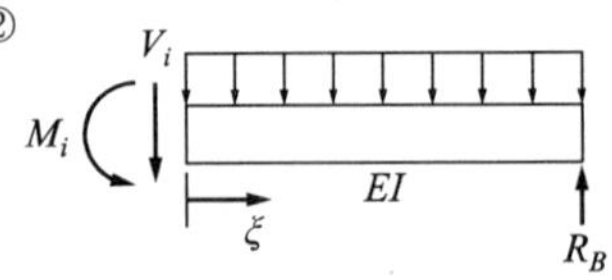

①의 외팔보에서 탄성곡선과 기울기는

$$v_1 = -\frac{q}{48EI}(x^4 - 2lx^3 + \frac{3}{2}l^2x^2) - \frac{V_i}{12EI}(x^3 - lx^2) - \frac{M_i x^2}{4EI}$$

$$v_1{}' = -\frac{q}{48EI}(4x^3 - 6lx^2 + 3l^2x) - \frac{V_i}{12EI}(3x^2 - 3lx) - \frac{M_i x}{2EI}$$

$$v_1{}'\left(\frac{l}{2}\right) = -\frac{ql^3}{96EI} + \frac{V_i l^2}{16EI} - \frac{M_i l}{4EI}$$

$$v_1\left(\frac{l}{2}\right) = -\frac{ql^4}{256EI} + \frac{V_i l^3}{48EI} - \frac{M_i l^2}{16EI}$$

②의 경우, 기하학적 적합성에서

$$EIv_2 = -\frac{q}{24} < \xi >^4 - \frac{V_i}{6}\xi^3 - \frac{M_i}{2}\xi^2 + \left(-\frac{ql^3}{96} + \frac{V_i l^2}{16} - \frac{M_i l}{4}\right)\xi + \left(\frac{V_i l^3}{48} - \frac{ql^4}{256} - \frac{M_i l^2}{16}\right)$$

우측 끝단에서 경계조건은 $EIv_2\left(\frac{l}{2}\right) = 0$. 위의 탄성곡선 식에 대입하면

$$EIv_2\left(\frac{l}{2}\right) = -\frac{q}{24}\left(\frac{l}{2}\right)^4 - \frac{V_i l^3}{48} - \frac{M_i l^2}{8} - \frac{ql^4}{192} + \frac{V_i l^3}{32} - \frac{M_i l^2}{8} + \left(\frac{V_i l^3}{48} - \frac{ql^4}{256} - \frac{M_i l^2}{16}\right) = 0$$

위의 식을 정리하면 $-0.01171875ql^4 + 0.03125V_i l^3 - \frac{5}{16}M_i l^2 = 0$. 즉,

$$-0.1875ql^4 + 0.5V_i l^3 - 5M_i l^2 = 0$$

한편, 힘과 모멘트 평형으로부터 $V_i = R_b - \frac{ql}{2}$와 $M_i = \frac{ql^2}{8} - \frac{R_b l}{2}$가 성립한다. 이것을 위의 방정식에 대입하면 $-0.1875ql^4 + 0.5\left(R_b - \frac{ql}{2}\right)l^3 - 5\left(\frac{ql^2}{8} - \frac{R_b l}{2}\right)l^2 = 0$.

즉, $3R_b l^3 - 1.0625ql^4 = 0$이므로 $R_b = 0.3542ql = \frac{17}{48}ql$

추가로 평형조건에서 $R_a = \frac{31}{48}ql$ 그리고 $M_a = \frac{7}{48}ql^2$

20 다음의 그림은 어떤 보에 작용하는 외력에 의한 굽힘모멘트 선도를 그린 것이다.

(1) 이 보에 작용하고 있는 전단력 선도를 그리시오.

(2) 보에 작용하는 외력의 분포 또는 힘과 단순지지 혹은 고정지지점의 위치 등 경계조건을 그리시오.

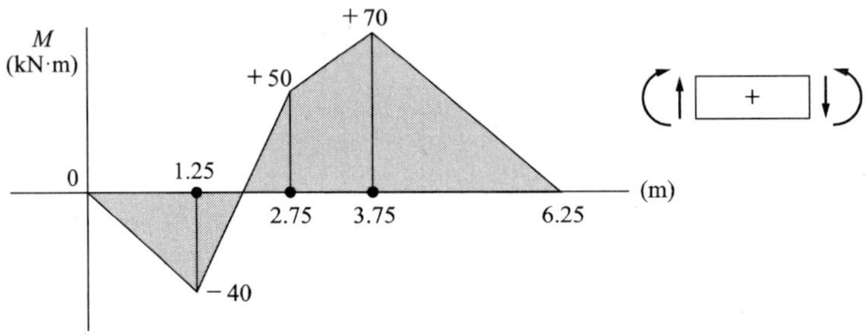

그림 P7-20

해설

(1) $\dfrac{dM}{dx}=V$의 관계를 이용하여 다음 전단력 선도를 그릴 수 있다.

$$\frac{-40-0}{1.25}=-32,\quad \frac{+50-(-40)}{2.75-1.25}=+60,$$
$$\frac{+70-50}{3.75-2.75}=+20,\quad \frac{0-70}{6.252-3.75}=-28$$

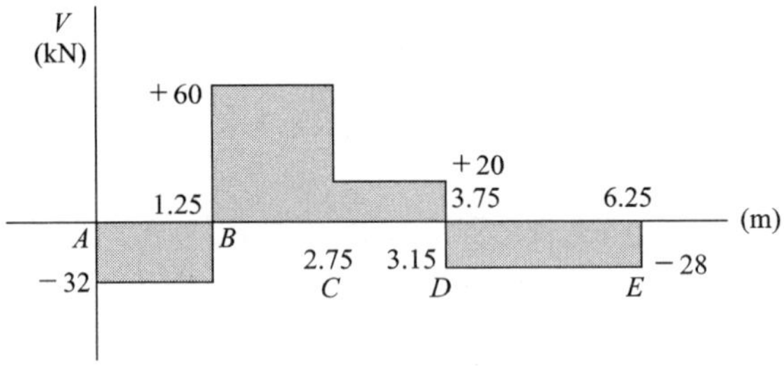

(2) SFD에서 그래프의 불연속은 점하중이 작용하는 점에서 일어난다. 점하중의 크기는 불연속의 높이와 같고 방향은 +방향 혹은 −방향의 불연속에 의하여 결정될 수 있다. 지지방법은 단순지지로 가능한데 임의의 두 점에(즉, 불연속이 있는) 지지점을 설치하면 된다. 가능한 예로 다음의 그림을 참조하시오.

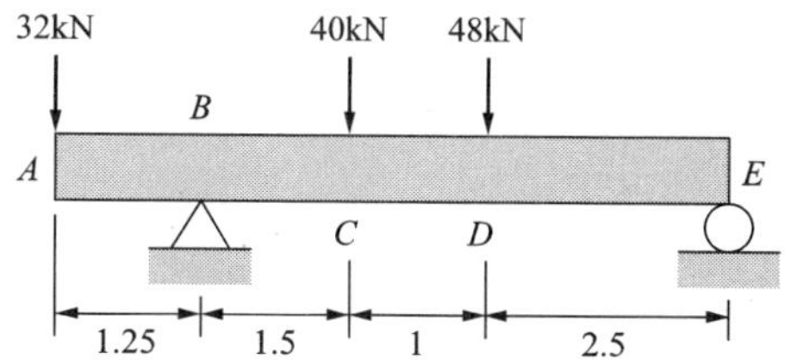

21 그림 P7-21에 보인 단순지지 보의 비례상수가 k인 선형 스프링을 놓았다. B에서 굽힘모멘트 크기가 $M_B = -\omega L^2/10$이라면 이때 스프링 상수의 크기를 계산하시오.

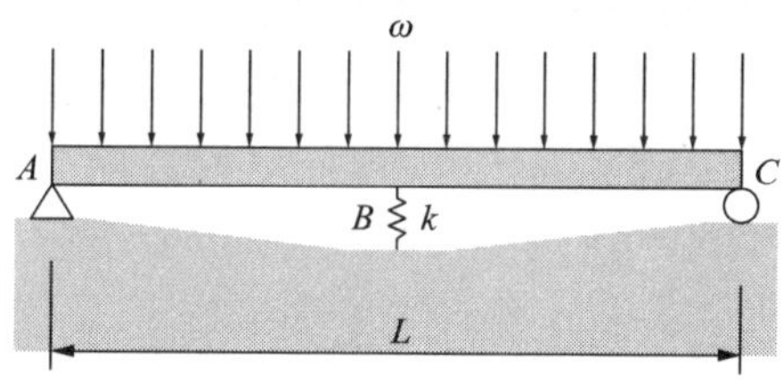

그림 P7-21

해설

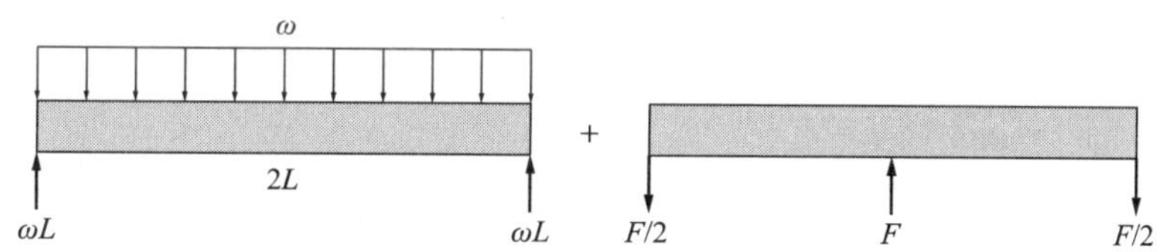

중앙에서

$$\omega L^2 - \frac{\omega L^2}{2} = \omega L^2(\curvearrowleft) + \frac{-F}{L}(\curvearrowleft) = \frac{L}{2}(\omega L - F) \qquad ①$$

최대 처짐은

$$\frac{5\omega(2L)^4}{384EI} + (-)\frac{FL(4L^2 - L^2)^{\frac{3}{2}}}{9\sqrt{3}\,EI(2L)}\ (\downarrow) \qquad ②$$

식 ①의 결과는 다음과 같이 주어진다.

$$\frac{L}{2}(\omega L - F) = -\frac{\omega L^2}{10}\text{에서 } F = \frac{6}{5}\omega L \qquad ③$$

식 ③을 ②에 대입하면

$$\frac{\omega L^4}{120EI} \qquad ④$$

식 ④는 다음과 같이 스프링의 변형량과 같아야 한다.

$$\text{스프링의 변형량} = \frac{F}{k} = \frac{6\omega L/5}{k} = \frac{\omega L^4}{120EI}$$

그러므로 $k = \dfrac{144EI}{L^3}$가 결정된다.

22 그림 P7-22에 보여진 바와 같이 왼편 끝단이 단순지지 된 외팔보에서 최대 처짐이 일어나는 위치와 크기를 계산하시오. $E = 200$ GPa, $I = 0.3\times10^{-6}$ m^4, $\omega_o = 2$ kN/m.

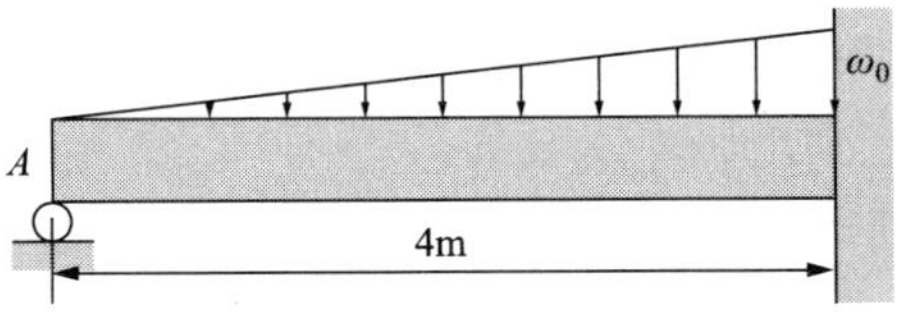

그림 P7-22

해설

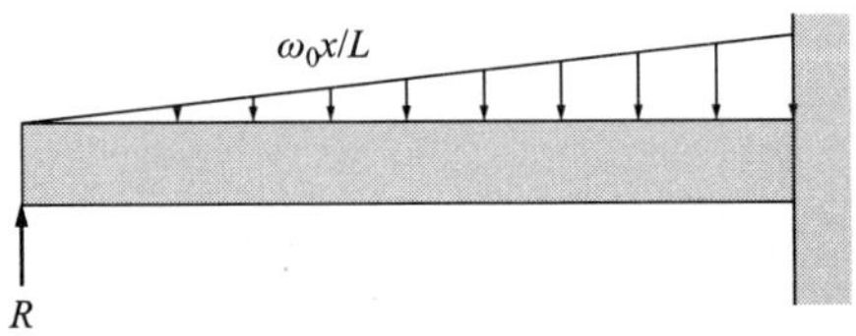

$$\omega(x) = -R<x>^{-1} + \frac{\omega_o x}{L}$$

$$V(x) = \int -\omega dx = R<x>^{0} - \frac{\omega x^2}{2L} + C_1$$

$x = 0$에서 반력은 전단력과 같으므로 즉, $R = V$이므로 $C_1 = 0$

$$M = \int V dx = Rx - \frac{\omega_o x^3}{6L} + C_2$$

$x = 0$에서 $M = 0$이므로 $C_2 = 0$.

$$EIv'' = M(x) = Rx - \frac{\omega_o x^3}{6L}$$

$$EIv' = \frac{Rx^2}{2} - \frac{\omega_o x^4}{24L} + \left(\frac{\omega_o L^3}{24} - \frac{RL^2}{2}\right)x + C_3$$

$x = L$에서 벽에 고정되어 있으므로 $v'(L) = 0$. 따라서 $C_3 = \frac{\omega_o L^4}{30} - \frac{RL^3}{3}$.

또한 $EIv(0) = C_3 = 0$이므로 $R = \frac{\omega_o L}{10}$

$\xi = \frac{x}{L}$로 놓고 함수 $F(\xi) = -\xi^5 + 2\xi^3 - \xi$일 때 최대값은 $F'(\xi) = -5\xi^4 + 6\xi^2 - 1 = -5(\xi-1)(\xi+1)\left(\xi + \frac{1}{\sqrt{5}}\right)\left(\xi - \frac{1}{\sqrt{5}}\right) = 0$와 $0 < \xi < 1$을 고려하면 $\xi = \frac{1}{\sqrt{5}}$에서

즉, $x = \frac{L}{\sqrt{5}} = 0.4472L$에서 함수(처짐량)는 최대가 된다.

그러므로 $v_{\max} = -\frac{2\omega_o L^4}{375\sqrt{5}\,EI} = -20.4\ \text{mm}$

23 그림 P7-23과 같이 직사각형 단면을 가진 보의 중립축에 대한 단면의 2차 모멘트는 I이다. 이 보의 왼편은 벽에 고정되어 있고 오른편은 끝단에서 안쪽으로 b만큼 떨어져 있는 곳에서 단순지지 하였다. 그림과 같이 분포하중을 받을 때 전단력 선도와 굽힘모멘트 선도를 그리시오. 재료의 탄성계수는 E이고 응력상태는 탄성영역으로 가정하라.

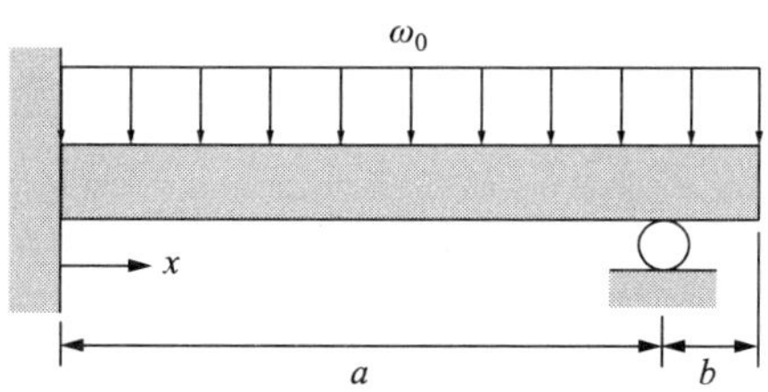

그림 P7-23

해설

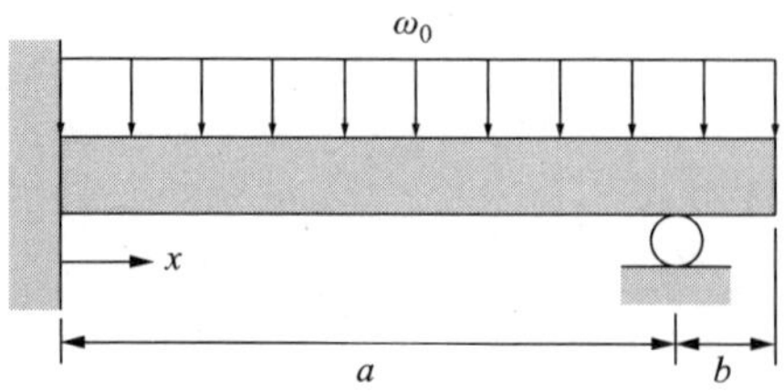

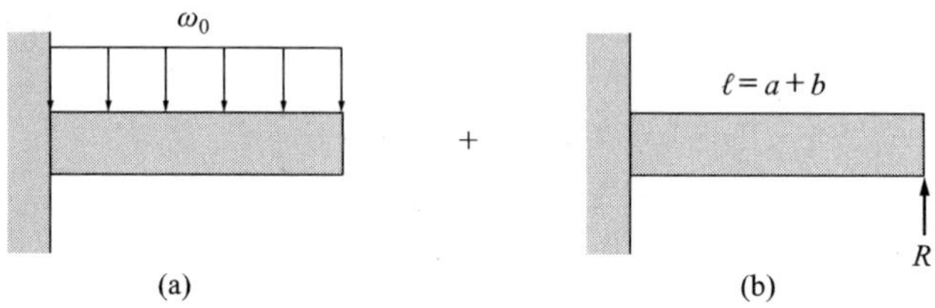

(a)의 처짐량은 $v_{(a)} = -\dfrac{\omega_o}{24EI}(x^4 - 4lx^3 + 6l^2x^2)$ $\qquad 0 < x < \ell$

(b)의 처짐량은 $v_{(b)} = -\dfrac{R}{6EI}(x^3 - 3ax^2)$ $\qquad 0 < x < a$

$x = a$에서 경계조건은

$$v = 0 = v_{(a)} + v_{(b)} = -\frac{\omega_o}{24EI}(a^4 - 4la^3 + 6l^2a^2) - \frac{R}{6EI}(a^3 - 3a^3)$$

따라서 $R = \dfrac{\omega_o a}{8}\left(1 - 4\dfrac{l}{a} + 6\dfrac{l^2}{a^2}\right)$

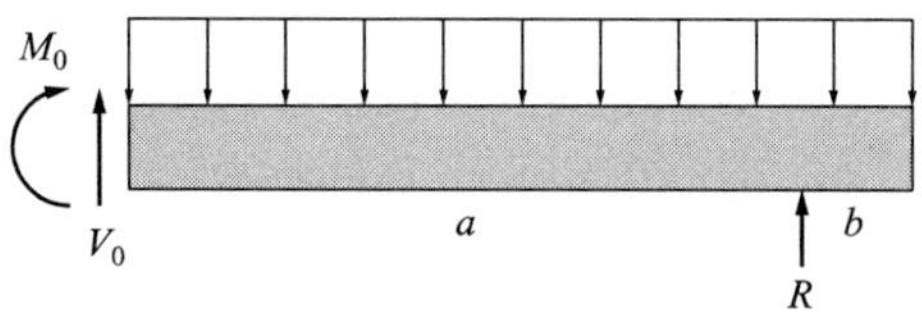

$$V_o = -\frac{\omega_o a}{8}\left(1 - 12\frac{l}{a} + 6\frac{l^2}{a^2}\right) \qquad M_o = \frac{\omega_o a^2}{8}\left(1 - 4\frac{l}{a} + 2\frac{l^2}{a^2}\right)$$

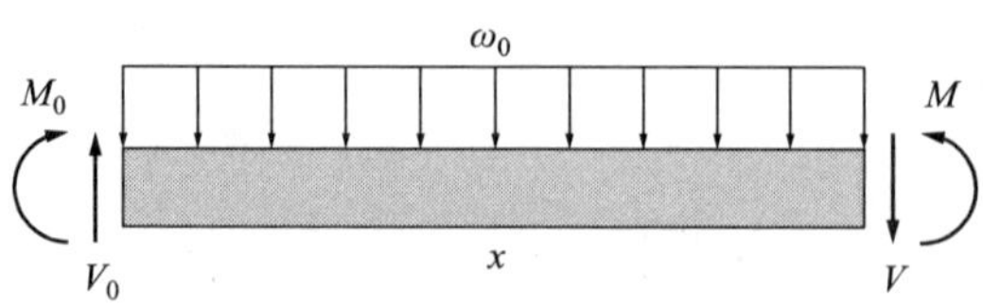

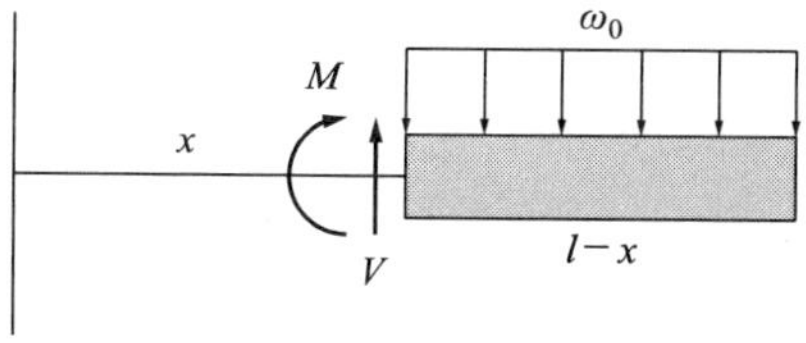

(i) $0 < x < a$

$$V = V_o - \omega_o x \text{ 그리고 } M = M_o + V_o x - \frac{\omega_o x^2}{2}$$

(ii) $a < x < l = a + b$

$$V = \omega_o (l - x) \text{ 그리고 } M = -\frac{\omega_o}{2}(l - x)^2$$

24 그림 P7-24에는 외력을 받는 어떤 보의 전단력 선도가 그려져 있다. 이러한 선도가 가능한 보의 경계조건 및 외력의 분포를 구성하고 굽힘모멘트 선도를 그리시오.

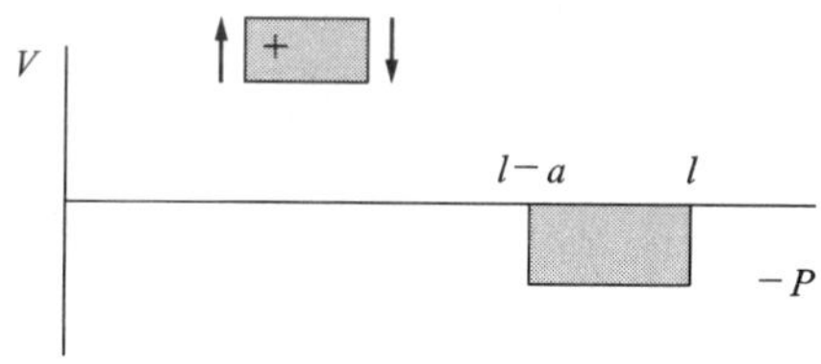

그림 P7-24

해설

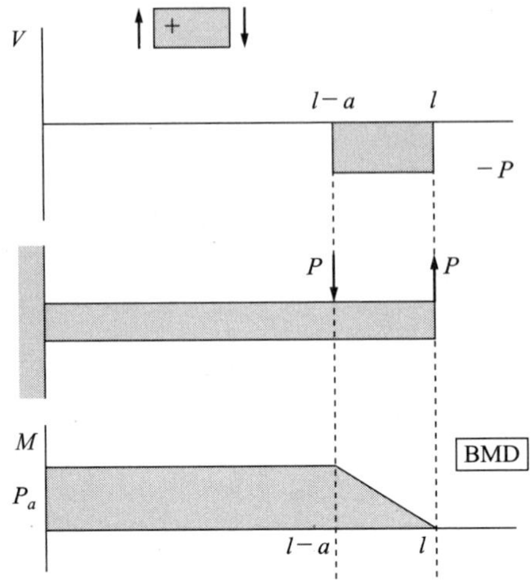

25 그림 P7-25에는 3개의 짧은 보로 구성된 외팔보가 있다. 그림과 같이 각 이음새는 비틀림 모멘트를 받을 수 있는 비틀림 스프링으로 연결하였다. 각 비틀림 스프링의 계수는 k_t이고 스프링에서 작용하는 모멘트와 회전각도(radian)의 관계는 선형이다. 이 전체 외팔보의 전단력 선도와 굽힘모멘트 선도를 그리고 최대 처짐량을 계산하시오.

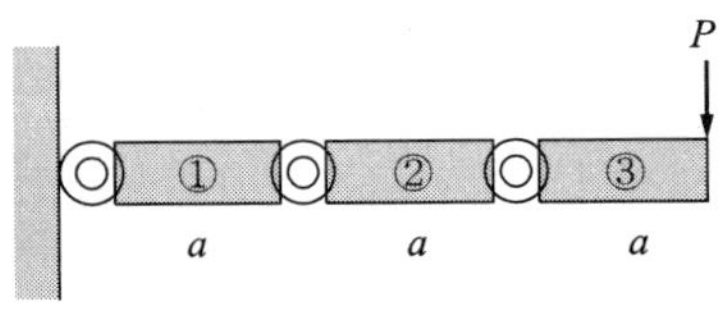

그림 P7-25

해설

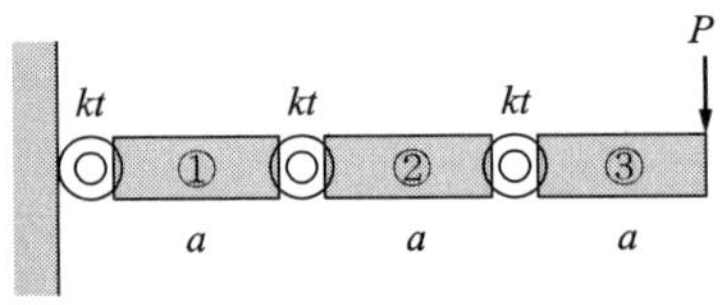

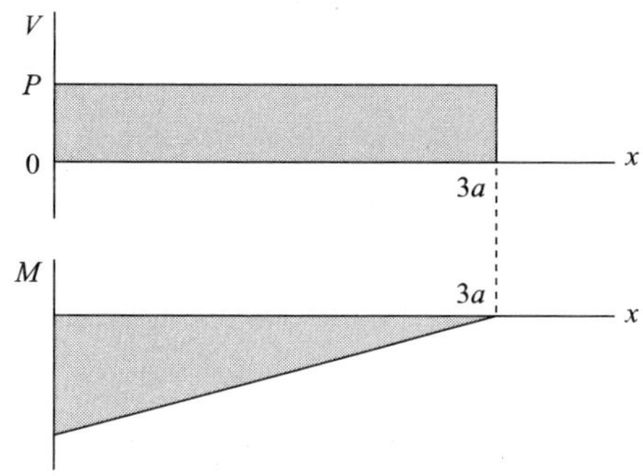

강체막대 ①, ②, ③에 대하여

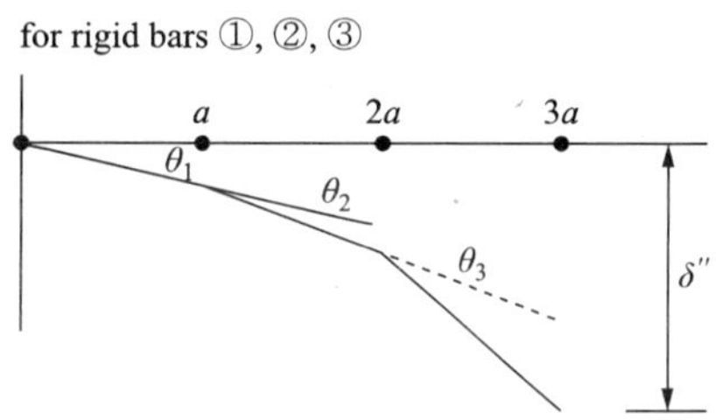

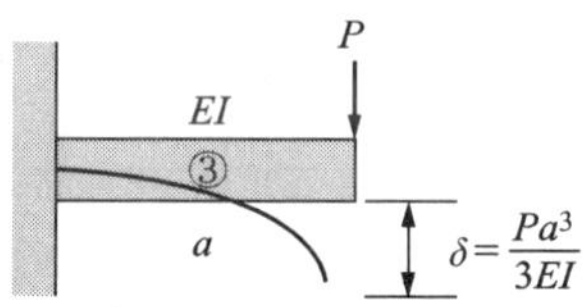

$$\delta' = \frac{Pa^3}{3EI}$$

$$\delta \approx a\theta_1 + a\theta_2 + a\theta_3 = a\left(\frac{3Pa}{k_t} + \frac{2Pa}{k_t} + \frac{Pa}{k_t}\right) = \frac{6}{k_t}$$

총 처짐량은 $\delta_T = \delta' + \delta'' = \dfrac{Pa^3}{3EI} + \dfrac{6Pa^2}{k_t}$

26 그림 P7-26의 구조물에서 발생하는 최대 처짐량을 계산하시오. 그림에서 $P = 5$ kM, $L = 2$ m, $E_1 = 100$ GPa, $E_2 = 200$ GPa, $I_1 = I_2 = 360 \times 10^{-9}$ m^4.

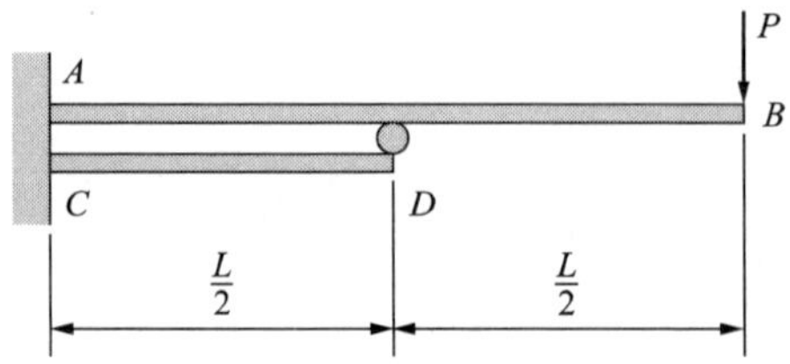

그림 P7-26

해설

최대 처짐은 B에서 일어난다. 두 보의 AB와 CD 사이의 롤러에서 두 보에 각각 힘이 전달되며 이를 F라 하자.

D 점의 처짐량 $\delta_D^{(1)} = \dfrac{P}{6E_1I_1}\left(-\dfrac{5L^3}{8}\right) + \dfrac{F}{3E_1I_1}\dfrac{L^3}{8}$ ↑

$$\delta_D^{(2)} = \frac{F}{3E_2I_2}\frac{L^3}{8} \quad \downarrow$$

경계조건에서 $\left|\delta_D^{(1)}\right| = \left|\delta_D^{(2)}\right|$이어야 하므로

$F = \dfrac{5P}{2}\dfrac{E_2I_2}{E_1I_1 + E_2I_2}$로 계산된다. ($F = 8{,}333$ N)

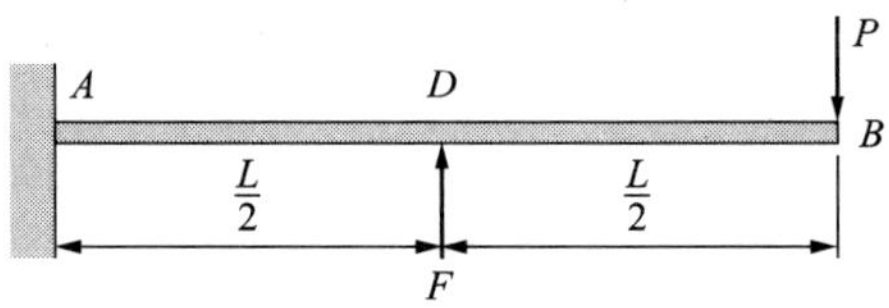

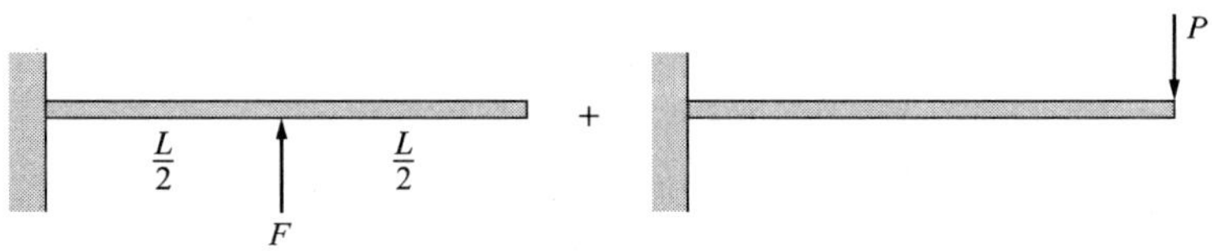

$$\delta_B^{(a)} = \frac{F\left(\dfrac{L}{2}\right)^3}{3E_1I_1} + \frac{F\left(\dfrac{L}{2}\right)^2}{2E_1I_1} \cdot \frac{L}{2} = \frac{FL^3}{E_1I_1}\left(\frac{1}{24} + \frac{1}{16}\right) = 0.19277$$

$$\delta_B^{(b)} = -\frac{PL^3}{3E_1I_1} = -0.37037$$

$$\delta_{\max} = \delta_B^{(a)} + \delta_B^{(b)} = -0.1776\ \text{m} = 177.6\ \text{mm} \ \downarrow \ \text{@B}$$

27 아래에 보인 그림과 같이 몸무게가 70 kg인 사람이 600 mm의 높이에서 점프한다. 널빤지 강성계수가 $E=12$ GPa이라고 할 때, 다음의 물음에 답하시오.

(1) 널빤지에서 일어나는 최대 처짐량을 계산하시오.

(2) A점에서 작용하는 등가 정하중(equivalent static load)을 계산하시오.

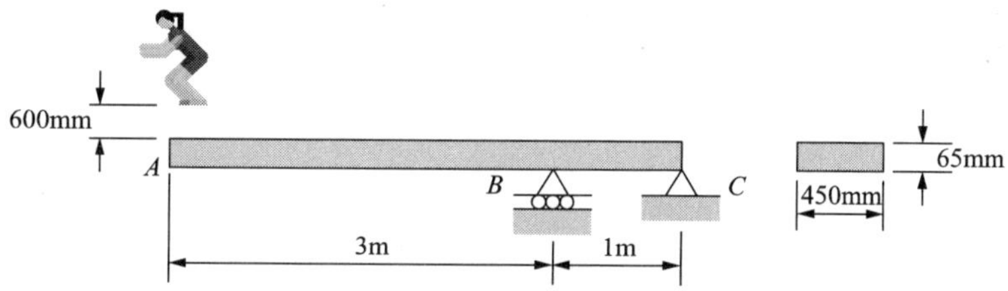

그림 P7-27

해설

$$I=\frac{bh^3}{12}=\frac{(0.45)(0.065)^3}{12}=1.03\times10^{-5}\ \mathrm{m}^4$$

$$R_B=P_m+R_C=4P_m$$

$$R_C=3P_m$$

$$\omega=P_m<x>^{-1}-R_B<x-3>^{-1}$$

$$V=\int-\omega dx=-P_m<x>^0+R_B<x-3>^0$$

$$M=-P_m<x>^1+4P_m<x-3>^1$$

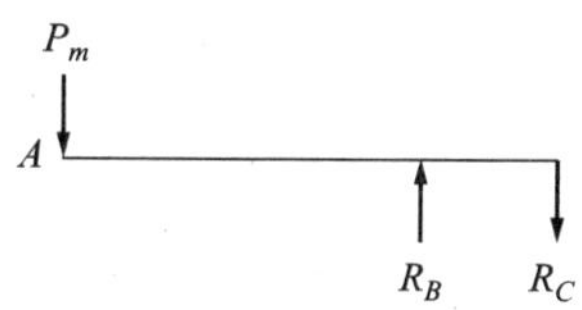

$$EIv'=\int Mdx=-\frac{P_m}{2}<x>^2+2P_m<x-3>^2+C_1$$

$$EIv=-\frac{P_m}{6}<x>^3+\frac{2P_m}{3}<x-3>^3+C_1x+C_2$$

경계조건은 $x=3$과 $x=4$에서 $v=0$이므로 $C_1=\frac{11}{2}P_m$과 $C_2=-12P_m$를 결정한다.

대입하고 미분하면 $v'=0$에서 $x=3.423$를 구한다. 여기서 $v=\frac{P_m}{EI}(0.1945)\uparrow$

또한 $x=0$에서 $v=\dfrac{12P_m}{EI}\downarrow$ 이므로 최대 처짐량은 $x=0$에서 일어난다.

(1) A점에서 처짐량을 δ_A라 하면 위에서 $P_m=\dfrac{EI}{12}\delta_A$이다.

일과 에너지 원리에서 $\dfrac{1}{2}P_m\delta_A=\dfrac{EI}{12}\delta^2=mg(h+\delta_A)A$이므로

$\delta_A=\alpha+\sqrt{\alpha^2+2\alpha h}$ (where $\alpha=\dfrac{120\ \mathrm{mg}}{EI}=66.602\ \mathrm{mm}$) $=\underline{357\ \mathrm{mm}}$

(2) $P_m=\dfrac{EI}{12}\delta_A=\dfrac{(12\times10^9)(1.03\times10^{-5})(0.357)}{12}\ \mathrm{N}=\underline{3.68\ \mathrm{kN}}$

28 그림 P7-28와 같이 부정정 외팔보에 점 D에는 힘 P가 C에는 힘 αP가 작용하고 있다. 보인 보가 모멘트 M_P의 경우 무너진다. 가하는 힘 P가 최대가 되도록 하는 α값은 얼마이고 이때 최대 힘 $P_{\max}$를 계산하시오.

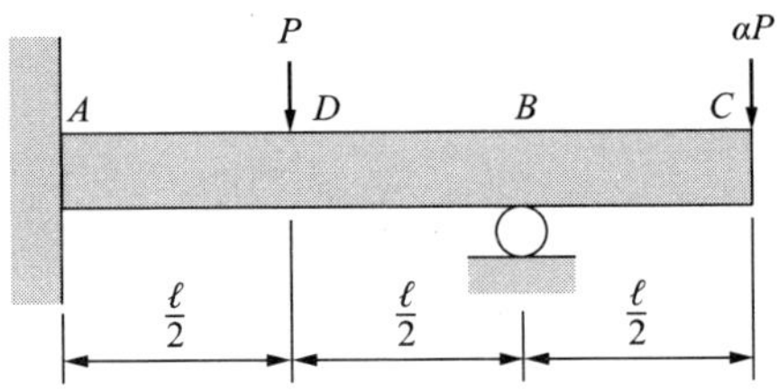

그림 P7-28

해설

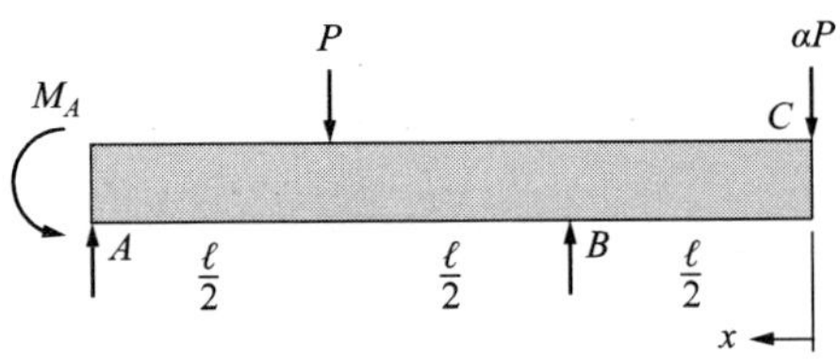

$$M_A=\frac{Pl}{2}+\alpha P\frac{3l}{2}-Bl$$

$$A+B=(1+\alpha)P$$

$$\omega(x)=\alpha P< x >^{-1}-B< x-\frac{l}{2} >^{-1}+P< x-l >^{-1}$$

$$V(x)=-\alpha P< x >^{0}+B< x-\frac{l}{2} >^{0}-P< x-l >^{0}$$

$$M(x)=-\alpha P< x >^{1}+B< x-\frac{l}{2} >^{1}-P< x-l >^{1}$$

$$\frac{1}{2EI}\int M^2dx = \frac{1}{2EI}\int_0^{l/2}\alpha^2P^2x^2dx + \frac{1}{2EI}\int_{l/2}^{l}\left\{B\left(x-\frac{l}{2}\right)-\alpha Px\right\}^2dx$$

$$+\frac{1}{2EI}\int_{l}^{3l/2}\left\{-\alpha Px + B\left(x-\frac{l}{2}\right)-P(x-l)\right\}^2dx$$

$$EI\frac{\partial U}{\partial B} = \int_{l/2}^{l}\left\{B\left(x-\frac{l}{2}\right)-\alpha Px\right\}\left(x-\frac{l}{2}\right)dx$$

$$+\int_{l}^{3l/2}\left\{-\alpha Px + B\left(x-\frac{l}{2}\right)-P(x-l)\right\}\left(x-\frac{l}{2}\right)dx = 0$$

$$\left[\frac{B}{3}\left(x-\frac{l}{2}\right)^3-\frac{\alpha P}{3}x^3+\frac{\alpha Pl}{4}x^2\right]_{l/2}^{3l/2}+\left[-\frac{P}{3}x^3+\frac{3}{4}Plx^2-\frac{Pl^2}{2}x\right]_{l}^{3l/2}=0$$

위의 식을 풀면 $B=\left(\frac{7}{4}\alpha+\frac{5}{16}\right)P=\frac{5+28\alpha}{16}P$

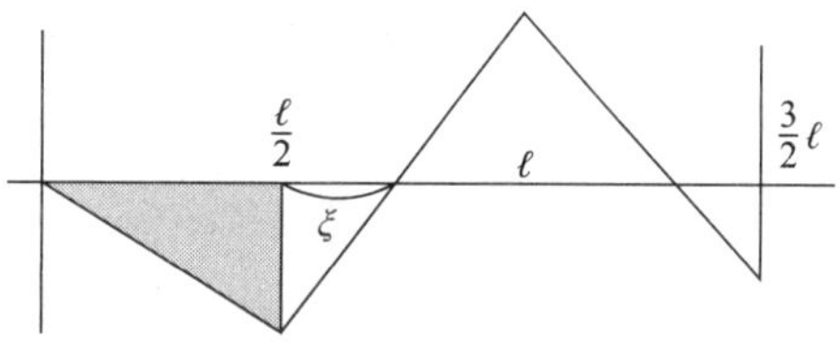

$x=\frac{l}{2}+\xi$에서 $-\alpha P\left(\frac{l}{2}+\xi\right)+\left(\frac{5+28\alpha}{16}\right)P\xi=0$으로부터 $\xi=\frac{8\alpha l}{5+12\alpha}$

$$-\alpha P\left(\frac{l}{2}+\frac{8\alpha}{5+12\alpha}\right)+\left(\frac{5+28\alpha}{16}\right)P\left(\frac{8\alpha l}{5+12\alpha}\right)$$

$$=\alpha Pl\left(-\frac{1}{2}+\frac{8\alpha}{5+12\alpha}+\frac{5+28\alpha}{2}\frac{1}{5+12\alpha}\right)$$

$$=\alpha Pl\left[-\frac{1}{2}+\frac{5+44\alpha}{2(5+12\alpha)}\right]_{\alpha=\frac{1}{4}}=\frac{Pl}{8}=M_P$$

그러므로 $P_{\max}=\frac{8M_P}{l}$

혹은 다른 방법으로,

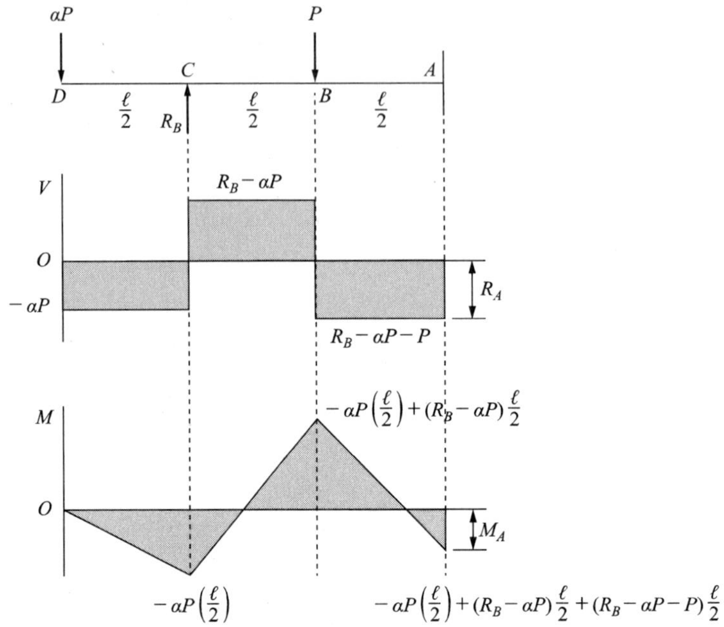

즉, $M_C = -\alpha P\frac{l}{2}$, $M_B = -(R_B - 2\alpha P)\frac{l}{2}$, $M_A = (2R_B - 2\alpha P - P)\frac{l}{2}$

P가 $P_{\max}$인 경우에는 $|M_A| = |M_B| = |M_C| = |M_P|$이므로

$$\alpha P_{\max} = R_B - 2\alpha P_{\max} = -2R_B + 3\alpha P_{\max} + P_{\max} = \frac{2}{l}M_P$$

위식에서 $\alpha P_{\max} = R_B - 2\alpha P_{\max}$ ①

그리고 $\alpha P_{\max} = -2R_B + 3\alpha P_{\max} + P_{\max}$ ②

또한 $\alpha P_{\max} = \frac{2}{l}M_P$ ③

이상 편의상 세 개의 식으로 번호를 붙이면

식 ①에서 $R_B = 3\alpha P_{\max}$ ④

식 ②에서 $2R_B = 2\alpha P_{\max} + P_{\max}$ ⑤

식 ④와 ⑤에서 $\alpha = \frac{1}{4}$ ⑥

식 ⑥을 ③에 대입하면 $P_{\max} = \frac{8M_P}{l}$

8

CHAPTER

에너지 방법

에너지 방법은 통찰적 관점에서 역학적 문제를 이해하고 해결하는데 매우 중요하지만 정식화가 어렵거나 가능하지 않은 경우가 많다. 반면, 뉴턴의 역학은 해부학적 방법으로 모든 문제에 적용할 수 있지만 에너지 방법은 국한적인 문제 범위에서만 활용되는 경향이 있다.

재료역학 문제를 해결하는 방법은 일반적으로 '뉴턴의 운동법칙'에 의한 방법은 힘과 모멘트의 평형법칙을 가지고 정식화하여 미지의 인자를 결정한다. '에너지'의 개념을 동원한 방법은 에너지 보존법칙에 의한 에너지 균형식을 이용한다. 여기에서는 에너지 방법을 이용하여 설계인자를 결정하는 방법에 관하여 설명하며 여기서는 재료역학 문제의 해결에 에너지의 종류를 변형에너지(strain energy)와 운동에너지(kinetic energy)로 구분하고 일의 개념을 응용한다.

8.1 변형에너지

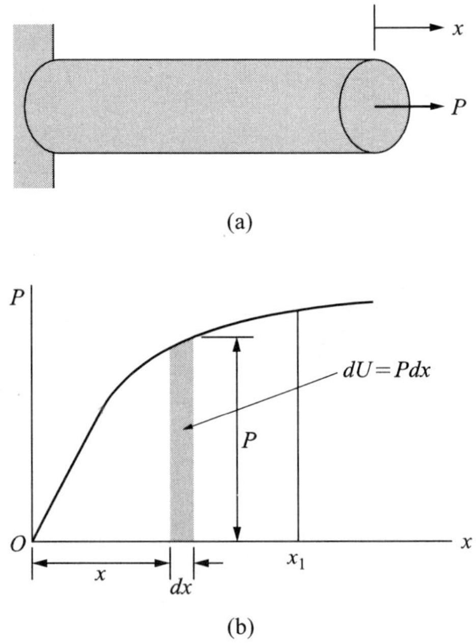

그림 8-1 단순인장과 하중 – 변형량의 곡선

그림 8-1(a)에서는 원기둥을 왼편 끝을 벽에 단단히 고정한 보의 오른편 끝에 인장하중 P가 작용하는 문제이다. 그림 8-1(b)에는 하중(P)에 따른 변형량(x)을 그래프로 표현하였다. 여기서 하중은 정하중[10]이다. 하중이력에서 음영 처리한 기둥과 같은 작은 구간(dx)에서는 하중(P)을 일정하다고 볼 수 있으므로 이 하중에 의하여 작은 길이의 중분 dx가 일어나며 이때 일의 양은 부재의 내부에 변형을 일으키고 결과적으로 변형에너지로 축적되어 면적 dU는 다음과 같다.

$$dU = Pdx$$

부재가 x_1만큼 늘어날 때 외부에서 가해진 일의 총량은 부재의 내부에 변형에너지로 축적된다. 총량은 적분에 의하여 아래와 같이 구할 수 있다.

$$U = \int dU = \int_0^{x_1} Pdx$$

여기서 에너지의 단위는 'Nm'로 주울(J)이다.

한편, 원기둥의 부재가 선형 스프링으로 힘과 변형량의 관계가 $P = kx$일 때 x_1만큼 변형이 일어나면 스프링에 저장된 총 변형에너지는 다음의 그림 8-2와 같다. 여기서 축하중을 받는 부재는 스프링으로 표현될 수 있으며 부재의 단면적이 A, 길이가 L, 재료의 탄성계수가 E인 경우 축하중을 가하여 늘어난 길이가 x이면 후크의 법칙에 의하 $P = \left(\frac{EA}{L}\right)x$의 관계가 성립하므로 이 부재의 등가 스프링상수는 $\frac{EA}{L}$이다.

10) 정하중이란 하중의 크기가 준정적(quasi-static)으로 0으로부터 P까지 점진적으로 증가시킨 하중을 의미하며 결과적으로 동적 거동이 무시될 수 있고 동하중 — 임의의 시간에 일정하중을 부과한 경우 — 과 구별된다.

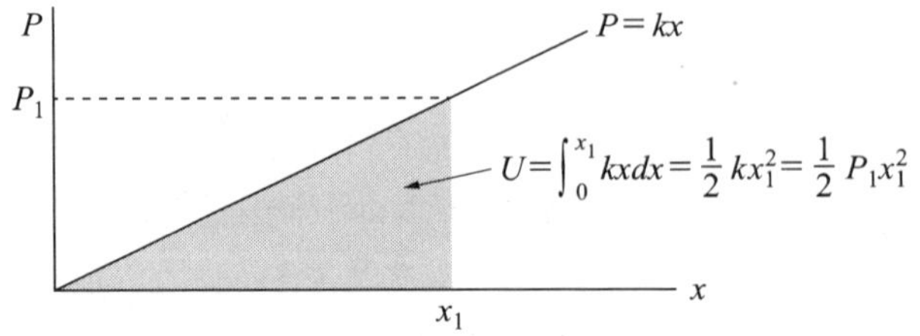

그림 8-2 선형 스프링의 하중 – 변형량 선도

이번에는 오른쪽 끝이 강체벽에 설치된 원기둥 막대의 자유 단면에 그림 8-3과 같이 질량이 m이고 초기속도가 v_0인 물체가 충돌하는 경우 에너지를 고려하자.

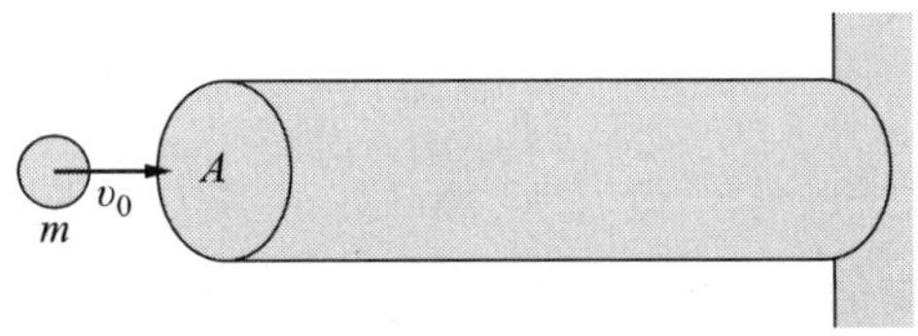

그림 8-3 원기둥 끝에 충돌하는 공

공은 원기둥에 충돌한 후 물체와 접촉된 상태로 이동하여 원기둥이 가장 크게 압축되는 순간 공은 일시 멈춘 후 이동하는 방향이 반전되어 다시 가속된다. 공과 원기둥을 고립 시스템으로 생각할 때 에너지의 총량은 이 시스템에서 일정하다. 공이 충돌하기 전 시스템에는 공의 운동에너지만 있으므로 $T = \frac{1}{2}mv_0$가 시스템의 총 에너지이다. 일반적으로 시스템 내에는 공의 운동에너지 그리고 실린더의 변형에너지 및 운동에너지가 있으며 각 에너지는 시간에 따라서 변한다. 원기둥이 가장 크게 압축되어 있는 순간에 시스템에는 원기둥의 변형에너지만 존재하므로 $U = \int_V \sigma\, d\epsilon$가 총 에너지이다. 에너지의 손실이 없다면 시간에 상관없이 에너지는 같아야 하므로 보존법칙에 의하여 앞의 $T = U$이다.

$$U = \int_V \sigma\, d\epsilon = T = \frac{1}{2} m v_0^2$$

충돌로 원기둥이 최대 변형에너지를 가지는 경우와 같은 크기의 에너지를 축방향 정하중(P_m)으로 만들 때 이 값은 다음 관계에서 구한다. 우선 부재의 등가 스프링상수 $k_{eq} = \dfrac{EA}{L}$를 정의하고 변형에너지에 응용하면

$$U = \frac{1}{2} k_{eq} x_m^2 = \frac{(k_{eq} x_m)^2}{2k_{eq}} = \frac{P_m^2}{2k_{eq}} = \frac{1}{2} m v_0^2$$

따라서 $P_m^2 = k_{eq} m v_0^2 = \dfrac{EA}{L} m v_0^2$

여기서 σ_m은 최대 등가 정하중에 의하여 발생된 축방향의 최대 수직응력이다.

8.2 변형에너지 밀도

8.1절에서 변형에너지의 크기는 물체의 크기에 따라 변한다. 물체의 크기에 따라 에너지의 크기가 영향을 받지 않으려면 '단위 부피당' 변형에너지 개념을 사용한다. 이를 '변형에너지 밀도'라고 하고 변형에너지를 변형체의 체적으로 나눈다.

간단한 예로 축하중 부재의 단면적이 A로 일정하고 길이가 L이라면 이 부재의 총 부피는 $V = AL$이므로 변형에너지(U)를 부피로 나누어 에너지 밀도(u)를 구하면 다음과 같다.

$$\frac{U}{V} = \int_0^{x_1} \frac{P}{A} \frac{dx}{L} = \int_0^{\epsilon_1} \sigma d\epsilon \equiv u$$

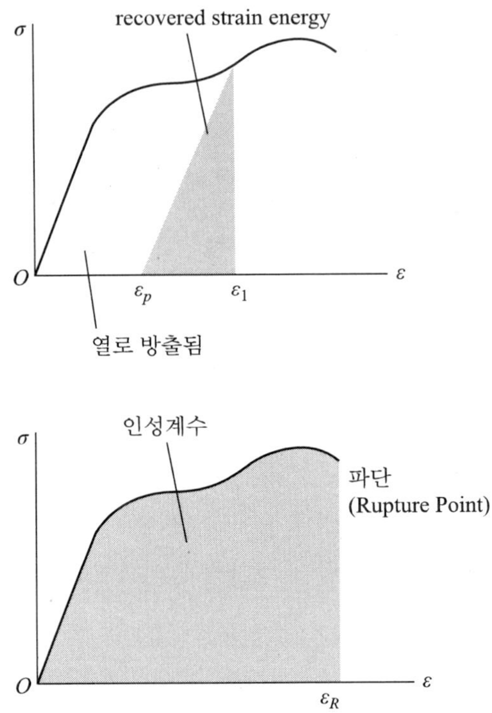

그림 8-4 소성에너지와 탄성에너지

그림 8-4에서 단위 부피당 에너지는 $u = \int_0^{\epsilon_1} \sigma d\epsilon$의 식에서 탄성영역 1차원 후크의 법칙 $\sigma = E\epsilon$을 대입하여 적분하면 $u = \frac{1}{2}E\epsilon^2 = \frac{1}{2}\sigma\epsilon = \frac{1}{2}\frac{\sigma^2}{E}$ 등으로 표현된다. 단위 부피당 에너지의 크기는 재료가 변형하는데 흡수할 수 있는 에너지의 크기를 나타내므로 파단이 일어날 때까지 흡수하는 총 에너지의 양은 그림 8-4에 음영처리된 곡선과 수평축 사이의 면적으로 재료의 '인성(toughness)'이라고 한다. 인성은 재료의 강인함을 재는 측정수단 중 하나이다. 또한, 변형률-응력 선도에서 탄성한계인 $\sigma_1 = \sigma_Y$까지 단위 부피당 재료가 흡수하는 에너지의 양은 탄성 에너지계수 의미로 볼 수 있는 '탄력계수(modulus of resilience)'라고 한다. 탄력계수는 재료가 충격하중을 받았을 때 소성이 일어나지 않고 에너지를 흡수할 수 있는 능력을 표현하므로 충격하중을 받는 구조물에서 중요하다.

1. 수직응력에 의한 에너지 밀도

탄성영역에서 수직응력(σ)에 의한 에너지 밀도는 $u = \dfrac{\sigma^2}{2E}$이므로 이 경우 부재 내에 축적된 총 에너지의 양은 다음과 같다.

$$U = \int \frac{\sigma^2}{2E} dV$$

예를 들어 축방향 하중을 받는 단면이 일정한 축 부재의 경우 축방향 수직응력의 크기는 일정하므로 다음과 같이 총 에너지의 양을 결정한다.

$$\sigma = \frac{P}{A}$$

$$U = \int \frac{\sigma^2}{2E} dV = \int \frac{P^2}{2EA^2} dV = \int_0^L \frac{P^2}{2EA^2} A dx$$

$$= \int_0^L \frac{P^2}{2EA} dx = \frac{P^2 L}{2EA}$$

보기문제

그림에는 길이가 $L/2$이고 단면의 크기가 각각 다른 원기둥 막대를 축방향으로 연결한 구조물이다. 구조물의 한쪽 면은 단단한 벽면에 고정되었고, 반대편에는 정하중 P가 작용할 때, 구조물에 축적되는 에너지의 양을 계산하시오. 또한 단면적에서 $n=1$인 경우와 그 밖의 경우에 대해서 충격하중에 적합한지 추론하시오.

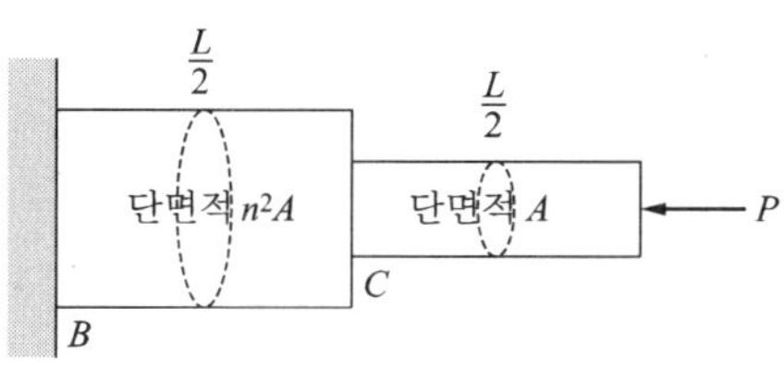

해설 $U_n = \dfrac{P^2 \frac{1}{2} L}{2EA} + \dfrac{P^2 \frac{1}{2} L}{2E(n^2 A)} = \dfrac{P^2 L}{4EA}\left(1 + \dfrac{1}{n^2}\right)$

$$= \frac{1+n^2}{2n^2}\frac{P^2L}{2EA}$$

특히, $n=1$인 경우로 원기둥의 단면이 전 구간에서 일정하면, $U_1 = \frac{P^2L}{2EA}$이므로 $n>1$로 단이 있는 모든 경우에는 $U_n < U_1$로 충격하중에 불리하다.

즉, 탄성영역에서 축적된 변형에너지란 다시 쓸 수 있는 회복 가능한 에너지로 외력에 의하여 물체의 모양이 변형된 형태로 저장된다.

스프링계수 $k = \frac{EA}{L}$, 변형량 $\delta = \frac{L}{EA}P$, 하중 $P = \frac{EA}{L}\delta$ 등의 관계를 기초로 다음과 같이 살펴볼 수 있다. 그림에서 음영처리된 삼각형은 탄성 변형에너지로 회복이 가능한데 비하여 그 외의 영역은 비탄성 소성영역으로 분산되어 다시 쓸 수 없는 에너지다.

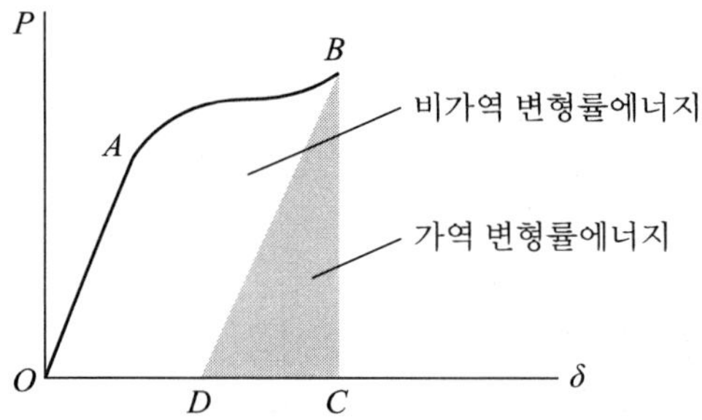

탄성한도(A점)를 넘었을 때는 재료에 영구변형이 생긴다.

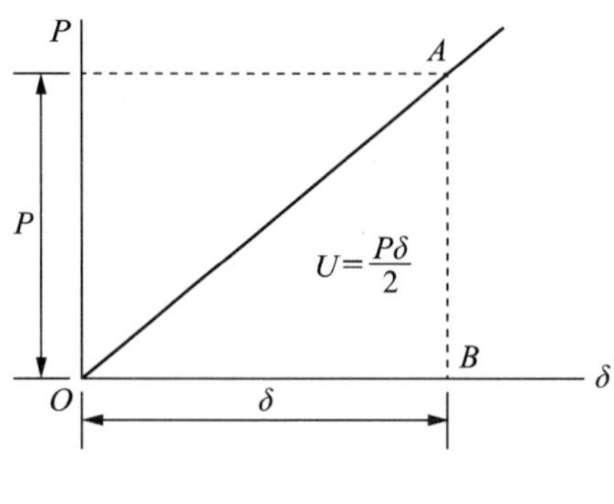

그림에서 에너지는 $U=\int Pd\delta$의 P와 δ가 선형 탄성비례관계이므로 에너지를 하중의 함수로 표현하면

$$U=\frac{1}{2}P\delta=\frac{1}{2}P\left(\frac{PL}{EA}\right)=\frac{P^2L}{2EA}$$

또한 에너지를 변형량 함수로 표현한다면

$$U=\frac{1}{2}\left(\frac{EA\delta}{L}\right)\delta=\frac{EA\delta^2}{2L}$$

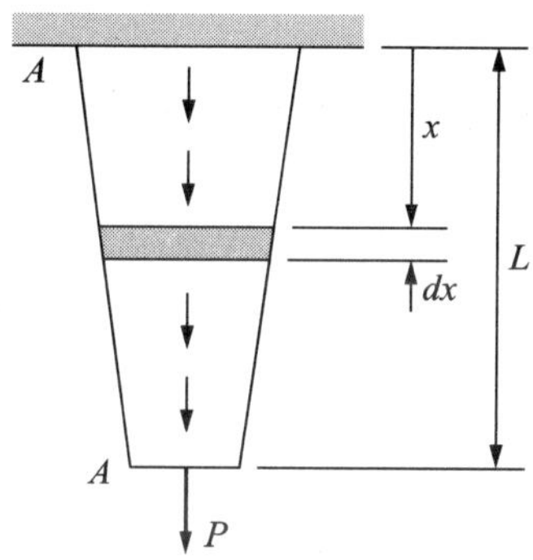

그림의 변형체를 길이방향으로 n개로 나누어 각 부분의 축력을 N_i 그리고 길이를 L_i라고 하면 총 변형에너지는 다음의 식으로 표현할 수 있다.

$$U=\sum_{i=1}^{n}\frac{N_i^2L_i}{2E_iA_i}$$

$n\rightarrow\infty$로 취하면 구분구적법의 적분정의로부터 위의 에너지는 다음의 적분식으로 표현된다.

$$U=\int_0^L\frac{[N(x)]^2dx}{2EA}$$

$$U=\int Pd\delta=AL\int\frac{P}{A}d\left(\frac{\delta}{L}\right)=V\int\sigma d\epsilon$$

그러므로 단위 부피당 변형에너지($u=\dfrac{\sigma^2}{2E}$)의 척도인 에너지 밀도는 $\dfrac{U}{V}=u=\int\sigma d\epsilon$.

$$u=\frac{1}{2E}\left(\frac{P}{A}\right)^2=\frac{E}{2}\left(\frac{\delta}{L}\right)^2$$

변형에너지 밀도($u=\dfrac{\sigma^2}{2E}$)를 참고하여 탄력계수(modulus of resilience)는 $u_r=\dfrac{\sigma_{pl}^2}{2E}$이다.

2. 굽힘하중에 의한 에너지 밀도

모멘트에 의한 굽힘응력은 $\sigma=\dfrac{My}{I}$으로 계산된다. 이 응력의 식을 변형에너지 밀도에 대입하고 변형체 부피에 대하여 적분하면 $U=\int\dfrac{\sigma_x^2}{2E}dV=\int\dfrac{M^2y^2}{2EI^2}dV$. 그런데 보에서 미소부피는 $dV=dAdx$을 변형에너지에 대입하면

$$U=\int\frac{M^2y^2}{2EI^2}dAdx=\int_0^L\frac{M^2}{2EI^2}\left(\int y^2dA\right)dx=\int_0^L\frac{M^2}{2EI}dx$$

보의 경우 변형에너지를 다음의 의미로 살펴볼 수 있다. 여기서 가로축 θ는 굽힘하중을 받는 보가 만드는 호의 중심각 크기이다. 즉, 굽힘모멘트(M)와 중심각(θ)의 관계는 선형관계로 변형에너지는 모멘트가 한 일과 같으므로 $W=M\times(\theta/2)=M\theta/2$의 크기로 $M-\theta$ 직선이 만드는 삼각형의 크기로 선형 스프링의 경우와 유사하다.

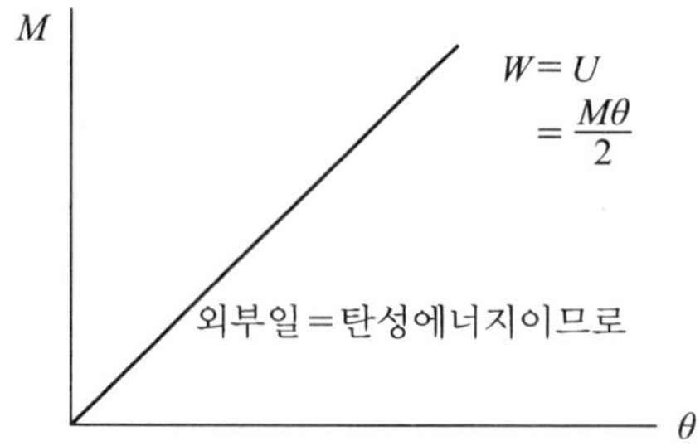

보의 변형 후 곡률은 k라고 할 때 $\theta = \frac{L}{\rho} = kL = \frac{ML}{EI}$ 으로 $M = \left(\frac{EI}{L}\right)\theta$ 이다. θ가 증가할수록 M도 증가한다.

$W = U = \frac{M\theta}{2} = \frac{M}{2}\left(\frac{ML}{EI}\right) = \frac{M^2L}{2EI} = \frac{EI\theta^2}{2L}$ 의 관계가 성립한다.

또한 기하학적 관계에서 $d\theta = \kappa\, dx = \left(\frac{d^2v}{dx^2}\right)dx$ 이고 굽힘모멘트 M은 일반적으로 축방향 좌표 x의 함수이다. 굽힘모멘트가 보에 축적하는 변형에너지는

$$U = \int \frac{M^2 dx}{2EI} = \int \frac{EI}{2}\left(\frac{d^2v}{dx^2}\right)^2 dx$$

단일하중이 적용될 때 하중에 의한 일과 변형에너지는 같다.

보기문제

그림에서 단면이 일정한 외팔보의 자유단에 수직하중 P가 작용할 때 부재에 축적된 변형에너지의 양을 계산하시오.

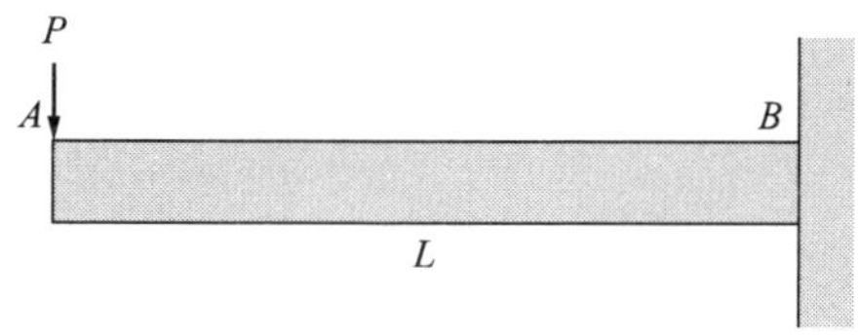

해설 모멘트의 분포 $M(x) = Px$를 굽힘모멘트 변형에너지 식에 대입하고 적분을 수행하면

$$U = \int_0^L \frac{M^2}{2EI} dx = \int_0^L \frac{P^2 x^2}{2EI} dx = \frac{P^2 L^3}{6EI}$$

3. 전단응력에 의한 에너지 밀도

그림 8-5에 그려진 단위길이의 정육면체에 전단응력이 주어지면 전단응력이 행한 일의 크기는 $\frac{1}{2}\tau\gamma$이므로 단위 체적당 에너지 밀도는 $u = \int_0^{\gamma_{xy}} \tau_{xy} d\gamma_{xy}$로 구해진다.

후크의 법칙 $\tau = G\gamma$으로부터,

$$u = \frac{1}{2}G\gamma^2 = \frac{1}{2}\tau\gamma = \frac{\tau^2}{2G} = \frac{dU}{dV}$$

$$\Rightarrow U = \int \frac{\tau^2}{2G} dV$$

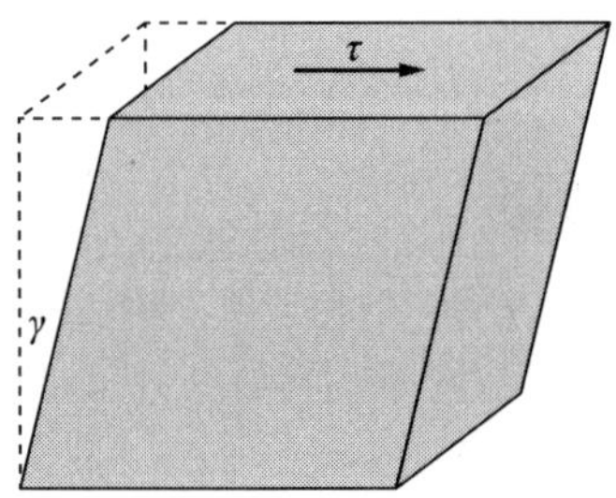

그림 8-5 전단변형

토크가 작용하는 부재에는 전단응력의 분포가 생기므로 이에 따른 총 변형 에너지는 위의 결과를 이용하여 다음과 같이 계산된다.

$$\tau = \frac{T\rho}{J}$$

$$U = \int \frac{\tau^2}{2G} dV = \int \frac{T^2 \rho^2}{2GJ^2} dV$$

여기서 토크를 받는 부재가 $dV = dAdx$의 미소부피로 표현하면

$$U = \int_0^L \frac{T^2}{2GJ^2} \left(\int \rho^2 dA \right) dx = \int_0^L \frac{T^2}{2GJ} dx$$

단면의 극관성 모멘트(J)가 일정한 경우에는 $U = \dfrac{T^2 L}{2GL}$로 정리된다.

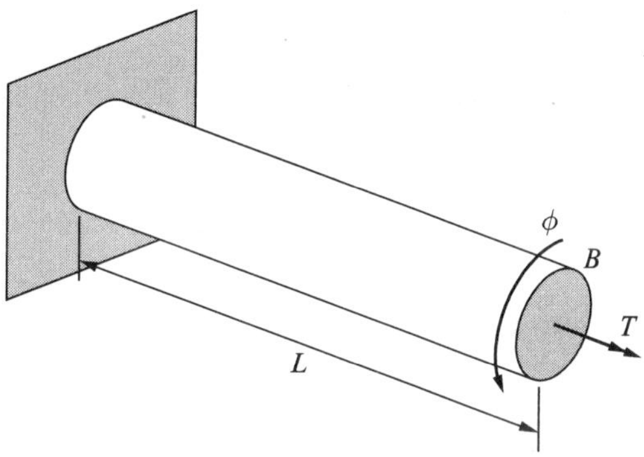

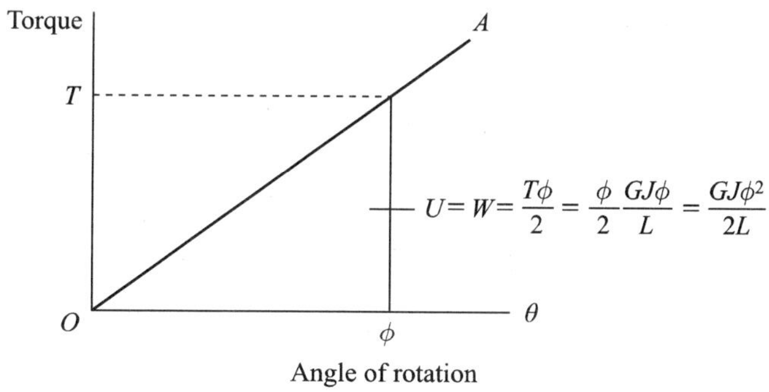

그림에 보인 비틀림 축에서 비틀림각은 $\phi = \dfrac{TL}{GJ}$이다.

변형에너지의 크기는 $U = \dfrac{1}{2} T\phi = \dfrac{T}{2} \left(\dfrac{TL}{GJ} \right) = \dfrac{T^2 L}{2GJ}$

일과 에너지의 관계에서 $U = W = \dfrac{T\phi}{2} = \dfrac{\phi}{2}\left(\dfrac{GJ\phi}{L}\right) = \dfrac{GJ\phi^2}{2L}$

불균일 비틀림을 받는다면,

$$U = \lim_{n\to\infty}\sum_{i=1}^{n} U_i = \lim_{n\to\infty}\sum_{i=1}^{n}\frac{T_i^2 L}{2G_i(J)_i} = \int_0^L \frac{[T(x)]^2 dx}{2GJ(x)}$$

단순 전단응력을 받는 사각형(두께 t)에 축적된 에너지를 살펴보자.
전단력은 $V=\tau ht$ 그리고 $\delta = \gamma h$이다.

$$U = W = V\delta/2 = (\tau ht)(\gamma h)/2 = \tau\gamma h^2 t/2$$

여기서 $h^2 t$은 체적이다. 변형에너지 밀도는 $u = \tau\gamma/2$. 후크의 법칙 $\tau = G\gamma$를 대입하면 $u = \dfrac{\tau^2}{2G}$ 혹은 $u = \dfrac{G\gamma^2}{2}$.

보기문제

그림에 보인 2단 토크 부재의 자유단에 토크 T가 가해질 때 부재에 축적되는 총 에너지의 크기를 계산하시오.

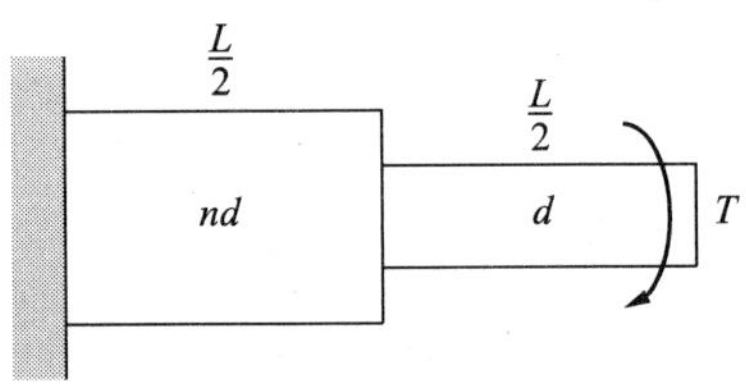

해설 $U_n = \dfrac{T^2\left(\dfrac{L}{2}\right)}{2GJ} + \dfrac{T^2\left(\dfrac{L}{2}\right)}{2G(n^4 J)} = \dfrac{1+n^4}{2n^4}\dfrac{T^2 L}{2GJ}$

4. 횡방향 하중을 받는 보의 변형에너지

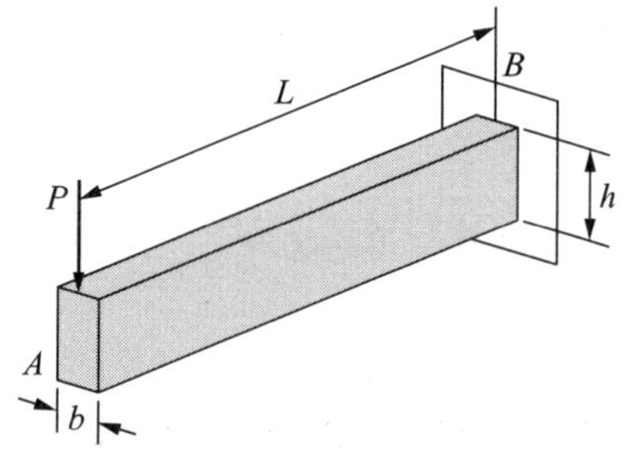

그림 8-6 횡방향의 하중을 받는 보

그림 8-6에서 굽힘모멘트 응력은 $\sigma = \dfrac{My}{I}$ 이고 모멘트 $M = P(L-x)$이므로 수직응력에 따른 변형에너지 크기는 $U_\sigma = \dfrac{P^2L^3}{6EI}$이다. 한편, 횡방향 하중의 전단력에 의하여 임의의 단면에 분포하는 전단응력은

$$\tau_{xy} = \frac{3}{2}\frac{V}{A}\left(1 - \frac{y^2}{c^2}\right) = \frac{3}{2}\frac{P}{bh}\left(1 - \frac{y^2}{c^2}\right)$$

이므로 전단응력에 의해 축적되는 변형에너지는

$$U_\tau = \int \frac{\tau^2}{2G} dV = \frac{1}{2G}\left(\frac{3}{2}\frac{P}{bh}\right)^2 \int \left(1 - \frac{y^2}{c^2}\right)^2 dV$$

미소부피 $dV = bdydx$를 위의 식에 대입하면

$U_\tau = \dfrac{9P^2}{8Gbh^2}\displaystyle\int_{-c}^{c}\left(1 - 2\frac{y^2}{c^2} + \frac{y^4}{c^4}\right)dy \int_0^L dx = \dfrac{3P^2L}{5Gbh} = \dfrac{3P^2L}{A}$을 얻는다.

위의 두 변형에너지에서 총 변형에너지는 $U = U_\sigma + U_\tau = \dfrac{P^2L^3}{6EI} + \dfrac{3P^2L}{5GA}$.

그런데 $\dfrac{I}{A} = \dfrac{h^2}{12}$이므로 총 변형에너지를 다음과 같이 간략히 정리할 수 있다.

$$U = \frac{P^2L^3}{6EI}\left(1+\frac{3Eh^2}{10GL^2}\right) = U_\sigma\left(1+\frac{3Eh^2}{10GL^2}\right)$$

구조용 재료에서 전단 강성계수는 $G \geq \dfrac{E}{3}$가 성립한다. 괄호 안은 가장 큰 값의 경우가 $0.9\left(\dfrac{h}{L}\right)^2+1$이므로 전단응력에 의한 효과를 무시하더라도 총 변형에너지 계산에서 오차는 $0.9\left(\dfrac{h}{L}\right)^2$ 이하이다.

5. 일반 응력상태에 대한 변형에너지

모든 응력성분이 있는 경우의 변형에너지 밀도는 다음과 같이 표현된다.

$$\begin{aligned} u &= \frac{1}{2E}\left[\sigma_x^2+\sigma_y^2+\sigma_z^2-2\nu(\sigma_x\sigma_y+\sigma_y\sigma_z+\sigma_z\sigma_x)\right] \\ &\quad + \frac{1}{2G}(\tau_{xy}^2+\tau_{yz}^2+\tau_{zx}^2) \end{aligned}$$

이 식에 포함된 변형률에 대하여 3차원 후크의 법칙을 대입하면

$$u = \frac{1}{2}(\sigma_x\epsilon_x+\sigma_y\epsilon_y+\sigma_z\epsilon_z+\tau_{xy}\gamma_{xy}+\tau_{yz}\gamma_{yz}+\tau_{zx}\gamma_{zx})$$

주좌표계(主座標係)에서는 전단응력 성분이 없으므로 앞의 변형에너지 밀도 식으로부터 다음과 같이 세 개의 주응력(σ_a, σ_b, σ_c)으로 표현할 수 있다.

$$u = \frac{1}{2E}\left[\sigma_a^2+\sigma_b^2+\sigma_c^2-2\nu(\sigma_a\sigma_b+\sigma_b\sigma_c+\sigma_c\sigma_a)\right]$$

일반적으로 변형에너지는 체적의 크기를 바꾸거나 각을 변화시켜 모양을 찌그러뜨리는 데에 적용되므로 에너지를 다음과 같이 나누어 생각할 수 있다.

$$u = u_V + u_d$$

여기서 u_V는 체적(體積) 변형에너지(volumetric energy) 밀도이고, u_d는 뒤틀

림 변형에너지(distortion energy) 밀도이다.

$\sigma_{ave} = \dfrac{(\sigma_a + \sigma_b + \sigma_c)}{3}$로 평균 수직응력을 정의하면 각 주응력의 크기는 다음과 같이 평균 응력과 평균 응력과의 차이 즉, 편차응력($\sigma' = \sigma - \sigma_{ave}$)으로 구분하여 표현할 수 있다. 정의에 따라서 편차응력의 합은 $\sigma_a' + \sigma_b' + \sigma_c' = 0$이 된다.

$$\sigma_a = \sigma_{ave} + \sigma_a', \quad \sigma_b = \sigma_{ave} + \sigma_b', \quad \sigma_c = \sigma_{ave} + \sigma_c'$$

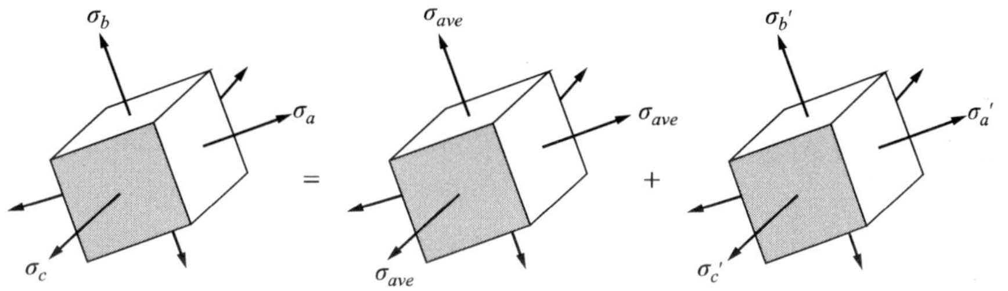

그림에서 (a)의 상태 체적 변형에너지는

$$\begin{aligned} u_V &= \frac{1}{2E}\left\{\sigma_{ave}^2 + \sigma_{ave}^2 + \sigma_{ave}^2 - 2\nu(\sigma_{ave}^2 + \sigma_{ave}^2 + \sigma_{ave}^2)\right\} \\ &= \frac{1-2\nu}{6E}(\sigma_a + \sigma_b + \sigma_c)^2 \end{aligned}$$

$$\begin{aligned} u_d &= u - u_V \\ &= \frac{1}{2E}\left\{\sigma_a^2 + \sigma_b^2 + \sigma_c^2 - 2\nu(\sigma_a\sigma_b + \sigma_b\sigma_c + \sigma_c\sigma_a)\right\} \\ &\quad - \frac{1-2\nu}{6E}(\sigma_a + \sigma_b + \sigma_c)^2 \\ &= \frac{1+\nu}{6E}\left\{(\sigma_a - \sigma_b)^2 + (\sigma_b - \sigma_c)^2 + (\sigma_c - \sigma_a)^2\right\} \end{aligned}$$

한편 $\dfrac{1+\nu}{6E} = \dfrac{1}{12G}$을 이용하여 위의 식에 대입하면,

$$u_d = \frac{1}{12G}\left[(\sigma_a - \sigma_b)^2 + (\sigma_b - \sigma_c)^2 + (\sigma_c - \sigma_a)^2\right]$$

단축 인장시험에서 $\sigma_a = \sigma_Y$, $\sigma_b = \sigma_c = 0$일 때 항복이 일어나며 뒤틀림 변형에너지 밀도에 대입하면 $u_d = \frac{1}{12G}(2\sigma_Y^2) = \frac{\sigma_Y^2}{6G}$를 얻는다. 따라서 재료 내에 소성이 없는 응력상태는 다음의 조건을 만족하여야 한다.

$$(\sigma_a - \sigma_b)^2 + (\sigma_b - \sigma_c)^2 + (\sigma_c - \sigma_a)^2 < 2\sigma_Y^2$$

8.3 충격하중

부재에 충격이 가해질 때 부재 내에 발생하는 최대 변형에너지와 같은 크기의 에너지를 생성하는 등가 정하중 P_m의 크기를 충격하중이라고 한다.

보기문제

다음 2단 축 부재에 충격이 가해질 때 충격하중을 결정하시오.

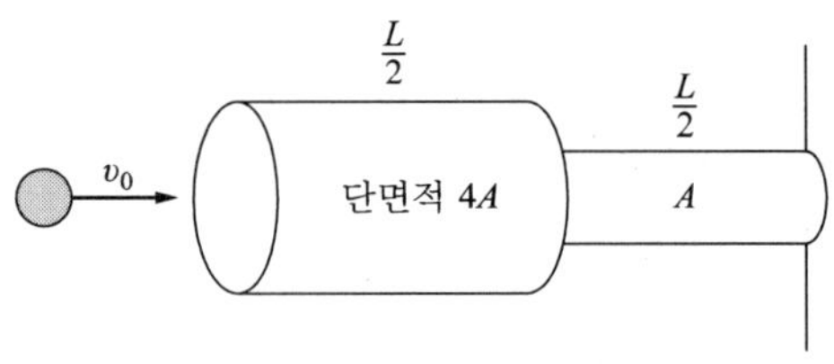

해설 $U_n = \frac{1+n^2}{2n^2}\frac{P_m^2 L}{2AE}$의 식에 $n=2$를 대입하면, $U = \frac{5P_m^2 L}{16AE} = T = \frac{1}{2}mv_0^2$

$P_m^2 = \frac{8}{5}\frac{AEmv_0^2}{L}$으로부터 $P_m = \sqrt{\frac{8}{5}\frac{AEmv_0^2}{L}}$를 얻는다. 응력으로 표현하면

$\sigma_m = \sqrt{\frac{8}{5}\frac{Emv_0^2}{AL}} = 1.265\sqrt{\frac{Emv_0^2}{AL}}$ 이다.

이 결과를 해석하면 충격하중과 같은 동(動)하중인 경우 정(靜)하중에 비하여 최대 응력이 단면적 A인 균일한 봉에 비하여 26.5% 증가된다. 이는 축요소의 에너지 흡수 능력이 감소되기 때문이다. 왜냐하면 봉이 더 강해지므로 끝단의 이동거리가 감소되었다고 말할 수 있다.

보기문제

외팔보의 자유단에 무게 'W'가 h의 높이에서 자유낙하 할 때 외팔보에 발생하는 최대 수직응력을 결정하시오.

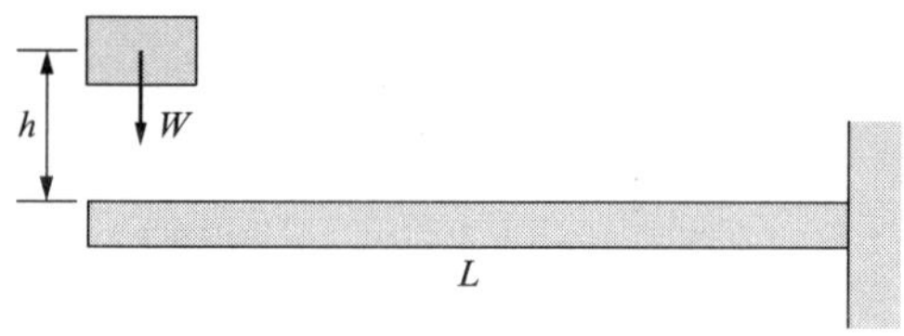

해설 자유낙하의 경우 물체의 위치에너지(Wh)가 보의 변형률 에너지 $\left(\dfrac{P^2L^3}{6EI}\right)$로 바뀌므로 일과 에너지의 관계에서 $P=\sqrt{\dfrac{6EIWh}{L^3}}$의 정하중을 얻는다.

최대 모멘트는 벽면에서 $M_{\max}=PL=\sqrt{\dfrac{6EIWh}{L}}$이므로 최대 굽힘응력은

$$\sigma_{\max}=\frac{Mc}{I}=\frac{c}{I}\sqrt{\frac{6EIWh}{L}}=\sqrt{\frac{6EWh}{L(I/c^2)}}$$

1. 충격하중에 대한 설계

경우 (ⅰ)에는 단면적이 균일한 봉에 질량(m)이 충돌하는 경우 봉에 발생하는 최대 수직응력의 크기를 구해보자.

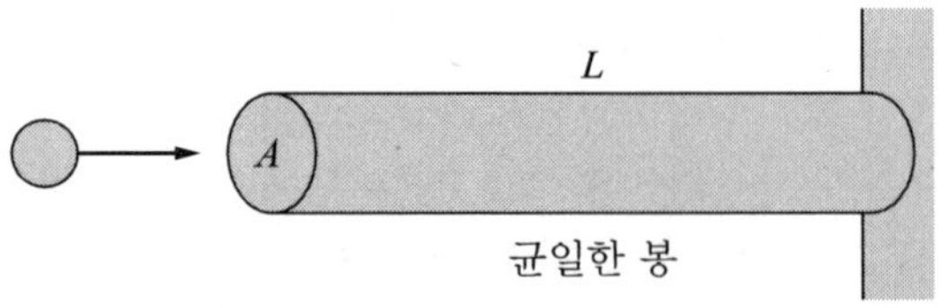

$$U_m = \frac{P^2 L}{2EA} \text{에서 } P^2 = \frac{2EAU_m}{L}.$$

$$\text{따라서 } \sigma_{\max} = \frac{P}{A} = \sqrt{\frac{2EU_m}{AL}} = \sqrt{\frac{2EU_m}{V}}$$

경우 (ii)에서는 2단 실린더 봉에 질량(m)이 충돌할 때 봉에 생기는 최대 수직응력의 크기를 구한다.

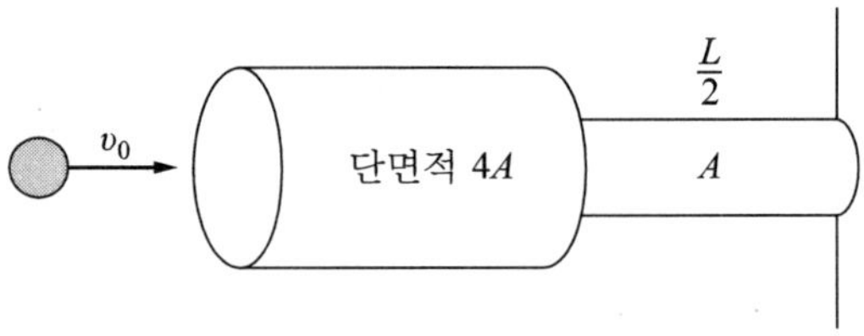

$$V = (4A)\left(\frac{L}{2}\right) + A\left(\frac{L}{2}\right) = \frac{5}{2}AL$$

$$P_m = \sqrt{\frac{16}{5}\frac{U_m AE}{L}} \text{ 이므로}$$

$$\sigma_{\max} = \frac{P_m}{A} = \sqrt{\frac{16}{5}\frac{U_m E}{AL}} = \sqrt{\frac{16U_m E}{5\left(\frac{2}{5}V\right)}} = \sqrt{\frac{8U_m E}{V}}$$

경우 (iii)

$$\frac{I}{c^2} = \frac{\pi c^2}{4} = \frac{A}{4} \text{을 대입하여}$$

최대 수직응력의 크기는 $\sigma_{\max} = \sqrt{\dfrac{6EU_m}{L\left(\dfrac{A}{4}\right)}} = \sqrt{\dfrac{24EU_m}{V}}$

위의 세 가지 경우를 비교하여 아래와 같은 추론을 얻는다.

최대 응력($\sigma_{\max}$)은 탄성계수 제곱근($\sqrt{E}$)에 비례하고 부재의 부피의 제곱근($\sqrt{V}$)에 반비례한다. 또한 불균일한 변형에너지의 분포는 큰 최대 응력을 유발시킨다. 따라서 충격하중을 효과적으로 지지하려면 구조물은 다음과 같은 사항이 필요하다.

① 큰 체적을 가질 것.

② 낮은 탄성계수와 높은 항복강도를 가진 재료를 이용할 것.

③ 응력이 구조물 전체에 가급적 균일하게 분포되는 형상을 가질 것.

8.4 일과 에너지 원리

정적 구조 시스템에서 에너지의 손실이 없다면 외력이 한 일의 양은 모두 시스템에 탄성에너지로 저장된다. 즉 일과 에너지의 등식관계 $W = U$를 이용하면 쉽게 해결할 수 있는 문제들이 있다. 외력 P_1이 x방향으로 이동하여 일을 하는 경우에

$$U = W = \int_0^{x_1} P_1 dx$$

'내부에너지(internal energy)'인 탄성에너지는 반드시 외부의 하중에 의하여 행해진 일의 크기와 같다. 다음의 경우들에 대하여 응용방법을 확인해 보자.

1. 단일하중을 받는 보의 경우

횡하중을 받는 보의 경우 내부에너지의 크기 U와 외부하중에 의하여 행해진 일 W를 구해보자.

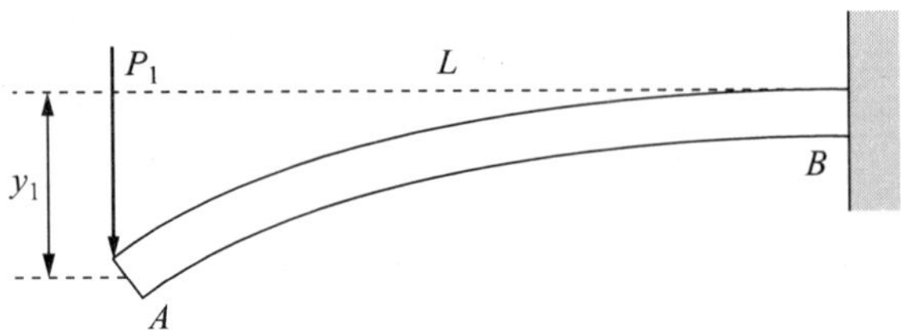

위의 그림에서 P에 의한 $x=L$에서 처짐량의 크기가 $y_L = y_1$일 때 일은

$$W = \int_0^{y_1} P dv = \frac{1}{2}P_1 y_1 = \frac{1}{2}P_1\left(\frac{P_1 L^3}{3EI}\right) = \frac{P_1^2 L^3}{6EI} \text{이므로}$$

$$U = W = \frac{P_1^2 L^3}{6EI}$$

보에 분포하는 응력으로부터 $\int \frac{\sigma^2}{2E} dV$의 관계식을 이용해도 위와 같은 결론을 얻을 수 있다.

순수굽힘모멘트를 받는 보의 경우에는 $\theta = \frac{ML}{EI}$의 관계로부터 내부에너지를 유도할 수 있다.

$$U = \int_0^{\theta_1} M d\theta = \frac{1}{2}M_1\theta_1 = \frac{1}{2}M_1\left(\frac{M_1 L}{EI}\right) = \frac{M_1^2 L}{2EI}$$

유사한 방법으로 토크를 받는 비틀림 원통형 부재의 경우에는 다음과 같다.

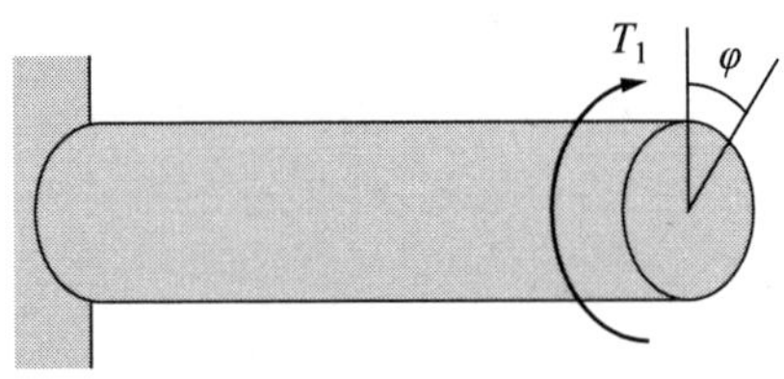

$$U = \int_0^{\phi_1} T d\phi = \frac{1}{2}T_1\phi_1 = \frac{1}{T_1}\left(\frac{T_1 L}{JG}\right) = \frac{T_1^2 L}{2JG}$$

앞의 세 경우는 모두 힘(P, M, T)와 강성도(EA, EI, GJ)의 유추적으로

같은 개념이라는 점을 상기하면 한 개의 경우가 나머지 두 경우를 동시에 표현하고 있음을 알 수 있다.

보기문제

그림과 같은 단순지지 보의 중앙에 충격이 가해질 때 다음 물음에 답하여라.

(1) 질량의 충돌 때문에 부재에 발생하는 최대 충격하중 P_m과 최대 처짐 x_m을 구하시오.

(2) 이때 보에 발생하는 최대 수직응력 σ_m을 구하시오.

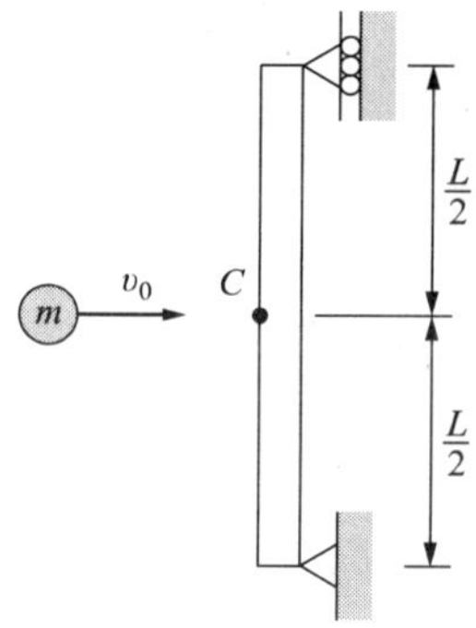

해설 (1) 등가 정하중

$$U_m = \frac{1}{2}mv_0^2 = \frac{1}{2}P_m x_m \quad ①$$

단순지지 보의 중앙에 P_m의 정하중이 작용할 때 발생하는 처짐량은 $x_m = \dfrac{P_m L^3}{48EI}$이다.

이 처짐량을 식 ①에 대입하면

$$U_m = \frac{1}{2}\frac{P_m^2 L^3}{48EI} \quad ②$$

식 ①과 ②로부터 최대 충격하중은

$$P_m = \sqrt{\frac{48mv_0^2 EI}{L^3}}$$

그러므로 충돌하중에 의하여 발생하는 최대 변형량은

$$x_m = \frac{P_m L^3}{48EI} = \sqrt{\frac{m v_0^2 L^3}{48EI}}$$

(2) 최대 응력성분

보의 c에 작용하는 최대 굽힘모멘트는 $\frac{P_m L}{4}$이며 보의 높이는 $h=2c$이므로

$$\sigma_m = \frac{M_{\max} c}{I} = \frac{P_m L c}{4I} = \sqrt{\frac{3 m v_0^2 EI}{L\left(\frac{I}{c}\right)^2}}$$

보기문제

그림의 트러스 구조에서 두 개의 부재는 같은 단면적 A를 가지고 있다. 하중 P가 작용하는 핀 B의 수직변위를 구하시오.

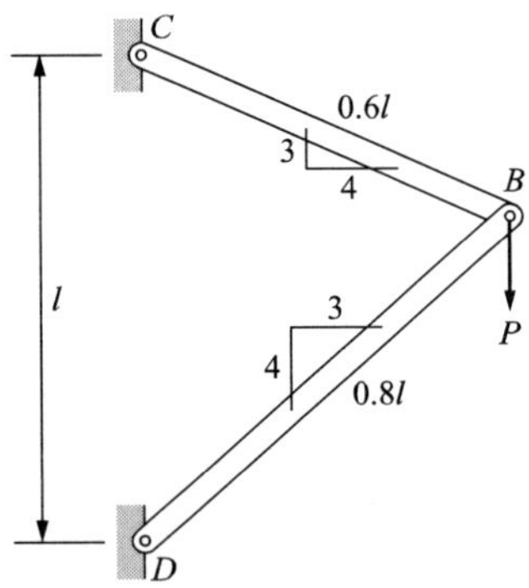

해설 핀 B에 대한 자유물체도는 다음의 그림과 같다.

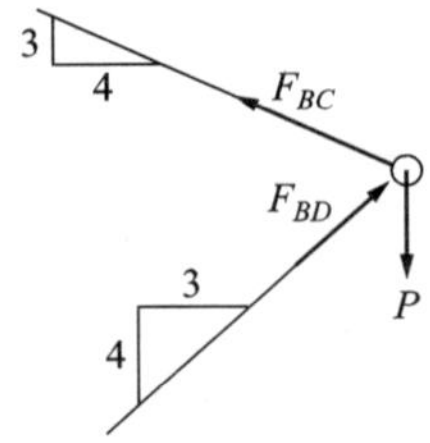

수평방향 힘의 평형으로부터 $\frac{4}{5}F_{BC}=\frac{3}{5}F_{BD}$이므로 $F_{BC}=\frac{3}{4}F_{BD}$.

$F_{BC}=\frac{3}{4}F_{BD}$를 수직방향 힘의 평형 식 $\frac{3}{5}F_{BC}+\frac{4}{5}F_{BD}=P$에 대입하면

$\left\{\left(\frac{3}{5}\right)\left(\frac{3}{4}\right)+\left(\frac{4}{5}\right)\right\}F_{BD}=P$. 이를 정리하면 $F_{BD}=0.8P$이다.

이를 $F_{BC}=\frac{3}{4}F_{BD}$에 대입하면 $F_{BC}=0.6P$.

두 막대에서 생기는 내부에너지를 합하면 $U=\sum\frac{P_i^2}{2k_{eq}}\equiv 0.364\frac{P^2l}{AE}=\frac{1}{2}Py_B$.

따라서 수직방향 변위는 $y_B=0.728\frac{Pl}{AE}$.

보기문제

단순지지 보의 중앙에 h의 높이에서 질량(m)이 자유낙하 할 때 발생하는 최대 처짐량(δ_c)을 계산하시오.

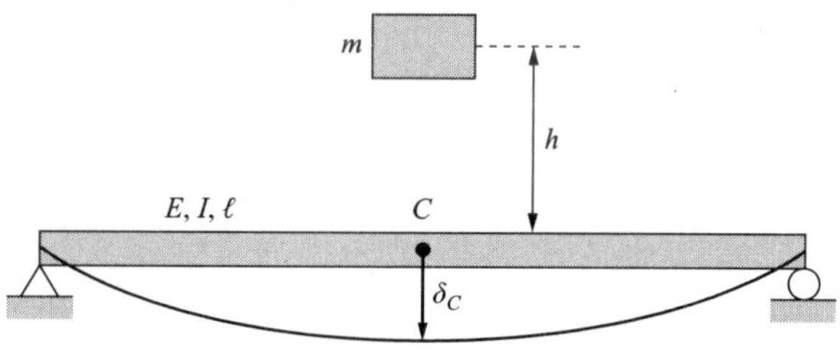

해설 질량의 위치에너지 $= mg(h+\delta_c)$ 이다.

질량이 자유낙하 후 만드는 최대 변형량과 같은 크기의 변형량을 만드는 정하중을 P_m이라고 놓자. 일의 손실이 없다면 충돌 후 최대 내부에너지는 정하중 P_m에 의한 일의 크기와 같으므로 $U=\frac{1}{2}P_m\delta_c$가 된다.

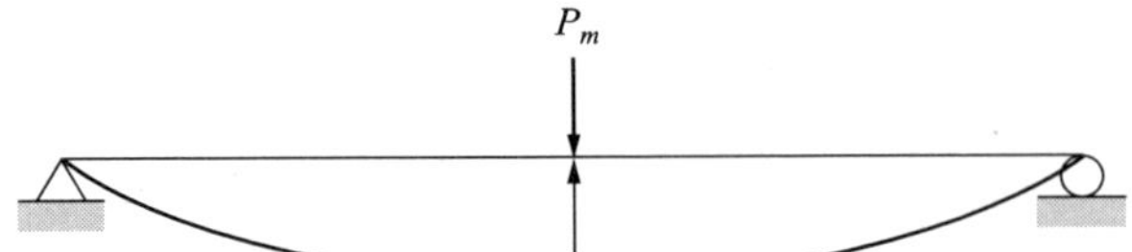

$\delta_C = \frac{P_m l^3}{48EI} \Rightarrow P_m = \frac{48EI\delta_C}{l^3}$

그림에서 정하중에 의한 최대 처짐량은 $\delta_C = \dfrac{P_m l^3}{48EI}$이다. 이 식으로부터

$$P_m = \frac{48EI\delta_C}{l^3}$$

에너지와 내부에너지는 같아야 하므로

$$mg(h+\delta_C) = \frac{1}{2}\left(\frac{48EI\delta_C}{l^3}\right)\delta_C = \left(\frac{24EI}{l^3}\right)\delta_C^2$$

가 된다. 이 식을 2차 방정식으로 정리하면 $\left(\dfrac{24EI}{l^3}\right)\delta_C^2 - mg\delta_C - mgh = 0$.

근의 공식에서

$$\delta_C = mg + \frac{\sqrt{(mg)^2 + 4\left(\frac{24EI}{l^3}\right)(mgh)\}}}{2\left(\frac{24EI}{l^3}\right)} = \frac{mgl^3}{48EI}\left\{1+\sqrt{1+\frac{96EIh}{mgl^3}}\right\}$$

하중 $W=mg$일 때 처짐량 $\dfrac{Wl^3}{48EI}$을 δ_{st}로 놓으면

$$\boxed{\delta_C = \delta_{st}\left(1+\sqrt{1+\frac{2h}{\delta_{st}}}\right)}$$

위의 식에서 $h=0$일 때 $\delta_C = 2\delta_{st}$로 즉, 정하중일 경우 처짐량과 비교하여 동하중인 경우의 처짐량은 2배가 됨을 알 수 있다.

2. 복수하중을 받는 경우

영향계수 α_{ij}의 정의는 i 위치의 변형량으로 j의 위치에 작용하는 하중 P_j가 일으키는 변형량 크기이다. 즉 n개의 하중이 작용할 때 i 위치의 변형량은

$$u_i = \sum_{j=1}^{n} \alpha_{ij} P_j = \alpha_{ij} P_j$$

위의 마지막에서 $\sum$은 아인슈타인의 기호법을 따라 생략하였다. 그림과 같이 두 개의 힘 P_1과 P_2에 의한 처짐량은 각각 $u_1 = \alpha_{11} P_1 + \alpha_{12} P_2$와 $u_2 = \alpha_{21} P_1 + \alpha_{22} P_2$이므로 변형에너지는

$$U = \frac{1}{2}(\alpha_{11} P_1^2 + 2\alpha_{12} P_1 P_2 + \alpha_{22} P_2^2)$$

여기서 맥스웰의 역이론(Maxwell's reciprocal theorem)에 따른 $\alpha_{12} = \alpha_{21}$를 적용하였다.

Castigliano의 제1정리

앞에서 유도한 내부에너지를 하중 P_1으로 편미분하면 이 하중이 작용하는 방향과 일치하는 쪽으로 하중의 작용점이 이동한 거리를 얻을 수 있다. 이것을 '카스티그리아노의 제1정리'라고 한다.

$\frac{\partial U}{\partial P_1} = \alpha_{11} P_1 + \alpha_{12} P_2 = u_1$을 확인할 수 있다. 일반적인 식으로

$$u_i = \frac{\partial U}{\partial P_i}$$

변위와 하중을 유추하면 보와 비틀림 축에 대해서 다음의 관계식도 유도할 수 있다.

$$\theta_i = \frac{\partial U}{\partial M_i} \text{ 그리고 } \phi_i = \frac{\partial U}{\partial T_i}$$

보기문제

집중하중과 분포하중을 받는 외팔보의 자유단에서 처짐량을 계산하시오.

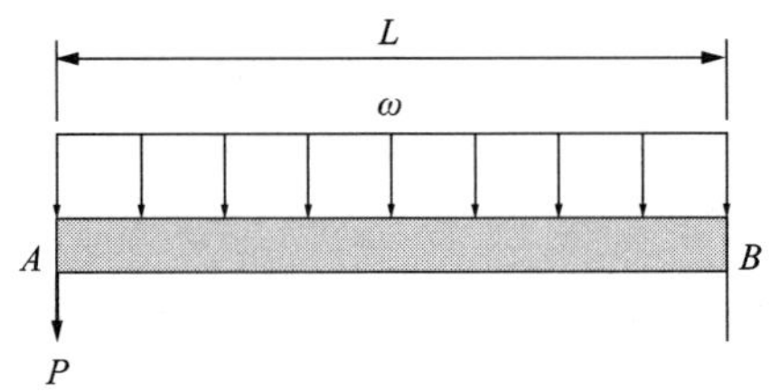

해설 모멘트 함수 $M(P,\ x) = -\left(Px + \frac{\omega x^2}{2}\right)$.

$$U = \int \left(\frac{M^2}{2EI}\right) dx$$

카스티그리아노 1법칙에서

$$v_A = \frac{\partial U}{\partial P} = \int \left(\frac{M}{EI}\right) \frac{\partial M}{\partial P} dx = \frac{1}{EI} \int_0^L \left(Px^2 + \frac{\omega x^3}{2}\right) dx$$

$$= \frac{1}{EI}\left(\frac{PL^3}{3} + \frac{\omega L^4}{8}\right)$$

식에서 $L = 2\,\text{m}$, $\omega = 4\,\text{kN/m}$, $P = 6\,\text{kN}$, $EI = 5\,\text{MNm}^2$을 대입하면

$$v_A = 4.8 \times 10^{-3}\,\text{m}.$$

즉, $v_A = 4.8\,\text{mm}\,(\downarrow)$

보기문제

그림에 보인 외팔보에서 A점에 일어나는 처짐량을 계산하시오.

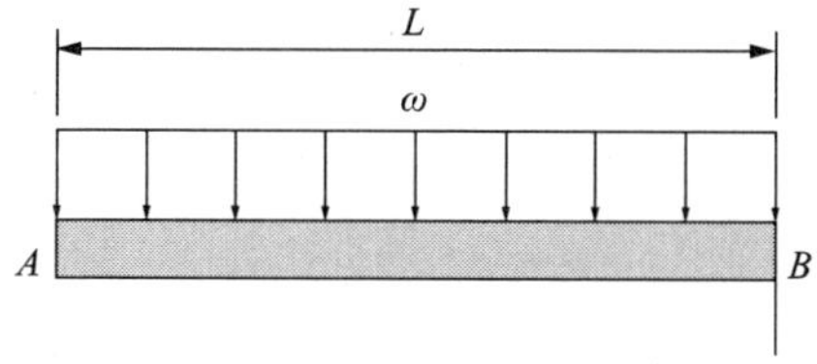

해설 A점 변위를 구하기 위하여 Castigliano 1법칙을 응용하는 방법은 A점에 변위량을 계산하고 싶은 방향으로 '가상의 힘' Q_A를 설정하는 것이다.

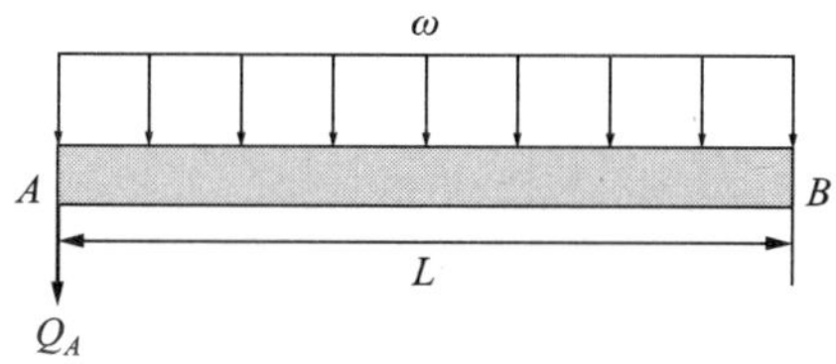

굽힘모멘트 $M=M(x,\ Q_A)$를 구하고 $v_A=\dfrac{\partial U}{\partial Q_A}=\displaystyle\int_0^L\left(\frac{M}{EI}\right)\frac{\partial U}{\partial Q_A}dx$에 대입하여 계산한다.

그리고 계산 결과에 원래의 하중상태 $Q_A=0$를 대입한다.

결과적으로 A점의 처짐량은 $v_A=\dfrac{\omega L^4}{8EI}$ (↓)이 된다.

보기문제

그림의 단순지지 보는 질량 M이 h의 높이에서 낙하하여 보에 충격을 가하는 현상을 보인다. 충격으로 인한 질량의 충격지점에서 처짐량을 계산하시오.

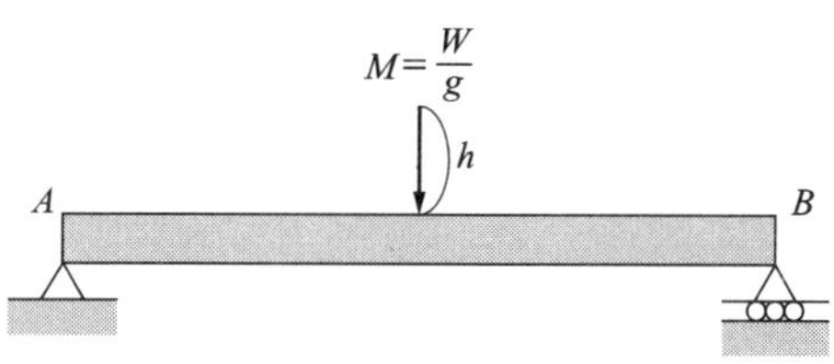

해설 낙하물체의 최초 위치에너지는 보에 저장된 최대 변형에너지와 같다. 문제의

풀이를 위하여 다음과 같은 조건을 포함시킨다.

① 낙하물체는 충돌 후 보에 붙어 이동한다.

② 충돌과정에서 에너지 손실은 없다.

③ 보는 선형 탄성 거동을 한다.

④ 동하중에서 보의 처짐은 정하중과 같다.

⑤ 보의 위치 변화에 따른 자중의 위치에너지는 상대적으로 작아서 무시할 수 있다.

보의 중앙 $x=\dfrac{L}{2}$에 W가 충돌 후 보에 생긴 처짐량을 δ_M이라고 하면

최초 위치에너지 = $W(h+\delta_M)$

보에 저장된 변형에너지의 식은 $\displaystyle\int_0^L \frac{EI}{2}\left(\frac{d^2v(x)}{dx^2}\right)^2 dx$

보의 최대 처짐 $\delta_M=\dfrac{PL^3}{48EI}$

$0<x<\dfrac{L}{2}$의 구간에서 보의 탄성곡선은 $v(x)=-\dfrac{\delta_M x}{L^3}(3L^2-4x^2)$

$\dfrac{d^2v}{dx^2}=\dfrac{24\delta_M x}{L^3}$이므로

$$U=2\int_0^{\frac{L}{2}}\frac{EI}{2}\left(\frac{d^2v}{d^2x}\right)^2 dx=EI\int_0^{\frac{L}{2}}\left(\frac{24\delta_M x}{L^3}\right)^2 dx=\frac{24EI\delta_M^2}{L^3}$$

일과 에너지 등식에서 $W(h+\delta_M)=\dfrac{24EI\delta_M^2}{L^3}$

근의 공식으로부터 최대 처짐량은 $\delta_M=\dfrac{WL^3}{48EI}+\left\{\left(\dfrac{WL^3}{48EI}\right)^2+2h\left(\dfrac{WL^3}{48EI}\right)\right\}^{1/2}$

W의 정하중에서 최대 처짐량을 $\delta_{st}=\dfrac{WL^3}{24EI}$으로 놓으면

$$\delta_M=\delta_{st}\left\{1+\sqrt{1+\frac{2h}{\delta_{st}}}\right\}$$

Chapter 8 연습문제

01 1.2 m 길이의 알루미늄 파이프는 단면적 1,100 mm^{2}을 가지며 A위치에 고정되었다. 15 mm 지름의 강철 원기둥 막대가 B의 위치에 있는 강체 판에 설치되어 수직하방으로 BC로 매달려 있다. 강철의 탄성계수가 200 GPa이고 알루미늄 파이프의 탄성계수는 70 GPa일 때 다음의 물음에 답하라. (1) $P = 60$ kN 하중에 대하여 파이프와 강철 막대의 시스템에 축적된 총 에너지의 크기를 구하고 (2) 파이프 AB와 막대 BC의 변형률 에너지 밀도를 계산하시오.

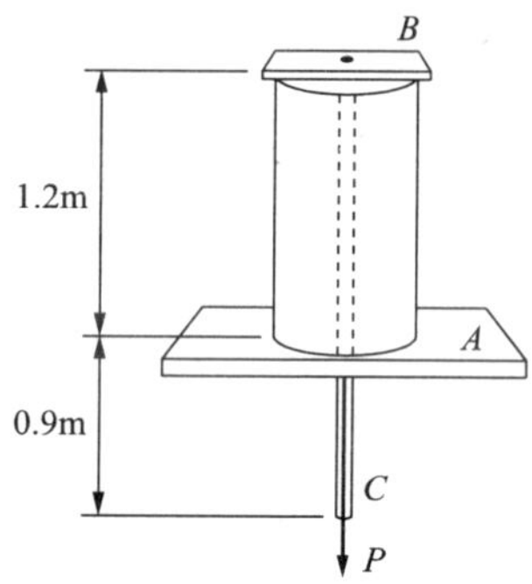

그림 P8-1

해설

(1) ① 알루미늄 파이프에 대해서

$A = 1{,}100\ \mathrm{mm}^2 = 1.1 \times 10^{-3}\ \mathrm{m}^2$

$$\sigma_{AB} = \frac{P}{A} = \frac{60 \times 10^3}{1.1 \times 10^{-3}} = 54.44\ \mathrm{MPa}$$

알루미늄에 저장된 변형에너지는

$$U_{AB} = \frac{P^2 L}{2AE} = \frac{(60 \times 10^3)^2 (1.2)}{(2)(1.1 \times 10^{-3})(70 \times 10^9)} = 28.05\ \mathrm{Nm}$$

② 강철막대에 대해서

$A = \pi (7.5)^2\ \mathrm{mm}^2 = 176.7 \times 10^{-6}\ \mathrm{m}^2$

$$\sigma_{BC} = \frac{P}{A} = \frac{60 \times 10^3}{176.7 \times 10^{-6}} = 339.6\ \mathrm{MPa}$$

$$U_{BC}=\frac{P^2L}{2AE}=\frac{(60\times10^3)^2(2.1)}{(2)(176.7\times10^{-6})(200\times10^9)}=106.96\text{ Nm}$$

(2) 변형에너지 밀도를 구하면

AB에 대하여 $u_{AB}=\dfrac{(54.55\times10^6)^2}{(2)(70\times10^9)}=21.3\text{ kN/m}^3$

BC에 대하여 $u_{BC}=\dfrac{(339.6\times10^6)^2}{(2)(200\times10^9)}=288.3\text{ kN/m}^3$

02 4 kg의 블록 E가 초속 $v_0=8$ m/s의 속도로 발판 AC에 그림 P8-2에 보인 바와 같이 부딪힌다. 구조물에서 막대 AB와 CD는 지름 10 mm인 강철로 만든 막대이며 AC에 단단히 고정되어 있다. 강철의 탄성계수가 $E=200$ GPa일 때 다음의 물음에 답하시오. (1) AB 강철막대에 걸리는 등가 정하중의 크기, (2) 막대에 걸리는 최대 응력의 크기, (3) 막대가 최대로 늘어나는 경우의 변형량을 구하시오.

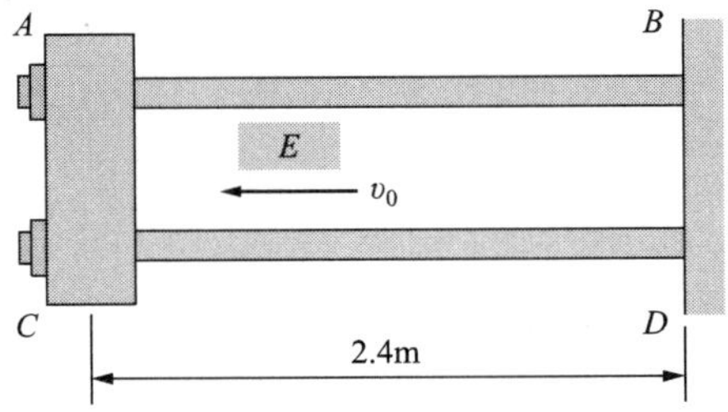

그림 P8-2

해설

완전 탄성충돌이라고 가정하면 운동에너지는 탄성에너지로 변환되므로 $T=U$.

$\dfrac{1}{2}mv_o^2=2\left(\dfrac{P_m^2L}{2AE}\right)$에서 $P_m=\sqrt{\dfrac{mv_o^2AE}{2L}}=28.94\text{ kN}$

$$\sigma_m=\frac{P_m}{A}=\frac{28.94\times10^3}{\frac{\pi(0.01)^2}{4}}=368.5\text{ MPa}$$

$$\delta_m=\frac{P_mL}{AE}=\frac{(28.94\times10^3)(2.4)}{\frac{\pi(0.01)^2}{4}(200\times10^9)}=4.42\text{ mm}$$

03 3 kg 무게의 블록 E가 그림 P8-2와 같은 시스템의 모양에서 발판에 $v_o = 5$ m/s 속도로 부딪힌다. 두 막대의 강철 탄성계수 $E = 200$ GPa와 재료의 허용응력 350 GPa을 감안하여 시스템이 안전하기 위하여 필요한 최소 강철 막대 지름을 결정하시오.

해설

$m = 3\text{ kg},\ v_o = 5\text{ m/s},\ E = 200\text{ GPa},\ \sigma_{all} = 350\text{ MPa}.$

$\frac{1}{2}mv_o^2 = uV = \left(\frac{\sigma_{all}^2}{2E}\right)(2AL)$ 으로부터 $A = \frac{mv_o^2 E}{2L\sigma_{all}^2} = \frac{(3)(5)^2(200\times10^9)}{(2)(2.4)(350\times10^6)^2} = \frac{\pi d^2}{4}.$

그러므로 $d = 5.1\text{ mm}$

04 10 kg 무게의 블록 D가 그림 P8-4에 보인 바와 같이 $h = 450$ mm 높이로부터 알루미늄 소재의 AB 보에 낙하한다. $E = 70$ GPa가 알루미늄 소재의 탄성계수일 때 다음을 결정하라. (1) 위치 E에서 일어나는 최대 처짐량과 (2) 보에서 존재할 수 있는 최대 응력의 크기를 구하시오.

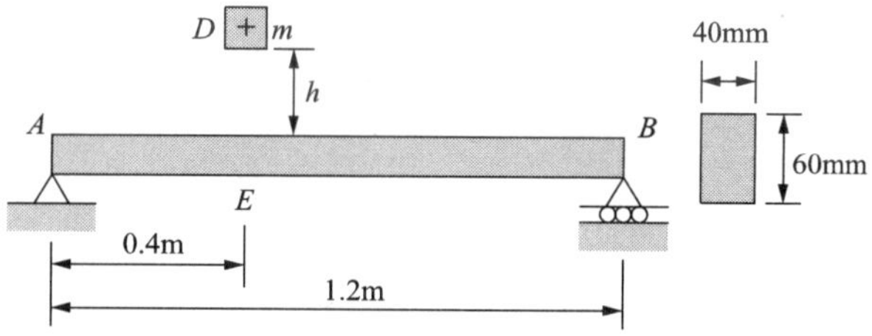

그림 P8-4

해설

$$I = \frac{(0.04)(0.06)^3}{12} = 720\times10^{-9}\text{ m}^4$$

$$v_m = \frac{P_m a^2 b^2}{3EIL} = \frac{P_m(0.4)^2(0.8)^2}{(3)(70\times10^9)(720\times10^{-9})(1.2)} = 564\times10^{-9}P_m$$

$$P_m = 1.772\times10^6 v_m$$

(1) $W = mg(h+v_m) = \frac{1}{2}P_m v_m$

주어진 값을 대입하면 $98.1(0.45+v_m) = \frac{1}{2}(1.772v_m^2)$ 으로부터 $v_m = 7.11\text{ mm}$

따라서 $P_m = 12.61\text{ kN}$

(2) $M_m = P_m \dfrac{ab}{L} = 3.363\ \text{kNm}$

$$\sigma_m = \frac{M_m c}{I} = \frac{M_m}{Z} = \frac{3{,}363\text{Nm}}{24 \times 10^{-6}\text{m}^3} = 140.1\ \text{MPa}$$

05 그림 P8-5에서($Q=0$) 위치 B의 수평 및 수직 이동량을 구하시오.

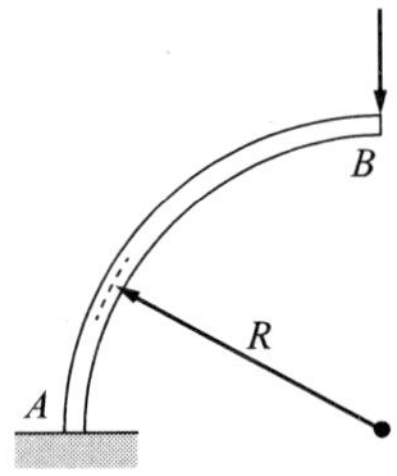

그림 P8-5

해설

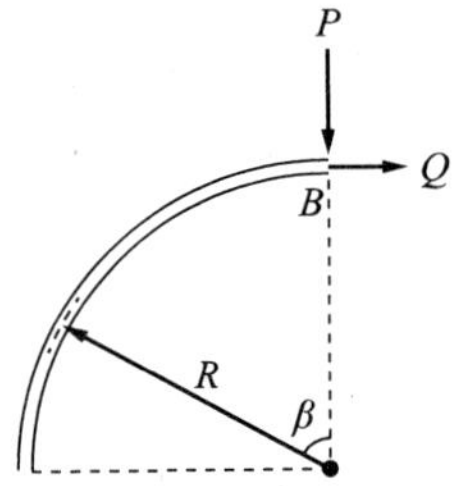

Q방향의 변위를 구하자.

$$M(\beta) = PR\sin\beta + QR(1-\cos\beta)$$

$$\frac{\partial M}{\partial Q} = R(1-\cos\beta)$$

$$x_B = \frac{1}{EI}\int_0^{\frac{\pi}{2}} (PR\sin\beta)R(1-\cos\beta)Rd\beta = \frac{PR^3}{2EI}\ (\rightarrow)$$

이제 P방향의 변위를 구하자.

$Q=0$이므로 $M(\beta) = PR\sin\beta$

$$\frac{\partial M}{\partial P} = R\sin\beta$$

$$y_B = \frac{1}{EI}\int_0^{\frac{\pi}{2}}(PR\sin\beta)(R\sin\beta)Rd\beta = \frac{\pi}{4}\left(\frac{PR^3}{EI}\right)(\downarrow)$$

06 질량 $m=5\ \mathrm{kg}$인 두께가 일정한 원판이 6 mm 지름의 강철선($E=80\ \mathrm{GPa}$) AB에 매달려 있다. 원판을 강철선 AB를 중심으로 90°만큼 회전시켰다가 놓을 때 원판의 최대 가속도 ω_m 크기를 결정하시오. 참고로 회전하는 원판의 최대 운동에너지는 $T=\frac{1}{2}I\omega_m^2$로 계산할 수 있으며 여기서 $I=\frac{1}{2}mr^2$이다.

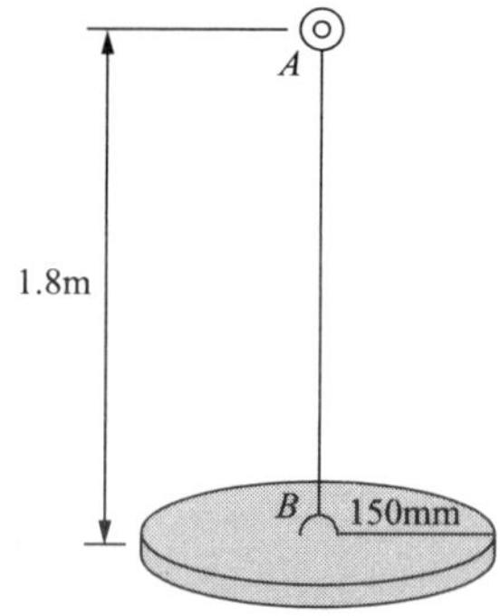

그림 P8-6

해설

강선의 탄성계수 $E=80\ \mathrm{GPa}$, 반지름 r인 원판의 2차 관성모멘트는 $I=\frac{1}{2}mr^2$.

일과 내부에너지 관계에서 $U=\frac{1}{2}T\phi=W=\frac{1}{2}I\omega^2$

$J=\frac{\pi r^4}{2}$, $\phi=90°$

여기서 $\phi=\frac{TL}{GJ}$ 그리고 $T=\frac{GJ\phi}{L}=8.8814\ \mathrm{Nm}$

$\omega^2=\frac{T\phi}{I}=\frac{T\phi}{mr^4/2}=247.98$

$\omega=15.75\ \mathrm{rad/sec}$

07 B점에서 벽에 고정된 원형 외팔보가 그림 P8-7과 같이 반지름 R인 4분의 1 원을 이루고 있다. 이 원형 외팔보의 자유단 A에 수직력 P의 하중을 가하면 A점에 일어나는 수직방향의 변위 δ_A를 구하시오. 반지름 r의 보 단면은 원주의 반지름 R에 비해 매우 작다고 가정하라. 즉, $r<<R$. 그리고 보의 굽힘강성도는 'EI'이고 비틀림에 대한 강성은 'GJ'이다.

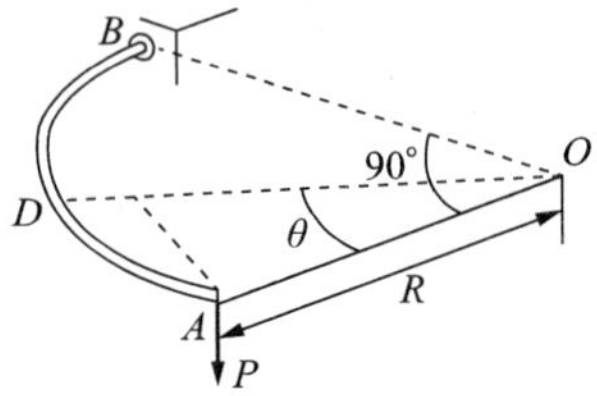

그림 P8-7

해설

문제의 외팔보는 굽힘과 비틀림을 동시에 받는다. 임의의 점(θ) 단면에서

$$M_\theta = PR\sin\theta \ \text{그리고} \ T_\theta = PR(1-\cos\theta).$$

총 변형에너지는

$$U = \int_0^{\frac{\pi}{2}} \frac{M_\theta^2 R}{2EI} d\theta + \int_0^{\frac{\pi}{2}} \frac{T_\theta^2 R}{2GJ} d\theta$$

카스티그리아노의 법칙으로부터

$$\delta_A = \frac{\partial U}{\partial P} = \int_0^{\frac{\pi}{2}} \frac{M_\theta}{EI}\left(\frac{\partial M_\theta}{\partial P}\right) R d\theta + \int_0^{\frac{\pi}{2}} \frac{T_\theta}{GJ}\left(\frac{\partial T_\theta}{\partial P}\right) R d\theta$$

$\left(\frac{\partial M_\theta}{\partial P}\right) = R\sin\theta$와 $\left(\frac{\partial T_\theta}{\partial P}\right) = R(1-\cos\theta)$를 위 식에 대입하여 정리하면

$$\delta_A = \frac{\pi PR^3}{4EI} + \frac{(3\pi-8)PR^3}{4GJ}$$

08 보 ABC가 그림 P8-8과 같이 A에서는 벽에 고정되었고 잉여 지지점 C에서는 롤러로 지지하고 있다. 점 B의 위치에 축력 P가 작용할 때 지지점 C에서 일어나는 반력 R_c를 구하시오. 수직부재 AB에서 생기는 축방향의 인장은 무시하시오. 보의 굽힘강성도 'EI'는 일정하다.

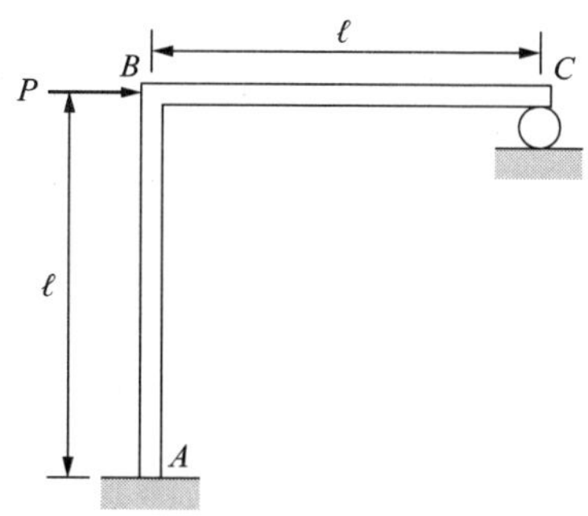

그림 P8-8

해설

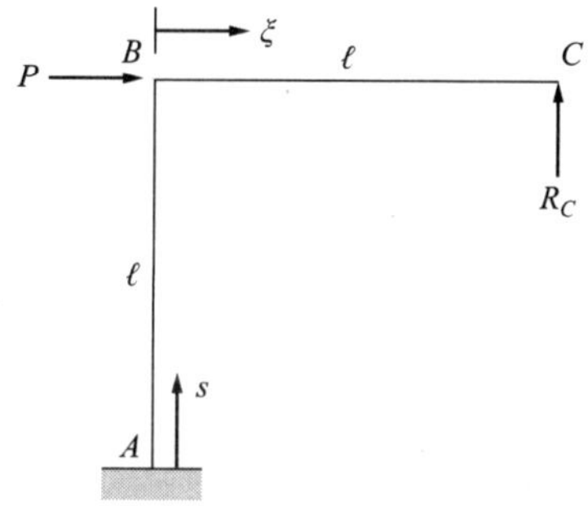

자유물체도와 같이 좌표를 설정하고 다음과 같이 각 구간별로 고려하자.

$0 < s < \ell$구간에서 $M(s) = R_C\ell - P(\ell - s)$

$\ell < s < 2\ell$구간에서 $M(s) = R_C(\ell - \xi)$

$$\delta_C = \frac{\partial U}{\partial R_C} = \int_0^\ell \frac{R_C\ell - P(\ell - s)}{EI}\ell ds + \int_0^\ell \frac{R_C(\ell - \xi)^2}{EI}d\xi$$

적분을 수행하면 $EI\delta_C = R_C\ell^3 - P\ell^3 + \frac{P\ell^3}{2} + \frac{R_C\ell^3}{3} = \frac{4R_C\ell^3}{3} - \frac{P\ell^3}{2} = 0$에서

$$R_C = \frac{3P}{8}$$

09 단면이 50×50 mm이고 길이가 $L=1000$ mm인 강철($E=200$ GPa)로 만든 보가 있다. 보의 윗면으로부터 75 mm의 높이에서 질량 15.3 kg의물체가 보의 중앙에 떨어질 때 아래 (2)와 (3)의 물음에 대하여 보의 중앙에 있는 점 C의 순간 최대 변위와 최대 굽힘응력을 구하시오.

(1) 단순지지 된 길이 L인 보의 중앙에 정하중 P가 작용할 때 최대 처짐을 P, L, EI를 이용하여 표현하시오.

(2) 보의 양쪽 끝이 단단한 바닥 위에서 단순지지 된 경우에 대하여 답하시오.

(3) 보의 양쪽 끝이 그림 P8-9와 같이 스프링 위에서 지지된 경우에 대하여 답하시오. 두 개의 스프링은 같고 스프링의 비례상수는 $k=300$ N/mm이다.

힌트 정하중과 동하중에서 처짐량의 관계식

$$\Delta = \Delta_{st}\left[1+\sqrt{(1+2h/\Delta_{st})}\right]$$

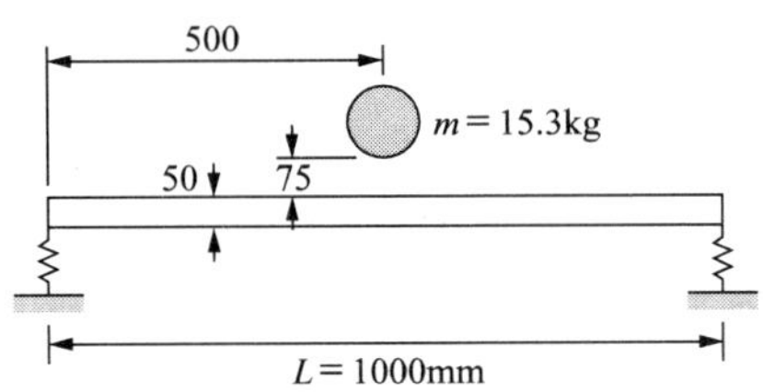

그림 P8-9

해설

$W=15.3\text{ kg}=15.3\times 9.81=150\text{ N}$

(1)

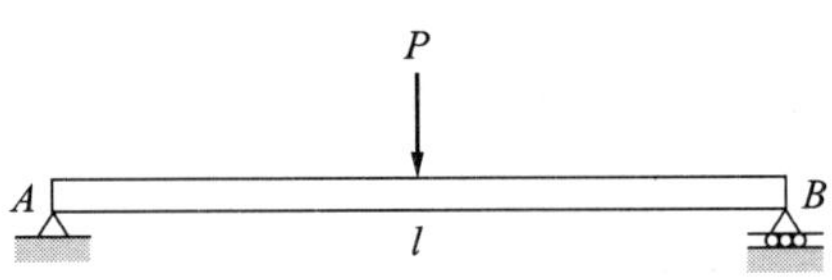

하중분포 함수는 $\omega(x)=P<x-\dfrac{\ell}{2}>^{-1}$

적분하면 $V(x)=\int -\omega dx=-P<x-\dfrac{\ell}{2}>^{0}+V_A$

경계조건으로부터 $V(0)=V_A=\dfrac{P}{2}$ 그리고 $M(0)=0$을 고려한다.

적분하여 모멘트 함수를 구하면 $M(x) = -P < x - \frac{\ell}{2} >^1 + \frac{Px}{2}$

곡률과 모멘트 함수 관계에서 $EIv'' = M(x)$을 적분하면

$$EIv' = -\frac{P}{2} < x - \frac{\ell}{2} >^2 + \frac{Px^2}{4} + C_1$$

경계조건 $x = \frac{\ell}{2}$에서 보의 기울기는 0이므로 $v' = 0$ 조건에서 $C_1 = -\frac{P\ell^2}{16}$

따라서 $EIv' = -\frac{P}{2} < x - \frac{\ell}{2} >^2 + \frac{Px^2}{4} - \frac{P\ell^2}{16}$

양변을 적분하면

$$EIv(x) = -\frac{P}{6} < x - \frac{\ell}{2} >^3 + \frac{Px^3}{12} - \frac{P\ell^2 x}{16} + C_2$$

경계조건 $x = 0$에서 보의 처짐량은 0이므로 $v(0) = 0$ 조건에서 $C_2 = 0$

결과를 대입하면 $EIv(x) = -\frac{P}{6} < x - \frac{\ell}{2} >^3 + \frac{Px^3}{12} - \frac{P\ell^2 x}{16}$

$x = \frac{\ell}{2}$에서 최대 처짐량이 일어나므로

$$v_{\max} = v(0.5\ell) = -\frac{P\ell^3}{48EI} = \frac{P\ell^3}{48EI}\ (\downarrow)$$

(2) 정하중하의 처짐량은 Δ_{st}이므로

$$\Delta_{st} = \frac{P\ell^3}{48EI} = \frac{(150)(1000)^3}{(48)(200 \times 10^3)(50)^4/4} = 0.030\,\text{mm}$$

동하중 계수는

$$\text{IF} = 1 + \sqrt{1 + \frac{2h}{\Delta_{st}}} = 1 + \sqrt{1 + \frac{(2)(75)}{(0.030)}} = 71.7$$

$$\Delta = \text{IF} \cdot \Delta_{st} = (71.7)(0.030\,\text{mm}) = 129\,\text{MPa}$$

(3) $\Delta_{st} = \Delta_{beam} + \Delta_{spr} = 0.030 + \frac{75}{300} = 0.280\,\text{mm}$

$\Delta = (24.2)(0.28) = 6.78\,\text{mm}$

$\sigma_{\max} = (1.8)(24.2) = 43.56\,\text{MPa}$

10 그림 P8-10에는 원형 프레임이 보여 있다. 이 프레임의 재료는 탄성계수 E를 가지고 있다. 그림과 같이 수직하중 P가 프레임에 작용할 때 이 힘의 작용점 이동거리를 계산하시오. 프레임의 단면적은 원형으로 반지름 r이다.

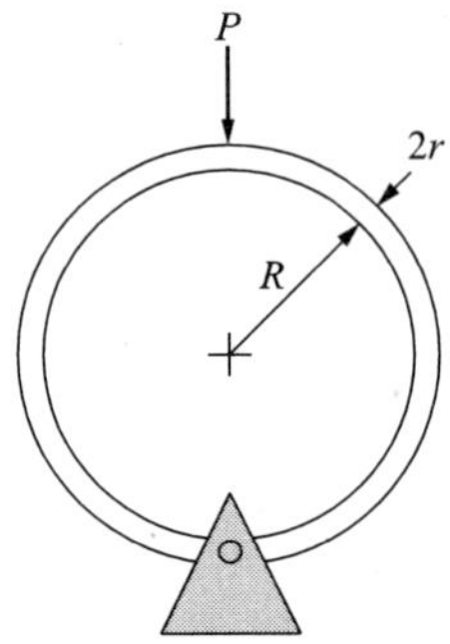

그림 P8-10

해설

원형 단면의 2차 단면모멘트는 $I=\dfrac{\pi r^4}{4}$.

변형 후 모양을 과장해서 그리면 다음과 같다.

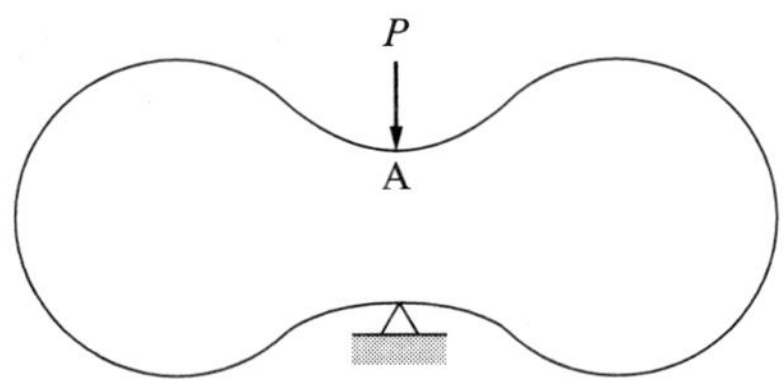

$\phi=0$에서 대칭성을 고려하여 자유물체도를 그리면

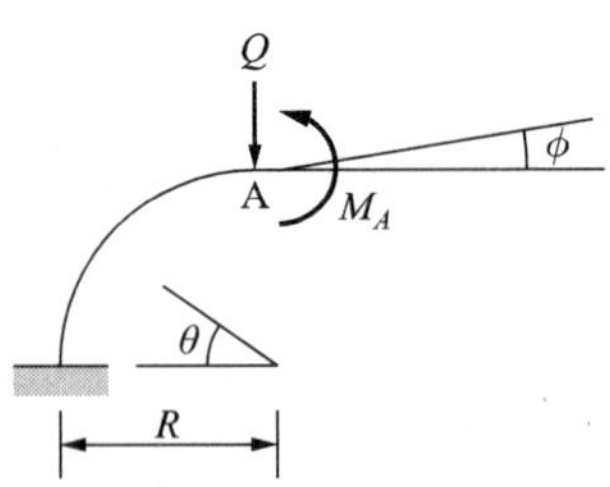

여기서 $Q=\dfrac{P}{2}$이고 $R \gg r$이다.

Case 1

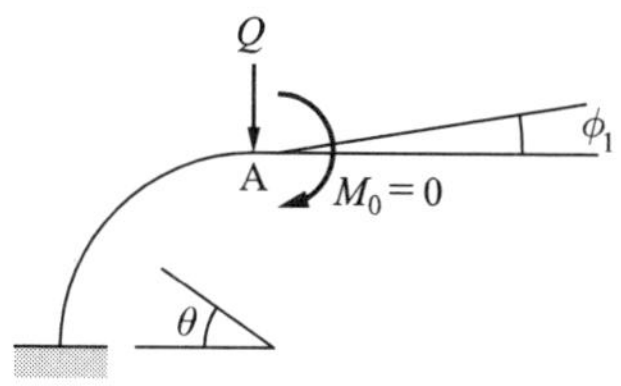

경우 1의 자유물체도에서 $M(\theta)=QR\cos\theta+M_o$

$$U_1=\int_0^{\frac{\pi}{2}}\frac{M^2R}{2EI}d\theta=\int_0^{\frac{\pi}{2}}\frac{(QR\cos\theta+M_o)^2}{2EI}Rd\theta$$

카스티그리아노 법칙으로부터

$$\phi_1=\left(\frac{\partial U_1}{\partial M_o}\right)_{M_o=0}=\frac{QR^2}{EI}=\frac{PR^2}{2EI} \quad ①$$

이 경우에 A점의 수직 변위는

$$(\delta_A)_1=\frac{\partial U_1}{\partial Q}=\int_0^{\frac{\pi}{2}}\frac{M^2R}{2EI}d\theta=\frac{\pi QR^3}{4EI}=\frac{\pi PR^3}{8EI} \quad ②$$

Case 2

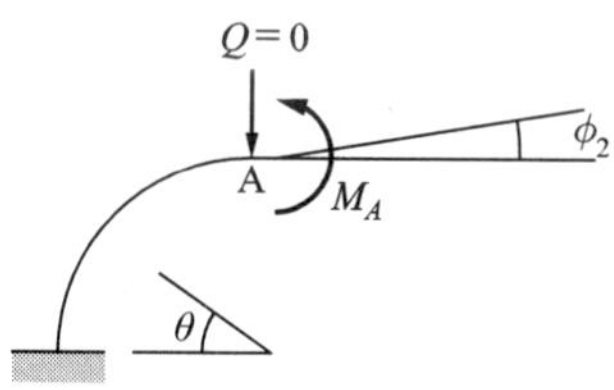

$$M(\theta)=M_o+QR\cos\theta$$

$$U_2=\int_0^{\frac{\pi}{2}}\frac{M^2R}{2EI}d\theta$$

$$\phi_2=\frac{\partial U_2}{\partial M_A}=\frac{\pi M_AR}{2EI} \quad ③$$

$$(\delta_A)_2=\frac{M_oR^2}{2EI} \quad ④$$

A에서 $\phi=0$이므로

식 ①과 ③에서 $\frac{PR^2}{2EI}=\frac{\pi M_AR}{2EI}$를 풀면 $M_A=\frac{2}{\pi}PR$

식 ②와 ④에서 반원에 대한 A의 수직 변위는

$$\delta_v = (\delta_A)_1 + (\delta_A)_2 = \frac{\pi PR^3}{8EI} \downarrow + \frac{M_A R^2}{2EI} \uparrow = \left(\frac{\pi PR^3}{8EI} - \frac{PR^3}{\pi EI}\right) \downarrow$$
$$= \left(\frac{\pi}{8} - \frac{1}{\pi}\right)\frac{PR^3}{EI} \downarrow = 0.07439\frac{PR^3}{EI} \downarrow$$

따라서 전체 원(Ring)에 대한 작용점 A의 총 수직변위 $(\delta_v)_A$는

$$(\delta_v)_A = 2\delta_v = \left(\frac{\pi}{4} - \frac{2}{\pi}\right)\frac{PR^3}{EI} \downarrow$$

11 그림에서 점 B의 이동거리와 방향을 계산하시오. 힘을 받는 봉재의 굽힘강성도는 EI를 사용하시오.

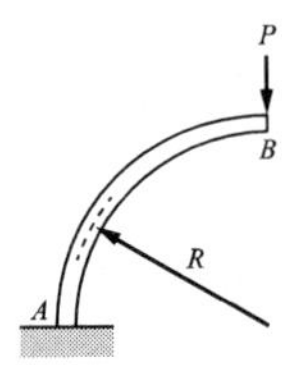

그림 P8-11

해설

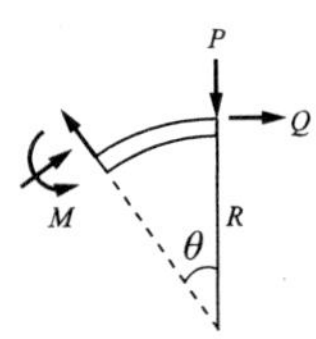

$$u_P = \left[\frac{\partial U}{\partial P}\right]_{Q=0} = \frac{1}{EI}\int_0^{\frac{\pi}{2}}\left[M\left(\frac{\partial M}{\partial P}\right)\right]_{Q=0} Rd\theta$$
$$= \frac{1}{EI}\int_0^{\frac{\pi}{2}}(PR\sin\theta)(R\sin\theta)Rd\theta = \frac{\pi PR^3}{4EI}$$

$$M(\theta) = PR\sin\theta + QR(1-\cos\theta)$$

$$u_Q = \left[\frac{\partial U}{\partial Q}\right]_{Q=0} = \frac{1}{EI}\int_0^{\frac{\pi}{2}}\left[M\frac{\partial M}{\partial Q}\right]_{Q=0} Rd\theta = \frac{1}{EI}\int_0^{\frac{\pi}{2}}(PR\sin\theta)R(1-\cos\theta)Rd\theta$$
$$= \frac{PR^3}{2EI}$$

12 그림에 보인 트러스 구조물이 AC, AB 두 개의 부재로 구성되어 있다. 두 부재는 같은 재질(탄성계수 E)로 만들어져 있고 단면은 모두 A로 일정하다. 점 A에서 수직하중 P가 작용할 때 조인트 A에서 발행하는 수평 이동 거리를 계산하시오.

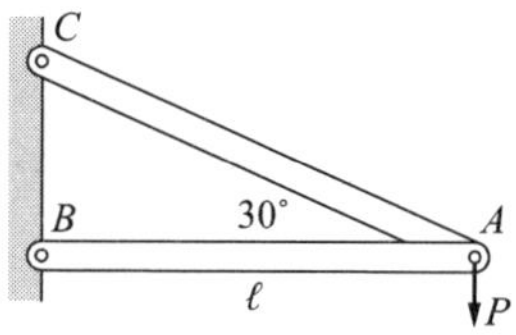

그림 P8-12

해설

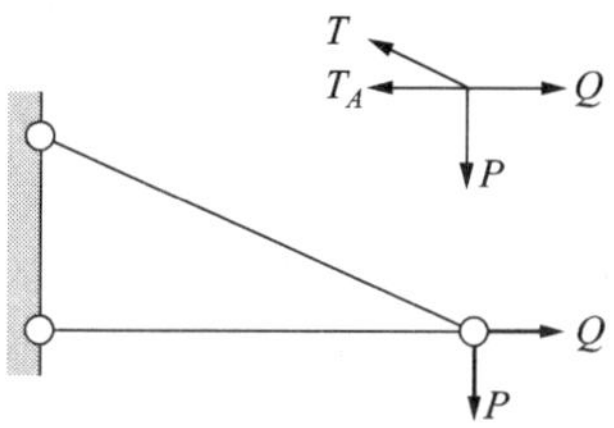

수평방향 힘의 평형조건에서 $T_{AC}\cos 30° + T_{AB} = Q$

수직방향 힘의 평형조건 $T_{AC}\sin 30° = P$에서 $T_{AC} = 2P$.

연립해서 풀면 $T_{AB} = Q - (2P)\left(\frac{\sqrt{3}}{2}\right) = Q - \sqrt{3}P$.

저장된 에너지 $U = \int \frac{P^2}{2EA}dx = \frac{(T_{AC})^2}{2EA}\left(\frac{2\ell}{\sqrt{3}}\right) + \frac{(T_{AB})^2\ell}{2EA}$

$$\delta_Q = \frac{\partial U}{\partial Q} = 2(Q - \sqrt{3}P)\left(\frac{\ell}{2EA}\right)$$

$$\delta_h = [\delta_Q]_{Q=0} = \left[\frac{\partial U}{\partial Q}\right]_{Q=0} = -\frac{\sqrt{3}P\ell}{EA} = \frac{\sqrt{3}P\ell}{EA}\ (\leftarrow)$$

13 그림 P8-13은 묘기를 부리는 차력술사에 대한 것이다. 차력술사의 배 위에 칼을 세우고 칼 위에 한 변의 길이가 'L'인 정사각형 두께가 't'인 석판을 차례로 적층하였다. 적층된 석판 상단에서부터 h의 높이에서 내리치는 해머의 무게가 'W'이다. 차력술사의 배 위에 N개의 석판이 쌓여 있을 때 배에 작용하는 최대 하중 P_{max}를 계산하고 차력술사가 연기할 때 큰 돌을 배 위에 올려놓는 경우와 작은 돌을 올려놓는 경우를 가정하여 어느 쪽이 안전한지 설명하시오. 돌의 탄성계수는 'E'이고 돌의 무게는 무시하시오.

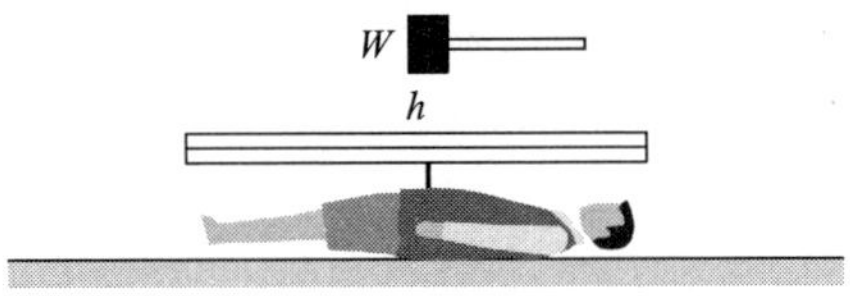

그림 P8-13

해설

모든 석판에는 균일한 응력이 분포한다고 가정하자.
적층된 N개의 석판 두께는 Nt

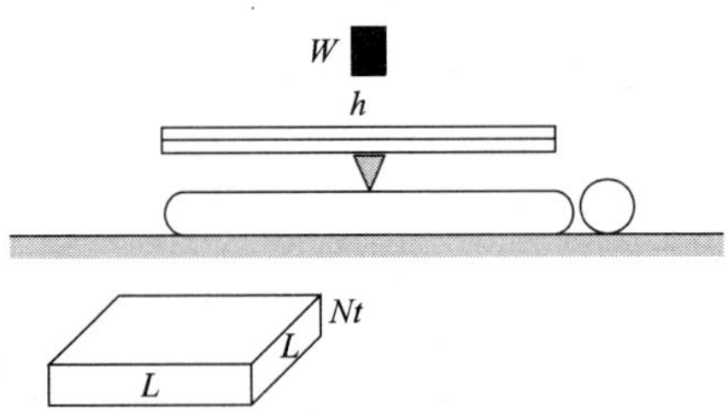

$$U = \frac{\sigma^2}{2E}V = \frac{P_{max}^2}{2EA^2}V = \frac{P_{max}^2}{2EA^2}L^2Nt = \frac{NtP_{max}^2}{2EL^2}$$

해머의 위치에너지 $Wh = U = \dfrac{NtP_{max}^2}{2EL^2}$

그러므로 $P_{max} = \sqrt{\dfrac{2EL^2Wh}{Nt}}$

$$P_{max} = \sqrt{\frac{2EL^2Wh}{Nt}} = \sqrt{\frac{2EL^4Wh}{NtL^2}} = L^2\sqrt{\frac{2EWh}{V}}$$

해머에 의하여 배에 전달되는 힘은 $\sqrt{V}$에 반비례하므로 돌의 무게를 무시한다면 배 위에 올려놓는 돌의 부피가 커질수록 충격하중은 작아지므로 큰 돌이 안전하다.

$$\frac{P_{\max}}{A} = \sigma = \frac{\sqrt{2EWh}}{\sqrt{V}}$$

14 다음 그림 P8-14는 충격 전후의 원기둥과 공을 그린 것이다. 충돌 전 공의 질량은 m, 초기속도가 v_0이라면, 공의 충격으로 실린더 내부에 발생할 수 있는 최대 응력 σ_m의 값을 결정하시오. 단, 실린더의 단면적은 A, 길이는 L이고 탄성계수는 E를 이용하시오.

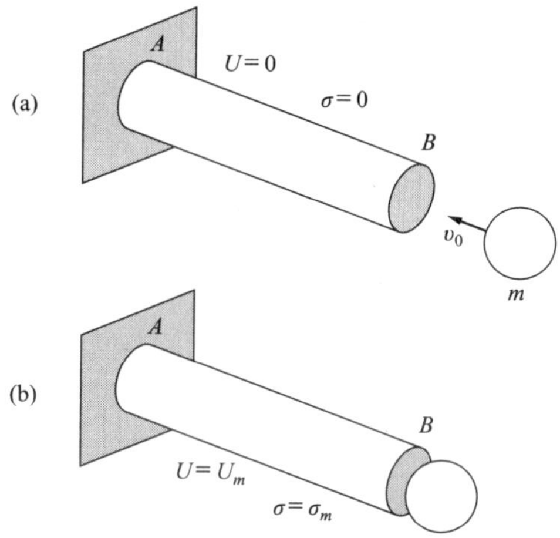

그림 P8-14

15 꼭짓점에서 일정부분 길이를 제거한 원추형으로 단순화시킨 야구방망이가 그림 P8-15에 있다. 타자의 손은 방망이를 꽉 쥐고 있어서 단단히 고정된 경계조건으로 생각하자. 질량 m의 야구공이 방망이에 맞기 직전에 v의 속력을 가지고 있었을 때 최대 정적 등가(等價)힘과 방망이에 저장되는 최대 변형에너지를 계산하라. 방망이의 재료 탄성계수는 $E = 80$ GPa으로 계산하시오.

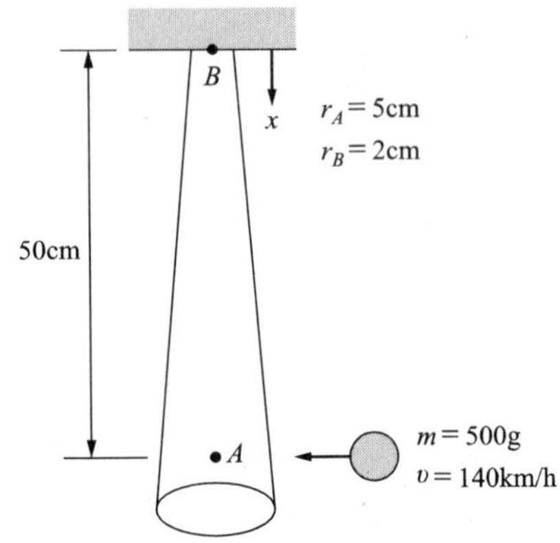

그림 P8-15

해설

야구방망이의 축(x)을 따라서 반지름의 변화는 $r = r_B + \dfrac{r_A - r_B}{l} x$

$$r = 0.02 + 0.06x\,(\text{m})$$

2차 단면모멘트는 $I = \dfrac{\pi r^2}{4} = 4\pi(1+3x)^4 \times 10^{-8}\,\text{m}^4$

최대 등가 정하중을 P라고 하자. 이때 야구방망이에 저장되는 최대 변형에너지를 U_{max}라고 하자.

$$\begin{aligned} U_{\text{max}} &= \int_0^{\ell} \frac{M^2}{2EI} dx = \int_0^{\ell} \frac{P^2(x-\ell)^2(10^8)}{8\pi E(1+3x)^4} dx \\ &= \frac{P^2(10^8)}{8\pi E} \int_0^{\ell} \frac{(x-\ell)^2}{(1+3x)^4} dx = \frac{P^2(10^8)}{8\pi E}\left(\frac{1}{60}\right) = \frac{P^2(10^8)}{480\pi E} \end{aligned}$$

이 U_{max}는 $T_{\text{max}} = \dfrac{1}{2}mv^2$와 같다. 이 관계로부터

최대 등가 정하중은 $P = \sqrt{\dfrac{480\pi E m v^2}{2 \times 10^8}}\,\text{N} = 21.36\,\text{kN}$

최대 변형에너지는 $U_{\text{max}} = \dfrac{1}{2}mv^2 = \dfrac{1}{2}\left(\dfrac{1}{2}\right)\left(\dfrac{140{,}000}{3{,}600}\right)^2 \text{Nm} = 378\,\text{Nm}$

16 그림 P8-16의 외팔보 ABC에 대하여 점 C의 위치에서 발생하는 처짐량의 크기를 계산하시오.

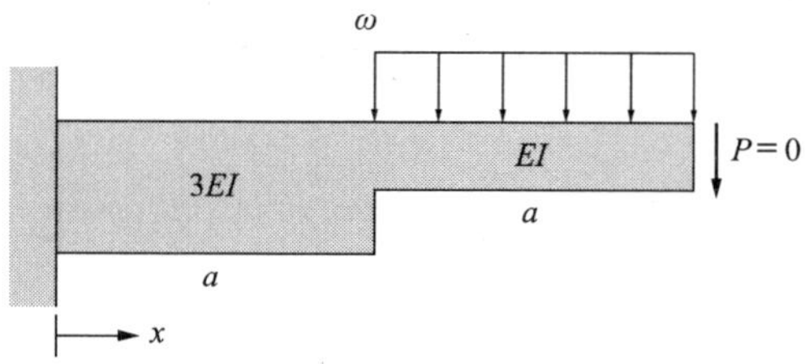

그림 P8-16

해설

$0 < x < a$구간에서

$$M = -\frac{3}{2}\omega a^2 - 2Pa$$

$a < x < 2a$구간에서

$$M = -\frac{3}{2}\omega a^2 - 2Pa - \frac{\omega}{2}(x-a)^2$$

보에서 변형에너지는 $U = \int_0^{2a} \frac{M^2}{2EI} dx$

$a < x < 2a$에 대해서만 고려하자.

$$U = \int_0^a \frac{1}{6EI}\left(\frac{3}{2}\omega a^2 + 2Pa\right)^2 dx + \int_a^{2a} \frac{1}{2EI}\left(-\frac{3}{2}\omega a^2 - 2Pa - \frac{\omega}{2}(x-a)^2\right)^2 dx$$

$$\delta_v = \frac{\partial U}{\partial P} = \frac{a}{3EI}\left(\frac{3}{2}\omega a^2 + 2Pa\right)(2a) + \int_a^{2a} \frac{1}{EI}\left(-\frac{3}{2}\omega a^2 - 2Pa - \frac{\omega}{2}(x-a)^2\right)^2 dx$$

$$(\delta_v)_{P=0} = \left(\frac{2a^2}{3EI}\right)\left(\frac{3}{2}\omega a^2\right) + \int_a^{2a} \frac{2a}{EI}\left(\frac{3}{2}\omega a^2 + \frac{\omega}{2}(x-a)^2\right) dx$$
$$= \frac{\omega a^4}{EI} + \frac{2a}{EI}\left[\frac{3}{2}\omega a^2 x + \frac{\omega}{6}(x-a)^3\right]_a^{2a}$$
$$= \frac{\omega a^4}{EI} + \frac{2a}{EI}\left[\frac{3}{2}\omega a^3 + \frac{\omega a^3}{6}\right]_a^{2a} = \frac{13\omega a^4}{3EI}$$

17 다음 그림 P8-17에서 강체막대의 자유단에 작용하는 최대 하중의 크기를 계산하시오.

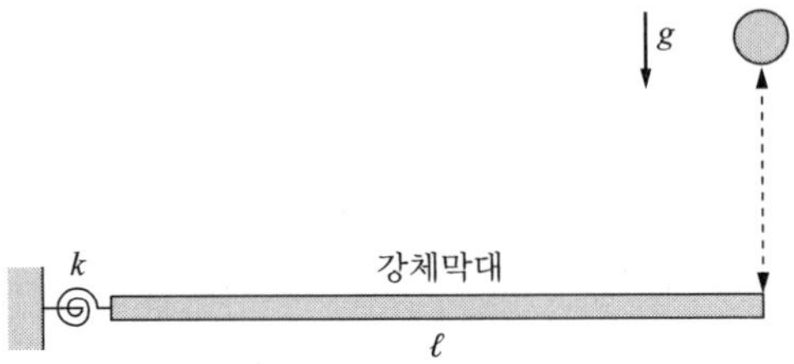

그림 P8-17

해설

우선 정역학적으로 해를 구하는 방법이다. 처짐량은 보의 높이에 비하여 매우 작다. 즉, $h \gg \delta$.

$$mgh \approx \frac{1}{2}k\theta^2 = \frac{1}{2}\frac{(k\theta)^2}{k} = \frac{P_{\max}^2 \ell^2}{2k}$$

$$P_{\max} \cong \frac{\sqrt{2kmgh}}{\ell}$$

이제 재료역학적으로 해를 구하자면 δ를 포함하여 다음과 같이 더 세밀하게 해석할 수 있다.

$$mg(h+\delta) = \frac{1}{2}k\theta^2 = \frac{1}{2}k\left(\frac{\delta}{\ell}\right)^2 = \frac{k}{2\ell^2\delta^2}$$

$$\delta = \frac{mg\ell^2}{k}\left[1+\sqrt{1+\frac{2kh}{mg\ell^2}}\right] = \frac{P_{\max}\ell^2}{k}$$

$$P_{\max} = mg\left[1+\sqrt{1+\frac{2kh}{mg\ell^2}}\right]$$

9
CHAPTER

좌굴과 구조물의 안정성

좌굴은 구조역학의 특수 경우이며 주로 압축응력을 받는 구조에서 매우 중요하다. 구조물의 안정성(安定性, stability)에서는 설계형상(設計形象, design configuration)이 급격하게 바뀌지 않고 구조물이 유지할 수 있는 하중한계(荷重限界)에 대한 주제에 대한 범주에 관심을 가진다.

9.1 기둥

기둥(column)은 압축(壓縮) 축방향(軸方向) 하중을 받는 부재에서 가장 간단한 구조형상이다. 그림 9-1에는 양끝이 마찰이 없는 핀과 롤러로 단순지지된 부재가 축하중 P를 받는 경우를 보여주고 있다. 기둥 문제에서 하중이 어느 수준의 축하중을 초과하면 축의 중심은 하중이 가해지는 기준선으로부터 갑자기 이탈하여 부재의 형상이 이전의 구조형상과 크게 달라질 수 있다. 공학에서는 이러한 현상을 부재에 좌굴(座屈, buckling)이 일어났다고 말하며, 좌굴을 일으키는 가장 작은 하중의 크기를 좌굴하중(buckling load 혹은 critical load, P_{cr})하고 말한다.

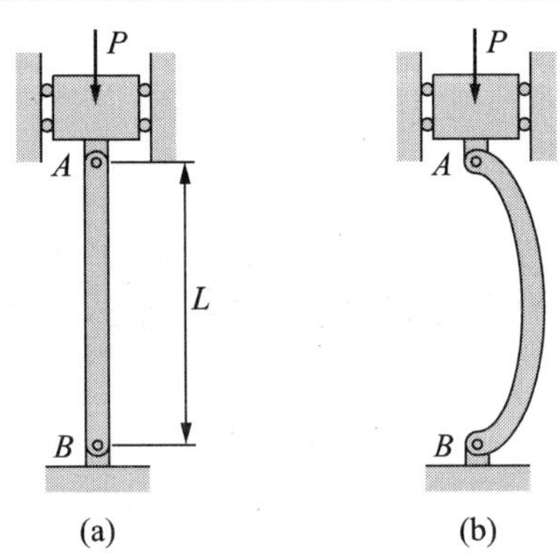

그림 9-1 압축하중과 좌굴

좌굴현상을 이해하기 위하여 아래와 같은 2개의 부재가 비틀림 스프링으로 연결된 구조물을 고려하자. 그림에서 어느 수준의 축하중에 대하여는 스프링이

버틸 수 있으므로 구조물의 형상이 그림 9-1(a)와 같이 유지되지만, 일정하중 이상이 되면 형상은 그림 9-1(b)와 같이 변형된 상태로 유지된다. 이처럼 그림 9-1(b)에 보인 좌굴이 일어난 형상의 자유물체도를 통해서 계산될 수 있다.

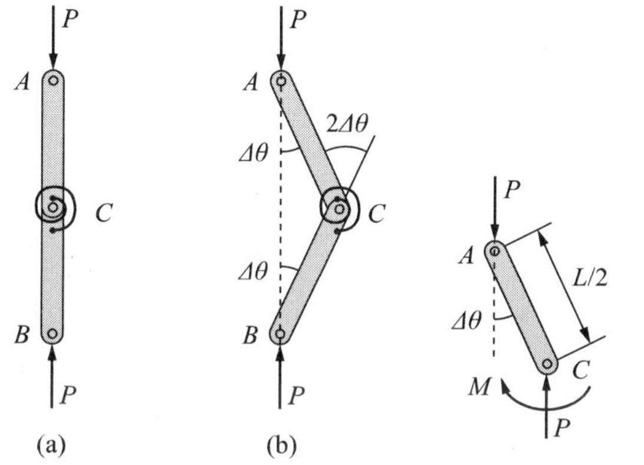

그림 9-2 간단한 시스템의 좌굴하중 계산

그림 9-1의 좌굴현상에 대한 연속체 기둥 형상은 여러 가지 방법으로 이상화할 수 있다. 가장 간단한 예로 그림 9-2의 간단한 시스템으로 좌굴 거동을 고려할 수 있다. 이 이상화 좌굴시스템은 두 개의 강체막대를 선형 비틀림 스프링으로 연결한 일차원 시스템이다.

모멘트 평형으로부터 $P\left(\frac{L}{2}\sin\Delta\theta\right) = M$

비틀림 스프링의 모멘트와 변형각의 후크법칙에서 $M = k_t(2\Delta\theta)$을 위의 식에 대입하면 $P = \frac{4k_t\Delta\theta}{L\sin\Delta\theta}$을 얻는다. 좌굴이 일어나기 시작할 때 하중이 최소 하중(또는 좌굴하중)이므로 $P_{cr} = \lim_{\Delta\theta \to 0}\frac{4k_t\Delta\theta}{L\sin\Delta\theta} = \frac{4k_t}{L}$으로 결정된다.

기둥과 같은 압축하중을 받는 구조물이 '좌굴하중'을 초과하면 원래의 형상으로부터 대변형이 일어나고 결과적으로 설계에서 목표한 기능을 상실하게 되므로 구조설계의 관점에서 고려하여 회피해야 한다. 구조에서는 소성변형은 물론 좌굴도 발생하지 않도록 구조설계를 수행하여야 한다.

좌굴현상은 다음의 압축 축하중을 받는 요소로 설명될 수 있다.

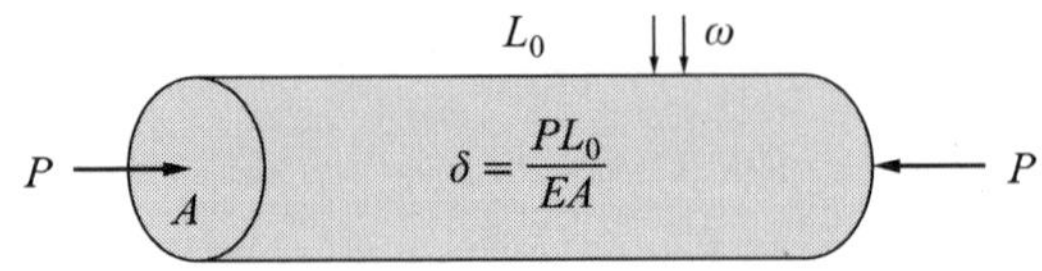

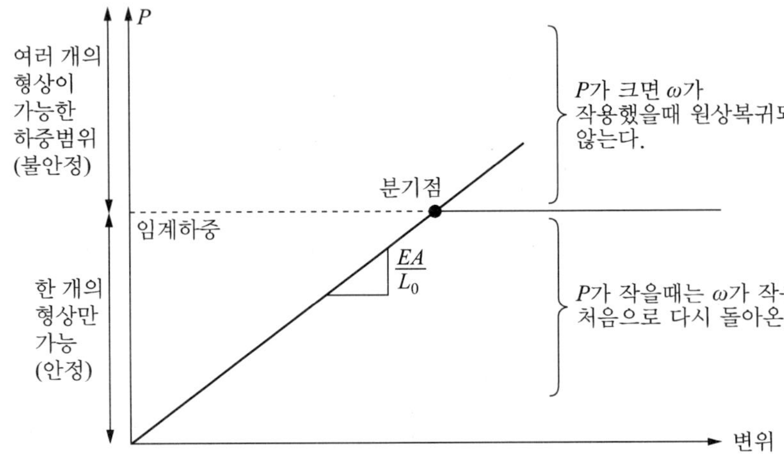

그림의 한 예로 우산살을 양쪽에서 힘을 주어 누른다고 생각해 보자. 힘 P가 약할 때는 순간적으로 약간의 횡하중(ω)이 작용해도 우산살은 변형되었다가 다시 원래의 모양으로 돌아올 것이다.

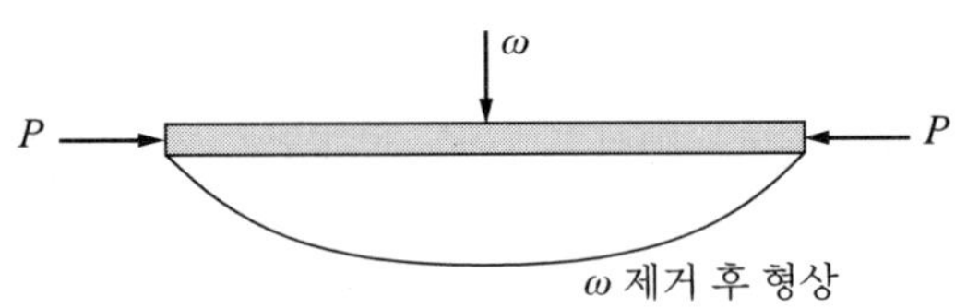

그러나 힘 P가 크면 순간적인 작은 ω에도 우산살은 쉽게 휘어지고 원래 모양으로 돌아오지 않는다.

다른 좌굴의 적용예로 그림 9-3과 같이 무릎관절에 대해서 고려할 수 있다. 그림의 무릎관절에 대한 모델을 바탕으로 좌굴하중을 추론해 보자. 구조의 모델은 해석자의 판단에 따라서 다를 수 있으나 사용하는 모델의 역학적 정당성은 항상 해석의 목적에 부합하여 확보될 수 있어야 한다.

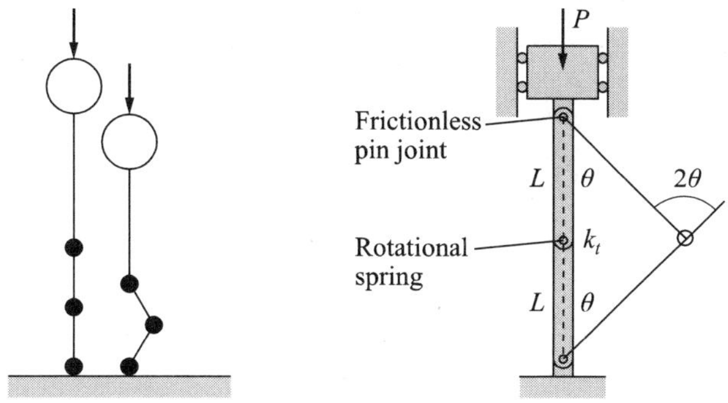

그림 9-3 관절의 좌굴 모델링

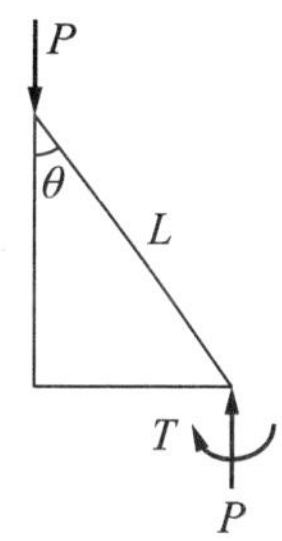

비틀림 스프링의 후크법칙으로부터 $T = k_t(2\theta)$

이 모멘트를 모멘트 평형조건에 대입하여

$$(L\sin\theta)P - k_t(2\theta) = 0$$

식을 풀면 $P = \dfrac{2k_t}{L}\left(\dfrac{\theta}{\sin 2\theta}\right)$의 평형하중을 얻는다.

좌굴하중은 θ의 횡변형이 막 시작할 때이므로 좌굴하중 P_{cr}은

$$P_{cr} = \lim_{\theta \to 0} P(\theta) = \frac{2k_t}{L}\lim_{\theta \to 0}\frac{\theta}{\sin 2\theta} = \frac{2k_t}{L}\lim_{\theta \to 0}\frac{1}{\cos\theta} = \frac{2k_t}{L}$$

무릎관절의 모델링은 다음과 같이 좀 더 정밀하게 모델링 할 수도 있다.

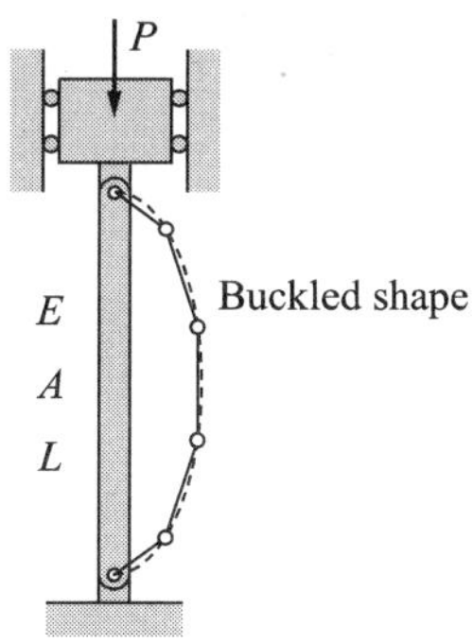

위의 그림에 보여진 모델의 경우에 관절을 많이 포함할수록 원래의 연속체 형상과 정확해진다.

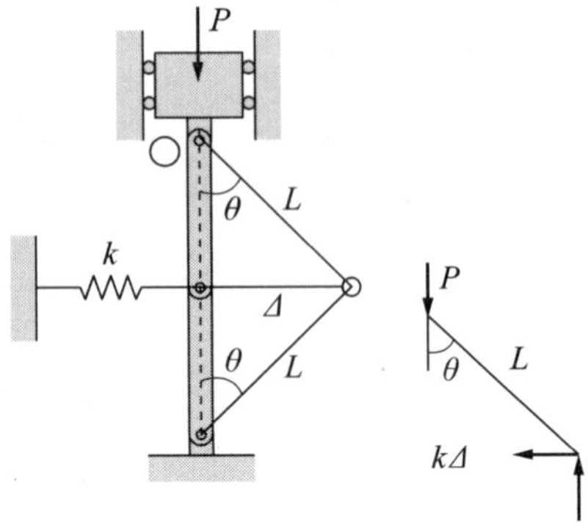

한편 앞에서 유한자유도 모델에 적용한 좌굴하중 계산방법은 모든 구조에 적용할 수 있으며 우측모델의 경우엔 모멘트의 평형에서

$$P(L\sin\theta) - (k\Delta)(L\cos\theta) = 0$$

그림에서 $\Delta = L\sin\theta$이므로

$$PL\sin\theta - k(L\sin\theta)(L\cos\theta) = 0$$

따라서 좌굴하중은 $P_{cr} = kL$이다.

무한자유도의 연속체 기둥에서는 좌굴하중을 오일러(Leonhard Euler[11])의 모델로부터 해석할 수 있는데 이때 결과로 얻는 좌굴하중을 오일러의 식(Euler's Formula)이라고 한다. 오일러의 기둥 모델은 다음과 같다.

(1) 양끝이 마찰이 없는 핀으로 연결된 축 부재에 압축하중이 작용하는 경우

이때의 좌굴하중 식이 기본적인 오일러의 식이다.

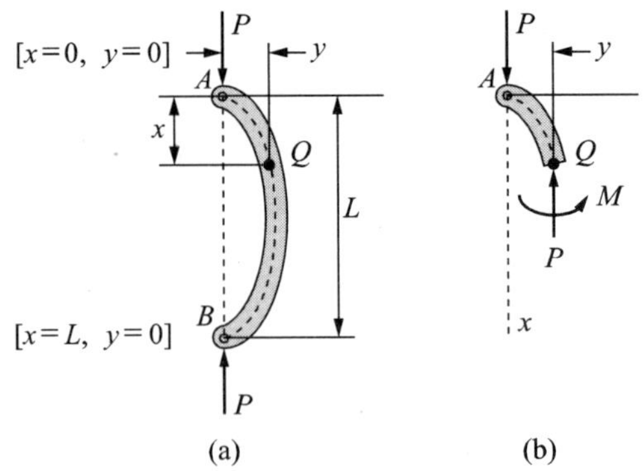

그림 9-4 축요소의 좌굴

11) Leonhard Euler(1707~1783)는 스위스의 수학자, 물리학자, 천문학자 및 공학자이다. 공학자로서 역학(mechanics)에 많은 업적이 있다.

곡률과 모멘트의 관계식 $\frac{d^2y}{dx^2} = \frac{M}{EI} = -\frac{Py}{EI}$으로부터 미분방정식을 얻는다.

$$\boxed{\frac{d^2y}{dx^2} + \frac{Py}{EI} = 0}$$

이 선형 제차(第次) 상미분방정식에서 $\lambda^2 = \frac{P}{EI}$로 놓으면 $\frac{d^2y}{dx^2} + \lambda^2 y = 0$와 같은 2차 상미분방정식이 된다. 이 미분방정식의 일반해는 $y = A\sin\lambda x + B\cos\lambda x$의 형태인데 양 끝에서 경계조건을 대입하여 미지수를 구할 수 있다. 경계조건은 $x = 0$에서 처짐량이 없으므로 $y = 0$. 이 경계조건을 일반해에 대입하면 $B = 0$을 얻는다. 또한 다른 끝단 $x = L$에서도 $y = 0$이므로 $A\sin\lambda L = 0$를 만족해야 한다. 만일 $A = 0$인 해를 선택하면 $A = B = 0$이 되어 공학적 의미가 없는 해(trivial solution)가 되므로 다른 해를 선택한다. 즉, A의 계수인 $\sin\lambda x$가 영이 되는 조건(Eigen value)을 선택하면 임의의 정수 n에 대하여 $\lambda L = n\pi$인 경우이므로 $\lambda = \frac{n\pi}{L}$가 된다.

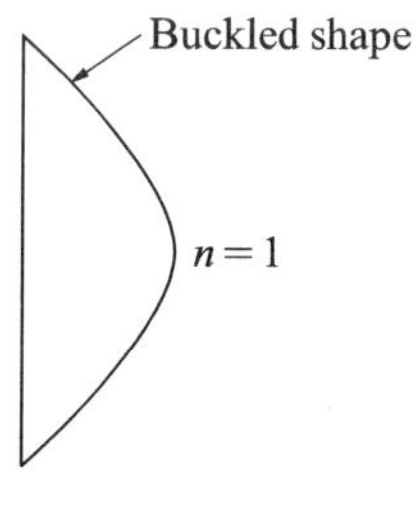

$n = 1$일 때 하중 P는 최소값으로 $P_1 = \frac{EI\pi^2}{L^2}$이다. 이때 좌굴이 일어난 형상은 그림에 보인 반주기(半週期) 사인함수이다.

좌굴형상을 식으로 표현하면 $y = A\sin\left(\frac{\pi}{L}x\right)$이다.

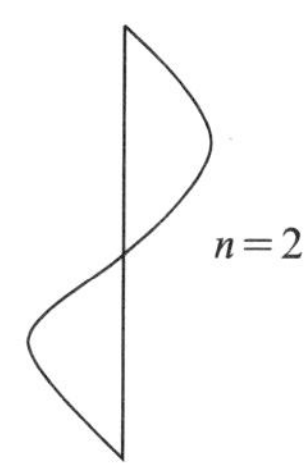

$n = 2$일 때 하중 P는 $P_2 = \frac{4EI\pi^2}{L^2}$이다.

이 경우 좌굴형상에 대한 식은 $y = A\sin\left(\frac{2\pi}{L}x\right)$.

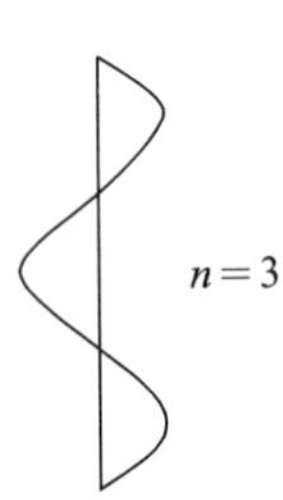

$n=3$일 때, $P_3 = \dfrac{9EI\pi^2}{L^2}$

P_3에 대한 좌굴형상의 식은 $y = A\sin\left(\dfrac{3\pi}{L}x\right)$로 한 주기 반의 사인함수이다.

n이 일반적인 상수인 경우 $P_n = \dfrac{n^2\pi^2 EI}{L^2}$이며 좌굴형상은 $y = A\sin\left(\dfrac{n\pi x}{L}\right)$이다. 여기에서 좌굴된 파형의 크기 즉, 진폭(振幅) A값은 위의 근사 모델링으로는 결정할 수 없다. 만약 압축하중을 받는 축요소에 좌굴이 일어난 이후의 모양에 관심이 있으면 앞의 단순화된 선형미분 방정식이 아닌 실제의 현상을 더욱 잘 표현하는 비선형 미분방정식과 경계조건이 필요하며 이러한 해석을 좌굴 후 해석(post buckling analysis)라고 한다. 때에 따라서 좌굴이 일어나는 효과를 의도적으로 설계에 이용하는 구조물도 있다.

오일러의 식(Euler's Formula) $\boxed{P_{cr} = \dfrac{\pi^2 EI}{L^2}}$

오일러의 식은 $n=1$인 경우의 좌굴이 일어나기 위한 최소 하중(Eigen value)이며 이때 중심축의 모양(Eigen function)은 반(半)사인파의 형상이며 A의 값은 미정(未定)이다.12)

오일러의 식에서 단면의 2차 모멘트를 $I = Ar^2$로 놓으면 다음과 같은 식으로 다시 정리된다. 여기서 r은 회전반경(radius of gyration)으로 물리적 의미는 없다.

$\sigma_{cr} = \dfrac{P_{cr}}{A} = \dfrac{\pi^2 EAr^2}{AL^2} = \pi^2 E\left(\dfrac{r}{L}\right)^2$로 $\sigma_{cr} = \dfrac{\pi^2 E}{(L/r)^2}$로 표현할 수 있다. 여기서 L/r은 부재의 세장비(細長比, slenderness ratio)의 형상비율이다.

12) 탄성곡선(elastic curve)을 정의하는 곡률 식에서 $y' \ll 1$로 무시되어 선형화된 식을 이용하였기 때문에 $y_{\max} = A$는 결정될 수 없으나, 비선형 미분방정식을 풀면 결정할 수 있다.

그림 9-5는 임의 소성재료에 대하여 좌굴응력을 세장비의 함수로 표현한 예이다. 이 그림은 압축하중을 받는 축요소의 설계 시 이용될 수 있다. 압축하중을 받는 기둥의 세장비가 작아지면 좌굴을 일으키는 응력값이 재료의 소성을 발생시키는 소성응력을 초과하게 된다. 따라서 압축력을 받는 축요소의 설계 시에는 그림 9-5의 경우 $(L/r) < 89$의 짧은 기둥과 $(L/r) > 89$의 긴 기둥의 두 구역으로 나누어 고려하여야 한다.

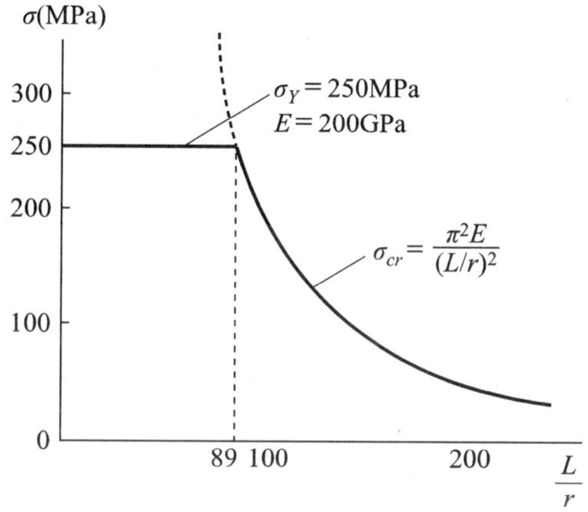

그림 9-5 축의 설계곡선(진한 색)

보기문제

정사각형의 단면을 가진 2 m 길이 부재가 압축하중을 받고 있다. 이 부재의 양 끝은 핀으로 고정되어 있으며, 재료의 탄성계수는 $E = 13$ GPa이고 허용응력은 $\sigma_{all} = 12$ MPa이라고 한다. 안전계수가 $S.F = 2.5$가 되도록 (1) $P = 100$ kN 그리고 (2) $P = 200$ kN의 각 경우에 좌굴하중과 단면의 크기를 결정하시오.

해설 (1) 오일러의 식으로부터 $P_{cr} = \dfrac{\pi^2 EI}{L^2}$이다.

주어진 값을 대입하면 $P_{cr} = 2.5(100\text{ kN}) = 250\text{ kN}$을 얻는다. 단면의 2차 모멘트의 크기는 $I = \dfrac{P_{cr}L^2}{\pi^2 E} = \dfrac{(250\times10^3)(2)^2}{\pi^2(13\times10^9)} = 7.794\times10^{-6}\text{ m}^4$이다.

한 변의 길이가 a인 정사각형의 단면의 경우 2차 단면 모멘트의 정의에 따라서 계산한 값은 앞의 값과 같도록 a를 결정하자.

$I=\dfrac{a^4}{12}=7.794\times10^{-6}$에서 $a=98.3\text{ mm}\approx100\text{ mm}$으로 결정하면 안전계수 내에서 좌굴이 일어나지 않으며 이 경우 재료의 탄성한계를 넘는지 확인하자.

$\sigma=\dfrac{P}{A}=\dfrac{100\text{ kN}}{(0.1)^2}=10\text{ MPa}<\sigma_{all}$이므로 적합하다.

(2) 위와 같은 방법으로 계산을 진행할 수 있다.

$P_{cr}=2.5(200)=500\text{ kN}$이다.

$I=15.588\times10^{-6}=\dfrac{a^4}{12}$으로부터 $a=116.95\text{ mm}$이므로

$\sigma=\dfrac{P}{A}=\dfrac{200\text{ kN}}{(0.11695)^2}=14.62\text{ MPa}>\sigma_{all}$

이 경우에는 좌굴하중을 기준으로 결정한 단면의 크기가 주어진 하중에서 탄성한계를 초과하므로 소성한계를 기준으로 다시 계산하여야 한다.

$A=a^2=\dfrac{P}{\sigma_{all}}=\dfrac{200\text{ kN}}{12\text{ MPa}}=16.67\times10^{-3}\text{ m}^2$ 즉, $a^2=16.67\times10^{-3}\text{ m}^2$으로 $a=129.1\text{ mm}$.

따라서 130 mm × 130 mm 정사각형 단면적이 적당하다.

(2) 한끝이 완전히 고정된 경우

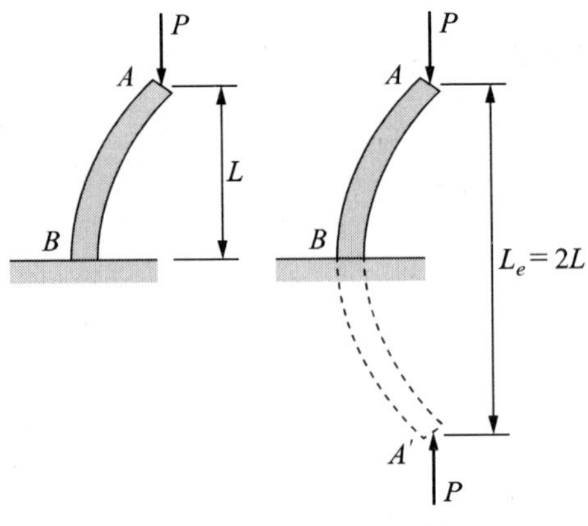

(a) (b)

경계조건 $x=0$에서 $y=y'=0$이어야 하므로 다음을 얻을 수 있다.

좌굴하중은 $P_{cr}=\dfrac{\pi^2 EI}{L_e^2}$ 또는 $\sigma_{cr}=\dfrac{\pi^2 E}{(L_e/r)^2}$

여기서 $L_e=2L$이다.

(3) 양 끝이 완전히 고정된 경우

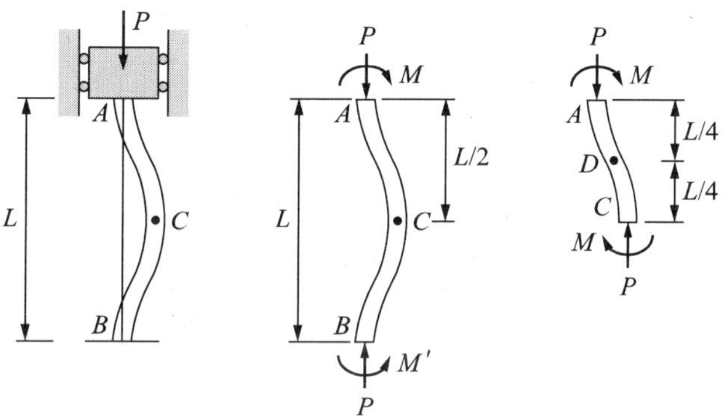

대칭성으로부터 점 D에서 단면에 작용하는 굽힘모멘트는 $M=0$이다. 따라서 위의 세 번째 그림에서 DE구간의 길이($L/2$)는 다음의 그림과 같이 양 끝이 핀으로 고정된 좌굴문제와 동일하다.

대칭성으로부터 $L_e=\dfrac{L}{2}$로 놓으면 좌굴하중을 결정할 수 있다.

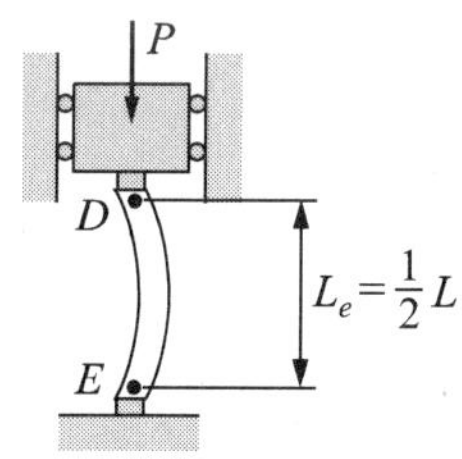

$$P_{cr}=\frac{\pi^2 EI}{L_e^2}=\frac{4\pi^2 EI}{L^2}$$

(4) 한끝은 벽에 고정되어 있고 다른 한쪽은 핀으로 지지된 경우

이 경우는 기하학적인 유사성을 찾아내기 어려우므로 미분방정식을 새로운 경계조건에 대하여 다시 푼다.

임의의 점에서 $M=-Py-Vx$

$\dfrac{d^2y}{dx^2}=\dfrac{M}{EI}=-\dfrac{P}{EI}y-\dfrac{V}{EI}x$ 에서 $\lambda^2=\dfrac{P}{EI}$으로 정의하면 다음의 선형 비제차(非第次) 상미분방정식을 얻는다.

$$\frac{d^2y}{dx^2} + \lambda^2 y = -\frac{V}{EI}x$$

이 미분방정식의 특별해는 $y_p = -\frac{V}{\lambda^2 EI}x$는 위 미분방정식을 만족시킨다. 다른 표현으로

$$y_p = -\frac{1}{\lambda^2}\left(\frac{P}{EI}\right)\frac{V}{P}x = -\frac{V}{P}x$$

미분방정식의 일반해는 다음과 같다.

$$y = A\,\text{sing}\lambda x + B\cos\lambda x - \frac{V}{P}x$$

경계조건으로 $x=0$에서 변위가 없어야 하므로 $y=0$이다. 일반해에 이 조건을 대입하면 $B=0$. 또한, $x=L$에서 $y=0$으로부터 $A\sin\lambda L - \frac{V}{P}L = 0$이므로 $A\sin\lambda L = \frac{V}{P}L$이다. $x=L$에서는 각의 변화도 없으므로 $y'=0$이 만족되어야 한다.

$$\frac{dy}{dx} = \lambda A\cos\lambda x - B\lambda\sin\lambda x - \frac{V}{P}$$

이 식을 $x=L$에서 정리하면 $\lambda A\cos\lambda L = \frac{V}{P}$

결과적으로 $A\sin\lambda L = \frac{V}{P}L$와 $\lambda A\cos\lambda L = \frac{V}{P}$으로부터 특성방정식 $\tan\lambda L = \lambda L$을 얻는다. 이 특성방정식을 시행착오 방법으로 가장 작은 λL을 결정하면 $\lambda L = 4.4934$이다. 이것은 좌굴하중의 $P_{cr} = \lambda^2 EI = \frac{20.19EI}{L^2}$에 해당하므로 '유효길이'를 다음과 같이 얻을 수 있다.

$\frac{\pi^2 EI}{L_e} = \frac{20.19EI}{L^2}$로부터 $L_e \approx 0.7L$.

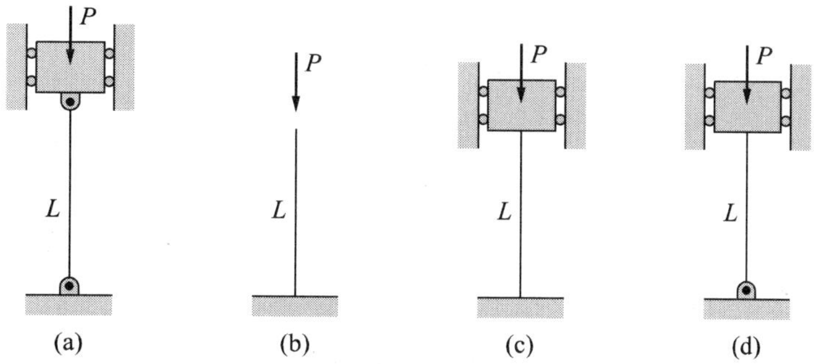

경계조건	(a)	(b)	(c)	(d)
L_e	L	$2L$	$L/2$	$0.699L$

그림 9-6 경계조건과 좌굴하중[13)]

13) L_e는 오일러의 식 $P_{cr} = \dfrac{\pi^2 EI}{L_e}$에서 유효길이(effective length).

Chapter 9 연습문제

01 아래의 그림 P9-1은 세 개의 강체 봉이 두 개의 비틀림 스프링으로 조립된 구조물이다. 이 구조물의 양단은 마찰이 없는 조인트로 연결되어 있다. 그림에서 보인 (a)~(d)의 각 경우가 일어나기 위한 최소 좌굴하중을 계산하고, 구조물의 임계 좌굴하중의 역학적 의미를 설명하시오.

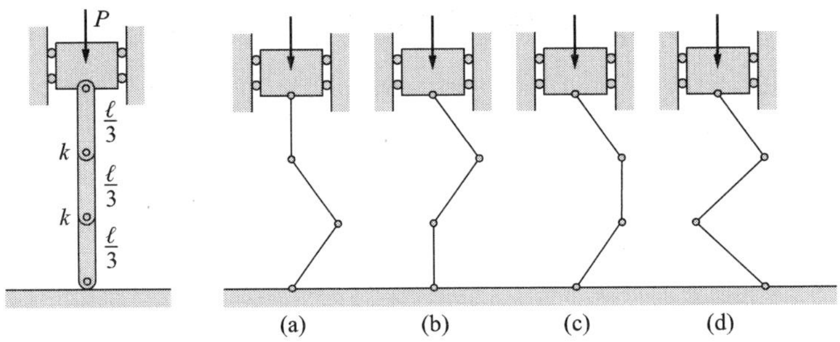

그림 P9-1

해설

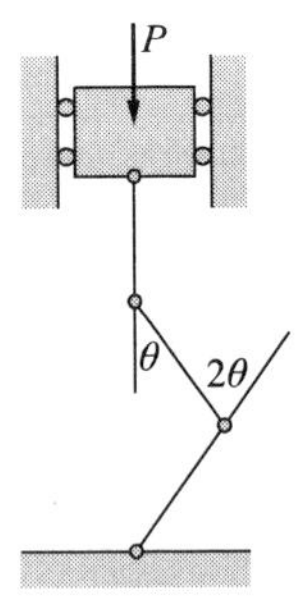

(a) $U=\dfrac{1}{2}k\theta^2+\dfrac{1}{2}k(2\theta)^2=P\dfrac{2L}{3}(1-\cos\theta)$

$\approx P\dfrac{2L}{3}\dfrac{Q^2}{2}$

따라서 $P=\dfrac{15k}{2L}$

(b) 앞의 (a)와 같은 계산으로 $P=\dfrac{15k}{2L}$

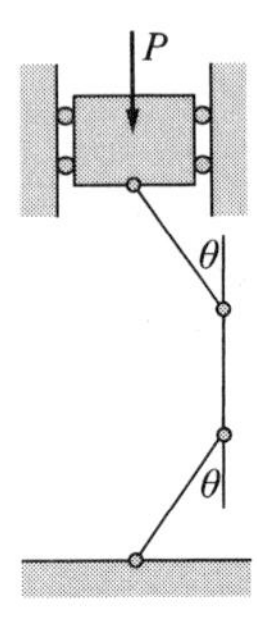

(c) $U=\dfrac{1}{2}k\theta^2+\dfrac{1}{2}k\theta^2$

$\approx P\left(\dfrac{2L}{3}\right)\left(\dfrac{Q^2}{2}\right)$

좌굴하중은 $P=\dfrac{3k}{L}$

(d) $U=\frac{1}{2}k(2\theta)^2+\frac{1}{2}k(2\theta)^2=P\left\{L-\left(\frac{2L}{3}\cos\theta+\frac{L}{3}\cos\theta\right)\right\}$

$\approx P\left(\frac{2L}{3}\right)\left(\frac{Q^2}{2}\right)$

그러므로 좌굴하중은 $P=\frac{8k}{L}$

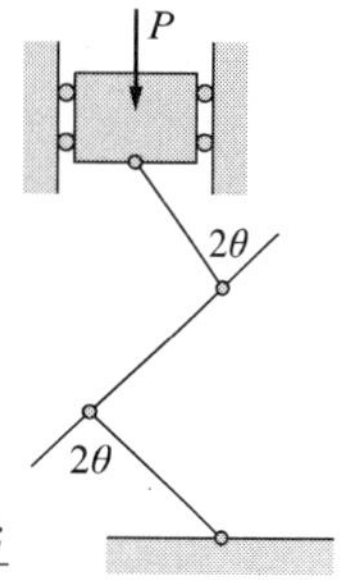

앞의 (a)~(d)의 좌굴하중에서 최소값은 $P_{cr}=\min(a, b, c, d)=\frac{3k}{L}$ 이다.

답) $P=\frac{3k}{L}$ 그리고 '임계하중'이란 구조물이 좌굴을 일으킬 수 있는 가장 작은 하중이며 임계하중 보다 큰 경우 외부 교란하중이 제거되면 즉시 좌굴 전의 구조형태로 복귀한다.

02 서로 750 mm만큼 떨어져 있는 마찰이 없는 두 개의 벽 사이에 60 kN의 압축력을 지탱할 수 있는 알루미늄(Al alloy 2014-T6) 봉재가 조립되었다. 봉재는 원형 단면으로 지름이 30 mm이고 길이는 750 mm 형상이다. 알루미늄의 탄성계수는 $E=75$ GPa이고 재료의 허용수직응력은 $\sigma_{all}=400$ MPa이다. 하중에 견딜 수 있도록 봉재를 벽 사이에 조립하고 조립조건을 명시하시오. 구조물의 안전성을 계산을 통하여 증명하시오.

해설

단면 2차 모멘트는 $I=\frac{\pi r^4}{4}=\frac{\pi(0.015)^4}{4}=3.976\times10^{-8}\,\text{m}^4$

지름 a인 원의 면적 $A=\frac{\pi a^2}{4}=\frac{\pi(30)^2}{4}=706.86\,\text{mm}^2$

수직응력 $\sigma=\frac{P}{A}=\frac{60{,}000}{706.86}\,\text{MPa}=84.9\,\text{MPa}<\sigma_{all}$으로 항복응력보다 작다.

이제, 좌굴의 가능성을 확인하자.

(1) 양 끝이 핀으로 조립된 경우.

두 개의 벽 사이에서 알루미늄 봉은 마찰이 없으므로 양 끝이 핀으로 조립되었다고 다음의 그림과 같이 가정한다.

오일러의 식으로부터

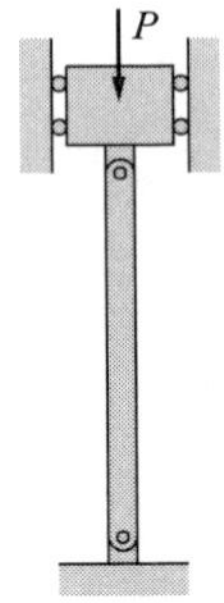

$$P_{cr} = \frac{\pi^2 EI}{L^2} = \frac{(75\times10^9)(3.976\times10^{-8})\pi^2}{(0.75)^2}$$
$$= 52{,}323 \text{ N} < 60 \text{ kN}$$

따라서 60 kN의 허용하중 이전에 좌굴이 일어날 수 있다. 좌굴에 의한 failure.

(2) 한끝은 핀으로 다른 한끝은 고정된 경우.
이것은 유효길이가 $L_e = 0.7L$인 경우이므로

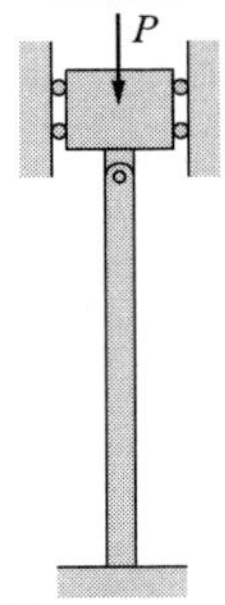

$$P_{cr} = \frac{\pi^2 EI}{(0.7L)^2} = \frac{1}{0.49}\frac{\pi^2 EI}{L^2} = \frac{52{,}323}{0.49} \text{ N}$$
$$= 106{,}781 \text{ N} = 106.8 \text{ kN} > 60 \text{ kN}$$

60 kN의 허용하중 이전에 좌굴이 일어나지 않는다.

03 두 개의 강체 막대 AC와 BC가 그림에 보인 바와 같이 스프링(계수: k)에 연결되어 시스템을 이루고 있다. 스프링은 하중에 비례하여 자유롭게 늘어나거나 줄어들 수 있다. 이 시스템에서 좌굴이 일어나기 위한 최소한의 힘 P_{cr}을 구하시오.

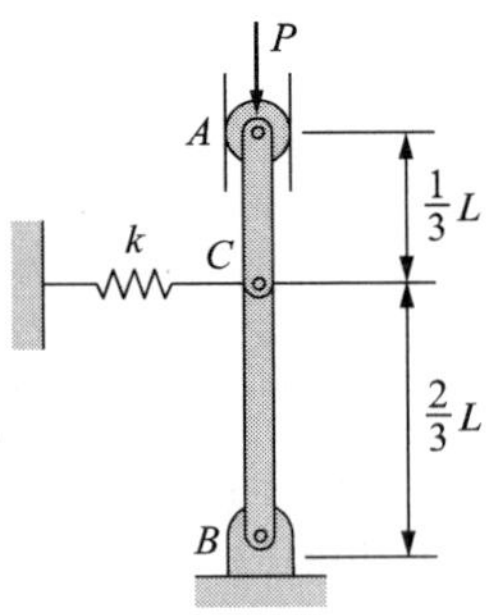

그림 P9-3

해설

문제를 자유물체도로 표현하면 다음과 같다.
A점 주위로 모멘트의 평형조건은

$$M_A = -F\left(\frac{L}{3}\right)\cos\theta + \left(\frac{PL}{3}\right)\sin\theta = 0.$$

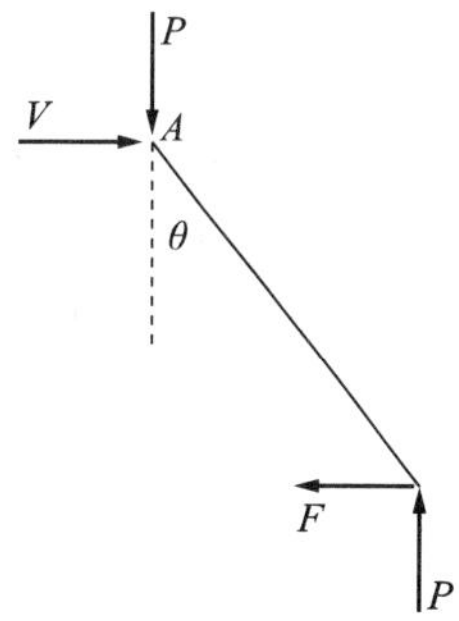

변형량 $x = \frac{L}{3}\sin\theta$에 의한 스프링 힘은

$F = kx = \frac{kL}{3}\sin\theta$을 위의 식에 대입하면

$\frac{kL^2}{9}\cos\theta\sin\theta = \frac{PL}{3}\sin\theta$ 관계식을 얻는다.

따라서 $P_{cr} = \lim_{\theta\to 0} P(\theta) = \frac{kL}{3}$

04 L 모양의 구조를 그림에 보인 바와 같이 비틀림 스프링(계수: k)으로 연결하였다. 그림의 지점 A와 D에 크기가 같은 수직하중 P가 대칭으로 작용한다. 이때 이 구조물의 좌굴이 발생하기 위한 최소한의 힘의 크기 P_{cr}를 결정하시오.

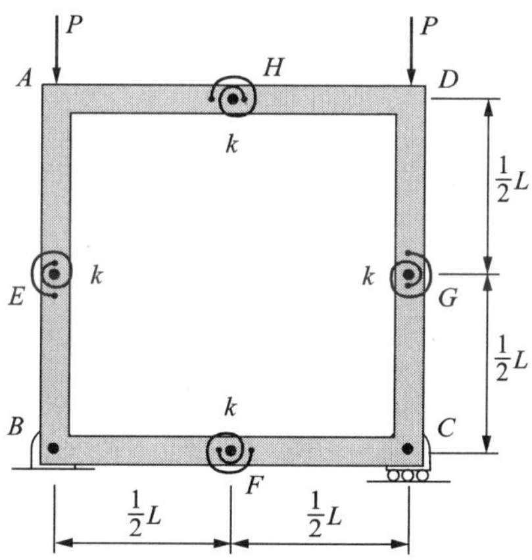

그림 P9-4

해설

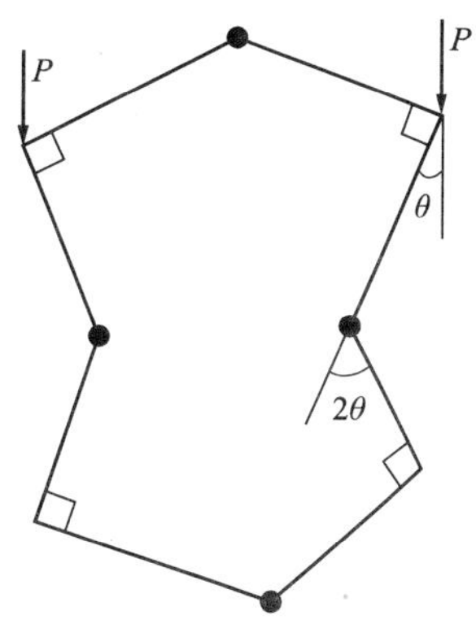

좌굴이 일어난 형상을 도식하면 다음과 같다.
비틀림 스프링에 저장된 에너지는

$$U_k = 4\left(\frac{1}{2}k(2\theta)^2\right)$$

외력(P)에 의한 일의 크기는

$$W_P = 2PL(1-\cos\theta) = 2\left\{PL\left(\frac{\theta^2}{2}\right)\right\}$$

일과 에너지의 $U_k = W_P$ 관계에서 $8k = PL$을 얻는다.

그러므로 좌굴하중은 $P_{cr} = \dfrac{8k}{L}$

05 그림 P9-5에는 서로 다른 경계조건을 가진 다섯 개의 강철막대가 있다. (1) 그림 (a)의 막대는 단면의 지름이 20 mm이다. 그림에 주어진 하중에 대한 좌굴의 안전계수를 계산하시오. (2) 앞에서 구한 막대의 안전계수와 같도록 나머지 막대의 단면 지름을 결정하시오. 단, 강철의 탄성계수는 $E=200$ GPa이다.

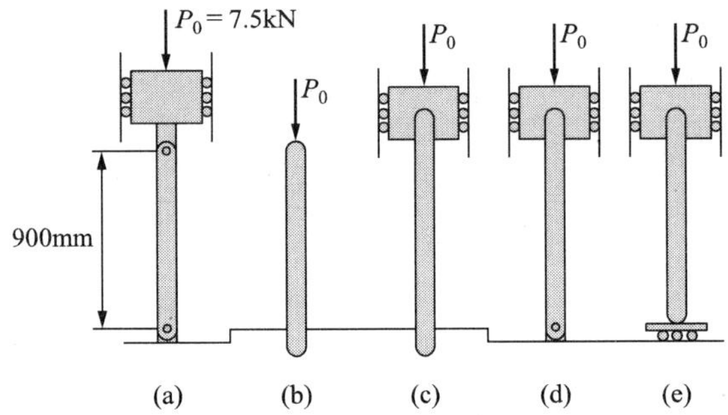

그림 P9-5

해설

(1) 안전계수의 정의는 $F.S = \dfrac{P_{cr}}{P_0}$ 이다.

좌굴하중 $P_{cr} = \dfrac{\pi^2 EI}{L_e^2} = \dfrac{\pi^2(200\times10^9)(7\times10^{-9})}{(0.9)^2} = 17.1\text{ kN}$

안전계수를 계산하면 $F.S = \dfrac{17.1\text{ kN}}{7\text{ kN}} = 2.44$

(2) 오일러의 식 $P_{cr}\left(\dfrac{L_e^2}{\pi^2 E^2}\right) = I = \dfrac{\pi r^4}{4}$ 에서

(b) $r = \sqrt[4]{\dfrac{4P_{cr}}{\pi^3 E}} = \sqrt[4]{\dfrac{(4)(17.1\times10^3)(4\times(0.9)^2)}{\pi^3(200\times10^9)}} = 14.1\text{ mm}$

따라서 지름 $d = 2r = 28.2\text{ mm}$.

(c) $r = \sqrt[4]{\dfrac{4P_{cr}}{\pi^3 E}} = \sqrt[4]{\dfrac{(4)(17.1\times10^3)(0.9)^2}{\pi^3(200\times10^9)(4)}}$ 에서 $d = 2r = 14.14\text{ mm}$

(d) $r = \sqrt[4]{\dfrac{4P_{cr}}{\pi^3 E}} = \sqrt[4]{\dfrac{(4)(17.1\times10^3)(0.7)^2(0.9)^2}{\pi^3(200\times10^9)}}$ 에서 $d = 2r = 16.73\text{ mm}$

(e) $r = \sqrt[4]{\dfrac{4P_{cr}}{\pi^3 E}} = \sqrt[4]{\dfrac{(4)(17.1\times10^3)(0.9)^2}{\pi^3(200\times10^9)}}$ 에서 $d = 2r = 20$ mm

06 튜브의 지름이 90 mm인 알루미늄 튜브 중심에서 $e = 18$ mm만큼 편심된 거리에서 55 kN의 하중을 받아야 한다. 시중에서 살 수 있는 알루미늄 합금 6061-T6 튜브의 두께는 6, 9, 12, 15 mm의 네 종류라고 한다. 재료의 허용하중 $\sigma_{all} = 68$ MPa을 고려하여 최선의 경량 구조가 되도록 튜브 두께를 결정하시오. 알루미늄의 탄성계수 $E = 69$ GPa.

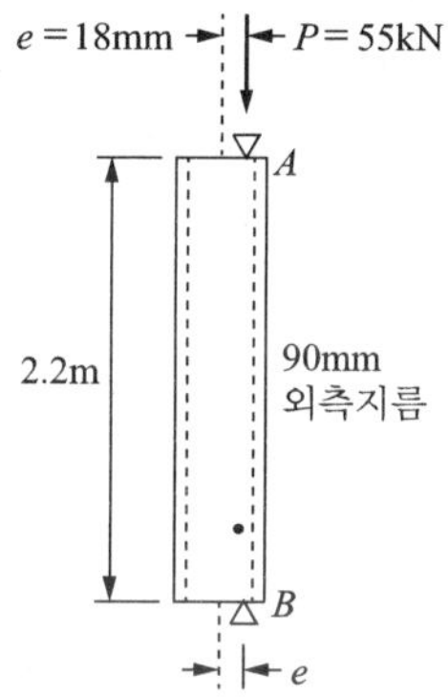

그림 P9-6

해설

모멘트의 크기 $M = 0.99$ kNm.

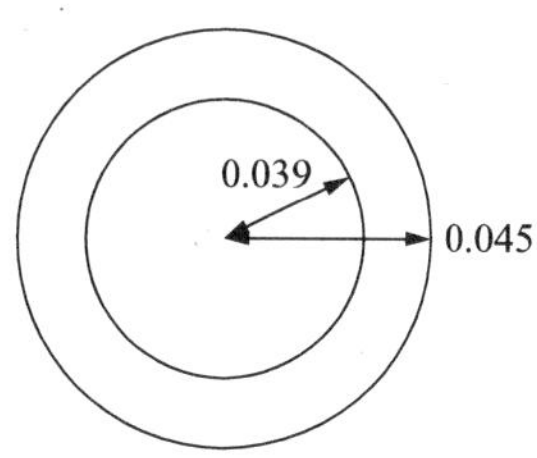

(1) $t = 0.006$ m $= 6$ mm

2차 단면 모멘트

$$I = \frac{\pi}{4}(0.045^4 - 0.039^4) = 14.03\times10^{-7}\ \text{m}^4$$

$$A = \pi(0.045^2 - 0.039^2) = 15.83\times10^{-4}\ \text{m}^2$$

회전반경(gyration) $r = \sqrt{\dfrac{I}{A}} = 0.02977$에서 $\dfrac{L}{r} = 73.9$.

세장비 $\dfrac{L}{r} \geq 55$이므로

$\sigma_{all} = 68$ MPa

최대 응력 $\sigma = \dfrac{P}{A} + \dfrac{Mc}{I} = \dfrac{55\times10^3}{15.83\times10^{-4}} + \dfrac{0.99\times10^3\times0.045}{14.03\times10^{-7}} = 98.25$ MPa

$\sigma > \sigma_{all}$이므로 설계기준에 못 미침.

$$\sigma_{cr} = \frac{\pi^2 E}{\left(\frac{L}{r}\right)^2} = \frac{\pi^2(69\times 10^9)}{(73.9)^2} = 124.7\ \text{MPa}$$

$\sigma_{cr} > \sigma$이므로 σ에 의해 설계해도 무관.

(2) $t = 0.009$ m

$I = 19.01\times 10^{-7}\ \text{m}^4$

$A = 22.9\times 10^{-4}\ \text{m}^2$

$r = 0.02881$ m 이므로 세장비는 $\frac{L}{r} = 76.357$.

재질의 허용응력 $\sigma_{all} = 68$ MPa, 최대 응력 $\sigma = 70.89$ MPa 그리고 좌굴하중은 $\sigma_{cr} = 116.8$ MPa.

따라서 $\sigma > \sigma_{all}$이므로 설계기준에 미달.

(3) $t = 0.012$ m

$I = 22.89\times 10^{-7}\ \text{m}^4$

$A = 29.4\times 10^{-4}\ \text{m}^2$

$r = 0.0279$ m 에서 세장비는 $\frac{L}{r} = 78.845$.

$\sigma_{all} = 68$ MPa, 최대 응력 $\sigma = 57.63$ MPa 그리고 좌굴하중 $\sigma_{cr} = 109.55$ MPa.

$\sigma < \sigma_{all}$이므로 설계기준에 적합.

(4) $t = 0.015$ m

$I = 25.84\times 10^{-7}\ \text{m}^4$

$A = 35.34\times 10^{-4}\ \text{m}^2$

$r = 0.02704$ m 에서 세장비는 $\frac{L}{r} = 81.36$.

$\sigma_{all} = 68$ MPa, 최대 응력 $\sigma = 50.04$ MPa 그리고 좌굴하중은 $\sigma_{cr} = 102.88$ MPa.

$\sigma < \sigma_{all}$이므로 설계기준에 적합.

이상에서 네 가지 사양 중 적합한 가장 얇은 두께는 $t = 12$ mm.

07 소나무로 만들어진 기둥 AB가 그림에 보인 바와 같이 케이블 AC에 연결되어 점 A에는 수평력 P가 작용하고 있다. 소나무의 길이는 20피트, 지름은 8인치이고 탄성계수는 $E = 1.6\times10^6$ psi이다. 좌굴이 일어나지 않는 범위에서 가할 수 있는 최대 하중 P_{max}를 계산하시오.

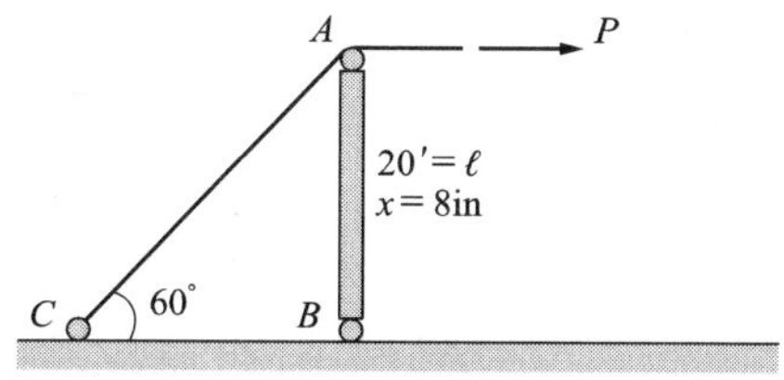

그림 P9-7

해설

A점에서 자유물체도를 그리면

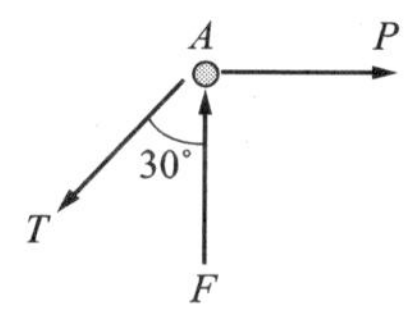

수평력 평형조건에서 $T\sin30° = P$으로부터 $T = 2P$.

수직력 평형조건에서 $F = T\cos30° = \left(\dfrac{\sqrt{3}}{2}\right)(2P) = \sqrt{3}\,P$.

원형 단면의 2차 모멘트는 $I = \dfrac{\pi r^2}{4} = \dfrac{\pi(4)^4}{4}\ \text{in}^4 = 64\pi\ \text{in}^4$.

오일러의 식(Euler Formula)은 $P_{cr} = \dfrac{\pi^2 EI}{L^2}$.

$$P_{cr} = \frac{\pi^2(1.6\times10^6)(64\pi)}{(20\times12)^2} = \frac{\pi^2(1.6\times10^5)(2\pi)}{100\times9}$$

$$= \frac{16000}{9}\pi^3 = 55{,}122\ \text{lb} = \sqrt{3}\,P_{max}$$

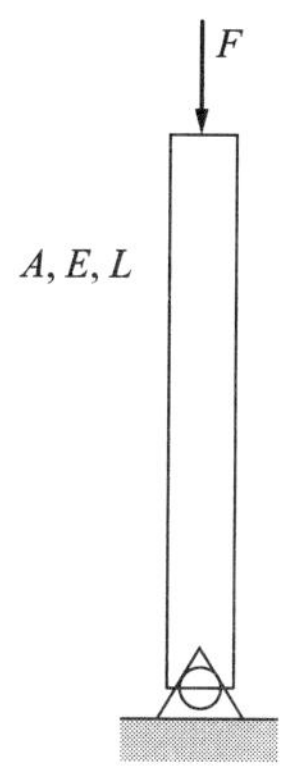

그러므로 $P_{max} = 31{,}825\ \text{lb}$

08 그림 9-8에 (a), (b), (c) 경우 세 기둥이 있다. 각 경우 기둥을 수직으로 지지하는 스프링이 C_1, C_2, C_3로 서로 다르다.

(1) 각 경우의 좌굴하중 P_{cr}을 계산하시오.

(2) 각 경우의 좌굴하중 P_{cr}이 같아지도록 하는 스프링 상수 C_1, C_2, C_3 사이의 관계를 구하시오.

(3) 각 경우 시스템의 안정성에 관하여 서술하시오.

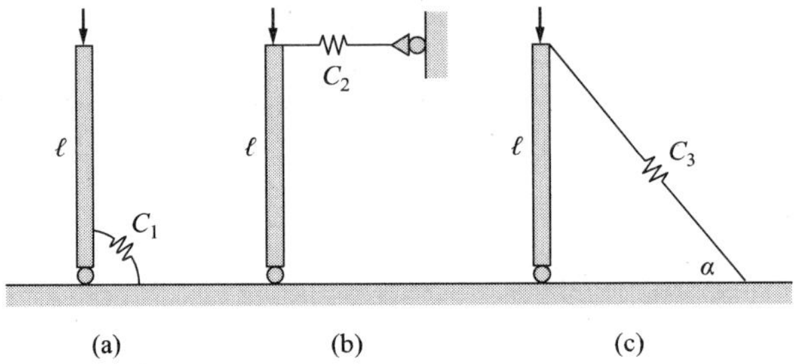

그림 P9-8

해설

(1) 좌굴하중 P_{cr}

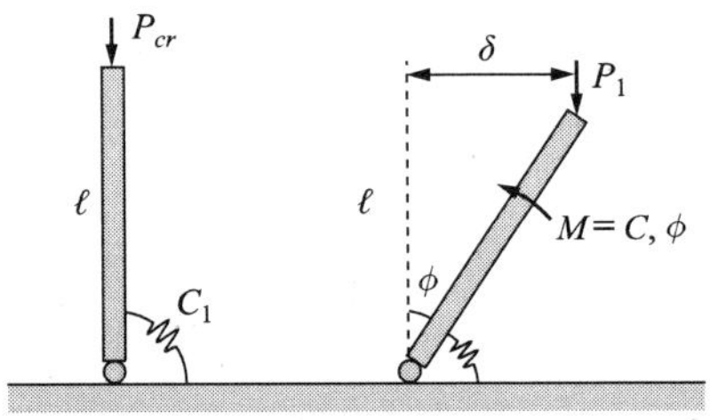

모멘트와 비틀림 스프링 변형각의 관계식 $P\delta = C_1\phi$

미소변위에 대한 기하학적 조건에서 $\phi = \dfrac{\delta}{\ell}$

좌굴하중은 $(P_1)_{cr} = \dfrac{C_1}{\ell}$

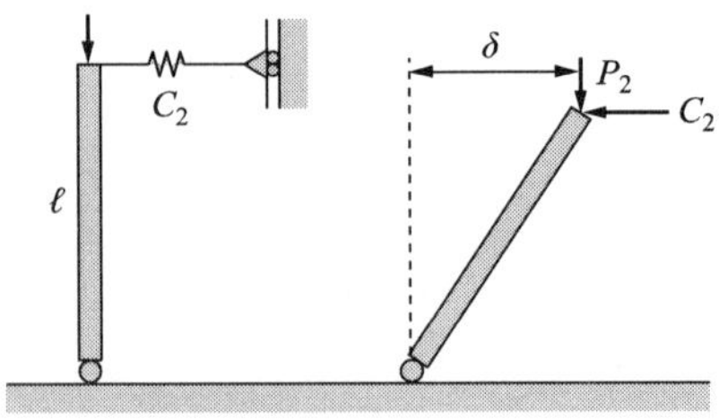

모멘트 $(C_2\ell)\delta = P\delta$

좌굴하중 $(P_2)_{cr} = C_2\ell$

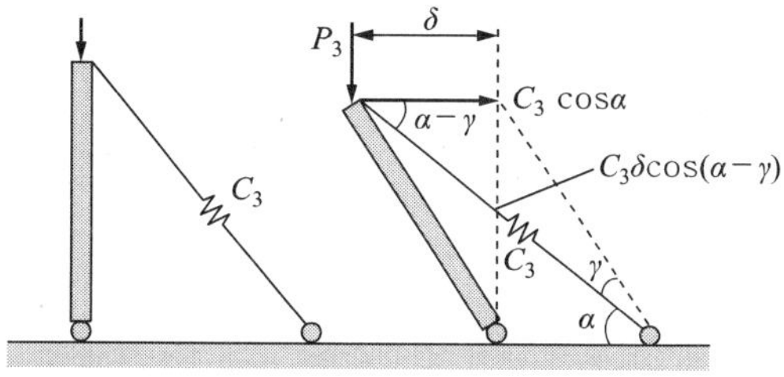

모멘트 $C_3\delta\cos(\alpha-\gamma)L\cos(\alpha-\gamma) = P\delta$

미소변형에서 $\alpha-\gamma \approx \alpha$이므로

좌굴하중은 $(P_3)_{cr} = C_3L\cos 2\alpha$

(2) $(P_1)_{cr} = (P_2)_{cr} = (P_3)_{cr}$의 관계로부터

$$\frac{C_1}{L} = C_2L = C_3L\cos^2\alpha$$

(3)

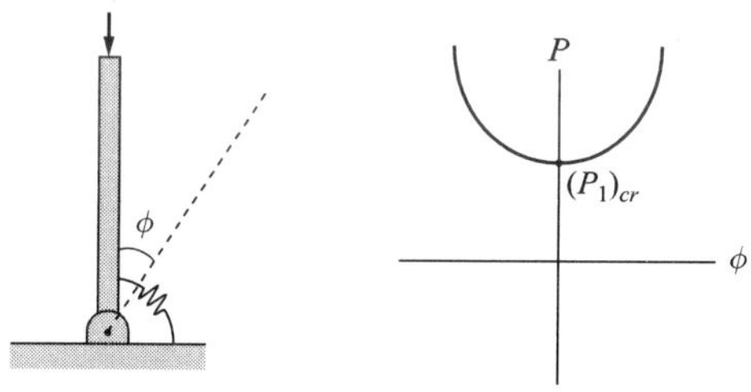

모멘트 $P\delta = C_1\phi$

수평방향 변위는 $\delta = L\sin\phi$이므로 $P = \dfrac{C_1}{L}\dfrac{\phi}{\sin\phi}$

위 식으로부터 외력 P는 ϕ가 커진다. 즉, 변형이 커지려면 더 큰 P가 요구되므로 시스템은 안정하다.

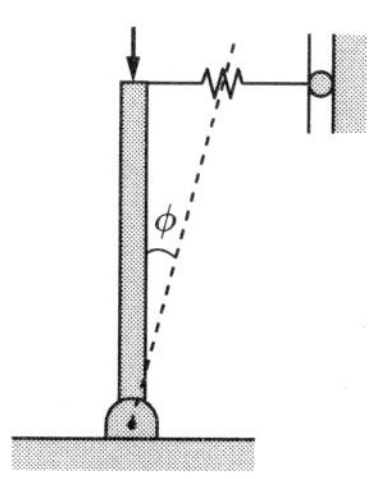

모멘트 평형은 $(C_2\delta)(L\cos\phi) = P\delta$이므로 $P = C_2 L\cos\phi$.

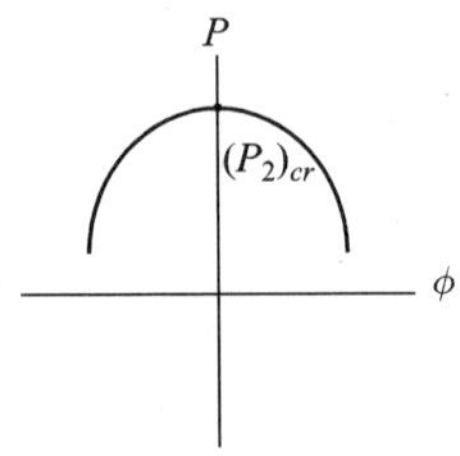

식으로부터 ϕ가 커질수록 P가 작아지므로 불안정한 시스템.
마지막 시스템을 보자.

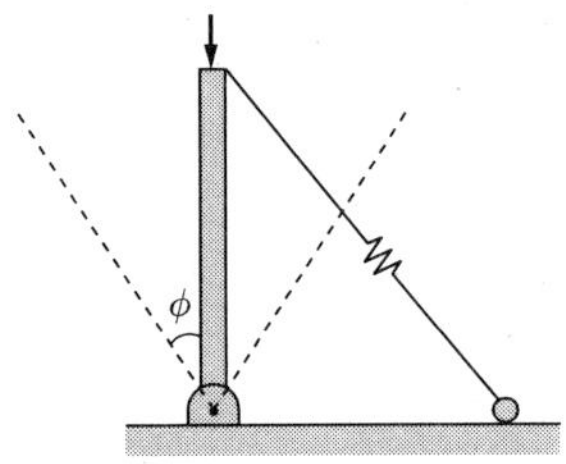

시스템의 자유물체도를 그리면

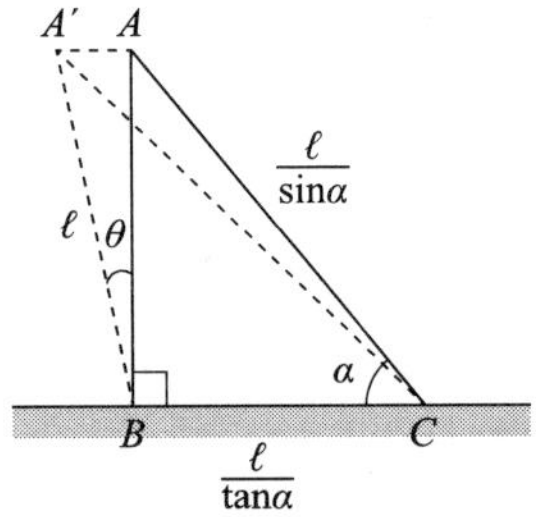

그림에서 스프링의 변형 전 길이인 빗변의 AC 길이는 $\frac{\ell}{\sin\alpha}$. 막대 AB는 강체이므로 항상 길이가 ℓ이다. 막대의 핀과 스프링 고정점까지 수평거리 BC는 $\frac{\ell}{\tan\alpha}$. 그리고 막대가 수직선에서 기울어지는 각의 크기는 ϕ. 변형 전 스프링과 변형 후 스프링이 만든 미소 각 A′CA의 크기는 γ. 삼각형 A′BC에서 각 B의 크기는 $\frac{\pi}{2}+\theta$이고 변형 후 스프링의 길이를 $x = \mathrm{A'C}$로 놓으면 삼각형 코사인 법칙으로부터

$$x^2 = \ell^2 + \left(\frac{\ell}{\tan\alpha}\right)^2 - (2)\left(\frac{\ell^2}{\tan\alpha}\right)\cos\left(\frac{\pi}{2}+\phi\right) = \ell^2\left(\frac{\sec\alpha}{\tan\alpha}\right)^2 + \frac{2\ell^2}{\tan\alpha}\sin\phi$$

스프링의 변형량은 $\delta_s = x - \dfrac{\ell}{\sin\alpha} = \sqrt{\ell^2\left(\dfrac{\sec\alpha}{\tan\alpha}\right)^2 + \dfrac{2\ell^2}{\tan\alpha}\sin\phi} - \dfrac{\ell}{\sin\alpha}$.

모멘트의 평형조건으로부터

$$P\ell(1-\cos\phi) = F_s\left\{\left(\frac{\ell}{\tan\alpha}\right)\sin\alpha\right\} = (C_3\delta_s)(\ell\cos\alpha)$$

각 ϕ이 매우 작을 때,

$$\frac{P\ell\phi^2}{2} \approx C_3\ell^2\left(\phi\cos^2\alpha - \frac{\cos\alpha}{\sin\alpha}\right)$$

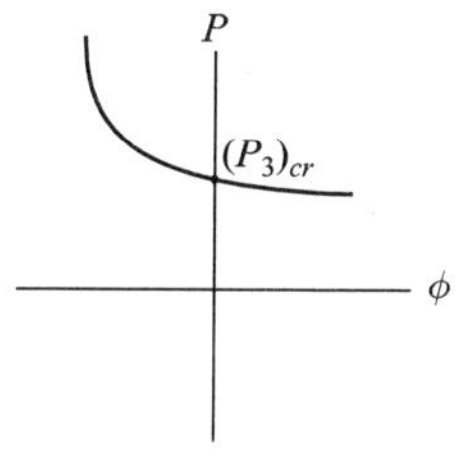

$\phi > 0$일 때 불안정. $\phi < 0$일 때 안정.

09 서로 750 mm만큼 떨어져 있는 마찰이 없는 두 개의 벽 사이에는 60 kN의 압축력을 지탱할 수 있는 알루미늄 합금 2014-T6 봉재를 조립하였다. 봉재는 원형의 단면으로 지름이 30 mm이고 길이는 750 mm이다. 재료의 탄성계수는 $E = 75$ GPa이고 재료의 허용수직응력은 $\sigma_{all} = 400$ MPa이다. 하중에 견딜 수 있도록 봉재를 벽 사이에 조립하는 조립조건을 명시하시오. 구조물의 안전성을 계산을 통하여 증명하시오.

10 그림 P9-10에는 매우 긴 못이 보여 있다. 해머로 P의 크기 힘을 가격하면 못은 이와 비례하여 벽에 박힌다. 벽에 박힌 깊이(d)와 해머로 가격한 힘(P)은 서로 비례하며 관계식 $d=cP$으로 표현될 수 있다. 이 못을 벽에 완전히 박으려면 필요한 최소한의 해머질 횟수는 몇 번이겠는가? 단, 작업 중 못에 좌굴이 일어나서는 안 된다. 좌굴이 일어나기 위한 조건은 매 해머질마다 달라질 것이다. 발생할 수 있는 여러 가지 경우를 들어 설명해 보아라. 탄성계수 E, 못의 반지름 r, 그리고 못의 소성응력 σ_Y을 고려하라.

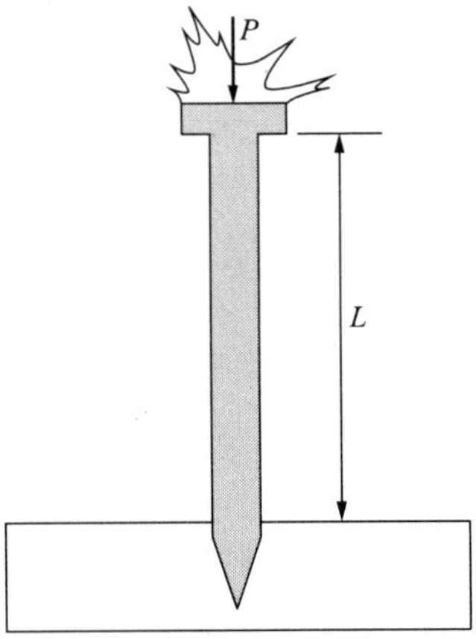

그림 P9-10

해설

오일러의 식은

$$P_{cr}=\frac{\pi^2 EI}{L_e^2}$$

여기서 유효길이 $L_e=2L$. 압축력을 받는 기둥의 설계는 기둥의 길이에 따라 소성이나 좌굴의 기준에 따라야 한다. 그림으로는 다음과 같다.

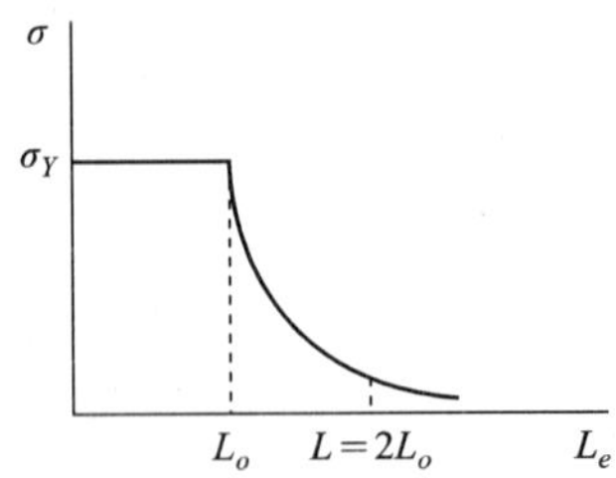

우선 최초의 길이가 $L_o>2L$인 경우에 좌굴은 설계에 고려하지 않는다. 이 경우

$\dfrac{P}{A} \le \sigma_Y$이면 되므로 하중의 최대값은 $P = \sigma_Y A$이다.

한번 해머질에 박히는 거리(Driving distance per blow) $d = cP = cA\sigma_Y$이므로

$$L_o = 2L \le cA\sigma_Y N$$

여기서 N은 해머질 횟수(Number of blows)

$N \ge \dfrac{2L}{cA\sigma_Y}$에서 최소 해머질 횟수가 계산될 수 있다.

그러나 $L < 2L_o$인 경우에는 L이 L_o보다 작아질 때까지 좌굴에 의한 설계에 따라야 하며 L_o 이하의 길이가 되면 short column의 경우 횟수로 작업을 끝낼 수 있다.

$(i+1)$번째 타격에 따라서 박힌 거리(driving distance)는 다음의 식으로 계산될 수 있다.

$$d_{i+1} = \frac{c\pi^2 EI}{(2l - d_i)^2} \quad \text{그리고} \quad d_1 = cP = c\frac{\pi^2 EI}{(2L)^2}$$

따라서 N번의 타격이 끝났을 때 못이 박힌 총 거리는

$$\begin{aligned} d(N) &= d_1 + d_2 + \cdots + d_N \\ &= c\frac{\pi^2 EI}{(2L)^2} + c\frac{\pi^2 EI}{4(L-d_1)^2} + \cdots + c\frac{\pi^2 EI}{4[L-(d_1+d_2+\cdots+d_N)]^2} \end{aligned}$$

L이 L_o 이하로 될 때까지 blow의 횟수 N은 다음의 부등식을 만족하는 최소 N을 구한다.

$$2(L - d(N)) \le L_o$$

그러므로 총 해머 타격 횟수는 $N_o + N$

11 다음 그림 P9-11과 같이 간단한 좌굴(buckling) 시험을 할 수 있는 시험장치를 제작한다고 가정하자.
도체 A, B를 각각 30 Ω의 저항을 가지고 있으며 길이가 50 cm인 강체로 가정하라. A는 저항없이 수평방향으로 움직일 수 있도록 고안되었으며, B의 경우엔 강체벽에 고정되었다. 시편이 좌굴을 일으킬 수 있도록 A에 가해야 하는 최소한의 전압 V를 결정하라.

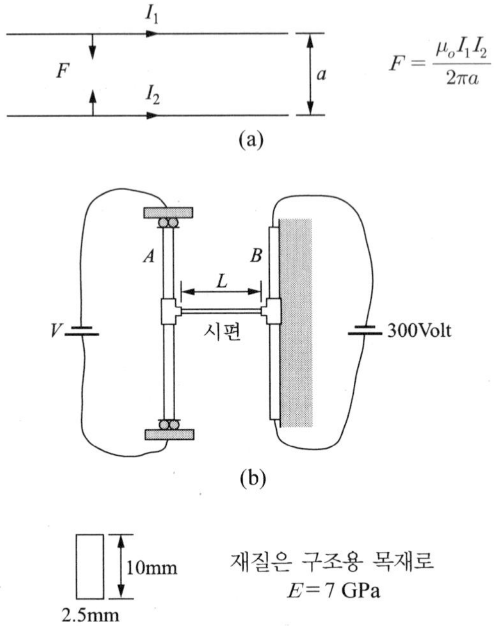

(c) 시편의 단면

그림 P9-11

힌트 두 개의 도체에 전류(current)가 하를 때 두 도체 사이에는 힘(F)이 작용하며, 서로 같은 방향으로 흐를 때는 서로 가까워지려는 방향으로 힘이 작용하고, 반대 방향으로 전류가 흐를 때는 멀어지는 방향으로 힘이 작용한다. 도체에 흐르는 전류방향으로 도체에 발생하는 단위 길이당 힘(F)은 아래에 주어진 식에서 $\mu_o = 4\pi \times 10^{-7}\ \mathrm{H/m}$을 사용하여 전류 I는 Ampere의 단위로, 서로 떨어진 거리 a는 m 단위로 힘을 계산하면 N/m의 단위 길이당 힘이 계산된다.

초·중급 재료역학 관련 추천도서

[1] 조종두, 라이프니쯔의 재료역학(개정판), 동화기술, 2018.

[2] S.P. Timoshenko, Strength of Materials, Part I, Elementary Theory and Problems, D. Van Nostrand Company, 1st Ed. 1930, 2nd Ed. 1940, 3rd Ed. 1955.

[3] S.P. Timoshenko, Strength of Materials, Part II, Advanced Theory and Problems, D. Van Nostrand Company, 1st Ed. 1930, 2nd Ed. 1941, 3rd Ed. 1956.

[4] S.P. Timoshenko, Elements of Strength of Materials, D. Van Nostrand Co., 1st Ed. 1935, 2nd Ed. 1940, 3rd Ed. 1949 (with G.H. MacCullough), 4th Ed. 1962 (with D.H. Young)

[5] S.P. Timoshenko, Engineering Mechanics, with D.H. Young, McGraw-Hill Book Company, 1st Ed. 1937, 2nd Ed. 1940, 3rd. Ed. 1951, 4th Ed. 1956.

[6] S.P. Timoshenko and J. M. Gere, Mechanics of Materials, 1st edition, D. Van Nostrand Company, 1972.

[7] S.H. Crandall, N.C. Dahl, T.J. Lardner, Introduction to the Mechanics of Solids, Second Edition with In SI Units, McGraw-Hill Publishing Company 2nd (second) edition 1978.

[8] J.P. Den Hartog, Mechanics Dover Books on Physics (ISBN: 0486607542).

부 록

	단축 막대	비틀림 축	굽힘 보
하중 형식 (입력)	P	T	M
변형 형식 (출력)	δ	Φ	$k=\dfrac{1}{\rho}$
비례상수 (시스템 특성)	$\dfrac{L}{EA}$	$\dfrac{L}{GJ}$	$\dfrac{1}{EA}$
재료 특성	E	G	E
형상 특성	$\dfrac{L}{A}$	$\dfrac{L}{J}$	$\dfrac{1}{I}$

EA : 인장 강성(Extensional rigidity)
GJ : 비틀림 강성(Torsional rigidity)
EI : 굽힘 강성(Flexural rigidity)

입출력 관계식 : $\delta=\left(\dfrac{L}{EI}\right)P$

즉, 이 관계식의 의미는 선형 시스템의 '(출력)=(비례상수)(입력)'

Note 학습 중 다시 찾아볼 키워드와 쪽수를 메모하는 공간

찾아보기

저자 : **조 종 두**

- 서울대학교 공과대학 기계공학과 학사
- KAIST 기계공학과 석사
- 미국 미시간대학교 기계공학과 공학박사
- 현재 인하대학교 기계공학과 교수

기초 **재료역학** 정가 25,000원

발 행 2020년 3월 10일 초판 1쇄
저 자 조종두
발행인 정우용
발행처 도서출판 **동 화 기 술**
경기도 파주시 광인사길 201(문발동, 파주출판도시)
Tel (031)955-4211~6 donghwapub@nate.com
Fax (031)955-4217 www.donghwapub.co.kr
(등록) 1977년 12월 19일/9-16호

Printed in Korea

ISBN 978-89-425-9236-4